# 安徽煤矿瓦斯及其治理与利用

刘泽功 方恒林 刘 健 蔡 峰 高 魁 主编

煤炭工业出版社

·北 京·

# 内 容 提 要

本书共分 3 篇。首先，从瓦斯地质角度全面阐述了安徽煤田（主要是两淮煤田）瓦斯的生成及煤层瓦斯赋存特征，分别对淮南、淮北、皖北和新集煤田瓦斯地质做了详细的阐述。其次，以防治瓦斯灾害发生为主线，分析了安徽煤矿瓦斯灾害的类型及特征，介绍了安徽煤矿在瓦斯抽采、保护层开采、卸压瓦斯抽采、煤与瓦斯共采、低透气性煤层强化增透和煤与瓦斯突出动力灾害防治等方面取得的重大成就，以及在工程实践中的成功经验。再次，从实现煤矿瓦斯综合利用角度出发，详细介绍了瓦斯安全输送技术、低浓度瓦斯利用和瓦斯发电等技术。最后，对两淮矿区瓦斯灾害典型事故的致灾原因和事故处理与防范等方面进行了阐述。

本书可供煤炭企业技术人员、管理人员，科研院所研究人员、高等院校相关专业师生学习和参考。

# 编 委 会

# 前　　言

　　安徽是我国的产煤大省，境内蕴藏着丰富的煤炭资源，含煤地层面积1.8万 km²，约占全省面积的12.9%；是我国华东地区的重要能源基地，素有"华东煤都""工业粮仓"的美誉；迄今已有100多年的开采历史，现有淮南、淮北、皖北和中煤新集等四大煤炭生产基地。安徽的煤炭资源为我国华东地区经济繁荣与社会发展提供了坚强的能源保障。

　　安徽区域地质构造复杂，位于昆仑—秦岭巨型纬向构造带东段两亚带之间与新华夏系第二隆起带西侧的交汇部位，并受淮阳山字型构造干扰。皖北石炭二叠纪聚煤区，受东西向古构造控制，聚煤方向和富煤带近东西向分布。肥中断裂和郯庐断裂是淮南煤田和淮北煤田（也是华北石炭二叠系）在南、东的控煤边界。其中淮北煤田主要受新华夏系和徐宿弧形构造的影响，淮南煤田主要受东西向构造的控制。皖南二叠纪煤系，受秦岭东西向构造带和华夏系构造的制约，而煤系的分布主要受后期淮阳山字型构造前弧东翼构造形态的控制，使皖南各矿区呈北东方向展布。皖南侏罗纪煤系（昆山组）主要分布在长江北岩，含煤地层的沉积受华夏系构造的控制。

　　安徽煤炭资源主要分布在两淮地区，即沿淮河、淮河以北至黄河以南，横跨淮南、淮北、宿州、阜阳、亳州五个市，地理位置优越，交通运输便利，公路、铁路、水路四通八达。两淮煤田是人们对淮南、淮北两大煤田的总称。

　　淮南与淮北被蚌埠隆起隔开，淮北与徐州相连，又称徐淮煤田，两淮的煤多数灰分较高，但硫分较低；淮南煤属气煤、1/3焦煤和气肥煤，淮北煤种较多，有气煤、焦煤、气肥煤、肥煤、瘦煤、贫煤和无烟煤等。两淮煤的成煤母质是高等植物，在成煤期淮南气候和地理环境适于植物生长。两淮煤的成煤环境为发育在滨海三角洲平原上的泥炭沼泽。两淮煤系地层总厚度近1000 m，夹层13～46层，可采煤层达10层以上，淮南可采煤层数、厚度大于淮北，煤层的稳定性也优于淮北。两淮煤田成煤时期主要为二叠纪，距今2.5亿～2.9亿年。两淮煤田地质构造复杂，淮南煤田地质构造形态为近东西复向斜，淮北地质构造为一系列弧形推覆构造，伴有较多的岩浆侵入。

　　两淮煤田内很多地段的第四纪和第三纪的冲积层厚度较大，瓦斯风化带的下界在不整合面（基岩面）下几十到百余米，称其为古瓦斯风化带。两淮煤田煤层瓦斯含量高，透气性低，透气性系数一般低于 $0.1\ \mathrm{m}^2/(\mathrm{MPa}^2 \cdot \mathrm{d})$。两淮煤田煤层瓦斯总的分布特征：淮南煤田的大部分区域内煤层瓦斯含量呈东部和中部高、西部低；淮北煤田煤层南部瓦斯高于北部，在南部有东高西低的趋势。两淮煤田的瓦斯属热解成因气，淮南的煤属气煤大类，煤的生气量大，形成了两淮矿区煤层群高瓦斯、高地温、高地应力及煤层透气性低的"三高一低"的复杂地质环境。两淮矿区是全国高瓦斯矿区的典型代表，历史上曾是瓦斯灾害的重灾区。

瓦斯灾害严重威胁着安徽煤矿的安全生产，党和政府高度重视煤矿安全生产，特别重视瓦斯灾害的防治，从"九五"时期开始，政府和企业加大对瓦斯灾害治理的投入力度，重点围绕煤矿瓦斯爆炸和煤与瓦斯突出灾害治理开展科技攻关和重点工程示范，在瓦斯抽采、保护层开采、卸压瓦斯抽采，煤与瓦斯共采、低透气性煤层强化增透和煤与瓦斯突出动力灾害防治等关键难题的攻关取得了重大突破，并取得一系列的技术经验和科技成果，对安徽煤矿的安全生产起到保障作用。

安徽省经济和信息化委员会高度重视煤矿瓦斯治理工作，始终把瓦斯灾害治理作为安全生产的重中之重来抓，为集成全省瓦斯治理经验，传承瓦斯治理技术，专门立项资助本书的编写出版工作，分管负责人和煤炭办领导多次到编写组指导书稿的编写工作，并提出了许多修改意见。本书主要从安徽煤矿瓦斯地质、煤矿瓦斯防治、瓦斯综合利用和煤矿瓦斯灾害典型事故四个部分进行了系统的阐述。

本书由安徽理工大学负责编写，淮南矿业（集团）有限责任公司、淮北矿业股份有限公司、皖北煤电集团有限责任公司、中煤新集能源股份有限公司、中煤矿山建设集团有限责任公司、煤炭工业合肥设计研究院、安徽省煤炭科学研究院、安徽省煤田地质局等单位协作参加本书编写，书稿几经研讨和专家审查，完成了本书的编写工作。本书大量引用了有关安徽省两淮矿区煤矿开采和瓦斯治理方面的科研报告、科技成果、学术论文和学位论文，同时也引用了国内外有关煤矿瓦斯地质方面的研究成果和论文，在此对成果拥有者和论文作者一并表示感谢！

**编　者**

2017 年 10 月

# 目　　次

## 第 1 篇　安徽煤矿瓦斯地质

# 第2篇　煤矿瓦斯防治

# 第3篇　瓦斯综合利用

# 附录　瓦斯灾害事故

# 第 1 篇

## 安徽煤矿瓦斯地质

# 1 煤炭成煤期与区域地质构造

安徽省两淮地区的淮南、淮北煤田划分为淮北煤田的濉萧、宿县、临涣、涡阳和淮南煤田的淮南、定远、潘谢、新集八个矿区。

两淮地区淮北、淮南两煤田所处的大地构造位置、含煤地层的发育和分布情况、岩性特征、生物群组合面貌、岩相古地理及含煤性等各个方面均大同小异。除淮南地区本溪组厚度很薄及上石盒子组含煤稳定性较淮北好以外,其余大致相同。据此,可以认为淮北、淮南同属于一个地层沉积区,只是由于后期构造出现蚌埠—蒙城隆起,破坏了两淮煤田沉积区的完整性,才分割成为淮北和淮南两大煤田。

## 1.1 煤炭成煤期

### 1.1.1 煤的形成

1. 成煤原始物质

植物是形成煤的原始物质。在煤层及其顶、底板岩石中常保存有完好程度不同的植物化石,如炭化的树干、树皮、树叶,以及植物的细胞组织、孢子、花粉、树脂、藻类和少量浮游生物等的遗体。这些都表明,低等、高等植物的各个组成部分,以及浮游生物都是成煤原始物质。成煤植物中的碳与煤中的碳元素的同位素成分几乎相同,而与无机物中碳的同位素成分有明显的差别,进一步证明了煤是由植物遗体转变而成的。

以高等植物为原始物质形成的煤,称腐植煤。以低等植物为主并有浮游生物为原始物质形成的煤,称腐泥煤。由高等植物和低等植物混合形成的以腐泥为主的煤,称腐植泥煤;以腐植质为主的煤,称腐泥腐植煤。

2. 成煤作用

自然界植物遗体从堆积到转变成煤的作用,称成煤作用。成煤作用包括泥炭化作用(或腐泥化作用)和煤化作用。高等植物遗体堆积在泥炭沼泽中经过复杂的生物化学和物理化学变化逐渐转变为泥炭的作用,称泥炭化作用。泥炭化作用是在成煤作用第一阶段——泥炭化阶段进行的(图 1-1),以生物化学作用为主。

泥炭转变为褐煤、烟煤、无烟煤,或腐泥煤转变为腐泥褐煤、腐泥烟煤、腐泥无烟煤的作用,称煤化作用。煤化作用是在成煤作用第二阶段——煤化阶段进行的(图 1-1),

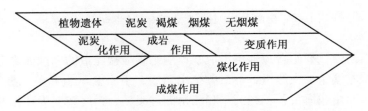

图 1-1 成煤作用的阶段分析

以物理化学作用为主，生物化学作用逐渐消失。煤化作用包括煤成岩作用和煤变质作用。

### 1.1.2　含煤地层分布

两淮地区的石炭、二叠纪含煤地层厚约 1200 m，包括淮南、淮北两大煤田。淮北煤田范围包括砀山、萧县、濉溪、宿县、临涣、涡阳一带，东西长约 130 km，南北宽约 100 km，面积约 13000 km²，以宿北断裂为界，分为北部（砀山、蒋河、闸河等矿区）和南部（涡阳、临涣、宿易等矿区）两大部分。淮南煤田位于淮河两岸，东起定远，西达阜阳，南至长丰、寿县，北界怀远、明龙山一线，煤田东西长 180 km，南北宽约 40 km，面积约 7200 km²（图 1 − 2）。

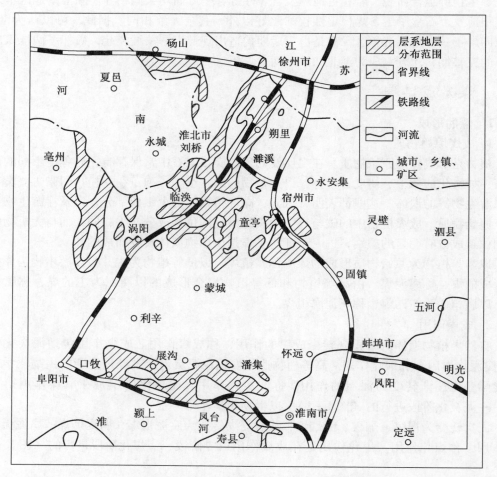

图 1 − 2　安徽两淮地区石炭、二叠纪含煤地层分布略图

两淮地区石炭、二叠纪含煤地层形成于奥陶纪碳酸盐建造的剥蚀面之上。地层由下而上分为上石炭统本溪组、太原组，下二叠统山西组、下石盒子组和上二叠统上石盒子组、石千峰组。为一套由浅海沉积，经滨岸和三角洲过渡相，最终转变为陆相的沉积序列，其中含煤段厚约 750 m。地层层序连续完整，厚度也比较稳定，主要标志层和煤层组段在全

区均可对比。

### 1.1.3 控煤构造样式及其划分

控煤构造样式是指对煤系和煤层的现今赋存状况具有控制作用的构造样式，它们是区域构造样式中的重要组成部分但不是全部。控煤构造样式的划分采用当前构造样式研究的主流方案——地球动力学分类，划分为伸展构造样式、压缩构造样式、剪切和旋转构造样式，以及具有构造叠加和复合性质的反转构造样式等四大类。

依据安徽省各煤田的煤田地质勘探资料综合分析，通过对典型控煤构造的研究，将安徽省的控煤构造样式划分为六大类 18 小类（表 1-1），并对每种控煤构造样式建立了模式图（图 1-3）。其中以挤压控煤构造样式最为丰富，为主导控煤构造样式。

表 1-1 安徽省控煤构造样式分类表

| 大　类 | 亚类型 | 典 型 实 例 |
|---|---|---|
| 伸展控煤构造样式 | 单斜断块型构造 | 淮南板集井田、淮北孙疃矿区、皖南宣泾煤田泾县矿区 |
| | 掀斜构造 | 淮北刘桥一矿、淮南杨村井田 |
| | 堑垒构造 | 淮南钱营孜井田、淮北南坪向斜、淮北涡阳矿区 |
| | 叠瓦式伸展构造 | 皖南屯溪流塘、安庆徐桥煤矿 |
| | 逆冲叠瓦构造 | 阜凤推覆构造、淮南罗园井田、淮北徐淮弧 |
| | 逆冲前锋型构造 | 淮北烈山矿一带、淮南潘四煤矿、淮南罗园井田 |
| | 双重推覆构造 | 淮南张北矿、淮北煤田、皖南贵池煤田 |
| | 冲起构造 | 淮南潘四煤矿、朱集矿、谢桥向斜、潘集背斜 |
| 挤压控煤构造样式 | 双冲构造 | 淮南煤田、朱集矿、安庆煤田月山矿 |
| | 挤压断块构造 | 淮南钱营孜煤田、潘四煤矿、宿县矿区南部 |
| | 褶皱断裂型构造 | 淮南朱集勘探区、谢桥向斜、潘集背斜、淮北宿南向斜 |
| | 逆冲褶皱型构造 | 淮南朱集矿、八里塘煤矿、淮北白土镇 |
| 剪切控煤构造样式 | 平移断裂构造 | 芜铜煤田顺安断层、陈桥—上断层 |
| 反转控煤构造样式 | 负反转构造 | 颍上—定远断裂 |
| | 褶皱型构造 | 淮北南坪勘探区、梁花园井田、海孜煤矿 |
| 滑动控煤构造样式 | 层滑型构造 | 淮北刘桥一矿、淮北海孜煤矿、淮南新集井田 |
| | 重力滑动构造 | 淮南坳陷北缘滑动构造 |
| 同沉积控煤构造样式 | 同沉积正断层 | 淮北许疃井田板桥正断层、芜铜煤田顺安断层、钟鸣断层 |

安徽省控煤构造样式有如下特点。

（1）空间上，各煤田由边缘向内部，构造变形由逆冲推覆构造为主，至以伸展型为主，其间间杂着各种不同控煤构造类型。

（2）时间上，逆冲推覆构造形态形成于海西—早印支、晚印支—早燕山两期；伸展构造形态以喜山期（四川期和华北期以来）为主导。

（3）形成深度，逆冲推覆构造以较深的塑性变形为主体；向斜构造相对较浅，也以塑性变形为主；伸展构造最浅，以脆性变形为主。

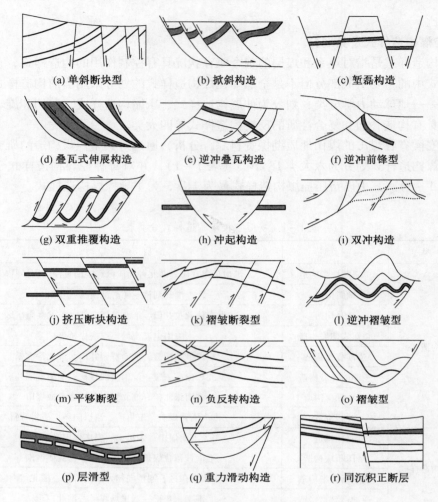

(a) 单斜断块型　　　　(b) 掀斜构造　　　　(c) 堑垒构造

(d) 叠瓦式伸展构造　　(e) 逆冲叠瓦构造　　(f) 逆冲前锋型

(g) 双重推覆构造　　　(h) 冲起构造　　　　(i) 双冲构造

(j) 挤压断块构造　　　(k) 褶皱断裂型　　　(l) 逆冲褶皱型

(m) 平移断裂　　　　(n) 负反转构造　　　(o) 褶皱型

(p) 层滑型　　　　　(q) 重力滑动构造　　(r) 同沉积正断层

图 1-3　安徽省控煤构造样式模式图

（4）主压应力方向。逆冲推覆构造主压应力方向为近南北向和北西—南东向；向斜构造主应力为北西—南东向和北东—南西向；伸展构造主应力为近南北向和近东西向。

## 1.2　区域地质概述

两淮煤田地处安徽北部，为华北型的中朝准地台石炭、二叠纪聚煤区的东南部。区内广泛分布有石炭、二叠纪含煤地层，煤炭资源丰富。两淮煤田分布范围，北起萧县、砀山，并与江苏西北和鲁西煤田分布区相连；向西延入河南境内，东界限于郯庐断裂，南达淮南舜耕山断裂。再向南有巨厚的中新生界地层覆盖，深部仍可能有煤系地层存在。

两淮煤田为全隐蔽式煤田。地表除淮北北部和淮南、定远地区有局部基岩呈低山丘陵出露外，其余均被数十米至数千米的中新生界地层所覆盖。煤田分布区面积为 30000 km²，其中含煤面积约 14000 km²。

### 1.2.1　地层

安徽两淮煤田地层发育情况基本与华北地区相同，地层区划属华北地层大区。本区发育上太古界五河群、霍邱群，下元古界凤阳群，上元古界青白口系、震旦系，古生界寒武系、奥陶系、石炭系、二叠系；中新生界侏罗系、白垩系、第三系和第四系；缺失上元古界长城系、蓟县系和古生界志留系、泥盆系、奥陶系上统和石炭系下统。另外，三叠系在本区是否存在尚未明确。淮南和淮北的地层在厚度和岩性、岩相方面的变化不大，可以对比。本区地层总厚度 11000～16000 m。现由老至新简述如下。

1. 太古界五河群、霍邱群

厚度 1500～6000 m 以上，构成两淮地区的古老基底；为一套中、深变质的黑云母斜长片麻岩和黑云母二长片麻岩，以及花岗片麻岩、斜长角闪岩、黑云母角闪片岩、角闪变粒岩等深变质岩系。五河群出露于凤阳、定远、蚌埠、五河等地，在淮南复向斜南北两侧隐伏于表层松散沉积之下，常为钻孔所揭露。霍邱群分布于两淮煤田西南的霍邱地区。淮北地区地表太古界未出露；据钻孔揭露，在蒙城西阳集以南一带，见有花岗片麻岩、副片麻岩、混合岩、大理岩、片岩及千枚岩等一套太古界变质岩系。

2. 下元古界凤阳群

厚度约 1170 m，分布于淮南、凤阳一带。下部为灰白色、核黄色的中、细粒薄层石英岩，含磷大理岩，上部为钙质泥质白云岩夹角闪片岩以及白云母片岩、千枚岩，石棍矿化现象明显。

3. 上元古界青白口系

厚度大于 529～1050 m。据露头及钻孔揭露，分布在蒙城、泗县、濉溪、宿县、灵璧及凤阳、淮南与霍邱四十里长山一带。下段为伍山组，为灰白、灰色厚层状石英岩、合砾石英砂岩；在凤阳地区，本组夹有肾状赤铁矿。上段为刘老碑组，岩性主要为黄绿色钙质页岩夹薄层泥灰岩及厚层石英细砂岩。

4. 震旦系

厚 605～2237 m。两淮地区出露不全，淮北较淮南地层厚度大。在淮北地区，下统为徐淮群，上统为宿县群和栏杆群。在淮南地区仅出露徐淮群的中、下段，上覆之寒武系超覆于不同层位的震旦系之上。徐淮群中、下段为灰至灰黄色粉砂岩和浅灰红色石英砂岩，向上为紫红、灰白色薄—中厚层白云岩和灰岩；上段为青灰色灰岩、白云岩夹紫红色页岩、泥灰岩及竹叶状灰岩等；富含广藻类化石及蠕虫动物。宿县群下部为棕黄色白云质灰岩、泥灰岩及黄、绿、紫红色页岩，夹少量石英砂岩、粉砂岩和泥灰岩，含叠层石；上部为灰色白云质灰岩及黄绿色钙质页岩。栏杆群底部有一层 0.2～0.7 m 厚的砾岩；下部为灰色细砂岩和灰黄、紫红色含海绿石灰岩；上部为灰黑、黄绿、紫红色页岩和灰—灰黄色泥灰岩、白云岩，含石盐假晶，产藻类及蠕虫动物。

5. 寒武系

在两淮地区出露普遍，主要分布在宿县、徐州一带，以及零星出露于祸阳、蒙城、淮南、凤阳等地，在隐伏的谢桥—陈桥背斜轴部也有发育。厚度 700～1360 m，以不整合关系覆于震旦系之上。下统为灰色、灰黄、黄绿色含砾砂质灰岩、白云岩、泥灰岩、豹皮灰岩以及灰岩与紫红色页岩不规则互层。中统自下而上为灰岩及粉砂岩，向上为灰岩及棕黄、紫红色长石石英砂岩、粉砂岩，最上为灰白、肉红色白云质灰岩，上统为灰—灰黄色鳞状砂屑灰岩、豹皮状白云质灰岩、条带状泥质灰岩及灰黄、黄绿色页状泥灰岩。

6. 奥陶系

本区缺失上统，仅发育下统和中统。出露地区与寒武系相同。主要为碳酸盐沉积。厚332~562 m，与寒武系为整合或假整合接触。除在淮南地区下奥陶统底部韩家山组缺失外，其余各组在全区均有发育。下统岩性为一套含直角石的薄层灰岩和豹皮状白云质灰岩，局部含硅质结核条带；中统为质较纯的厚层状灰岩及白云岩。

7. 石炭系

厚120~190 m。因受加里东运动的影响，本区缺失下石炭统。上石炭统沉积于奥陶系风化剥蚀面之上，与奥陶系呈假整合接触。露头仅在淮北萧县东部及淮南八公山、舜耕山和上窑一带有零星出露，其余皆与二叠系合煤岩系一起为中新生界地层所掩盖。淮南、淮北两地区的主要灰岩层数及厚度均可对比。自南而北，灰岩层数逐渐减少，灰岩总厚度也逐渐减小。含煤3~11层，不稳定，大部分为煤线，不可采，煤质差，硫分高。

8. 二叠系

在淮南厚度大于1300 m，淮北约2000 m，为两淮煤田的主要含煤地层。主要分布在淮北、淮南及定远以南的隐伏区。自下而上为下二叠统山西组和下石盒子组，上二叠统上石盒子组及石千峰组，为一套含煤的碎屑岩。二叠纪含煤岩系可划分为7个含煤段，有10个主要含煤组，含20~40余层煤。可采煤层淮北有12层，淮南有26层。

（1）下二叠统山西组。厚70~100 m，北厚南薄，为一套黑色泥岩、灰黑色砂岩、泥砂岩互层和煤层。主要可采煤层发育在下部。淮北含C、D两煤组，煤厚1.65~3.6 m。淮南主要为D煤组，煤厚7~11 m。D煤层顶板多为厚层灰白色中、粗砂岩，局部有冲刷现象。含丰富植物化石，以早期华夏植物群为特征。

（2）下二叠统下石盒子组。厚75~120 m。早二叠世晚期为本区重要的聚煤期，地层北薄南厚，由砂岩、粉砂岩、泥岩、铝土质泥岩及炭质泥岩和煤层所组成。底部的$K_2$铝土质泥岩为全区稳定的标志层，沉积旋回交替快，不完整，煤系沉积旋回量淮北明显比淮南少，故两地区含煤性差异较大，富煤带发育于淮南。淮北煤田含煤最多可达10层，但大部分不稳定，总厚2.17~17.26 m。淮南煤田含煤9~12层，多数稳定或较稳定，总厚8.6~17.10 m。含丰富的植物化石，以早期华夏植物群为特征。

（3）上二叠统上石盒子组。厚550~780 m，北厚南薄，主要为砂岩、粉砂岩、泥岩和煤层沉积。在中上部有极薄的海绵骨针硅质岩或硅质泥岩，最上部为一套不含煤的杂色岩层，由灰、紫红、灰绿色花斑状黏土岩、粉砂岩及砂岩组成。全组共划分为五个含煤段，淮北萧县、砀山一带本组无煤层发育，向南至宿县、临涣一带含煤层数增多，含可采煤层，主要为J煤组（4号煤层）、L煤组（3号煤层）；至淮南地区含煤达17层，并发育较稳定的可采煤层，主要也为J煤组（11号煤层）和L煤组（13号煤层），厚度一般在3 m以上，含煤性明显优于北部。本组含丰富的植物化石，届于晚期华夏植物群。另外在第四含煤段以上的地层中还见有舌形贝等腕足类化石。

（4）上二叠统石千峰组。厚度大于1000 m，地表未出露，仅在一些深部钻孔中见到，如永城—花沟背斜以西的地区等。岩性为砖红色砂砾岩及砂岩夹浅猪肝色及灰绿色斑状泥岩、粉砂岩，底部以一层灰黄或灰白色含砾砂岩与上石盒子组分界。淮北局部夹薄层石膏。

### 9. 侏罗系

厚度大于 1300 m，分布于淮北地区东部灵璧、泗县、固镇和淮南煤田外围以及凤阳山区西南缘。在淮南以南的合肥、六安一带中生代坳陷盆地中广泛发育。地层划分为：①下统防虎山组，下部为灰白色中粗粒长石砂岩，夹少量泥岩和粉砂岩，上部为长石砂岩，夹炭质泥岩及透镜状煤层，厚度大于 46.06 m；②中统周公山组主要为紫红色夹褐绿色砂岩、粉砂岩、泥岩，局部有含砾粗砂岩，上部有石膏层，夹煤线，厚 56～762 m；③上统为毛坦厂组及黑石渡组，岩性以中酸性火山岩、凝灰岩及凝灰角砾岩为主。淮北地区东部有侏罗系泗县组沉积，岩性为浅灰、褐色细砂岩、粉砂岩、泥岩，夹煤线及一薄层淡水灰岩，厚度大于 2400 m。

### 10. 白垩系

露头仅存在于凤阳山南麓一带，大片隐伏在宿县地区东部、定远和阜阳以西的广大新生界地层之下。淮南地区划分为：①下统朱巷组，主要岩性为暗紫色、灰黑色砾岩、砂岩、砂砾岩及泥岩，由两个正粒序旋回（包括四个岩性段）组成，厚度 632～3774 m；②上统响导铺组自下而上为棕色、灰紫色砾岩、钙质长石砂岩互层，中厚层长石砂岩与粉砂岩、泥岩互层，以及棕红、砖红色砂岩、粉砂岩、泥岩层，厚 660～900 m；③张桥组为棕红、砖红色钙质砂岩及粉砂岩、泥岩，底部及上部局部含砾，厚 400 m 左右。淮北地区也分布在中生代断陷盆地内，下统青山组为火山碎屑岩，上段并有熔岩，上统王氏组为陆相碎屑岩，总厚约 1000 m。

### 11. 第三系及第四系

第三系及第四系为盆地及平原河湖相沉积。老第三系在两淮地区西部阜阳一带沉积很厚，大于 3000 m。新第三系在本区发育不全，许多地区缺失。第四系亦为西厚东薄，厚度在 200 m 以内。下更新统底部在本区缺失。

## 1.2.2 地质构造

两淮煤田位于中期淮地台东南部，包括鲁西断隆和华北断坳两个二级构造区的部分地区。煤田分布区东面限于郯庐断裂，南以舜耕山断裂为界，北西两侧延至安徽省境以外。

### 1. 构造层的形成

两淮地区曾发生多次构造运动，经历了发育太古界（五台期）、下元古界（吕梁期）、上元古界（蓟县期）、下古生界（加里东溯）、上古生界（华力西期）、中生界（印支及燕山期）和新生界（喜马拉雅期）七个构造层的多旋回构造演化，形成了现今两淮地区的构造格局。

两淮地区自太古代末期至早元古代，经受了晚太古代和早元古代两期构造运动，形成了古老的变质基底，发生过基性、超基性岩浆侵入和混合岩化等变质作用，形成太古界五河群和霍邱群及下元古界凤阳群深、浅变质岩系两个构造层，构成了区域的东西向基底褶皱和平行轴向的压性断裂。

早元古代末期吕梁运动（安徽称为凤阳运动），使皖北地区隆起，形成剥蚀区，直至晚元古代中期，才开始沉降成为海域。在坳陷较深的徐淮地区沉积了 3000 多米的碎屑岩和碳酸盐建造，形成震旦期的沉积盖层。晚元古界蓟县运动（在皖北称栏杆运动）之后，在两淮地区造成下古生界与上元古界不同层位之间的假整合和微角度超覆关系。表现在淮南地区震旦系上统映失，寒武系与震旦系下统徐淮群呈假整合关系。在淮北地区寒武系与震旦系上统呈假整合接触。

至中奥陶世晚期，发生了波及整个华北的加里东期泰康运动。本区地壳整体上升为陆地，使两淮与华北其他地区一样经历了长期的剥蚀，自晚奥陶世至早石炭世期间没有接受沉积，到早石炭世方缓慢下沉，导致广泛的海侵，普遍形成上石炭统和二叠系含煤岩系，为明显的海退序列。

在中生代以前，本区主要构造线方向为东西向。从中生代开始，印支及燕山早期构造运动强烈，郯庐断裂发生大规模的左旋平移运动，盖层剧烈褶皱，形成了一系列的北北东向褶皱和区域性断裂，并伴随有规模较大的岩浆活动。受印支期构造运动影响，使两淮地区可能映失三叠纪沉积。在燕山早期，褶皱向斜和断陷盆地内堆积了侏罗纪陆相红色碎屑岩沉积。至茄山晚期，本区发生断块差异升降运动，形成隆起和断陷，在一些北东向和东西向断陷中形成晚侏罗世和早白垩世陆相沉积，并沿断裂带仍有岩浆侵入活动。

喜马拉雅期在两淮地区仍表现为断块差异运动，但不同断块的抬升和沉降可能和燕山期有所不同。在喜马拉雅期，本区西部迅速下沉，形成周口坳陷区，沉积了厚达 7000 m左右的第三系。南部的合肥盆地主要为中生代和老第三纪的断陷沉降盆地，红层陆相沉积厚度巨大。定远等地区并有内陆湖泊含膏及岩盐等盆地沉积。至第四纪时期，淮河以南沉降幅度不大。沉降区主要在淮北，并仍继承西部沉降幅度大的特点。

2. 构造分区

安徽两淮煤田及其附近地区涉及三个一级大地构造分区。嘉山以南，郯庐断裂以东属下扬子准地台；郯庐断裂以西，嘉山以北为中朝准地台；郯庐断裂以西，六安—合肥断裂以南属秦岭褶皱带。

两淮煤田处于今朝准地台东南部，有四个二级大地构造单元：①鲁西断隆，其南部在东西延伸的舜耕山断裂以北，介于郯庐和夏邑—阜阳两个北北东向区域性断裂之间，为两淮煤田主要分布区，向北延入山东境内；②华北断坳，在夏邑—阜阳断裂以西，为喜马拉雅期强烈沉降区，巨厚的红层覆盖之下仍有煤系地层存在；③合肥台坳，为中生代和老第三纪沉陷区，巨厚的红层覆盖之下有太古界和古生界煤系地层；④胶辽台隆，在郯庐断裂以东，嘉山以北，以太古界和岩浆岩岩体为主，发育有中生代陆相沉积。

两淮煤田的鲁西断隆南部，有一系列东西向隆起和坳陷相间排列，可划分出以下三级构造单元。自北而南为：丰沛隆起、淮北坳陷、蚌埠隆起、淮南坳陷。

3. 断裂与褶皱

两淮地区东西向构造发生较早，是控制煤系沉积的原始构造。当时以大面积和缓振荡运动为主，构造简单。印支—燕山期以来，本区发生了一系列的褶皱和断裂活动，改造了煤系沉积的原始状态，形成现今的复杂构造格局，控制着煤田的分布。现将本区主要断裂和褶皱构造列举如下。

1）区域性断裂

本区主要的东西向断裂和北北东向断裂是划分区内次级构造单元的界线。

（1）东西向区域性断裂。自北向南有：①利国—台儿庄断裂，为丰沛隆起与淮北坳陷的分界；②宿北断裂，为淮北坳陷内的东西向断裂；③楚店—泗县断裂，西段为淮北坳陷与蚌埠隆起的分界，东段延入淮北坳陷内；④太和—五河断裂，为淮北坳陷与蚌埠隆起的分界；⑤明龙山—刘府断裂，为蚌埠隆起与淮南坳陷分界；⑥舜辨山断裂，为淮南坳陷南界；⑦六安—合肥断裂，为中期准地台南界。

（2）北北东向断裂。自东向西有：①郯庐断裂带；②固镇—长丰断裂；③丰涡断裂；④夏邑—阜阳断裂。

2）褶皱

两淮地区褶皱发育，不同褶皱的紧密程度有显著差别。自北向南有三大块段。

（1）宿北断裂以北为以构造线方向为北北东向为主的箱状和梳状褶皱，自东向西构成一系列复式背、向斜。石炭、二叠纪煤系均保留在向斜内。自西向东依次有：萧西向斜、萧县背斜、闸河复向斜、皇藏峪复背斜、支河向斜和时窑背斜，以及其他一些小型向、背斜。这些构造一致表现为受北西、南东向挤压力的作用，呈现轴向北北东的紧密复式向斜和背斜褶皱。倾角均有西翼缓、东翼陡的特点；在翼部发育北北东向叠瓦式的推覆式的逆冲断层，断层浅部倾角陡、深部倾角缓，与褶皱轴平行，切割背、向斜。

（2）宿北断裂以南，蚌埠隆起以北，以构造线方向为北北东、北东、近南北及北西方向的短轴宽缓的复式背、向斜褶皱。自东而西有：宿东向斜、宿南向斜、宿南背斜、南坪向斜、童亭背斜、五沟向斜、涡阳向斜、龙山背斜和花沟背斜等。石炭、二叠纪煤系绝大部分保存在向斜内部，仅在西部新生界覆盖层厚的地区，在隐伏的龙山、花沟等背斜两翼有煤系分布。一般背、向斜两翼均发育次级北北东或北西向的小断层，破坏了煤系地层的完整性。

（3）淮南坳陷为一东西向延长、地层倾角平缓的宽缓褶曲，并为走向正断层所切割。复向斜内部为一系列次一级宽缓的向斜和背斜构造。各褶曲轴向均沿北北西方向延长。自北而南有唐集—朱集背斜、尚塘—耿村集向斜、陈桥—潘集背斜、谢桥—古沟向斜、陆塘背斜等。淮南煤田石炭、二叠纪煤系地层即分布在呈波状起伏的次级向、背斜内。向斜轴部煤系之上均为较厚的石千峰红色地层或新生界地层所掩盖。呈波状起伏的陈桥—潘集背斜，除轴部有寒武纪、奥陶纪地层分布外，其余均分布有二叠纪含煤地层。安徽两淮地区煤田地质构造如图 1-4 所示。

### 1.2.3 岩浆岩

两淮地区从晚太古代五台期至新生代喜马拉雅期经历多期的构造运动，并伴随强弱程度不同的岩浆活动，其中以中生代燕山期岩浆活动最为强烈，对煤田的破坏和煤的变质作用影响也最大。岩浆岩的岩石类型很多，基性、中性、酸性均有，但以中性和酸性的花岗岩、花岗闪长岩类分布最广，仅局部地区见有喷出岩。有地表露头的岩浆岩体在两淮地区北部有 14 个，包括构成基岩顶面的共有 26 个。总出露面积约 35 $km^2$。在淮南、蚌埠地区出露于地表的有 2 个，包括构成基岩顶面的共 6 个。岩体规模一般不大，另外还有侵入地层和煤层及其附近的岩床、岩脉和岩墙等。现将各期有代表性的岩浆活动简述如下。

1. 早元古代吕梁期

早元古代吕梁期是指在本区称凤阳期的岩浆活动。岩体总体呈东西向散布在蚌埠隆起的核部附近地区，侵入于晚太古界深成区域变质和混合岩化的地层中，对煤层无直接关系。这期岩体及岩脉主要有涂山岩体、曹山岩体、西芦山岩体、老山岩体等。以涂山岩体为代表，其内部相为中、粗粒混合花岗岩，局部出现富含钾长石变斑晶，其边缘相主要为中粒混合花岗岩，含石榴石混合花岗岩，少量混合二长花岗岩及均质花岗岩，角闪岩残留体、团块状出现在边缘相混合花岗岩中。另外，分布在蚌埠隆起内的还有花岗斑岩、花岗

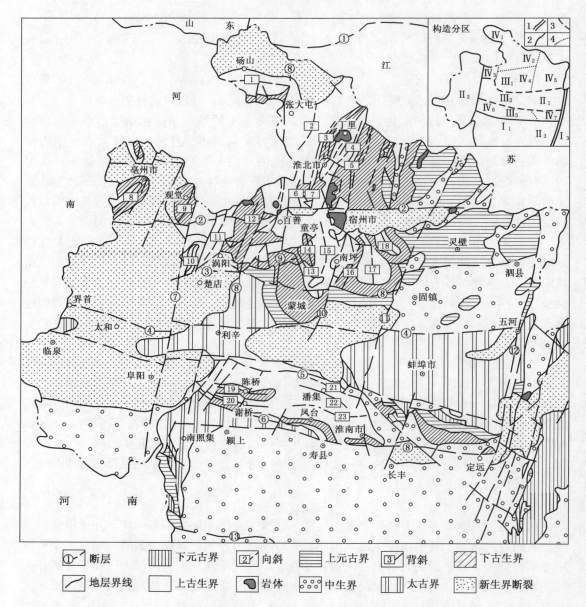

图例：

①断层　　下元古界　②向斜　　上元古界　③背斜　　下古生界　地层界线　上古生界　岩体　中生界　太古界　新生界断裂

①—利国—台儿庄断裂；②—宿北断裂；③—楚店—泗县断裂；④—太和—五河断裂；⑤—明龙山—刘府断裂；⑥—舜耕山断裂；⑦—夏邑—阜阳断裂；⑧—丰涡断裂；⑨—临焕—蒙城断裂；⑩—宿州—南坪断裂；⑪—固镇—长丰断裂；⑫—郯庐断裂；⑬—六安—合肥断裂褶皱；1—砀山向斜；2—萧西向斜；3—萧县复背斜；4—闸河复向斜；5—皇藏峪复背斜；6—百善向斜；7—任楼向斜；8—亳县背斜；9—观堂集背斜；10—花沟背斜；11—涡阳向斜；12—石工背斜；13—五沟向斜；14—童亭背斜；15—南坪向斜；16—宿南背斜；17—宿南向斜；18—芦岭向斜；19—陈桥背斜；20—谢桥向斜；21—尚塘—耿村集向斜；22—潘集背斜；23—古沟向斜

图 1-4　安徽两淮地区煤田地质构造图

闪长斑岩等酸性脉岩。

2. 早古生代加里东期侵入岩

早古生代加里东期侵入岩主要分布在宿县以东栏杆、老寨山、娄庄、灵璧和泗县一带。岩性以浅成相—超浅成相辉绿岩为主，呈岩床产出。浸入层位为上元古界震旦系宿县群，对煤层无甚影响。主要岩体有老寨山、马鞍山、娄庄、贾庄等。具有代表性的老寨山岩体最大，呈北北东向展布，岩性主要为辉绿岩；岩体中心部位为辉长岩和辉长—辉绿岩。

3. 中生代燕山期

中生代燕山期是本区地质历史上岩浆活动最强烈、分布最广泛的一次，也是对煤田破坏性和煤的变质作用影响最直接的一次。各类岩浆活动多次形成各种大小的岩体、岩床、岩脉、岩墙，伴随有褶皱和断裂而侵入，从燕山早期至燕山晚期均有活动。岩石类型主要有花岗岩、花岗斑岩、闪长岩、闪长玢岩、石英闪长岩、辉长岩和辉绿岩等。

燕山期岩浆侵入体先后可分为四期：

（1）第一次为中性岩浆岩侵入。与东西向构造密切，主要为闪长岩、闪长玢岩、石英闪长岩、石英闪长玢岩等。地表出露零星，大部为隐伏岩体，主要受东西向断裂带控制，分布在宿北断裂附近，呈岩墙、岩瘤、岩床产出。宿县西二铺闪长岩体同位素年龄为145 Ma，相当于晚侏罗世，属燕山早期产物。

（2）第二次为酸偏中性岩浆侵入。与南北向和北北东向构造带关系密切。主要分布在永城背斜，岩性为花岗闪长岩、二长花岗岩、石英正长岩等。在萧县侵入于丰涡断裂与砀山断层交汇处的杨套楼岩体，岩性以二长花岗岩为主。围岩为奥陶系下统至二叠系上统。

（3）第三次为酸性岩浆岩侵入。与北北东向断裂带关系密切，岩性为花岗岩、花岗斑岩，分布于萧县丁里、宿县夹沟、泗县大涂庄、凤台丁集等地，呈岩株、岩床产出。另外凤阳、蚌埠一带亦有此期小型岩体出露，分布在一些小断层两侧，如侵入于上元古界青白口系八公山群中的岩体即是。在淮北地区，萧县丁里岩体为此期出露面积最大的岩体，约18 km$^2$。岩体呈株状侵入于萧县背斜东南翼，在岩体边缘有较多的太原组灰岩和砂岩俘虏体。岩性为花岗斑岩，具气孔状构造，为浅成—超浅成相。在淮南地区以凤阳霸王城岩体为代表，长4 km，宽0.5 km，呈北北东方向展布，主要为石英正长斑岩。

（4）第四次为基性、超基性岩浆侵入。主要为辉绿岩和辉长岩。分布于淮北煤田东部闸河向斜及宿南向斜等地，淮北市烈山南后马厂岩体可作为代表。该岩体呈岩墙侵入于石英闪长玢岩中，长7000 m，宽100 m，走向北北西。岩性具明显的垂直分异现象，自上而下可分为黑云母闪长岩、辉石闪长岩、辉长岩、辉绿岩和橄长岩。另外在蚌埠隆起范围内和淮北灵璧等地，常有煌斑岩类与基性岩脉共生，属燕山晚期产物。

淮北地区的濉溪三铺岩体为燕山早期和晚期侵入的复式岩体。规模较大，位于濉溪前常家、西四铺、刘楼一带，由中酸性岩类组成。燕山早期侵入的岩石类型有石英二长闪长玢岩、闪斜煌斑岩；晚期为细班石英二长闪长玢岩、石英闪长玢岩、石英二长辉长玢岩。另外，还有喜马拉雅期辉绿玢岩岩脉等穿插其中。

燕山期的岩脉在淮北煤田分布甚多，主要受北北东向断裂控制，少数呈东西向和北西向展布。主要有闪长玢岩、石英闪长玢岩，其次为花岗斑岩和正长斑岩。除正长斑岩脉见于宿县红山头一带，其他均分布于煤田中。

4. 新生代喜马拉雅期

新生代喜马拉雅期主要分布于淮北灵璧、泗县一带中生代内陆盆地的上侏罗统及下白垩统中。岩性主要为安山岩、粗面岩、凝灰岩及流纹岩，具明显斑状结构和气孔状、杏仁状构造。在下白垩统青山组中为安山岩、辉石安山岩、安山玢岩、安山玄武岩等一套火山喷出岩，被新生界所覆盖，对两淮煤田无影响。

总的说来，两淮煤田岩浆活动主要为燕山期，其活动比较剧烈，多表现在淮北地区宿北断裂以北，岩体较多，南部岩浆岩体较少；淮南地区岩浆活动则不甚发育。淮北煤田内除丁里、华家湖、烈山、赵集等岩体地表有露头外，其他均为隐伏岩体。据物探航磁资料，在砀山以西一带深部有可能有更大的隐忧岩体存在。由东向西表现为岩浆岩由基性到中性和酸性的逐渐变化。东部多为基性辉绿岩；中部以闪长岩类为主。其次为花岗斑岩；西部为花岗岩、花岗斑岩岩墙。对煤田影响较大的是花岗斑岩、闪长玢岩和辉绿岩，呈岩床、岩株、岩墙、岩脉直接侵入于煤系和煤层中。其中尤以侵入到煤层底板和直接侵入煤层中的岩浆岩对煤层影响及破坏最大。侵入到煤层顶板和距煤层较远的岩体，对煤层影响较小，除局部煤变质程度有所增高之外，一般均为气煤—气肥煤类。淮南煤田岩浆岩除在上窑、明龙山、寿县和定远东部有出露外，经钻孔揭露在唐集、潘集、丁集还有中生代燕山期的隐伏岩体。定远东部的玄武岩属新生代喜马拉雅期产物。出露岩体以正长斑岩、二长斑岩、闪长斑岩为主，多呈岩脉、岩株状侵入于寒武系或前长城系中，对煤田、煤层无大的影响。隐伏的潘集和丁集细晶岩、煌斑岩体，对煤层有影响，大多沿层面侵入，使煤层局部被吞蚀和变质为天然焦。

# 2 煤层瓦斯赋存与煤储层物性特征

## 2.1 煤层瓦斯赋存

### 2.1.1 煤层瓦斯赋存状态

　　煤对瓦斯的吸附作用主要是物理吸附，是瓦斯分子与碳分子相互吸引的结果，如图2-1所示。在被吸附瓦斯中，人们通常把进入煤体内部的瓦斯称为吸收瓦斯，把附着在煤体表面的瓦斯称为吸着瓦斯，吸收瓦斯和吸着瓦斯统称为吸附瓦斯。煤层赋存的瓦斯中，吸附瓦斯量通常占80%～90%，游离瓦斯量占10%～20%，吸附瓦斯量又以煤体表面吸着瓦斯量占多数。

　　煤体表面的分子存在剩余自由力场，当瓦斯分子碰到煤体表面时，一部分被吸附，并释放出吸附热。在被吸附的瓦斯分子中，只有当其重新获得动能，并

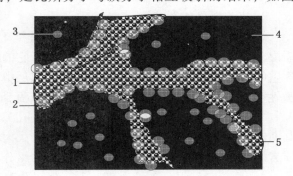

1—游离瓦斯；2—吸附瓦斯；3—吸收瓦斯；
4—煤体；5—孔隙

图2-1　煤体中瓦斯的存在状态示意图

足以克服吸附能时才能重新回到气相中形成游离状态瓦斯，因而煤体吸附瓦斯实际上是一种物理作用且属于单分子层吸附。

　　在外界条件恒定时，煤体中吸附瓦斯和游离瓦斯处于动态平衡，吸附瓦斯分子和游离瓦斯分子相互更替。在瓦斯缓慢流动过程中，不存在游离瓦斯易放散、吸附瓦斯不易放散的情况；当外界瓦斯压力和温度发生变化或给予冲击和振荡并影响到分子的能量时，原有平衡会被破坏，并最终形成新的平衡状态。

　　煤吸附性强弱主要取决于3个方面的因素，即：①煤结构、煤的有机组成和煤的变质程度；②被吸附物质的性质；③煤体吸附所处的环境条件。煤对瓦斯的吸附是可逆的，环境条件尤为重要。煤中瓦斯吸附量的大小主要取决于煤化程度、煤中水分、瓦斯成分、瓦斯压力以及吸附平衡温度等。

### 2.1.2 影响煤层瓦斯含量的因素

　　瓦斯是地质作用的产物，瓦斯的形成和保存、运移和富集与地质条件关系密切。影响瓦斯赋存和分布的主要地质因素包括：煤的变质程度、围岩条件、地质构造、煤层埋藏深度、煤田的暴露程度、地下水活动和岩浆活动。

　　1. 煤变质程度的影响

　　煤化作用过程中会不断产生瓦斯，煤化程度越高，生成的瓦斯量越多。即在其他因素恒定的条件下，煤的变质程度越高，煤层瓦斯含量越大。

　　煤的变质程度不仅影响瓦斯的生成量，还在很大程度上决定着煤对瓦斯的吸附能力。在成煤初期，褐煤的结构疏松，孔隙率大，瓦斯分子能渗入煤体内部，因而褐煤具有很强的吸附能力。但该阶段瓦斯生成量较少，且不易保存，煤中实际所含的瓦斯量是很小的。在煤的变质过程中，地压作用使煤的孔隙率减小，煤质渐趋致密。长焰煤的孔隙较少，内表面积较小，其吸附瓦斯的能力较弱，最大瓦斯吸附量为 20 ~ 30 $m^3/t$。随着煤的进一步变质，在高温、高压作用下，煤体内部因干馏作用而生成许多微孔隙，无烟煤内表面积达到最大，与之相应，煤的吸附能力最强。当由无烟煤向超无烟煤过渡时，微孔收缩并减少，煤的吸附瓦斯能力急剧降低，到石墨阶段时吸附瓦斯能力消失。

　　不同变质程度的煤，在区域分布上常呈带状分布，形成不同的变质带，这种变质分带在一定程度上控制着瓦斯的赋存和区域性分布。

　　2. 围岩条件的影响

　　煤层围岩是指包括煤层直接顶、基本顶和直接底板等在内的一定厚度范围的煤层顶底岩层。煤层围岩对瓦斯赋存的影响，取决于它的隔气和透气性能。当煤层顶板岩性为致密完整的岩石，如页岩、油页岩和泥岩时，煤层中的瓦斯容易被保存下来；顶板为多孔隙或脆性裂隙发育的岩石（如砾岩、砂岩）时，瓦斯容易逸散。

　　与围岩的隔气和透气性能有关的指标是孔隙性、渗透性和孔隙结构。泥质岩石有利于瓦斯的保存，但当含砂质、粉砂质时，将会大大降低其隔气能力。粉砂质含量会影响到泥质岩中优势孔隙的大小，例如，泥岩中粉砂组分含量为 20% 时，占优势的是 0.025 ~ 0.05 μm 的孔隙；粉砂组分含量为 50% 时，优势孔隙则为 0.08 ~ 0.16 μm。孔隙直径的这种变化，能反映岩石的隔气能力。随着孔隙直径的增大，渗透性增高，岩石隔气能力显著减弱。砂岩一般有利于瓦斯逸散，但有些地区的砂岩因孔隙率和渗透率较低，而成为很好的隔气层。

　　煤层围岩的透气性不仅与岩性特征有关，还与一定范围内的岩性组合及变形特点有关。按岩石的力学性质，可将围岩分为脆性岩层（砂岩、石灰岩等）和韧塑性岩层（细碎屑岩和煤等）两类。脆性岩层易于破裂不易发生塑性变形，韧塑性岩层则常呈塑性变形。

　　不同力学性质的岩层具有不同的构造表象。图 2 - 2a 是一种断层裂隙型围岩顶板，主要由砂岩组成；图 2 - 2b 是一种紧密褶皱型围岩顶板，由粉砂岩、泥岩和细砂岩组成；图 2 - 2c 是另一种类型，反映了一种透镜化现象。

　　不同类型的岩层中，裂隙发育情况是有差异的。脆性岩层产生大致垂直于层面的破劈理，韧塑性岩层产生密集的、与层面斜交或大致平行的流劈理。

　　3. 地质构造的影响

　　地质构造对瓦斯赋存影响较大，一方面

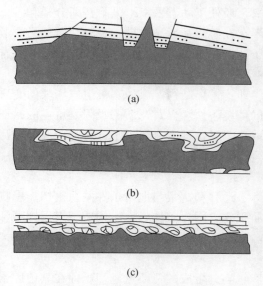

(a)

(b)

(c)

图 2 - 2　几种不同的煤层顶板形变

造成瓦斯分布不均衡，另一方面形成了瓦斯储存或瓦斯排放的有利条件。不同类型的构造形迹，地质构造的不同部位、不同力学性质和封闭情况，形成不同的瓦斯储存条件。

1）褶皱构造

褶皱的类型、封闭情况和复杂程度对瓦斯赋存均有影响。当煤层顶板岩石透气性差，且未遭受构造破坏时，背斜有利于瓦斯的储存，是良好的储气构造，背斜轴部的瓦斯会相对聚集，瓦斯含量增大。在向斜盆地构造的矿区，顶板封闭条件良好时，瓦斯沿垂直地层方向运移比较困难，大部分瓦斯仅能沿两翼流向地表，但在盆地的边缘部分，若含煤地层暴露面积大，则便于瓦斯排放。紧闭褶皱区往往瓦斯含量较高，因为这些地带受强烈构造作用，应力集中；同时，发生褶皱的岩层往往塑性较强，易褶不易断，封闭性较好，因而有利于瓦斯的聚集和保存。

2）断裂构造

断裂构造破坏了煤层的连续完整性，使煤层瓦斯运移条件发生变化。有的断层有利于瓦斯排放，有的断层抑制瓦斯排放而成为逸散的屏障。前者称为开放型断层，后者称为封闭型断层。断层的开放性与封闭性取决于下列条件：①断层属性和力学性质，一般张性正断层属开放型，而压性或压扭性逆断层通常具有封闭性；②断层与地表或与冲积层的连通情况，规模大且与地表相通或与冲积层相连的断层一般为开放型；③断层将煤层断开后，煤层与断层另一盘接触的岩层性质有关，若透气性好则利于瓦斯排放；④断层带的特征、断层带的充填情况、紧闭程度、裂隙发育情况等都会影响到断层的开放性或封闭性。

此外，断层的空间方位对瓦斯的保存或逸散也有影响。一般而言，走向断层能够阻隔瓦斯沿煤层倾斜方向逸散，而倾向和斜交断层则把煤层切割成互不联系的块体。不同类型的断层形成了不同的构造边界条件，对瓦斯赋存产生不同影响。

3）构造组合

控制瓦斯分布的构造形迹的组合形式，大致归纳为以下3种类型。

（1）逆断层边界封闭型。这一类型中，压性、压扭性逆断层常为矿井或区域的两翼边界，断层面一般相背倾斜，使整个区段处于封闭的条件之下。

（2）构造盖层封闭型。盖层条件，是就沉积盖层而言。从构造角度也可以指构造成因的盖层。如某一较大的逆掩断层，将大面积透气性差的岩层推覆到煤层或煤层附近之上，改变了原来的盖层条件，同样对瓦斯起到封闭作用。

（3）断层块段封闭型。该类型由两组不同方向的压扭性断层在平面上组成三角形或多边形块体，块段边界为封闭型断层所圈闭。

4. 煤层埋藏深度的影响

在瓦斯风化带以下，煤层瓦斯含量、瓦斯压力和瓦斯涌出量都与煤层埋藏深度有关。一般而言，煤层中的瓦斯压力随着埋藏深度的增加而增大。随着瓦斯压力增加，煤与岩石中游离瓦斯含量所占的比例增大，同时，煤中的吸附瓦斯逐渐趋于饱和。由此可以推断，在一定深度范围内，煤层瓦斯含量亦随埋藏深度的增大而增加；当埋藏深度继续增大时，瓦斯含量增加的幅度将会减缓。

5. 煤田暴露程度的影响

暴露式煤田煤系地层出露于地表，煤层瓦斯易于沿煤层露头排放。而隐伏式煤田如果盖层厚度较大，透气性又差，则煤层瓦斯保存条件好；反之，若覆盖层透气性好，容易使煤层中的瓦斯缓慢逸散，煤层瓦斯含量一般不大。

6. 地下水活动的影响

地下水与瓦斯共存于煤层及围岩之中，运移和赋存都与煤、岩层的孔隙及裂隙通道有关。地下水的运移，一方面驱动裂隙和孔隙中瓦斯运移，另一方面又带动溶解于水中的瓦斯流动。尽管瓦斯在水中的溶解度仅为 1% ~ 4% ，但在地下水交换活跃的地区，水能从煤层中带走大量的瓦斯，使煤层瓦斯含量明显减少。同时，水吸附在裂隙和孔隙的表面，还减弱了煤对瓦斯的吸附能力。因此，地下水的活动有利于瓦斯的逸散。地下水和瓦斯占有的空间是互补的，这种相逆的关系，常表现为水量大的地带，瓦斯量相对较小，反之亦然。

7. 岩浆活动的影响

岩浆活动对瓦斯赋存影响比较复杂。岩浆侵入含煤岩系或煤层，在岩浆热变质和接触变质的影响下，煤的变质程度升高，瓦斯的生成量和吸附能力增大。在缺少隔气盖层或封闭条件不好时，岩浆的高温作用可以强化煤层瓦斯排放，使煤层瓦斯含量减小。岩浆岩体有时会使煤层局部被覆盖或封闭，形成隔气盖层。但在某些情况下，由于岩脉蚀变带裂隙增加，造成风化作用加强，可逐渐形成裂隙通道，有利于瓦斯的排放。由此可见，岩浆活动对瓦斯赋存既有生成和保存作用，在某些条件下又会增加瓦斯逸散的可能性。

### 2.1.3　煤层瓦斯垂向分带

赋存于煤层中的瓦斯，具有通过各种方式由地下深处向地表流动的趋势。地表空气和在生物化学作用下所生成的气体则沿着煤层和煤层围岩向下运动，使地壳浅部的气体形成相反方向的交换运动，造成了煤层中各种瓦斯成分由浅到深有规律地变化，进而使煤层瓦斯成分具有带状分布的特征。根据黎金对苏联顿巴斯煤田的研究，煤层中瓦斯的分布状况由浅到深可划分为四个成分带，自上而下依次为：①二氧化碳—氮气带；②氮气带；③氮气—甲烷带；④甲烷带。前三个带统称为瓦斯风化带，甲烷带称为瓦斯带。瓦斯带内甲烷浓度超过 80% ，瓦斯含量随埋深增加而有规律地增加，但是增加的瓦斯梯度因地质条件而定（表 2-1 和图 2-3）。

表 2-1　瓦斯成分带划分标准　　　　　　　%

| 瓦斯带名称 | 组 分 含 量 | | |
| --- | --- | --- | --- |
| | $CH_4$ | $N_2$ | $CO_2$ |
| 二氧化碳—氮气带 | 0 ~ 10 | 20 ~ 80 | 20 ~ 80 |
| 氮气带 | 0 ~ 20 | 80 ~ 100 | 0 ~ 20 |
| 氮气—甲烷带 | 20 ~ 80 | 20 ~ 80 | 0 ~ 20 |
| 甲烷带 | 80 ~ 100 | 0 ~ 20 | 0 ~ 10 |

煤层中瓦斯含量具有由浅至深逐渐增大的趋势，地表常因瓦斯大量的逸散出现瓦斯含量和瓦斯成分中甲烷比例均偏低的特征。为了能更好地反映煤层瓦斯的分布规律，并便于进行煤层瓦斯含量预测，煤田地质、煤矿矿井瓦斯地质工作者提出了瓦斯风化带的划分问题。

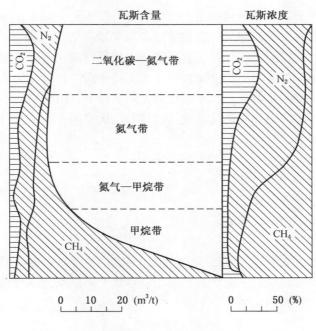

图 2-3 瓦斯成分带

目前我国煤层瓦斯风化带划分标准的指标尚未统一，多数采用瓦斯成分划分方案，即以下界烷烃含量等于70%或烷烃含量等于80%来划分。确定瓦斯风化带下界的指标包括：

①瓦斯压力 $P = 0.1 \sim 0.15$ MPa（$1 \sim 1.5$ kg/cm$^2$）；

②瓦斯组分 $CH_4$ 的体积百分数大于80%；

③相对瓦斯涌出量大于 2 m$^3$/t。

④瓦斯含量（煤芯中的甲烷含量）。其中，气煤 $1.5 \sim 2.0$ m$^3$/t（燃），肥煤与焦煤 $2.0 \sim 2.5$ m$^3$/t（燃），瘦煤 $2.5 \sim 3.0$ m$^3$/t（燃），贫煤 $3.0 \sim 4.0$ m$^3$/t（燃），无烟煤 $5.0 \sim 7.0$ m$^3$/t（燃）。

我国各煤田瓦斯风化带的深度差异很大。开滦赵各庄矿瓦斯风化带深达 480 m；湖南红卫、马田、立新等矿不到 100 m；焦作焦西矿为 90 m；抚顺龙凤矿为 200 m；我国北方各矿区一般为 $200 \sim 300$ m。

瓦斯风化带深度存在差异性，主要原因在于：化学风化作用和水的循环通常是沿着煤层及其围岩渗透性较大的部分进行，它们对瓦斯的循环运移具有重要影响。这种现象不仅在不同煤田有很大差别，即使在同一煤层、同一深度，瓦斯风化程度往往也不尽相同。

## 2.2 煤储层物性特征

### 2.2.1 煤储层压力特征

1. 煤储层压力

煤储层压力是指作用于煤孔隙和裂隙空间上的流体压力（包括水压和气压），故又称为孔隙流体压力，相当于常规油气储层中的油层压力或气层压力。煤层压力与煤层含气性密切相关。

煤储层中流体受到三方面力的作用，包括上覆岩层压力、静水柱压力和构造应力。当煤层渗透性较好并与地下水连通时，孔隙流体所承受的压力为连通孔道中的静水柱压力，即煤储层压力等于静水压力；若煤储层被不渗透地层所包围，由于储层流体被封闭而不能自由流动，储层孔隙中流体压力与上覆岩层压力保持平衡，此时，储层压力等于上覆岩层压力。在煤层渗透性很差且与地下水连通性较差的条件下，出于岩性不均而形成局部半封闭状态，则上覆岩层压力由储层内孔隙流体和煤基质块共同承担，此时，煤储层压力小于上覆岩层压力而大于静水压力，即

$$\sigma_v = p + \sigma$$

式中　$\sigma_v$——上覆岩层压力，MPa；

　　　$p$——煤储层压力，MPa；

　　　$\sigma$——煤层骨架应力，MPa。

2. 应力状态

为了对比不同地区或不同储层的压力特征，实践中通常是根据储层压力与静水柱压力之间的相对关系来确定储层的压力状态，采用的参数为储层压力梯度或压力系数。表 2-2 给出了淮南煤田主煤储层压力试井数据。

表 2-2　淮南煤田主煤储层压力试井数据统计表

| 试井参数 | 新集矿区 | | | 谢李矿区 | | | 潘集矿区 |
|---|---|---|---|---|---|---|---|
| | 13-1 | 8 | 6 | 13-1 | 6, 7, 8 | 11-2 | 13-1 |
| 储层压力/MPa | 4.96 | 7.34 | 7.36 | 4.62 | 11.45 | 10.34 | 6.78 |
| 煤层埋深/m | 501.01 | 772.63 | 707.69 | 810.53 | 1060.19 | 937.41 | 698.97 |
| 压力梯度/(MPa·m⁻¹) | 0.99 | 0.95 | 1.04 | 0.57 | 1.08 | 1.08 | 0.97 |
| 压力系数 | 1.01 | 1.13 | 1.07 | 0.58 | 1.10 | 1.10 | 0.96 |

储层压力梯度是指单位垂深内的储层压力增加，常用井底压力除以从地表到测井井段终点深度而得出，在煤层研究中应用广泛。按储层压力梯度的大小可以将储层压力状态划分为 3 种类型（表 2-3）：若储层压力梯度等于静水压力梯度（注：9.78 kPa/m，淡水），储层压力状态为正常；若储层压力梯度大于静水柱压力梯度，则为高压或超压异常状态；若储层压力梯度小于静水柱压力梯度，则称为低压异常或欠压状态。

表 2-3　煤储层瓦斯压力类型

| 压力梯度/(MPa·m⁻¹) | <9.5 | 9.5~10.0 | >10.0 |
|---|---|---|---|
| 储层压力类型 | 低压 | 正常 | 高压 |

压力系数定义为实测地层压力与同深度静水柱压力之比值，石油天然气地质中常用该参数表示储层压力的性质和大小。当压力系数等于 1 时，储层压力与静水柱压力相等，储层压力正常；当压力系数大于 1 时，储层压力高于静水压力，称为高异常压力；如果储层压力远远大于静水柱压力，则称超压异常；若压力系数小于 1，储层压力低于静水柱压力

时，称低异常压力。因此，在煤储层压力研究中，需要综合考虑上覆岩层的性质和厚度、储层与上覆岩层的水力联系、构造特征和构造应力场分布等因素，从而对储层压力状态及其作用因素进行评价。

3. 煤储层压力的地质控制

煤储层压力受地质构造演化、生气阶段、水文地质条件（水位、矿化度、温度）、埋藏深度、含气量、大地构造位置、地应力等诸多因素影响。煤层埋深和地应力是储层压力的主要控制因素。

1）埋藏深度的影响

煤储层压力总体上与埋深呈线性正相关关系，煤层埋藏深度增加，储层压力随之增高。我国煤层气试井成果表明，在埋深小于 500 m 时，煤层气平均压力均小于 5 MPa，如晋城、韩城、沁源、柳林等盆地；埋深小于 1000 m 时，绝大部分煤储层的平均压力均小于 10 MPa；当埋深大于 1000 m 时，煤储层平均压力大都超过 10 MPa，如淮南等矿区，从图 2 - 4 可以看出淮南煤储层压力与煤层埋深的关系。

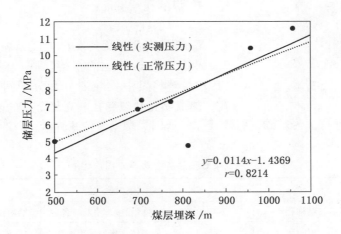

图 2 - 4　淮南煤田煤储层压力与煤层埋深之间的关系

2）地应力的影响

构造应力增加，有利于煤储层压力保持，但往往导致渗透率降低并给煤层的排水、降压及瓦斯的解吸、运移和排出造成一定困难，在高地应力区情况尤为显著。不同地区地应力的大小不同，当地应力增大、孔裂隙被压缩、体积变小时，储层压力变大；当地应力降低、孔裂隙体积增大时，储层压力减小。因此，地应力与储层压力存在相关性。

3）水文地质的影响

在煤系中，由于各个煤层与主要含水层间并无明显的水力联系，往往构成不同的水动力系统，储层压力主要由储层本身直接充水含水层的水头高度来度量。压力水头的埋藏深浅（水位）造成不同的水动力条件，也是影响储层压力和梯度变化的重要因素。一般而言，压力水头埋藏越深压力梯度就越小，埋藏越浅则压力梯度越高。

储层压力状态是按大于、等于或小于淡水静水压力梯度（9.78 kPa/m）的标准判定的。因此，地下水矿化度是影响储层压力状态的主要因素。地下水矿化度越高其相对密度越大，在相同压力水头高度下高矿化水比低矿化水的水头压力要大。因此，在封闭、滞留、地下水补排条件较差的高矿化度水分布区段，往往出现储层压力的高压异常状态。

4）瓦斯压力的影响

瓦斯压力是指在煤田勘探钻孔或煤矿矿井中测得的煤层孔隙中的气体压力，煤层试井测得的储层压力是水压。二者的测试条件和测试方法明显不同。煤储层压力是水压与气压的总和。瓦斯压力梯度值的变化幅度很大，介于 1.2 ~ 13.4 kPa/m 之间。气压高低与煤层气岔气饱和度、煤层风化带的深度有关。

## 2.2.2　煤层孔隙与裂隙特征

煤层是一种双重孔隙介质，属裂隙孔隙型气储层。图 2 - 5 是煤层孔隙结构的理想模型，割理将煤分割成若干基质块，基质块中包含有大量的微小孔隙，是气体储存的主要空间，其渗透性很低；割理是煤中的次要裂隙系统，但却是煤层中流体（气体和水）渗流的主要通道。

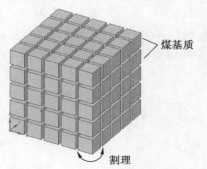

煤基质

割理

图 2 - 5　煤的双孔隙系统

1. 煤的孔隙特征

1）煤的孔隙

煤的孔隙成因及其发育特征是煤体结构、煤层生气、储气及渗透性能的直接反映。根据成因，H. Gan（1972）等将煤中孔隙划分为分子间孔、煤植物组织孔、热成团孔和裂缝孔。立足于煤的岩石结构和构造，以煤的变质、变形特征为基础，将煤孔隙的成因类型划分为 4 大类 10 小类（表 2 - 4）。

表 2 - 4　煤的孔隙类型及其成因简述表

| 类型 | | 成　因　简　述 |
| --- | --- | --- |
| 原生孔 | 结构孔 | 成煤植物本身具有各种组织结构孔 |
| | 屑间孔 | 镜屑体、惰屑体等内部碎屑之间的孔 |
| 变质孔 | 链间孔 | 凝胶化物质在变质作用下缩聚而形成的链之间的孔隙 |
| | 气孔 | 煤化作用过程中由生气和聚气作用而形成的孔隙 |
| 外生孔 | 角砾孔 | 煤受构造应力破坏而形成的角砾之间的孔 |
| | 碎粒孔 | 煤受构造应力破坏而形成的碎粒之间的孔 |
| | 摩擦孔 | 压应力作用下面与面之间摩擦而形成的孔 |
| 矿物质孔 | 铸膜孔 | 煤中矿物质在有机质中因硬度差异而铸成的印坑 |
| | 溶蚀孔 | 可溶性矿物在长期气、水作用下受溶蚀而形成的孔 |
| | 晶间孔 | 矿物晶粒之间的孔 |

根据煤孔隙割理的物理测试结果，通常将煤中孔隙（包含割理）的空间尺度划分为：<0.01 μm 为微孔，0.01 ~ 0.1 μm 为小孔，0.1 ~ 1 μm 为中孔，>1 μm 为大孔。通过观察描述可以确定割理和孔隙的成因类型、连通性，统计割理的优势方位、密度等。

2）影响煤孔隙特征的主要因素

　　煤的孔隙特征与煤的变质程度、破坏程度和地应力大小等因素有关。

　　（1）煤变质程度的影响。从长焰煤开始，随着煤化程度的加深（挥发分减小），煤的总孔隙体积逐渐减少，到焦煤、瘦煤时达最低值，而后又逐渐增加，至无烟煤达到最大值。煤中微孔体积则随着煤变质程度的增加而增大（表2-5）。

表2-5 煤的孔隙体积

| 煤牌号 | 挥发分/% | 孔隙体积/($m^3 \cdot t^{-1}$) | | | | | |
|---|---|---|---|---|---|---|---|
| | | 总 孔 隙 | | 小孔至大孔 | | 微 孔 | |
| | | 区间值 | 平均 | 区间值 | 平均 | 区间值 | 平均 |
| 长焰煤 | 46～43 | 0.073～0.091 | 0.084 | 0.045～0.070 | 0.061 | 0.021～0.028 | 0.023 |
| 气煤 | 40～35 | 0.028～0.080 | 0.053 | >0.001～0.058 | 0.030 | 0.015～0.034 | 0.026 |
| 肥煤 | 34～28 | 0.026～0.078 | 0.051 | >0.001～0.050 | 0.025 | 0.019～0.033 | 0.026 |
| 焦煤 | 27～22 | 0.021～0.068 | 0.045 | >0.001～0.050 | 0.019 | 0.021～0.038 | 0.026 |
| 瘦煤 | 21～18 | 0.028～0.065 | 0.045 | >0.001～0.036 | 0.016 | 0.022～0.033 | 0.029 |
| 贫煤 | 17～10 | 0.034～0.084 | 0.055 | >0.001～0.052 | 0.022 | 0.027～0.052 | 0.033 |
| 半无烟煤 | 9～6 | 0.041～0.094 | 0.065 | >0.001～0.054 | 0.023 | 0.033～0.056 | 0.044 |
| 无烟煤 | 5～2 | 0.055～0.136 | 0.088 | >0.001～0.076 | 0.029 | 0.049～0.062 | 0.055 |

　　（2）煤破坏程度的影响。对于烟煤而言，煤的破坏程度越高，煤的渗透容积就越大。破坏程度对煤的微孔影响不大。煤的渗透容积主要由中孔和大孔组成。

　　（3）地应力的影响。压应力使煤的渗透容积缩小，压应力越高，煤体渗透容积缩小的就越多，即孔隙率减少的越多；而张应力则使裂隙张开，从而引起渗透容积增大，张应力越高渗透容积增加就越多，即孔隙率增加越大。此外，卸压作用往往可使煤（岩）的渗透容积增大，即孔隙率增大，使瓦斯的排放量增加；增压作用可使煤（岩）受到压缩，导致渗透容积减小，即孔隙率降低。

　　2. 煤层裂隙

　　1）煤层裂隙系统

　　煤层裂隙系统是指不包括断层在内的，在自然条件下肉眼可以识别的裂隙系统，它由内生裂隙系统、气胀裂隙系统和外生裂隙系统三部分组成，大小通常为几毫米到几米（图2-6）。

　　（1）内生裂隙系统——常见于镜煤和亮煤，裂隙面比较平坦，常呈眼球状，有时被矿物薄膜充填。一般认为内生裂隙是煤中凝胶化物质在煤化过程中受温度、压力的影响，内部结构变化，体积均匀收缩，产生内张力而形成的。内生裂隙往往有主要组和次要组，内生裂隙的发育程度与煤化程度有关。

　　（2）气胀裂隙系统——气胀裂隙的产状、岩性选择性、裂隙面性质及其力学机制完全类似于内生裂隙。它是在良好的封闭条件下，在瓦斯剧烈生成期由于张性破坏产生的裂隙，称之为气胀节理。裂隙规模主要取决于煤层流体压力与煤层纯张破裂压力和有效地应力之和的差值。流体压力越大，裂隙规模也越大。

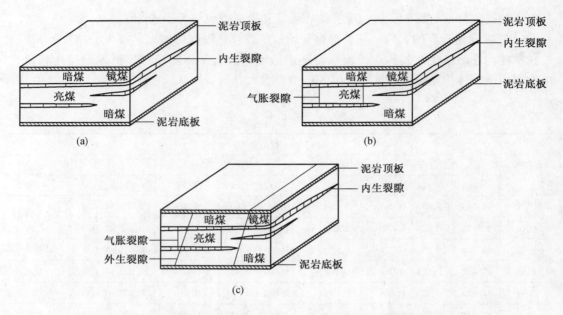

图 2－6　晋城矿区成庄矿二盘区 3 号煤层中裂痕系统成因图

（3）外生裂隙系统——外生裂隙是煤层形成后受构造应力作用而产生的，它可以出现在煤层的任何区带。外生裂隙间距较宽，裂隙面常见凹凸不平的滑动痕迹，多呈羽毛状、波纹状，但有些较光滑；此外，裂隙中还可以见到次生矿物或破碎煤屑等充填物。一般而言，焦煤、瘦煤中外生裂隙特别发育。

煤层中的外生裂隙可分为两类，一类是切穿煤层进入煤层顶底板的外生裂隙，另一类是切穿整个或大部分煤层但不切穿煤层顶底板的外生裂隙。外生裂隙与煤的层理面相互交错，其中斜交者较多。主要外生裂隙组的方向常与附近断层方向一致。

2）煤层割理系统

割理，是指煤中的天然裂隙，整个煤层中连续分布的割理称为面割理，中止于面割理或与面割理交叉的不连续割理称为端割理，如图 2－7 所示。面割理和端割理通常是相互垂直或近似正交的。

剖面上，割理主要呈垂直于层理或微斜交层理平行排列。割理长度在层面上可以测量，发育的面割理呈等间距分布，其长度变化范围大。由于受煤岩成分相变的控制，镜煤或亮煤分层中的面割理较发育，在几米至几十米内的分布都很稳定。而不发育的面割理以短裂纹形式出现，长度可能只有几毫米至几厘米。面割理高度受煤岩类型和煤岩组分的控制，总体而言，煤的光泽越亮、镜煤和亮煤越多、厚度越大，割理越发育，割理高度越大。割理高度小则几微米，大则几十厘米。

端割理与面割理通常是互相连通的，长度受面割理的控制，面割理间距越宽，端割理越长。端割理与面割理的高度受控因素相同，即煤炭类型和煤岩组分。

割理形态各异，主要包括：①网状，这种割理连通性好，极发育；②一组大致平行排列的面割理极发育，而端割理极少，这种割理发育、连通性较好；③面割理呈短裂纹状或断续状，较发育，端割理少见，这种割理连通性差。

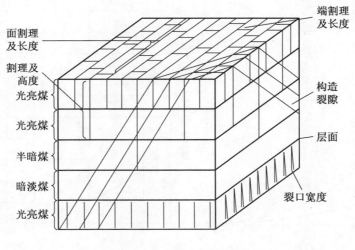

图 2-7  每种割理系统图

3）煤层裂隙影响因素

煤层裂隙发育受多种因素影响，归纳起来主要有下列 8 种：①煤化作用的类别和程度；②煤岩成分、类型和厚度；③煤体结构类型；④煤中矿物质含量及赋存状态；⑤煤层结构、煤层或煤分层厚度；⑥古构造应力场；⑦水文地质条件；⑧构造样式。

煤化作用的类型和程度、煤岩成分、类型和厚度、煤体结构类型是影响裂隙密度主要因素；煤层结构和厚度主要影响裂隙的连通性；古构造应力场，构造变形样式对裂隙方位起控制和改造作用；静水压力有利于裂隙的张开；一定矿化度的水常常会带来大量自生办物，造成裂隙回填。

煤层结构影响裂隙的垂向延伸。在简单结构煤层中，大、中裂隙可以穿透整个煤层，垂向连通性好；在复杂结构煤层中，小裂隙和微裂隙终止于夹矸，垂向不连通。夹矸层上、下煤分层形成各自的裂隙系统。煤分层厚度越小，裂隙密度越大。

### 2.2.3  煤储层渗透性特征

渗透性是流体通过多孔介质的能力，表征渗透性的量是渗透率。影响煤储层渗透率的因素十分复杂，一般说来，煤层孔隙、裂隙等内在因素起着主导作用，地应力等外在因素对于煤储层渗透率也有很显著的影响。

1. 地应力的影响

地应力对渗透率的影响，既反映上覆地层对煤层的垂向作用力，也反映水平构造应力的作用。构造挤压区、逆冲推覆作用强烈地区以及不同走向断裂的结合部位，是构造应力集中的地区，往往也是低渗透率分布地区。构造应力松弛、与断层有关的次生裂隙以及破碎断层面，是低应力的分布地区，往往也是煤储层高渗透率分布地区。图 2-8 和图 2-9 表示加卸载时渗透率与围压和有效应力之间的关系。卸载过程中某一围压或有效应力下的渗透率要小于同样压力下加载时的渗透率。其原因是：煤体是非弹性体，加载时产生的变形在卸载过程中不能完全恢复，增加了通道的渗透阻力，降低了渗透性。随着卸载继续进行，当围压或有效应力低于一定值时，渗透率会骤然增加。

2. 埋藏深度的影响

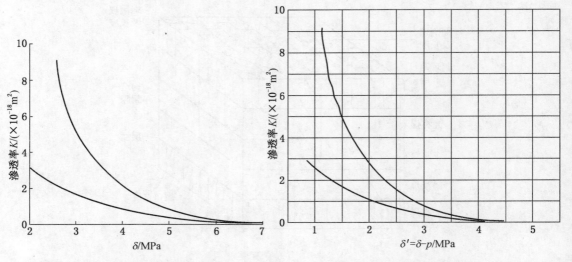

图 2 – 8　加卸载时渗透率 $K$ 随围压　　　　图 2 – 9　加卸载时渗透率有效应力变化曲线
　　　　　　$\delta$ 变化曲线　　　　　　　　　　　　（垂直层理 $p = 1.2 \sim 1.5$ MPa）

　　一般说来，煤储层埋藏深度增大，其渗透率降低（图 2 – 10）。因为决定渗透率的首要因素是构造应力，地应力显著影响着渗透率与埋藏深度之间的关系。我国煤储层渗透率随应力增高而减少的趋势明显，煤储层渗透率与埋深之间亦表现出渗透率随埋深增大而减小的总体趋势，但在某一深度段，煤储层渗透率的分布比较离散。例如，安徽淮南和淮北等矿区煤储层渗透率随煤层埋深的增加降低较快。

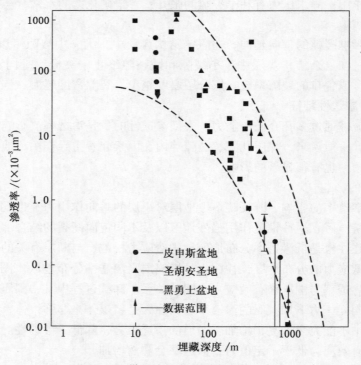

图 2 – 10　煤层渗透率与埋藏深度的关系

同一煤盆地，地应力条件类似，随煤层埋深由盆缘至盆地中心增大，煤储层渗透率逐渐降低，呈同心圆状分布，局部因地质构造差异导致的局部应力场出现变化。

3. 天然裂隙的影响

煤储层天然裂隙系统，在某种程度上对煤储层渗透率具有重要影响。从理论上讲，天然裂隙发育，有利于提高煤储层的渗透率。在地应力、裂隙充填状态相差不大时，天然裂隙越发育，渗透性就越好。当地层褶皱隆起时，有效应力降低而使裂缝张开，有利于提高煤层渗透率。

4. 煤体结构的影响

由于煤体破碎程度不一，煤体结构通常分为原生结构煤、碎裂煤、碎粒煤和糜棱煤四种类型。原生结构煤和碎裂煤煤体结构相对较完整，强度高，裂隙连通性好，渗透性高；碎粒煤和糜棱煤煤体结构松软，强度低，渗透性差。

5. 储层压力的影响

煤储层渗透率随储层压力增大而呈明显的减小趋势，当储层压力大于 5 MPa，渗透率普遍小于 $0.1 \times 10^{-3} \ \mu m^2$，这是煤储层压力随埋深加大而增高以及渗透率随埋深加大而减小的必然结果。

6. 水文地质条件的影响

就某一盆地而言，从盆地边缘到盆地中心，地下水的流动依次可分为强径流、中等径流和弱径流。径流变弱，煤储层渗透率变低的规律性明显。这一现象的主控因素是埋深（地应力），而水文地质作用可能只占很少部分。水文地质条件对渗透率的影响往往是通过煤储层埋深和储层压力体现出来的。

### 2.2.4　煤储层的瓦斯流动规律

1. 煤中气体的流动

在自然界的原始状态下，煤储层中的气体以承压状态存在着，气体处于平衡状态。可以视为不流动。当人为活动如井下采掘活动、气井排水降压等破坏这种原始的压力平衡状态时，就会引起煤储层中气体的流动，如图 2－11 和图 2－12 所示。

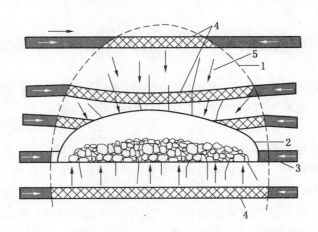

1—卸压圈；2—冒落圈；3—保护层；4—被保护层；5—瓦斯流向

图 2－11　邻近层的瓦斯流动

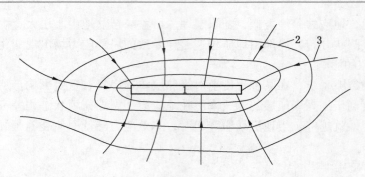

1—巷道；2—瓦斯压力等值线；3—瓦斯流向
图 2 - 12　巷道周围煤体中瓦斯流动示意图

气体穿过煤储层孔隙介质的流动机制可以描述为 3 个相互联系的过程（图 2 - 13）：①压力降低，气体从煤基质孔隙的内表面上发生解吸；②气体穿过基质和微孔扩散到裂隙中，扩散作用是由基质与裂隙间存在的浓度差引起的；③气体在压力差作用下以达西流方式在裂隙中渗流。这三种作用是互为前提、连续进行的统一过程，不能割裂开来单独进行。

从煤的内表面上解吸　　　　穿过基质和微孔扩散　　　　在天然裂隙中流动
图 2 - 13　煤中气体流动的三个阶段

2. 解吸

当储层压力降至低于临界解吸压力时、气体分子开始解吸，并遵循给定介质的等温吸附过程。

吸附时间是指总的吸附气量（包括残留气）的 63.2% 释放出来所需要的时间，一般用天或小时来表示。解吸过程的快慢可以用吸附时间来定性表示。

3. 扩散流

气体穿过煤基质和微孔的扩散流动依煤基质块孔径大小有 3 种方式，即：①整体扩散，分子与分子间的相互作用；②克努森型扩散，分子与孔壁间相互作用；③表面扩散，像液膜一样吸附的甲烷沿微孔隙壁运移。当孔隙直径大于气体分子的平均自由程时以整体扩散为主；当孔隙直径小于气体分子的平均高由程时以克努森型扩散为主；表面扩散作用受控于气体分子和孔壁表面之间的连续碰撞情况，气体是作为吸附相运移的。3 种扩散方式中，表面扩散作用最小。

扩散流动是气体分子随机运动的结果。图 2 - 14 为煤基质中甲烷的分子扩散示意图，可用来说明甲烷的扩散过程。气体分子是随机运动的，假定试图穿过某一虚拟内表面的两侧气体的百分率相同，由图 2 - 14 所示，靠近基质中心—侧（左）的甲烷浓度大于靠近割理一侧（右），所以试图从左向右穿越的分子数目显然大于试图从右向左穿越的分子数目，总的运移方向是从左向右，即从煤基质块向割理流动。

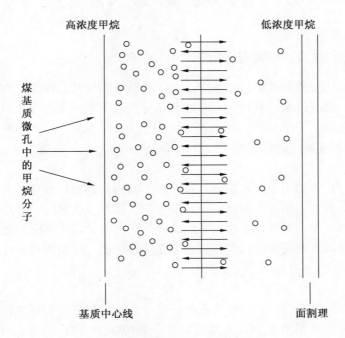

图 2 - 14 煤基质中甲烷的分子扩散

**4. 达西流**

一般认为，中孔（直径大于 100 nm）以上的孔隙和裂隙中，气体的流动为渗透，并且可能存在两种方式，即层流和紊流。裂隙缝宽为 0.1 ~ 10 μm 时，煤储层甲烷呈缓慢的层流；裂隙缝宽为 10 ~ 100 μm 时，煤储层甲烷呈剧烈的层流；裂隙缝宽大于 100 μm 时，煤储层甲烷会出现紊流。

煤储层内孔隙的大小、形态和曲率非常复杂，具有明显的不均匀性。为了简化煤储层中气体的流动状态，通常认为，煤储层中气体的流动属于层流渗透，且服从达西（Darcy）定律，即流体的流速（$v$）与其压力梯度成正比。

# 3　区域瓦斯地质

## 3.1　地质构造对瓦斯赋存的控制

　　不同类型的地质构造在其形成过程中，由于构造应力场及其内部应力状态的不同，导致煤层和盖层的产状、结构、物性、裂隙发育状况及地下水径流等条件出现差异，进而影响到煤层瓦斯的保存。

### 3.1.1　褶曲构造对瓦斯保存的影响

#### 1. 向斜构造

　　通常向斜构造比背斜构造对瓦斯保存条件好。向斜两翼地层倾角越大，煤层瓦斯越易逸散，但是若两翼发育逆断层，则有利于瓦斯保存；反之，两翼倾角较小，断裂不发育或发育逆断层，也有利于瓦斯保存。在大型宽缓向斜中，由于两翼有纵向正断层和次级褶曲发育，瓦斯易于顺两翼断层和次级背斜顶部裂隙运移逸散，瓦斯保存最好的地段往往位于向斜的次级向斜部位。

#### 2. 背斜构造

　　根据影响瓦斯保存的特点，可将背斜构造划分为对称背斜、不对称背斜和次级背斜三种基本类型。在对称背斜类型中，大型背斜顶部裂隙密集发育，形成气体逸散运移的通道，故背斜轴部的含气性往往较差，而向两翼和倾伏端方向含气性变好；如果构造挤压变形强度加大，导致背斜轴部发育逆断层系统，则在一定程度上有利于瓦斯保存，其含气性可能较好。不对称背斜，顶部多发育张性裂隙，在缓翼有逆断层形成，瓦斯在陡翼顺层运移并从裂隙逸散，在缓翼因受逆断层的阻隔，瓦斯常常得以较好保存。次级背斜多位于大型宽缓复式向斜的两翼，或发育在单斜构造的背景中，一般背斜幅度小，两翼产状缓，裂隙不甚发育，有利于形成小型构造"圈闭"，如潘三矿发生的煤与瓦斯突出多发生于次级背斜——叶集背斜。如果大型背斜顶部遭受剥蚀并涉及煤层、形成瓦斯的"逸散窗"，瓦斯由深部向浅部补给并顺煤层露头逸散，则背斜顶部附近煤层的含气性极差，含气性较好的地段往往位于两翼斜坡部位，如淮河南矿区的谢一、李一矿。

### 3.1.2　断裂构造对瓦斯保存的影响

#### 1. 推覆构造

　　在挤压应力作用下形成的推覆构造，一方面可形成区域性封盖的构造条件而有利于瓦斯保存，另一方面又可能强烈破坏煤层的原生结构形成构造煤，而使煤储层渗透性降低，从而导致煤储层含气量较高而物性较差，有利于瓦斯保存。如淮南复向斜两翼的推覆构造。

#### 2. 封闭性断层

　　瓦斯在煤层中通常以单向顺层流动为主，封闭性断层对瓦斯的运移阻挡作用，使得断层的两盘瓦斯涌出量差异十分明显，而且表现为断层（指反倾向断层）的下盘瓦斯涌出量比上盘大。在同一构造块段内接近断层时瓦斯涌出量增大，靠近断层时涌出量又有减小的趋势，这种现象也是封闭性断层的特征。谢一矿 – 365 水平 $C_{13}$ 煤层顶层回采时，各断块内瓦斯涌出量不同，$F_{13-5}$ 与 $F_{17}$ 两断层的两盘瓦斯涌出量差异十分明显，其他断层的则差异较小（图 3 – 1）。

3. 小型构造

含煤岩系是由软、硬岩层互层组成的，煤层相对于顶底板围岩一般为软岩层，受构造应力作用，极易造成了煤层与其顶底板岩层不同的褶皱程度和层间滑动现象。由于层间构造、层滑构造、小褶曲、枣核状构造等小型构造造成的局部煤层的增厚或变薄，往往引起瓦斯的增大。同时这些构造的影响会使煤层的结构改变，煤体变得松软，增强了煤层的吸附与储存瓦斯的能力。当采掘影响到该处时又易产生应力集中，产生瓦斯涌出的异常现象。

4. 断裂构造发育程度

断裂构造的发育程度与煤层瓦斯含量的大小有较好的对应关系，如谢家集区断裂构造发育，而断层的组合关系也较为复杂，致使一些断块的边缘断层封闭，瓦斯运移受阻而被封闭聚集，因此显示瓦斯含量大，瓦斯压力大，发生煤与瓦斯突出的危险也最为严重；而孔集、李嘴孜矿区地质构造相对较为简单，瓦斯含量较小，发生煤与瓦斯突出的危险性也相对较小，该区尚未出现突出现象。

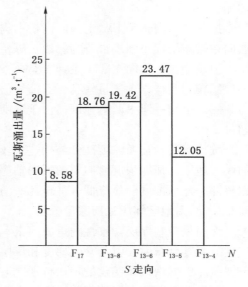

图 3 – 1  谢一矿（原谢二矿）瓦斯
涌出量沿走向分布图

## 3.2 淮南地区区域瓦斯地质

淮南地区主要包括刘庄、谢桥、张集、顾桥、丁集、潘一、潘二、潘三、潘四、朱集、八里塘、新集、谢李新庄孜等井田或矿区。

### 3.2.1 淮南地区煤层瓦斯区域分布

淮南地区煤层层数多，厚度大，相对较稳定。煤储层区域含气性的特点是受构造的影响特别明显，瓦斯含量高的区域主要集中于谢桥古沟向斜及尚塘耿村向斜的轴部与陈桥—潘集背斜及唐集—朱集背斜的两翼。煤储层含气性与煤层埋深有着密切的关系，瓦斯含量与埋深相关性较好，以 13 – 1 煤的含气性最好。

已勘探地区的煤层瓦斯含量平均值为 5.36 $m^3/t$，按由大到小顺序排列，各井田平均含气量分别为谢李—新庄孜 10.79 $m^3/t$，朱集 7.00 $m^3/t$，顾桥 6.49 $m^3/t$，潘三 6.41 $m^3/t$，张集 5.15 $m^3/t$，谢桥 4.85 $m^3/t$，丁集 4.68 $m^3/t$，潘四 4.65 $m^3/t$，潘二 4.48 $m^3/t$，新集 3.95 $m^3/t$，刘庄 2.46 $m^3/t$，八里塘 0.49 $m^3/t$。丁集—顾桥—张集一线以西地区煤层瓦斯含量较低，以东地区瓦斯含量较高，该线两翼单斜区比中间背斜区瓦斯含量高，自北向南呈现高—低—高—低的变化规律。最北部的朱集勘探的煤层平均瓦斯含量在 2 ~ 10 $m^3/t$ 之间，自浅部向深部呈现递增趋势；南侧与朱集相连的是陈桥潘集背斜区低含气带，平均瓦斯含量低于 2 m³/t，这主要与构造条件有关，因其处于不利于储气的背斜区，正断层发育。但是，向东到潘二井田后瓦斯含量迅速增加，究其原因，是埋深自西向东迅速增加。

进一步向南是呈 EW 走向的谢桥古沟向斜，北翼宽缓，南翼因断层限制而显狭窄，自西向东被断层或小断层带分为三块。陈桥—颍上断层西侧为谢桥西预测区，断层东侧为谢桥推覆预测区，再向东隔一系列 NNW—SSE，走向断层为潘集深部预测区。向斜区受埋深的控制较为明显，含气量较高，等值线值自向斜两翼向轴部地带逐渐加大。继续向南到达新集—八里塘—谢里西侧地区，位于淮南矿区的最南部，瓦斯含量较低，吨煤含量一般不超过 2 m³。

统计表明，瓦斯浓度高低与构造有较大关系。例如，在谢桥古沟向斜及尚塘耿村向斜的周边地区，瓦斯浓度自向斜两翼向轴部逐步增高；而在陈桥—潘集背斜及唐集—朱集背斜核部，瓦斯浓度明显降低，甚至瓦斯消失。

### 3.2.2　淮南地区煤层瓦斯深度分布

埋深是控制煤层含气性的重要因素，直接影响到煤储层的压力和保存条件。在研究含气性的深度分布时，引入含气梯度和煤层气风化带的概念。含气梯度是指同一煤层的含气随埋藏深度的增大而变化的定量特征，通常以每百米的含气变化幅度予以表示。

讨论含气性与埋深的相关性有一个前提，就是构造发育简单并且稳定，否则没有太大意义。在剔除断层带及其附近的异常点后，散点图的相关性显著提高，含气量与埋深的相关关系基本上为正相关型，只有顾桥井田以准相关型为主。甲烷浓度与埋深的关系也以正相关型为主，相关系数不及含气量与埋深。不论是同一煤层在不同矿区，还是同一矿区的不同煤层，含气量与埋深相关性和甲烷浓度与埋深相关性均具有一致性变化，即含气量与埋深相关性越好，则对应的甲烷浓度与埋深相关性也越好。

淮南煤储层含气梯度变化范围为 0.79 ~ 2.88 (m³·t⁻¹)/hm，平均值为 1.41 (m³·t⁻¹)/hm，随地区和煤层而变化。13 - 1 煤为 0.79 ~ 2.88 (m³·t⁻¹)/hm，平均 1.45 (m³·t⁻¹)/hm，在张集井田最高，谢桥井田最低。11 - 2 煤为 0.92 ~ 1.83 (m³·t⁻¹)/hm，平均 1.30 (m³·t⁻¹)/hm，刘庄井田最高，张集井田最低。8 煤为 0.94 ~ 2.47 (m³·t⁻¹)/hm，平均 1.53 (m³·t⁻¹)/hm，丁集井田最高，潘二井田最低。1 煤为 0.96 ~ 2.20 (m³·t⁻¹)/hm，平均 1.35 (m³·t⁻¹)/hm，潘四井田最高，谢桥井田最低。

风化带深度在区域上存在显著变化，煤层间也略有差异。井田或勘探区甲烷风化带平均深度 525 ~ 863 m，在刘庄井田最大，在潘二、张集井田最小。值得注意的是，刘庄井田第四系覆盖层最厚，而潘二、张集地区第四系覆盖层较薄，剔除松散覆盖层厚度，淮南甲烷风化带深度在 600 m 左右。

除了采用甲烷浓度 80% 来表征风化带下界外，习惯上也用某一含气量值来近似表达，因为含气量与甲烷浓度具有一定的相关关系。淮南主煤储层甲烷浓度 80% 对应的含气量变化多分布于 2 ~ 8 m³/t 之间，平均值 4 m³/t 左右。

淮南煤田各矿井的可采煤层均被上覆基岩及松散层掩盖，瓦斯逸散条件较差，根据地勘瓦斯数据及矿井生产过程收集的瓦斯资料，各可采煤层平均瓦斯含量均较高，平均含量 6.23 m³/t，最高的可达 17.91 m³/t，瓦斯主要赋存在煤系的中部 B、C 组内，下部的 A 组煤层及以上部的 D、E 组煤层中瓦斯相对较少，矿井生产的瓦斯涌出量较高。截至 2009

年底，淮南矿业集团所属的矿井共发生煤与瓦斯突出动力现象 146 次，其中淮河南矿区发生 90 次，潘谢矿区 56 次；突出煤层属于中部 B、C 组煤层共 143 次，下部的 A 组煤层 2 次（新庄孜 $A_1$ 煤层 1 次、潘二矿 $A_3$ 煤层 1 次），上部的 D、E 组煤层 1 次（潘二矿 $D_{17}$ 煤层），见表 3-1。

表 3-1　淮南煤田各矿井瓦斯概况表

| 矿区 | 矿井 | 瓦斯相对涌出量/($m^3 \cdot t^{-1}$) | | | 瓦斯绝对涌出量/($m^3 \cdot t^{-1}$) | | | 突出次数 | 突出煤层及次数 | 矿井瓦斯等级 |
|---|---|---|---|---|---|---|---|---|---|---|
| | | 最大 | 最小 | 平均 | 最大 | 最小 | 平均 | | | |
| 淮河南 | 李一 | 36.62 | 8.95 | 24.92 | 40.46 | 23.48 | 32.47 | 2 | $C_{13}$(1)、$B_6$(1) | 煤与瓦斯突出矿井 |
| | 谢一 | | | 23.46 | | | 147.10 | 61 | $C_{13}$(12)、$B_{11b}$(25)、$B_{9b}$(2)、$B_{4b}$(1) | 煤与瓦斯突出矿井 |
| | 新庄孜 | 26.73 | | 25.78 | 136.27 | | 131.44 | 27 | $C_{13}$(6)、$B_{11b}$(5)、$B_9$(2)、$B_6$(3)、$B_4$(10)、$A_1$(1) | 煤与瓦斯突出矿井 |
| | 李嘴孜 | 10.84 | 8.11 | 9.83 | 18.26 | 6.97 | 14.28 | | | 煤与瓦斯突出矿井 |
| 潘谢 | 潘一 | 90.09 | 10.07 | 33.01 | 145.26 | 12.33 | 73.09 | 25 | 13-1(21)、11-2(1)、8(3) | 煤与瓦斯突出矿井 |
| | 潘二 | 12.01 | 4.89 | 9.39 | 34.56 | 29.99 | 32.09 | 14 | 17(1)、11-2(2)、4(10)、3(1) | 煤与瓦斯突出矿井 |
| | 潘三 | 24.81 | 12.34 | 16.99 | 126.92 | 41.58 | 72.92 | 14 | 13-1(13)、8(1) | 煤与瓦斯突出矿井 |
| | 潘北 | | | | | | | | | 高瓦斯矿井 |
| | 丁集 | 14.54 | 13.14 | 13.84 | 88.50 | 76.50 | 82.50 | 3 | 11-2(3) | 煤与瓦斯突出矿井 |
| | 顾桥 | 9.66 | 7.33 | 8.55 | 139.69 | 87.64 | 115.59 | | | 高瓦斯矿井 |
| | 张集 | 10.00 | 3.29 | 6.61 | 114.56 | 43.05 | 71.24 | | | 煤与瓦斯突出矿井 |
| | 谢桥 | 10.25 | 2.45 | 7.45 | 98.51 | 36.12 | 67.46 | | | 煤与瓦斯突出矿井 |
| | 朱集 | | | | | | | | | 煤与瓦斯突出矿井 |

## 3.3　淮北地区区域瓦斯地质

淮北煤田共分濉萧、宿县、临涣、涡北四个矿区，位于新华夏系与东西向构造的复合部位，各种级别的褶曲、断裂十分发育，并伴有不同程度的岩浆活动，属石炭、二叠系全掩蔽式煤田，新地层厚度北部约 50 m，南部 200～600 m。主要含煤地层为二叠系石盒子组与山西组，含煤地层总厚度约 1200 m，含煤 5～25 层，煤厚 7.1～21.95 m，可采 2～12 层，可采总厚度 4.5～18.5 m。

区域内瓦斯含量一般随深度增加而增大，山西组瓦斯含量中等，下石盒子组瓦斯含量较高，上石盒子组瓦斯含量较低。区域分布规律一般是南高北低、东高西低，并以宿县、临涣矿区瓦斯含量最为丰富。宿县矿区瓦斯含量一般为 6.9～25.5 $m^3/t$，瓦斯组分占 79%～98.5%；临涣矿区瓦斯含量一般为 6.1～14.6 $m^3/t$，瓦斯组分 75%～91%；濉萧矿区的闸河向斜煤层瓦斯含量较小，一般为 4 ~ 14.2 m³/t，瓦斯组分 61% ~ 79%；涡阳矿区瓦斯含量一般为 0.01 ~ 8.84 m³/t，瓦斯组分 1.0% ~ 95.04%。

矿区煤层瓦斯风化带深度与新生界松散层厚度与"四含"水活动有关，濉萧矿区（闸河复式向斜）为 - 350 ~ - 450 m，宿县矿区（宿东、宿南向斜）为 - 210 ~ - 250 m，临涣矿区（童亭背斜两翼）为 - 270 ~ - 350 m，涡阳矿区为 - 380 ~ - 550 m，其基本规律是从南至北，从东至西加深。

矿区煤层瓦斯压力小于静水压力，宿东芦岭煤矿实测瓦斯压力与深度成正比。芦岭煤矿 - 400 m 水平瓦斯压力为 2.4 MPa，瓦斯压力梯度 1.05 MPa/100 m，桃园煤矿 - 520 m 水平实测瓦斯压力为 3.2 MPa，瓦斯压力梯度 1.15 MPa/100 m。经计算，回归方程为

$$P = 0.1H - 18$$

式中　$P$——瓦斯压力，MPa；

　　　$H$——煤层埋藏垂深，m。

# 4 淮南煤田瓦斯地质

## 4.1 淮南矿区概况

淮南煤田地处安徽省淮北平原南部，淮河中游两岸，煤田东西长达 180 km，南北宽 15~25 km，面积 3600 km²，其中含煤面积 2800 km²，包括了滁州市的定远县，蚌埠市的怀远县，合肥市的长丰县，六安市的寿县，淮南市（包括凤台县），阜阳市的颍上县、利辛县、阜阳市区等，共五市十余个县区。煤炭远景储量达 444 × 10⁸ t，已探明储量 153.6 × 10⁸ t，占安徽省煤炭总储量的 63%，华东地区煤炭总储量的 32%，是我国黄河以南煤炭探明储量最多的地区，是我国东南的大型煤炭基地。

淮南矿区根据开采情况，可分为淮河以南矿区（淮河南矿区）和淮河以北矿区（潘谢矿区）。淮河南矿区东起九龙岗，西至凤台县，南以舜耕山、八公山为界，北界为谢桥—古沟（或高皇）向斜轴，地质构造复杂，煤层埋深浅，但倾角一般较大，开采条件相对较差；潘谢矿区东起高皇寺，西到正午集，北临界沟集，南以谢桥—古沟向斜轴为界，地质构造简单，煤层埋深较大，倾角小，开采条件较好。

淮河南矿区是淮南煤田的老开发区，开发历史悠久。明清时期，舜耕山下就已有民窑开采；1909 年在大通建立第一座矿井，日伪时期对九龙岗、大通两矿进行掠夺性开采。发现八公山新区煤层后，1947 年兴建八公山矿场（现新庄孜矿）。新中国成立前，这三对矿井年平均产量 27 万 t。新中国成立后，由于国家经济建设的需要，由国家对淮河南矿区投资兴建了一批大中型矿井，至 1964 年底，先后建成了谢一、谢二、谢三、李一、李二、毕家岗、李嘴孜和孔集矿 8 对大中型矿井，使淮河南矿区生产矿井总数达 11 对，生产规模达 1000 万 t 左右，最高年产量曾达 1614 万 t，比设计能力增加一倍，比新中国成立前全国的产量总和还多 540 余万吨，成为当时闻名全国的五大煤矿区之一。

潘谢矿区是淮南煤田的新开发区。改革开放后，国务院批准加快两淮煤炭基地建设，开始淮河以北区域的建设，先后建成投产了淮南矿业集团的潘一、潘二、潘三、谢桥、张集、顾桥、丁集、潘北、朱集矿以及中煤新集集团的新集一矿、花家湖矿、八里塘矿和牛庄矿等多座现代化大型矿井，至 2008 年产量已逾 7000 万 t/a，预计 2020 年煤炭产量将达到 1.5 亿 t。

淮南煤田属淮南矿业集团的矿井共 13 对，其中淮河南矿区有 4 对矿井，分别为李一、谢一、新庄孜和李嘴孜矿；潘谢矿区有 9 对矿井，分别为潘一（含潘一东）、潘二、潘三、潘北、丁集、顾桥（含顾桥北）、张集（含张集北区）、谢桥和朱集矿。

## 4.2 区域地质构造演化及分布特征

### 4.2.1 区域地层

淮南煤田地层划属于华北地层区，区内除中奥陶统至中石炭统缺失外，中生界的三叠系、侏罗纪和白垩纪亦无沉积。从山区露头及钻孔揭示的本区地层特征如下：

### 1. 下元古界

下元古界地层在淮南地区出露不多，主要为变质岩系，由角闪石片麻岩、角闪石斜长片麻岩组成。在角闪石片麻岩中，有长石英岩脉、石英脉及伟晶花岗岩脉顺层贯入和穿插，另尚有少量细晶岩和中基性岩脉贯穿。本岩层具有明显的成层迹象，且多褶曲，厚度一般大于 1800 m。

### 2. 上元古界（青白口系）

青白口系在淮河南矿区分布较广，总厚度为 1035 m，与下伏霍邱群为角度不整合接触，与上部的下寒武统呈平行不整合关系。自上而下划分为八公山组、刘老碑组、寿县组、九里桥组、四顶山组。

#### 1）八公山组

本组由石英岩、砂岩及砂砾岩组成，岩性较为单一，底部为紫色铁质石英砂岩、砂砾岩，其中含大小不等的肾状赤铁矿，中上部为浅灰色中厚～厚层状含海绿石石英砂岩，厚度为 5～16 m。

#### 2）刘老碑组

本组由青、紫、黄等色页岩组成，以黄绿色页岩为主，呈薄片状，页理发育，夹薄层泥灰岩及钙质粉砂岩，含丰富的低等动植物化石。与下伏八公山组呈假整合接触，总厚度为 686 m。

#### 3）寿县组

本组岩性主要为灰白、灰黄色中～厚层石英砂岩、长石英砂岩，岩性比较稳定。厚度变化不大，一般为 55 m。

#### 4）九里桥组

本组主要岩性为灰色中厚层含海绿石粉砂质白云灰岩，局部夹薄层海绿石钙质石英粉砂岩，岩性较稳定，含叠层石灰岩透镜体厚度为 26 m。

#### 5）四顶山组

本组下部为薄板状泥灰岩、薄层白云岩及中厚层状白云岩，中部为灰白～黄灰色的中厚层状白云岩，含燧石结核或条带上部为红灰色～浅灰色泥质白云岩、中厚层状白云岩。鲕状硅质条带白云岩。本组厚 253 m。

### 3. 古生界

淮南地区古生界地层发育，自寒武系到二叠系，除志留系至泥盆系以外都有出现，其中寒武系是组成山峦的主要岩性，奥陶系、石炭系零星分布于接近矿区平原地带，二叠系则全为第四系所覆盖。

#### 1）寒武系

本区寒武纪地层发育良好，总厚度达 1400 m。分布广泛，为一套海相碎屑石，碳酸盐岩沉积。寒武系底部猴家山组与下伏青白口系之间为平行不整合接触。现由老到新简述如下：

（1）猴家山组。本组下部为红色石灰角砾岩，厚 0～74 m，断续分布于青白口系之上，岩石为灰红色（局部为灰黄色），砾石成棱角～半棱角状，排列混乱，分布不均，大小不一，一般为 10 cm 以下，最大者为 50 cm，砾石成分为白云岩，少量燧石及泥灰岩，白云质基底胶结。本组中部为灰黑色含磷砾岩、含磷页岩、砂纸白云岩，厚 74 m。本组上部黄灰色中厚层灰质白云岩与灰黄砖红色薄层页状泥灰岩、白云质泥灰岩及含硅质白云岩，具同生砾岩、燧石团块或眼球状燧石结核和孔洞构造，厚 97 m。本组顶部为灰色、浅灰色中厚层鲕状石灰岩，风化面为灰黄色，细鲕状结构，厚度为 5～12 m。

（2）馒头组。本组分布十分广泛，厚度大，层位稳定，按岩性组合分下、中、上三部分，总厚 215 m。下部由紫灰色中厚层瘤状泥灰岩、灰黄色页状泥灰岩、灰白色与灰黄色海绿石的生物碎屑灰岩组成，厚 55 m。中部由灰、灰红色中厚至厚层豹皮状灰岩，含白云质灰岩组成，夹有燧石团块与结核，厚 49 m。上部为紫红、紫黄色页岩，粉砂质页岩，灰黄色钙质页岩，黄灰色含海绿石灰岩，白云质灰岩，瘤状泥灰岩等互层，厚 111 m。

（3）毛庄组。本组按岩性可分为三部分。下部由灰黄色中厚至厚层灰岩、白云质灰岩、中厚层鲕状灰岩组成，厚 34 m。中部由紫绿色中薄层含海绿石云母灰岩、紫灰色中薄层鲕状灰岩、灰黄色中厚层灰岩、灰黄色中薄层泥灰岩、紫红色粉质页岩等组成，厚 50 m。上部由浅灰、灰白色厚至巨厚层白云质灰岩，灰黄色中薄层鲕状灰岩，紫灰色粉砂质页岩组成，厚 68 m。

（4）徐庄组。本组按其岩性分为三部分。下部由灰白色厚层灰岩、褐黄色中厚层白云质灰岩组成，厚 12 m。中部由紫红色页岩、含云母粉砂岩、紫黄色粉砂岩、长石石英砂岩组成，夹有海绿石灰岩，厚 68 m。上部由灰青色中厚至厚层状白云质灰岩、条带状白云质灰岩组成，厚 109 m。

（5）张夏组。本组按岩性分成两部分。下部由青灰、灰黄色中厚至厚层白云质灰岩和微晶质白云岩组成，厚 106 m。上部由灰黄、紫灰黄薄至中厚层砾状白云质灰岩，细晶质白云岩，细鲕状灰质白云岩组成，厚 40 m。

（6）崮山组。本组按岩性分为两部分。下部由灰、灰黄色中厚至厚层白云质灰岩，浅灰色竹叶状白云质灰岩组成，厚 33 m。上部为浅灰、微带黄红色中厚至厚层硅质白云岩，土黄、粉红色薄层泥白云岩，白云质泥质灰岩的互层，厚 42 m。

（7）土坝组。本组按岩性分为两部分。下部由浅黄棕色厚层白云质灰岩、灰质白云岩组成，厚 16 m。上部由黄白色硅质白云岩、厚层细晶白云岩组成，含硅质结核，厚 155 m。

2）奥陶系

区内奥陶系地层出露不多，主要在舜耕山区北坡、八公山东南的唐家山及土坝孜一带有出露。由灰岩、白云岩组成，总厚 250 m。本系与下伏上寒武统土坝组为平行不整合接触，其余各组之间均为整合接触。本系缺失中上奥陶统，只发育下奥陶统，自下而上分为贾汪组和马家沟组。

（1）贾汪组。底部为 2～4 m 厚的灰黄色板状泥灰岩夹黄绿色薄层钙质页岩，上部为角砾状石灰岩和土黄色、灰黄色中厚层泥质灰岩，厚 10 m。

（2）马家沟组。下部为灰色白云质灰岩，夹泥质条带和泥质灰岩，局部含燧石结核；泥灰岩之上为灰色中厚层白云质灰岩，局部夹泥灰岩；中上部为棕灰、灰褐色中厚至厚层状白云质灰岩，局部含燧石结核。顶部有时为角砾状灰岩。马家沟组厚 240 m。

淮南地区奥陶系地层归属为早奥陶世，与上覆石炭系呈平行不整合接触。

3）上石炭统

本区上石炭统太原组地层的出露甚少。本组与下伏奥陶系马家沟组之间为平行不整合接触关系。太厚组厚 115～125 m，根据钻探与开发资料，主要由灰岩、页岩、砂岩和薄煤层组成。太原组中浅海相薄层灰岩共 13 层，总厚 51.65～75.7 m，占太原组总厚的 48.9%～63.8%；页岩为灰～深灰色，一般位于煤层下部或夹于灰岩或砂岩中，占本组总厚的 20% 左右；砂岩为灰色、中细粒结构，以石英为主，泥质胶结，不稳定，有时被砂质页岩所代替，占总厚度的 10%～20%；含薄煤层 7～10 层。

4）二叠系

区内二叠系极为发育，为淮河南矿区的主要含煤地层，总厚度大于 1960 m。下二叠统包括山西组及下石盒子组，上二叠统包括上石盒子组和石千峰组。本系与下伏太原组为整合关系。现自下而上分组简述如下：

（1）山西组。本组由浅黑灰色、灰色粉砂岩和灰白色砂岩组成，含煤 1～3 层（$A_1$～$A_3$），本组厚 69 m。

（2）下石盒子组。本组由深灰、灰、浅灰、灰白色泥岩和砂岩组成，含煤 13～16 层（$B_4$～$B_{11}$），本组厚 201 m。

（3）上石盒子组。中、下部由灰、深灰色粉砂岩和泥岩，浅灰、灰绿色、青灰色砂岩组成，含煤 18～21 层（$C_{12}$～$C_{15}$，$D_{16}$～$D_{21}$，$E_{22}$～$E_{26}$），本组厚 675 m。

（4）石千峰组。本组由紫红色砾岩、粉砂岩组成，不含煤，本组厚度在 1000 m 以上，由于后期剥蚀程度不同，各煤田内的实际厚度差异较大。

4. 新生界

1）第三系

第三系一般出露在山麓地带，与下伏各时代地层呈角度不整合接触，走向变化极大，厚 150～500 m 以上。主要岩性为灰红色砾岩，紫红、紫黄色含砾黏砂岩、砂岩及泥岩，泥岩及钙质胶结，较松散。有的地区还有灰白色、棕黄色泥灰岩分布。

2）第四系（Q）

第四系分布极广，山前斜地的平原部分厚度为 5～50 m，平原地区一般厚 200～400 m，最大在 500 m 以上。平原地区第四系由各种砂、砾、砂质黏土组成，富水性强。

## 4.2.2　区域构造及区域构造演化

淮南煤田位于秦岭造山带的北缘，东与郯城—庐江断裂呈截切，西以麻城—阜阳断层连接周口坳陷，北接蚌埠隆起，南以老人仓—寿县断层与合肥中生代盆地相邻，东西长达 180 km，南北宽 15～25 km，面积 3600 km²，其中含煤面积 2800 km²，如图 4–1 所示。

残存煤盆地主体构造为一复向斜，呈近东西向展布，并在南北两翼发育了一系列走向压扭性逆冲断层，造成两翼的叠瓦式构造，使部分地层直立倒转，褶皱发育（图 4–2）。南翼的舜耕山和阜阳—凤台断层组成了舜耕山、八公山、刘庄由南向北的推覆体。北翼的上窑—明龙山—尚塘断层组成了上窑、明龙山由北向南的推覆体。在复向斜内部，地层倾角平缓，一般为 10°～20°，为一系列宽缓褶曲，其中陈桥—潘集背斜隆起幅度最大，是复向斜内的主要构造。除近东西向构造外，区内还发育一组与郯庐断裂带大致平行的 NNE 向横切正断层和一组 NW 向正断层。

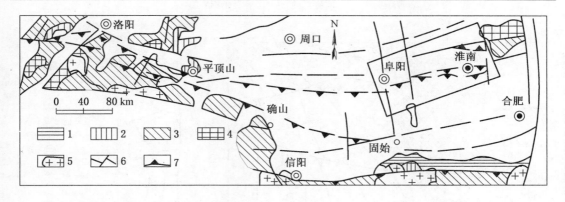

1—中生界；2—上古生界；3—下古生界和中上元古界；4—下元古界和太古界；

5—中生代花岗岩；6—断层；7—逆冲断层

图4-1 淮南煤田所处大地构造位置示意图

## 1. 东西向构造

复向斜内 EW 向构造包括褶曲和断层，特征见表4-1和表4-2。褶曲构造由几个向斜和背斜组成，包括谢桥—古沟向斜、陈桥—潘集背斜、尚塘—耿村集向斜和唐集—朱集背斜，这些近东西向的宽缓褶皱的轴面略向南倾，意味着由南向北的运动方向和主应力方向。南侧的谢桥—古沟向斜两翼倾角不对称，北缓南陡，甚至出现南翼倒转，局部被逆断层冲断破坏。由于向斜是在强烈挤压应力作用下形成的，造成区域性封盖的构造条件，有利于煤层瓦斯的保存而不利于瓦斯的逸散，另一方面褶皱和冲断作用强烈破坏了煤层的原生结构，形成构造软煤，易引起煤与瓦斯突出，这是位于淮南煤田南部的李一、谢一、新庄孜等矿煤与瓦斯突出高发的主要原因。

表4-1 淮南煤田 EW 向构造

| 名称 | 产 状 | 组成地层 | 主 要 特 征 |
|---|---|---|---|
| 谢桥—古沟向斜 | 走向 EW—NWW，倾角北翼 5°～15°，南翼 20°～70°（90°） | 轴部由石千峰组红色地层组成 | 两翼倾角不对称，呈北缓南陡，南翼局部被逆冲断层破坏 |
| 陈桥—潘集背斜 | 走向 EW—NWW，倾角北翼 25°，局部达 45°～60°，南翼 10°～15° | 褶曲轴部由寒武系、奥陶系、石炭系和二叠系组成 | 略有起伏的宽缓背斜，北陡南缓，向东西两端倾没 |
| 尚塘—耿村集向斜 | 走向 EW—NWW，两翼倾角平缓 | 轴部由石千峰组红色地层，西部由老第三系红色地层组成 | 向斜两翼均为走向逆断层所切，沿走向有起伏 |
| 唐集—朱集背斜 | 走向 EW—NWW，两翼倾角平缓 | 轴部为上石盒子组，局部为石千峰组红色地层组成 | 沿走向有波状起伏，形成小型鞍部，背斜北翼为逆断层切割东端见有中生代火山岩 |

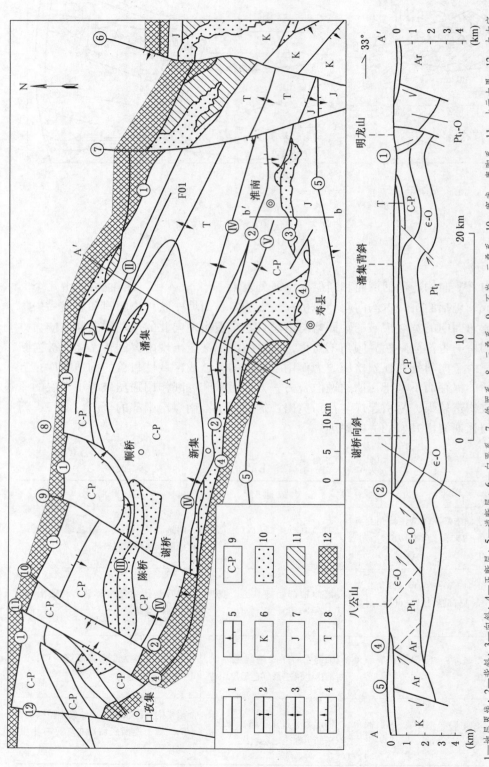

图4-2　淮南煤田构造地质简图

1—地层界线；2—背斜；3—向斜；4—正断层；5—逆断层；6—白垩系；7—侏罗系；8—三叠系；9—石炭—二叠系；10—寒武—奥陶系；11—上元古宇；12—太古宇；①—上窑—明龙山逆冲断层；②—阜凤逆冲断层；③—舜耕山逆冲断层；④—阜李逆冲断层；⑤—寿县—老人仓正断层；⑥—武店断层；⑦—固镇—长丰断层；⑧—顺桥断层；⑨—陈桥断层；⑩—江口集断层；⑪—王朗同断层；⑫—口孜集断层；Ⅰ—朱集—唐集背斜；Ⅱ—尚塘—耿村向斜；Ⅲ—陈桥—潘集背斜；Ⅳ—谢桥—古沟向斜；Ⅴ—陆塘背斜

表4-2  淮河南矿区 EW 向断裂构造

| 名  称 | 性质 | 走向 | 倾向 | 倾  角 |
|---|---|---|---|---|
| 阜阳—舜耕山断层 | 逆~逆冲 | EW—NWW | SW | 浅部 70°~80°，深部小于 30° |
| 阜阳—凤台—陆塘断层 | 逆~逆冲 | 近 EW | S | 30°~60°，浅部大，深部小 |
| 杨村集—朱集断层 | 逆 | 近 EW | S | |
| 上窑—明龙山—尚塘集断层 | 逆 | NWW | NNE | |
| 丁集—潘集北部断层 | 逆 | NWW | S | |
| 江北店—兴集断层 | 正 | 近 EW | N | |
| 宋井孜—汤店孜断层 | 正 | 近 EW | S | |

区内的阜阳—舜耕山断层、阜阳—凤台断层等均为向南倾的逆冲推覆断层，使太古界霍邱岩群逆冲在煤系地层之上，钻孔控制推覆距离至少 20 km 左右，东西延长 120 km，东至郯庐断裂。这些断层的冲断面一律上陡下缓，剖面上呈叠瓦扇组合，收敛于呈波状起伏的基底滑脱面。穿越合肥盆地—大别山造山带的有关地球物理资料揭示，华北陆块以大幅度向南、向大别山造山带之下作一系列陆内俯冲，其最北缘即著名的淮南反向逆冲带，对应于明龙山—尚塘集逆冲断裂带，构成淮南复向斜与蚌埠隆起的分界，太古界向南逆冲于三叠系和二叠系之上。

2. NE 向构造

包括断裂和褶曲构造，断裂构造见表4-3，NE—NNE 向的褶皱多数是井田内的次级小褶皱，延伸不远，起伏也不大，但这些小尺度的构造对局部的构造煤分布有很大的影响。

表4-3  淮河南矿区 NE 向断裂构造

| 名  称 | 性质 | 走向 | 倾向 |
|---|---|---|---|
| 阜阳断层 | 正 | NNE | NWW |
| 口孜集—南照集断层 | 正 | NNE | NWW |
| 颍上—陈桥断层 | 正 | NE—NNE | NW—NWW |
| 新城—长丰断层 | 正 | NNW—SN—NNE | W |
| 江口集断层 | 正 | NE | NW |
| 王胡同断层 | 正 | NE | NW |

3. NW—NWW 向构造

该组构造以井田内的中小断层和次级褶曲为主，断距不很大，横向上延伸也不远。次级褶曲起伏幅度不大，在短距离内倾伏。尽管规模不大，但仍对淮南矿区的主采煤层 $C_{13-1}$ 煤层的原生结构造成了破坏或加剧了破坏。如谢桥矿 1151(3) 工作面内的轴向 NW 向的小褶曲和潘三矿东三采区的 NW 向次级褶曲等，对所在区域的构造软煤的发育造成重大影响。

华北聚煤盆地为一克拉通盆地，有古老的变质杂岩组成的基底和中、新元古界的准盖层沉积。加里东期之后，盆地南、北、西三面均形成褶皱带，使得华北盆地成为一个南北有边、西隆东倾的大型箕状盆地。淮南所处的华北板块南缘地区在石炭—二叠纪，形成了适宜聚煤的沉积环境，发育了含多层可采煤层的含煤岩系。到三叠纪，则形成了统一坳陷中的陆相碎屑岩沉积，将石炭—二叠纪煤系埋藏起来，在正常古地热场作用下，煤级不断增高。印支期末，山西组煤层的煤级达到长焰煤至气煤，煤级由南向北有增高趋势，普遍进入热降解气生成阶段。随着印支期末期扬子板块和华北板块的拼贴，区域构造抬升，一次生气作用中止。

燕山早、中期，华北南部秦岭—大别造山带的进一步缩短产生强大的近 NS 向挤压力，最大主应力方向多在 175°~187°之间，并且接近水平，在造山带北侧发育了华北板块内的区域性逆冲断层系向板内传递，抵达华北聚煤区南缘，以前展式方式扩展，在早期大型坳陷基础上形成了近 EW 向的开阔褶皱和相伴生的断裂系统，受蚌埠隆起的阻挡，淮南复向斜北翼形成尚塘集反冲断层和随后应力松弛后的正断层，形成本区构造格架的雏形。

燕山晚期，尤其晚白垩世末期以后，由于太平洋库拉板块以 NNW 方向向欧亚大陆的汇聚俯冲，最大主应力方位在 300°~330°之间，形成了 NW 向正断层和 NNE 向左行走滑正断层，即郯庐断裂带。在淮河南矿区，则形成了一组平行于郯庐断裂的 NNE 向正断层。在丁集井田东部和潘三井田之间形成细晶岩小型岩床和煌斑岩小岩珠。

晚第三纪以后，由于印度板块向欧亚板块的汇聚碰撞，形成了近 NS 向的挤压应力场，主压应力的方向在 NE20°左右，华北板块发生近东西向伸展，使得 NNE 向断裂重新活动，发生块断掀斜作用，并对早期形成的构造进一步改造。

### 4.2.3　矿区地质构造及分布特征

#### 1. 淮河南矿区地质构造

淮河南矿区位于淮南复向斜的南翼，处于舜耕山断层与阜凤断层（二道河断层）之间，同时受山王集断层、$F_{10-5}$（$F_{11-9}$）等断层的控制。

1）煤系展布形态

该矿区东部九（龙岗）大（通）地区为舜耕山断层的推覆体，煤系沿舜耕山北麓分布，地层倒转，倒转后的倾角为 55°~75°（矿井已报废）。该矿区西部为一弧形的单斜构造，煤系沿八公山东北麓分布，该区东南端近舜耕山断层的李郢孜区，受舜耕山断层的影响，煤岩层倾角逐渐增大，由倾斜过渡到急倾及倒转，同时受牵引地层向东西向扭转；该区的西北端接近阜凤断层的二道河地区，受阜凤断层的影响，煤岩层倾角也逐渐增大，由倾斜向急倾斜、直立、倒转过渡，同时受牵引地层向东西向扭转。中部的谢家集和新庄孜区，走向北西，倾向东北，倾角 20°~40°。因此，淮河南矿区西部从整体上看在平面上和南北向的剖面上均呈反"S"形。

2）地质构造的分布规律

淮河南矿区断裂构造比较发育，西部矿区内实际控制的断层中，落差大于 10 m 的断层达 40 多条；中部井田内小型断层极为发育。整个矿区属中等复杂的构造类型。

本区主要断裂按断裂构造的展布方向可分为三组：

（1）NWW 向逆断层。与复向斜的方向基本一致，并形成平卧褶曲，主要断层有舜耕山断层和阜凤断层。本组断层为压性断裂，导致矿区内的地应力增大，对断层下盘的瓦斯起封闭保护作用。

（2）NW 向断裂。断裂的方向为 N60°～70°W，切割了第一组断层形成的平卧褶曲构造，为扭性正断层，主要有 $F_3$、$F_4$、$F_5$、$F_6$、$F_7$、$F_{10-5}$、$F_{11-9}$、$F_{12}$、$F_{13}$、$F_{4-5}$ 等断层（组），该组断层一般属大中型断层，是封闭性断层，它起控制矿区内瓦斯的分区分带作用。

（3）NE 向断裂。断裂的方向为北东，在潘谢矿区规模较大，发育明显，本区不甚明显，且多属中型断裂，在新庄孜矿北部的 $F_6$ 与 $F_{10-5}$ 断层之间较为发育，属张扭性的封闭型或半开放型断层。

3）构造分区及其特征

（1）$F_{4-5}$ 断层上盘构造区。区内煤岩层走向变化大，由北西转为东西向，倾向北东转为倾向北，倾角由 30° 逐渐增大直立与倾转。主要断层有 3 条。

（2）$F_{4-5}$ 至 $F_{13-5}$ 构造区。区内煤岩层总体为走向北西，倾向北东。西北部地层走向 N20°～32°W，倾向北东，倾角 20° 左右，产状稳定；向东至李 V 线开始转向 N55°～70°W，倾角较为平缓，但变化较大，为 10°～70°。断裂构造较为发育，一般呈雁形排列。

（3）$F_{13-5}$ 至 $F_{10-5}$～$F_{11-9}$ 构造区。区内煤岩层走向北西，倾向北东，倾角 20°～35°。以 $F_{12-12}$ 为界，北部地层倾角较南部稍大，断裂构造较发育，多为张扭性或扭性断层；南部构造简单，断层不太发育，仅发育 $F_{13-4}$ 断层且到深部逐渐转为褶曲而尖灭。

（4）$F_{10-5}$～$F_{11-9}$ 至 $F_5$ 断层构造区。区内煤岩层走向北西，倾向北东。以 $F_6$～$F_7$ 为界，北部地层倾角较大，断裂不发育；南部地层倾角较小，一般为 15°～24°，但次级断层发育，分布密集，展布方向 NEE，相互平行，倾向 NNW，以张扭性断层平行排列。

（5）$F_5$ 断层以北构造区。该区位于阜凤断层（$F_1$）的推覆体前缘带上，煤系地层地质构造复杂，地层产状陡甚至倒转，且次级断层发育，剖面上明显可以看出呈反 "S" 形褶皱。其间发育的断层主要有 $F_5$、$F_4$、$F_{3-4}$ 断层，均为张扭性正断层，高倾角，展布方向 NWW 相互平行一致，倾向相同。

4）小型构造的发育规律

区内小型构造比较发育，主要类型有派生断裂、牵引褶曲、层间构造、层滑构造、裂隙构造等。小断层往往发育于大于中型断层的终端、走向间距小于 100 m 的大中型扭性断层之间或数条断层的交汇带附近。小型褶曲常分布在大中型断层的终端、主要压扭性断层的上盘以及压扭性断块中。小型构造对煤岩层的厚度、结构、透气性、局部性应力集中等影响较大。因此，它是瓦斯局部分布与运移的主要影响因素之一。

2. 潘谢矿区地质构造

潘谢矿区位于淮南复向斜的内部及北翼的东段和中段，处于阜凤断层与上窑—明龙山断层之间，其间由南向北发育有斜桥—古沟向斜、陆塘背斜、陈桥—潘集背斜、尚塘—耿村集向斜、朱集—唐集背斜等次级褶皱，同时受控于颍上—陈桥断层、大兴集断层、朱集断层等。

1）煤系展布形态

该矿区煤系地层的展布与矿区内次级褶曲关系密切，东部的潘二、潘一东、丁集和朱集矿在背斜倾伏端出现煤层走向呈弧形转折，西部的顾北矿也出现背斜倾伏端的煤层走向呈弧形转折，其他地区基本上为单斜构造。

2）地质构造的分布规律

（1）褶皱展布方向。区内由南向北发育有斜桥—古沟向斜、陆塘背斜、陈桥—潘集背斜、尚塘—耿村集向斜、朱集—唐集背斜等次级褶皱。

谢桥—古沟向斜：走向近东西，两翼不对称，北翼倾角 5°～15°，与陈桥—潘集背斜南翼衔接。南翼倾角 20°至直立。

陆塘背斜：位于淮南弧形构造内侧，东起陈家岗西至石头埠，东西长 6 km，南北宽 2 km，为走向北 65°西的不对称短轴背斜，北翼被阜凤—陆塘逆断层切割。

陈桥—潘集背斜：呈 "S" 形展布。地层走向在口孜集到谢桥一带近东西向，到顾桥区经扭曲转为北东至南北向，至丁集以东又拐为北西西向。北翼倾角约 25°，局部达 45°～75°；南翼倾角 5°～15°，沿走向向东西两端倾伏，轴部为寒武系或奥陶系地层。其中潘集背斜东起陈集，西至丁集井田 23 线，全长约 30 km。背斜轴总体走向为北西 65°，平面上呈舒缓波状，垂向上枢纽有起有伏，形成四段隆起，隆起间隔 7～9 km。由东向西分别为陶大郢背斜、陶王背斜、潘集背斜和杨圩背斜。四段背斜之间，分别有 $F_2$、$F_1$、$F_9$ 断层组从背斜鞍部通过，它们全部发育在背斜南翼，并靠近背斜轴部顺地层走向向东伸展，然后切入背斜鞍部进入北翼。

尚塘—耿村集向斜：为一宽缓向斜，其西段南北两翼分别被杨村集—朱集和上窑—明龙山—尚塘集逆断层切割，向斜内分布有中生界红层。

（2）断裂展布方向。煤田内断裂大致可分为三组，以东西向和北北东向两组断裂为主，北西向断裂次之。

东西向断裂：该组断裂大致平行褶皱轴，以压性和压扭性的走向逆断层为主，主要产生在复向斜两翼或次一级背斜翼部，延伸远，断距大，在剖面上构成叠瓦式构造。主要断层有上窑—明龙山—尚塘集逆断层、阜凤逆断层。

北北东向断裂：该组断裂走向一般在北 15°～32°东之间。切割东西向构造，为张性或张扭性正断层，断距大者达数百米。大致与郯城—庐江断裂平行，多数向西倾，地层自东向西呈阶梯状下降。主要断层有武店断层、颍上—陈桥断层、大兴集断层、朱集断层等。

北西向断层：指走向 300°左右的一组断裂，主要发育在陈桥—潘集背斜呈 "S" 形扭曲的顾桥矿区，与地层走向近于直交，大都为西南倾的张性正断层。该组断裂在煤田内不甚发育。

3）构造分区及其特征

（1）$F_5$ 断层下盘至 $F_2$ 断层上盘构造区。该区处于潘集背斜南翼及倾伏转折端。南翼地层倾角较缓，由浅入深倾角一般为 20°～7°。地层走向 N60°W，东部枢纽倾伏地层发生转折成弧形致使地层走向为近南北向，煤层走向变化大。断裂以斜切张扭性断层为主，压扭性断层次之。张扭性断层按走向可分为两组：一组为 SEE 及 EW 向，倾向为 SW 及 S，倾角一般为 60°～80°，落差大小不一；另一组走向为 NW 及 NNW 向，倾向为 SW 及 SWW，倾角为 60°～80°，落差 10～40 m 不等。压扭性断层为 SEE 向，与潘集背斜轴向基本一致，倾向 S，倾角约 50°，其落差较大，为 20～60 m，也有个别压扭性断层呈 NW 向，落差相对较小。背斜倾伏转折端，中小断层发育，特别是发育放射状的张扭性断层。

（2）$F_5$ 断层上盘至 $F_4$ 断层上盘构造区。该区位于潘集背斜南翼。地层走向自东向西主要为 NWW 向，两端由于受潘集背斜和 $F_1$、$F_4$ 断层的影响，地层走向逐渐过渡为 SN 向。地层倾角沿倾向有一定的变化，中部缓，地层倾角一般不大于 10°，上部较陡，其中上部倾角一般大于 15°，近 $F_5$ 断层地层倾角大于 30°；下部地层倾角在 10°～15° 之间，即沿倾向方向地层呈波状起伏，似次级褶曲构造，其波幅上部约 10～15 m，其他小于 10 m。断层走向以 NEE 向的正断层为主。因受构造影响，平行 $F_5$、$F_4$ 断层走向均发育伴生或牵引褶曲构造。

（3）$F_4$ 断层下盘以西至董岗郢次级向斜轴南部构造区。该区位于董岗郢次级向斜南翼，向南过渡为叶集背斜。地层走向自东向西由 NE 逐渐过渡为 NWW 向，东段受构造影响，倾角较大，达 30°～35°，甚至直立，向西逐渐变小，一般为 10°～20°，向深部倾角小于 10°。该区断裂构造较为简单，多为与褶皱轴向一致的走向断层。

（4）潘集背斜至董岗郢次级向斜轴北部构造区。该区位于潘集背斜南翼西部及其转折端、董岗郢次级向斜北翼。最西段为潘集背斜转折端，北翼地层走向北西 50°～60°，向北倾斜，倾角为 10°～15°；西段受构造因素影响，地层产状不规则，整体呈马蹄形隆起，向西倾斜，倾角一般为 14°～18°；南翼地层走向一般为北西 50°，波状变化，向南倾斜，倾角较陡，一般为 28°～35°。中段及东段为潘集背斜南翼至董岗郢次级向斜轴部，总体形态为一单斜构造，地层走向为 NWW—SEE，地层倾角一般为 5°～10°。该区块断裂构造发育并有岩浆岩的侵入。

（5）$F_{83}$ 至 $F_{211}$ 断层构造区。该区位于陈桥背斜东翼与潘集背斜西缘衔接带。该区总体构造形态为走向南北、向东倾斜的单斜构造，地层倾角平缓，为 5°～15°。因受南北向构造应力作用，发育有不均的次级宽缓褶曲和断层，褶皱轴向走向一般为 NWW—EW 向，断层主要为 NW 与 NE 两组断层。褶皱使地层走向呈波状形态，但起伏不大，并常被断层所切割。

（6）$F_{211}$ 断层至谢桥向斜轴北部构造区。该区位于陈桥背斜的南翼、谢桥向斜的北翼，以 $F_{226}$ 为界分为西段与东段。西段地层总体上呈一走向近东西、向南倾斜的单斜构造，地层倾角一般为 10°～15°；虽局部地段发育有小的褶曲，造成地层起伏，但波幅较小，地层产状总体上变化不大，单斜构造特征明显。东段为背斜转折倾伏端，地层由近东西向转为北东向、再转为南北向延伸，具有扇形展布的特点，倾角平缓，一般为 2°～5°。本区地质构造较为简单，断层较少，一般规模不大，对煤层的影响、破坏作用较弱，规模较大的主要为井田边界断层或发育在井田深部，且以北东、北北东向斜切正断层为主，偶见其他走向断层，逆断层发育较少。区块南部边界 $F_{202}$、$F_{206}$ 断层为两条逆冲推覆断层，属阜风推覆构造前缘叠瓦扇的一部分，两断层间夹块一般厚 100～200 m，有时合二为一，夹块内构造复杂，由其造成井田深部局部地段含煤地层叠置。

（7）$F_2$ 断层至 $F_1$ 断层构造区。该区位于潘集背斜的次级背斜——陶王背斜北翼及其转折端。地层与煤层走向围绕陶王背斜呈弧形转折，倾角从背斜轴部向翼部呈缓～陡～缓变化。该区断裂构造较为发育，东部 $F_2$ 和 $F_{10}$ 断层将背斜夹于其间，构成地垒式组合形式；西北部逆断层较为发育，断层面呈"波状""铲状"的叠瓦式组合形式，断层走向大致与地层走向平行；北翼以向北倾斜的斜切正断层为主。

（8）$F_1$ 断层至尚塘—耿村集向斜轴南部构造区。该区位于潘集背斜北翼东段。地层走向 NW55°~70°，一般比较平直，变化不大，仅在背斜东部倾伏端地层走向逐渐向东南呈弧形；倾向为 NE 向；倾角变化较大，沿走向从东向西倾角逐渐变大，沿倾向一般呈浅缓、中陡、深缓的阶梯状。断裂构造以走向断层为主。

（9）尚塘—耿村集向斜轴北翼构造区。该区位于朱集—唐集背斜南翼、尚塘—耿村集向斜北翼。北部为朱集背斜，其南翼与潘集背斜北翼构成较宽缓向斜，轴向为北西西向，向东倾伏，沿轴向有所起伏。西段地层倾角较陡，达 25°~45°，中段和东段地层倾角比较平缓，一般为 3°~10°。断层展布方向以北西西及北西向为主，少数为北东向。

### 4.2.4　构造煤发育及分布特征

构造煤是煤层在构造应力作用下，发生成分、结构和构造的变化，引起煤层破坏、粉化、增厚、减薄等变形作用和煤的降解、缩聚等变质作用的产物。国内外研究者一般依据煤层破坏的不同程度，将其分为 Ⅰ 类—未破坏煤、Ⅱ 类—破坏煤、Ⅲ 类—强度破坏煤、Ⅳ 类—强烈破坏煤、Ⅴ 类—全粉煤（表 4-4）。

表 4-4　煤的破坏类型分类表

| 破坏类型 | 光泽 | 构造与构造特征 | 强　度 |
|---|---|---|---|
| Ⅰ 类<br>（未破坏煤） | 亮与半亮 | 层状构造，块状构造，条带清晰明显 | 坚硬，用手难以掰开 |
| Ⅱ 类<br>（破坏煤） | 亮与半亮 | 尚未失去层状，较有次序；条带明显，有时扭曲，有错动；不规则块状，多棱角 | 用手极易剥成小块，中等硬度 |
| Ⅲ 类<br>（强度破坏煤） | 半亮与半暗 | 弯曲成透镜体构造；小片状构造；细小碎块，层理较紊乱，无次序 | 用手捻之成粉末，硬度低 |
| Ⅳ 类<br>（强烈破坏煤） | 暗淡 | 粒状或小颗粒胶结而成，形似天然煤团 | 用手捻之成粉末，偶尔较硬 |
| Ⅴ 类<br>（全粉煤） | 暗淡 | 土状构造，似土质煤；如断层泥状 | 可捻成粉末，疏松 |

淮南煤田主要含煤地层为山西组和下、上石盒子组，主要可采煤层 11~19 层，从下至上依次为 1、3、4-1、4-2、5-2、6-1、7-1、8、11-2、13-1 等煤层。其中 13-1、11-2、8、1 号煤层为全区可采煤层。

通过对矿区各矿井所揭露煤层的观察研究，构造煤显示出特殊的结构构造特征，大都呈层状、似层状或透镜状分布。在煤系剖面上，各煤层由上至下表现为原生结构煤—构造煤—原生结构煤的组合，在单一煤层剖面上往往表现为碎裂煤—碎粒煤—糜棱煤—碎粒煤—碎裂煤的组合，形成硬夹软的多层结构。如山西组（1、3 号煤层）和上石盒子组上部煤层（16-1、17-1 号煤层）煤体结构以碎裂煤为主，下石盒子组上部及上石盒子组下部煤层（8、11-2、13-1 号煤层）煤体结构以碎粉煤和糜棱煤为主。在平面上，地质构造控制构造煤分布，低强度的煤层在构造应力作用下，极易发生层间滑动，煤体结构破碎，导致向斜和背斜轴部及转折端部位构造煤厚度增加，煤厚也相应增大，在褶皱与断裂相互伴生地带，构造煤比较发育。另外小构造对构造煤的分布也具有较明显的控制作用，小断层造成的构造煤呈与断层走向近一致的带状分布，小褶曲造成的构造煤沿轴向带状分布。

煤层与围岩相比，因其强度低，在构造应力作用下极易破碎发生形变，这种层间滑动和顶底板之间的相互揉搓，是形成构造煤成层分布的主要原因。并往往导致向斜和背斜的轴部及转折端部位构造煤厚度增加，煤厚也相应增大。因此，层间滑动是导致区域构造煤分布的重要因素。

除层间滑动外，地质构造还控制了局部构造煤的分布。广义上讲，构造煤应属于构造形迹的伴生、派生产物，单一构造影响较局限，如潘集深部三维地震资料显示，潘集背斜南翼潘一、潘三矿深部的构造较为简单，煤层倾角逐渐变缓，煤层基本上保持原生结构。但在褶皱与断裂相互伴生地带，构造煤比较发育。从获得的资料来看，构造煤并不是一种应力或一次作用形成，而是受多种应力作用，又经过多次变动的结果。在构造煤中一种应力作用所生成的形变，往往被另一种应力作用所改造，以致使构造煤中的形变特别复杂而不规则。

## 4.3　矿区瓦斯地质规律

### 4.3.1　影响瓦斯赋存的因素

#### 1. 煤系地层的含煤性

淮南煤田为石炭二叠系煤系，可分为 A、B、C、D、E 五个含煤组，7 个含煤段。主要开采煤层为 A、B、C 三个含煤组，含煤性普遍比较高。

淮河南矿区石炭系太原组的含煤系数为 3.98%，二叠系煤系含煤段的含煤系数最高达 14.91%，平均为 6.35%。另外煤系地层中暗色的泥岩、页岩、黏土岩的比重也比较大，平均占 17.50%（表 4-1）。

淮河南矿区和潘谢矿区内各矿井的含煤性存在着一定的差异，通过主要开采煤层含煤组 A、B、C 的对比分析，发现谢家集区含煤性最高，达到 11.15%，瓦斯含量也高，煤和瓦斯突出最严重，而李嘴孜矿井含煤性相对较低，生产至今尚未发生煤与瓦斯突出。潘集矿区含煤系数为 8.70%，煤和瓦斯突出也较为严重。

#### 2. 煤层及其围岩的透气性

##### 1）煤系的沉积环境及岩相

淮南煤田煤系是海陆交替相含煤系，由浅海相、过渡相和陆相组成。聚煤古地理环境属滨海平原型，岩性和岩相在横向上比较稳定，沉积物粒度通常较细，煤层层位也比较稳定。因此，原始沉积环境决定了其围岩透气性低的特点。

##### 2）煤层结构及透气性

淮南煤田矿区内普遍发育的中小型构造以压扭性为主，层面滑动现象较为常见。煤层多为粉末状或破碎的煤体，煤层的原生结构常被破坏，裂隙发育。

孔隙结构：根据淮河南矿区 $B_{10}$、$B_{11}$ 两煤层微孔径的分析资料表明，大分子自由程（1000A$^0$）的微孔分别为 59.2% 和 78.2%。这种微孔孔径又小于毛细管孔径。而围岩周围的孔隙或者裂隙的空间常被水所充填，对瓦斯起封闭作用。因此，通常煤层的透气性比围岩高得多，可见煤层既是主要的产气层，又是瓦斯的主要储集层。

割理特征：淮南矿区煤层割理间距大部分在 1~3 mm 之间，面割理间距小于端割理；

割理长度多数小于 3 mm，大于 20 mm 的割理很少；割理深度 0.3 ~ 40 mm 之间，裂口宽度 0.1 ~ 300 μm，0.1 ~ 10 μm 宽的割理条数占多数；割理面积 0.09% ~ 2.75%，一般在 0.3% ~ 1.3% 之间；割理的连通性差，部分割理内有充填物。

煤层透气性：潘谢矿区张集煤矿进行了煤层透气性系数和流量衰减系数测试，13 - 1 号煤层透气性系数在 0.00625 ~ 0.00674 m²/(MPa² · d)，流量衰减系数为 0.051 ~ 0.054 d⁻¹；11 - 2 号煤层透气性系数在 0.00152 ~ 0.00168 m²/(MPa² · d)，流量衰减系数为 0.035 ~ 0.043 d⁻¹；8 号煤层透气性系数在 0.00414 ~ 0.00500 m²/(MPa² · d)，流量衰减系数为 0.034 d⁻¹；6 号煤层透气性系数在 0.0095 ~ 0.0104 m²/(MPa² · d)，流量衰减系数为 0.0646 d⁻¹。说明了煤层的透气性差，瓦斯抽放较难。

3）煤层顶底板岩性及其透气性

（1）淮河南矿区各煤层顶板岩性类型见表 4 - 5。煤系地层内砂岩与砂页岩互层厚度占煤系（A、B、C 煤组）总厚的 38.51%。

表 4 - 5　淮河南矿区各煤层顶底板岩性特征表

| 序号 | 煤层 | 顶板岩性 | 底板岩性 |
|---|---|---|---|
| 1 | $C_{15}$ | 泥岩、砂质泥岩、粉砂岩 | 泥岩、砂质泥岩、粉砂岩 |
| 2 | $C_{14}$ | 泥岩、砂质泥岩、粉砂岩 | 泥岩、砂质泥岩、粉砂岩 |
| 3 | $C_{13}$ | 砂质泥岩、泥岩、粉砂岩 | 泥岩、砂质泥岩 |
| 4 | $B_{11b}$ | 泥岩、砂质泥岩、粉细砂岩、页岩 | 泥岩、砂质泥岩 |
| 5 | $B_{10}$ | 泥岩、砂质泥岩 | 砂质泥岩、泥岩 |
| 6 | $B_{9b}$ | 粉砂岩、细砂岩 | 砂质泥岩、粉细砂岩 |
| 7 | $B_8$ | 砂岩、砂质页岩 | 泥岩、砂质泥岩 |
| 8 | $B_7$ | 砂质泥岩、泥岩 | 砂质泥岩、粉细砂岩 |
| 9 | $B_6$ | 砂质泥岩、粉细砂岩 | 砂质泥岩、泥岩、粉细砂岩 |
| 10 | $B_{4b}$ | 砂质泥岩、泥岩 | 泥岩、砂质泥岩 |
| 11 | $A_3$ | 砂岩、砂质泥岩 | 砂质泥岩、粉砂岩 |

根据 5 个主要砂岩层中 126 个样品的测试结果，砂岩、砂页岩互层的孔隙率与渗透率均比较小，一般而言孔隙度小于 5.0%，渗透率小于 1.0 mD（表 4 - 6）。淮河南矿区煤系中的岩层均属非渗透性岩层，有利于瓦斯的封闭与保存。

表 4 - 6　淮河南矿区主要砂岩层的孔隙度与渗透率

| 层位 | 厚度/ m | 孔集矿西部 | | 新庄孜北翼 | | 谢家集区 | |
|---|---|---|---|---|---|---|---|
| | | 孔隙度/% | 渗透率/mD | 孔隙度/% | 渗透率/mD | 孔隙度/% | 渗透率/mD |
| $C_{13}$ 顶 | 7 ~ 18 | | | 2.93 ~ 4.06 | 0.0073 ~ 0.0436 | 1.48 ~ 2.17 | 0.090 ~ 0.187 |
| $B_{11b}$ 顶 | 4 ~ 47 | 1.61 ~ 3.38 | 0.0097 ~ 0.0327 | 2.43 ~ 6.53 | 0.0148 ~ 0.0474 | 1.19 ~ 1.52 | 0.0123 ~ 0.050 |
| $B_9$ 顶 | 7 ~ 37 | 2.18 ~ 4.04 | 0.0068 ~ 0.0369 | 1.98 ~ 4.89 | 0.0174 ~ 0.0453 | 7.19 ~ 8.70 | 0.11 ~ 0.54 |
| $B_6$ 底 | 8 ~ 17 | | | 1.26 ~ 2.51 | 0.0097 ~ 0.0443 | 1.13 ~ 2.68 | 0.004 ~ 0.750 |
| $A_3$ 顶 | 9 ~ 80 | 2.50 ~ 4.92 | 0.0105 ~ 0.0403 | 1.91 ~ 8.68 | 0.0283 ~ 0.0775 | 1.39 ~ 5.44 | 0.0038 ~ 0.0743 |

　　A、B、C 煤组中主要砂岩层的透气性差异不大，相比而言，$A_3$ 煤顶部和 $B_9$ 煤顶部砂岩的透气性稍大一些。有一些砂岩的孔隙率虽然较大，但由于胶结物致密，透气性很低，仍然属非透气性岩层（表 4 - 7）。

　　煤层内瓦斯的逸散主要途径是顺煤层向露头运移，即顺层逸散脱放瓦斯。缓倾斜煤系瓦斯的顺层运移较为困难，急倾斜煤系较为有利，反映了急倾斜煤层矿井比缓倾斜矿井的瓦斯低的特点，如李一矿与李嘴孜矿急倾斜煤层瓦斯含量较低。

表 4 - 7　淮河南矿区部分矿区 $A_3$ 煤顶板砂岩层孔隙率与渗透率

| 矿　别 | 地点及层位 | 孔隙率/% | 渗透率/mD |
|---|---|---|---|
| 新庄孜矿 | 44 采区回风石门 $A_3$ 煤顶板砂岩 | 1.91 | 0.00775 |
| | | 3.03 | 0.0283 |
| | | 8.68 | 0.0596 |
| | | 7.10 | 0.0594 |
| | | 3.48 | 0.0615 |
| 谢一矿 | -320 炸药库北 $A_3$ 煤顶板砂岩 | 5.44 | 0.0743 |
| | | 4.52 | 0.0086 |
| 孔集矿 | -250 西九石门 $A_3$ 煤顶板砂岩 | 4.92 | 0.0278 |
| | | 4.71 | 0.0383 |
| | | 4.51 | 0.0403 |

　　（2）潘谢矿区各煤层顶底板岩层的孔隙率与渗透率均比较小，一般而言孔隙度小于5.0%，渗透率小于 1.0 mD。13 - 1 号煤层顶板岩层孔隙率平均为 3.89%，底板平均为4.12%；11 - 2 号煤层顶板岩层孔隙率平均为 4.67%，底板平均为 3.40%；8 号煤层顶板岩层孔隙率平均为 2.49%，底板平均为 3.27%；7 - 1 号煤层顶板岩层孔隙率平均约为3.19%，底板平均为 2.57%；6 - 1 号煤层顶板岩层孔隙率平均为 3.87%，底板平均为3.71%；4 - 1 号煤层顶板岩层孔隙率平均为 3.36%，底板平均为 2.74%；3 号煤层顶板岩层孔隙率平均为 2.20%，底板平均为 3.14%。所以，潘谢矿区与淮河南矿区类似，煤系中的岩层均属非渗透性岩层，有利于瓦斯的封闭与保存。

　　3. 煤的变质程度

　　1）镜煤反射率（$R_{max}$）

　　淮南煤田矿区从气煤到瘦煤均有分布，浅部以气煤、肥气煤为主，深部以肥焦煤为主。根据淮河南矿区深部 48 个镜煤反射率测定结果可知，挥发分为 34.41% ~ 18.87%，镜煤反射率为 0.87% ~ 1.48%。从镜煤反射率来看，有机物的成熟度是较优的，处于生气的最佳范围内，有利于瓦斯的生成。

　　2）煤的比表面积

　　淮河南矿区内共取了 30 个比表面积样。突出严重的谢家集区各煤层的比表面积较高，突出的 $C_{13}$、$B_{11b}$、$B_4$ 煤的比表面积在 30 $m^2/g$ 以上，最高达 53.2 $m^2/g$；新庄孜区一般在25 $m^2/g$ 以上；李郢孜和孔集的比表面积较小，一般在 15 $m^2/g$ 左右。可见突出矿井的比表面积比较大，具有对应性。比表面积的大小与地质构造具有一定对应关系。

4. 地质构造对瓦斯赋存的影响

1）淮河南矿区

淮河南矿区位于淮南复向斜的南翼，处于舜耕山断层与阜凤断层之间，除了李一矿的 $F_{4-5}$ 断层附近受舜耕山断层、李嘴孜矿受阜凤断层作用，使地层产状变陡甚至倒转，其他地区基本上呈单斜构造。

李一矿 $F_{4-5}$ 断层上盘为露头盘，瓦斯顺层由露头排出，但又得不到深部的补充，各煤层瓦斯压力、瓦斯含量明显小于下盘各煤层，经多年开采且无动力现象发生，成为低瓦斯区和瓦斯风化区。而下盘煤层中受断层（反倾断层）的阻挡，有利于瓦斯保存，瓦斯压力、瓦斯含量随埋深的增加而增加，在 $-600 \mathrm{~m}$ 以上相对较小，$-600 \mathrm{~m}$ 以下瓦斯压力、瓦斯含量增加迅速，且有动力现象，为高瓦斯区。

谢一矿 $F_{13-4} \sim F_{13-8}$ 和 $F_{12-8} \sim F_{12-13}$ 帚状构造区，在帚状构造的收敛端属构造应力集中部位，煤体结构遭受强烈的构造破坏，瓦斯富集；$F_{13-5-1} \sim F_{13-5}$ 扭性断裂带及附近不同程度发育有派生断层，地应力集中，瓦斯含量高、压力大，是高瓦斯区。

李咀孜矿 $F_1$ 断层虽为压性或压扭性逆断层，在其逆冲推覆作用下，使得上盘煤层相对上抬并遭受剥蚀，地层倾角直立倒转，同时受断层切割，落差大的断层将煤层断开后并与另一盘透气性好的岩层接触，加之地下水的活动，有利于瓦斯排放，瓦斯含量低，为低瓦斯区，仅在断裂构造交叉或尖灭处局部有利于瓦斯的储存。

因此，淮河南矿区的断层性质对该矿区瓦斯赋存起着十分重要的作用，$F_{4-5}$ 断层上盘区与 $F_5$ 断层上盘以西区瓦斯含量相对较低，为低瓦斯区。

2）潘谢矿区

潘谢矿区位于淮南复向斜的内部及北翼的东段和中段，处于阜凤断层与上窑—明龙山断层之间，其间一些次级褶皱和断裂。

潘三矿浅部（$F_{1-1}$、$F_{26}$、$F_{24}$ 以北）各方向断层均有发育，既有正断层，也有逆断层，有利于瓦斯逸散，瓦斯含量较低。中深部为宽缓的向斜构造，地层平缓，瓦斯含量较高。

潘一东、潘二矿东南侧与张集矿 $F_{209}$ 断层以东区域为背斜的转折端与倾伏区，瓦斯保存条件较好，瓦斯含量、瓦斯压力均较高。潘北矿东端背斜的转折端，因受 $F_1$ 及其派生张性断层影响，瓦斯含量相对较低。

潘二矿西北侧、丁集煤与顾桥矿西部，断裂构造发育，特别是张性、张扭性断层的发育，有利于瓦斯逸散，瓦斯含量较低。

潘北矿由于走向逆断层 $F_{66}$ 封闭遮挡使其下盘向上运移瓦斯困难，而浅部煤层瓦斯又通过露头逸散；而由于 $F_{72}$ 断层及其派生断层的封闭遮挡，且位于向斜低洼处，地层平坦，煤层瓦斯运移困难。因此 $F_{66}$ 断层以浅瓦斯含量较低，而 $F_{72}$ 断层以深瓦斯含量较高。

朱集矿的朱集—唐集背斜轴部因断层发育，特别是正断层有利于瓦斯的释放，使背斜区域瓦斯含量较小。

因此，潘谢矿区褶皱和断层均对其内瓦斯的赋存起着明显的控制作用。

5. 岩浆岩分布对瓦斯赋存的影响

由于淮南煤田岩浆岩活动不甚发育,岩体分布较少,主要分布于潘集背斜轴部附近,钻探及井下揭露岩浆岩体一般呈岩脉顺层侵入,为细晶岩、煌斑岩、正长斑岩、正长煌斑岩、辉石正长岩等,属燕山中期岩浆活动产物。对煤层仅有局部影响,其大多沿煤层分布,从东向西侵入层位逐渐升高,潘一矿主要为 1～4 号煤层,向西至丁集矿为 13－1 号煤层。岩浆岩对于瓦斯的赋存影响较小,岩浆岩发育区断裂构造发育,瓦斯含量一般较小。

6. 煤层埋深及上覆基岩厚度对瓦斯赋存的影响

淮南煤田煤层向深部延展较深较远,从谢家集区煤层露头到谢桥向斜轴,煤层连续长度达 8 km,到潘一矿煤层基岩露头总长度达 15 km,向斜轴部煤层的最大埋藏深度可能达 2500 m。由于深部瓦斯压力大,煤层中的瓦斯缓慢地由深部向浅部移动,浅部瓦斯从煤层露头脱放后,可以得到来自更深处的补充,始终保持相当的瓦斯量。

从现有的资料来看,淮南煤田各矿区煤层埋深是影响瓦斯赋存最重要因素之一。矿区内 －1000 m 水平以上瓦斯含量随埋藏深度的增加而增大,呈正相关关系,但深部的梯度大。在同一埋藏深度下,煤层倾角越小,煤层瓦斯含量越高。

7. 岩溶陷落柱对瓦斯赋存的影响

淮南煤田在潘谢矿区的谢桥矿和潘三矿发现有岩溶陷落柱发育,谢桥矿在揭露 1 号、2 号陷落柱过程中,当揭露其周边的大裂隙时,瓦斯浓度较高,钻进过煤后还出现大小不等的喷孔现象。在刚揭露 2 号陷落柱周边裂隙时,瓦斯浓度超过 1%,第二天减小到 0.7%,第五天测得为 0.12%。说明了在未揭露裂隙时,贮存气体的裂隙空间相对密封,瓦斯相对聚集。潘三矿在揭露岩溶陷落柱时未出现瓦斯涌出量异常现象。

从该现象可以发现,煤系地层中发育的岩溶陷落柱可能会对煤层瓦斯的赋存产生影响,需要在发现陷落柱时,加强瓦斯的监测工作。

8. 地下水活动的影响

淮河南矿区二叠系煤系的富水性低,单位涌水量一般小于 0.1 L/(s·m),渗透系数小于 1.13 m/d,吨煤排水量一般在 1 m³/t 左右,煤层含水量 1.5% 左右,矿化度 750 mg/L 以上,详见表 4－8。由此说明,煤系地层内的地下水较闭塞,流动缓慢,由地下水活动带走的瓦斯量较少。

表 4－8 二叠系煤系含水性参数简表

| 矿井 | 砂岩（含水层） | | | | 单位涌水量/(L·s⁻¹·m⁻¹) | 渗透系数/(m·d⁻¹) | 矿井涌水量/(m³·h⁻¹) | 吨煤排水量/(m³·t⁻¹) | 矿化度/(mg·L⁻¹) |
|---|---|---|---|---|---|---|---|---|---|
| | 层数 | 总厚/m | 孔隙率/% | 渗透率/mD | | | | | |
| 新庄孜 | 4 | 159 | 1.26～8.68 | 0.0073～0.0775 | 0.009～0.01 | 0.03～1.135 | 244.5 | 1.31 | 1100 |
| 谢一 | 4 | 33 | 1.13～8.70 | 0.0038～0.750 | 0.0093～0.105 | 0.03～1.134 | 227.7 | 1.10 | 750 |
| 李一 | | | | | 0.0093～0.105 | 0.03～1.134 | 107.6 | 0.89 | 750 |
| 孔集 | 4 | 82 | 1.61～4.92 | 0.0068～0.0403 | 0.0015～0.105 | 0.0035～0.331 | 197.6 | 3.15 | 403～1027 |
| 李嘴孜 | 4 | 128 | | | 0.0014 | 0.0142～0.056 | 94.5 | 1.76 | 370 |

潘谢矿区是复向斜的主体（东段与中段），基岩含水层因南北两翼逆冲断层（阜凤断层与上窑—明龙山断层）的阻水作用，构成了封闭型水文地质单元。因此，淮南矿区煤系地层内的各含水层相对较闭塞，流动缓慢，地下水活动对煤层瓦斯影响较小。

### 4.3.2　煤层瓦斯压力分布及预测

1. 淮河南矿区

1）$F_{4-5}$ 断层上盘瓦斯地质单元

该瓦斯地质单元内瓦斯压力预测通过 $F_{4-5}$ 断层下盘进行。

2）$F_{4-5}$（$F_{17}$）～$F_{13-5}$ 之间瓦斯地质单元

该瓦斯地质单元内，各煤层瓦斯压力与煤层埋深回归关系式见表 4 – 9。

表 4 – 9　$F_{4-5}$（$F_{17}$）～$F_{13-5}$ 之间瓦斯地质单元煤层瓦斯压力与埋深关系

| 煤层 | 瓦斯压力与埋深关系式 | 相关系数（$R^2$） |
|---|---|---|
| $C_{13-1}$ | $P = -0.012H - 3.0725$ | 0.8871 |
| $B_{11-2}$ | $P = -0.0101H - 2.5345$ | 0.9571 |
| $B_{10}$ | $P = -0.0033H - 1.0778$ | 1 |
| $B_9$ | $P = -0.005H - 2.2$ | 1 |
| $B_8$ | $P = -0.004H - 0.2518$ | 0.8943 |
| $B_7$ | $P = -0.0035H - 1.6346$ | 0.9727 |
| $B_4$ | $P = -0.0083H - 4.3903$ | 0.9954 |

3）$F_{13-5}$ ～ $F_{11}$（$F_{10-5}$）之间瓦斯地质单元

根据收集的瓦斯压力资料，通过回归分析，得出各煤层瓦斯压力与煤层埋深回归关系式（表 4 – 10）。

表 4 – 10　$F_{13-5}$ ～ $F_{11}$（$F_{10-5}$）之间瓦斯地质单元煤层瓦斯压力与埋深关系

| 煤层 | 瓦斯压力与埋深关系式 | 相关系数（$R^2$） |
|---|---|---|
| $C_{13}$ | $P = -0.0141H - 5.3185$ | 0.7187 |
| $B_{11b}$ | $P = -0.008H - 2.527$ | 0.7327 |
| $B_{10}$ | $P = -0.0033H - 1.0815$ | 0.9999 |
| $B_8$ | $P = -0.0036H - 0.1329$ | 0.9893 |
| $B_7$ | $P = -0.0033H - 1.5043$ | 0.9997 |
| $B_6$ | $P = -0.0043H - 1.3992$ | 0.9994 |
| $B_4$ | $P = -0.0034H - 1.0702$ | 0.9161 |

4）$F_{10-5}$ ～ $F_5$ 之间瓦斯地质单元

该瓦斯地质单元内，各煤层瓦斯压力与煤层埋深回归关系式见表 4 – 11。

表 4-11  $F_{10-5} \sim F_5$ 之间瓦斯地质单元煤层瓦斯压力与埋深关系

| 煤层 | 瓦斯压力与埋深关系式 | 相关系数（$R^2$） |
|------|----------------------|-------------------|
| $C_{13}$ | $P = -0.0126H - 3.4364$ | 0.9976 |
| $B_{11b}$ | $P = -0.0058H - 1.2616$ | 0.8761 |
| $B_{10}$ | $P = -0.0056H - 2.0211$ | 0.7515 |
| $B_9$ | $P = -0.005H - 1.8069$ | 0.7956 |
| $B_7$ | $P = -0.003H - 1.386$ | 0.9796 |
| $B_6$ | $P = -0.0031H + 0.315$ | 0.7039 |
| $B_4$ | $P = -0.0042H - 0.4336$ | 0.7319 |

5）$F_5 \sim$ 李嘴孜孔Ⅶ线之间瓦斯地质单元

该瓦斯地质单元内，各煤层瓦斯含量与煤层埋深回归关系式见表 4-12。

表 4-12  $F_5 \sim$ 李嘴孜孔Ⅶ线之间瓦斯地质单元煤层瓦斯压力与埋深关系

| 煤层 | 瓦斯压力与埋深关系式 | 相关系数（$R^2$） |
|------|----------------------|-------------------|
| $C_{13}$ | $P = -0.0005H + 0.2673$ | 1 |
| $B_{11b}$ | $P = -0.002H - 0.6325$ | 0.9989 |
| $B_9$ | $P = -0.0095H - 3.6769$ | 0.8835 |
| $B_8$ | $P = -0.0007H - 0.1229$ | 1 |
| $B_7$ | $P = -0.0039H - 1.3903$ | 0.9471 |
| $B_4$ | $y = -0.0052x - 1.2361$ | 0.6538 |
| $A_3$ | $P = -0.0011H - 0.275$ | 1 |

2. 潘谢矿区

1）$F_5$ 断层下盘至 $F_2$ 断层上盘瓦斯地质单元

该瓦斯地质单元内，各煤层瓦斯压力与煤层埋深回归关系式见表 4-13。

表 4-13  $F_5$ 断层下盘至 $F_2$ 断层上盘瓦斯地质单元煤层瓦斯压力与埋深关系

| 煤层 | 瓦斯压力与埋深关系式 | 相关系数（$R^2$） |
|------|----------------------|-------------------|
| 13-1 | $P = -0.0151H - 5.6779$ | 0.8609 |
| 11-2 | $P = -0.004H - 1.4181$ | 0.8799 |

2）$F_5$ 断层上盘至 $F_4$ 断层上盘瓦斯地质单元

该瓦斯地质单元内，各煤层瓦斯压力与煤层埋深回归关系式见表 4-14。

表 4 - 14　$F_5$ 断层上盘至 $F_4$ 断层上盘瓦斯地质单元煤层瓦斯压力与埋深关系

| 煤层 | 瓦斯压力与埋深关系式 | 相关系数（$R^2$） |
|---|---|---|
| 13 - 1 | $P = -0.0171H - 6.7929$ | 0.8698 |
| 11 - 2 | $P = -0.0119H - 6.1855$ | 0.9205 |
| 8 | $P = -0.0058H - 1.7461$ | 0.812 |
| 6 | $P = -0.0079H - 2.7603$ | 0.9945 |

3）$F_4$ 断层下盘以西至董岗郢次级向斜轴南部瓦斯地质单元

根据实测瓦斯压力通过回归分析，得出各煤层瓦斯压力与煤层埋深回归关系式（表 4 - 15）。

表 4 - 15　$F_4$ 断层下盘以西至董岗郢次级向斜轴南部瓦斯地质单元煤层瓦斯压力与埋深关系

| 煤层 | 瓦斯压力与埋深关系式 | 相关系数（$R^2$） |
|---|---|---|
| 13 - 1 | $P = -0.0169H - 7.3856$ | 0.9284 |
| 11 - 2 | $P = -0.0102H - 5.4276$ | 0.9253 |

4）潘集背斜至董岗郢次级向斜轴北部瓦斯地质单元

根据实测瓦斯压力通过回归分析，得出各煤层瓦斯压力与煤层埋深回归关系式（表 4 - 16）。

表 4 - 16　潘集背斜至董岗郢次级向斜轴北部瓦斯地质单元煤层瓦斯压力与埋深关系

| 煤层 | 瓦斯压力与埋深关系式 | 相关系数（$R^2$） |
|---|---|---|
| 13 - 1 | $P = -0.0067H - 3.229$ | 0.9959 |
| 11 - 2 | $P = -0.0174H - 11.276$ | 0.9958 |

5）$F_{83}$ 断层至 $F_{211}$ 断层瓦斯地质单元

根据实测瓦斯压力通过回归分析，得出各煤层瓦斯压力与煤层埋深回归关系式（表 4 - 17）。

表 4 - 17　$F_{83}$ 断层至 $F_{211}$ 断层瓦斯地质单元煤层瓦斯压力与埋深关系

| 煤层 | 瓦斯压力与埋深关系式 | 相关系数（$R^2$） |
|---|---|---|
| 13 - 1 | $P = -0.0023H - 1.1766$ | 0.7487 |
| 11 - 2 | $P = -0.0087H - 5.6683$ | 0.9978 |
| 8 | $P = -0.0137H - 5.7387$ | 0.8914 |

6）$F_{211}$ 断层至谢桥向斜轴北部瓦斯地质单元

该瓦斯地质单元内，各煤层瓦斯压力与煤层埋深回归关系式见表 4 - 18。

表 4 - 18　$F_{211}$ 断层至谢桥向斜轴北部瓦斯地质单元煤层瓦斯压力与埋深关系

| 煤层 | 瓦斯压力与埋深关系式 | 相关系数（$R^2$） |
|---|---|---|
| 13 - 1 | $P = -0.0081H - 3.7775$ | 0.6393 |
| 11 - 2 | $P = -0.0045H - 2.3492$ | 0.93 |
| 8 | $P = -0.0037H - 1.6432$ | 0.7498 |
| 6 | $P = -0.0049H - 2.6368$ | 0.888 |

7）$F_2$ 断层至 $F_1$ 断层瓦斯地质单元

根据实测瓦斯压力通过回归分析，得出各煤层瓦斯压力与煤层埋深回归关系式（表 4 - 19）。

表 4 - 19　$F_2$ 断层至 $F_1$ 断层瓦斯地质单元煤层瓦斯压力与埋深关系

| 煤层 | 瓦斯压力与埋深关系式 | 相关系数（$R^2$） |
|---|---|---|
| 11 - 2 | $P = -0.0054H - 1.6195$ | 0.8683 |
| 8 | $P = -0.0048H - 1.308$ | 0.8051 |
| 6 | $P = -0.0069H - 1.6767$ | 0.967 |
| 4 | $P = -0.0105H - 2.9975$ | 0.7752 |

8）$F_1$ 断层至尚塘—耿村集向斜轴南部瓦斯地质单元

该瓦斯地质单元内，各煤层瓦斯压力与煤层埋深回归关系式见表 4 - 20。

表 4 - 20　$F_1$ 断层至尚塘—耿村集向斜轴南部瓦斯地质单元煤层瓦斯压力与埋深关系

| 煤层 | 瓦斯压力与埋深关系式 | 相关系数（$R^2$） |
|---|---|---|
| 13 - 1 | $P = -0.0016H - 0.4048$ | 0.9813 |
| 11 - 2 | $P = -0.0101H - 4.5422$ | 1 |
| 8 | $P = -0.002H - 0.64$ | 1 |
| 4 | $P = -0.007H - 3$ | 1 |

9）尚塘—耿村集向斜轴北翼瓦斯地质单元

该瓦斯地质单元内，仅有东翼 13 煤层回风巷 1 个测压点，标高为 - 870 m，埋深为 894 m，压力值为 1.2 MPa。各煤层瓦斯压力可比照向斜南翼预测。

### 4.3.3　瓦斯含量分布及预测

1. 瓦斯的地层分布

从煤体结构来看，煤系的中部煤组 B、C 组煤层较上部 D、E 组煤层和下部 A 组煤层构造煤发育。矿区瓦斯主要分布于煤系的中部 B、C 组煤层内，下部的 A 组煤层及上部的 D、E 组煤层中瓦斯含量相对较少。钻探与生产过程测试的煤层最大瓦斯含量为 33.01 m³/t。

## 2. 瓦斯含量与煤层厚度的关系

一般来说，煤层的厚度大，其瓦斯含量相应较高，瓦斯涌出量也较大（图 4 - 3）。从图中可以看出，各层煤层的厚度与瓦斯含量和瓦斯涌出量具有正相关关系。

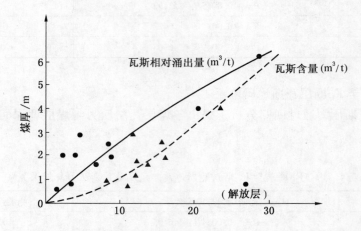

图 4 - 3　淮河南矿区煤厚与瓦斯相对涌出量、瓦斯含量关系

## 3. 煤层瓦斯含量预测

### 1）淮河南矿区

按照矿区地质构造特征，即以 $F_{4-5}$（$F_{17}$）、$F_{13-5}$、$F_{11-9}$（$F_{10-5}$）、$F_5$ 等边界断层为界，可将淮河南矿区划分为 5 个瓦斯地质单元（分区）。

（1）$F_{4-5}$ 断层上盘瓦斯地质单元。从瓦斯涌出资料来看，该单元涌出量较小，总体上属于低瓦斯区，$B_{4b}$、$B_{11b}$、$C_{13}$ 等煤层较其他煤层瓦斯涌出量相对较高，与其煤体结构较破碎、煤层透气性较差等关系密切，但该区煤层埋藏较浅，瓦斯风化带深度大，一般发生煤和瓦斯突出的危险性可能较小。在掘进时偶有放煤炮现象，可能为地应力释放的动力现象。瓦斯含量预测只能通过 $F_{4-5}$ 断层下盘进行预测。

（2）$F_{4-5}$（$F_{17}$）～$F_{13-5}$ 之间瓦斯地质单元。该瓦斯地质单元内，各煤层开采过程中共发生 23 次，占淮河南矿区突出总数的 25.84%，因此本单元应属高瓦斯突出区。各煤层瓦斯含量与煤层埋深回归关系式见表 4 - 21。

表 4 - 21　煤层瓦斯含量与埋深关系

| 煤层 | 瓦斯含量与埋深关系式 | 相关系数（$R^2$） |
|---|---|---|
| $C_{13}$ | $W = -0.0265H - 5.5497$ | 0.7425 |
| $B_{11b}$ | $W = -0.0204H - 2.742$ | 0.7816 |
| $B_{9b}$ | $W = -0.0251H - 7.5293$ | 0.7451 |
| $B_8$ | $W = -0.0211H - 7.2434$ | 0.7831 |
| $B_7$ | $W = -0.023H - 11.583$ | 0.7514 |
| $B_{4b}$ | $W = -0.0265H - 12.302$ | 0.6324 |

（3）$F_{13-5} \sim F_{11}$（$F_{10-5}$）之间瓦斯地质单元。该瓦斯地质单元内，各煤层瓦斯含量与煤层埋深回归关系式见表4-22。

表4-22  煤层瓦斯含量与埋深关系

| 煤层 | 瓦斯含量与埋深关系式 | 相关系数（$R^2$） |
|---|---|---|
| $C_{13}$ | $W = -0.0212H - 0.9992$ | 0.7091 |
| $B_{11b}$ | $W = -0.0237H - 1.4001$ | 0.8793 |
| $B_{4b}$ | $W = -0.0218H - 8.1524$ | 0.824 |

（4）$F_{10-5} \sim F_5$ 之间瓦斯地质单元。该瓦斯地质单元内，各煤层开采过程中共发生24次突出，占总突出次数的26.97%，因此本单元应属高瓦斯突出区。各煤层瓦斯含量与煤层埋深回归关系式见表4-23。

表4-23  煤层瓦斯含量与埋深关系

| 煤层 | 瓦斯含量与埋深关系式 | 相关系数（$R^2$） |
|---|---|---|
| $C_{13}$ | $W = -0.0231H - 0.5027$ | 0.9454 |
| $B_{11b}$ | $W = -0.019H - 3.4551$ | 0.9523 |
| $B_{10}$ | $W = -0.0189H - 6.3253$ | 0.9149 |
| $B_{9b}$ | $W = -0.0203H - 5.8991$ | 0.9938 |
| $B_7$ | $W = -0.0169H - 4.1137$ | 0.9961 |
| $B_6$ | $W = -0.0208H - 4.33$ | 0.9336 |
| $B_{4b}$ | $W = -0.0222H - 6.7079$ | 0.9682 |

（5）$F_5 \sim$ 李嘴孜孔Ⅶ线之间瓦斯地质单元。该瓦斯地质单元内，瓦斯运移、逸散条件好，保存条件较差，各煤层开采至今尚未发生煤与瓦斯突出。各煤层瓦斯含量与煤层埋深回归关系式见表4-24。

表4-24  煤层瓦斯含量与埋深关系

| 煤层 | 瓦斯含量与埋深关系式 | 相关系数（$R^2$） |
|---|---|---|
| $C_{13}$ | $W = -0.0183H - 4.4268$ | 1 |
| $B_{11b}$ | $W = -0.0092H - 1.876$ | 1 |
| $B_{9b}$ | $W = -0.022H - 5.0$ | 1 |
| $B_{8b}$ | $W = -0.001H - 2.78$ | 1 |
| $B_{7b}$ | $W = -0.04H - 12.19$ | 1 |
| $B_{4b}$ | $W = -0.025H - 2.15$ | 1 |

2）潘谢矿区

按照地质构造与瓦斯地质单元特征，潘谢矿区可划分如下9个瓦斯地质单元。

（1）$F_5$ 断层下盘至 $F_2$ 断层上盘瓦斯地质单元。该瓦斯地质单元内，各煤层瓦斯含量与煤层埋深回归关系式见表 4 – 25。

表 4 – 25　煤层瓦斯含量与埋深关系

| 煤层 | 瓦斯含量与埋深关系式 | 相关系数（$R^2$） |
|---|---|---|
| 13 – 1 | $W = -0.0327H - 8.4047$ | 0.7704 |
| 11 – 2 | $W = -0.0279H - 8.9803$ | 0.6838 |
| 8 | $W = -0.0185H - 4.3672$ | 0.7632 |
| 6 | $W = -0.0168H - 6.1038$ | 0.9683 |
| 3 | $W = -0.0213H - 4.2727$ | 0.9814 |

（2）$F_5$ 断层上盘至 $F_4$ 断层上盘瓦斯地质单元。该瓦斯地质单元属高瓦斯突出区，各煤层瓦斯含量与煤层埋深回归关系式见表 4 – 26。

表 4 – 26　煤层瓦斯含量与埋深关系

| 煤层 | 瓦斯含量与埋深关系式 | 相关系数（$R^2$） |
|---|---|---|
| 13 – 1 | $W = -0.0353H - 9.1256$ | 0.8008 |
| 11 – 2 | $W = -0.0215H - 6.6088$ | 0.9204 |
| 8 | $W = -0.0168H - 3.7015$ | 0.956 |
| 6 | $W = -0.0142H - 2.8597$ | 0.9006 |
| 4 | $W = -0.0097H + 0.0227$ | 0.9457 |

（3）$F_4$ 断层下盘以西至董岗郢次级向斜轴南部瓦斯地质单元。该瓦斯地质单元内，各煤层瓦斯含量与煤层埋深回归关系式见表 4 – 27。

表 4 – 27　煤层瓦斯含量与埋深关系

| 煤层 | 瓦斯含量与埋深关系式 | 相关系数（$R^2$） |
|---|---|---|
| 13 – 1 | $W = -0.0331H - 11.799$ | 0.7778 |
| 11 – 2 | $W = -0.0244H - 8.805$ | 0.7316 |
| 8 | $W = -0.0252H - 7.9533$ | 0.7247 |
| 6 | $W = -0.0142H - 3.522$ | 0.9719 |
| 4 | $W = -0.0198H - 8.2067$ | 0.9192 |

（4）潘集背斜至董岗郢次级向斜轴北部瓦斯地质单元。该瓦斯地质单元内，各煤层瓦斯含量与煤层埋深回归关系式见表 4 – 28。

表4-28　煤层瓦斯含量与埋深关系

| 煤层 | 瓦斯含量与埋深关系式 | 相关系数（$R^2$） |
|------|--------------------|----------------|
| 13-1 | $W = -0.0183H - 6.6387$ | 0.7465 |
| 11-2 | $W = -0.0207H - 9.7639$ | 0.684 |
| 8 | $W = -0.0135H - 5.2308$ | 0.8919 |

（5）$F_{83}$断层至$F_{211}$断层瓦斯地质单元。该瓦斯地质单元内，各煤层瓦斯含量与煤层埋深回归关系式见表4-29。

表4-29　煤层瓦斯含量与埋深关系

| 煤层 | 瓦斯含量与埋深关系式 | 相关系数（$R^2$） |
|------|--------------------|----------------|
| 13-1 | $W = -0.0149H - 6.0428$ | 0.7617 |
| 11-2 | $W = -0.0137H - 5.8873$ | 0.8283 |
| 8 | $W = -0.0184H - 7.6205$ | 0.9425 |

（6）$F_{211}$断层至谢桥向斜轴北部瓦斯地质单元。该瓦斯地质单元内，各煤层瓦斯含量与煤层埋深回归关系式见表4-30。

表4-30　煤层瓦斯含量与埋深关系

| 煤层 | 瓦斯含量与埋深关系式 | 相关系数（$R^2$） |
|------|--------------------|----------------|
| 13-1 | $W = -0.0308H - 11.654$ | 0.7728 |
| 11-2 | $W = -0.0159H - 4.9472$ | 0.7208 |
| 8 | $W = -0.0255H - 10.437$ | 0.7437 |
| 6 | $W = -0.0141H - 5.5693$ | 0.7024 |

（7）$F_2$断层至$F_1$断层瓦斯地质单元。该瓦斯地质单元内，各煤层瓦斯含量与煤层埋深回归关系式见表4-31。

表4-31　煤层瓦斯含量与埋深关系

| 煤层 | 瓦斯含量与埋深关系式 | 相关系数（$R^2$） |
|------|--------------------|----------------|
| 13-1 | $W = -0.0228H - 5.2856$ | 0.7313 |
| 11-2 | $W = -0.0153H - 2.5015$ | 0.8737 |
| 8 | $W = -0.021H - 5.1956$ | 0.8658 |
| 6 | $W = -0.0254H - 6.2868$ | 0.6678 |
| 4 | $W = -0.023H - 4.3353$ | 0.8508 |
| 3 | $W = -0.0237H - 6.3534$ | 0.7884 |

（8）$F_1$ 断层至尚塘—耿村集向斜轴南部瓦斯地质单元。该瓦斯地质单元内，各煤层瓦斯含量与煤层埋深回归关系式见表 4 – 32。

表 4 – 32　煤层瓦斯含量与埋深关系

| 煤层 | 瓦斯含量与埋深关系式 | 相关系数（$R^2$） |
|---|---|---|
| 13 – 1 | $W = -0.0112H - 2.7497$ | 0.7838 |
| 11 – 2 | $W = -0.0148H - 5.218$ | 0.8431 |
| 8 | $W = -0.0141H - 5.0389$ | 0.9023 |
| 3 | $W = -0.0081H - 1.6839$ | 1 |

（9）尚塘—耿村集向斜轴北翼瓦斯地质单元。该瓦斯地质单元内，各煤层瓦斯含量与煤层埋深回归关系式见表 4 – 33。

表 4 – 33　煤层瓦斯含量与埋深关系

| 煤层 | 瓦斯含量与埋深关系式 | 相关系数（$R^2$） |
|---|---|---|
| 13 – 1 | $W = -0.0129H - 3.6386$ | 0.8659 |
| 11 – 2 | $W = -0.0118H - 3.8244$ | 0.8704 |
| 8 | $W = -0.0116H - 4.9514$ | 0.6982 |

### 4.3.4　瓦斯风化带的形成及其特征

1. 淮河南矿区

$C_{13}$、$B_{11b}$ 煤层各瓦斯地质单元瓦斯风化带的深度见表 4 – 34。

表 4 – 34　淮河南矿区瓦斯风化带深度　　　　　　　　　　　　m

| 瓦斯地质单元 | 煤层 | 最浅深度 | 最深深度 | 平均深度 |
|---|---|---|---|---|
| $F_{4-5}$ 上盘 | $C_{13}$ | – 180 | – 430 | – 350 |
|  | $B_{11b}$ | – 310 | – 430 | – 350 |
| $F_{4-5}$（$F_{17}$）~ $F_{13-5}$ | $C_{13}$ | – 90 | – 150 | – 120 |
|  | $B_{11b}$ | – 60 | – 100 | – 80 |
| $F_{13-5}$ ~ $F_{11-9}$ | $C_{13}$ | – 170 | – 300 | – 280 |
|  | $B_{11b}$ | – 200 | – 350 | – 280 |
| $F_{10-5}$ ~ $F_5$ | $C_{13}$ | – 290 | – 550 | – 380 |
|  | $B_{11b}$ | – 350 | – 550 | – 400 |
| $F_5$ 以西 | $C_{13}$ |  |  | – 500 |
|  | $B_{11b}$ |  |  | – 500 |

2. 潘谢矿区

13 – 1 号、11 – 2 号煤层各瓦斯地质单元瓦斯风化带的深度见表 4 – 35。

表4-35　潘谢矿区瓦斯风化带深度　　　　　　　　　m

| 瓦斯地质单元 | 煤层 | 最浅深度 | 最深深度 | 平均深度 |
|---|---|---|---|---|
| $F_5 \sim F_2$ | 13-1 | -290 | -300 | -300 |
| | 11-2 | -320 | -330 | -320 |
| $F_4 \sim F_5$ | 13-1 | -340 | -350 | -340 |
| | 11-2 | -320 | -340 | -330 |
| $F_4$下盘~董岗郢次级<br>向斜轴南部 | 13-1 | -430 | -455 | -440 |
| | 11-2 | -460 | -520 | -500 |
| 潘集背斜~董岗郢次级<br>向斜轴北部 | 13-1 | | | -600 |
| | 11-2 | | | -660 |
| $F_{83} \sim F_{211}$ | 13-1 | | | -700 |
| | 11-2 | | | -700 |
| $F_{211} \sim$谢桥向斜轴北部 | 13-1 | | | -450 |
| | 11-2 | | | -440 |
| $F_2 \sim F_1$ | 13-1 | | | -320 |
| | 11-2 | | | -300 |
| $F_1 \sim$尚塘—耿村集向<br>斜轴南部 | 13-1 | | | |
| | 11-2 | | | |
| 尚塘—耿村集向斜轴北翼 | 13-1 | | | |
| | 11-2 | | | |

## 4.4　矿区瓦斯涌出量预测

### 4.4.1　瓦斯涌出资料统计及分析

1. 淮河南矿区瓦斯涌出统计分析

淮河南矿区是淮南煤田最早开发的区块,矿区各矿井开采煤层主要为 $A_1$、$A_3$、$B_4$ ($B_{4b}$)、$B_6$、$B_7$ ($B_{7b}$)、$B_8$、$B_9$ ($B_{9b}$)、$B_{10}$、$B_{11}$ ($B_{11a}$、$B_{11b}$)、$C_{13}$、$C_{15}$ 等,李一矿瓦斯涌出量资料见表4-36。从采掘工作面的瓦斯涌出资料来看,$B_{4b}$、$B_8$、$B_{11b}$、$C_{13}$ 等煤层瓦斯涌出量较大。

表4-36　李一矿各煤层采掘工作面最大瓦斯涌出量统计分析表

| 煤层<br>名称 | 采煤工作面 | | | 掘进工作面 | |
|---|---|---|---|---|---|
| | 个数 | 绝对瓦斯涌出量/<br>($m^3 \cdot min^{-1}$)<br>$\dfrac{最小\sim最大}{平均}$ | 相对瓦斯涌出量/<br>($m^3 \cdot t^{-1}$)<br>$\dfrac{最小\sim最大}{平均}$ | 个数 | 绝对瓦斯涌出量/<br>($m^3 \cdot min^{-1}$)<br>$\dfrac{最小\sim最大}{平均}$ |
| $B_{4b}$ | 4 | $\dfrac{2.03 \sim 12.22}{6.10}$ | $\dfrac{4.29 \sim 13.91}{9.25}$ | 11 | $\dfrac{0.19 \sim 3.60}{1.05}$ |

表 4 - 36（续）

| 煤层名称 | 采煤工作面 | | | 掘进工作面 | |
|---|---|---|---|---|---|
| | 个数 | 绝对瓦斯涌出量/ (m³·min⁻¹) 最小~最大 平均 | 相对瓦斯涌出量/ (m³·t⁻¹) 最小~最大 平均 | 个数 | 绝对瓦斯涌出量/ (m³·min⁻¹) 最小~最大 平均 |
| B₆ | 3 | $\dfrac{0.68 \sim 1.53}{1.18}$ | $\dfrac{1.12 \sim 14.94}{4.12}$ | 6 | $\dfrac{0.20 \sim 0.90}{0.39}$ |
| B₇ | 6 | $\dfrac{1.43 \sim 4.10}{2.58}$ | $\dfrac{2.05 \sim 19.82}{5.41}$ | 11 | $\dfrac{0.23 \sim 2.25}{0.69}$ |
| B₈ | 5 | $\dfrac{2.56 \sim 20.81}{11.81}$ | $\dfrac{6.38 \sim 52.93}{23.74}$ | 13 | $\dfrac{0.30 \sim 3.32}{1.45}$ |
| B₉ | 1 | $\dfrac{5.42 \sim 6.22}{5.81}$ | $\dfrac{11.50 \sim 44.18}{26.28}$ | 5 | $\dfrac{0.32 \sim 1.21}{0.64}$ |
| B₁₁b | 5 | $\dfrac{2.94 \sim 28.25}{11.36}$ | $\dfrac{5.61 \sim 67.27}{23.94}$ | 9 | $\dfrac{0.42 \sim 5.93}{2.42}$ |
| C₁₃ | 3 | $\dfrac{2.04 \sim 15.01}{5.85}$ | $\dfrac{2.48 \sim 26.03}{10.73}$ | 4 | $\dfrac{0.69 \sim 3.89}{1.45}$ |
| 合计 | 27 | | | 58 | |

### 2. 潘谢矿区瓦斯涌出统计分析

#### 1）潘一矿

潘一矿共收集 110 个采煤工作面、238 个掘进工作面的瓦斯涌出资料（表 4 - 37）。从采掘工作面的瓦斯涌出资料来看，13 - 1 号煤层瓦斯涌出量较大。

表 4 - 37　潘一矿各煤层采掘工作面瓦斯涌出量统计分析表

| 煤层名称 | 采煤工作面 | | | 掘进工作面 | |
|---|---|---|---|---|---|
| | 个数 | 绝对瓦斯涌出量/ (m³·min⁻¹) 最小~最大 平均 | 相对瓦斯涌出量/ (m³·t⁻¹) 最小~最大 平均 | 个数 | 绝对瓦斯涌出量/ (m³·min⁻¹) 最小~最大 平均 |
| 13 - 1 | 80 | $\dfrac{0.18 \sim 32.38}{6.10}$ | $\dfrac{0.47 \sim 704.45}{13.12}$ | 157 | $\dfrac{0.05 \sim 12.90}{1.68}$ |
| 11 - 2 | 29 | $\dfrac{0.15 \sim 20.81}{3.96}$ | $\dfrac{0.44 \sim 25.81}{5.05}$ | 77 | $\dfrac{0.08 \sim 2.02}{0.58}$ |
| 7 | 1 | $\dfrac{3.08 \sim 15.58}{7.60}$ | $\dfrac{4.10 \sim 60.79}{5.05}$ | 4 | $\dfrac{0.51 \sim 1.43}{0.96}$ |
| 合计 | 110 | | | 238 | |

2）潘三矿

从潘三矿采掘工作面的瓦斯涌出资料来看，13 – 1 号与 11 – 2 号煤层瓦斯涌出量均较大，见表 4 – 38。

表 4 – 38 潘三矿各煤层采掘工作面最大瓦斯涌出量统计分析表

| 煤层名称 | 采煤工作面 | | | 掘进工作面 | |
| --- | --- | --- | --- | --- | --- |
| | 个数 | 绝对瓦斯涌出量/ $(m^3 \cdot min^{-1})$ $\dfrac{最小 \sim 最大}{平均}$ | 相对瓦斯涌出量/ $(m^3 \cdot t^{-1})$ $\dfrac{最小 \sim 最大}{平均}$ | 个数 | 绝对瓦斯涌出量/ $(m^3 \cdot min^{-1})$ $\dfrac{最小 \sim 最大}{平均}$ |
| 13 – 1 | 17 | $\dfrac{1.20 \sim 58.03}{18.84}$ | $\dfrac{0.60 \sim 93.68}{11.26}$ | 25 | $\dfrac{0.12 \sim 6.71}{2.37}$ |
| 11 – 2 | 7 | $\dfrac{3.90 \sim 67.34}{27.47}$ | $\dfrac{4.39 \sim 68.15}{18.39}$ | 12 | $\dfrac{0.42 \sim 5.01}{2.25}$ |
| 8 | 1 | $\dfrac{0.72 \sim 6.62}{2.37}$ | $\dfrac{0.34 \sim 3.80}{1.05}$ | 2 | $\dfrac{0.28 \sim 7.07}{1.07}$ |
| 合计 | 25 | | | 39 | |

3）丁集矿

丁集矿共收集不同深度具有代表性的 3 个采煤工作面、6 个掘进工作面的瓦斯涌出资料（表 4 – 39）。从采掘工作面的瓦斯涌出资料来看，11 – 2 号煤层瓦斯涌出量较大。

表 4 – 39 丁集矿各煤层采掘工作面最大瓦斯涌出量统计分析表

| 煤层名称 | 采煤工作面 | | | 掘进工作面 | |
| --- | --- | --- | --- | --- | --- |
| | 个数 | 绝对瓦斯涌出量/ $(m^3 \cdot min^{-1})$ $\dfrac{最小 \sim 最大}{平均}$ | 相对瓦斯涌出量/ $(m^3 \cdot t^{-1})$ $\dfrac{最小 \sim 最大}{平均}$ | 个数 | 绝对瓦斯涌出量/ $(m^3 \cdot min^{-1})$ $\dfrac{最小 \sim 最大}{平均}$ |
| 13 – 1 | | | | 2 | $\dfrac{0.64 \sim 4.53}{2.43}$ |
| 11 – 2 | 3 | $\dfrac{8.92 \sim 50.11}{31.75}$ | $\dfrac{1.82 \sim 9.95}{6.55}$ | 4 | $\dfrac{0.73 \sim 6.72}{3.54}$ |
| 合计 | 3 | | | 6 | |

4）顾桥矿

从顾桥矿采掘工作面的瓦斯涌出资料来看，瓦斯涌出量均较大，且 11 – 2 号煤层较 13 – 1 号煤层大，见表 4 – 40。

表 4-40 顾桥矿（含顾北矿区）各煤层采掘工作面最大瓦斯涌出量统计分析表

| 煤层名称 | 采煤工作面 | | | 掘进工作面 | |
| --- | --- | --- | --- | --- | --- |
| | 个数 | 绝对瓦斯涌出量/ ($m^3 \cdot min^{-1}$) $\dfrac{最小～最大}{平均}$ | 相对瓦斯涌出量/ ($m^3 \cdot t^{-1}$) $\dfrac{最小～最大}{平均}$ | 个数 | 绝对瓦斯涌出量/ ($m^3 \cdot min^{-1}$) $\dfrac{最小～最大}{平均}$ |
| 13-1 | 5 | $\dfrac{1.09～32.86}{15.10}$ | $\dfrac{0.15～10.66}{2.00}$ | 6 | $\dfrac{0.24～2.03}{0.77}$ |
| 11-2 | 5 | $\dfrac{3.40～52.38}{26.91}$ | $\dfrac{0.69～8.31}{3.75}$ | 9 | $\dfrac{0.11～1.69}{0.75}$ |
| 合计 | 10 | | | 15 | |

5）张集矿

张集矿共收集具有代表性的 13 个采煤工作面、46 个掘进工作面的瓦斯涌出资料（表 4-41）。从采掘工作面的瓦斯涌出资料来看，13-1 号、11-2 号和 8 号煤层瓦斯涌出量均较大，其中 8 号煤层瓦斯涌出异常与抽采其他煤层瓦斯关系密切。

表 4-41 张集矿（含张北矿区）各煤层采掘工作面最大瓦斯涌出量统计分析表

| 煤层名称 | 采煤工作面 | | | 掘进工作面 | |
| --- | --- | --- | --- | --- | --- |
| | 个数 | 绝对瓦斯涌出量/ ($m^3 \cdot min^{-1}$) $\dfrac{最小～最大}{平均}$ | 相对瓦斯涌出量/ ($m^3 \cdot t^{-1}$) $\dfrac{最小～最大}{平均}$ | 个数 | 绝对瓦斯涌出量/ ($m^3 \cdot min^{-1}$) $\dfrac{最小～最大}{平均}$ |
| 13-1 | 5 | $\dfrac{1.30～50.46}{19.41}$ | $\dfrac{0.20～14.76}{4.23}$ | 10 | $\dfrac{0.32～5.64}{2.36}$ |
| 11-2 | 3 | $\dfrac{0.74～36.22}{10.87}$ | $\dfrac{0.20～11.56}{3.24}$ | 6 | $\dfrac{0.15～4.47}{1.41}$ |
| 8 | 4 | $\dfrac{11.44～70.77}{30.26}$ | $\dfrac{2.59～10.16}{6.19}$ | 21 | $\dfrac{0.13～8.11}{2.06}$ |
| 6 | 1 | $\dfrac{1.78～8.81}{5.72}$ | $\dfrac{0.65～1.89}{1.32}$ | 9 | $\dfrac{0.13～4.32}{1.26}$ |
| 合计 | 13 | | | 46 | |

6）谢桥矿

谢桥矿各煤层瓦斯涌出量资料见表 4-42。

表4-42 谢桥矿各煤层采掘工作面最大瓦斯涌出量统计分析表

| 煤层名称 | 采煤工作面 | | | 掘进工作面 | |
| --- | --- | --- | --- | --- | --- |
| | 个数 | 绝对瓦斯涌出量/($m^3 \cdot min^{-1}$) $\dfrac{最小～最大}{平均}$ | 相对瓦斯涌出量/($m^3 \cdot t^{-1}$) $\dfrac{最小～最大}{平均}$ | 个数 | 绝对瓦斯涌出量/($m^3 \cdot min^{-1}$) $\dfrac{最小～最大}{平均}$ |
| 13-1 | 17 | $\dfrac{0.69～53.73}{10.33}$ | $\dfrac{0.30～16.47}{4.64}$ | | |
| 11-2 | 2 | $\dfrac{0.87～51.50}{8.98}$ | $\dfrac{0.09～9.25}{2.41}$ | | |
| 8 | 14 | $\dfrac{1.09～21.00}{7.05}$ | $\dfrac{0.19～9.14}{2.46}$ | | |
| 6 | 3 | $\dfrac{1.54～7.19}{2.61}$ | $\dfrac{0.26～1.86}{0.73}$ | | |
| 合计 | 36 | | | | |

7）潘二矿

潘二矿各煤层瓦斯涌出资料见表4-43。从瓦斯涌出资料来看，随着开采深度增加，瓦斯涌出量也相应增大，但相对瓦斯涌出量随产量波动较大。

表4-43 潘二矿各煤层采掘工作面最大瓦斯涌出量统计分析表

| 煤层名称 | 采煤工作面 | | | 掘进工作面 | |
| --- | --- | --- | --- | --- | --- |
| | 个数 | 绝对瓦斯涌出量/($m^3 \cdot min^{-1}$) $\dfrac{最小～最大}{平均}$ | 相对瓦斯涌出量/($m^3 \cdot t^{-1}$) $\dfrac{最小～最大}{平均}$ | 个数 | 绝对瓦斯涌出量/($m^3 \cdot min^{-1}$) $\dfrac{最小～最大}{平均}$ |
| 8 | 3 | $\dfrac{1.58～10.84}{6.27}$ | $\dfrac{1.56～20.15}{4.72}$ | | |
| 6 | 4 | $\dfrac{0.39～3.86}{1.98}$ | $\dfrac{0.44～14.52}{4.27}$ | | |
| 合计 | 7 | | | | |

8）潘北矿

从潘北矿采掘工作面的瓦斯涌出资料来看，各煤层瓦斯涌出量均相对较小，瓦斯涌出量随着开采深度的加深逐渐加大，见表4-44。

表 4 - 44　潘北矿各煤层采掘工作面最大瓦斯涌出量统计分析表

| 煤层名称 | 采煤工作面 | | | 掘进工作面 | |
|---|---|---|---|---|---|
| | 个数 | 绝对瓦斯涌出量/ $(m^3 \cdot min^{-1})$ 最小~最大 平均 | 相对瓦斯涌出量/ $(m^3 \cdot t^{-1})$ 最小~最大 平均 | 个数 | 绝对瓦斯涌出量/ $(m^3 \cdot min^{-1})$ 最小~最大 平均 |
| 13 - 1 | 3 | $\dfrac{0.35 \sim 11.19}{6.10}$ | $\dfrac{0.99 \sim 8.61}{3.57}$ | 6 | $\dfrac{0.22 \sim 3.98}{1.58}$ |
| 11 - 2 | 1 | $\dfrac{3.26 \sim 6.03}{4.18}$ | $\dfrac{2.34 \sim 7.93}{3.89}$ | 3 | $\dfrac{0.25 \sim 1.58}{0.57}$ |
| 8 | 1 | $\dfrac{2.40 \sim 2.96}{2.68}$ | $\dfrac{1.23 \sim 1.37}{1.30}$ | 4 | $\dfrac{0.07 \sim 2.16}{0.36}$ |
| 合计 | 5 | | | 13 | |

### 4.4.2　矿区瓦斯涌出量预测

1. 淮河南矿区瓦斯涌出量预测

1) $F_{4-5}$ 断层上盘瓦斯地质单元

该地质单元可采煤层大部分已回采完毕，近年来无采掘活动，历年采掘活动的瓦斯涌出情况见表 4 - 45。未采区块各煤层瓦斯涌出量比照下盘预测。

表 4 - 45　$F_{4-5}$ 断层上盘各煤层瓦斯涌出量

| 煤层 | 水平标高/ m | 绝对瓦斯涌出量/ $(m^3 \cdot min^{-1})$ | 煤层 | 水平标高/ m | 绝对瓦斯涌出量/ $(m^3 \cdot min^{-1})$ |
|---|---|---|---|---|---|
| $C_{13}$ | -428 | 5 | $B_7$ | -610 | 2 |
| $B_{11b}$ | -480 | 5 | $B_6$ | -680 | 2 |
| $B_9$ | -660 | 5 | $B_{4b}$ | -560 | 5 |
| $B_8$ | -567 | 5 | | -650 | 10 |

2) $F_{4-5}$（$F_{17}$）~ $F_{13-5}$ 之间瓦斯地质单元

$C_{13}$ 煤层：根据该瓦斯地质单元内已采区块瓦斯涌出情况，标高在 -380 m、 -540 m、 -640 m 时瓦斯涌出量分别为 5 $m^3/min$、10 $m^3/min$、15 $m^3/min$，预测未采区块标高在 -540 m、 -640 m、 -740 m 时瓦斯涌出量分别约为 10 $m^3/min$、15 $m^3/min$、20 $m^3/min$。

$B_{11b}$ 煤层：根据该瓦斯地质单元内已采区块瓦斯涌出情况，标高在 -428 m、 -567 m、 -640 m 时瓦斯涌出量分别为 5 $m^3/min$、10 $m^3/min$、15 $m^3/min$，预测未采区块标高在 -720 m、 -800 m 时瓦斯涌出量约为 20 $m^3/min$、25 $m^3/min$。

$B_9$ 煤层：根据该瓦斯地质单元内已采区块瓦斯涌出情况，标高在 -580 m、 -680 m 时瓦斯涌出量分别为 5 $m^3/min$、10 $m^3/min$，预测未采区块标高在 -780 m 时瓦斯涌出量约为 15 m³/min。

$B_8$ 煤层：根据该瓦斯地质单元内已采区块瓦斯涌出情况，$F_{13-8}$ 断层上盘标高在 $-567$ m、$-660$ m 时瓦斯涌出量分别为 5 m³/min、10 m³/min，预测标高在 $-760$ m 时瓦斯涌出量约为 15 m³/min。$F_{13-8}$ 断层下盘标高在 $-567$ m、$-660$ m 时瓦斯涌出量分别为 10 m³/min、15 m³/min，预测标高在 $-760$ m 时瓦斯涌出量约为 20 m³/min。

$B_7$ 煤层：根据该瓦斯地质单元内已采区块瓦斯涌出情况，标高在 $-567$ m 时瓦斯涌出量为 2 m³/min，预测未采区块标高在 $-720$ m 时瓦斯涌出量约为 5 m³/min。

$B_6$ 煤层：根据该瓦斯地质单元内已采区块瓦斯涌出情况，标高在 $-640$ m 时瓦斯涌出量为 2 m³/min，预测未采区块标高在 $-780$ m 时瓦斯涌出量约为 3 m³/min。

$B_{4b}$ 煤层：根据该瓦斯地质单元内已采区块瓦斯涌出情况，标高在 $-408$ m、$-610$ m、660 m 时瓦斯涌出量分别为 5 m³/min、10 m³/min、12 m³/min，预测未采区块标高在 $-735$ m 时瓦斯涌出量约为 15 m³/min。

3）$F_{13-5} \sim F_{11}(F_{10-5})$ 之间瓦斯地质单元

该瓦斯地质单元内无瓦斯涌出资料，各煤层预测瓦斯涌出量可比照 $F_{4-5}(F_{17}) \sim F_{13-5}$ 之间瓦斯地质单元。

$B_{10}$ 煤层：根据 $F_{10-5}$ 下盘瓦斯涌出量梯度，预测 $F_{10-5}$ 上盘约在标高 $-665$ m、$-760$ m、$-855$ m 时瓦斯涌出量分别为 5 m³/min、10 m³/min、15 m³/min。

4）$F_{10-5} \sim F_5$ 之间瓦斯地质单元

$C_{13}$ 煤层：根据该瓦斯地质单元内已采区块瓦斯涌出情况，$F_{10-5}$ 下盘至 $F_6$ 上盘标高在 $-330$ m、$-415$ m、$-510$ m、$-605$ m 时瓦斯涌出量分别为 5 m³/min、10 m³/min、15 m³/min、20 m³/min，预测标高在 $-700$ m、$-790$ m、$-880$ m 时瓦斯涌出量分别约为 25 m³/min、30 m³/min、35 m³/min。$F_6$ 下盘至 $F_5$ 下盘标高在 $-390$ m、$-470$ m、$-540$ m 时瓦斯涌出量分别为 5 m³/min、10 m³/min、15 m³/min，预测标高在 $-605$ m、$-700$ m、$-790$ m、$-880$ m 时瓦斯涌出量分别约为 20 m³/min、25 m³/min、30 m³/min、35 m³/min。

$B_{11b}$ 煤层：根据该瓦斯地质单元内已采区块瓦斯涌出情况，$F_{10-5}$ 下盘至 $F_6$ 上盘标高在 $-456$ m、$-528$ m 时瓦斯涌出量分别为 5 m³/min、7 m³/min，预测标高在 $-630$ m、$-815$ m 时瓦斯涌出量分别为 10 m³/min、15 m³/min。$F_6$ 下盘至 $F_5$ 下盘标高在 $-530$ m、$-610$ m 时瓦斯涌出量分别为 3 m³/min、5 m³/min，预测标高在 $-760$ m、$-950$ m 时瓦斯涌出量分别为 10 m³/min、15 m³/min。

$B_{10}$ 煤层：根据该瓦斯地质单元内已采区块瓦斯涌出情况，$F_{10-5}$ 下盘至 $F_6$ 上盘标高在 $-465$ m、$-550$ m 时瓦斯涌出量分别为 5 m³/min、10 m³/min，预测标高在 $-650$ m、$-770$ m 时瓦斯涌出量分别为 15 m³/min、20 m³/min。$F_6$ 下盘至 $F_5$ 下盘标高在 $-565$ m、$-580$ m 时瓦斯涌出量分别为 5 m³/min、6 m³/min，预测标高在 $-640$ m、$-715$ m、$-880$ m 时瓦斯涌出量分别为 10 m³/min、15 m³/min、20 m³/min。

$B_{9b}$ 煤层（新庄孜矿 $B_8$）：根据该瓦斯地质单元内已采区块瓦斯涌出情况，在标高 $-510$ m、$-580$ m 时瓦斯涌出量分别为 5 m³/min、10 m³/min，预测在标高 $-685$ m、$-780$ m 时绝对瓦斯涌出量分别约为 15 m³/min、20 m³/min。

$B_7$ 煤层（新庄孜矿 $B_{7a}$）：根据该瓦斯地质单元内已采区块瓦斯涌出情况，$F_{10-5}$ 下盘

至 $F_6$ 上盘在标高 $-530$ m、$-600$ m 时瓦斯涌出量分别为 5 m³/min、10 m³/min，预测在标高 $-780$ m、$-960$ m 时绝对瓦斯涌出量分别约为 15 m³/min、20 m³/min。$F_6$ 下盘至 $F_5$ 下盘标高在 $-550$ m、$-610$ m 时瓦斯涌出量分别为 3 m³/min、5 m³/min，预测在标高 $-865$ m 时瓦斯涌出量为 10 m³/min。

$B_6$ 煤层：根据该瓦斯地质单元内已采区块瓦斯涌出情况，$F_{10-5}$ 下盘至 $F_6$ 上盘在标高 $-510$ m 时瓦斯涌出量为 5 m³/min，预测在标高 $-650$ m、$-830$ m、$-970$ m 时瓦斯涌出量分别约为 10 m³/min、15 m³/min、20 m³/min。$F_6$ 下盘至 $F_5$ 下盘标高在 $-540$ m 时瓦斯涌出量为 5 m³/min，预测在标高 $-745$ m、$-980$ m 时瓦斯涌出量分别约为 10 m³/min、15 m³/min。

$B_4$ 煤层：根据该瓦斯地质单元内已采区块瓦斯涌出情况，在标高 $-405$ m、$-510$ m 时瓦斯涌出量分别为 5 m³/min、10 m³/min，预测 $F_{10-5}$ 下盘至 $F_6$ 上盘在标高 $-570$ m、$-830$ m 时瓦斯涌出量分别约为 15 m³/min、20 m³/min；$F_6$ 下盘至 $F_5$ 下盘标高在 $-560$ m、$-740$ m 时瓦斯涌出量分别约为 15 m³/min、20 m³/min。

5）$F_5$ ~ 李嘴孜孔Ⅶ线之间瓦斯地质单元

该瓦斯地质单元瓦斯含量具有东部高西部低的特点，已经开采的范围内瓦斯涌出量李Ⅰ以东相对较大，以西较小，但均低于 5 m³/min，采用分源预测法预测 2010 年采面 3232（3）、3122（3）、3231（1）、3231（3）、3232（3）的绝对瓦斯涌出量也均小于 5 m³/min。预测各煤层 $F_5$ 至李Ⅰ线 $-660$ m 以浅瓦斯涌出量小于 5 m³/min，$-660$ m 以深瓦斯涌出量大于 5 m³/min，李Ⅰ线以西瓦斯涌出量小于 2 m³/min。

2. 潘谢矿区瓦斯涌出量预测

1）$F_5$ 断层下盘至 $F_2$ 断层上盘瓦斯地质单元

（1）13 - 1 号煤层的绝对瓦斯涌出量、相对瓦斯涌出量与煤层底板标高具有如下关系（图 4 - 4、图 4 - 5）：

$$Q = -0.1106H - 38.802$$
$$q = -0.0474H - 17.197$$

式中　$Q$——绝对瓦斯涌出量，m³/min；

　　　$q$——相对瓦斯涌出量，m³/t；

　　　$H$——煤层底板标高，m。

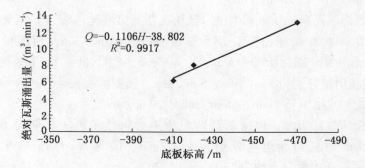

图 4 - 4　$F_5$ 断层下盘至 $F_2$ 断层上盘区 13 - 1 号煤层绝对瓦斯涌出量与底板标高关系图

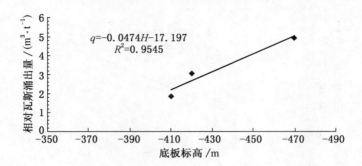

图 4-5　$F_5$ 断层下盘至 $F_2$ 断层上盘区 13-1 号煤层相对瓦斯涌出量与底板标高关系图

　　预测标高在 -395 m 以浅时绝对瓦斯涌出量小于 5 m³/min， -395 ~ -440 m 时为 5 ~ 10 m³/min， -440 ~ -485 m 时为 10 ~ 15 m³/min， -485 m 以深时大于 15 m³/min。

　　(2) 11-2 号煤层瓦斯地质单元尚未回采，瓦斯涌出量预测可依据相邻瓦斯地质单元瓦斯涌出特征进行预测。

　　2) $F_5$ 断层上盘至 $F_4$ 断层上盘瓦斯地质单元

　　(1) 13-1 号煤层的绝对瓦斯涌出量、相对瓦斯涌出量与煤层底板标高具有如下关系 (图 4-6、图 4-7):

$$W = -0.1473H - 57.734$$
$$q = -0.1279H - 47.962$$

　　预测标高在 -425 m 以浅时绝对瓦斯涌出量小于 5 m³/min， -425 ~ -460 m 时为 5 ~ 10 m³/min， -460 ~ -495 m 时为 10 ~ 15 m³/min， -495 m 以深时大于 15 m³/min。

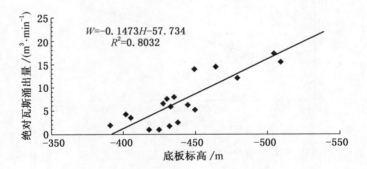

图 4-6　$F_4$ 上盘至 $F_5$ 上盘区 13-1 号煤层绝对瓦斯涌出量与底板标高关系图

　　(2) 11-2 号煤层的绝对瓦斯涌出量、相对瓦斯涌出量与煤层底板标高具有如下关系 (图 4-8、图 4-9):

$$Q = -0.0493H - 19.65$$
$$q = -0.0215H - 4.6598$$

　　预测在标高 -500 m 以浅时瓦斯涌出量约小于 5 m³/min， -500 ~ -600 m 时为 5 ~ 10 m³/min， -600 ~ -700 m 时为 10 ~ 15 m³/min， -700 m 以深时大于 15 m³/min。

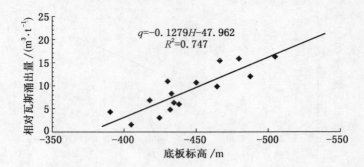

图 4-7　$F_4$ 上盘至 $F_5$ 上盘区 13-1 号煤层相对瓦斯涌出量与底板标高关系图

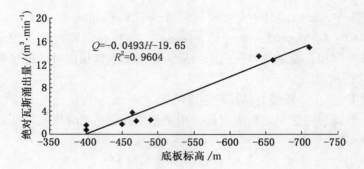

图 4-8　$F_4$ 上盘至 $F_5$ 上盘区 11-2 号煤层绝对瓦斯涌出量与底板标高关系图

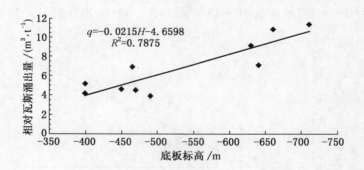

图 4-9　$F_4$ 上盘至 $F_5$ 上盘区 11-2 号煤层相对瓦斯涌出量与底板标高关系图

（3）7 号煤层瓦斯地质单元仅开采 11317 工作面，标高为 -440 ~ -520 m。回采期间最大绝对瓦斯涌出量为 7.79 $m^3/min$，最小为 1.54 $m^3/min$，平均为 3.52 $m^3/min$；最大相对瓦斯涌出量为 30.39 $m^3/t$，最小为 1.73 $m^3/t$，平均为 5.65 $m^3/t$。预测该瓦斯单元工作面回采时，在标高 -550 m 以浅时瓦斯绝对涌出量为 0 ~ 5 $m^3/min$，-550 ~ -720 m 时为 5 ~ 10 $m^3/min$，-720 ~ -900 m 时为 10 ~ 15 $m^3/min$，-900 m 以深时大于 15 $m^3/min$。

3）$F_4$ 断层下盘以西至董岗郢次级向斜轴南部瓦斯地质单元

（1）13-1 号煤层的绝对瓦斯涌出量、相对瓦斯涌出量与煤层底板标高具有如下关系（图 4-10、图 4-11）：

$$Q = -0.0426H - 16.111$$
$$q = -0.0287H - 9.9304$$

预测在标高 $-495$ m 以浅时瓦斯涌出量约小于 5 m³/min, $-495 \sim -615$ m 时为 $5 \sim 10$ m³/min, $-615 \sim -730$ m 时为 $10 \sim 15$ m³/min, $-730$ m 以深时大于 15 m³/min。

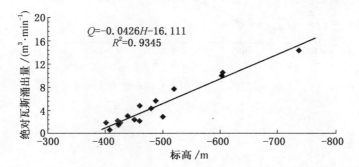

图 4 - 10  $F_4$ 断层下盘以西至董岗郢次级向斜轴南 13 - 1 号煤层绝对瓦斯
涌出量与底板标高关系图

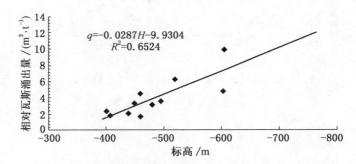

图 4 - 11  $F_4$ 断层下盘以西至董岗郢次级向斜轴南 13 - 1 号煤层相对瓦斯
涌出量与底板标高关系图

（2）11 - 2 号煤层的绝对瓦斯涌出量、相对瓦斯涌出量与煤层底板标高具有如下关系（图 4 - 12、图 4 - 13）：

$$Q = -0.0311H - 13.093$$
$$q = -0.0249H - 10.275$$

预测在标高 $-580$ m 以浅时瓦斯涌出量约小于 5 m³/min, $-580 \sim -740$ m 时为 $5 \sim 10$ m³/min, $-740 \sim -900$ m 时为 $10 \sim 15$ m³/min, $-900$ m 以深时大于 15 m³/min。

（3）8 号煤层瓦斯地质单元目前仅施工有东四 B 组煤轨道下山及皮带下山（标高为 $-650 \sim -660$ m），在皮带下山施工时发生一起煤与瓦斯突出现象，突出煤量 16 t，涌出瓦斯量为 600 m³，为小型突出。施工时掘进工作面瓦斯较大，最大瓦斯涌出量达到 2.5 m³/min。预测该瓦斯单元在标高 $-600$ m 以浅掘进时绝对瓦斯涌出量为 $0.5 \sim 1.0$ m³/min，$-600 \sim -650$ m 时为 $1.0 \sim 2.0$ m³/min；$-650 \sim -700$ m 时为 $2.0 \sim 3.0$ m³/min。

4）潘集背斜至董岗郢次级向斜轴北部瓦斯地质单元

（1）13 - 1 号煤层的绝对瓦斯涌出量、相对瓦斯涌出量与煤层底板标高具有如下关系

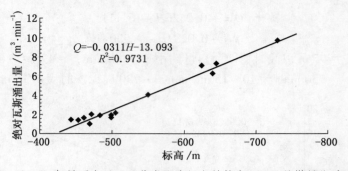

图 4 - 12　$F_4$ 断层下盘以西至董岗郢次级向斜轴南 11 - 2 号煤层绝对瓦斯
涌出量与底板标高关系图

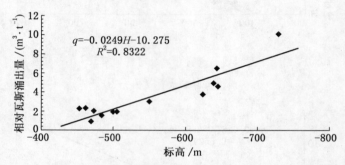

图 4 - 13　$F_4$ 断层下盘以西至董岗郢次级向斜轴南 11 - 2 号煤层相对瓦斯
涌出量与底板标高关系图

（图 4 - 14、图 4 - 15）：

$$Q = -0.0521H - 25.088$$
$$q = -0.0177H - 7.0912$$

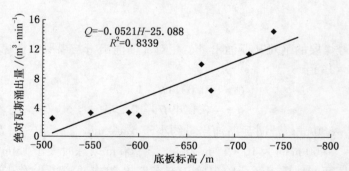

图 4 - 14　潘集背斜至董岗郢次级向斜轴北 13 - 1 号煤层绝对瓦斯
涌出量与底板标高关系图

　　预测在标高 - 580 m 以浅时瓦斯涌出量约小于 5 m³/min， - 580 ～ - 675 m 时为 5 ～ 10 m³/min， - 675 m 以深时大于 10 m³/min。

　　（2）11 - 2 号煤层的绝对瓦斯涌出量、相对瓦斯涌出量与煤层底板标高具有如下关系（图 4 - 16、图 4 - 17）：

$$Q = -0.0201H - 6.3956$$
$$q = -0.0185H - 8.6039$$

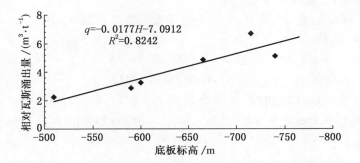

图 4 – 15 潘集背斜至董岗郢次级向斜轴北 13 – 1 号煤层相对瓦斯涌出量与底板标高关系图

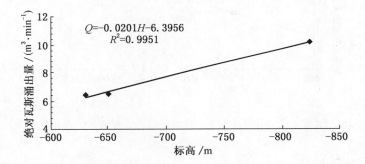

图 4 – 16 潘集背斜至董岗郢次级向斜轴北 11 – 2 号煤层绝对瓦斯涌出量与底板标高关系图

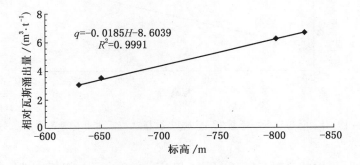

图 4 – 17 潘集背斜至董岗郢次级向斜轴北 11 – 2 号煤层相对瓦斯涌出量与底板标高关系图

预测在标高 – 570 m 以浅时瓦斯涌出量约小于 5 $m^3$/min， – 570 ～ – 815 m 时为 5 ～ 10 $m^3$/min， – 815 m 以深时为 10 ～ 15 $m^3$/min。

（3） 8 号煤层瓦斯地质单元目前仅有 12318 工作面已开采，标高为 – 450 ～ – 650 m。回采期间最大绝对瓦斯涌出量为 6.62 $m^3$/min，最小为 0.72 $m^3$/min，平均为 2.37 $m^3$/min；最大相对瓦斯涌出量为 3.80 $m^3$/t，最小为 0.34 $m^3$/t，平均为 1.05 $m^3$/t。瓦斯涌出量不大，且与煤层标高无明显关系。预测该瓦斯单元工作面回采时，在标高 – 650 m 以浅时瓦斯绝对涌出量为 0 ~ 5 m³/min，－650 ~ －750 m 时为 5 ~ 10 m³/min，－750 ~ －850 m 时为 10 ~ 15 m³/min，－850 m 以深时大于 15 m³/min。

5）$F_{83}$ 断层至 $F_{211}$ 断层瓦斯地质单元

（1）13 － 1 煤层的绝对瓦斯涌出量、相对瓦斯涌出量与煤层底板标高具有如下关系（图 4 － 18、图 4 － 19）：

$$Q = -0.0507H - 19.34$$
$$q = -0.0123H - 5.212$$

预测在标高 －480 m 以浅时瓦斯涌出量小于 5 m³/min，－480 ~ －580 m 时为 5 ~ 10 m³/min，－580 ~ －680 向时为 10 ~ 15 m³/min，－680 m 以深时大于 15 m³/min。

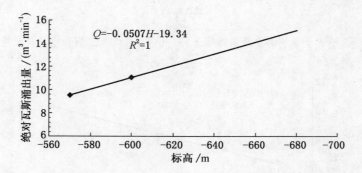

图 4 － 18　$F_{83}$ 断层至 $F_{211}$ 断层 13 － 1 号煤层绝对瓦斯涌出量与底板标高关系图

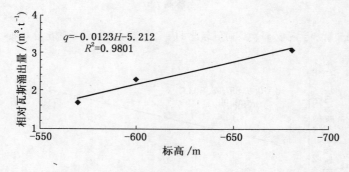

图 4 － 19　$F_{83}$ 断层至 $F_{211}$ 断层 13 － 1 号煤层相对瓦斯涌出量与底板标高关系图

（2）11 － 2 号煤层的绝对瓦斯涌出量、相对瓦斯涌出量与煤层底板标高具有如下关系（图 4 － 20、图 4 － 21）：

$$Q = -0.0464H - 24.363$$
$$q = -0.0331H - 20.891$$

预测在标高 －630 m 以浅时瓦斯涌出量约小于 5 m³/min，－630 ~ －740 m 时为 5 ~ 10 m³/min，－740 ~ －850 m 时为 10 ~ 15 m³/min，－850 m 以深时大于 15 m³/min。

6）$F_{211}$ 断层至谢桥向斜轴北部瓦斯地质单元

（1）13 － 1 号煤层的绝对瓦斯涌出量、相对瓦斯涌出量与煤层底板标高具有如下关系

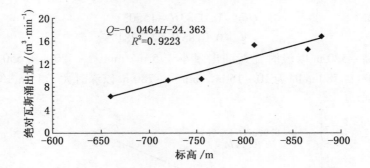

图 4-20  $F_{83}$ 断层至 $F_{211}$ 断层 11-2 号煤层绝对瓦斯涌出量与底板标高关系图

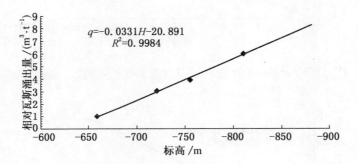

图 4-21  $F_{83}$ 断层至 $F_{211}$ 断层 11-2 号煤层相对瓦斯涌出量与底板标高关系图

(图 4-22、图 4-23):

$$Q = -0.0381H - 13.249$$

$$q = -0.0296H - 11.951$$

预测在标高 -480 m 以浅时瓦斯涌出量小于 5 m³/min, -480 ~ -610 m 时为 5 ~ 10 m³/min, -610 ~ -740 m 时为 10 ~ 15 m³/min, -740 m 以深时大于 15 m³/min。

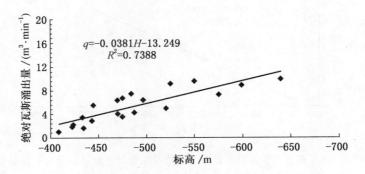

图 4-22  $F_{211}$ 断层至谢桥向斜轴北部 13-1 号煤层绝对瓦斯涌出量与底板标高关系图

(2) 11-2 号煤层的绝对瓦斯涌出量、相对瓦斯涌出量与煤层底板标高具有如下关系 (图 4-24、图 4-25):

$$Q = -0.0383H - 15.031$$

$$q = -0.0185H - 7.7781$$

预测在标高 $-520$ m 以浅时瓦斯涌出量小于 5 m$^3$/min，$-520 \sim -650$ m 时为 $5 \sim 10$ m$^3$/min，$-650 \sim -780$ m 时为 $10 \sim 15$ m$^3$/min，$-780$ m 以深时大于 15 m$^3$/min。

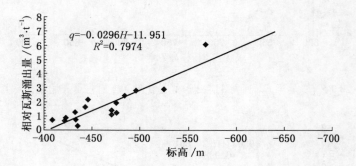

图 4 - 23　F$_{211}$ 断层至谢桥向斜轴北部 13 - 1 号煤层相对瓦斯涌出量与底板标高关系图

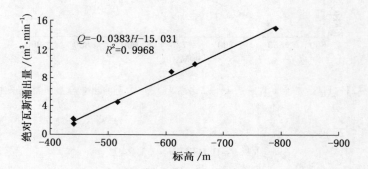

图 4 - 24　F$_{211}$ 断层至谢桥向斜轴北部 11 - 2 号煤层绝对瓦斯涌出量与底板标高关系图

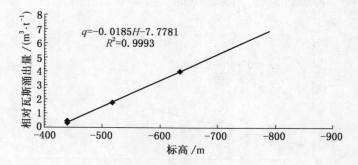

图 4 - 25　F$_{211}$ 断层至谢桥向斜轴北部 11 - 2 号煤层相对瓦斯涌出量与底板标高关系图

（3）8 号煤层的绝对瓦斯涌出量、相对瓦斯涌出量与煤层底板标高具有如下关系（图 4 - 26、图 4 - 27）：

$$Q = -0.0411H - 16.12$$

$$q = -0.031H - 13.452$$

预测在标高 $-515$ m 以浅时瓦斯涌出量小于 5 m³/min，$-515 \sim -635$ m 时为 5 ~ 10 m³/min，$-635 \sim -760$ m 时为 10 ~ 15 m³/min，$-760$ m 以深时大于 15 m³/min。

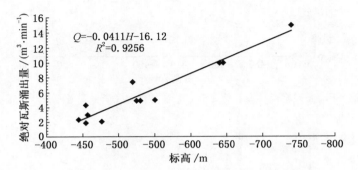

图 4 - 26　$F_{211}$ 断层至谢桥向斜轴北部 8 号煤层绝对瓦斯涌出量与底板标高关系图

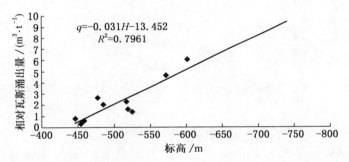

图 4 - 27　$F_{211}$ 断层至谢桥向斜轴北部 8 号煤层相对瓦斯涌出量与底板标高关系图

（4）6 号煤层的绝对瓦斯涌出量、相对瓦斯涌出量与煤层底板标高具有如下关系（图 4 - 28、图 4 - 29）：

$$Q = -0.0515H - 21.549$$
$$q = -0.0176H - 7.3842$$

预测在标高 $-515$m 以浅时瓦斯涌出量小于 5 m³/min，$-515 \sim -615$ m 时为 5 ~ 10 m³/min，$-615 \sim -710$ m 时为 10 ~ 15 m³/min，$-710$ m 以深时大于 15 m³/min。

7）$F_2$ 断层至 $F_1$ 断层瓦斯地质单元

煤层绝对瓦斯涌出量、相对瓦斯涌出量与煤层底板标高具有如下关系：

（1）8 号煤层的绝对瓦斯涌出量 $Q = -0.04H - 11.00$；相对瓦斯涌出量 $q = -0.0564H - 20.06$。预测在标高 $-400$ m 以浅时瓦斯涌出量小于 5 m³/min，$-400 \sim -525$ m 时为 5 ~ 10 m³/min，$-525 \sim -650$ m 时为 10 ~ 15 m³/min，$-650$ m 以深时大于 15 m³/min。

（2）7 号煤层的绝对瓦斯涌出量 $Q = -0.075H - 24.50$；相对瓦斯涌出量 $q = -0.03225H - 9.405$。预测在标高 $-395$ m 以浅时瓦斯涌出量小于 5 m³/min，$-395 \sim -460$ m 时为 5 ~ 10 m³/min，$-460 \sim -530$ m 时为 10 ~ 15 m³/min，$-530$ m 以深时大于 15 m³/min。

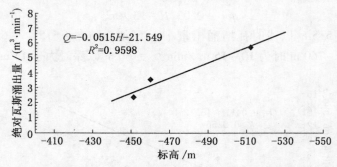

图 4 - 28　$F_{211}$ 断层至谢桥向斜轴北部 6 号煤层绝对瓦斯涌出量与底板标高关系图

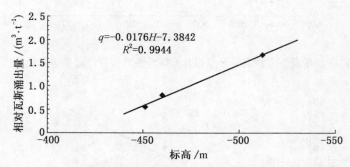

图 4 - 29　$F_{211}$ 断层至谢桥向斜轴北部 6 号煤层相对瓦斯涌出量与底板标高关系图

8）$F_1$ 断层至尚塘—耿村集向斜轴南部瓦斯地质单元

（1）13 - 1 号煤层的绝对瓦斯涌出量、相对瓦斯涌出量与煤层底板标高具有如下关系：

$$Q = -0.0526H - 16.041$$
$$q = -0.0197H - 7.838$$

预测在标高 - 400 m 以浅时瓦斯涌出量小于 5 $m^3/min$，- 400 ~ - 495 m 时为 5 ~ 10 $m^3/min$，- 495 ~ - 590 m 时为 10 ~ 15 $m^3/min$，- 590 m 以深时大于 15 $m^3/min$。

（2）11 - 2 号煤层的绝对瓦斯涌出量、相对瓦斯涌出量与煤层底板标高具有如下关系：

$$Q = -0.0625H - 25.625$$
$$q = -0.0236H - 9.576$$

预测在标高 - 490 m 以浅时瓦斯涌出量小于 5 $m^3/min$，- 490 ~ - 570 m 时为 5 ~ 10 $m^3/min$，- 570 ~ - 650 m 时为 10 ~ 15 $m^3/min$，- 650 m 以深时大于 15 $m^3/min$。

## 4.5　煤与瓦斯区域突出危险性预测

### 4.5.1　突出危险性参数测定及统计

1. 淮河南矿区煤与瓦斯突出危险性参数测定指标统计

1）区域突出危险性预测参数统计

（1）$B_{4b}$ 煤层：收集了 54 个煤样的煤坚固性系数（$f$）、瓦斯放散初速度（$\Delta P$）和煤的突出危险性综合指标 $K$ 测值。$f$ 为 $0.13 \sim 0.83$，$f < 0.5$ 有 39 个；$\Delta P$ 为 $2.0 \sim 12.0$，$\Delta P \geqslant 10$ 有 20 个；$K$ 为 $2.41 \sim 85.71$，$K \geqslant 15$ 有 38 个。

(2) $B_6$ 煤层：收集了 4 个煤样的煤坚固性系数（$f$）、瓦斯放散初速度（$\Delta P$）和煤的突出危险性综合指标 $K$ 测值。$f$ 为 $0.24 \sim 0.50$，$f < 0.5$ 有 3 个；$\Delta P$ 为 $5.5 \sim 10.0$，$\Delta P \geqslant 10$ 有 1 个；$K$ 为 $12.00 \sim 41.67$，$K \geqslant 15$ 有 3 个。

(3) $B_7$ 煤层：收集了 27 个煤样的煤坚固性系数（$f$）、瓦斯放散初速度（$\Delta P$）和煤的突出危险性综合指标 $K$ 测值。$f$ 为 $0.17 \sim 1.09$，$f < 0.5$ 有 18 个；$\Delta P$ 为 $4.0 \sim 16.0$，$\Delta P \geqslant 10$ 有 13 个；$K$ 为 $6.03 \sim 61.90$，$K \geqslant 15$ 有 18 个。

(4) $B_8$ 煤层：收集了 14 个煤样的煤坚固性系数（$f$）、瓦斯放散初速度（$\Delta P$）和煤的突出危险性综合指标 $K$ 测值。$f$ 为 $0.27 \sim 0.67$，$f < 0.5$ 有 10 个；$\Delta P$ 为 $2.2 \sim 12.0$，$\Delta P \geqslant 10$ 有 5 个；$K$ 为 $6.56 \sim 44.44$，$K \geqslant 15$ 有 8 个。

(5) $B_9$ 煤层：收集了 35 个煤样的煤坚固性系数（$f$）、瓦斯放散初速度（$\Delta P$）和煤的突出危险性综合指标 $K$ 测值。$f$ 为 $0.21 \sim 1.18$，$f < 0.5$ 有 20 个；$\Delta P$ 为 $3.13 \sim 41.30$，$\Delta P \geqslant 10$ 有 12 个；$K$ 为 $3.39 \sim 185.95$，$K \geqslant 15$ 有 21 个。

(6) $B_{10}$ 煤层：收集了 11 个煤样的煤坚固性系数（$f$）、瓦斯放散初速度（$\Delta P$）和煤的突出危险性综合指标 $K$ 测值。$f$ 为 $0.32 \sim 0.71$，$f < 0.5$ 有 1 个；$\Delta P$ 为 $4.4 \sim 8.5$，$\Delta P$ 均 $< 10$；$K$ 为 $6.52 \sim 26.56$，$K \geqslant 15$ 有 2 个。

(7) $B_{11b}$ 煤层：收集了 70 个煤样的煤坚固性系数（$f$）、瓦斯放散初速度（$\Delta P$）和煤的突出危险性综合指标 $K$ 测值。$f$ 为 $0.16 \sim 1.00$，$f < 0.5$ 有 37 个；$\Delta P$ 为 $4.00 \sim 18.50$，$\Delta P \geqslant 10$ 有 30 个；$K$ 为 $6.15 \sim 88.10$，$K \geqslant 15$ 有 47 个。

(8) $C_{13}$ 煤层：收集了 92 个煤样的煤坚固性系数（$f$）、瓦斯放散初速度（$\Delta P$）和煤的突出危险性综合指标 $K$ 测值。$f$ 为 $0.12 \sim 1.21$，$f < 0.5$ 有 43 个；$\Delta P$ 为 $4.0 \sim 16.0$，$\Delta P \geqslant 10$ 有 45 个；$K$ 为 $4.96 \sim 100.00$，$K \geqslant 15$ 有 57 个。

2）采（掘）工作面瓦斯突出预测参数统计

(1) $B_{4b}$ 煤层：收集了掘进工作面 109 个 $S_{max}$ 和 $K_1$ 测值。$S_{max}$ 为 $2.8 \sim 20.0$ kg/m，$S_{max} \geqslant 6.0$ kg/m 有 31 个；$K_1$ 为 $0.07 \sim 0.75$ mL·g$^{-1}$·min$^{-1/2}$，$K_1 \geqslant 0.5$ mL·g$^{-1}$·min$^{-1/2}$ 有 6 个。

(2) $B_6$ 煤层：收集了掘进工作面 4 个 $S_{max}$ 和 $K_1$ 测值。$S_{max}$ 为 $3.0 \sim 3.2$ kg/m，均 $< 6.0$ kg/m；$K_1$ 为 $0.19 \sim 0.32$ mL·g$^{-1}$·min$^{-1/2}$，均小于 $0.5$ mL·g$^{-1}$·min$^{-1/2}$。

(3) $B_7$ 煤层：收集了掘进工作面 31 个 $S_{max}$ 和 $K_1$ 测值。$S_{max}$ 为 $2.6 \sim 19.0$ kg/m，$S_{max} \geqslant 6.0$ g/m 有 15 个；$K_1$ 为 $0.12 \sim 0.35$ mL·g$^{-1}$·min$^{-1/2}$，均小于 $0.5$ mL·g$^{-1}$·min$^{-1/2}$。

(4) $B_8$ 煤层：收集了 47 个 $S_{max}$ 和 $K_1$ 测值。$S_{max}$ 为 $2.6 \sim 28.0$ kg/m，$S_{max} \geqslant 6.0$ kg/m 有 6 个；$K_1$ 为 $0.10 \sim 0.51$ mL·g$^{-1}$·min$^{-1/2}$，$K_1 \geqslant 0.5$ mL·g$^{-1}$·min$^{-1/2}$ 有 1 个。

(5) $B_9$ 煤层：收集了掘进工作面 78 个 $S_{max}$ 和 $K_1$ 测值。$S_{max}$ 为 $2.7 \sim 14.0$ kg/m，$S_{max} \geqslant 6.0$ kg/m 有 39 个；$K_1$ 为 $0.03 \sim 0.51$ mL·g$^{-1}$·min$^{-1/2}$，$K_1 \geqslant 0.5$ mL·g$^{-1}$·min$^{-1/2}$ 有 1 个。

(6) $B_{10}$ 煤层：收集了掘进工作面 22 个 $S_{max}$ 和 $K_1$ 测值。$S_{max}$ 为 $3.0 \sim 5.8$ kg/m，均小于 $6.0$ kg/m；$K_1$ 为 $0.13 \sim 0.58$ mL·g$^{-1}$·min$^{-1/2}$，$K_1 \geqslant 0.5$ mL·g$^{-1}$·min$^{-1/2}$ 有 1 个。

（7）$B_{11b}$煤层：收集了掘进工作面 152 个 $S_{max}$ 和 $K_1$ 测值。$S_{max}$ 为 2.6 ~ 32.0 kg/m，$S_{max} \geqslant$ 6.0 kg/m 有 47 个；$K_1$ 为 0.006 ~ 1.10 mL·g$^{-1}$·min$^{-1/2}$，$K_1 \geqslant$ 0.5 mL·g$^{-1}$·min$^{-1/2}$ 有 41 个。

（8）$C_{13}$煤层：收集了掘进工作面 172 个 $S_{max}$ 和 $K_1$ 测值。$S_{max}$ 为 2.5 ~ 30.0 kg/m，$S_{max} \geqslant$ 6.0 kg/m 有 48 个；$K_1$ 为 0.002 ~ 1.00 mL·g$^{-1}$·min$^{-1/2}$，$K_1 \geqslant$ 0.5 mL·g$^{-1}$·min$^{-1/2}$ 有 21 个。

2. 潘谢矿区煤与瓦斯突出危险性参数测定指标统计

1）区域突出危险性预测参数统计

3 号煤层：收集了 1 个煤样的煤坚固性系数（$f$）、瓦斯放散初速度（$\Delta P$）和煤的突出危险性综合指标 $K$ 测值。$f = 0.34$，$\Delta P = 12.5$，$K = 36.76$。

4 号煤层：收集了 16 个煤样的煤坚固性系数（$f$）、瓦斯放散初速度（$\Delta P$）和煤的突出危险性综合指标 $K$ 测值。$f$ 为 0.18 ~ 0.72，$f < 0.5$ 有 11 个；$\Delta P$ 为 5.00 ~ 17.29，$\Delta P \geqslant 10$ 有 8 个；$K$ 为 6.94 ~ 61.40，$K \geqslant 15$ 有 13 个。

6 号煤层：收集了 33 个煤样的煤坚固性系数（$f$）、瓦斯放散初速度（$\Delta P$）和煤的突出危险性综合指标 $K$ 测值。$f$ 为 0.21 ~ 1.11，$f < 0.5$ 有 4 个；$\Delta P$ 为 2.5 ~ 6.6，$\Delta P$ 均 < 10；$K$ 为 3.13 ~ 31.43，$K \geqslant 15$ 有 2 个。

8 号煤层：收集了 122 个煤样的煤坚固性系数（$f$）、瓦斯放散初速度（$\Delta P$）和煤的突出危险性综合指标 $K$ 测值。$f$ 为 0.16 ~ 3.00，$f < 0.5$ 有 39 个；$\Delta P$ 为 2.00 ~ 15.00，$\Delta P \geqslant 10$ 有 30 个；$K$ 为 1.50 ~ 65.00，$K \geqslant 15$ 有 47 个。

11 - 2 号煤层：收集了 260 个煤样的煤坚固性系数（$f$）、瓦斯放散初速度（$\Delta P$）。$f$ 为 0.14 ~ 1.38，$f < 0.5$ 有 44 个；$\Delta P$ 为 1.00 ~ 22.72，$\Delta P \geqslant 10$ 有 26 个；$K$ 为 1.43 ~ 80.64，$K \geqslant 15$ 有 41 个。

13 - 1 号煤层：收集了 299 个煤样的煤坚固性系数（$f$）、瓦斯放散初速度（$\Delta P$）和煤的突出危险性综合指标 $K$ 测值。$f$ 为 0.10 ~ 24.00，$f < 0.5$ 有 37 个；$\Delta P$ 为 1.46 ~ 15.50，$\Delta P \geqslant 10$ 有 43 个；$K$ 为 0.35 ~ 75.00，$K \geqslant 15$ 有 45 个。

2）采（掘）工作面瓦斯突出预测参数统计

4 号煤层：收集了掘进工作面 30 个最大钻屑量（$S_{max}$）和瓦斯涌出初速度（$q_{max}$）测值。$S_{max}$ 为 1.80 ~ 3.40 kg/m，均小于 6.0 kg/m；$q_{max}$ 为 3.10 ~ 76.90 L/m，$q_{max} \geqslant 4.5$ L·min$^{-1}$ 有 27 个。

6 号煤层：收集了掘进工作面 158 个最大钻屑量（$S_{max}$）和解吸指标（$K_1$）测值。$S_{max}$ 为 0.80 ~ 4.70 kg/m，均小于 6.0 kg/m；$K_1$ 为 0.03 ~ 0.30 L·min$^{-1}$，均小于 0.5 L·min$^{-1}$。

7 号煤层：收集了掘进工作面 14 个最大钻屑量（$S_{max}$）测值和 13 个瓦斯涌出初速度（$q_{max}$）测值。$S_{max}$ 为 3.6 ~ 21.1 kg/m，$S_{max} \geqslant 6.0$ kg/m 有 5 个；$q_{max}$ 为 2.6 ~ 174.7 L·min$^{-1}$，$q_{max} \geqslant 4.5$ L·min$^{-1}$ 有 7 个。

8 号煤层：收集了掘进工作面 291 个最大钻屑量（$S_{max}$）、232 个解吸指标（$K_1$）和 59 个瓦斯涌出初速度（$q_{max}$）测值。$S_{max}$ 为 0.00 ~ 34.60 kg/m，$S_{max} \geqslant 6.0$ kg/m 有 68 个；$K_1$ 为 0.00 ~ 0.44 L·min$^{-1}$，均小于 0.5 L·min$^{-1}$；$q_{max}$ 为 1.8 ~ 14.7 L·min$^{-1}$，$q_{max} \geqslant 4.5$

$L \cdot min^{-1}$ 有 30 个。

11 – 2 号煤层：收集了掘进工作面 859 个最大钻屑量（$S_{max}$）、652 个解吸指标（$K_1$）和 191 个瓦斯涌出初速度（$q_{max}$）测值。$S_{max}$ 为 0.00 ~ 28.00 kg/m，$S_{max} \geqslant 6.0$ kg/m 有 204 个；$K_1$ 为 0.00 ~ 0.52 $L \cdot min^{-1}$，$K_1 \geqslant 0.5$ mL $\cdot g^{-1} \cdot min^{-1/2}$ 有 1 个；$q_{max}$ 为 0.10 ~ 27.00 $L \cdot min^{-1}$，$q_{max} \geqslant 4.5$ $L \cdot min^{-1}$ 有 19 个。

13 – 1 号煤层：收集了掘进工作面 1518 个最大钻屑量（$S_{max}$）、463 个解吸指标（$K_1$）和 203 个瓦斯涌出初速度（$q_{max}$）测值。$S_{max}$ 为 1.60 ~ 34.00 kg/m，$S_{max} \geqslant 6.0$ kg/m 有 82 个；$K_1$ 为 0.00 ~ 0.43 $L \cdot min^{-1}$，均小于 0.5 $L \cdot min^{-1}$；$q_{max}$ 为 0.60 ~ 15.30 $L \cdot min^{-1}$，$q_{max} \geqslant 4.5$ $L \cdot min^{-1}$ 有 29 个。

### 4.5.2  区域突出危险性预测

#### 1. 淮河南矿区

从淮河南矿区的 4 对生产矿井统计的区域突出危险性参数与采（掘）工作面瓦斯突出预测参数来看，$B_4$、$B_6$、$B_7$、$B_8$、$B_9$、$B_{10}$、$B_{11b}$ 和 $C_{13}$ 煤层等均存在指标值超限，已发生突出的煤层有 $B_4$、$B_6$、$B_9$、$B_{11b}$ 和 $C_{13}$ 煤层，各煤层的始突标高情况见表 4 – 46。

表 4 –46  淮河南矿区各煤层始突标高

| 序号 | 煤层 | 始突标高/m | 突出次数/次 | 最浅突出点位置 |
|---|---|---|---|---|
| 1 | $B_4$ | –310 | 11 | 新庄孜矿 $F_4$ ~ $F_5$ 之间 |
| 2 | $B_6$ | –174 | 4 | 新庄孜矿 $F_4$ ~ $F_5$ 之间 |
| 3 | $B_9$ | –532 | 4 | 谢一矿 $F_{4-5}$ ~ $F_{13-5}$ 之间 |
| 4 | $B_{11b}$ | –338 | 34 | 新庄孜矿 $F_{12-7}$ ~ $F_{10-5}$ 之间 |
| 5 | $C_{13}$ | –127 | 15 | 谢一矿 $F_{17}$ ~ $F_{13-5}$ 之间 |

各突出煤层区域突出危险性预测如下：

（1）$B_4$ 煤层：$F_{4-5}$ 断层上盘未采的工厂保护煤柱为无突出危险区；$F_{4-5}$（$F_{17}$）~ $F_{13-8-1}$ 断层之间 –660 m 以下为突出危险区；$F_{13-8-1}$ ~ $F_{13-6}$ 断层之间 –602 m 及其以下为突出危险区；$F_{13-6}$ ~ $F_{13-5}$ 断层下盘 –640 m 及其以下划为突出危险区；$F_{13-5}$ ~ $F_{12-8}$ 断层上盘 –540 m 及其以下划为突出危险区；$F_{12-8}$ ~ $F_{11-9}$ 断层 –612 m 及其以下为突出危险区；$F_{10-5}$ ~ $F_5$ 之间 –310 m 及其以下为突出危险区；$F_5$ ~ $F_{\text{III}-9}$ 之间 –340 m 及其以下为无突出危险区；$F_{\text{III}-9}$ 以西 –530 m 及其以下为突出危险区。

（2）$B_6$ 煤层：$F_{4-5}$ 断层上盘未采的工厂保护煤柱为无突出危险区；$F_{4-5}$（$F_{17}$）~ $F_{13-5}$ 之间 –598 m 及其以下为突出危险区；$F_{13-5}$ ~ $F_{11-9}$ 之间 –612 m 及其以下为突出危险区；$F_{10-5}$ ~ F6 断层 –412 m 及其以下为突出危险区；F6 断层以北 –150 m 及其以下划为突出危险区。

（3）$B_9$ 煤层：$F_{4-5}$ 断层上盘未采的工厂保护煤柱为无突出危险区；$F_{4-5}$ ~ $F_{13-5}$ 之间 –480 m 及其以下为突出危险区；$F_{13-5}$ ~ $F_{11-9}$ 之间 –660 m 及其以下为突出危险区；$F_{10-5}$ ~ $F_5$ 之间 –412 m 及其以下为突出危险区；$F_5$ ~ $F_{\text{III}-9}$ 之间 –400 m 及其以下为无突出危险区；$F_{\text{III}-9}$ 以西 –530 m 及其以下为突出危险区。

（4）$B_{11b}$ 煤层：$F_{4-5}$ 断层上盘未采的工厂保护煤柱为无突出危险区；$F_{4-5} \sim F_{13-8}$ 之间 $-450$ m 及其以下为突出危险区；$F_{13-8} \sim F_{13-5}$ 之间 $-280$ m 及其以下为突出危险区；$F_{13-5} \sim F_{11-9}$ 之间 $-200$ m 及其以下为突出危险区；$F_{10-5} \sim F_5$ 断层间 $-310$ m 及其以下为突出危险区；$F_5$ 以北 $-412$ m 及其以下为无突出危险区。

（5）$C_{13}$ 煤层：$F_{4-5}$ 断层上盘未采的工厂保护煤柱为无突出危险区；$F_{4-5} \sim F_{13-8}$ 之间 $-480$ m 及其以下为突出危险区；$F_{13-8} \sim F_{13-7}$ 之间 $-350$ m 及其以下为突出危险区；$F_{13-7} \sim F_{13-5}$ 之间 $-127$ m 及其以下为突出危险区；$F_{13-5} \sim F_{11-9}$ 之间 $-250$ m 及其以下为突出危险区；$F_{10-5} \sim F_6$ 之间 $-365$ m 及其以下为突出危险区；$F_6 \sim F_{3-4}$ 之间 $-412$ m 及其以下为突出危险区；$F_{3-4} \sim$ 李 I 线 $-530$ m 及其以下为突出危险区；李 I 线 $\sim$ 孔 I － II 线之间 $-400$ m 及其以下为突出危险区；孔 I － II 线以西暂定 $-530$ m 及其以上为无突出危险区。

2. 潘谢矿区

从淮河南矿区的 9 对生产矿井统计的区域突出危险性参数与采（掘）工作面瓦斯突出预测参数来看，3、4、6、8、11 - 2 和 13 - 1 号煤层等均存在指标值超限，已发生突出的煤层有 3、4、8、11 - 2 和 13 - 1 号煤层，各煤层的始突标高情况见表 4 - 47。

表 4 - 47　潘谢矿区各煤层始突标高

| 序号 | 煤层 | 始突标高/m | 突出次数/次 | 最浅突出点位置 |
|---|---|---|---|---|
| 1 | 3 | $-522$ | 1 | 潘二矿南一 B 石门下车场 |
| 2 | 4 | $-385$ | 10 | 潘二矿南一 B 第二中部斜 |
| 3 | 8 | $-527$ | 4 | 潘一矿 $F_4 \sim F_5$ 之间东一 8 号煤层运煤下山 |
| 4 | 11 - 2 | $-530$ | 6 | 潘二南一 B 运输石门、西一 C 轨道下车场 |
| 5 | 13 - 1 | $-417$ | 34 | 潘一矿 $F_4 \sim F_5$ 之间 1331（3）上风巷 |

各突出煤层煤与瓦斯区域突出危险性预测如下：

（1）3 号煤层：$F_2 \sim F_1$ 之间 $-500$ m 及其以下为突出危险区。

（2）4 号煤层：$F_2 \sim F_1$ 之间 $-365$ m 及其以下为突出危险区。

（3）8 号煤层：$F_4 \sim F_5$、$F_5 \sim F_2$ 之间 $-527$ m 及其以下为突出危险区；$F_4$ 断层下盘以西至董岗郢次级向斜轴南部 $-600$ m 及其以下为突出危险区；潘集背斜至董岗郢次级向斜轴北部 $-750$ m 及其以下为突出危险区；$F_1 \sim$ 尚塘—耿村集向斜轴南部 $-650$ m 及其以下为突出危险区。

（4）11 - 2 号煤层：$F_4 \sim F_5$、$F_5 \sim F_2$ 之间 $-580$ m 及其以下为突出危险区；$F_4$ 断层下盘以西至董岗郢次级向斜轴南部 $-620$ m 及其以下为突出危险区；潘集背斜至董岗郢次级向斜轴北部 $-780$ m 及其以下为突出危险区；$F_{83} \sim F_{211}$ 断层之间 $-800$ m 及其以下为突出危险区；$F_{211} \sim$ 谢桥向斜 $-695$ m 及其以深为突出危险区；$F_2 \sim F_1$ 断层之间 $-450$ m 及其以下为突出危险区；$F_1 \sim$ 尚塘—耿村集向斜 $-650$ m 及其以深为突出危险区。

（5）13 - 1 号煤层：$F_4 \sim F_5$、$F_5 \sim F_2$ 之间 $-417$ m 及其以下为突出危险区；$F_4$ 断层下盘以西至董岗郢次级向斜轴南部 $-450$ m 及其以下为突出危险区；潘集背斜至董岗郢次级向斜轴北部 $-600$ m 及其以下为突出危险区；$F_{83} \sim F_{211}$ 断层之间 $-730$ m 及其以下为突出危险区；$F_{211}$ ~ 谢桥向斜 –600 m 及其以深为突出危险区；$F_1$ ~ 尚塘—耿村集向斜 –575 m 及其以深为突出危险区。

## 4.6 煤层气资源量计算

### 1. 淮河南矿区

淮河南矿区各煤层煤层气资源量（不含李嘴孜矿）分别为：$C_{15}$ 煤层 12345.1 × $10^4$ $m^3$；$C_{13}$ 煤层 285537.7 × $10^4$ $m^3$；$B_{11}$ 煤层 284121.1 × $10^4$ $m^3$；$B_{10}$ 煤层 10077.1 × $10^4$ $m^3$；$B_9$ 煤层 74879.1 × $10^4$ $m^3$；$B_8$ 煤层 158828.4 × $10^4$ $m^3$；$B_7$ 煤层 86339.16 × $10^4$ $m^3$；$B_6$ 煤层 62280.16 × $10^4$ $m^3$；$B_4$ 煤层 126124.0 × $10^4$ $m^3$；$A_3$ 煤层 14148.0 × $10^4$ $m^3$；$A_1$ 煤层 32110.1 × $10^4$ $m^3$。李嘴孜矿各煤层共 28688 × $10^4$ $m^3$。淮河南矿区共计煤层气资源量为 1175477.92 × $10^4 m^3$。

### 2. 潘谢矿区

潘谢矿区各煤层煤层气资源量分别为：13 – 1 号煤层 1642086.8 × $10^4$ $m^3$；11 – 2 号煤层 664318.65 × $10^4$ $m^3$；8 号煤层 846928.72 × $10^4$ $m^3$；7 号煤层 212485.11 × $10^4$ $m^3$；6 号煤层 658036.925 × $10^4$ $m^3$；5 号煤层 180257.26 × $10^4$ $m^3$；4 号煤层 315325.03 × $10^4$ $m^3$；A 组（1、3 号）煤层 426820.36 × $10^4$ $m^3$。潘谢矿区共计煤层气资源量为 4946258.855 × $10^4$ $m^3$。

潘谢矿区张集矿各煤层透气性测试的透气性系数和流量衰减系数分别为：13 – 1 号煤层 0.00625 ~ 0.00674 $m^2/MPa^2 \cdot d$、0.051 ~ 0.054 $d^{-1}$；11 – 2 号煤层 0.00152 ~ 0.00168 $m^2/MPa^2 \cdot d$、0.035 ~ 0.043 $d^{-1}$；8 号煤层 0.00414 ~ 0.00500 $m^2/MPa^2 \cdot d$、0.034 $d^{-1}$；6 号煤层 0.0095 ~ 0.0104 $m^2/MPa^2 \cdot d$、0.0646 $d^{-1}$。说明其各煤层均属较难抽放瓦斯的煤层。

# 5　淮北煤田瓦斯地质

## 5.1　淮北矿区概况

矿区位于安徽省北部，北邻江苏省徐州市，南至安徽省固镇、蒙城，东起安徽省宿县东四铺，西至安徽省涡阳县固始断层。东西、南北跨度各约 100 km，总面积 9600 km²，其中含煤面积 6912 km²，包括濉萧、宿州、临涣、涡阳四大矿区。

现有 21 对生产矿井，分别分布在濉萧、宿州、临涣和涡阳矿区。其中濉萧矿区 7 对，分别为袁庄、朱庄、岱河、杨庄、朔里、石台和双龙；宿州矿区 4 对，分别为芦岭、朱仙庄、桃园和祁南；临涣矿区 8 对，分别为临涣、海孜、童亭、许疃、孙疃、杨柳、青东和袁店二井；涡阳矿区 2 对，分别为涡北和刘店。

淮北矿区煤炭资源丰富，煤种齐全，有焦煤、1/3 焦煤、气煤、肥煤、贫煤、瘦煤、天然焦、无烟煤等八大煤种。其中，焦煤、肥煤、瘦煤为国家稀缺煤种。另外，矿区有优质的高岭土和煤层气等资源。目前公司 21 对生产矿井采矿权范围内的保有煤炭资源储量 42.1 亿 t：濉萧矿区 1.6 亿 t、宿州矿区 9.4 亿 t、临涣矿区 27.9 亿 t、涡阳矿区 3.2 亿 t；规划矿井 9 对，煤炭资源储量约 26.1 亿 t；处于不同勘查阶段中的海孜深部等 5 个探矿权范围估算煤炭资源量 14.2 亿 t。另外，生产矿井采矿权下限以深至 −1500 m 水平尚有煤炭资源量约 6.1 亿 t，在建矿井 −1200 ~ 1500 m 水平估算资源量约 2.4 亿 t。全矿区共有煤炭资源储量约 90.9 亿 t。宿州矿区的宿东、宿南、南坪向斜，濉萧矿区的萧西向斜为瓦斯富集区。

## 5.2　区域地质构造演化及分布特征

### 5.2.1　区域地层

淮北矿区地层自下而上包括太古界，上元古界青白口系、震旦系，古生界寒武系、奥陶系、石炭系、二叠系，中生界三叠系、侏罗系和白垩系，新生界古近系、新近系和第四系。石炭系和二叠系是研究区内含煤岩系，总厚度大于 1300 m。石炭系本溪组和太原组含薄煤层，均不可采；二叠系山西组和下石盒子组为主要含煤层位，上石盒子组所含煤层局部可采，如图 5 − 1 所示。

山西组属于下三角洲平原沉积，地层厚约 100 m，含 10、11 两个煤层，10 号煤层在全区基本稳定可采，厚 2.0 ~ 3.5 m。

下石盒子组为上三角洲平原沉积，地层厚约 95 m，为淮北主要含煤层段，含主要煤层 3 ~ 4 层，可采总厚 8 ~ 14.6 m，一般单层厚 2 ~ 3 m。宿东向斜 8 号煤层为特厚煤层，厚度 8 ~ 10 m。

上石盒子组为三角洲前缘—下三角洲平原沉积，地层厚 570 ~ 660 m，含煤 10 层，可采 1 ~ 2 层，可采总厚 2 ~ 3 m。

| 界 | 系 | 代号 | 主要岩性 |
|---|---|---|---|
| 新生界 | 系四系 | Q | 广泛分布，主要以冲积类型为主，其次为湖积、沼泽沉积和残坡积 |
| 新生界 | 新近系 | N | 以湖泊相沉积为主 |
| 新生界 | 古近系 | E | 以河湖相红色碎屑岩系沉积为主广泛发育 |
| 中生界 | 白垩系 | K | 早白垩世广泛发育湖泊相沉积，及晚白垩世以湖泊相和冲积扇相的红色岩层发育 |
| 中生界 | 侏罗系 | J | 早中侏罗世局部发育的河流及湖泊相沉积，晚侏罗世的火山岩系发育 |
| 上古生界 | 三叠系 | T | 仅发育早期大陆性干热气候下形成的湖泊相红色碎屑岩沉积 |
| 上古生界 | 二叠系 | P | 主体为一套海陆交互相含煤碎屑岩组合 |
| 上古生界 | 石炭系 | C | |
| 下古生界 | 奥陶系 | O | 为一套典型的海相沉积，主体为碳酸盐岩组合 |
| 下古生界 | 寒武系 | ∈ | |
| 上元古界 | 震旦系 | Z | 为一套海滩陆棚碎屑岩和碳酸岩组合 |
| 上元古界 | 青白口系 | $Q_n$ | |
| 太古界 | | $A_r$ | 中、深变质的黑云母斜长片麻岩和黑云母二长片麻岩等形成变质岩系 |

砾岩　中砂岩　细砂岩　泥岩　煤

| 统 | 地层名称 | 厚度/m | 柱状图 | 煤层编号 | 岩性描述 |
|---|---|---|---|---|---|
| 上二叠统 $P_3$ | 石千峰组 $P_3sq$ | >1000 | | | 滨海冲击平原环境下形成的杂色碎屑岩沉积 |
| 中二叠统 $P_2$ | 上石盒子组 $P_2ss$ | 650 | | 1<br>2<br>3 | 属河流作用为主的三角洲平原亚相沉积，岩性主要为砂岩、泥岩 |
| 中二叠统 $P_2$ | 下石盒子组 $P_2x$ | 250 | | 4<br>5<br>6<br>7<br>8 | 属河流作用为主的三角洲平原亚相沉积，岩性主要为砂砂、细砂岩、泥岩、铝质泥岩和煤 |
| 下二叠统 $P_1$ | 山西组 $P_1s$ | 120 | | 9<br>10<br>11 | 属河流作用为主的三角洲相沉积，岩性主要为砂岩、泥岩和煤 |

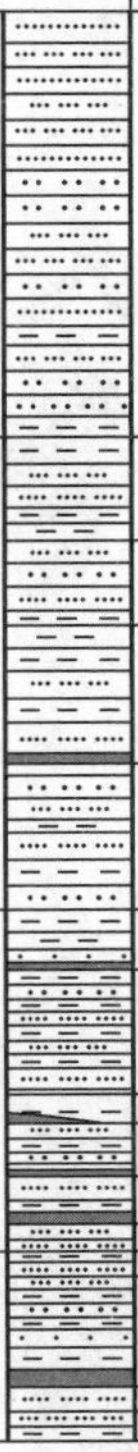

图5-1　淮北矿区地层层序划分及主要含煤地层综合柱状图

从下石盒子组煤层等厚线图分析，富煤带在宿州矿区，其次为临涣矿区。

煤系埋深与新生代地层厚度及向斜构造有关，最大埋深超过 2000 m。煤系一般在向斜深部，其中萧西、南坪、宿南向斜最大埋深均大于 2000 m 以上。

矿区可采煤层松软，结构复杂，层（节）理发育，极易片冒。直接顶板多为页岩，厚度较小，弱面发育，离层现象较为普遍，属于破碎性不稳定或中等稳定顶板。基本顶多为厚层状的粗砂岩、砂页岩。底板多为泥岩、砂页岩，塑性大，抗压强度低，易膨胀变形。

### 5.2.2　区域构造及区域构造演化

1. 区域构造

淮北矿区位于华北板块东南缘，主体属于鲁西—徐淮隆起区中南部的徐宿凹陷，夹持于近东西向的丰沛隆起和蚌埠隆起之间，向西与河淮沉降区相接，东部以郯庐断裂带为界，如图 5-2 所示。

矿区经历了多期构造运动，形成了复杂而独特的褶皱断层系统。构造格架受南、东两侧板缘活动带控制，表现为受郯庐断裂带控制的近 SN 向（略偏 NNE）的褶皱断裂。该褶皱断裂叠加并切割早期 EW 向构造，形成菱形断块式的隆坳构造系统，并在此基础上发展形成了以线性紧闭褶皱和逆冲叠瓦断层为主要特征的徐州—宿州弧形双冲—叠瓦扇逆冲断层系统。

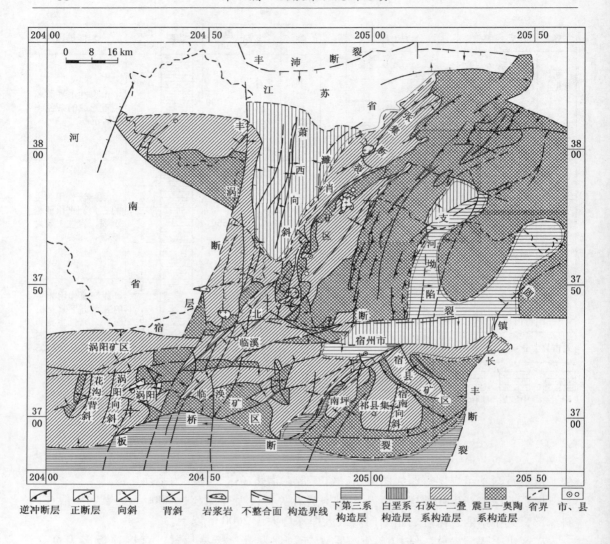

图5-2　淮北矿区区域构造纲要及矿区分布图

## 2. 区域构造演化

1) 印支旋回——两大板块全面拼贴阶段

印支运动对中国大陆东部大地构造发展具有划时代意义, 南、北古大陆板块全面拼贴形成统一的中国大陆。随着三叠纪、华北和扬子古板块步入全面拼贴阶段, 研究区沉积环境由海陆交互相过渡为内陆湖相, 且沉降中心北迁, 区内仅有下二叠系零星分布, 但与下伏地层呈连续沉积。板内也产生了一定的构造变形, 发育了一系列 EW 向逆断层, 造就了煤层总体呈 EW 向展布的特征。

2) 燕山旋回——安第斯型活动大陆边缘演化阶段

燕山旋回阶段, 中国大陆东部大地构造演化进程受到古亚洲大陆与库拉—太平洋板块之间的相互作用以及古陆壳板块拼贴后持续作用的联合控制。印支运动末期到燕山运动早期, 陆壳板块之间的持续作用, 加上北侧丰沛隆起由北向南推挤, 引发了由 NW 向 NWW

向偏转的挤压应力，使得本区东部近力源区形成弧形推覆构造，而在逆冲推覆的外缘带形成 NNE 向褶皱断层系统，如图 5-2 所示。

自侏罗纪以来，日益加强的库拉—太平洋板块向东亚大陆俯冲，于燕山运动中期达到高潮。来自库拉板块 NNW 向的俯冲，使研究区 NNE 向断层产生了左行平移，并切割早期东西向构造。同时深部物质运动加剧，造成晚侏罗世至早白垩世岩浆活动频繁，加上逆冲缩短变形后出现应力松弛，形成了规模不等的受 EW 向和 NNE 向断层控制的晚侏罗和早白垩火山岩盆地。

3）喜马拉雅旋回——西太平洋型活动大陆边缘演化阶段

燕山运动末期，随着库拉—太平洋板块俯冲带向东迁移，亚洲大陆东缘由安第斯型大陆边缘转化为西太平洋型大陆边缘，并于古近纪后期洋脊完全消减。洋脊俯冲引起弧后地幔物质上涌，岩石圈侧向伸展，地壳减薄，使中国东部构造体制发生根本转折，区域性拉张裂陷成为地壳运动的主要方式。喜马拉雅旋回区域拉张作用对研究区构造性质具有很大的改造效应，大多数早期在挤压应力作用下形成的东西向和 NNE 向断层转变为正断层。

## 5.2.3　矿区地质构造及分布特征

淮北矿区构造格局具有南北分异、东西分带的特征，以宿北断裂为界，可以分为南、北两个区，如图 5-2 所示。

### 1. 北部构造区

北部构造区处于徐州—宿州弧形推覆构造体的主体部位，可划分为东带、中带、峰带和外缘带。

东带位于贾汪向斜、支河坳陷一线以东，为大面积出露的上元古界基岩，属于推覆构造的根带及后缘带，表现为低缓倾角的逆冲断层及其伴生平卧褶皱的逆冲岩席，顶冲断层以下发育倾角较大的逆断层，叠瓦状逆冲断层不很发育。同时，东带还发育有呈 NE—NNE 向展布的中新生代断陷盆地和 NNE 走向的正断层，其形成应与推覆后期的应力松弛拉张作用有关。

中带与西部峰带之间以闸河向斜相隔，为古生界基岩出露区，表现为一系列走向NNE、向东倾斜近于平行的逆冲断层及线性斜歪紧闭褶皱。峰带以萧西向斜为界，表现为由叠瓦扇状反冲断层组成的被动顶盖结构。废黄河断裂以北反冲断层最发育，向南数量逐渐减少，延伸至萧县复背斜西翼逐渐消失，过渡为轴面东倾的 NNE 向萧县复背斜与较宽缓的闸河复向斜。

萧西向斜及其以西地区为外缘带，属逆冲推覆构造的下伏系统，构造相对要简单得多，表现为一系列走向 NNE—近 SN 向、宽缓、弱变形的褶皱构造，如萧西向斜，及其西部的永城背斜等，并伴有大量相同走向的正断层。

### 2. 南部构造区

宿北断裂以南，板桥断裂以北为南部构造区，是第四系覆盖的全隐伏区，以 NW 走向的西寺坡断层为界。该区又可被划分为东西两带。

西寺坡逆冲断层及其以东地带，位于徐州—宿州弧形构造的东南末端，属逆冲推覆构造的上覆系统，但由于宿北断裂左行撕裂作用，使该段所遭受的应力要远小于北部地区。该带具有变形弱、构造简单、分带现象不明显的特征，不具有反向的逆冲断裂带，仅发育了前缘 NW 走向的西寺坡断层，以及上盘外来系统构成的宽缓宿东向斜。

西寺坡逆冲断层以西为外缘带，属逆冲推覆构造的下伏系统，构造迹线以 NNE 向为主，与北部地区相同，并见有正断层切穿宿北断裂，贯穿南北。与北部构造区不同的是，该带褶皱以近 SN 向的短轴背、向斜为主，且近 EW 向正断层也很发育。

### 5.2.4　构造煤发育及分布特征

印支期 SN 向的挤压虽未对研究区煤层的格局造成大的影响，但所形成的 EW 向断裂为后期的进一步改造奠定了良好条件。印支期末至燕山早期，由于 NW 向挤压应力的作用，导致了徐州—宿州弧形逆冲推覆构造的形成，逆冲构造西部的外缘由于挤压应力的减弱，形成了 NNE 褶皱断裂组合。同时，煤系地层遭到严重破坏，东部推覆区煤系被剥蚀殆尽，仅在有向斜发育的区域尚有保留，如贾汪向斜、闸河向斜和宿东向斜；西部外缘区，煤系保存较为完好，但在背斜发育的核部遭到剥蚀，如宿南背斜、童亭背斜和花沟背斜等等。

印支期末至燕山早期的构造运动在改变煤层平面布局的同时，也影响着煤层埋深的变化，主要表现在该期大量褶皱的产生使得背斜核部和向斜翼部煤层埋藏变浅甚至遭到剥蚀，而背斜翼部和向斜核部煤层变深。另外，喜马拉雅期拉张作用加剧了对研究区煤层埋深的改造，尤其是 NNE 向丰涡断裂、固镇长丰断裂和东西向宿北断裂等控制断裂所导致的研究区不均匀沉降，使得宿北断裂以北地区煤层埋深明显低于以南地区，而受 NNE 向控制断裂的影响，南部地区丰涡断层以西涡阳矿区煤层埋深浅于东部宿州和临涣矿区。

矿区构造演化对煤体结构产生了巨大破坏，常见有煤体出现糜棱化现象。其原因在于，自印支期以来研究区产生强烈的挤压和伸张作用的交替，无论是压应力还是张应力，都使得质软的煤层比围岩更容易成为应力施放层而发生顺层滑动，这种滑动可能发生在整个煤层或是同一煤层的某个层段，发生层滑的煤层或层段的煤体被糜棱化。如临涣矿区海孜矿 8 号煤层全为糜棱煤，而 10 号煤层则是碎裂煤。

## 5.3　矿区瓦斯地质规律

### 5.3.1　影响瓦斯赋存的因素

矿区 7、8 和 10 号三个主煤层含气量的区域分布呈现出"南高北低、东高西低、东南部最高"的总体展布格局。以宿北断裂为界，以北的濉萧矿区的含气量仅为 $2\sim12$ m³/t，远远低于断裂以南矿区含气量。同时，西部的涡阳矿区含气量为 $2\sim8$ m³/t，低于东部临涣矿区的 $6\sim16$ m³/t 和宿州矿区的 $6\sim24$ m³/t，其中，以东南部的宿州矿区含气量最高。

淮北矿区目前瓦斯含量的区域分布格局是与该区的构造演化密切相关的，矿区喜马拉雅期伸展环境下的不均匀沉降，使宿北断裂以南、丰涡断裂以东的临涣和宿州矿区下降接受沉积，为瓦斯的保存提供了条件；而宿北断裂以北的濉萧矿区和丰涡断裂以西的涡阳矿区则相对上升，煤系地层遭受剥蚀，瓦斯易于散逸，使得这两个矿区含气量要低得多，且瓦斯浓度均低于 80%。同时，宿州矿区的瓦斯含量之所以高于临涣矿区，是因为印支期末至燕山早期的北西西向的逆冲推覆，后期又经燕山中晚期和喜马拉雅期构造运动的改造，宿州矿区以压性的断裂构造为主，利于瓦斯的保存；而临涣矿区则主要发育张性断裂，瓦斯易于散逸，最终致使研究区东南部的宿州矿区瓦斯含量最高。

### 5.3.2　煤层瓦斯压力分布及预测

1. 宿州矿区

1）芦岭矿

芦岭矿 8 号煤层瓦斯压力分布见表 5-1。芦岭矿 10 号煤层瓦斯压力分布见表 5-2。芦岭矿瓦斯压力预测见表 5-3。

表 5-1　芦岭矿 8 号煤层瓦斯压力分布表

| 序号 | 测压点位置 | 标高/m | 埋深/m | 压力值/MPa | 测压点所在采区 |
|---|---|---|---|---|---|
| 1 | 8810 集中巷距 4 号联巷东 5~10 m 处 | -350 | 375 | 0.9 | 八西 |
| 2 | 8810 集中巷 3 号眼对面联络巷 | -355 | 380 | 0.97 | 八西 |
| 3 | II818 轨道巷内距 1 号眼东 30 m 处 | -548 | 573 | 2.65 | 一 |
| 4 | II818 轨道巷内距车场入口东 35 m 处 | -543 | 568 | 2.41 | 一 |
| 5 | II812 集中巷内 15 号联络巷西 25 m 处 | -425 | 450 | 1.95 | 一 |
| 6 | 885 岩石集中巷 | -324 | 349 | 1.35 | 八东 |
| 7 | 886 岩石轨道巷（4 个孔测定最大值） | -314 | 339 | 0.48 | 八西 |
| 8 | 888 1 号测压孔 | -344 | 369 | 0.54 | 八西 |
| 9 | II882 轨道巷距轨 1 号点 40 m 处 | -365 | 390 | 0.8 | 八西 |
| 10 | 817 岩石集中巷 3 号煤眼西 10 m | -460 | 485 | 2.2 | 一 |
| 11 | II817 岩石集中巷 | -560 | 585 | 2.8 | 一 |
| 12 | II821 6 号煤眼 | -436 | 461 | 2.32 | 二 |
| 13 | II825 内 3 号联络巷西 15 m 处 | -475 | 500 | 2.56 | 二 |
| 14 | II828 岩石轨道巷上段 | -480 | 505 | 3.2 | 二 |
| 15 | II828 岩石轨道巷下段 | -494 | 519 | 3.5 | 二 |
| 16 | II881 岩石集中巷上段 | -370 | 395 | 1.6 | 八东 |
| 17 | II881 岩石集中巷下段 | -375 | 400 | 1.85 | 八东 |
| 18 | II883 集中巷 2 号联络巷与集中巷交点向东 22.3 m | -412 | 437 | 1.80 | 八东 |
| 19 | II883 集中巷 2 号联络巷与集中巷交点向西 4 m | -419 | 444 | 2.00 | 八东 |
| 20 | II8210 集中巷 4 号联络巷与集中巷交点 | -526 | 551 | 3.00 | 二 |
| 21 | II8210 集中巷 4 号联络巷与集中巷交点向西 31.2 m | -527 | 552 | 3.10 | 二 |
| 22 | II8210 集中巷 3 号联络巷向东 14 m 钻场中 | -524 | 549 | 2.85 | 二 |
| 23 | II8210 轨道巷 3 号联络巷向西 5 m 钻场中线位置 | -521 | 546 | 3.10 | 二 |
| 24 | II8210 集中巷 4 号联络巷与集中巷交点向东 27 m | -525 | 550 | 1.10 | 二 |

表 5-2　芦岭矿 10 号煤层瓦斯压力分布表

| 序号 | 位置 | 标高/m | 表压/MPa | 采区 |
|---|---|---|---|---|
| 1 | II885 人行联络巷弯终点 | -486 | 1.9 | II88 |
| 2 | II885 人行联络巷终点 | -482 | 1.0 | |
| 3 | II88 人行车场变平点向前 18 m | -549 | 1.5 | |
| 4 | II88 人行车场变平点 | -540 | 2.0 | |

表 5 - 2（续）

| 序号 | 位　　　置 | 标高/m | 表压/MPa | 采区 |
|---|---|---|---|---|
| 5 | II1016 运煤道运 3 点向前 33.5 m | -512 | 0.2 | |
| 6 | II1015 运煤道轨 2 点向前 33 m | -527 | 0.32 | |
| 7 | II1016 运煤道与机巷交点三岔门以西 30 m | -515.6 | 0.3 | II101 |
| 8 | II1016 轨道巷 1 号联络巷下口 | -542 | 0.1 | |
| 9 | II1016 机巷与 1 号联络巷交点以东 27 m（机巷内） | -507 | 0.4 | |
| 10 | II3 大巷 2 点以东 19 m | -583 | 0.6 | |
| 11 | 回风上山一阶段向下 192 m | -473 | 0.05 | |
| 12 | 回风上山一阶段向下 340 m | -456 | 0.05 | II104 |
| 13 | 回风上山一阶段向下 400 m | -448 | 0.1 | |
| 14 | 回风上山一阶段向下 570 m | -510 | 0.3 | |
| 15 | III 水平西翼进风下山上部车场下段 | -565.8 | 1.05 | |
| 16 | III 水平西翼进风下山上部车场上段 | -544.75 | 1.1 | |
| 17 | III1013 上限瓦斯抽放巷新联口点前 7 m | -719.3 | 1.92 | III1 |
| 18 | III1 下部石门弯终点向西 20 m | -887.9 | 0.1 | |
| 19 | III1 下部石门石 2 点向东 20 m | -906.9 | 0.1 | |
| 20 | III1 下部石门石 1 点向东 52 m | -916.1 | 0.05 | |

表 5 - 3　芦岭矿瓦斯压力预测表

| 煤层 | 东南部地质单元 | 中部地质单元 | 西部地质单元东翼 | 西部地质单元西翼 |
|---|---|---|---|---|
| 8 号 | $y = -0.0067x - 0.5409$ | | $y = -0.0093x - 1.8028$ | $y = -0.0062x - 1.4286$ |
| 10 号 | $y = -0.0037x - 1.0815$ | | $y = -0.0054x - 1.2013$ | |

2）朱仙庄矿

朱仙庄矿 8 号煤层瓦斯赋存以 F10 断层为界，其南翼较北翼瓦斯含量大，瓦斯压力与瓦斯压力梯度也均较高，突出危险性大，故将矿井 8 号煤层以 F10 断层为界划分为两个地质构造单元。

8 号煤层南翼瓦斯压力为

$$P = -0.011H - 2.36$$

8 号煤层北翼瓦斯压力为

$$P = -0.01H - 4.23$$

式中　$P$——煤层瓦斯压力，MPa；

　　　$H$——煤层标高，m。

3）祁南矿

$3_2$ 号煤层的瓦斯压力可用如下公式表示：

$$P = -0.0125H - 4.8421$$

式中 $P$——煤层瓦斯压力，MPa；

　　　$H$——煤层标高，m。

可见，祁南煤矿 3 号煤层瓦斯压力梯度为 1.25 MPa/hm。祁南煤矿 $3_2$ 号煤层在标高 $-446.6$ m 时，瓦斯压力就达到 0.74 MPa，相对于其他矿井煤层瓦斯压力高。

祁南煤矿 $7_2$ 号煤层瓦斯压力与煤层标高的关系如下：

$$P = -0.0194H - 7.7818$$

式中 $P$——煤层瓦斯压力，MPa；

　　　$H$——煤层标高，m。

可见，祁南煤矿 7 号煤层瓦斯压力梯度为 1.94 MPa/hm，瓦斯压力梯度大，随着标高的增加瓦斯压力增长快。

2. 临涣矿区

1）海孜矿

7 号煤层瓦斯压力与煤层标高的关系为

$$P = -0.0057H - 0.9535$$

式中 $P$——煤层瓦斯压力，MPa；

　　　$H$——煤层标高，m。

由式可知，7 号煤层瓦斯压力的变化梯度为 0.0057 MPa/m。

10 号煤层 Ⅱ101 采区瓦斯压力与煤层标高的关系为

$$P = -0.0174H - 10.11$$

10 号煤层 Ⅱ102 采区瓦斯压力与煤层标高的关系为

$$P = -0.0369H - 22.7597$$

式中 $P$——煤层瓦斯压力，MPa；

　　　$H$——煤层标高，m。

10 号煤层 Ⅱ101 采区瓦斯压力的变化梯度为 0.0174 MPa/m，10 号煤层 Ⅱ102 采区瓦斯压力的变化梯度为 0.0369 MPa/m。

2）童亭矿

7 号煤层的瓦斯压力与煤层埋深的关系为

$$P = 0.0041H - 0.8044$$

式中 $P$——煤层瓦斯压力，MPa；

　　　$H$——煤层埋深，m。

上式适用于 7 号煤层埋深 600 m 以浅区域，在标高 $-352$ m 以深，7 号煤层的瓦斯压力就可以达到突出的瓦斯压力临界指标，见表 5-4。

表 5-4　西翼 7 号煤层瓦斯压力计算结果

| 煤层标高/m | $-208$ | $-275$ | $-325$ | $-375$ | $-425$ | $-475$ | $-525$ |
|---|---|---|---|---|---|---|---|
| 煤层埋深/m | 233 | 300 | 350 | 400 | 450 | 500 | 550 |
| 瓦斯压力/MPa | 0.15 | 0.43 | 0.63 | 0.84 | 1.04 | 1.25 | 1.45 |

实测陈楼块段 10 号煤层瓦斯压力均小于 0.74 MPa，最大为 0.59 MPa。实测瓦斯压力与煤层标高的变化规律不明显，总体上瓦斯压力较小，瓦斯压力测定最深部标高 −420 m，瓦斯压力为 0.35 MPa。

3）许疃矿

7 号煤层瓦斯压力梯度为 0.0049 MPa/m，瓦斯压力计算公式为

$$P = -0.0049H - 1.9398$$

式中　$P$——煤层瓦斯压力，MPa；

　　　$H$——煤层标高，m。

许疃矿 7 号煤层瓦斯压力与煤层标高关系如图 5 − 3 所示。利用公式推测 7 号煤层瓦斯压力，结果见表 5 − 5。

$3_2$ 号煤层 −340 ~ −800 m 之间的瓦斯压力分布公式为

$$P = -0.0062H - 2.3264$$

式中　$P$——煤层瓦斯压力，MPa；

　　　$H$——煤层标高，m。

瓦斯压力梯度为 0.0062 MPa/m。$3_2$ 号煤层瓦斯压力分布预测如图 5 −4 所示，其瓦斯压力推算值见表 5 −6。

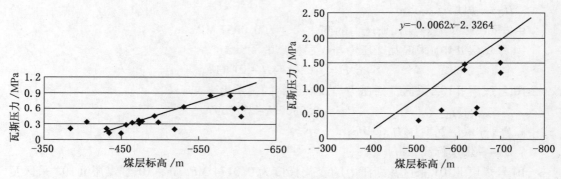

图 5 −3　煤层瓦斯压力与煤层标高关系　　　图 5 −4　$3_2$ 号煤层瓦斯压力分布预测图

表 5 −5　许疃煤矿 7 号煤层瓦斯压力推测结果

| 序号 | 煤层标高/m | 煤层埋深/m | 推测绝对压力/MPa | 备注 |
|---|---|---|---|---|
| 1 | −450 | 475 | 0.27 | |
| 2 | −500 | 525 | 0.51 | |
| 3 | −550 | 575 | 0.76 | |
| 4 | −567 | 592 | 0.84 | |
| 5 | −600 | 625 | 1.00 | |
| 6 | −650 | 675 | 1.25 | |

3. 袁店二井

煤层瓦斯压力与埋深的关系方程为

$$P = 0.00295H - 0.9494$$

表5-6　3₂号煤层瓦斯压力推算值

| 煤层标高/m | 瓦斯压力实测值/MPa | 瓦斯压力推算值/MPa | 备注 |
|---|---|---|---|
| -410.0 | | 0.22 | |
| -450.0 | | 0.46 | |
| -500.0 | | 0.77 | |
| -512.0 | 0.35 | 0.85 | |
| -550.0 | | 1.08 | |
| -561.7 | 0.56 | 1.16 | |
| -600.0 | | 1.39 | |
| -616.1 | 1.49 | 1.49 | 一致 |
| -643.6 | 0.52 | 1.66 | |
| -650.0 | | 1.70 | |
| -699.0 | 1.80 | 2.01 | 接近 |
| -700.0 | | 2.01 | |
| -750.0 | | 2.32 | |
| -800.0 | | 2.63 | |

式中　$P$——煤层瓦斯压力，MPa；

　　　$H$——煤层深度，m，地面标高按 +30 m 计算。

根据上式可知，煤层的瓦斯压力梯度为 0.00295 MPa/m。压力值为 0.74 MPa 时，对应埋深为 570 m（标高为 -540 m）。

### 5.3.3　瓦斯含量分布及预测

1. 宿州矿区

1）芦岭矿

（1）区域上，芦岭矿 8 号煤层总体呈东西部瓦斯含量相对较小，而中部的大部分区域瓦斯含量相对较大的分布特征，瓦斯灾害较严重。芦岭矿 10 号煤层则恰好相反，这是由于 10 号煤层沉积以中、细砂岩为主，大部分瓦斯逸散到 8 号煤层，东西部发育压扭性构造，易于瓦斯赋存。

（2）区域上，就同一煤层而言，矿井压扭性逆断层及断层组合控制的煤体结构及瓦斯的赋存情况，断层附近煤体破坏严重，煤厚及其变化（8、9 号煤层合并和 8 号煤层局部变薄）较大，是控制整个井田区域特别是中部一、二、四采区瓦斯赋存、涌出、突出的主导因素。

（3）层域上，由于 8、10 号煤层形成各自体系域的最大海泛面位置，造成 8、10 号煤层在各自体系域内部煤层厚度最大。但是顶底板沉积中、细砂为主的 10 号煤层瓦斯压力梯度总体上比顶底板沉积泥岩为主的 8 号煤层要小。由于煤层沉积厚度 8 号煤层较 10 号煤层厚，因此前者瓦斯灾害较后者严重。

（4）同一瓦斯地质单元内，就同一煤层而言，随倾向方向，瓦斯压力随埋深大致呈正相关关系。8 号煤层和 10 号煤层瓦斯含量预测见表 5-7 和表 5-8。

2）朱仙庄矿

8 号煤层瓦斯压力和煤层瓦斯含量推算值见表 5-9、表 5-10。

表 5 - 7　芦岭矿 8 号煤层瓦斯含量预测表

| 瓦斯压力/MPa | 0.50 | 0.74 | 1.0 | 1.5 | 2.0 | 2.5 | 3.0 | 3.5 | 4.0 | 4.5 | 5.0 | 5.5 | 6.0 |
|---|---|---|---|---|---|---|---|---|---|---|---|---|---|
| 瓦斯含量/ $(m^3 \cdot t^{-1})$ | 5.08 | 6.25 | 7.26 | 8.76 | 9.91 | 10.87 | 11.70 | 12.44 | 13.12 | 13.77 | 14.38 | 14.96 | 15.53 |

表 5 - 8　芦岭矿 10 号煤层瓦斯含量预测表

| 瓦斯压力/MPa | 0.50 | 0.74 | 1.0 | 1.5 | 2.0 | 2.5 | 3.0 | 3.5 | 4.0 | 4.5 | 5.0 | 5.5 | 6.0 |
|---|---|---|---|---|---|---|---|---|---|---|---|---|---|
| 瓦斯含量/ $(m^3 \cdot t^{-1})$ | 4.26 | 5.21 | 6.01 | 7.18 | 8.05 | 8.75 | 9.35 | 9.89 | 10.37 | 10.82 | 11.24 | 11.65 | 14.35 |

表 5 - 9　F10 断层以南 8 号煤层瓦斯压力和瓦斯含量推算值

| 序号 | 煤层标高/m | 瓦斯压力/MPa | 瓦斯含量/ $(m^3 \cdot t^{-1})$ |
|---|---|---|---|
| 1 | -250 | 0.32 | 2.48 |
| 2 | -300 | 0.85 | 5.37 |
| 3 | -350 | 1.39 | 7.37 |
| 4 | -400 | 1.92 | 8.87 |
| 5 | -450 | 2.46 | 10.07 |
| 6 | -500 | 2.99 | 11.07 |
| 7 | -550 | 3.53 | 11.93 |
| 8 | -600 | 4.07 | 12.70 |
| 9 | -650 | 4.60 | 13.39 |
| 10 | -700 | 5.14 | 14.03 |
| 11 | -750 | 5.67 | 14.62 |
| 12 | -800 | 6.21 | 15.18 |

表 5 - 10　F10 断层以北 8 号煤层瓦斯压力和瓦斯含量推算值

| 序号 | 煤层标高/m | 瓦斯压力/MPa | 瓦斯含量/ $(m^3 \cdot t^{-1})$ |
|---|---|---|---|
| 1 | -450 | 0.27 | 2.16 |
| 2 | -500 | 0.77 | 5.00 |
| 3 | -550 | 1.27 | 6.98 |
| 4 | -600 | 1.77 | 8.48 |
| 5 | -650 | 2.27 | 9.67 |
| 6 | -700 | 2.77 | 10.67 |
| 7 | -750 | 3.27 | 11.53 |
| 8 | -800 | 3.77 | 12.29 |

10 煤层瓦斯压力随标高的变化关系为

$$P = -0.0013H - 0.19$$

式中　P——10 号煤层瓦斯压力推算值，MPa；

　　　H——10 号煤层标高，m。

10 号煤层瓦斯压力和瓦斯含量推算值见表 5 - 11。

表 5 - 11　10 号煤层瓦斯压力和瓦斯含量推算值

| 序号 | 煤层标高/m | 瓦斯压力/MPa | 瓦斯含量/($m^3 \cdot t^{-1}$) |
|---|---|---|---|
| 1 | - 400 | 0. 33 | 3. 21 |
| 2 | - 450 | 0. 40 | 3. 69 |
| 3 | - 500 | 0. 46 | 4. 14 |
| 4 | - 550 | 0. 53 | 4. 55 |
| 5 | - 600 | 0. 59 | 4. 94 |
| 6 | - 650 | 0. 66 | 5. 30 |
| 7 | - 700 | 0. 72 | 5. 64 |
| 8 | - 750 | 0. 79 | 5. 96 |
| 9 | - 800 | 0. 85 | 6. 26 |

3）祁南矿

$3_2$ 号煤层瓦斯压力和瓦斯含量推算值见表 5 - 12。

表 5 - 12　$3_2$ 号煤层瓦斯压力和瓦斯含量推算值

| 序号 | 煤层标高/m | 瓦斯压力/MPa | 瓦斯含量/($m^3 \cdot t^{-1}$) | 备注 |
|---|---|---|---|---|
| 1 | - 400 | 0. 15 | 1. 5 | |
| 2 | - 425 | 0. 47 | 3. 5 | |
| 3 | - 446. 6 | 0. 74 | 4. 8 | |
| 4 | - 450 | 0. 78 | 4. 9 | |
| 5 | - 475 | 1. 10 | 6. 0 | |
| 6 | - 490. 5 | 1. 29 | 6. 5 | |
| 7 | - 500 | 1. 41 | 6. 8 | |
| 8 | - 525 | 1. 72 | 7. 4 | |
| 9 | - 526. 2 | 1. 74 | 7. 5 | |
| 10 | - 550 | 2. 03 | 8. 0 | |
| 11 | - 575 | 2. 35 | 8. 4 | |
| 12 | - 600 | 2. 66 | 8. 9 | |
| 13 | - 625 | 2. 97 | 9. 2 | |
| 14 | - 650 | 3. 28 | 9. 6 | |
| 15 | - 675 | 3. 60 | 9. 9 | |
| 16 | - 700 | 3. 91 | 10. 2 | |
| 17 | - 725 | 4. 22 | 10. 5 | |

表 5 – 12（续）

| 序号 | 煤层标高/m | 瓦斯压力/MPa | 瓦斯含量/($m^3 \cdot t^{-1}$) | 备注 |
|---|---|---|---|---|
| 18 | − 750 | 4.53 | 10.7 | |
| 19 | − 775 | 4.85 | 11.0 | |
| 20 | − 800 | 5.16 | 11.2 | |
| 21 | − 825 | 5.47 | 11.4 | |

可以看出，在煤层标高 − 446.6 m 时，煤层的瓦斯压力达 0.74 MPa，对应的瓦斯含量仅为 4.8 $m^3$/t；煤层标高 − 550 m 时，煤层的瓦斯压力为 2.03 MPa，对应的瓦斯含量为 8.0 $m^3$/t。从瓦斯压力和瓦斯含量的分布来看，祁南煤矿 $3_2$ 号煤层具有高瓦斯压力、低瓦斯含量（相对）的特点。另外，随着煤层标高的加大，瓦斯含量增大。但两者并不是简单的线性关系。当煤层标高相对较浅时，随着煤层深度的增加，瓦斯含量增加较快；反之，瓦斯含量增加相对较慢。

$7_2$ 号煤层瓦斯压力和瓦斯含量推算值见表 5 – 13。

表 5 – 13　$7_2$ 号煤层瓦斯压力和瓦斯含量推算值

| 序号 | 煤层标高/m | 距地面垂高/m | 瓦斯压力/MPa | 瓦斯含量/($m^3 \cdot t^{-1}$) | 备注 |
|---|---|---|---|---|---|
| 1 | − 400 | 420 | 0.03 | 0.4 | |
| 2 | − 410 | 430 | 0.22 | 2.7 | |
| 3 | − 420 | 440 | 0.41 | 4.3 | |
| 4 | − 430 | 450 | 0.60 | 5.6 | |
| 5 | − 435 | 455 | 0.70 | 6.1 | |
| 6 | − 439.3 | 459.3 | 0.74 | 6.3 | |
| 7 | − 440 | 460 | 0.79 | 6.6 | |
| 8 | − 450 | 470 | 0.98 | 7.4 | |
| 9 | − 452.7 | 472.7 | 1.00 | 7.5 | |
| 10 | − 459 | 479 | 1.12 | 8.0 | |
| 11 | − 460 | 480 | 1.17 | 8.2 | |
| 12 | − 470 | 490 | 1.36 | 8.8 | |
| 13 | − 480 | 500 | 1.55 | 9.4 | |
| 14 | − 490 | 510 | 1.74 | 9.9 | |
| 15 | − 510 | 530 | 2.12 | 10.8 | |
| 16 | − 520 | 540 | 2.31 | 11.3 | |
| 17 | − 530 | 550 | 2.50 | 11.7 | |
| 18 | − 550 | 570 | 2.88 | 12.4 | |
| 19 | − 590 | 610 | 3.64 | 13.8 | |
| 20 | − 600 | 620 | 3.83 | 14.1 | |
| 21 | − 610 | 630 | 4.02 | 14.4 | |
| 22 | − 620 | 640 | 4.21 | 14.7 | |

2. 临涣矿区

1）海孜矿

采用瓦斯含量计算公式得到的八六采区 7 号煤层瓦斯压力和瓦斯含量推算值见表 5-14。

表 5-14　八六采区 7 号煤层瓦斯压力和瓦斯含量推算值

| 煤层标高/m | 瓦斯压力/MPa | 瓦斯含量/($m^3 \cdot t^{-1}$) |
|---|---|---|
| -230 | 0.35 | 6.65 |
| -240 | 0.40 | 7.21 |
| -255 | 0.49 | 7.98 |
| -260 | 0.52 | 8.22 |
| -280 | 0.63 | 9.11 |
| -300 | 0.74 | 9.89 |
| -320 | 0.86 | 10.59 |
| -350 | 1.02 | 11.51 |
| -400 | 1.31 | 12.78 |
| -450 | 1.59 | 13.80 |

从表 5-14 中可以看到，八六采区 7 号煤层在标高 -255 m 时煤层瓦斯压力达到了 0.49 MPa，煤层瓦斯含量达到了 7.98 $m^3$/t，煤层瓦斯含量接近规定的突出临界值 0.74 MPa；当 7 号煤层在标高 -300 m 时，煤层瓦斯压力达到了 0.74 MPa，煤层瓦斯含量达到了 9.89 $m^3$/t，指标均超过（或达到）了规定的突出临界值。

10 号煤层Ⅱ101 采区瓦斯压力和瓦斯含量推算值见表 5-15。

表 5-15　10 号煤层Ⅱ101 采区瓦斯压力和瓦斯含量推算值

| 煤层标高/m | 瓦斯压力/MPa | 瓦斯含量/($m^3 \cdot t^{-1}$) |
|---|---|---|
| -610 | 0.50 | 4.59 |
| -640 | 1.03 | 7.25 |
| -650 | 1.20 | 7.91 |
| -670 | 1.55 | 9.01 |
| -700 | 2.07 | 10.30 |
| -800 | 3.81 | 13.15 |
| -900 | 5.55 | 15.08 |
| -1000 | 7.29 | 16.67 |

海孜矿大井东翼深部 10 号煤层（-700～-1000 m）瓦斯压力达到了 2.07～7.29 MPa，煤层瓦斯含量达到了 10.30～16.67 $m^3$/t。

10 号煤层Ⅱ102 采区瓦斯压力与瓦斯含量推算值见表 5-16。

表 5 - 16　10 号煤层 II 102 采区瓦斯压力和瓦斯含量推算值

| 煤层标高/m | 瓦斯压力/MPa | 瓦斯含量/($m^3 \cdot t^{-1}$) |
|---|---|---|
| -620 | 0.14 | 4.52 |
| -627 | 0.40 | 7.80 |
| -628 | 0.43 | 8.18 |
| -630 | 0.51 | 8.89 |
| -636.4 | 0.74 | 10.78 |
| -650 | 1.25 | 13.61 |
| -680 | 2.35 | 17.19 |
| -710 | 3.46 | 19.30 |
| -740 | 4.57 | 20.82 |

　　10 号煤层 II 102 采区在标高 -627 m 时煤层瓦斯压力达到了 0.4 MPa，煤层瓦斯含量达到了 7.8 $m^3$/t，煤层瓦斯含量接近突出危险临界值 8 $m^3$/t；10 煤层在标高 -636.4 m 时煤层瓦斯压力达到了 0.74 MPa，煤层瓦斯含量达到了 10.78 $m^3$/t，煤层瓦斯压力和煤层瓦斯含量均达到（或超过）规定的突出临界值。

　　2）童亭矿

　　7 号煤层瓦斯含量计算结果见表 5 - 17。

　　10 号煤层瓦斯含量总体上较小，均小于 8 $m^3$/t，见表 5 - 18。

表 5 - 17　7 号煤层瓦斯含量计算结果

| 煤层标高/m | -275 | -325 | -375 | -425 | -475 | -525 |
|---|---|---|---|---|---|---|
| 煤层埋深/m | 300 | 350 | 400 | 450 | 500 | 550 |
| 瓦斯压力/MPa | 0.43 | 0.63 | 0.84 | 1.04 | 1.25 | 1.45 |
| 瓦斯含量/($m^3 \cdot t^{-1}$) | 4.34 | 5.88 | 7.29 | 8.46 | 9.36 | 10.48 |

表 5 - 18　10 号煤层瓦斯含量计算

| 工作面 | 煤层平均埋深/m | 相对瓦斯涌出量/($m^3 \cdot t^{-1}$) | 瓦斯含量/($m^3 \cdot t^{-1}$) |
|---|---|---|---|
| S1071 | 305 | 1.61 | 3.34 |
| S1077 | 347 | 2.93 | 4.44 |
| S1079 | 368 | 0.78 | 2.65 |
| 1075 | 423 | 4.78 | 5.98 |
| 1073 | 447 | 2.96 | 4.47 |
| N1071 | 456 | 3.60 | 5.00 |

　　3）许疃矿

　　许疃煤矿 7 号煤层瓦斯压力和瓦斯含量推算值见表 5 - 19。7 号煤层瓦斯含量在标高 -642 m 处煤层瓦斯含量达到 8.00 $m^3$/t。

表5-19 许疃煤矿7号煤层瓦斯压力和瓦斯含量推算值

| 序号 | 煤层标高/m | 瓦斯压力/MPa | 瓦斯含量/($m^3 \cdot t^{-1}$) | 备注 |
|---|---|---|---|---|
| 1 | -450 | 0.27 | 2.85 | |
| 2 | -500 | 0.51 | 4.71 | |
| 3 | -550 | 0.76 | 6.11 | |
| 4 | -600 | 1.00 | 7.22 | |
| 5 | -650 | 1.25 | 8.13 | |

$3_2$ 号煤层瓦斯压力和瓦斯含量推算值见表5-20。

表5-20 许疃煤矿 $3_2$ 号煤层瓦斯压力和瓦斯含量推算值

| 煤层标高/m | 煤层埋深/m | 瓦斯压力/MPa | 瓦斯含量/($m^3 \cdot t^{-1}$) |
|---|---|---|---|
| -400 | 425.6 | 0.15 | 1.50 |
| -450 | 475.6 | 0.46 | 3.72 |
| -500 | 525.6 | 0.77 | 5.30 |
| -550 | 575.6 | 1.08 | 6.49 |
| -600 | 625.6 | 1.39 | 7.43 |
| -616.1 | 641.7 | 1.49 | 7.69 |
| -636.5 | 662.1 | 1.62 | 8.00 |
| -650 | 675.6 | 1.70 | 8.20 |
| -699 | 724.6 | 2.01 | 8.85 |
| -700 | 725.6 | 2.01 | 8.86 |
| -750 | 775.6 | 2.32 | 9.43 |
| -800 | 825.6 | 2.63 | 9.93 |

33采区 $3_2$ 号煤层属于高瓦斯压力、低瓦斯含量煤层。在瓦斯绝对压力达到1.62 MPa时，瓦斯含量达到8.00 $m^3/t$。但两者并不是简单的线性关系。当煤层标高相对较浅时，随着煤层深度的增加，瓦斯含量增加较快；反之，瓦斯含量增加相对较慢。瓦斯压力为1.62 MPa时，煤层标高为 -636.5 m，瓦斯含量为8.00 $m^3/t$。

4）袁店二井

10号煤层瓦斯压力和瓦斯含量推算值见表5-21。

表5-21 10号煤层瓦斯压力和瓦斯含量推算值

| 煤层标高/m | 瓦斯压力/MPa（表压） | 瓦斯含量/($m^3 \cdot t^{-1}$) |
|---|---|---|
| -342 | 0.15 | 2.59 |
| -414 | 0.36 | 4.11 |
| -470 | 0.52 | 5.01 |

表 5 - 21（续）

| 煤层标高/m | 瓦斯压力/MPa（表压） | 瓦斯含量/(m³·t⁻¹) |
|---|---|---|
| -490 | 0.58 | 5.29 |
| -510 | 0.64 | 5.56 |
| -530 | 0.70 | 5.80 |
| -540 | 0.73 | 5.92 |
| -550 | 0.76 | 6.03 |
| -570 | 0.82 | 6.25 |
| -590 | 0.88 | 6.46 |
| -610 | 0.94 | 6.65 |
| -630 | 0.99 | 6.84 |
| -690 | 1.17 | 7.02 |
| -710 | 1.23 | 7.18 |
| -730 | 1.29 | 7.34 |
| -750 | 1.35 | 7.50 |
| -770 | 1.41 | 7.64 |
| -790 | 1.47 | 7.78 |
| -810 | 1.58 | 7.92 |
| -830 | 1.64 | 8.05 |

根据表 5 - 21 做出瓦斯压力和瓦斯含量的变化关系曲线如图 5 - 5 所示。从图和表中可以看到，10 煤层在标高 - 540 m 时煤层瓦斯压力达到了 0.73 MPa，瓦斯含量达到了 5.92 m³/t。

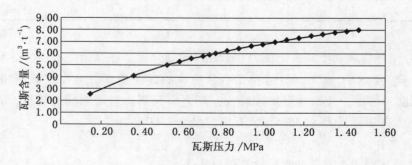

图 5 - 5　瓦斯含量随瓦斯压力的变化情况

### 5.3.4　瓦斯风化带特征

1. 童亭矿

（1）7 号煤层瓦斯风化带：大井 84、82 采区 7 号煤层都在瓦斯带内，不存在瓦斯风化带；对于存在露头的 81、83、85 采区，参照 151、129 地勘钻孔 82 采区的瓦斯含量及瓦斯浓度，确定该区域内 7 号煤层的瓦斯风化带下限标高为 - 260 m。

（2）107 采区 10 号煤层瓦斯风化带：大井区域根据回采工作面的瓦斯涌出量统计结果，1041 工作面、1042 工作面的最大相对瓦斯涌出量为 2.27 $m^3/t$，计算瓦斯含量为 3.77 $m^3/t$，近似 1041、1042 工作面的下限标高附近为 10 号煤层瓦斯风化带下限，并考虑一定的统计系数，综合分析大井 10 号煤层的瓦斯风化带下限标高为 −430 m。

2. 袁店二井

（1）10 号煤层瓦斯风化带：根据煤层瓦斯含量及压力计算结果可知，袁店二井 10 号煤层在标高 −342 m 处，煤层瓦斯压力为 0.15 MPa，煤层瓦斯含量为 2.59 $m^3/t$。结合矿井地勘时期瓦斯参数测定结果和实测瓦斯参数计算结果，按照煤层瓦斯风化带下限标高确定条件，认为袁店二井 10 号煤层瓦斯风化带下限标高为 −342 m。

（2）$3_2$ 号煤层瓦斯风化带：3 号煤层地勘时期总共取样 10 组，其中只有钻孔 04−83 和 04−96 甲烷浓度大于 80%，其他钻孔的甲烷浓度小于 60%，从地勘孔无法判断 3 号煤层的瓦斯风化带，而井下实测数据数量有限也不能准确判断 3 号煤层的瓦斯风化带，所以 3 号煤层的瓦斯风化带下限标高暂参考 10 号煤层的瓦斯风化带标高，为 −342 m。

## 5.4 矿区瓦斯涌出量预测

### 5.4.1 宿州矿区瓦斯涌出量预测

1. 芦岭矿

分别对 8 号煤层和 10 号煤层进行相对瓦斯涌出量预测，预测结果见表 5−22 和表 5−23。

表 5−22 芦岭矿 8 号煤层各地质单元相对瓦斯涌出量预测成果表

| 地质单元标高/m | 东南部地质单元/ ($m^3 \cdot t^{-1}$) | 中部地质单元/ ($m^3 \cdot t^{-1}$) | 西部地质单元东翼/ ($m^3 \cdot t^{-1}$) | 西部地质单元西翼/ ($m^3 \cdot t^{-1}$) |
|---|---|---|---|---|
| −400 | 25.15 | 25.15 | 24.48 | 11.26 |
| −450 | 29.55 | 29.55 | 32.12 | 13.92 |
| −500 | 33.96 | 33.96 | 39.76 | 16.57 |
| −550 | 38.36 | 38.36 | 47.40 | 19.23 |
| −600 | 42.77 | 42.77 | 55.04 | 21.88 |

表 5−23 芦岭矿 10 号煤层相对瓦斯涌出量预测成果表

| 煤层标高/m | −500 | −550 | −600 | −650 | −700 | −750 | −800 |
|---|---|---|---|---|---|---|---|
| 预测相对瓦斯涌出量/($m^3 \cdot t^{-1}$) | 4.63 | 5.41 | 6.19 | 6.97 | 7.75 | 8.53 | 9.31 |
| 预测绝对瓦斯涌出量/($m^3 \cdot min^{-1}$) | 3.82 | 4.52 | 5.23 | 5.93 | 6.64 | 7.34 | 8.05 |

在分析 8 号煤层瓦斯涌出规律的基础上，应用矿山统计法对不同采区分别进行瓦斯涌出量预测，得出了与各采区对应的相对瓦斯涌出量预测梯度及预测关系式，并对不同采区、水平进行了预测。由实测和预测结果确定，整个井田范围内相对瓦斯涌出量在不同的采区具有不同的分布特征，其中四采区无论涌出量和涌出量梯度都最大，八采区西翼则最小，一、二采区出现比较相近的瓦斯涌出状况。预测结果见表 5−24 和表 5−25。

表5-24 芦岭矿8号煤层分采区相对瓦斯涌出量梯度预测表

| 采 区 | 一 | 二 | 四 | 六 | 八（东翼） | 八（西翼） | 三、五、七 |
|---|---|---|---|---|---|---|---|
| 相对瓦斯涌出量梯度/<br>[$m^3 \cdot t^{-1} \cdot (100\ m)^{-1}$] | 9.57 | 8.33 | 17.9 | 17.11 | 11.54 | 5.31 | 9.57 |

表5-25 芦岭矿8号煤层分采区、分水平相对瓦斯涌出量预测成果表

| 采区标高/m | 一采区/<br>($m^3 \cdot t^{-1}$) | 二采区/<br>($m^3 \cdot t^{-1}$) | 四采区/<br>($m^3 \cdot t^{-1}$) | 六采区/<br>($m^3 \cdot t^{-1}$) | 八采区（东翼）/<br>($m^3 \cdot t^{-1}$) | 八采区（西翼）/<br>($m^3 \cdot t^{-1}$) |
|---|---|---|---|---|---|---|
| -400 | 21.05 | 24.62 | 33.62 | 28.09 | 20.32 | 11.26 |
| -450 | 25.83 | 28.78 | 42.57 | 36.64 | 26.09 | 13.92 |
| -500 | 30.62 | 32.95 | 51.52 | 45.20 | 31.86 | 16.57 |
| -550 | 35.40 | 37.11 | 60.47 | 53.75 | 37.63 | 19.23 |
| -600 | 40.19 | 41.28 | 69.42 | 62.31 | 43.40 | 21.88 |

## 2. 朱仙庄矿

朱仙庄矿8号煤层相对瓦斯涌出量预测成果见表5-26和表5-27。

表5-26 朱仙庄矿8号煤层相对瓦斯涌出量梯度预测表

| 瓦斯地质单元 | 矿井北翼 | 矿井南翼 |
|---|---|---|
| 涌出量梯度/($m^3 \cdot t^{-1} \cdot m^{-1}$) | 无 | 0.031 |
| 涌出量梯度倒数/($m \cdot m^{-3} \cdot t$) | 无 | 32 |

表5-27 朱仙庄矿8号煤层相对瓦斯涌出量预测成果表

| 瓦斯地质单元标高/m | 矿井北翼/($m^3 \cdot t^{-1}$) | 矿井南翼/($m^3 \cdot t^{-1}$) |
|---|---|---|
| -350 | | 7.38 |
| -400 | | 8.95 |
| -450 | <5.0，局部大于10 | 10.51 |
| -500 | | 12.08 |
| -550 | | 13.64 |

10号煤层回采工作面瓦斯涌出量预测结果见表5-28。

表5-28 10号煤层回采工作面瓦斯涌出量预测结果

| 煤层标高/m | 本煤层涌出量/($m^3 \cdot t^{-1}$) | 邻近层瓦斯涌出量/($m^3 \cdot t^{-1}$) | 相对瓦斯涌出量汇总/($m^3 \cdot t^{-1}$) |
|---|---|---|---|
| -400 | 1.01 | 16.61 | 17.63 |
| -450 | 1.42 | 18.17 | 19.59 |

表 5-28（续）

| 煤层标高/m | 本煤层涌出量/(m³·t⁻¹) | 邻近层瓦斯涌出量/(m³·t⁻¹) | 相对瓦斯涌出量汇总/(m³·t⁻¹) |
|---|---|---|---|
| -500 | 1.79 | 19.56 | 21.36 |
| -550 | 2.14 | 20.83 | 22.96 |
| -600 | 2.46 | 21.99 | 24.45 |
| -650 | 2.77 | 23.06 | 25.83 |
| -700 | 3.05 | 24.07 | 27.12 |
| -750 | 3.32 | 25.02 | 28.34 |
| -800 | 3.57 | 25.92 | 29.49 |

### 5.4.2 临涣矿区瓦斯涌出量预测

1. 海孜矿

2009 年海孜矿大井绝对瓦斯涌出量为 55.80 m³/mim，相对瓦斯涌出量为 28.79 m³/t；7 号煤层绝对瓦斯涌出量为 1.77 m³/min，相对瓦斯涌出量为 2.05 m³/t。7 号煤层瓦斯涌出量随着煤层深度的增加而呈现逐渐增加的趋势。

84、86 采区工作面回采时绝对瓦斯涌出量与煤层底板标高的拟和数值关系为：$q = -0.0332H - 6.4954$，相对瓦斯涌出量与煤层底板标高的拟和数值关系为：$q = -0.01303H - 29.693$。

2. 童亭矿

童亭矿绝对瓦斯涌出量等值线的数值的大小与赵口断层的距离有关，越靠近赵口断层瓦斯涌出量越小，越远离赵口断层瓦斯涌出量有增大的趋势。在 7 号煤层瓦斯地质图上作图计算得出瓦斯涌出量百米梯度 0.5336 m³/min，可以近似采用此梯度预测开拓区的瓦斯涌出量。

不同的地质单元内，10 号煤层的瓦斯赋存受煤层埋深、断裂构造的影响不同，以致在不同的地质单元内瓦斯涌出量与煤层的埋深关系不同。地质单元Ⅲ、地质单元Ⅳ中绝对瓦斯涌出量与煤层埋深的关系分别为

地质单元Ⅲ $\qquad Q = 0.0556H - 17.58$

地质单元Ⅳ $\qquad Q = 0.0464H - 18.969$

式中 $Q$——绝对瓦斯涌出量，m³/min；

$H$——煤层埋深，m。

3. 许疃矿

7 号煤层在开采顺序上为先采 $7_1$ 号煤层后采 $7_2$ 号煤层，在煤层合并区则一次采全高。由于 $7_1$ 号煤层和 $7_2$ 号煤层间距小，在开采 $7_1$ 号煤层过程中，$7_2$ 号煤层受采动影响，其煤层瓦斯部分通过顶板裂隙涌出，故在统计工作面瓦斯涌出量时仅考虑 $7_1$ 或 $7_2$ 号煤层（在 $7_1$ 和 $7_2$ 号煤层合层时）的涌出量。

1）绝对瓦斯涌出量

通过对工作面瓦斯涌出量数据统计分析，寻求 7 号煤层瓦斯涌出规律。$8_1$ 采区 7 号煤层工作面回采时瓦斯涌出量较 $8_2$ 采区偏小。分析原因，认为首先 $8_1$ 采区工作面煤层埋深

较 $8_2$ 采区浅，煤层瓦斯含量较小；其次，认为 $8_1$ 号煤层上部工作面可能处于瓦斯风化带或受瓦斯风化带影响，造成工作面瓦斯涌出规律不明显。

通过理论和统计分析，认为 7 号煤层工作面瓦斯涌出量梯度应分段计算，如图 5 – 6 所示。Ⅰ 段的绝对瓦斯涌出量梯度为 0.006 m³/(min·m)，Ⅱ 段的绝对瓦斯涌出量梯度为 0.2018 m³/(min·m)，Ⅲ 段的绝对瓦斯涌出量梯度为 0.3394 m³/(min·m)。绝对瓦斯涌出量计算公式分别为：

Ⅰ 段：　　　　　　　　$Q_绝 = -0.006H - 0.0512$　　$H \leqslant -423$ m

Ⅱ 段：　　　　　　　　$Q_绝 = -0.2018H - 82.942$　　$H > -460$ m

Ⅲ 段：　　　　　　　　$Q_绝 = -0.3394H - 146.26$　　$H > -507$ m

式中　$Q_绝$——瓦斯绝对涌出量，m³/min；

　　　$H$——煤层底板标高，m。

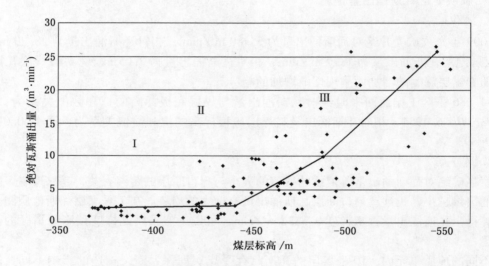

图 5–6　7 号煤层绝对瓦斯涌出量与标高变化关系

利用上述公式，得出工作面绝对瓦斯涌出量，结果见表 5 – 29。

2）相对瓦斯涌出量

通过理论和统计分析，认为 7 号煤层工作面瓦斯涌出量梯度应分段计算，如图 5 – 7 所示。Ⅰ 段的相对瓦斯涌出量梯度为 0.0119 m³/(t·m)，Ⅱ 段的相对瓦斯涌出量梯度为 0.1617 m³/(t·m)。相对瓦斯涌出量计算公式分别为：

Ⅰ 段：　　　　　　　　$Q_相 = -0.0119H - 1.7922$　　$H \leqslant -410$ m

Ⅱ 段：　　　　　　　　$Q_相 = -0.1617H - 63.174$　　$H > -410$ m

式中　$Q_相$——相对瓦斯涌出量，m³/min；

　　　$H$——煤层底板标高，m。

利用上述公式，得出工作面相对瓦斯涌出量，结果见表 5 – 29。

$3_2$ 号煤层回采期间采用矿山统计法对矿井 33 采区 $3_2$ 号煤层瓦斯涌出规律进行研究，得出绝对瓦斯涌出量规律为

表5-29　7号煤层工作面瓦斯涌出量计算值

| 煤层标高/m | 绝对瓦斯涌出量/(m³·min⁻¹) | 相对瓦斯涌出量/(m³·t⁻¹) |
|---|---|---|
| -380 | 2.23 | 2.73 |
| -400 | 2.35 | 2.97 |
| -420 | 2.47 | 4.74 |
| -440 | 5.85 | 7.97 |
| -460 | 9.89 | 11.21 |
| -480 | 16.65 | 14.44 |
| -500 | 23.44 | 17.68 |
| -520 | 30.23 | 20.91 |

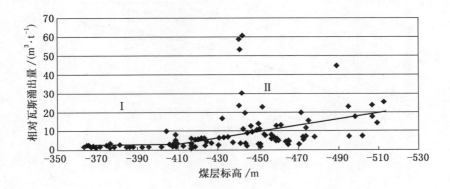

图5-7　7号煤层相对瓦斯涌出量与标高变化关系

$$q_{绝对} = \begin{cases} -0.0327H - 9.7208 & H > -538 \text{ m} \\ -0.1503H - 73.028 & H \leq -538 \text{ m} \end{cases}$$

4. 袁店二井

3号煤层回采工作面煤层瓦斯涌出量主要是本煤层的瓦斯涌出。假若工作面日产量按3000 t设计，通过计算3号煤层的绝对瓦斯涌出量为7.52 m³/min。

10号煤层回采工作面瓦斯涌出量预测结果见表5-30。

表5-30　10号煤层回采工作面瓦斯涌出量预测结果

| 煤层标高/m | 本煤层瓦斯涌出/(m³·t⁻¹) | 临近层瓦斯涌出/(m³·t⁻¹) | 煤层瓦斯涌出/(m³·t⁻¹) | 绝对瓦斯涌出量/(m³·min⁻¹) |
|---|---|---|---|---|
| -350 | 0.87 | 0.61 | 1.48 | 3.08 |
| -400 | 2.05 | 1.45 | 3.5 | 7.29 |
| -450 | 3.01 | 2.13 | 5.14 | 10.71 |
| -500 | 3.81 | 2.70 | 6.51 | 13.56 |
| -550 | 4.47 | 3.17 | 7.64 | 15.92 |
| -600 | 5.06 | 3.58 | 8.64 | 18.00 |

表 5 - 30（续）

| 煤层标高/m | 本煤层瓦斯涌出量/<br>($m^3 \cdot t^{-1}$) | 临近层瓦斯涌出量/<br>($m^3 \cdot t^{-1}$) | 煤层瓦斯涌出量/<br>($m^3 \cdot t^{-1}$) | 绝对瓦斯涌出量/<br>($m^3 \cdot min^{-1}$) |
|---|---|---|---|---|
| -650 | 5.57 | 3.95 | 9.52 | 19.83 |
| -700 | 6.02 | 4.26 | 10.28 | 21.42 |
| -750 | 6.42 | 4.54 | 10.96 | 22.83 |
| -800 | 6.78 | 4.80 | 11.58 | 24.13 |

通过表 5 - 30 得出绝对瓦斯涌出量随埋深的变化规律，如图 5 - 8 所示。

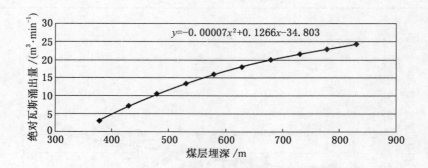

图 5 - 8　10 号煤层绝对瓦斯涌出量随埋深的变化情况

## 5.5　煤与瓦斯区域突出危险性预测

### 5.5.1　宿州矿区区域突出危险性预测

1. 朱仙庄矿

1）8 号煤层突出危险性预测

以 F10 断层为界，将朱仙庄矿井 8 号煤层划分为南、北翼两个地质构造单元，现对两个地质构造单元的突出危险性区域划分与主要依据分述如下。

（1）F10 断层以南区域。在 -300 m 标高处，8 号煤层的瓦斯压力为 0.85 MPa，瓦斯含量为 5.37 $m^3/t$。选择瓦斯含量作为区域划分指标较合适。在该地质构造单元发生过 5 次突出，始突标高是 -330 m，以此标高为基准，上提 30 m 垂高，即以标高 -300 m 作为突出危险区划界的上限标高。在 -300 m 以上的工作面采掘过程中未采取任何防突措施的情况下，没有发生瓦斯动力现象。突出危险性区域划分：-300 m 以上划为无突出危险区域；-300 m 及其以下划为突出危险区域。

（2）F10 断层以北区域。建井以来，在矿井北翼对 8 号煤层仅布置 4 个测点。在 II865 集中巷，-486 m 标高实测瓦斯压力为 0.6 MPa，-491 m 标高实测瓦斯压力为 0.68 MPa；在 II867 集中巷 1 号石门 -514 m 标高实测瓦斯压力值为 0.5 MPa；在四采区下部车场 -590 m 标高实测瓦斯压力为 0.4 MPa。根据表 5 - 10，在 -550 m 标高处 8 号煤层瓦斯压力为 1.27 MPa，瓦斯含量为 6.98 $m^3/t$，以瓦斯含量作为区域划分指标较为合适。该区

域 –550 m 标高以上 8 号煤层已大部分回采完毕，在没有采取任何防突措施的情况下，没有发生过瓦斯动力现象。在该区域 –550 m 以上仅剩浅部少数工作面未回采，其他未采块段不具有回采价值。另外，矿井北翼 –500 m 以深在近十几年没有开采计划，在目前条件下对矿井北翼 8 号煤层进行全面考察有一定困难，因此在该区域暂定 –550 m 以下为突出危险区。突出危险性区域划分：–550 m 以上划为无突出危险区域；–550 m 及其以下暂划为突出危险区域。

  2）10 号煤层突出危险性预测

  朱仙庄矿 10 号煤层二水平（标高 –680 m）以下瓦斯压力大于 0.74 MPa；10 号煤层破坏类型属于 Ⅲ~Ⅳ 类；10 号煤层最小坚固性系数为 0.27，小于突出临界值 0.5；10 号煤层瓦斯放散初速度为 11 mmHg，大于突出临界值 10 mmHg。

  朱仙庄矿 10 号煤层二水平以上实测瓦斯压力值都小于突出临界瓦斯压力 0.74 MPa，因此将 10 号煤层二水平（标高 –680 m）以上区域划为无突出危险区。

  2. 祁南矿

  1）$3_2$ 号煤层突出危险性预测

  祁南矿 $3_2$ 号煤层突出危险性指标为瓦斯含量 8 m³/t，对应的瓦斯压力为 2.03 MPa。根据 $3_2$ 号煤层瓦斯压力、瓦斯含量的赋存规律，得出区域划分的基准标高为 –550 m。$3_2$ 号煤层突出危险区域划分如下：标高 –550 m 以浅，无突出危险区；标高 –550 m 以深，突出危险区。

  2）$7_2$ 号煤层突出危险性预测

  祁南矿 $7_2$ 号煤层突出危险性指标为瓦斯含量 8 m³/t。根据 $7_2$ 号煤层瓦斯压力、瓦斯含量的赋存规律，得出区域划分的基准标高为 –450 m。$7_2$ 号煤层突出危险区域划分如下：标高 –450 m 以浅，无突出危险区；标高 –450 m 以深，突出危险区。

### 5.5.2  临涣矿区区域突出危险性预测

  1. 海孜矿

  1）7 号煤层突出危险性预测

  考虑到八六采区 7 号煤层的实际情况，对比煤层瓦斯压力和瓦斯含量的测算结果，确定将 –255 m 作为八六采区 7 号煤层突出危险区域划分的基准标高，标高 –255 m 以浅的区域为无突出危险区域，标高 –255 m 及 –255 m 以深的区域为突出危险区域。由于矿井 86 采区 7 号煤层的回采上限为 –275 m，因此认为 86 采区全区域 7 号煤层均处于煤与瓦斯突出的危险区。

  2）10 号煤层突出危险性预测

  10 号煤层 Ⅱ101 采区标高 –650 m 以浅的区域为无突出危险区域，标高 –650 m 及 –650 m 以深的区域为突出危险区域。

  10 号煤层 Ⅱ102 采区标高 –623 m 以浅的区域为无突出危险区域，标高 –623 m 及 –623 m 以深的区域为突出危险区域。

  2. 童亭矿

  根据对 7 号煤层突出现象、单项指标、瓦斯压力以及瓦斯地质因素的分析，童亭矿 7 号煤层煤与瓦斯突出危险性区域预测为：

  无突出危险区：孟集断层下盘 7 号煤层交面线至浅部 6 m³/t 瓦斯含量等值线之间

区域;

突出危险区:深浅部两条 6 m³/t 瓦斯含量等值线的中间区域;

无突出危险区:深部 6 m³/t 瓦斯含量等值线至赵口断层上盘 7 号煤层交面线区域。

3. 许疃矿

将 -567 m 作为 8₁ 和 8₂ 采区 7 号煤层突出危险区域划分的基准标高,即标高 -567 m 以浅的区域为无突出危险区域,标高 -567 m 及 -567 m 以深的区域为突出危险区域。

4. 袁店二井

33 采区底板等高线 -758 m 以浅数个测点瓦斯压力均小于 0.74 MPa,故可以得出 33 采区 3 号煤层 -755 m 以浅区域无煤与瓦斯突出危险性。

101、102 采区 10 号煤层标高 -540 m 以浅区域为无突出危险区。

## 5.6　煤层气资源量计算

宿南向斜位于宿州市南部,轴向长 22 km,两翼宽 13.5 km,面积约 297 km²。向斜宽阔,地层倾角小。新地层厚 200~300 m,煤系地层厚大于 1200 m,埋藏深度 2000 m 以上,含煤 20~25 层,可采 8~11 层,可采总厚 13.25 m,瓦斯含量 8.0~18.0 m³/t。桃园煤矿 -520 m 瓦斯压力 3.2 MPa。宿南向斜东部被西寺坡逆掩断层封闭。该向斜勘探程度高,煤层气试验资料完整,预测煤层气资源量 250.5×10⁸ m³。

南坪向斜位于宿州市西南部,轴向长 26.0 km,两翼宽 15 km,面积约 606.8 km²。向北东倾斜,向斜宽缓。新地层厚 200~400 m,煤系地层大于 1000 m,埋藏深度 2000 m 以上,含煤 10~25 层,煤层总厚 24.5 m。北部有 3 号火成岩侵入体,对煤变质起一定控制作用,并具备二次生气的条件。预测煤层气资源量 306.5×10⁸ m³。

宿东向斜属宿州矿区,位于西寺坡逆掩断层上盘。长轴 18 km,短轴 1.5~5.8 km,面积 68.2 km²。向斜西翼平缓(20°左右),东翼倾角 40°~70°,F₄ 逆断层使 O 地层推覆于煤系之上。新地层厚 190~261 m,煤系地层厚大于 950 m,埋藏深度 1200 m 以上,含煤 10~25 层,可采、局部可采 5~8 层,可采总厚 10~21.9 m。向斜圈闭条件好,主采的 8 号煤层厚度大,垂深 500 m 时瓦斯含量 15.6 m³/t, -400 m 水平瓦斯压力 2.4 MPa。预测煤层气资源量 77.17×10⁸ m³。

萧西向斜位于淮北市西北部,轴向长 56 km,两翼宽 26 km,面积约 800 km²。为一复式向斜,翼部倾角较大,核部倾角 5°~15°。新地层厚 150~320 m,煤系地层厚大于 1000 m,埋藏深度 2000 m 以上,含煤 3~5 层,煤厚 4~8 m。受区域岩浆热变质影响,煤种有瘦煤、贫煤、无烟煤,二次生气条件较好。向斜南端为刘桥一矿,煤种为贫煤,垂深 504 m 时瓦斯含量 11.66 m³/t,浓度 73%~89%,重烃含量 5%。预测煤层气资源量 94.6×10⁸ m³。

# 6 新集煤田瓦斯地质

## 6.1 新集矿区概况

新集矿区地处华东地区，属于淮南煤田的一部分。矿区所在淮南煤田东起郯庐断裂，西至阜阳，北抵明龙山、上窑一带，南止舜耕山、八公山。跨凤台、颍上、利辛、阜阳、淮南等县市。中煤新集能源股份有限公司目前所属 5 对生产矿井中新集一矿、花家湖（新集二矿）煤矿、八里塘（新集三矿）煤矿、口孜东煤矿位于新集矿区，刘庄煤矿位于潘谢矿区。

新集一矿矿井面积为 25.273 km²，原设计生产能力为 90 万 t/a，1989 年 12 月 26 日开工建设，1993 年 7 月 1 日投产。1996 年改扩建为 300 万 t/a。2006 年经省经贸委核定矿井生产能力为 390 万 t/a，2010 年计划生产原煤 380 万 t。矿井为立井主石门多水平开拓，共计有两个生产水平：−450 m 水平和 −700 m 水平。目前新集一矿生产水平为 −450 m 水平，−550 m 和 −580 m 为生产辅助水平，开采最大深度为 −610 m。

新集二矿开采深度标高为 −230 ~ −1000 m，矿井面积为 18.9479 km²。煤炭地质储量为 4.91 亿 t，可采储量 1.6 亿 t。1996 年 10 月建成投产，设计生产能力为 150 万 t/a，改扩建后生产能力为 300 万 t/a。矿井为立井主石门多水平开拓，共计有两个生产水平。

新集三矿矿井面积为 6.2746 km²，可采储量为 3005.4 万 t，1996 年 10 月建成投产，规划井型为 30 万 ~ 60 万 t/a，总服务年限为 50 ~ 75 a，2009 年核定生产能力为 80 万 t/a。

刘庄煤矿，开采深度标高为 −350 ~ −1000 m。矿井面积为 82.21 km²，刘庄煤矿位于淮南煤田西部，东起 $F_5$ 断层，与谢桥煤矿毗邻，西迄 $F_{12}$ 断层，与口孜集勘查区接壤，南以 $F_1$ 断层及上部可采煤层 17 − 1 煤 −1000 m 水平地面投影线为界，北至 1 煤层露头。

口孜东矿位于安徽省阜阳市颍东区，于 2007 年 7 月正式开工建设，2012 年 3 月 6 日联合试生产，设计年产量为 500 万 ~ 800 万 t。口孜东矿全井田共有可采煤层 10 层，平均可采煤层厚度为 27.66 m，井田可采煤层以气煤为主，1/3 焦煤次之，是良好的工业用煤，全矿井共有资源储藏量 7.3 亿 t。

## 6.2 区域地质构造演化及分布特征

### 6.2.1 区域地层

该矿区为新生界松散层覆盖的全隐蔽区。寒武系厚 958 m，下奥陶系厚 113 m，缺失中上奥陶系、志留系、泥盆系和下中石炭系，与上石炭系呈假整合接触，上石炭系厚 129 m，二叠系厚 1075 m，缺失三叠系、侏罗系和白垩系，新生界厚 186.54 ~ 483.55 m，与下伏古生界地层呈不整合接触。

含煤地层包括石炭系上统太原组和二叠系中下部的山西组、下石盒子组和上石盒子组，太原组所含煤层薄而不稳定，不可采；山西组和石盒子组总厚度为 755 m，自下而上划分为 7 个含煤段，含定名煤层 32 层，煤层平均总厚度为 33.74 m，含煤系数为 4.5%，其中可采煤层 12 层，累计厚度为 25.1 m。煤系下伏地层为本溪组铝质泥岩，上覆地层为石千峰组砂质泥岩和砂岩。各含煤地层及含煤性分述如下：

1. 石炭系上统太原组（$C_3t$）

本组含煤建造厚约 123 m，含薄煤 5 ~ 6 层，不稳定，不可采。主要表现为浅海相灰岩与滨海泥炭沼泽相的砂岩、泥岩、铝质泥岩、含炭泥岩、薄煤层的交互组合，即以灰岩为主，夹泥岩、砂岩和薄煤层。旋回结构较为明显，但不够完整。据统计，太原组灰岩自下而上发育 13 层，以序排列其代号分别为 C313 ~ C31。

2. 二叠系下统山西组（Psx）

二叠系第一含煤段，总厚 79 m，含煤 2 层，总厚 4.53 m，含煤系数为 5.7%，为本区主要含煤建造之一，以过渡相沉积为主。底部为灰黑色致密泥岩，为前三角洲沉积。下部为深灰色砂质泥岩与薄层细砂岩互层，为远砂坝或潮坪沉积。上部以砂岩、粉砂岩为主，夹泥岩，为河口坝、沼泽及分流河道所组成的三角洲平原沉积。

3. 二叠系下统下石盒子组（Pxs）

二叠系第二含煤段，总厚 131.5 m，含煤 10 层，多为可采煤层，总厚 15.53 m，含煤系数为 11.8%，为二叠系最主要含煤建造。底部为水下三角洲沉积，发育有含砾中粗粒石英砂岩。下部为三角洲平原上泛滥盆地的沉积，发育了铝质泥岩及花斑状泥岩。中部以细砂岩、粉砂岩、泥岩等细碎屑岩为主，产丰富的植物化石，4 ~ 8 煤层，其中多数可采。上部以深灰 ~ 浅灰色泥岩、砂质泥岩、粉砂岩为主，见 1 ~ 2 层不可采的薄煤层或炭质泥岩，与上石盒子组分界为 9 煤顶板砂岩的底界。

4. 二叠系上统上石盒子组（Pss）

为本区主要含煤建造之一，整合于下石盒子组之上，厚 544.5 m，分为 5 个含煤段，即第三 ~ 第七含煤段，其中第三、四含煤段煤层发育较好且见有数层花斑状泥岩，砂岩层数较多，砂体分布形态呈树枝状和网状，为分流河道废弃的下三角洲平原沉积，成煤环境较好，第五 ~ 第七含煤段产舌形贝化石，砂岩大多为钙质胶结，常出现海绿石矿物，硅质层产海绵骨针，沉积环境属于河口湾或潟湖海湾，成煤环境相对较差。

## 6.2.2　构造演化及构造分布特征

淮南坳陷南缘逆冲推覆构造东至淮南东侧灵璧—武店断层，西至阜阳城东夏邑—固始断层，长约 120 km。隐伏构造是由一个推覆体（外来系统）、推覆构造面（滑脱断层）和原地系统等单元组成的完整的逆冲推覆体系。外来系统是由太古界霍邱群至二叠系组成，由分支逆冲断层分割为 2 ~ 4 个逆冲岩席，依次向北逆冲的叠瓦状断夹块的组合体。主要分支逆冲断层由北而南为阜（阳）凤（台）断层、舜耕山断层、阜（阳）李（郢孜）断层（图 6 - 1）。原地系统构造变形相对较弱，发育数个轴向近东西的宽缓褶曲，轴面略向南倾，意味着由南向北的主要动力和运动方向。

淮南坳陷南缘逆冲推覆构造是大别山碰撞造山带北侧淮阳巨型推覆构造的前缘地带，为大别山以北逐次推覆系列逆冲断裂的前锋。卷入淮南南缘推覆构造的最新地层为下三叠统，覆于其上的最老地层为上白垩统，因此，可大致判定推覆构造形成于印支—燕山早期。淮南坳陷南缘逆冲推覆构造属于中浅层次的基底推覆断裂，具有强烈的变形。构造应力总体上由南向北，不同位置，应力方向和应力大小有所变化。根据野外小构造测定应力

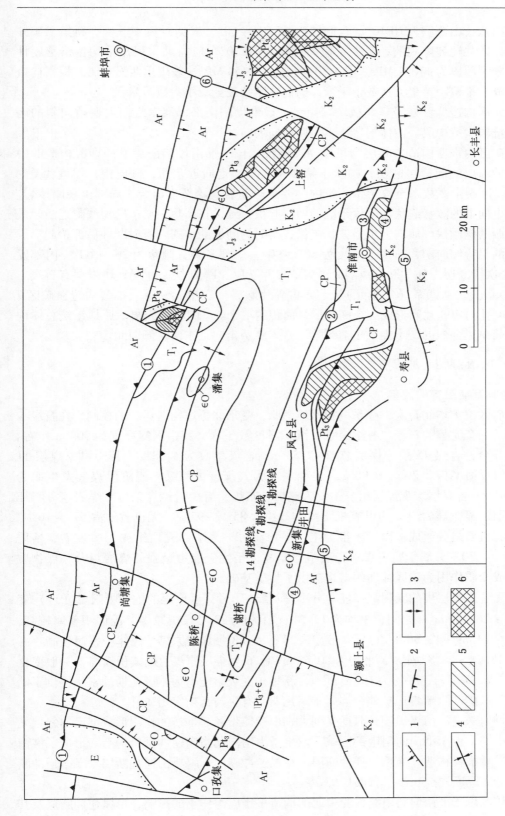

图 6-1 淮南煤田构造分布图

1—正断层；2—逆断层；3—背斜；4—向斜；5—下古生界；6—下元古界和太古界；①—尚塘集逆冲断层；
②—阜凤逆冲断层；③—瞬耕山逆冲断层；④—阜李逆冲断层；⑤—寿县老人仓断层；⑥—长丰平移断层

方向，淮南八公山西侧为 NE10°，东侧转为 NE50°～60°，根据对新集一矿、新集二矿井筒内片麻岩的共轭裂隙观测，最大主应力方向为 NE30°。应力大小根据平均位错密度计算，阜李断裂西段为 170.2 MPa，舜耕山断裂为 150.54 MPa，表现出西强东弱。根据构造剖面图估算，推覆距离最大达数十千米，向前锋断裂逐渐减小为数千米。

新集矿区构造位置处于华北板块东南缘，豫淮坳陷南部，淮南复向斜谢桥向斜的南翼，阜凤推覆构造中段，主体构造线呈北西西向展布。

新集矿区内推覆构造主断层为阜凤逆冲断层，位于淮南坳陷南缘逆冲推覆构造的中段，为逆冲断层的前锋主断层，隐伏于第四系之下。走向近东西，倾向南，厚度为 0～851.53 m。断裂带宽数米至数十米，带内主要为碎粉岩、碎裂岩组合，局部出现糜棱岩。阜凤断层走向上的波状起伏与下伏系统的地层起伏一致，在新集一矿 7 勘探线附近凸起最高，向东西两侧倾伏。倾向上也呈波状起伏，有时为断坡断坪式，有时断坪后部抬起形成勺状，总的趋势倾向南，前锋带倾角为 50°～90°，中部平缓，倾角为 20°～60°。内部发育 1～3 个次级断层，如 7 勘探线剖面图为下夹片断层、$F_{02}$ 断层。断层夹块岩层有石炭二叠系（一单元）、寒武系（二单元）、下元古界片麻岩（三单元）等。推覆构造在矿区 7 勘探线 704 孔与 708 孔间形成一个椭圆形、面积约 1.5 km$^2$ 的剥蚀天窗。原地系统总体构造形态较简单，强烈的变形集中于前缘挤压带，地层走向近东西，倾向北。

## 6.3　矿区瓦斯地质规律

### 6.3.1　影响瓦斯赋存的因素

新集矿区位于华北石炭二叠系沉积盆地南缘，受华北板块构造运动的控制，在石炭二叠系沉积了一套完整的石炭二叠纪煤系，沉积厚度数千米，其中揭露厚度为 900 m 左右。煤层发育齐全，含煤 45 层，煤层总厚 42.53 m，含煤系数 4.78%，其中可采煤层 11 层。镜质组反射率为 0.7%～0.98%，煤种主要为气煤、气肥煤。该阶段煤气发生率为 65～170 m$^3$/t，各煤层宏观煤岩组分主要为亮煤和暗煤，有少量镜煤条带。煤岩组分特征为：各煤层的显微煤岩组分均以有机质为主，约占 85%～95%，无机质约占 5%～10%。煤的显微有机质组分组成多以镜质组为主，平均在 42% 左右，壳质组在 31% 左右，惰质组约占 20%～30%，属于腐殖煤。壳质组含量高，是生气能力最强的煤岩组分，煤物质组成及深成变质作用为该区瓦斯的富集提供了物质基础。

本矿区主采煤层煤的吸附瓦斯能力分别是：13－1 号煤层原煤的饱和吸附量（$V_L$）变化于 4.26～26.209 m$^3$/t 之间，平均为 12.54 m$^3$/t；11－2 号煤层原煤兰氏体积普遍较高，一般变化在 11.89～12.56 m$^3$/t，平均为 12.23 m$^3$/t；8 号煤层原煤兰氏体积普遍较高，一般变化在 13.28～28.87 m$^3$/t，平均为 20.63 m$^3$/t；6 号煤层原煤兰氏体积较高，一般变化在 11.28～18.97 m$^3$/t，平均为 15.13 m$^3$/t，新集矿区吸附能力为本区瓦斯的富集提供了储存的空间。该矿区除新集三矿外，均属于高瓦斯、有煤与瓦斯突出矿井。

印支期以来，淮南煤田较长时期受到大别山碰撞带隆起推挤的作用形成淮南向斜，尤其是燕山中期，位于淮南向斜南部区域，发生了由南向北指向逆冲推覆构造。形成了淮南坳陷南缘逆冲推覆构造、尚塘集逆冲断层、阜凤逆冲断层、舜耕山逆冲断层、阜李逆冲断层及寿县老人仓断层、长丰平移断层等。

新集矿区位于淮南向斜南翼，受南北的构造挤压应力作用的影响，阜凤逆冲断层及其

分支断层 $F_{02}$、$F_{03}$ 逆冲断层和下夹片断层组成推覆于煤系之上的叠瓦式推覆构造,使得前寒武系、寒武系及部分奥陶系石炭系地层推覆到二叠系煤系地层之上(图 6-2、图 6-3)。逆冲推覆体系新集一矿中部地段推覆体遭受严重剥蚀,形成 1.5 km² 的"构造天窗",本区逆冲推覆体系由一个推覆体(外来系统)、推覆构造面(滑脱断层)和原地系统等单元组成。外来系统是由太古界霍邱群至二叠系组成,由分支逆冲断层分割为 2~4 个逆冲岩席,依次向北逆冲的叠瓦状断夹块的组合体,由于构造变动大,裂隙发育,瓦斯逸出量大,因此外来系统瓦斯含量小,如新集三矿。

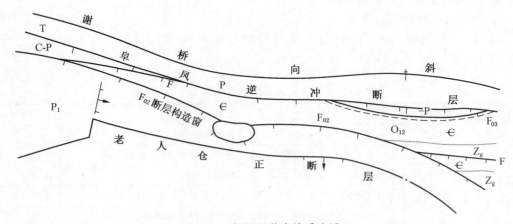

图 6-2 颍凤区基岩地质略图

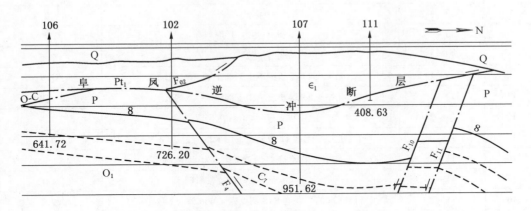

图 6-3 新集矿区推覆构造剖面示意图

原地系统由二叠系及其以下老地层组成,基本构造形态为一单斜构造,以次一级宽缓褶曲为主,断层次之,落差大于 50 m 的主要为 $F_{10}$、$F_{11}$ 走向正断层和 $F_1$ 走向逆断层。地层走向近东西,倾向北—北东,倾角为 5°~25°。原地系统构造变形相对较弱,瓦斯含量随深度的增加而增大。

新生代以来,受喜马拉雅山构造运动的影响,本区煤系地层发生沉降,煤系地层上沉积了数百米的松散层,其中刘庄煤矿松散层厚度达 500 m 左右,瓦斯风化带深度达 700 m。

(1)刘庄煤矿位于潘谢矿区西南部,受阜凤断层走向逆冲断层、颍上陈桥断层及江口集断层的控制，东部构造简单，西南部断裂构造发生，是造成该矿井东西瓦斯差异的主要原因之一。

（2）新集二矿及新集一矿属于新集矿区西部的原地系统，煤层瓦斯含量总体上具有随深度增加而增大的趋势，但受 $F_{10}$ 断层的控制，断层两盘煤层瓦斯有明显的差异，其中断层北盘瓦斯含量较高，属于高瓦斯、突出矿井

（3）新集三矿属推覆构造外来系统。在运动过程中，推覆体煤层中的瓦斯大量逸散，导致瓦斯含量低，属于低瓦斯矿井。

### 6.3.2 煤层瓦斯压力分布及预测

1. 新集一矿瓦斯压力分布

对 11 – 2 号煤层、13 – 1 号煤层、8 号煤层及 6 – 1 号煤层进行了多个瓦斯压力测试（表 6 – 1）。

表 6 – 1 新集一矿主采煤层瓦斯压力测定一览表

| 序号 | 煤层号 | 位　　置 | 压力/MPa |
|---|---|---|---|
| 1 | 13 – 1 | 北中央 11 煤回风下山（巷东）T47 前 24.7 m | 1.1 |
| 2 | 13 – 1 | 北中央 11 煤回风下山（巷西）T47 前 25.3 m | 3.1 |
| 3 | 13 – 1 | 六采区 11 煤 – 550 轨道石门 | 0.93 |
| 4 | 13 – 1 | 131303 瓦斯抽排巷 K10 测点巷道北帮开孔位置距顶 1 m | 3.0 |
| 5 | 13 – 1 | 131303 瓦斯抽排巷 K10 测点巷道北帮开孔位置距顶 1.5 m | 3.15 |
| 6 | 13 – 1 | 北中央 1 – 1 孔 | 2.9 |
| 7 | 13 – 1 | 北中央 1 – 2 孔 | 0 |
| 8 | 13 – 1 | 北中央 2 – 1 孔 | 28 |
| 9 | 13 – 1 | 北中央 2 – 2 孔 | 3.6 |
| 10 | 13 – 1 | 北中央 11 煤轨道下山下部车场（3 号孔） | 2.2 |
| 11 | 13 – 1 | 北中央 11 煤轨道下山下部车场（5 号孔） | 2.0 |
| 12 | 11 – 2 | 北中央采区 – 450 m 皮带石门 | 1.4 |
| 13 | 11 – 2 | 北中央采区 11 煤轨道下山 K28 点北 10 m | 2.1 |
| 14 | 11 – 2 | 北中央采区 11 煤轨道下山 K30 点南 5 m | 2.05 |
| 15 | 11 – 2 | 北中央采区 – 450 m 皮带石门 | 0.02 |
| 16 | 11 – 2 | 1131103 跨采联巷 K18 测点南 4.6 m 处（1 号孔） | 2.7 |
| 17 | 11 – 2 | 1131103 跨采联巷 K18 测点南 4.6 m 处（2 号孔） | 2.7 |
| 18 | 8 | 四采区 8 煤皮带下山 1 号孔 | 0.55 |
| 19 | 8 | 四采区 8 煤皮带下山 2 号孔 | 0.5 |
| 20 | 8 | 五采区 6 煤轨道下山 1 号孔 | 0.4 |
| 21 | 8 | 五采区 6 煤轨道下山 2 号孔 | 0.35 |
| 22 | 8 | – 550 m6 煤轨道联巷 1 号孔 | 0.5 |
| 23 | 8 | – 550 m6 煤轨道联巷 2 号孔 | 0.5 |
| 24 | 6 – 1 | 南中央采区 1 孔 | 0.8 |
| 25 | 6 – 1 | 南中央采区 2 孔 | 0.82 |

2. 新集二矿瓦斯压力分布

随着开采深度的增加，煤层瓦斯压力会随之增加，图6-4为13-1号煤层瓦斯压力分布散点图。由图可以看出，煤层瓦斯涌出量具有随开采深度加大而增加的变化趋势。经回归分析，瓦斯涌出量与埋深之间具有如下线性相关：

$$p = 0.004H - 1.314$$

式中　$p$——煤层瓦斯压力，MPa；

　　　$H$——开采深度，m，下同。

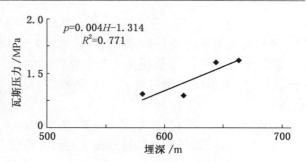

图6-4　13-1号煤层瓦斯压力分布散点图

13-1煤层瓦斯压力随开采深度的增长梯度为0.4 MPa/100 m。

图6-5为11-2号煤层瓦斯压力分布散点图。由图可以看出，煤层瓦斯涌出量具有随开采深度加大而增加的变化趋势。经回归分析，瓦斯涌出量与埋深之间具有如下线性相关：

$$p = 0.012H - 6.402$$

11-2号煤瓦斯压力随开采深度的增长梯度为1.2 MPa/100m。

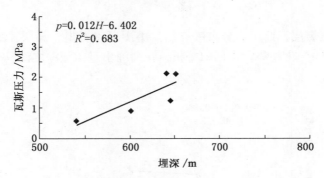

图6-5　11-2号煤层瓦斯压力分布散点图

图6-6为8号煤层瓦斯压力分布散点图。由图可以看出，煤层瓦斯涌出量具有随开采深度加大而增加的变化趋势。经回归分析，瓦斯涌出量与埋深之间具有如下线性相关：

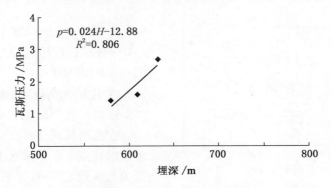

图6-6　8号煤层瓦斯压力分布散点图

$$p = 0.024H - 12.88$$

8 号煤瓦斯压力随开采深度的增长梯度为 2.4 MPa/100 m。

图 6 - 7 为 6 - 1 号煤层瓦斯压力分布散点图。由图可以看出，煤层瓦斯涌出量具有随开采深度加大而增加的变化趋势。经回归分析，瓦斯涌出量与埋深之间具有如下线性相关：

$$p = 0.010H - 4.548$$

6 - 1 号煤层瓦斯压力随开采深度的增长梯度为 1.0 MPa/100 m。

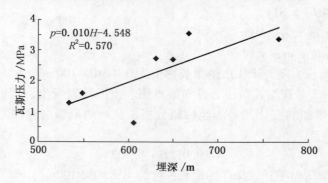

图 6 - 7　6 - 1 号煤层瓦斯压力分布散点图

图 6 - 8 为 1 号煤层瓦斯压力分布散点图。由图可以看出，煤层瓦斯涌出量具有随开采深度加大而增加的变化趋势。经回归分析，瓦斯涌出量与埋深之间具有如下线性相关：

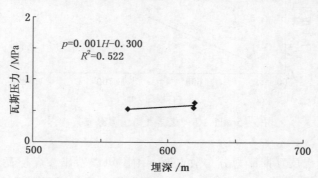

图 6 - 8　1 号煤层瓦斯压力分布散点图

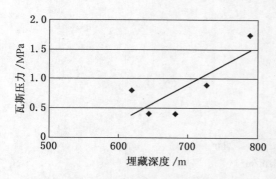

图 6 - 9　煤层瓦斯压力与埋藏深度的关系

$$p = 0.001H - 0.3$$

1 号煤层瓦斯压力随开采深度的增长梯度为 0.1 MPa/100 m。

3. 刘庄矿瓦斯压力分布

刘庄煤矿各煤层瓦斯压力测定结果见表 6 - 2。在瓦斯风氧化带以下具有随深度增加而增大的特点，东部采区 13 - 1 号煤层的瓦斯压力与深度之间的关系如图 6 - 9 所示，瓦斯压力梯度为 0.65 MPa/100 m。经回归分析，两者之间具有如下形式的线性统计规律（$R^2 = 0.63$）。

$$p = 0.0065H - 3.6273$$

式中 $p$——煤层瓦斯压力，MPa；

$H$——埋藏深度，m。

表 6-2 刘庄煤矿煤层瓦斯压力统计表

| 序号 | 位 置 | 煤层 | 煤层底板标高/m | 埋深/m | 瓦斯压力/MPa |
|---|---|---|---|---|---|
| 1 | 中央回风石门 | 13-1 | -762 | 789 | 1.75 |
| 2 | 中央带式输送机斜巷 | 13-1 | -782 | 809 | 0.6 |
| 3 | 121300 轨道巷 | 13-1 | -592 | 619 | 0.8 |
| 4 | $F_{48}$断层探巷 | 13-1 | -700 | 727 | 0.9 |
| | | 13-1 | -655 | 682 | 0.4 |
| | | 13-1 | -617 | 644 | 0.4 |
| 5 | 东三回风一大巷 | 13-1 | -695 | 722 | 0.2 |
| 6 | 西三回风石门 | 13-1 | -736 | 763 | 0.7 |
| 7 | 西三13煤轨道大巷 | 13-1 | -670 | 697 | 0.2 |
| 8 | 西三13煤带式输送机大巷 | 13-1 | -698 | 725 | 0.2 |
| 9 | 西三13煤回风大巷 | 13-1 | -745 | 772 | 0 |
| 10 | 西一轨道石门 | 13-1 | -735.8 | 762.5 | 0.4 |
| 11 | 中央轨道石门 | 11-2 | -762 | 789 | 1.1 |
| 12 | 西三轨道石门 | 11-2 | -745.3 | 772.3 | 0.6 |
| 13 | 西三回风石门 | 11-2 | -737.7 | 764.7 | 0 |
| 14 | 回风二石门 | 8 | -749 | 776 | 0.5 |
| 15 | 回风二石门 | 5 | -765.1 | 792.1 | 0.5 |
| 16 | 中央带式输送机尾部联巷 | 5 | -761 | 788 | 0.3 |

### 6.3.3 瓦斯含量分布及预测

1. 新集一矿瓦斯含量预测

根据上述方法获得瓦斯含量数据，考虑煤层埋深及其他相关影响因素，并参考相邻矿井张集煤矿和新集二矿的相关资料，编制了新集一矿 6-1 号煤层、8 号煤层、11-2 号煤层和 13-1 号煤层瓦斯含量等值线图。各煤层瓦斯分布具有如下规律：

1）13-1 号煤层瓦斯含量分布

根据勘探期间测定的 13-1 号煤层瓦斯成分资料，参考瓦斯含量等值线的分布，13-1 号煤层在井田 $F_{10}$ 断层以南中部地区瓦斯风化带相对较深，最深达 -550 m，而南部地区的东翼及西翼瓦斯风化带深度相对较浅，约为 -300 m；井田 $F_{10}$ 断层以北地区均处于瓦斯风化带以下。

瓦斯含量总体上随深度的增加而增大，但 $F_{10}$ 断层南北盘的瓦斯梯度有差异，北部瓦斯含量及瓦斯含量梯度高于南部。

$F_{10}$ 断层南部地区煤层瓦斯含量与埋藏深度关系如图 6 – 10 所示。经回归分析，瓦斯含量（$W$）具有随埋藏深度（$H$）增加而增大的整体趋势。两者之间具有如下形式的线性统计规律（$R^2 = 0.4309$）：

$$W_{daf} = 0.0081H - 1.43612$$

式中　$W_{daf}$——煤层无水无灰基瓦斯含量，$m^3/t$；

　　　$H$——埋藏深度，$m$。

$F_{10}$ 断层北部地区煤层瓦斯含量与埋藏深度关系如图 6 – 11 所示，经回归分析，两者之间具有如下形式的线性关系（$R^2 = 0.8213$）：

$$W_{daf} = 0.0151H - 1.5045$$

式中　$W_{daf}$——煤层无水无灰基瓦斯含量，$m^3/t$；

　　　$H$——埋藏深度，$m$。

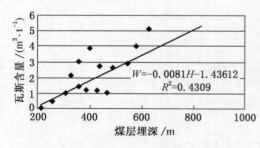

图 6 – 10　$F_{10}$ 断层南部 13 – 1 号煤层瓦斯
含量与埋深关系

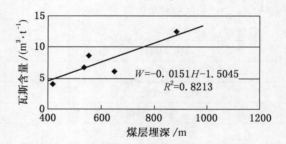

图 6 – 11　$F_{10}$ 断层北部 13 – 1 号煤层瓦斯
含量与埋深关系

2）11 – 2 号煤层瓦斯含量分布

11 – 2 号煤层瓦斯风化带下限深度约为 – 420 m。在瓦斯风化带下限深度以下，瓦斯含量与埋藏深度关系如图 6 – 12 所示，经回归分析，瓦斯含量具有随埋藏深度增加而增大的趋势。两者之间具有如下形式的线性统计规律（$R^2 = 0.9392$）：

$$W_{daf} = 0.0167H - 4.0184$$

式中　$W_{daf}$——煤层无水无灰基瓦斯含量，$m^3/t$；

　　　$H$——埋藏深度，$m$。

3）8 号煤层瓦斯含量分布

8 号煤层瓦斯风化带下限深度约为 – 480 m。在瓦斯风化带下限深度以下，瓦斯含量与埋藏深度关系如图 6 – 13 所示，经回归分析，瓦斯含量具有随埋藏深度增加而增大的趋势。两者之间具有如下形式的线性统计规律（$R^2 = 0.961$）：

$$W_{daf} = 0.0326H - 14.501$$

式中　$W_{daf}$——煤层无水无灰基瓦斯含量，$m^3/t$；

　　　$H$——埋藏深度，$m$。

4）6 – 1 号煤层瓦斯含量分布

6 – 1 号煤层瓦斯风化带下限深度约为 – 460 m。在瓦斯风化带下限深度以下，经回归分析，瓦斯含量具有随埋藏深度增加而增大的趋势。两者之间具有如下形式的线性统计规律（$R^2 = 0.9536$）：

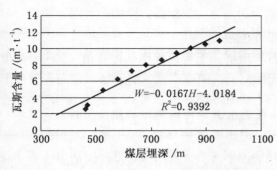
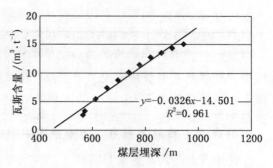

图 6-12　11-2 号煤层瓦斯含量与埋深的关系　　图 6-13　8 号煤层瓦斯含量与煤层埋深的关系

$$W_{\mathrm{daf}} = 0.0236H - 8.2906$$

式中　$W_{\mathrm{daf}}$——煤层无水无灰基瓦斯含量，$\mathrm{m}^3/\mathrm{t}$；

　　　　$H$——埋藏深度，m。

综上所述，井田内煤层的瓦斯含量分布存在着如下特征：

（1）本井田由南向北瓦斯含量呈增大趋势，但受地质构造控制的影响，瓦斯含量存在明显的分块特征；以 $F_{10}$ 断层为界，可将矿井分为南北两部分，北部瓦斯含量高于南部瓦斯含量。

（2）中小型断层两盘瓦斯含量有明显的差异，其中断层上盘瓦斯含量大于下盘。

（3）8 号煤层和 6-1 号煤层的吸附能力较大，在同标高的情况下，瓦斯含量高于其他煤层瓦斯，但在瓦斯含量相同条件下瓦斯压力相对较小。

（4）煤层埋藏越深瓦斯含量越高，但各煤层瓦斯梯度有所不同，其中 6-1 号煤层和 8 号煤层瓦斯含量梯度相对较大。

2. 新集二矿瓦斯含量预测

1）8 号煤层瓦斯含量分布

煤层瓦斯含量与埋藏深度关系如图 6-14 所示。经回归分析，瓦斯含量（$W$）具有随埋藏深度（$H$）增加而增大的趋势。两者之间具有如下的线性关系：

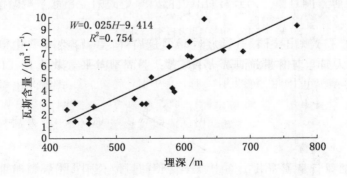

图 6-14　8 号煤层瓦斯含量与埋深关系

$$W = 0.025H - 9.414$$

式中　$W$——煤层瓦斯含量，$\mathrm{m}^3/\mathrm{t}$；

$H$——埋藏深度，m，下同。

8号煤层的瓦斯含量增长梯度为2.5 m³/t/100 m。

−500 m以浅煤层瓦斯含量较小，且分布不均衡，无明显规律。在井田−500 m深度以下，煤层的瓦斯含量多大于4 m³/t。在煤层倾向上，随煤层埋深的增加，瓦斯含量逐渐增大。瓦斯含量大于10 m³/t的区域主要分布在井田−700 m深度以下。沿煤层走向上，瓦斯含量变化不大。煤层的瓦斯含量分布特征及预测情况详见煤层瓦斯地质图。

2) 13−1号煤层瓦斯含量分布

瓦斯含量与埋藏深度具有图6−15所示的散点关系，具有随埋藏深度增加而增大的整体趋势，经回归分析，两者之间具有如下形式的线性统计规律，具有较好的线性相关性：

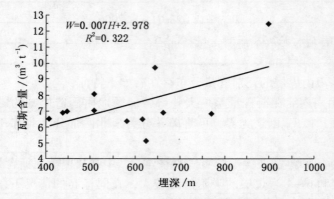

图6−15 13−1号煤层瓦斯含量与埋深关系

$$W = 0.007H + 2.978$$

13−1号煤层的瓦斯含量增长梯度为0.7 m³/t/100 m。

在井田−400 m深度以下，煤层的瓦斯含量多大于6 m³/t，且随煤层埋深的增加，瓦斯含量逐渐增大。瓦斯含量大于10 m³/t的区域主要分布在井田−750 m深度以下。煤层的瓦斯含量分布特征及预测情况详见煤层瓦斯地质图。

3) 6−1号煤层瓦斯含量分布

瓦斯含量与埋藏深度关系如图6−16所示，经回归分析，瓦斯含量具有随埋藏深度增加而增大的整体趋势，两者之间有如下的线性相关性：

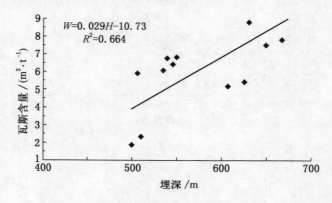

图6−16 6−1号煤层瓦斯含量与埋深关系

$$W = 0.029H - 10.73$$

6 – 1 号煤层的瓦斯含量增长梯度为 2.9 m³/t/100 m。

瓦斯风化带深度在 – 450 ~ – 500 m 之间。在井田 – 500 m 深度以下，煤层的瓦斯含量多大于 4 m³/t。在煤层倾向上，随煤层埋深的增加，瓦斯含量逐渐增大。瓦斯含量大于 10 m³/t 的区域主要分布在井田 – 650 m 深度以下。煤层的瓦斯含量分布特征及预测情况详见煤层瓦斯地质图。

4）11 – 2 号煤层瓦斯含量分布

11 – 2 号煤层瓦斯含量相对其他煤层偏小。从全井田来看，瓦斯含量（$W$）随着埋藏深度（$H$）的增加而呈增大的趋势，瓦斯含量与埋藏深度关系如图 6 – 17 所示。经回归分析，两者之间具有如下形式的线性统计规律：

$$W = 0.018H - 6.163$$

11 – 2 号煤层的瓦斯含量增长梯度为 1.8 m³/t/100 m。

在井田 – 500 m 深度以下，煤层的瓦斯含量多大于 4 m³/t。在煤层倾向上，随煤层埋深的增加，瓦斯含量逐渐增大。瓦斯含量大于 10 m³/t 的区域主要分布在井田 – 850 m 深度以下。沿煤层走向上，瓦斯含量变化不大。煤层的瓦斯含量分布特征及预测情况详见煤层瓦斯地质图。

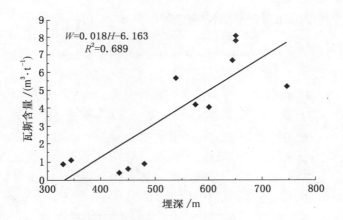

图 6 – 17　11 – 2 号煤层瓦斯含量分布与埋深关系

5）1 号煤层瓦斯含量分布

1 号煤层瓦斯含量合格测值仅 4 个。1 号煤层瓦斯含量（$W$）随着埋藏深度（$H$）的增加而呈总体增大的趋势，瓦斯含量与埋藏深度关系如图 6 – 18 所示。经回归分析，两者之间具有如下的线性统计规律：

$$W = 0.006H + 0.336$$

1 号煤层的瓦斯含量增长梯度为 0.6 m³/t/100 m。煤层的瓦斯含量分布特征及预测详见瓦斯地质图。

3. 刘庄矿瓦斯含量预测

1）13 – 1 号煤层瓦斯含量分布

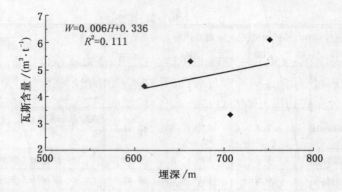

图 6 – 18　1 号煤层瓦斯含量分布散点图

煤层瓦斯含量与埋藏深度关系如图 6 – 19 所示。经回归分析，瓦斯含量（$W$）具有随埋藏深度（$H$）增加而增大的整体趋势。两者之间具有如下形式的线性统计规律（$R^2 = 0.7467$），在 0.05 水平下显著，具有较好的线性相关性。

$$W = 0.0124H - 5.2059$$

式中　$W$——煤层瓦斯含量，$m^3/t$；

　　　　$H$——埋藏深度，$m$。

表明 13 – 1 号煤层的瓦斯含量增长梯度为 1.24 $m^3/t$/100 m。

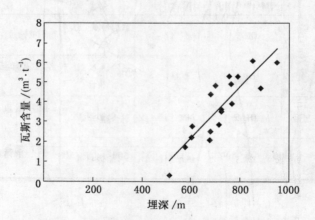

图 6 – 19　13 – 1 号煤层瓦斯含量与煤层埋深关系

井田西部由于受 $F_{13}$、$F_{14}$ 断层及伴生小断层的相互切割影响，煤层瓦斯具有较好的逸散条件，相对其他地点同深度的瓦斯含量会降低，瓦斯含量的变化会比较明显。

2）11 – 2 号煤层瓦斯含量分布

煤层瓦斯含量与埋藏深度关系如图 6 – 20 所示。经回归分析，瓦斯含量（$W$）具有随埋藏深度（$H$）增加而增大的整体趋势。两者之间具有如下形式的线性统计规律（$R^2 = 0.7151$），具有较好的线性相关性。

$$W = 0.0151H - 7.8175$$

式中　$W$——煤层瓦斯含量，$m^3/t$；

$H$——埋藏深度，m。

表明 11 - 2 号煤层的瓦斯含量增长梯度为 1.51 $m^3/t/100$ m。

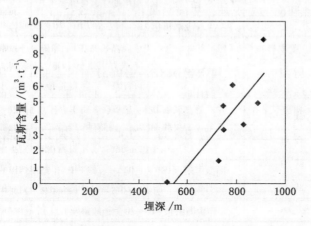

图 6 - 20  5 号煤层瓦斯含量与煤层埋深关系

3）8 号煤层瓦斯含量分布

煤层瓦斯含量与埋藏深度关系如图 6 - 21 所示。经回归分析，瓦斯含量（$W$）具有随埋藏深度（$H$）增加而增大的整体趋势。两者之间具有如下形式的线性统计规律（$R^2 = 0.7714$）具有较好的线性相关性。

$$W = 0.0106H - 5.9454$$

式中　$W$——煤层瓦斯含量，$m^3/t$；

　　　$H$——埋藏深度，m。

从上式可以看出，8 号煤层的瓦斯含量增长梯度为 1.06 $m^3/t/100$ m。8 煤层瓦斯风化带深度在井田主要煤层中最深，深度在 750 ~ 800 m 之间。

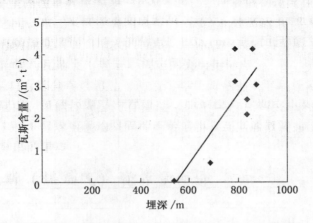

图 6 - 21  8 号煤层瓦斯含量与煤层埋深关系

井田西部由于受 $F_{13}$、$F_{14}$ 断层及伴生小断层的相互切割影响，煤层瓦斯具有较好的逸散条件，相对其他地点同深度的瓦斯含量会降低，瓦斯含量的变化会比较明显。

4）5 号煤层瓦斯含量分布

　　煤层瓦斯含量与埋藏深度关系如图 6 - 22 所示。5 号煤层瓦斯含量在井田范围内变化较大，中部 158 孔和西南部 101 孔瓦斯含量分别达到 8.86 m³/t 和 7.37 m³/t。煤层瓦斯含量与埋藏深度关系如图 6 - 22 所示。经回归分析，瓦斯含量（$W$）具有随埋藏深度（$H$）增加而增大的整体趋势。两者之间具有如下形式的线性统计规律（$R^2 = 0.6993$），具有较好的线性相关性。

$$W = 0.018H - 9.9657$$

式中　$W$——煤层瓦斯含量，m³/t；

　　　　$H$——埋藏深度，m。

　　5 号煤层的瓦斯含量增长梯度为 1.8 m³/t/100 m。瓦斯风化带深度在 650 ~ 700 m 之间。

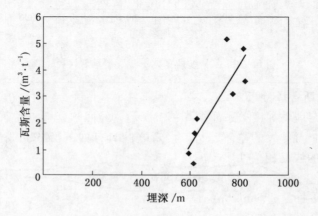

图 6 - 22　5 号煤层瓦斯含量与煤层埋深关系

### 6.3.4　瓦斯风化带特征

1. 新集一矿瓦斯风化带

　　根据赋存于煤层中瓦斯成分，由浅至深划为 4 个带，自上而下依次为：$CO_2$—$N_2$ 带、$N_2$ 带、$N_2$—$CH_4$ 带和 $CH_4$ 带，前三带为瓦斯风化带，这个界线的确定具有实际意义。这是因为瓦斯含甲烷的丰度、瓦斯压力、矿井瓦斯涌出量、瓦斯含量梯度等指标及其变化，均是从瓦斯风化带下界算起，因此在研究矿井瓦斯分布规律时，必须首先确定瓦斯风化带下界的深度。各个瓦斯带的划分标准见表 6 - 3。

表 6 - 3　按瓦斯成分划分瓦斯带的标准

| 瓦斯带名称 | 瓦斯成分含量/% | | |
|---|---|---|---|
| | $CH_4$ | $N_2$ | $CO_2$ |
| $CO_2$—$N_2$ 带 | 0 ~ 10 | 20 ~ 80 | 20 ~ 80 |
| $N_2$ 带 | 0 ~ 20 | 80 ~ 100 | 0 ~ 20 |
| $N_2$—$CH_4$ 带 | 20 ~ 80 | 20 ~ 80 | 0 ~ 20 |
| $CH_4$ 带 | 80 ~ 100 | 0 ~ 20 | 0 ~ 20 |

　　根据钻孔测试资料,采用回归分析法求得 13 - 1 号煤层瓦斯风化带下界深度约为 500 m（图 6 - 23）。

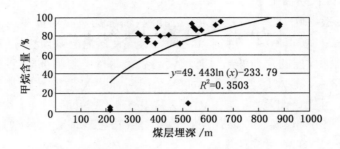

图 6 - 23　13 - 1 号煤层甲烷含量与埋深的关系

　　从理论上讲,确定瓦斯风化带的下界指标是瓦斯成分,但在实际生产中,人们常用瓦斯涌出量、瓦斯含量及瓦斯压力作为确定瓦斯风化带下界的指标。考虑到本矿井除 13 - 1 煤层外,其他煤层缺乏瓦斯成分资料,且该井田煤质为气煤,故选用无水无灰基瓦斯含量 2 m³/t 作为确定瓦斯风化带下界的指标。各煤层瓦斯风化带下界见表 6 - 4。

表 6 - 4　主采煤层瓦斯风化带下界一览表　　　　　　　　　　　　　　m

| 煤层号 | 6 - 1 号煤层 | 8 号煤层 | 11 - 2 号煤层 | 13 - 1 号煤层 |
|---|---|---|---|---|
| 根据瓦斯含量确定的瓦斯风化带下界标高 | -460 | -480 | -420 | -440 |
| 根据瓦斯成分确定的瓦斯风化带下界标高 | | | | -470 |

　　影响瓦斯风化带的地质因素较多,除埋藏深度外,还有地层倾角、煤层的围岩性质、煤层的物性特征、地质构造情况及水文地质特征等因素。

　　2. 刘庄矿瓦斯风化带

　　根据赋存于煤层中瓦斯成分综合考虑本矿井主要煤层钻孔瓦斯资料的具体情况,选用无水无灰基瓦斯含量 2 m³/t 或瓦斯成分含量 80% ,作为确定瓦斯风化带下界的指标。经回归分析确定各煤层瓦斯风化带下界见表 6 - 5。

表 6 - 5　主采煤层瓦斯风化带下界一览表

| 煤层号 | 5 号煤层 | 8 号煤层 | 11 - 2 号煤层 | 13 - 1 号煤层 |
|---|---|---|---|---|
| 瓦斯风化带下界标高/m | - 650 ~ - 720 | - 690 ~ - 750 | - 670 ~ - 730 | - 570 ~ - 630 |

# 6.4　矿区瓦斯涌出量预测

## 6.4.1　新集一矿瓦斯涌出量预测

　　1. 13 - 1 号煤层采煤工作面瓦斯涌出量预测

　　13 - 1 号煤层开采时,能够影响到的上部邻近层,依据现有勘探钻孔资料局部含有

1～7层，下临近层有12号煤层和13－1下号煤层。由于邻近煤层没有瓦斯含量控制点，下邻近层瓦斯含量、残余瓦斯量、灰分和水分按同位置13－1号煤层取值。根据模拟计算，13－1号煤层未采区瓦斯涌出量为1.52～13.94 $m^3/t$。13－1号煤层在$F_{10}$断层上盘瓦斯涌出量普遍较低，一般在0.18～4 $m^3/t$之间，在向斜轴部瓦斯涌出量多在3 $m^3/t$以上；$F_{10}$断层下盘瓦斯涌出量在3.18～13.94 $m^3/t$之间，煤层瓦斯涌出量预测等值线大体上与煤层走向一致，由浅到深煤层的瓦斯涌出量有增大趋势，谢桥向斜轴部附近一般在12 $m^3/t$左右。预测结果与13－1号煤层已采工作面实测瓦斯涌出量值对比，其偏差的绝对值在0.01～0.36 $m^3/t$，且正负偏差均有。相对误差在0.87%～24.47%，平均9.35%。经回归分析（图6－24），13号煤层工作面瓦斯相对涌出量具有随埋藏深度增加而增大的趋势。两者之间具有如下形式的线性统计规律：

$$Q = 0.0157H - 3.452$$

式中　$Q$——工作面瓦斯相对涌出量，$m^3/t$；

　　　$H$——埋藏深度，m。

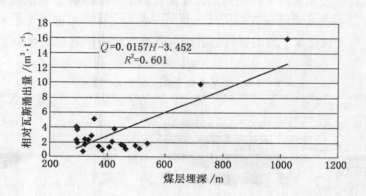

图6－24　13－1号煤层瓦斯涌出量分布散点图

　　13－1号煤层绝对瓦斯涌出量沿煤层倾向由浅部向深度逐渐增加，沿煤层走向呈条带状分布，详见该煤层矿井瓦斯地质图。井田北部大部区域煤层的瓦斯涌出量在5～15 $m^3/min$。井田南部煤层绝对瓦斯涌出量多小于5 $m^3/min$，仅在12线以西及5线以东煤层埋深大于600 m的区域绝对涌出量在5～10 $m^3/min$之间，绝对涌出量大于15 $m^3/min$的区域主要分布在－800 m以深地带。

　　2. 11－2号煤层采煤工作面瓦斯涌出量预测

　　11－2号煤开采时，能够影响到11－2号煤层相对瓦斯涌出量的上部邻近层有13－1号煤层、13－1下号、12号煤层和下部的11－2号煤层；由于邻近层没有瓦斯含量控制点，上邻近层瓦斯含量及残余瓦斯量按同位置13－1号煤层取值，下邻近层瓦斯含量及残余瓦斯量按同位置11－2号煤层取值。

　　根据模拟计算，11－2号煤层未采区相对瓦斯涌出量为0.83～20.93 $m^3/t$。11－2号煤层在$F_{10}$断层上盘相对瓦斯涌出量一般在0.83～9.6 $m^3/t$之间，11线以西－620 m以深及4线以东－550 m以深相对瓦斯涌出量大于5 $m^3/t$，中部采区受构造、顶底板岩性的因素影响，局部可达到 5 m³/t；在 $F_{10}$ 断层下盘煤层相对瓦斯涌出量预测等值线大体上与煤层走向一致，由浅到深煤层的瓦斯涌出量有增大趋势，相对瓦斯涌一般在 3.86 ~ 20.93 m³/t 之间，11 线以西 -600 m 以深相对瓦斯涌出量多在 10 m³/t 以上。预测结果与 11 - 2 号煤层采煤工作面实测瓦斯涌出量值对比，其偏差的绝对值在 0.01 ~ 0.42 m³/t，多为负偏差。相对误差在 0.52% ~ 32.58%，平均 12.39%。

经回归分析（图 6 - 25），工作面瓦斯相对涌出量具有如下线性统计规律：

$$Q = 0.0393H - 16.924$$

式中　$Q$——工作面瓦斯相对涌出量，m³/t；

　　　$H$——埋藏深度，m。

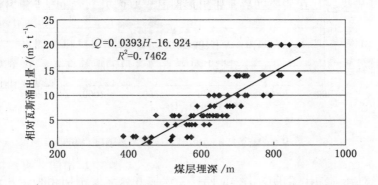

图 6 - 25　11 - 2 号煤层瓦斯涌出量分布散点图

11 - 2 号煤层绝对瓦斯涌出量同样沿煤层倾向由浅部向深度逐渐增加，沿煤层走向呈条带状分布，详见该煤层矿井瓦斯地质图。井田北部大部分区域煤层的绝对瓦斯涌出量在 10 ~ 15 m³/min，尤其北部中央采区绝对瓦斯涌出量较高。 -600 m 以深绝对瓦斯涌出量基本大于 15 m³/min。井田南部 -550 m 以浅煤层绝对瓦斯涌出量均小于 5 m³/min。

3. 8 号煤层采煤工作面瓦斯涌出量预测

8 号煤层开采时，能够影响到 8 号煤层相对瓦斯涌出量的上部邻近层有 12 号煤层、11 - 2 号煤层和 9 号煤层，下邻近层有 7 - 1 号煤层、7 - 2 号煤层及 6 - 1 号煤层；由于邻近层没有瓦斯含量控制点，上邻近层 12 号煤层、11 - 2 号煤层瓦斯含量及残余瓦斯量按同位置 13 - 1 号煤层取值，9 号煤层和 7 - 1 号煤层、7 - 2 号煤层瓦斯含量及残余瓦斯量按同位置 8 号煤层取值。

根据模拟计算，8 号煤层未采区相对瓦斯涌出量为 0.81 ~ 31.4 m³/t，瓦斯涌出量与煤层的埋深有密切的关系。8 号煤层在 $F_{10}$ 断层上盘相对瓦斯涌出量一般在 0.81 ~ 19.86 m³/t 之间，11 线以西 -700 m 以深及 4 线以东 -600 m 以深相对瓦斯涌出量大于 10 m³/t，中部采区相对瓦斯涌出量受构造影响较明显，断层上盘瓦斯涌出量明显增加；在 $F_{10}$ 断层下盘煤层相对瓦斯涌出量预测等值线大体上与煤层走向一致，由浅到深煤层的瓦斯涌出量有增大趋势，且表现为井田中部低，两翼高的趋势，在 -650 ~ -800 m 之间相对瓦斯涌一般为 10 ~ 20 m³/t 之间，7 线以西 -800 ~ -1000 m 相对瓦斯涌出量在 20 ~ 31.4 m³/t 之间，这种现象与煤层原始瓦斯含量有关。预测结果与 8 号煤层采煤工作面实测瓦斯涌出量值对比，其偏差的绝对值在 0.1 ～ 0.49 m³/t，相对误差在 4.29% ～ 28.49%，平均 14.74%。

经回归分析，工作面瓦斯相对涌出量具有如下形式的线性统计规律（图 6 – 26）：

$$Q = 0.0464H - 19.699$$

式中　　$Q$——工作面瓦斯相对涌出量，m³/t；

　　　　$H$——埋藏深度，m。

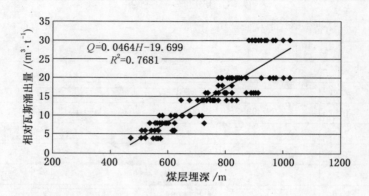

图 6 – 26　8 号煤层瓦斯涌出量分布散点图

∴　8 号煤层绝对瓦斯涌出量的变化特征同样与煤层开采深度密切相关。井田北部大部区域 8 号煤层的绝对瓦斯涌出量小于 5 m³/min，分布区域主要为中部 – 550 m 以浅。井田南部煤层绝对瓦斯涌出量小于 5 m³/min 的区域主要分布在 – 650 ～ – 700 m 以浅，且东部相对较高。

4. 6 – 1 号煤层采煤工作面瓦斯涌出量预测

6 – 1 号煤层开采时，能够影响到 6 – 1 号煤层相对瓦斯涌出量的上部邻近层有 7 – 1 号煤层、7 – 2 号煤层、9 号煤层和 8 号煤层；由于邻近层没有瓦斯含量控制点，上邻近层瓦斯含量及残余瓦斯量按同位置 8 号煤层取值。

根据模拟计算，6 – 1 号煤层未采区相对瓦斯涌出量为 1.14 ～ 30.67 m³/t，局部达到 40 m³/t 以上。6 – 1 号煤层在 $F_{10}$ 断层上盘相对瓦斯涌出量一般在 1.14 ～ 21.64 m³/t 之间，其中 21061 首采工作面瓦斯相对涌出量在 3.33 ～ 6.83 m³/t 之间，除 13 线—11 线之间外，– 600 m 以深相对瓦斯涌出量大于 10 m³/t。$F_{10}$ 断层下盘煤层相对瓦斯涌出量均大于 10 m³/t，预测等值线大体上与煤层走向一致，由浅到深煤层的瓦斯涌出量有增大趋势，在 – 750 ～ – 800 m 之间相对瓦斯涌出量一般约为 20 m³/t，10 线—13 线区域，相对瓦斯涌出量变化较大，最低在 10 m³/t 左右，最高大于 40 m³/t。预测结果与 8 号煤层采煤工作面实测瓦斯涌出量值对比，其偏差的绝对值在 0.1 ～ 0.49 m³/t，相对误差在 4.29% ～ 28.49%，平均 14.74%。

经回归分析（图 6 – 27），工作面瓦斯相对涌出量具有如下形式的线性统计规律：

$$Q = 0.0479H - 19.165$$

式中　　$Q$——工作面瓦斯相对涌出量，m³/t；

　　　　$H$——埋藏深度，m。

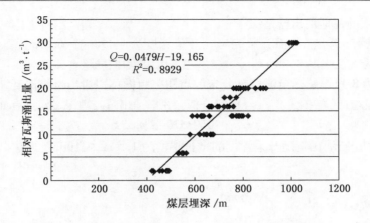

图 6-27  6-1 号煤层瓦斯涌出量分布散点图

### 6.4.2  新集二矿瓦斯涌出量预测

1. 13-1 号煤层的瓦斯涌出量情况

新集二矿 13-1 号煤层已有 7 个工作面开采完毕，已开采深度为 -400 ~ -550 m。从已揭露的煤层来看，工作面相对瓦斯涌出量平均值为 3.17 ~ 7.7 m³/t。

图 6-28 为 13-1 号煤层瓦斯涌出量分布散点图。由图可以看出，煤层瓦斯涌出量具有随开采深度加大而增加的变化趋势。经回归分析，瓦斯涌出量与埋深之间具有如下线性相关：

$$Q = -0.020H - 4.503$$

式中  $Q$——煤层相对瓦斯涌出量，m³/t；

   $H$——工作面开采深度，m。

13-1 号煤层相对瓦斯涌出量随开采深度的增长梯度为 2.0 m³/t/100 m。

13-1 号煤层绝对瓦斯涌出量沿煤层倾向由浅部向深度逐渐增加，沿煤层走向呈条带状分布，详见该煤层矿井瓦斯地质图。井田北部大部区域煤层的瓦斯涌出量为 10 ~ 15 m³/min。井田南部煤层瓦斯涌出量小于 5 m³/min 的区域主要分布在 -450 ~ -500 m 以浅地带，涌出量大于 15 m³/min 的区域主要分布在 -800 m 以深地带。

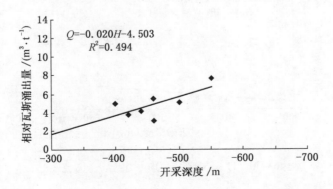

图 6-28  13-1 号煤层瓦斯涌出量分布散点图

2. 8 号煤层的瓦斯涌出量情况

8 号煤层已有 19 个工作面开采完毕。开采深度为 -410 ~ -660 m，工作面相对瓦斯涌出量平均值为 1.41 ~ 8.86 m³/t。

图 6-29 为 8 号煤层瓦斯涌出量分布散点图。由图可以看出，煤层瓦斯涌出量具有随开采深度加大而增加的变化趋势。经回归分析，瓦斯涌出量与埋深之间具有如下线性相关：

$$Q = -0.015H - 2.805$$

8 号煤相对瓦斯涌出量随开采深度的增长梯度为 1.5 m³/t/100m。

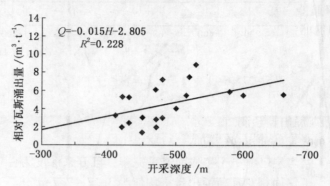

图 6-29　8 号煤层瓦斯涌出量分布散点图

8 号煤层绝对瓦斯涌出量的变化特征同样与煤层开采深度密切相关，详见 8 号煤层矿井瓦斯地质图。井田北部大部区域 8 号煤层的绝对瓦斯涌出量大于 10 m³/min。井田南部煤层绝对瓦斯涌出量小于 5 m³/min 的区域主要分布在 -500 m 以浅，呈带状分布特征。

3. 11-2 号煤层的瓦斯涌出量情况

11-2 号煤层已有 13 个工作面开采完毕。开采深度为 -318 ~ -593 m，工作面相对瓦斯涌出量平均值为 0.91 ~ 4.1 m³/t。

图 6-30 为 11-2 号煤层瓦斯涌出量分布散点图。由图可以看出，煤层瓦斯涌出量具有随开采深度加大而增加的变化趋势。经回归分析，瓦斯涌出量与埋深之间具有如下线性相关：

$$Q = -0.006H - 1.131$$

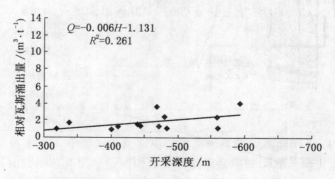

图 6-30　11-2 号煤层瓦斯涌出量分布散点图

11-2 号煤层相对瓦斯涌出量随开采深度的增长梯度为 0.6 m³/t/100 m。

11-2 号煤层绝对瓦斯涌出量同样沿煤层倾向由浅部向深度逐渐增加，沿煤层走向条带状分布,详见该煤层矿井瓦斯地质图。井田北部大部分区域煤层的瓦斯涌出量为 10 ~ 15 m³/min,主要分布于 -550 m 以深地带。井田南部煤层瓦斯涌出量小于 5 m³/min 的区域主要分布在 -500 m 以浅地带,涌出量大于 15 m³/min 的区域主要分布在 -850 ~ -900 m 以深地带。

4. 6 - 1 号煤层的瓦斯涌出量情况

6 - 1 号煤层已有 11 个工作面开采完毕。开采深度为 -454 ~ -576 m,工作面相对瓦斯涌出量平均值为 2.63 ~ 12.4 m³/t。

图 6 - 31 为 6 - 1 号煤层瓦斯涌出量分布散点图。由图可以看出,煤层瓦斯涌出量具有随开采深度加大而增加的变化趋势。经回归分析,瓦斯涌出量与埋深之间具有如下线性相关:

$$Q = -0.039H - 14.64$$

6 - 1 号煤层相对瓦斯涌出量随开采深度的增长梯度为 3.9 m³/t/100 m。

6 - 1 号煤层绝对瓦斯涌出量同样随开采深度加深而逐渐增加。井田北部大部分区域煤层的瓦斯涌出量大于 15 m³/min,主要分布于 -750 ~ -800 m 以深地带。井田南部煤层瓦斯涌出量沿煤层走向呈弯曲条带状分布,涌出量小于 5 m³/min 的区域主要分布在 -450 ~ -500 m 以浅地带,涌出量大于 15 m³/min 的区域主要分布在 -600 ~ -650 m 以深地带。

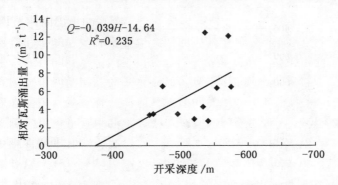

图 6 - 31　6 - 1 号煤层瓦斯涌出量分布散点图

5. 1 号煤层的瓦斯涌出量情况

1 号煤层相对瓦斯涌出量随开采深度的增长梯度为 0.7 m³/t/100 m,如图 6 - 32 所示。

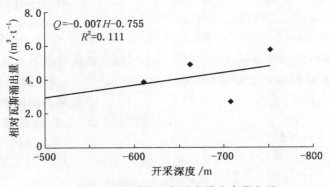

图 6 - 32　1 号煤层瓦斯涌出量分布散点图

### 6.4.3　刘庄矿瓦斯涌出量预测

1. 13 – 1 号煤层采煤工作面瓦斯涌出量预测

根据模拟计算，13 – 1 号煤层未采采区工作面瓦斯相对涌出量为 1.47 ~ 10.84 m³/t。经回归分析，工作面瓦斯相对涌出量具有随埋藏深度增加而增大的趋势，西三采区瓦斯相对涌出量普通高于其他采区，相对涌出量变化梯度也比其他采区大，这也与本区段瓦斯赋存受构造影响有关。西三采区的工作面瓦斯相对涌出量预测值与煤层开采标高之间具有如下良好的统计规律（$R^2 = 0.8643$）：

$$Q = -0.02H - 7.17$$

式中　$Q$——工作面瓦斯相对涌出量，m³/t；

　　　$H$——煤层开采标高，m。

其他采区的工作面瓦斯相对涌出量预测值分布散点图如图 6 – 33 所示，工作面瓦斯相对涌出量预测值与煤层开采标高（ – 500 ~ – 900 m）之间具有如下良好的统计规律（$R^2 = 0.8916$）：

$$Q = -0.016H - 5.943$$

式中　$Q$——工作面瓦斯相对涌出量，m³/t；

　　　$H$——煤层开采标高，m。

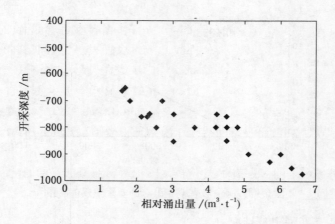

图 6 – 33　13 – 1 号煤层瓦斯相对涌出量分布散点图

2. 11 – 2 号煤层采煤工作面瓦斯涌出量预测

根据模拟计算，11 – 2 号煤层未采采区工作面（ – 650 ~ – 900 m）瓦斯相对涌出量为 1.56 ~ 6.61 m³/t。图 6 – 34 为 11 – 2 号煤层瓦斯涌出量分布散点图，由图可以看出，煤层瓦斯涌出量具有随埋深加大而增加的变化趋势。经回归分析，瓦斯涌出量与煤层开采标高之间具有如下良好的统计规律（相关系数 $R^2 = 0.7657$）：

$$Q = -0.0154H - 8.5297$$

式中　$Q$——工作面瓦斯相对涌出量，m³/t；

　　　$H$——煤层开采标高，m。

3. 8 号煤层采煤工作面瓦斯涌出量预测

根据模拟计算，8 号煤层未采采区工作面（ – 500 ~ – 900 m）瓦斯相对涌出量为

0.71~6.0 m³/t。图 6-35 为 8 号煤层瓦斯涌出量分布散点图，由图可以看出，煤层瓦斯涌出量具有随埋深加大而增加的变化趋势，相对其他主采煤层来说，8 号煤层瓦斯相对涌出量随深度的变化梯度要低得多。经回归分析，瓦斯涌出量与煤层开采标高之间具有如下良好的统计规律（相关系数 $R^2 = 0.801$）：

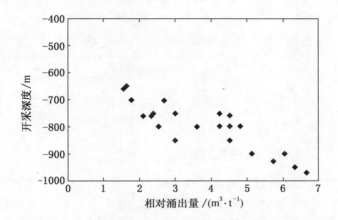

图 6-34　11-2 号煤层瓦斯相对涌出量分布散点图

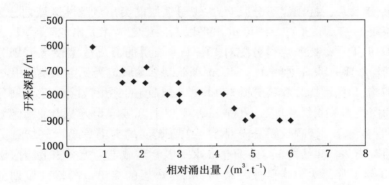

图 6-35　8 号煤层瓦斯相对涌出量分布散点图

$$Q = -0.0065H - 2.9259$$

式中　$Q$——工作面瓦斯相对涌出量，m³/t；

　　　$H$——煤层开采标高，m。

4. 5 号煤层采煤工作面瓦斯涌出量预测

根据模拟计算，5 号煤层未采采区工作面（-650~-900 m）瓦斯相对涌出量为 0.799~5.20 m³/t。图 6-36 为 5 号煤层瓦斯涌出量分布散点图，由图可以看出，煤层瓦斯涌出量具有随埋深加大而增加的变化趋势。经回归分析，瓦斯涌出量与煤层开采标高之间具有如下良好的统计规律（相关系数 $R^2 = 0.84$）：

$$Q = -0.0176H - 10.641$$

式中　$Q$——工作面瓦斯相对涌出量，m³/t；

　　　$H$——煤层开采标高，m。

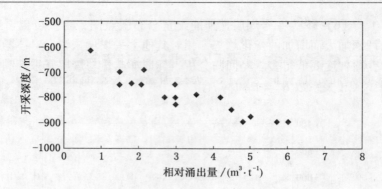

图 6-36　5 号煤层瓦斯相对涌出量分布散点图

## 6.5　煤与瓦斯区域突出危险性预测

### 6.5.1　新集一矿煤与瓦斯区域突出危险性预测

新集一矿经煤炭科学研究总院抚顺分院鉴定，定为突出矿井（未升级前按高瓦斯矿井管理），井田范围内 13 - 1 号、11 - 2 号、6 - 1 号煤层均经抚顺煤科分院鉴定为突出煤层。

（1）2006 年 8 月，抚顺煤科分院对 6 - 1 号煤层的突出危险性区域划分为：$F_{10}$ 断层以南，地质勘探线 1—7 线之间，- 640 m 水平以上区域定为无突出危险区域。

（2）2007 年 4 月，抚顺煤科分院对 13 - 1 号煤层的突出危险性区域划分为：$F_{10}$ 断层以南，地质勘探线 1—14 线之间，- 640 m 水平以上区域定为无突出危险区域。

（3）2007 年 1 月，抚顺煤科分院对 11 - 2 号煤层的突出危险性区域划分为：$F_{10}$ 断层以南，地质勘探线 1—14 线之间，- 600 m 水平以上区域定为无突出危险区域。

（4）2008 年 3 月，抚顺煤科分院对 11 - 2 号煤层的突出危险性区域划分为：$F_{10}$ 断层以北，地质勘探线 7—12 线之间，- 500 m 水平以上区域定为无突出危险区域。

（5）2010 年 1 月，沈阳煤科分院对 11 - 2 号煤层的突出危险性区域划分为：$F_{10}$ 断层以北，地质勘探线 9—14 线之间，- 600 m 水平以上区域定为无突出危险区域。

（6）2010 年 2 月，沈阳煤科分院对 11 - 2 号煤层的突出危险性区域划分为：$F_{10}$ 断层以南，地质勘探线 8 - 9—12 线之间，- 630 m 水平以上区域定为无突出危险区域。

根据《防治煤与瓦斯突出规定》第四十二条，经分析，8 号煤层按瓦斯压力小于 0.74 MPa 的区域为无突出危险区域。

### 6.5.2　新集二矿煤与瓦斯区域突出危险性预测

井田范围内煤的破坏类型及其分布范围见表 6 - 6。

按照《防治煤与瓦斯突出规定》第四十三条规定，结合井田各采区煤与瓦斯突出危险性鉴定报告，采用煤层瓦斯参数及瓦斯地质分析的区域预测方法，对各目标煤层进行煤与瓦斯区域突出危险性预测，结果如下：

13 - 1 号煤层：中央区（- 550 m 以下、- 750 m 以上）为突出危险区；- 550 m 以上（地质剖面线 01—013 勘探线之间），为无突出危险区。

11 - 2 号煤层：井田地勘线 1—013 线，- 550 ~ - 650 m 阶段之间，属非突出煤层。

表6-6　主采煤层煤的破坏类型及分布情况

| 煤层 | 分布范围 | 破坏类型 |
|---|---|---|
| 1号煤层 | 井田勘探线04—013线之间，-650m水平以上 | I～II类 |
| 6-1号煤层 | 南以8号煤层-450m等高线为界，北以8号煤层-550m等高线为界，西至1勘探线，东以09勘探线为界 | II～III类 |
| | 中央区-550m以下、-750m以上 | III类 |
| 8号煤层 | -550m以上（南以8号煤层-450m等高线为界，北以8号煤层-550m等高线为界，西至1勘探线，东以09勘探线为界） | II～III类 |
| | 中央区-550m以下、-750m以上 | III类 |
| 11-2号煤层 | 井田勘探线1—013线，-550～-650m阶段之间 | I～II类 |
| 13-1号煤层 | 中央区-550m以下、-750m以上 | II～III类 |
| | -550m以上（地质剖面线01—013勘探线之间） | III类 |

　　8号煤层：-550m以上（南以8煤层-450m等高线为界，北以8煤层-550m等高线为界，西至1勘探线，东以09勘探线为界）区域为无突出危险区；中央区（-550m以下、-750m以上）为突出危险区。

　　6-1号煤层：-550m以上（南以6-1号煤层-450m等高线为界，北以该煤层-550m等高线为界，西至1勘探线，东以09勘探线为界）区域为无突出危险区；中央区（-550m以下、-750m以上）为突出危险区。

　　1号煤层：04勘探线至13勘探线-650m以上区域为非突出煤层。

### 6.5.3　刘庄矿煤与瓦斯区域突出危险性预测

　　刘庄煤矿各目标煤层的瓦斯突出危险性主要参数测试结果分析如下：

　　13-1号煤层坚固性系数在0.34～1.5之间；瓦斯放散初速度在5.34～12之间；瓦斯压力在0～1.75之间，东二采区中央回风石门-762m处高达1.75MPa，在瓦斯风氧化带以下瓦斯压力具有随深度增加而增大的特点；煤体结构破坏类型属II—IV类，各项参数都有部分超过《防治煤与瓦斯突出规定》规定的突出指标点。

　　11-2号煤层只有部分参数超过《防治煤与瓦斯突出规定》规定的突出指标点。

　　四层主采煤层中，虽然各煤层均有超过《防治煤与瓦斯突出规定》规定的突出指标点，但总体上以13-1号煤层平均坚固性系数最小，瓦斯放散初速度最大，瓦斯压力值最高，是煤矿防止突出的重点。

## 6.6　矿区瓦斯（煤层气）资源量评价

### 1. 资源量

　　根据中煤新集能源股份有限公司目前所属4对生产矿井资源量计算结果（表6-7）：全矿矿区总资源量为9045.78 Mm³。其中：控制的内涵经济的地质储量（332）为2065.56 Mm³；预测的内蕴经济地质储量（333）为6980.24 Mm³。

### 2. 资源量评价

　　根据矿区各矿井煤储层物性特征、煤层透气性系数、钻孔瓦斯流量衰减系数、井下抽采及地面抽采结果分析，矿区各煤层属较难抽采煤层（各矿预计抽采率及预计抽采资源量见表6-8），因此煤层进行瓦斯抽采时必须采取一定的增加煤层透气性措施，才能达到较好的抽采效果。

表6-7　新集矿区煤层气（瓦斯）资源量汇总表　　　　　　　Mm³

| 矿井名称 | 资源量 | | 合　计 |
|---|---|---|---|
| | 332 | 333 | |
| 新集一矿 | 2065.54 | 968.75 | 3034.29 |
| 新集二矿 | | 3393.29 | 3393.29 |
| 新集三矿 | 0 | 0 | |
| 刘庄煤矿 | | 2618.2 | 2618.2 |
| 矿区 | | | 9045.78 |

表6-8　新集矿区煤层气（瓦斯）可抽采资源量一览表　　　　Mm³

| 矿井名称 | 资源量 | 可抽采量 |
|---|---|---|
| 新集一矿 | 3034.29 | 1062.00 |
| 新集二矿 | 3393.29 | 1187.65 |
| 新集三矿 | | 0 |
| 刘庄煤矿 | 2618.2 | 916.39 |
| 矿区 | 9045.78 | |

# 7　皖北煤田瓦斯地质

## 7.1　区域地质构造演化及分布特征

### 7.1.1　卧龙湖煤矿

卧龙湖、车集井田位于濉萧矿区西侧，处于徐淮前陆褶皱冲断带弧顶中部的外侧；南端靠近 EW 向展布的宿北断裂上升盘。卧龙湖、车集井田内煤层走向变化大，由北向南，由车集井田的 NNE 向进入卧龙湖井田转为 NE 向、近 EW 向至 NW 向，反映了构造应力场的复合和强烈变形作用，控制了构造复杂区和突出危险区的分布；NNE 向至近 SN 向断层是开放性的；靠近岩浆岩的挤压部位，瓦斯容易局部富集，易发生突出危险。卧龙湖、车集煤矿构造纲要略图如图 7-1 所示。

卧龙湖井田为 NNE 向展布的 $F_2$ 断层和 $F_7$ 断层所夹的地垒构造。其西侧为 $F_2$ 断层，NNE 向展布，倾向 NWW；东侧为 $F_7$ 断层，走向与 $F_2$ 断层相同，倾向 SEE。卧龙湖井田北端与车集井田相邻，井田北端为一轴向 N70°W 的张大庄背斜，其南侧为孟庄向斜。孟庄向斜由西为 NWW 向，向东转为 NW 向，再向南转为近 SN 向，呈弧形。

井田内大中型断层24条，落差大于100 m 的有5条，落差 30~100 m 的有11条，落差 30 m 的有8条，断层走向主要为 NNE 向至近 SN 向的正断层，实际上是燕山早中期的挤压构造在喜山期反转而形成的，表现为拉张伸展性质，为瓦斯放散创造条件。地质勘探期间测定的瓦斯含量表明，靠近 NNE 向至近 SN 向断层附近，钻孔瓦斯成分中 $N_2$ 浓度多数大于20%，仍在瓦斯风氧化带内，说明这组断裂是开放性的。

卧龙湖井田岩浆活动普遍，控制着瓦斯赋存。石炭-二叠系煤层均受到岩浆侵入活动的影响。由浅至深岩浆作用愈强，主要在4线以南，尤其是10号煤层全区都受岩浆侵蚀（仅在矿井东部5线至8线残留少量煤区），10 号煤层多数变质为天然焦。岩浆岩侵入产状多为岩床，少量为岩脉，多为顺断层破碎带及煤层侵入煤系地层。

岩浆作用引发二次生烃。淮北煤田区域变质作用，普遍形成气煤，井田内由于岩浆侵入煤系地层或煤层，发生的岩浆热变质作用，导致煤层变质程度普遍提高，伴随着二次生烃作用，必定生成更多的瓦斯。

岩浆岩造成瓦斯局部富集。岩浆侵入，改造煤层。煤层变形，煤层厚度变化加剧。瓦斯常顺层运移，煤层厚度剧烈变化，易造成瓦斯局部聚集。岩浆岩的透气性差，火成岩岩床会减小煤层瓦斯垂直方向的运移，岩脉和岩墙会阻碍瓦斯的运移，易造成瓦斯局部富集。

综上所述，岩浆岩对卧龙湖井田的瓦斯赋存影响较大，主要造成瓦斯分布不均和局部突然增大。靠近岩浆岩的挤压部位，瓦斯容易局部富集，易发生突出危险。

### 7.1.2　任楼煤矿

任楼煤矿位于童亭背斜东南翼，$F_3$ 断层以北为向东倾的单斜构造，$F_3$ 断层以西转为

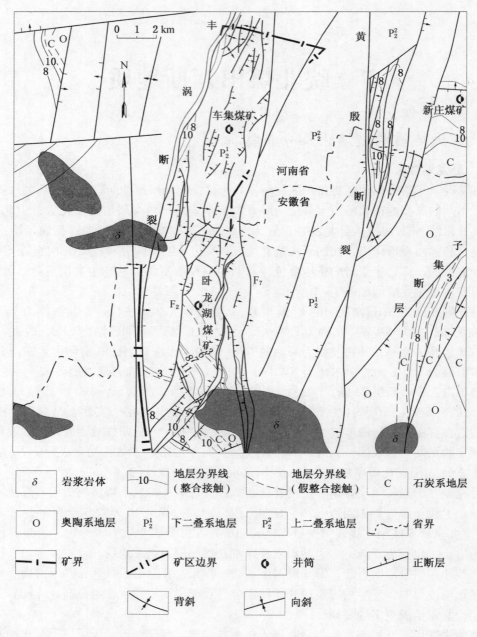

图例

| | | | | |
|---|---|---|---|---|
| $\delta$ 岩浆岩体 | —10— 地层分界线（整合接触） | 地层分界线（假整合接触） | C 石炭系地层 |
| O 奥陶系地层 | $P_2^1$ 下二叠系地层 | $P_2^2$ 上二叠系地层 | 省界 |
| 矿界 | 矿区边界 | 井筒 | 正断层 |
| 背斜 | 向斜 | | |

图 7 - 1　卧龙湖、车集煤矿构造纲要略图

NWW，50 - 4 线为童庄向斜北翼的东延部分，表现为不完整的向斜形态，1 线以西则为大致向东开口的童庄向斜。48 线深部、$F_{23}$ 断层外侧，有一个 NNW 向的王大庄背斜。$F_{23}$ 断层内侧显示为一向斜构造，为童亭背斜与王大庄背斜之间的鞍部构造。

根据区内主要构造展布特征、断裂结构面特征、小构造、节理组合特征，可知该井田所处区域在石炭、二叠系煤层形成以后，至少经历了两期或两期以上大型构造运动的改造作用，即印支期和燕山期构造运动，对区内构造特征具有明显的控制作用，而且前后两期构造应力场成大角度叠加复合，其结果造成该井田的多数构造结构面发生力学性质的转化或具有二重性。这种组合关系使得整个矿井处于半开放状态，瓦斯赋存条件较差，含量相对较低。因此将以上述大中型断层为界，划分若干块段，研究井田构造对瓦斯含量的影响情况及瓦斯涌出异常区（据孙昌一，2006）。

该井田这种构造格局是井田所处构造位置和特定地应力作用的结果，即受早期的近 SN 向和晚期的近 EW 向或 NEE 向局部主压应力作用而形成的。在这种局部主应力作用下，产生了井田一系列断层，如近 NW 向逆冲断层（$F_5$）、NE 向压剪性断层（$F_{2-1}$、$F_{21}$、$F_{14}$ 等）、NW 向张剪断层（$F_3$、$F_4$、$F_{3-1}$ 等）、近 SN 向先张后压断层（$F_{16}$）、NE 向先压后张断层（$F_2$、$F_{13}$、$F_1$ 等），NWW 向先压后张断层（$F_7$）及井田南部逆冲断层下盘地层沿倾向的褶曲（童庄向斜、大王庄背斜），在 50—54 线之间地质剖面上表现的 "S" 形断层，同时在这种压应力持续作用下，又产生了与局部主压应力几乎垂直的 NW、SE 向张应力，进一步产生了一些低次序的 NE—SW 向张断裂。

$F_3$ 断层组将井田分为南北两部分。南部从北向南煤层埋深逐渐增大，发育断层与煤层走向近平行或小角度相交且为顺向断层，断层对煤层含量影响较大，浅层离煤层露头较近，且在 $F_3$、$F_5$、$F_7$ 等断层组的影响下，地史时期生成的煤层瓦斯逸散条件较好，瓦斯赋存条件较差，但是深层的位于童庄向斜轴部附近，压扭性断裂发育，多属封闭性断裂，不利于瓦斯的运移逸散，成为瓦斯相对富集区。北部从西向东煤层埋深逐渐增大，发育断层与煤层斜交，随着煤层埋深的增大，煤层瓦斯含量逐渐增大。

根据实际收集的资料，本节主要讨论童庄向斜和 $F_3$ 断层以北为单斜构造的瓦斯赋存情况。

（1）童庄向斜。童庄向斜位于任楼井田最南端，北以 $F_7$ 断层为界，向斜轴向 NWW—NW。煤层受构造影响形成煤层局部变厚的大煤包，煤包周围在构造挤压应力的作用下，煤层被压薄，形成对大煤包封闭的条件，有利于瓦斯封存。$54_4$ 钻孔位于童庄向斜内，采样标高为 −513.47 m，瓦斯含量测试结果为 8.58 $cm^3/g$，远远超过通过 $7_2$ 号煤层回归方程 $X = −0.0166H − 5.2317$ 计算的平均值 3.35 $cm^3/g$。而且童庄向斜内，压扭性断裂发育，为瓦斯富集提供了条件，因此整个向斜为瓦斯富集区，而且随着埋藏深度的增加呈逐渐增大的趋势。

（2）$F_3$ 断层以北为单斜构造。$7_2$ 号煤层瓦斯风化带在煤层底板等高线 −435.6 处，瓦斯含量是东高西低，随着煤层埋深的增大，煤层瓦斯含量逐渐增大。而且单斜构造内广泛发育有落差大于 15 m 的断层（4 条），其中 $F_1$、$F_2$、$F_{11}$ 断层带附近瓦斯含量偏低，为开放性断层；而 $F_{16}$ 断层为封闭性断层，两盘瓦斯的涌出量很大，出现瓦斯涌出异常，与 $F_{16}$ 断层先张后压的性质有关，但在断层处瓦斯涌出量又降低。

### 7.1.3 钱营孜煤矿

钱营孜煤矿位于宿南背斜西翼，童亭背斜东翼中段。宿南背斜，轴向 NNE，属于 NNE 向构造，核部由寒武奥陶系地层组成，两翼由石炭—二叠系地层组成。东翼倾角 25°左右，一般浅部陡深部缓，西翼被 NNE 向双堆集正断层破坏，构造形态不完整。南坪向斜轴向近 SN，为宽缓开阔向斜，核部主要为二叠系上统石千峰组地层，并有第三纪红色砾石层零星分布。东翼发育 NNE 向的双堆集正断层、南坪正断层，西翼倾角

20°左右，向南向北均渐缓至 10°左右，发育较多的斜切正断层。向斜 SN 两端圈闭不明显，北端十里铺一带中性岩浆岩发育。童亭背斜主体轴向 SN，SN 两端轴向分别向 SE、NW 扭曲（据陈富勇等，2009）。钱营孜煤矿边界断层南坪大断裂和双堆断层性质为 NNE 向构造，断层落差大，后期受到裂陷作用，与地表沟通，有利于瓦斯释放，造成上煤组 $3_2$ 号煤层浅部瓦斯大量逸散，$3_2$ 号煤层大部分处于风氧化带范围，但深部瓦斯急剧增大；同时燕山运动伴随岩浆岩侵入。岩浆岩侵入主要集中在 $7_2$ 号、$8_2$ 号煤层附近，少量侵入 $6_2$ 号煤层，零星侵入 10 号煤层及其他层位。岩浆岩可能以岩脉或层状形式产出。受其影响，部分地段可采煤层被吞蚀，煤的变质程度及煤层稳定性均产生不同程度的变化。

　　钱营孜煤矿属于徐淮弧形构造外缘（图 7 - 2），其井田向斜主要以宽缓的轴向近 SN 短轴为特征，该井田位于宿南背斜西翼，南坪向斜东翼。宿南背斜其轴向 NE，西翼地层东缓西陡，轴部有寒武纪地层分布。受断裂切割，区内次级向斜形态不完整。宿南背斜其轴部已被风化剥蚀，煤层出露地表，浅部瓦斯易逸散。

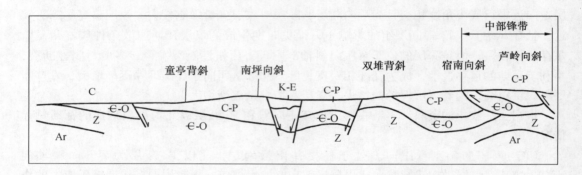

图 7 - 2　徐宿弧形构造外缘地质构造特征

　　如图 7 - 3 所示，钱营孜煤矿处于 NE 向的南坪断层、双堆断层所夹持的断块内，区内总体构造形态为较宽缓向南仰起的向斜，并被一系列 NNE 向断层切割。该矿井向斜轴向 NE，沿轴向南部仰起，两翼浅部较紧密，深部变为宽缓。向斜被一系列 NE 向断层（$F_{17}$、$F_{17-1}$、$F_{17-2}$、$F_{15}$、$F_{22}$ 等）切割，两翼地层产状有一定变化。东翼 $DF_{200}$ 断层与 $F_{17}$ 断层之间，地层走向 NW，倾角 10°～15°，次级褶曲有两个，走向 N20°E，其轴部分别位于 $DF_3$ 断层及 $DF_{200}$ 断层以西约 550 m。西翼 $F_{22}$ 断层与 $F_{17}$ 断层之间，地层走向近 SN，倾角 10°～15°；$F_{25}$ 与 $F_{22}$ 断层之间，地层走向 NE，倾角 15°～30°，在 35 线和 36 线附近有一小的背斜；南坪断层与 $F_{25}$ 断层之间，在 $29_7$ 孔附近有一小的向斜。

　　井田的瓦斯含量与地质构造密切相关，矿区东西两侧均为开放性正断层（南坪和双堆断层），围岩透气性较好，封闭性能差，瓦斯易于逸散，故瓦斯含量较低。$F_{17}$ 断层组：位于该区中部，贯穿全区，为一组叠瓦状逆断层，走向 NE～近 SN，倾向 SE～E，倾角 50°～55°，落差 20～300 m，区内延展长度约 9.2 km，处于应力挤压状态，瓦斯保存条件较好，尤其是在 $F_{17}$ 逆断层下盘，瓦斯含量最高可达 24.79 $m^3/t$。

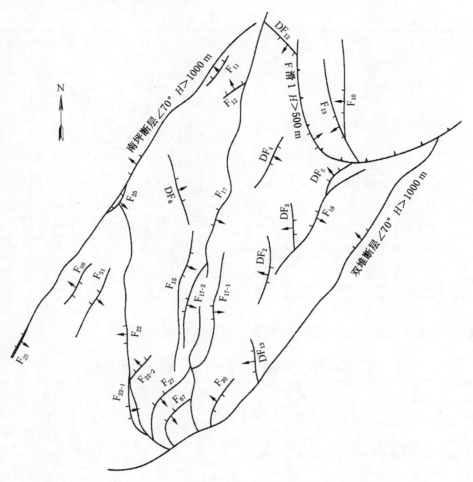

图 7-3 矿井构造纲要

## 7.2 矿区瓦斯地质规律

### 7.2.1 煤层瓦斯压力分布及预测

1. 卧龙湖煤矿

卧龙湖煤矿 10 号煤层瓦斯压力测定结果见表 7-1。

表 7-1 卧龙湖煤矿 10 号煤层瓦斯压力测定结果汇总

| 煤样编号 | 取 样 地 点 | 吸附参数 $a$/ ($m^3 \cdot t^{-1}$) | 吸附参数 $b$/ $MPa^{-1}$ | 瓦斯压力/ MPa | 瓦斯含量/ ($m^3 \cdot t^{-1}$) | 见煤点标高/ m |
|---|---|---|---|---|---|---|
| 1 号 | 103 机巷高抽巷联络巷 | 11.25 | 1.274 | 1.9 | 7.241 | -532.3 |
| 2 号 | 103 机巷高抽巷 3 号钻场 | 15.93 | 1.244 | 2.7 | 8.826 | -524.2 |
| 3 号 | 103 机巷高抽巷 4 号钻场底板 | 21.52 | 1.272 | 4.3 | 12.362 | -522.9 |
| 4 号 | 103 机巷高抽巷 5 号钻场 | 12.38 | 1.274 | 2.2 | 7.898 | -516.2 |

表 7 - 1（续）

| 煤样编号 | 取 样 地 点 | 吸附参数 $a$/ ($m^3 \cdot t^{-1}$) | 吸附参数 $b$/ $MPa^{-1}$ | 瓦斯压力/ MPa | 瓦斯含量/ ($m^3 \cdot t^{-1}$) | 见煤点标高/ m |
|---|---|---|---|---|---|---|
| 5 号 | 103 机巷高抽巷 5 号钻场 $P_4$ 点后 6 m | 14.37 | 1.224 | 2.9 | 8.756 | -508.6 |
| 6 号 | 103 风联巷 $F_4$ 点前 9.5 m 巷道右帮底板 | 17.58 | 1.213 | 3.7 | 10.934 | -520.9 |
| 7 号 | 103 风巷高抽巷 1 号钻场 | 13.57 | 1.302 | 3.7 | 11.228 | -517.1 |
| 8 号 | 103 风巷高抽巷 2 号钻场 | 16.56 | 1.274 | 2.9 | 9.221 | -512.6 |
| 9 号 | 103 风巷高抽巷 4 号钻场 | 19.08 | 1.266 | 4.5 | 12.681 | -506 |
| 10 号 | 103 机巷高抽巷 21 号钻场 | 15.40 | 1.246 | 2.0 | 7.160 | -470.9 |
| 11 号 | 103 风巷高抽巷 18 号钻场 | 13.64 | 1.075 | 0.4 | 3.014 | -449.6 |
| 12 号 | 103 机巷高抽巷 27 号钻场 | 12.45 | 1.231 | 1.6 | 5.278 | -460.5 |
| 13 号 | 103 风巷高抽巷 14 号钻场 | 12.24 | 1.447 | 2.7 | 6.546 | -470.4 |

卧龙湖煤矿 7 号煤层、8 号煤层瓦斯压力测定结果见表 7 - 2。

表 7 - 2　卧龙湖煤矿 7 号煤层、8 号煤层瓦斯压力测定结果汇总

| 编号 | 测压地点 | 煤层 | 见煤点标高/m | 瓦斯压力/MPa | 备　注 |
|---|---|---|---|---|---|
| 1 号 | 北翼回风斜巷 $N_7$ 点前 96 m | 7 号、8 号煤层合并 | -523.5 | 2.20 | 7 号煤层、8 号煤层间距 2～3 m |
| 2 号 | 南翼带式输送机运输巷 $J_k$ 点前 13 m | 7 号、8 号煤层合并 | -494.5 | 2.05 | 7 号煤层、8 号煤层间距 2～3 m |
| 3 号 | 南翼回风巷 $H_4$ 点前（南）94.5 m 处钻机窝 | 7 号煤层 | -517.596 | 2.10 | 穿过 8 号煤层至 7 号煤层 |
| 4 号 | 南翼回风巷 $H_4$ 点前（南）94.5 m 处钻机窝 | 8 号煤层 | -517.596 | 1.95 | |

## 2. 任楼煤矿

在生产过程中，在任楼煤矿一、二水平不同地点对 5 号、7 号、8 号煤层均进行过瓦斯压力测试，测试结果见表 7 - 3。

表 7 - 3　煤层瓦斯压力测试结果

| 煤层 | 测 压 地 点 | 见煤点标高/m | 封孔长度/m | 钻孔仰角/(°) | 瓦斯压力/MPa | 备注 |
|---|---|---|---|---|---|---|
| $8_2$ | 中四一车场小眼前 4 m | -429.196 | 9.00 | 25 | 0.26 | 矿大实测 |
| $8_2$ | 中三大巷 $K_{53}$ 点后 20 m | -476.57 | 14.60 | 16 | 0.52 | 矿大实测 |
| $8_2$ | $7_2$45 石门 $Y_3$ 点后 5 m | -494.421 | 16.25 | 39 | 0.35 | 矿大实测 |
| $8_2$ | 中一南大巷距三叉门 13 m | -499.021 | 14.60 | 31 | 0.40 | 矿大实测 |

表7-3（续）

| 煤层 | 测压地点 | 见煤点标高/m | 封孔长度/m | 钻孔仰角/(°) | 瓦斯压力/MPa | 备注 |
|---|---|---|---|---|---|---|
| $7_2$ | 中一$7_2$18水仓 | -546.275 | 14.60 | 17 | 0.32 | 矿大实测 |
| $7_2$ | $7_2$45石门$Y_9$点后5m | -497.150 | 14.60 | 30 | 0.36 | 矿大实测 |
| 7 | 中一南大巷三叉门13m | -487.948 | 14.60 | 31 | 0.40 | 矿大实测 |
| $7_2$ | 下部车场水仓附近$L_2$点 | -583.370 | | | 1.00 | 抚顺实测 |
| $7_2$ | 中部车场 | -569.333 | | | 0.45 | 抚顺实测 |
| $7_2$ | $7_2$19工作面 | -565 | | | 0.685 | 抚顺计算 |
| $5_1$、$5_2$ | 副井中心 | -682.25 | 10 | 垂直向下 | 1.15 | 矿大实测 |
| $5_1$、$5_2$ | 距副井壁1.0m | -682.25 | 10 | 垂直向下 | 1.21 | 矿大实测 |
| $8_2$ | Ⅱ$_2$轨道下山 | -715 | 15 | 45 | 0.78 | 矿大实测 |
| $8_2$ | Ⅱ$_2$轨道下山 | -715 | 17 | 45 | 0.75 | 矿大实测 |
| $7_2$ | 副井西码头 | -747.50 | 16.0 | 垂直向下 | 0.615 | 矿大实测 |
| $7_2$、$7_3$ | 副井西码头 | -740.20 | 14.2 | 垂直向下 | 0.617 | 矿大实测 |

通过测试，任楼煤矿瓦斯压力主要处于中一、中二采区的主采煤层 $7_2$ 号煤层与 $8_2$ 号煤层，通过对其测试结果的回归分析可知，随着开采深度（$H$）的增加，煤层瓦斯压力（$P$）呈增加的趋势（图7-4、图7-5）。两者之间具有较明显的线性规律，$7_2$ 号煤层回归方程为：$P = -0.0059H - 2.6299$，煤层瓦斯压力梯度为0.59 MPa/100m，$R = 0.881$。$8_2$ 号煤层回归方程为：$P = -0.0026H - 0.8914$，煤层瓦斯压力梯度为0.26 MPa/100 m，$R = 0.872$。

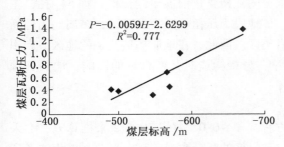

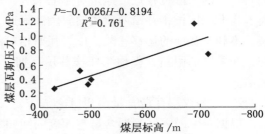

图7-4　$7_2$号煤层瓦斯压力与煤层标高的
变化关系图

图7-5　$8_2$号煤层瓦斯压力与煤层标高的
变化关系图

对于未采区煤层瓦斯压力的预测，同一煤层主要根据所得到的回归方程进行预测，即 $7_2$ 号煤层、$8_2$ 号煤层分别应用 $P = -0.0059H - 2.6299$ 和 $P = -0.0026H - 0.8914$ 关系式，来预测不同深度的煤层瓦斯压力。

5 号煤层瓦斯含量梯度与 $7_2$ 号煤层接近，可利用 $7_2$ 号煤层压力回归方程 $P = -0.0059H - 2.6299$ 预测其瓦斯压力，根据回归方程求得 5 号煤层测压点与实测值接近。由于 $7_3$ 号煤层与 $7_2$ 号煤层间距小，在 43~48 勘探线之间 $7_2$ 号、$7_3$ 号煤层合并开采，可利用 $7_2$ 号煤层压力回归方程 $P = -0.0059H - 2.6299$ 预测其瓦斯压力。

需要注意的是在预测煤层瓦斯压力时，要考虑地质构造的复杂性，如井田西童庄向斜轴部、$F_{16}$断层组等，预测其压力值，增加其预测值（据孙昌一，2006）。

### 7.2.2　瓦斯分布及预测

任楼煤矿各煤层瓦斯含量见表 7 - 4。

表 7 - 4　煤层瓦斯含量测算结果

| 煤层 | 取 样 位 置 | 见煤点标高/m | 瓦斯压力/MPa | 瓦斯含量/ $(m^3 \cdot t^{-1})$ | 备　注 |
|---|---|---|---|---|---|
| $7_2$ 号 | 下部车场水仓附近 $L_2$ 点 | -593.37 | 1.00 | 4.56 | 资料来源抚顺 |
| $7_2$ 号 | 中部车场 | -569.33 | 0.45 | 3.14 | 资料来源抚顺 |
| $7_2$ 号 | 中一 $7_2$18 水仓联络巷前 $L_2$ 点 15 m | -546.28 | 0.32 | 1.8278 | 资料来源矿大 |
| $7_2$ 号 | $7_2$45 石门 $Y_9$ 点后 4 m | -497.15 | 0.36 | 1.3520 | 资料来源矿大 |
| $8_2$ 号 | 中三大巷 $K_{53}$ 后 20 m | -476.57 | 0.52 | 1.3985 | 资料来源矿大 |
| $8_2$ 号 | $7_2$45 石门三叉门 $Y_3$ 后 5 m | -494.42 | 0.35 | 1.3364 | 资料来源矿大 |
| $8_2$ 号 | 中四一车场距小眼前 4 m | -429.20 | 0.26 | 1.5679 | 资料来源矿大 |
| $8_2$ 号 | 中一南大巷距三叉门 13 m | -499.02 | 0.40 | 1.4382 | 资料来源矿大 |

1. $7_2$ 号煤层瓦斯含量预测讨论

根据一～四采区瓦斯含量与深度的回归方程 $X = -0.0166H - 5.2317$ 来推算五、七采区和六、八采区瓦斯含量，发现五、六、八采区瓦斯含量测试值，如六采区的 $36_{24}$ 孔、五采区的 48—$49_7$ 孔，与该回归方程求得的瓦斯含量值较为接近，从地质构造复杂性来看它们与一～四采区也相近。但是对于七采区，求得的瓦斯含量值低于测试值，如 $54_4$ 孔，主要因为七采区位于井田西童庄向斜轴部附近，该地段为压扭性断裂发育区，多属封闭性断裂，不利于瓦斯的运移逸散，成为瓦斯相对富集区。因此，在地质构造复杂的地区，利用一、四采区的回归方程预测任楼井田瓦斯含量，分析构造对瓦斯含量的影响，增加其预测值。

2. $7_3$ 号煤层瓦斯含量预测讨论

根据一～四采区瓦斯含量与深度的回归方程 $X = -0.0274H - 10.612$ 来推算五、七采区和六、八采区瓦斯含量，由于六、八采区没有合格的瓦斯含量测试资料，目前无法考证其预测的准确性，但从地质构造复杂程度来看，六、八采区与一～四采区较为接近，参考 $7_2$ 号煤层状况应该出入不大。根据回归方程求得的五、七采区瓦斯含量低于实测值，如五采区的 48—$49_7$ 孔、七采区的 $54_4$ 孔，主要因为与井田西童庄向斜有关。因此预测该区瓦斯含量时要考虑地质构造对瓦斯含量的影响，增加其预测值。

3. $8_2$ 号煤层瓦斯含量预测讨论

根据一～四采区瓦斯含量与深度的回归方程 $X = -0.025H - 10.665$ 来推算五、七采区和六、八采区瓦斯含量，由于六、八采区没有合格的瓦斯含量测试资料，目前无法考证其预测的准确性，但从地质构造复杂程度来看，六、八采区与一～四采区较为接近，而五、七采区由于受井田西童庄向斜的影响，预测瓦斯含量时，要考虑地质构造复杂性对瓦斯含量的影响，增加其预测值。

4. 5₁号煤层瓦斯含量预测讨论

根据一～四采区瓦斯含量与深度的回归方程 $X = -0.0148H - 5.0159$ 来推算五、七采区和六、八采区瓦斯含量，根据回归方程求得的六、八采区瓦斯含量与实测值比较，接近 $37_8$ 孔，高于 $37_{16}$ 孔，因为 $37_{16}$ 孔顶板岩芯采取率较低，岩层较破碎，瓦斯逸散量多。而五、七采区由于没有合格的瓦斯含量测试资料，目前无法考证其预测的准确性，但其地质构造复杂，受井田西童庄向斜的影响，预测瓦斯含量时，要考虑地质构造复杂性对瓦斯含量的影响，增加其预测值。

5. 5₂号煤层瓦斯含量预测讨论

根据一～四采区瓦斯含量与深度的回归方程 $X = -0.0171H - 5.9021$ 来推算五、七采区和六、八采区瓦斯含量，根据回归方程求得的六、八采区瓦斯含量与实测值比较，高于 $37_{16}$ 孔，因为 $37_{16}$ 孔顶板岩芯采取率较低，岩层较破碎，瓦斯逸散量多。而五、七采区由于没有合格的瓦斯含量测试资料，目前无法考证其预测的准确性，但其地质构造复杂，受井田西童庄向斜的影响，预测瓦斯含量时，要考虑地质构造复杂性对瓦斯含量的影响，增加其预测值。

### 7.2.3　瓦斯风化带特征

5₁号煤层瓦斯含量与埋藏深度的关系如图 7-6 所示。经回归分析，瓦斯含量（$X$）具有随埋藏深度（$H$）增加而增大的整体趋势。两者之间有如下的线性规律（$R = 0.781$）；回归方程为

$$X = -0.0148H - 5.0159$$

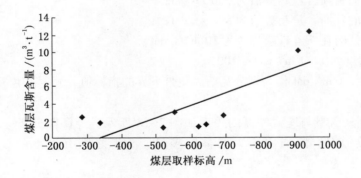

图 7-6　5₁号煤层瓦斯含量与煤层标高变化关系

由方程可知：

-474 m 处的瓦斯含量趋势值为 2 m³/t. daf；

-609.2 m 处的瓦斯含量趋势值为 4 m³/t. daf；

-744.3 m 处的瓦斯含量趋势值为 6 m³/t. daf；

-879.5 m 处的瓦斯含量趋势值为 8 m³/t. daf；

-1014.6 m 处的瓦斯含量趋势值为 10 m³/t. daf。

瓦斯含量梯度为 1.48 m³/t. daf/100 m。

以瓦斯含量 2 t/m³. daf 作为划分瓦斯风化带下界的指标值，$5_1$ 号煤层瓦斯风化带的下界处于 −474 m。

$5_2$ 号煤层瓦斯含量与埋藏深度的关系如图 7 −7 所示。经回归分析，瓦斯含量（$X$）具有随埋藏深度（$H$）增加而增大的整体趋势。两者之间有如下的线性规律（$R$ = 0.929），回归方程为

$$X = -0.0171H - 5.9021$$

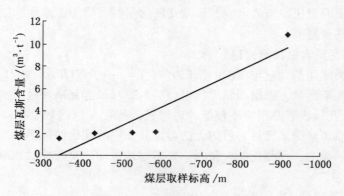

图 7 − 7　$5_2$ 号煤层瓦斯含量与煤层标高变化关系

由方程可知：

−462. 1 m 处的瓦斯含量趋势值为 2 m³/t. daf；

−579. 1 m 处的瓦斯含量趋势值为 4 m³/t. daf；

−690 m 处的瓦斯含量趋势值为 6 m³/t. daf；

−813 m 处的瓦斯含量趋势值为 8 m³/t. daf；

−929. 9 m 处的瓦斯含量趋势值为 10 m³/t. daf。

瓦斯含量梯度为 1. 71 m³/t. daf/100 m。

以瓦斯含量 2 t/m³. daf 作为划分瓦斯风化带下界的指标值，$5_2$ 号煤层瓦斯风化带的下界处于 −462 m。

$7_2$ 号煤层瓦斯含量与埋藏深度的关系如图 7 −8 所示。经回归分析，瓦斯含量（$X$）具有随埋藏深度（$H$）增加而增大的整体趋势。两者之间有如下的线性规律（$R$ = 0.897），回归方程为

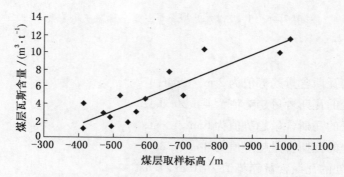

图 7 − 8　$7_2$ 号煤层瓦斯含量与煤层标高变化关系

$$X = -0.0166H - 5.2317$$

由方程可知：

−435.6 m 处的瓦斯含量趋势值为 2 m³/t. daf；

−556.4 m 处的瓦斯含量趋势值为 4 m³/t. daf；

−676.6 m 处的瓦斯含量趋势值为 6 m³/t. daf；

−802.5 m 处的瓦斯含量趋势值为 8 m³/t. daf；

−923 m 处的瓦斯含量趋势值为 10 m³/t. daf；

−1038 m 处的瓦斯含量趋势值为 12 m³/t. daf。

瓦斯含量梯度为 1.66 m³/t. daf/100 m。

以瓦斯含量 2 t/m³. daf 作为划分瓦斯风化带下界的指标值，$7_2$ 号煤层瓦斯风化带的下界处于 −436 m。

$7_3$ 号煤层瓦斯含量与埋藏深度的关系如图 7−9 所示。经回归分析，瓦斯含量（$X$）具有随埋藏深度（$H$）增加而增大的整体趋势。两者之间有如下的线性规律（$R = 0.837$）。回归方程为

$$X = -0.0274H - 10.612$$

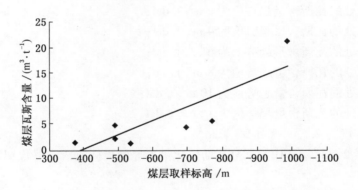

图 7−9　$7_3$ 号煤层瓦斯含量与煤层标高变化关系

由方程可知：

−460.3 m 处的瓦斯含量趋势值为 2 m³/t. daf；

−533.3 m 处的瓦斯含量趋势值为 4 m³/t. daf；

−606.3 m 处的瓦斯含量趋势值为 6 m³/t. daf；

−679.3 m 处的瓦斯含量趋势值为 8 m³/t. daf；

−752.3 m 处的瓦斯含量趋势值为 10 m³/t. daf；

−825.3 m 处的瓦斯含量趋势值为 12 m³/t. daf。

瓦斯含量梯度为 2.74 m³/t. daf/100 m。

以瓦斯含量 2 t/m³. daf 作为划分瓦斯风化带下界的指标值，$7_3$ 号煤层瓦斯风化带的下界处于 −460 m。

$8_2$ 号煤层瓦斯含量与埋藏深度的关系如图 7−10 所示。经回归分析，瓦斯含量（$X$）具有随埋藏深度（$H$）增加而增大的整体趋势。两者之间有如下的线性规律（$R = $

0.893），回归方程为

$$X = -0.025H - 10.665$$

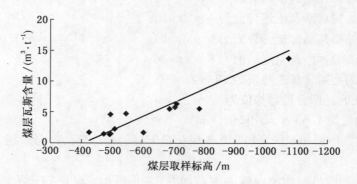

图 7 - 10　$8_2$ 号煤层瓦斯含量与煤层标高变化关系

由方程可知：

−506.6 m 处的瓦斯含量趋势值为 2 $m^3$/t. daf；

−586.6 m 处的瓦斯含量趋势值为 4 $m^3$/t. daf；

−666.6 m 处的瓦斯含量趋势值为 6 $m^3$/t. daf；

−746.6 m 处的瓦斯含量趋势值为 8 $m^3$/t. daf；

−826.6 m 处的瓦斯含量趋势值为 10 $m^3$/t. daf；

−906.6 m 处的瓦斯含量趋势值为 12 $m^3$/t. daf。

瓦斯含量梯度为 2.5 $m^3$/t. daf/100 m。

以瓦斯含量 2 t/$m^3$. daf 作为划分瓦斯风化带下界的指标值，$8_2$ 号煤层瓦斯风化带的下界处于 −507 m。

目前任楼井田现有合格的瓦斯含量资料大部分集中在一～四采区，南翼的五、七采区和东翼的六、八采区，目前尚未开采。地勘和补充勘探阶段瓦斯含量资料较少，仅有 6 个合格的瓦斯含量资料，其中 $5_1$ 号煤层 2 个（$37_{16}$ 孔为 1.48 $m^3$/t、$37_8$ 孔为 2.99 $m^3$/t）、$5_2$ 号煤层 1 个（38—$39_3$ 孔为 2.17 $m^3$/t）、$7_2$ 号煤层 2 个（$36_{24}$ 孔为 3.26 $m^3$/t、48—$49_7$ 孔为 2.79 $m^3$/t）、$7_3$ 号煤层 2 个（48—$49_7$ 孔为 5.69 $m^3$/t、$54_4$ 孔为 12.63 $m^3$/t）。因此，此次预测瓦斯含量是根据一～四采区瓦斯含量梯度值来推算的。

## 7.3　矿区瓦斯涌出量预测

### 7.3.1　卧龙湖煤矿瓦斯涌出量预测

1. 卧龙湖煤矿 10 号煤层瓦斯涌出量预测

卧龙湖煤矿 10 号煤层对应车集煤矿二$_2$号煤层，车集煤矿二$_2$号煤层瓦斯含量分布不均，大部分区域瓦斯含量不高，瓦斯成分中 $CH_4$ 浓度变化大，为 0～95.22%，仍在瓦斯风氧化带。局部瓦斯富集，最高达到 13.37 $m^3$/t. daf，如深部 1819 孔（孔深 921.63 m），当采取二$_1$号煤层煤芯时，由于煤中瓦斯含量高，瓦斯压力大，将煤芯从待卸的煤管中喷出，并逸散大量瓦斯，说明深部或构造挤压部位瓦斯含量高，有突出危险。

10 号煤层工作面为卧龙湖煤矿首采面，因上邻近层 8 号煤层距离该煤层的平均距离为 75 m，邻近层瓦斯涌出可以忽略不计，取中国矿业大学在 103 工作面测得的瓦斯含量 12.68 m³/t，作为该煤层预测的可靠基础。分源法预测结果见表 7-5。

卧龙湖煤矿 10 号煤层绝对瓦斯涌出量预测结果见表 7-6、图 7-11。

表7-5　卧龙湖煤矿10号煤层分源法瓦斯涌出量预测结果

| 瓦斯含量/(m³·t⁻¹) | 标高/m | 该煤层涌出量/(m³·t⁻¹) | 邻近层瓦斯涌出量 | | 采煤工作面瓦斯涌出量/(m³·t⁻¹) | 不同日产量下绝对瓦斯涌出量/(m³·min⁻¹) | | | | | |
|---|---|---|---|---|---|---|---|---|---|---|---|
| | | | 8 号煤层/(m³·t⁻¹) | 7 号煤层/(m³·t⁻¹) | | 1000/(t·d⁻¹) | 1500/(t·d⁻¹) | 2000/(t·d⁻¹) | 2500/(t·d⁻¹) | 3000/(t·d⁻¹) | 3500/(t·d⁻¹) |
| 12.68 | −506.00 | 8.61 | 0.00 | 0.00 | 8.61 | 5.98 | 8.97 | 11.96 | 14.95 | 17.95 | 20.94 |

表7-6　卧龙湖煤矿10号煤层绝对瓦斯涌出量预测结果

| 绝对瓦斯涌出量/(m³·min⁻¹) | 5 | 10 | 15 | 20 | 25 |
|---|---|---|---|---|---|
| 标高/m | −270 | −360 | −450 | −545 | −635 |

**2. 卧龙湖煤矿 8 号煤层瓦斯涌出量预测**

卧龙湖井田断裂发育，多数断裂为拉张伸展性质，有利于瓦斯释放，又由于岩浆岩侵入的热变质作用，造成了煤层不同煤种分布和不同程度的二次生烃作用，瓦斯生成量较大主要依赖于岩浆岩侵入程度和范围。

8 号煤层主采井田南翼，该区 10 号煤层先行开采，因此仅考虑该区 6 号、7 号煤层邻近煤层对其瓦斯涌出的影响，分源法预测结果见表 7-7。

表7-7　卧龙湖煤矿8号煤层分源法瓦斯涌出量预测结果

| 瓦斯含量/(m³·t⁻¹) | 标高/m | 该煤层瓦斯涌出量/(m³·t⁻¹) | 邻近层瓦斯涌出量 | | 采煤工作面瓦斯涌出量/(m³·t⁻¹) | 不同日产量下绝对瓦斯涌出量/(m³·min⁻¹) | | | | | |
|---|---|---|---|---|---|---|---|---|---|---|---|
| | | | 7 号煤层/(m³·t⁻¹) | 6 号煤层/(m³·t⁻¹) | | 1000/(t·d⁻¹) | 1500/(t·d⁻¹) | 2000/(t·d⁻¹) | 2500/(t·d⁻¹) | 3000/(t·d⁻¹) | 3500/(t·d⁻¹) |
| 10.10 | −500.00 | 7.15 | 0.76 | 1.42 | 9.33 | 4.70 | 7.05 | 9.40 | 11.74 | 19.45 | 16.44 |

卧龙湖煤矿 8 号煤层绝对瓦斯涌出量预测结果见表 7-8、图 7-12。

表7-8　卧龙湖煤矿8号煤层绝对瓦斯涌出量预测结果

| 绝对瓦斯涌出量/(m³·min⁻¹) | 5 | 10 | 15 | 20 | 25 |
|---|---|---|---|---|---|
| 标高/m | −240 | −330 | −420 | −510 | −600 |

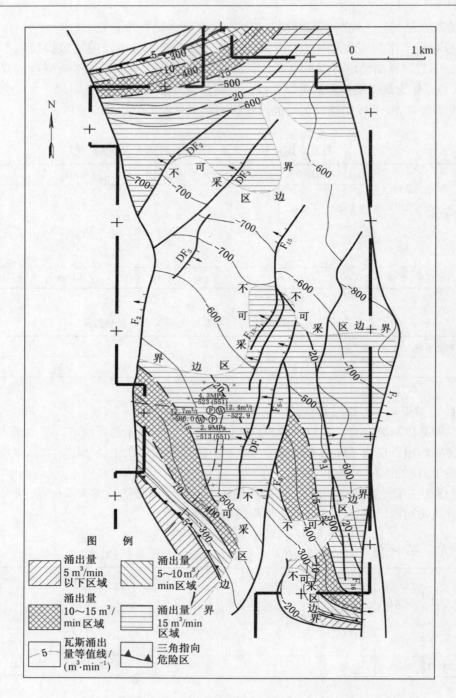

图7-11 卧龙湖煤矿10号煤层瓦斯涌出量地质略图

3. 卧龙湖煤矿7号煤层瓦斯涌出量预测

7号煤层主采井田北翼，该区6号煤层先行开采，因此仅考虑8号煤层邻近煤层对其瓦斯涌出的影响，分源法预测结果见表7-9。

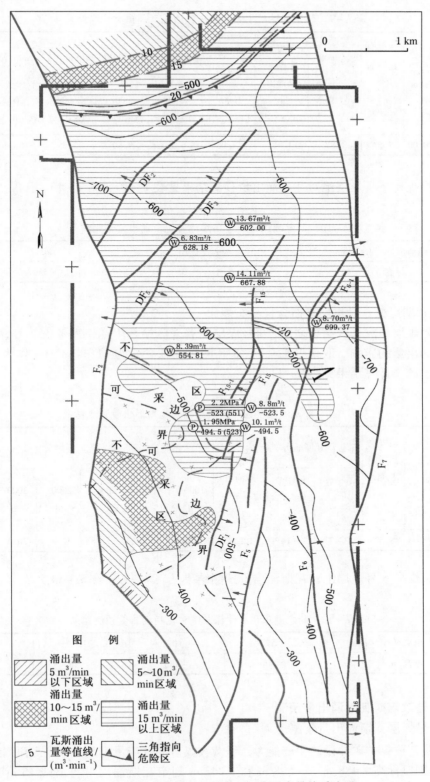

图 7-12 卧龙湖煤矿 8 号煤层瓦斯涌出量地质略图

表 7-9　卧龙湖煤矿 7 号煤层分源法瓦斯涌出量预测结果

| 瓦斯含量/ (m³·t⁻¹) | 标高/m | 该煤层瓦斯涌出量/ (m³·t⁻¹) | 邻近层瓦斯涌出量 8 号煤层/ (m³·t⁻¹) | 采煤工作面瓦斯涌出量/ (m³·t⁻¹) | 不同日产量下绝对瓦斯涌出量/(m³·min⁻¹) | | | | | |
|---|---|---|---|---|---|---|---|---|---|---|
| | | | | | 1000/ (t·d⁻¹) | 1500/ (t·d⁻¹) | 2000/ (t·d⁻¹) | 2500/ (t·d⁻¹) | 3000/ (t·d⁻¹) | 3500/ (t·d⁻¹) |
| 10. 10 | −490.00 | 7.53 | 1.87 | 1.68 | 11.08 | 6.53 | 9.80 | 15.39 | 16.34 | 19.60 |

卧龙湖煤矿 7 号煤层绝对瓦斯涌出量预测结果见表 7 – 10、图 7 – 13。

表 7-10　卧龙湖煤矿 7 号煤层绝对瓦斯涌出量预测结果

| 绝对瓦斯涌出量/ (m³·min⁻¹) | 5 | 10 | 15 | 20 | 25 |
|---|---|---|---|---|---|
| 标高/m | −255 | −350 | −440 | −530 | −620 |

4. 卧龙湖煤矿 6 号煤层瓦斯含量分布规律

继 8 号煤层南翼采区结束之后，6 号煤层北翼采区接替生产，需考虑 7 号、8 号煤层对其瓦斯涌出量的影响。取地勘钻孔 5—8 孔测得瓦斯含量为 11.34 m³/t，作为该煤层预测的可靠基础。计算结果见表 7 – 11。

表 7-11　卧龙湖煤矿 6 号煤层分源法瓦斯涌出量预测结果

| 瓦斯含量/ (m³·t⁻¹) | 标高/m | 该煤层瓦斯涌出量/ (m³·t⁻¹) | 邻近层瓦斯涌出量 | | 采煤工作面瓦斯涌出量/ (m³·t⁻¹) | 不同日产量下绝对瓦斯涌出量/(m³·min⁻¹) | | | | | |
|---|---|---|---|---|---|---|---|---|---|---|---|
| | | | 7 号煤层/ (m³·t⁻¹) | 8 号煤层/ (m³·t⁻¹) | | 1000/ (t·d⁻¹) | 1500/ (t·d⁻¹) | 2000/ (t·d⁻¹) | 2500/ (t·d⁻¹) | 3000/ (t·d⁻¹) | 3500/ (t·d⁻¹) |
| 11. 34 | −500.00 | 8.53 | 2.47 | 1.14 | 12.14 | 8.43 | 13.33 | 17.78 | 22.22 | 26.67 | 31.11 |

卧龙湖煤矿 6 号煤层绝对瓦斯涌出量预测结果见表 7 – 12、图 7 – 14。

表 7-12　卧龙湖煤矿 6 号煤层绝对瓦斯涌出量预测结果

| 绝对瓦斯涌出量/ (m³·min⁻¹) | 5 | 10 | 15 | 20 |
|---|---|---|---|---|
| 标高/m | −300 | −430 | −555 | −680 |

## 7.3.2　钱营孜煤矿瓦斯涌出量预测

1. 3₂ 号煤层瓦斯涌出量预测

结合钱营孜煤矿矿井设计生产能力，钱营孜煤矿的日产量定为 5000 t，预测结果见表 7 – 13。分别以标高 −488 m、−598 m 和 −742 m 划定瓦斯涌出量等值线 15 m³/min、30 m³/min 和 50 m³/min。

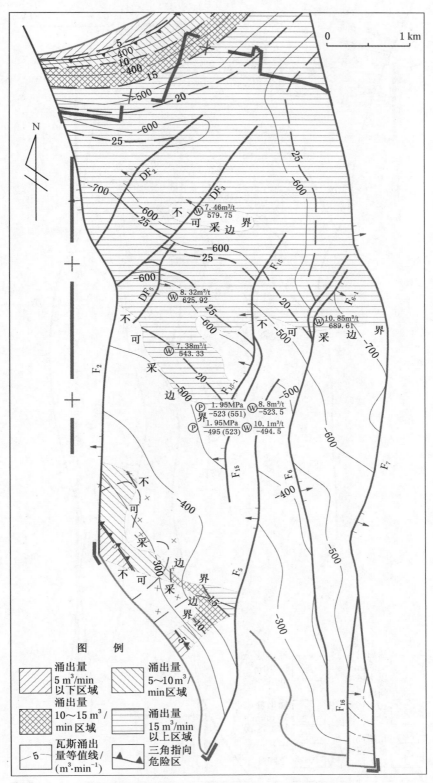

图7-13  卧龙湖7号煤层瓦斯涌出量地质略图

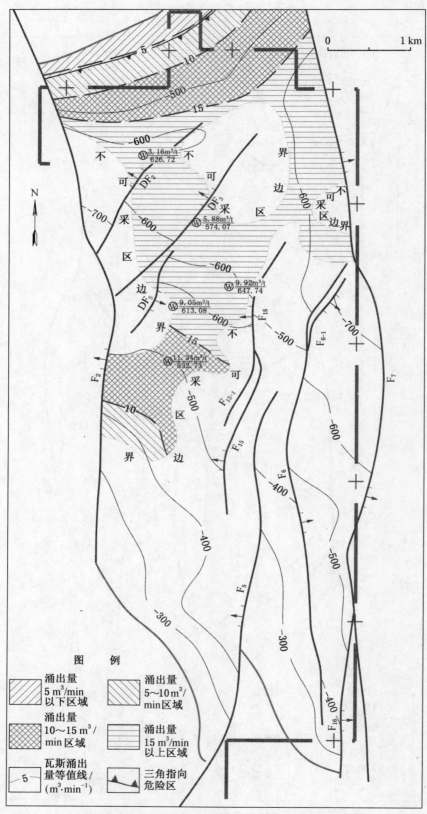

图 7-14　卧龙湖煤矿 6 号煤层瓦斯涌出量地质略图

表7-13 钱营孜煤矿 $3_2$ 号煤层采煤工作面瓦斯涌出量结果

| 纯煤瓦斯含量/ (m³·t⁻¹) | 标高/m | 开采层相对瓦斯涌出量预测/(m³·t⁻¹) | 不同产量所对应的绝对瓦斯涌出量/(m³·min⁻¹) | | |
|---|---|---|---|---|---|
| | | | 3000/(t·d⁻¹) | 5000/(t·d⁻¹) | 10000/(t·d⁻¹) |
| 4 | -380 | 2.29 | 4.78 | 7.96 | 15.93 |
| 6 | -437 | 4.59 | 9.56 | 15.93 | 31.85 |
| 8 | -495 | 6.88 | 14.33 | 23.89 | 47.78 |
| 10 | -552 | 9.17 | 19.11 | 31.85 | 63.7 |
| 12 | -610 | 11.47 | 23.89 | 39.81 | 79.63 |
| 14 | -668 | 13.76 | 28.67 | 47.78 | 95.55 |
| 16 | -725 | 16.05 | 33.44 | 55.74 | 111.48 |
| 18 | -782 | 18.35 | 38.22 | 63.7 | 127.4 |

**2. $5_1$ 号煤层瓦斯涌出量预测**

根据分源法对 $5_1$ 号煤层工作面瓦斯涌出量进行预测。$5_1$ 号煤层平均煤厚 0.93 m，距上邻近层 $3_2$ 号煤层 170.16 m，层间距较大，$5_1$ 号煤层回采时对瓦斯涌出影响不大，预测时不考虑其瓦斯涌出的影响。该煤层距下邻近层 $5_2$ 号煤层 7.59 m，距下邻近层 $5_3$ 号煤层 21.59 m，距下邻近层 $6_2$ 号煤层 48.96 m，层间距较大，对瓦斯涌出影响较小，预测时不考虑其影响。预测结果见表 7-14。

表7-14 $5_1$ 号煤层分源法瓦斯涌出量预测结果

| 标高/m | 该煤层瓦斯含量/(m³·t⁻¹) | 该煤层相对瓦斯涌出量/(m³·t⁻¹) | 下邻近层 $5_2$ 号煤层相对瓦斯涌出量/(m³·t⁻¹) | 下邻近层 $5_3$ 号煤层相对瓦斯涌出量/(m³·t⁻¹) | 采煤工作面相对瓦斯涌出量/(m³·t⁻¹) | 不同日产量下绝对瓦斯涌出量/(m³·min⁻¹) | | | |
|---|---|---|---|---|---|---|---|---|---|
| | | | | | | 2000/(t·d⁻¹) | 3000/(t·d⁻¹) | 4000/(t·d⁻¹) | 5000/(t·d⁻¹) |
| -300 | 3.53 | 1.87 | 0.34 | 0 | 2.21 | 3.07 | 4.60 | 6.14 | 7.67 |
| -400 | 4.88 | 3.53 | 1.08 | 0.05 | 4.66 | 6.47 | 9.71 | 12.94 | 16.18 |
| -500 | 6.231 | 5.18 | 1.82 | 0.57 | 7.57 | 10.51 | 15.78 | 21.03 | 26.28 |
| -600 | 7.58 | 6.83 | 2.57 | 1.08 | 10.48 | 14.56 | 21.83 | 29.11 | 36.39 |
| -700 | 8.93 | 8.48 | 3.31 | 1.6 | 13.39 | 18.6 | 27.9 | 37.19 | 46.49 |
| -800 | 10.281 | 10.13 | 4.05 | 2.11 | 16.29 | 22.63 | 33.94 | 45.25 | 56.56 |
| -900 | 11.63 | 11.79 | 4.8 | 2.62 | 19.21 | 26.68 | 40.02 | 53.36 | 66.70 |
| -1000 | 12.98 | 13.44 | 5.54 | 3.13 | 22.11 | 30.71 | 46.06 | 61.42 | 76.78 |

钱营孜煤矿 $5_1$ 号煤层绝对瓦斯涌出量预测结果见表 7-15。

表 7 - 15　5₁ 号煤层绝对瓦斯涌出量预测结果

| 绝对瓦斯涌出量/(m³·min⁻¹) | 10 | 20 | 30 | 40 | 50 |
|---|---|---|---|---|---|
| 标高/m | −333 | −433 | −533 | −633 | −733 |
| 备注 | 以日产量 5000 t 预测 | | | | |

### 3. 5₂ 号煤层瓦斯涌出量预测

5₂ 号煤层平均煤厚 0.72 m，距上邻近层 5₁ 号煤层 7.6 m，距下邻近层 5₃ 号煤层 14 m，距下邻近层 6₂ 号煤层 41.36 m，距下邻近层 7₂ 号煤层 57 m，层间距较大，5₂ 号煤层回采时对瓦斯涌出量影响不大，预测时不考虑其瓦斯涌出的影响，预测结果见表 7 - 16。

表 7 - 16　5₂ 号煤层分源法瓦斯涌出量预测结果

| 标高/m | 瓦斯含量/(m³·t⁻¹) | 瓦斯涌出量/(m³·t⁻¹) | 上邻近层 5₁ 号煤层瓦斯涌出量/(m³·t⁻¹) | 下邻近层 5₃ 号煤层瓦斯涌出量/(m³·t⁻¹) | 下邻近层 6₂ 号煤层瓦斯涌出量/(m³·t⁻¹) | 采煤工作面瓦斯涌出量/(m³·t⁻¹) | 不同日产量下绝对瓦斯涌出量/(m³·min⁻¹) | | | |
|---|---|---|---|---|---|---|---|---|---|---|
| | | | | | | | 2000/(t·d⁻¹) | 3000/(t·d⁻¹) | 4000/(t·d⁻¹) | 5000/(t·d⁻¹) |
| −300 | 3.20 | 1.47 | 1.66 | 0.06 | 0.05 | 3.25 | 4.51 | 6.77 | 9.02 | 11.28 |
| −400 | 4.42 | 2.97 | 3.23 | 0.53 | 0.21 | 6.94 | 9.63 | 14.45 | 19.27 | 24.08 |
| −500 | 5.64 | 4.46 | 4.8 | 0.99 | 0.37 | 10.62 | 14.75 | 22.13 | 29.50 | 36.88 |
| −600 | 6.86 | 5.95 | 6.37 | 1.45 | 0.53 | 14.31 | 19.87 | 29.81 | 39.75 | 49.69 |
| −700 | 8.08 | 7.45 | 7.94 | 1.92 | 0.69 | 18 | 24.99 | 37.49 | 49.99 | 62.486 |
| −800 | 9.30 | 8.94 | 9.51 | 2.38 | 0.86 | 21.68 | 30.11 | 45.17 | 60.23 | 75.29 |
| −900 | 10.52 | 10.44 | 11.08 | 2.85 | 1.02 | 25.37 | 35.23 | 52.85 | 70.47 | 88.09 |
| −1000 | 11.74 | 11.93 | 12.65 | 3.31 | 1.18 | 29.06 | 40.36 | 60.53 | 80.71 | 100.89 |

钱营孜煤矿 5₂ 号煤层绝对瓦斯涌出量预测结果见表 7 - 17。

表 7 - 17　钱营孜煤矿 5₂ 号煤层绝对瓦斯涌出量预测结果

| 绝对瓦斯涌出量/(m³·min⁻¹) | 10 | 20 | 30 | 40 | 50 |
|---|---|---|---|---|---|
| 标高/m | −290 | −370 | −450 | −525 | −602 |
| 备注 | 以日产量 5000 t 预测 | | | | |

### 4. 5₃ 号煤层瓦斯涌出量预测

5₃ 号煤层平均煤厚 0.70 m，距上邻近层 5₁ 号煤层 21.6 m，距上邻近层 5₂ 号煤层 14 m，距下邻近层 6₂ 号煤层 27.4 m，距下邻近层 7₂ 号煤层 42.5 m，预测结果见表 7 - 18。

钱营孜煤矿 5₃ 号煤层绝对瓦斯涌出量预测结果见表 7 - 19。

表7-18 5₃号煤层分源法瓦斯涌出量预测结果

| 标高/m | 该煤层瓦斯含量/(m³·t⁻¹) | 该煤层瓦斯涌出量/(m³·t⁻¹) | 上邻近层5₁号煤层瓦斯涌出量/(m³·t⁻¹) | 上邻近层5₂号煤层瓦斯涌出量/(m³·t⁻¹) | 下邻近层6₂号煤层瓦斯涌出量/(m³·t⁻¹) | 下邻近层7₂号煤层瓦斯涌出量/(m³·t⁻¹) | 采煤工作面瓦斯涌出量/(m³·t⁻¹) | 不同日产量下绝对瓦斯涌出量/(m³·min⁻¹) | | | |
|---|---|---|---|---|---|---|---|---|---|---|---|
| | | | | | | | | 2000/(t·d⁻¹) | 3000/(t·d⁻¹) | 4000/(t·d⁻¹) | 5000/(t·d⁻¹) |
| -400 | 4.3 | 2.82 | 2.75 | 1.39 | 0.44 | 0.72 | 8.12 | 11.24 | 16.92 | 22.56 | 28.19 |
| -500 | 5.81 | 4.67 | 4.19 | 2.5 | 0.8 | 1.37 | 13.53 | 18.79 | 28.19 | 37.58 | 46.98 |
| -600 | 7.32 | 6.51 | 5.62 | 3.62 | 1.17 | 2.02 | 18.94 | 26.31 | 39.46 | 52.61 | 65.76 |
| -700 | 8.83 | 8.36 | 7.06 | 4.74 | 1.54 | 2.68 | 24.38 | 33.86 | 50.79 | 67.7 | 84.65 |
| -800 | 10.34 | 10.21 | 8.49 | 5.86 | 1.9 | 3.33 | 29.79 | 41.38 | 62.06 | 82.75 | 103.44 |
| -900 | 11.85 | 12.06 | 9.93 | 6.98 | 2.27 | 3.98 | 35.22 | 48.92 | 73.38 | 97.83 | 122.29 |
| -1000 | 13.36 | 13.91 | 11.36 | 8.1 | 2.64 | 4.63 | 40.64 | 56.44 | 84.67 | 112.89 | 141.11 |

表7-19 钱营孜煤矿5₃号煤层绝对瓦斯涌出量预测结果

| 绝对瓦斯涌出量/(m³·min⁻¹) | 10 | 20 | 30 | 40 | 50 |
|---|---|---|---|---|---|
| 标高/m | -300 | -360 | -410 | -460 | -520 |
| 备注 | 以日产量5000 t预测 | | | | |

5. 6₂号煤层瓦斯涌出量预测

利用分源法得到的6₂号煤层瓦斯涌出量结果见表7-20。

表7-20 6₂号煤层分源法瓦斯涌出量预测结果

| 瓦斯含量/(m³·t⁻¹) | 标高/m | 采煤工作面相对瓦斯涌出量预测/(m³·t⁻¹) | 采煤工作面不同日产量下绝对瓦斯涌出量/(m³·min⁻¹) | | | |
|---|---|---|---|---|---|---|
| | | | 2000/(t·d⁻¹) | 3000/(t·d⁻¹) | 4000/(t·d⁻¹) | 5000/(t·d⁻¹) |
| 4 | -369 | 6.83 | 9.48 | 14.23 | 18.97 | 23.71 |
| 6 | -571 | 13.66 | 18.97 | 28.45 | 37.94 | 47.42 |
| 8 | -773 | 20.49 | 28.45 | 42.68 | 56.91 | 71.13 |
| 10 | -975 | 27.32 | 37.94 | 56.91 | 75.88 | 94.84 |
| 12 | -1177 | 34.14 | 47.42 | 71.13 | 94.84 | 118.56 |

6. 7₂号煤层瓦斯涌出量预测

7₂号煤层瓦斯涌出量预测结果见表7-21。

7. 8₂号煤层瓦斯涌出量预测

钱营孜煤矿8₂号煤层瓦斯涌出量预测结果见表7-22。

表 7 - 21　$7_2$ 号煤层分源法瓦斯涌出量预测结果

| 瓦斯含量/ $(m^3 \cdot t^{-1})$ | 标高/m | 采煤工作面相对瓦斯涌出量预测/ $(m^3 \cdot t^{-1})$ | 采煤工作面不同日产量下绝对瓦斯涌出量/ $(m^3 \cdot min^{-1})$ | | | |
|---|---|---|---|---|---|---|
| | | | 2000/ $(t \cdot d^{-1})$ | 3000/ $(t \cdot d^{-1})$ | 4000/ $(t \cdot d^{-1})$ | 5000/ $(t \cdot d^{-1})$ |
| 4 | -421 | 7.63 | 10.59 | 15.89 | 21.18 | 26.48 |
| 6 | -510 | 15.25 | 21.18 | 31.78 | 42.37 | 52.96 |
| 8 | -599 | 22.88 | 31.78 | 47.67 | 63.55 | 79.44 |
| 10 | -688 | 30.51 | 42.37 | 63.55 | 84.74 | 105.92 |
| 12 | -777 | 38.13 | 52.96 | 79.44 | 105.92 | 132.40 |
| 14 | -866 | 45.76 | 63.55 | 95.33 | 127.11 | 158.89 |
| 16 | -955 | 53.39 | 74.15 | 111.22 | 148.29 | 185.37 |

表 7 - 22　钱营孜煤矿 $8_2$ 号煤层瓦斯涌出量预测结果

| 瓦斯含量/ $(m^3 \cdot t^{-1})$ | 标高/m | 采煤工作面相对瓦斯涌出量预测/ $(m^3 \cdot t^{-1})$ | 采煤工作面不同日产量下绝对瓦斯涌出量/ $(m^3 \cdot min^{-1})$ | | | |
|---|---|---|---|---|---|---|
| | | | 2000/ $(t \cdot d^{-1})$ | 3000/ $(t \cdot d^{-1})$ | 4000/ $(t \cdot d^{-1})$ | 5000/ $(t \cdot d^{-1})$ |
| 4 | -425 | 5.81 | 8.07 | 12.10 | 16.14 | 20.17 |
| 6 | -530 | 11.99 | 16.65 | 24.97 | 33.30 | 41.62 |
| 8 | -635 | 18.17 | 25.23 | 37.85 | 50.46 | 63.08 |
| 10 | -739 | 24.34 | 33.81 | 50.72 | 67.62 | 84.53 |
| 12 | -844 | 30.52 | 42.39 | 63.59 | 84.78 | 105.98 |
| 14 | -949 | 36.70 | 50.97 | 76.46 | 101.94 | 127.43 |
| 16 | -1053 | 42.88 | 59.55 | 89.33 | 119.11 | 148.88 |

## 8. 10 号煤层瓦斯涌出量预测

预测 10 号煤层瓦斯涌出量时，由于上覆和下覆的各煤组离 10 号煤层较远，超出顶底板影响范围，瓦斯涌出量预测只考虑该煤层的瓦斯涌出，结果见表 7 - 23。

表 7 - 23　10 号煤层分源法瓦斯涌出量预测结果

| 瓦斯含量/ $(m^3 \cdot t^{-1})$ | 标高/m | 采煤工作面相对瓦斯涌出量预测/ $(m^3 \cdot t^{-1})$ | 采煤工作面不同日产量下绝对瓦斯涌出量/ $(m^3 \cdot min^{-1})$ | | | |
|---|---|---|---|---|---|---|
| | | | 2000/ $(t \cdot d^{-1})$ | 3000/ $(t \cdot d^{-1})$ | 4000/ $(t \cdot d^{-1})$ | 5000/ $(t \cdot d^{-1})$ |
| 4 | -759 | 2.42 | 3.36 | 5.03 | 6.71 | 8.39 |
| 6 | -849 | 4.83 | 6.71 | 10.07 | 13.42 | 16.78 |
| 8 | -940 | 7.25 | 10.07 | 15.10 | 20.13 | 25.17 |
| 10 | -1030 | 9.66 | 13.42 | 20.13 | 26.85 | 33.56 |
| 12 | -1121 | 12.08 | 16.78 | 25.17 | 33.56 | 41.95 |

## 7.4　煤与瓦斯区域突出危险性预测

### 7.4.1　卧龙湖煤矿煤与瓦斯区域突出危险性预测

综合考虑各种因素，将卧龙湖煤矿 10 号煤层划分为无突出危险区和突出危险区：绝对瓦斯涌出量 5 $m^3$/min 线以浅为无突出危险区，绝对瓦斯涌出量 5 $m^3$/min 线以深为突出危险区。

综合考虑各种因素，将卧龙湖煤矿 7 号、8 号煤层划分为无突出危险区和突出危险区：绝对瓦斯涌出量 5 $m^3$/min 线以浅为无突出危险区，绝对瓦斯涌出量 5 $m^3$/min 线以深为突出危险区。

综合考虑各种因素，将卧龙湖煤矿 6 号煤层划分为无突出危险区和突出危险区：绝对瓦斯涌出量 5 $m^3$/min 线以浅为无突出危险区，绝对瓦斯涌出量 5 $m^3$/min 线以深为突出危险区。

### 7.4.2　任楼煤矿煤与瓦斯区域突出危险性预测

任楼煤矿可采煤层主要有 $3_1$ 号、$5_1$ 号、$5_2$ 号、$7_2$ 号、$7_3$ 号、$8_2$ 号等煤层，目前开采的煤层主要为 $-520$ m 以浅的 $7_2$ 号、$7_3$ 号和 $8_2$ 号三层煤，开采采区为中一~中四 4 个采区。一水平采掘工作面拥有丰富的瓦斯资料。此次研究主要采用矿山统计法，计算矿井相对瓦斯涌出量与深度的关系，预测 $7_2$ 号、$7_3$ 号、$8_2$ 号煤层深部瓦斯涌出量。

1. $7_2$ 号煤层瓦斯涌出量预测

任楼煤矿 $7_2$ 号煤层在一水平由南向北布置了中三、中一、中二、中四 4 个采区，已经有 10 多个工作面回采完毕。从已揭露的煤层来看，目前除中二、中四采区个别工作面相对瓦斯涌出量超过 10 $m^3$/t 外，大部分工作面相对瓦斯涌出量低于 10 $m^3$/t，这主要与 $F_{16}$ 断层组有关。但随着开采深度的增加，$7_2$ 号煤层瓦斯涌出量会随之增加明显，因此，为确保今后煤矿生产安全，需对深部的瓦斯涌出作进一步的预测。$7_2$ 号煤层采煤工作面的瓦斯涌出量情况见表 7-24。

表 7-24　$7_2$ 号煤层采煤工作面瓦斯涌出量情况

| 序号 | 工作面名称 | 平均相对瓦斯涌出量/($m^3 \cdot t^{-1}$) | 平均开采深度/m |
|------|------------|------------------------------------------|----------------|
| 1 | $7_2$10N | 2.76 | −344 |
| 2 | $7_2$11S | 3.82 | −357 |
| 3 | $7_2$11N | 4.66 | −382 |
| 4 | 7211 | 3.4 | −366 |
| 5 | 7212 | 2.7 | −356 |
| 6 | 7213 | 3.04 | −399 |
| 7 | 7214 | 4.15 | −400 |
| 8 | 7215 | 6.49 | −450 |
| 9 | 7215 | 6.03 | −457 |
| 10 | 7216 | 5.36 | −436 |
| 11 | 7217 | 5.01 | −493.5 |

表 7 - 24（续）

| 序号 | 工作面名称 | 平均相对瓦斯涌出量/($m^3 \cdot t^{-1}$) | 平均开采深度/m |
|---|---|---|---|
| 12 | 7218 | 4.01 | -488 |
| 13 | 7219 | 7.19 | -550 |
| 14 | 7233 | 5.61 | -366 |
| 15 | 7234 | 6.14 | -485 |
| 16 | 7221 | 2.13 | -361 |
| 17 | 7222 | 2.96 | -363 |
| 18 | 7223 | 4.15 | -413 |
| 19 | 7224 | 3.76 | -389 |
| 20 | 7224 | 10.04 | -412.5 |
| 21 | 7226 | 2.85 | -447 |
| 22 | 7226 | 3.05 | -447 |
| 23 | 7227 | 5.59 | -505.5 |
| 24 | 7242 | 2.83 | -338 |
| 25 | 7242 | 3.4 | -338 |
| 27 | 7244 | 11.79 | -402.5 |
| 28 | 7245 | 8.48 | -521 |
| 29 | 7245 | 7.62 | -521 |
| 30 | 7246 | 8.48 | -466.5 |

$7_2$ 号煤层各采区采煤工作面相对瓦斯涌出量和标高的关系如图 7 - 15 所示。

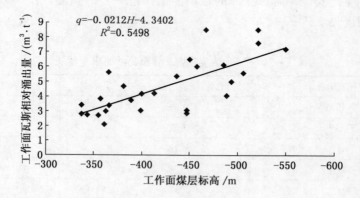

图 7 - 15　$7_2$ 号煤层工作面相对瓦斯涌出量与标高的关系

由图 7 - 15 可知，随着开采深度的增加，瓦斯涌出量逐渐增加。两者之间有如下的线性规律（$R = 0.741$），回归方程为

$$q = -0.0212H - 4.3402$$

式中　$H$——标高，m；

$q$——相对瓦斯涌出量，$m^3/t$。

从工作面相对瓦斯涌出量来看，$7_2 15$、$7_2 24$、$7_2 44$、$7_2 45$ 等工作面相对瓦斯涌出量明显偏高，其原因：$7_2 15$ 工作面开采煤层为 $7_2$ 号、$7_3$ 号煤层合并层，煤层厚度变化较大，采用放顶煤方法回采，同时有 $F_{X8}$ 断层的影响；$7_2 24$、$7_2 44$、$7_2 45$ 等工作面位于 $F_{16}$ 断层组附近，$F_{16}$ 断层为先张后压断层，断层封闭性使瓦斯积聚，瓦斯涌出量高。因此，利用线性回归方程预测 $7_2$ 号煤层深部煤层及未采区的相对瓦斯涌出量时，地质构造复杂带附近应适当增加瓦斯预测量，并加强瓦斯管理工作。

2. $7_3$ 号煤层瓦斯涌出量预测

任楼煤矿 $7_3$ 号煤层在一水平由南向北布置了中三、中一、中二、中四 4 个采区，其中，中三、中一和中二采区大多与 $7_2$ 号煤层合并开采，已经有 10 多个工作面回采完毕。从已揭露的煤层来看，目前工作面相对瓦斯涌出量均小于 $10~m^3/t$，为低瓦斯开采时期，但随着开采深度的增加，$7_3$ 号煤层瓦斯涌出量会随之增加明显，因此，为确保今后煤矿生产安全，需对深部的瓦斯涌出作进一步的预测。$7_3$ 号煤层采煤工作面瓦斯涌出量情况见表 7-25。

表 7-25 $7_3$ 号煤层采煤工作面瓦斯涌出量情况

| 序号 | 工作面名称 | 平均相对瓦斯涌出量/$(m^3 \cdot t^{-1})$ | 平均开采深度/m |
|---|---|---|---|
| 1 | 7311N | 3.16 | −396 |
| 2 | 7311S | 1.95 | −340 |
| 3 | 7310 | 2.2 | −323 |
| 4 | 7321S | 4.16 | −375 |
| 5 | 7321 | 3.78 | −400 |
| 6 | 7322 | 3.06 | −381 |
| 7 | 7324 | 3.62 | −416 |
| 8 | 7326 | 4.63 | −455 |
| 9 | 7341 | 2.59 | −372 |
| 10 | 7321N | 6.47 | −383 |

$7_3$ 号煤层各采区采煤工作面相对瓦斯涌出量和标高的关系如图 7-16 所示。

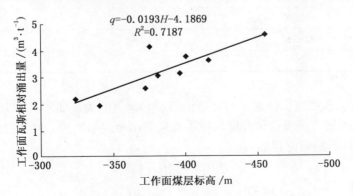

图 7-16 $7_3$ 号煤层相对瓦斯涌出量与标高的关系

　　由图 7 - 16 可知，随着开采深度的增加，瓦斯涌出量逐渐增加。两者之间有如下的线性规律（$R = 0.848$），回归方程为

$$q = -0.0193H - 4.1869$$

式中　$H$——标高，m;

　　　　$q$——相对瓦斯涌出量，$m^3/t$。

　　从瓦斯涌出量资料来看，$7_3$ 号煤层较 $7_2$ 号煤层明显偏低，主要由于两煤层间距较小，开采过程是先开采 $7_2$ 号煤层后开采 $7_3$ 号煤层造成 $7_3$ 号煤层相对瓦斯涌出量较低。因此，利用线性回归方程预测 $7_3$ 号煤层深部煤层的相对瓦斯涌出量时，在地质构造复杂带附近应适当增加瓦斯预测量，对未采区煤层相对瓦斯涌出量也应适当增加瓦斯预测量。

　　3. $8_2$ 号煤层瓦斯涌出量预测

　　任楼煤矿 $8_2$ 号煤层在一水平由南向北布置了中三、中一、中二、中四 4 个采区，已经有 10 多个工作面回采完毕。从已揭露的煤层来看，目前工作面相对瓦斯涌出量均小于 10 $m^3/t$，为低瓦斯开采时期，但随着开采深度的增加，$8_2$ 号煤层瓦斯涌出量会随之增加明显，因此，为确保今后煤矿生产安全，需对深部的瓦斯涌出作进一步的预测。$8_2$ 号煤层采煤工作面瓦斯涌出量情况见表 7 - 26。

表 7 - 26　$8_2$ 号煤层采煤工作面瓦斯涌出量情况

| 序号 | 工作面名称 | 平均相对瓦斯涌出量/($m^3 \cdot t^{-1}$) | 平均开采深度/m |
|---|---|---|---|
| 1 | 8212 | 2.22 | -367 |
| 2 | 8214 | 1.62 | -403.5 |
| 3 | 8215 | 2.28 | -468.5 |
| 4 | 8216 | 3.43 | -446.5 |
| 5 | 8221 | 2.79 | -362 |
| 6 | 8222 | 4.02 | -361 |
| 7 | 8223 | 3.84 | -416 |
| 8 | 8224 | 3.04 | -415 |
| 9 | 8224S | 2.7 | -403 |
| 10 | 8225 | 3.83 | -472.5 |
| 11 | 8226 N | 7.09 | -488 |
| 12 | 8226 S | 4.86 | -490 |
| 13 | 8245 | 2.67 | -538 |

　　$8_2$ 号煤层各采区采煤工作面相对瓦斯涌出量和标高的关系如图 7 - 17 所示。

　　由图 7 - 17 可知，随着开采深度的增加瓦斯涌出量逐渐增加。两者之间有如下的线性规律（$R = 0.783$），回归方程为

$$q = -0.0174H - 4.162$$

式中　$H$——标高，m;

　　　　$q$——相对瓦斯涌出量，$m^3/t$。

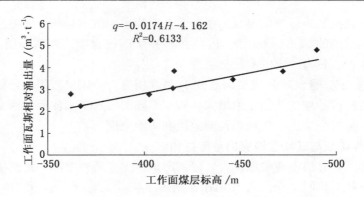

图7-17　$8_2$ 号煤层相对瓦斯涌出量与标高

从瓦斯涌出量资料来看，$8_2$ 号煤层较 7 号煤层明显偏低，主要由于 $8_2$ 号煤层构造煤不及 7 号煤层发育，同时 $8_2$ 号煤层与 7 号煤层层间距不大，7 号煤层的开采造成 $8_2$ 号煤层瓦斯部分逸散。因此，利用线性回归方程预测 $8_2$ 号煤层深部煤层的相对瓦斯涌出量时，在地质构造复杂带附近应适当增加瓦斯预测量，对未采区煤层相对瓦斯涌出量也应适当增加瓦斯预测量。

4. 地质构造对瓦斯涌出量的影响

从井田内所揭露的小断层情况来看，断层面上具有或薄或厚的细腻柔软的构造膜泥，膜泥结构细腻致密，在有的断层带内可见到破碎的煤岩碎块，但碎块间被大量的细腻软泥所充填。同时，在断层带两侧的断面上也存在由煤岩组成的构造软泥膜，形成封闭面。而在断层两盘附近煤岩层中，发育有一系列开放性的伴生微小断裂或裂隙，有的虽然被方解石等物充填，但裂隙内很少见到像断层面上所见到的构造泥膜，这种伴生的微小构造，既有利于瓦斯赋存，更有利于瓦斯运移。

任楼煤矿主采煤层 $7_2$ 号、$7_3$ 号、$8_2$ 号煤层的瓦斯涌出有以下规律：

（1）随着矿井开采深度的增加，各煤层的相对瓦斯涌出量逐渐增大。$7_2$ 号煤层开采深度每增加 100 m，相对瓦斯涌出量增加 2.12 $m^3/t$；$7_3$ 号煤层开采深度每增加 100 m，相对瓦斯涌出量增加 1.93 $m^3/t$；$8_2$ 号煤层开采深度每增加 100 m，相对瓦斯涌出量增加 1.74 $m^3/t$。

（2）由于开采顺序不同，先开采的煤层揭露时间早，瓦斯涌出量大。任楼煤矿 $7_2$ 号煤层先开采，在同一开采深度下，$7_2$ 号煤层相对瓦斯涌出量大，而 $7_3$ 号、$8_2$ 号煤层相对瓦斯涌出量则较小。

（3）地质构造对煤层相对瓦斯涌出量影响大，地质构造复杂的采煤工作面附近瓦斯涌出量较大。例如，中一采区的 $7_2$15 工作面，其开采煤层为 $7_2$ 号、$7_3$ 号煤层合并层，煤层厚度变化大，又采用放顶煤方法回采，同时受 $F_{X8}$ 断层的影响，因此，该区瓦斯涌出量较大。$7_2$24、$7_2$44 等工作面位于 $F_{16}$ 断层上盘，因其具有较好的封闭性，在回采过程中，工作面相对瓦斯涌出量超标，相对瓦斯涌出量超过 10 $m^3/t$。中七采区位于童庄向斜轴部，地质构造复杂，瓦斯含量较高，今后布置工作面时，其瓦斯涌出量也应比较高。

（4）矿井发育的小断层对煤层瓦斯涌出影响较大，正断层下盘和逆断层上盘常出现瓦斯涌出异常。瓦斯涌出量峰值出现的位置及瓦斯涌出的范围与断层落差具有较好的相关性，分别为断层落差的 35 倍、60 倍。因此在矿井生产过程中，探明断层的性质及位置，对于指导安全生产，具有一定的实践意义。

（5）主采煤层 $7_2$ 号、$7_3$ 号煤层构造较 $8_2$ 号煤层发育，煤层吸附瓦斯能力强，瓦斯涌出量大，且随着深度的增加瓦斯压力增大，特别是随着二水平工作面的回采，瓦斯含量和瓦斯压力增加，易发生突出，应加强瓦斯监控和防治力度。

### 7.4.3　钱营孜煤矿煤与瓦斯区域突出危险性预测

$6_2$ 号、$7_2$ 号、10 号煤层埋藏深，岩浆侵入严重，煤变质程度高，瓦斯生成量大。煤组断层较多，构造相对比较复杂，尤其是在逆断层 $F_{17}$、$F_{17-1}$、$F_{17-2}$、$F_{15}$ 和 $F_{51}$ 周围，由于逆断层的封闭性有利于瓦斯保存，局部瓦斯有增大的趋势。依据钱营孜矿井现有资料，综合考虑矿井瓦斯地质规律，对钱营孜矿井这三煤层突出危险性进行区域预测，划分为无突出危险区和突出危险区。$5_1$ 号煤层标高 −630 m 以浅为无突出危险区；标高 −630 m 以深为突出危险区。对钱营孜矿井 $5_2$ 号煤层突出危险性进行区域预测，标高 −690 m 以浅为无突出危险区；标高 −690 m 以深为突出危险区。对钱营孜矿井 $5_3$ 号煤层突出危险性进行区域预测，标高 −645 m 以浅为无突出危险区；标高 −645 m 以深为突出危险区。

## 7.5　矿区瓦斯（煤层气）资源量评价

卧龙湖煤矿煤层气资源量计算结果见表 7 − 27。

表 7 − 27　卧龙湖煤矿煤层气资源量计算成果

| 矿井名称 | 主要开采煤层 | 煤层气地质储量/万 m³ | | | 煤层气可抽采量/万 m³ | | |
|---|---|---|---|---|---|---|---|
| | | <0.74 MPa 或 8 m³/t 储量 | <0.1 mD 储量 | 合计储量 | <0.74 MPa 或 8 m³/t 可抽采量 | <0.1 mD 可抽采量 | 合计可抽采量 |
| 卧龙湖 | 6 号煤层 | — | 2087.10 | 2087.10 | — | 859.30 | 859.30 |
| | 7 号煤层 | — | 6050 | 6050 | — | 3454.90 | 3454.90 |
| | 8 号煤层 | — | 8448 | 8448 | — | 4146.30 | 4146.30 |
| | 10 号煤层 | | 8261.70 | 8261.70 | | 5297.30 | 5297.30 |

采用瓦斯地质图法对任楼煤矿 $7_2$ 号、$7_3$ 号、$8_2$ 号煤层的煤层气资源量进行了计算。按照计算块段划分的原则和参数确定的标准，资源量计算具体结果见表 7 − 28、表 7 − 29。

表 7 − 28　煤层气资源量计算成果

| 主要开采煤层 | 煤层气地质储量/万 m³ | | | 煤层气可抽采量/万 m³ | | |
|---|---|---|---|---|---|---|
| | <0.74 MPa 或 8 m³/t 储量 | <0.1 mD 储量 | 合计储量 | <0.74 MPa 或 8 m³/t 可抽采量 | <0.1 mD 可抽采量 | 合计可抽采量 |
| $7_2$ 号 | — | 24567.00 | 24567.00 | — | 9456.00 | 9456.00 |
| $7_3$ 号 | — | 18572.00 | 18572.00 | — | 1035.00 | 1035.00 |
| $8_2$ 号 | — | 30598.90 | 30598.90 | — | 12046.00 | 12046.00 |

表 7 – 29  煤层气资源量计算成果 (深部)

| 主要开采煤层 | 煤层气地质储量/万 m³ | | | 煤层气可抽采量/万 m³ | | |
|---|---|---|---|---|---|---|
| | <0.74 MPa 或 8 m³/t 储量 | <0.1 mD 储量 | 合计储量 | <0.74 MPa 或 8 m³/t 可抽采量 | <0.1 mD 可抽采量 | 合计可抽采量 |
| 7₂ 号 | — | | | — | | |
| 7₃ 号 | — | 188652.6 | 188652.6 | — | 56595.8 | 56595.8 |
| 8₂ 号 | — | | | — | | |

# 参 考 文 献

[1] 韩树棻. 两淮地区成煤地质条件及成煤预测 [M]. 北京: 地质出版社, 1990.

[2] 李增学. 煤矿地质学 [M]. 北京: 煤炭工业出版社, 2009.

[3] 张子敏. 瓦斯地质学 [M]. 徐州: 中国矿业大学出版社, 2009.

[4] 周世宁, 林柏泉. 煤层瓦斯赋存与流动理论 [M]. 北京: 煤炭工业出版社, 1999.

[5] 朱文伟, 张品刚, 张继坤, 等. 安徽省两淮煤田控煤构造样式研究 [J]. 中国煤炭地质, 2011, 23 (8): 49 – 52.

[6] 傅雪海, 秦勇, 韦重韬. 煤层气地质学 [M]. 徐州: 中国矿业大学出版社, 2007.

[7] 焦作矿业学院瓦斯地质研究室. 瓦斯地质概论 [M]. 北京: 煤炭工业出版社, 1991.

[8] 杨起, 韩德馨. 中国煤田地质学 [M]. 北京: 煤炭工业出版社, 1979.

[9] 屈争辉, 姜波, 汪吉林, 等. 淮北地区构造演化及其对煤与瓦斯的控制作用 [J]. 中国煤炭地质, 2008, 20 (10): 34 – 37.

[10] 琚宜文, 王桂梁. 淮北宿临矿区构造特征及演化 [J]. 辽宁工程技术大学学报 (自然科学版), 2002, 21 (3): 286 – 287.

[11] 姜波, 秦勇, 范炳恒, 等. 淮北地区煤储层物性及煤层气勘探前景 [J]. 中国矿业大学学报, 2001, 30 (5): 433 – 437.

[12] 李丽, 王楠. 淮北矿区煤与瓦斯突出的瓦斯地质规律分析 [J]. 煤炭技术, 2009, 28 (2): 127 – 129.

[13] 李伟, 连昌宝. 淮北煤田煤与瓦斯突出地质因素分析与防治 [J]. 煤炭科学技术, 2007, 35 (1): 19 – 22.

[14] 乐琪浪. 煤层层间滑动构造发育规律及定量化评价研究 [D]. 淮南: 安徽理工大学, 2010.

[15] 徐学锋. 地质构造对煤与瓦斯突出的影响研究 [D]. 阜新: 辽宁工程技术大学, 2003.

[16] 吴江平. 淮南煤田东部煤中微量元素及其环境意义研究 [D]. 淮南: 安徽理工大学, 2006.

[17] 屈争辉. 构造煤结构及其对瓦斯特性的控制机理研究 [D]. 徐州: 中国矿业大学, 2010.

[18] 魏风清. 煤与瓦斯突出的物理爆炸模型及预测指标研究 [D]. 焦作: 河南理工大学, 2010.

[19] 王蓝田, 赵联伟. 浅析瓦斯地质运移规律和综合治理 [J]. 山东煤炭科技, 2010.

[20] 王红岩. 影响煤层气富集成藏的构造条件研究 [D]. 北京: 中国地质大学 (北京), 2002.

[21] 高锡擎. 淮南谢家集矿区煤层气地质特征研究 [D]. 淮南: 安徽理工大学, 2012.

[22] 徐磊, 张华, 桑树勋, 等. 淮南地区煤储层含气性总体特征 [J]. 中国煤田地质, 2002.

[23] 范景坤. 淮北矿区煤层气资源及抽放技术 [J]. 中国煤层气, 2004.

[24] 唐文杰. 潘谢矿区 13 – 1 煤层瓦斯地质规律及瓦斯抽采区块划分研究 [D]. 焦作: 河南理工大学, 2012.

[25] 马国龙. 潘三矿 $B_{(11-2)}$ 煤掘进面瓦斯突出预测指标研究 [D]. 焦作: 河南理工大学, 2008.

[26] 欧建春. 淮南矿区 8 煤层始突瓦斯参数确定方法及应用研究 [D]. 焦作: 河南理工大学, 2009.

[27] 沈金山. 淮南潘集矿区 13 – 1 煤层瓦斯地质特征研究 [D]. 淮南: 安徽理工大学, 2012.

[28] 凌标灿. 综放面顶板岩体稳定性地质动态评价及控制 [D]. 北京: 中国矿业大学 (北京), 2002.

[29] 孙昌一. 地质构造对煤层瓦斯赋存与分布的控制作用 [D]. 淮南: 安徽理工大学, 2006.

[30] 陈富勇, 吴基文, 范景坤, 等. 宿县、临涣矿区地质构造特征及其形成机理 [J]. 科技资讯, 2009.

# 第 2 篇

## 煤矿瓦斯防治

# 8  瓦斯灾害类型及特征

　　我国是世界上最大的煤炭生产国和消费国，最高年产达 13.7 亿 t，在一次能源消费构成中，煤炭占到 70% 以上。我国煤炭生产主要为地下作业，由于煤炭赋存的地质条件复杂多变，经常受到瓦斯、水、火、粉尘、顶板等自然灾害的威胁，煤矿事故时有发生，其中瓦斯事故尤为严重。我国是瓦斯事故最多的国家之一。

　　在煤矿生产中，瓦斯灾害主要表现为瓦斯爆炸（瓦斯煤尘爆炸）、煤与瓦斯突出、中毒、窒息事故。新中国成立以来，我国煤矿发生一次死亡百人以上特大瓦斯（与煤尘）爆炸事故有 20 余起；煤与瓦斯突出次数占全世界突出总次数 1/3 以上，其中最大一次突出的突出煤和岩石量达 12780 t，瓦斯 140 万 m³。瓦斯灾害的发生，不仅使生命、财产遭受重大损失，而且影响煤炭生产正常进行。因此，防治瓦斯灾害，保障煤矿安全生产，是煤矿企业十分迫切的任务。

## 8.1  瓦斯爆炸

### 8.1.1  瓦斯爆炸条件及其危害

1. 瓦斯爆炸的必要条件

　　瓦斯爆炸必须具备三个条件，即一定浓度的瓦斯、引爆火源和足够的氧气，如图 8 - 1 所示。

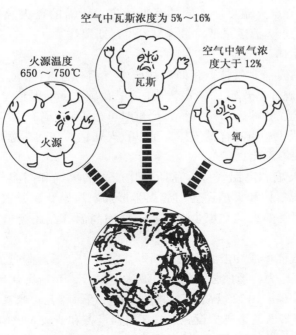

图 8-1  瓦斯爆炸的三个条件

（1）瓦斯浓度。瓦斯与空气混合，其体积分数在 5% ~16% 时具有爆炸性。但是瓦斯爆炸界限并不是绝对的，它受不同因素影响，在一定范围内会发生变化。如果其他的可燃性气体或煤尘混入，或温度、压力增加，瓦斯爆炸界限就会扩大。

（2）引爆火源。一定浓度的瓦斯只有遇到高温火源才会引发爆炸，引爆瓦斯火源的温度范围一般为 650 ~750 ℃。井下煤炭自燃、明火、电气火花、架线机车火花、电焊、吸烟，以及摩擦、撞击和爆破产生的火花都可以引燃、引爆瓦斯。

（3）氧气含量。在空气与瓦斯混合的气体中，如果氧气含量低于 12%，混合气体就会失去爆炸性。在正常生产的矿井中氧气含量都高于 12%，不可能采用降低空气中氧气含量的办法来防止瓦斯爆炸。对于已封闭的火区或正在处理中的火区，尤其是对高瓦斯矿井的火区，可以采取注入惰性气体、降低氧气含量的方法来防止瓦斯爆炸。

2. 影响瓦斯爆炸的因素

（1）可燃性气体的混入。在瓦斯和空气的混合气体中，如果有一些可燃性气体混入，如硫化氢、乙烷等，这些气体本身具有爆炸性，不仅增加了爆炸气体的总浓度，而且会使瓦斯爆炸下限降低，从而扩大了瓦斯爆炸的界限。

（2）爆炸性煤尘的混入。当瓦斯和空气的混合气体中混入了爆炸性煤尘，由于煤尘本身遇到火源会放出可燃性气体，因而会使瓦斯爆炸下限降低。

（3）惰性气体的混入。瓦斯和空气的混合气体中，惰性气体的混入会使氧气的含量降低，因而可以缩小瓦斯的爆炸界限，降低瓦斯爆炸的危险性。

（4）混合气体的压力。井下爆破时，混合气体的压力越大，所需的点火温度就越低，也就越容易发生瓦斯爆炸事故。

（5）混合气体的初始温度。井下发生火灾时，混合气体的初始温度越高，瓦斯爆炸的界限就越大。

（6）瓦斯浓度与点火温度。不同的瓦斯浓度，所需的点火温度不同。瓦斯浓度在 7% ~8% 时，所需的点火温度最低，最容易发生瓦斯爆炸。

3. 瓦斯爆炸的危害

（1）产生大量有毒有害气体。瓦斯爆炸产生有毒有害气体，危害性最大的是一氧化碳气体。《煤矿安全规程》规定，井下空气中一氧化碳浓度不得超过 0.0024%，而瓦斯爆炸后产生的一氧化碳浓度可达 1% ~2%，严重时可达 4%；当有煤尘参与爆炸时，最高可达 7% ~8%，只要吸上一点这样的气体，足以致人死亡。在瓦斯爆炸事故中遇难的职工，大多数都是一氧化碳中毒死亡。

（2）产生高温火焰和高温气体。瓦斯爆炸产生的火焰和高温气体温度高达 1850 ~2650 ℃。这样的高温气体和火焰还会引起煤尘爆炸、爆燃和矿井火灾。一般情况下，瓦斯爆炸都伴有不同程度的火灾和煤尘爆炸。这样的高温气流还会造成人员的气管及肺部烧伤。

（3）产生高压气体形成冲击波。在瓦斯爆炸过程中，爆源附近的空气温度骤然升高，从而产生巨大的空气压力，形成强大的冲击波。据试验，瓦斯爆炸后可产生 7 ~8 个大气压力（1 个标准大气压 = 101325 Pa），冲击波速度可达每秒几百米甚至上千米。这样的压力和传播速度，足以摧毁巷道支护设施、破坏仪器设备和造成人员伤亡。实际事故中，爆炸冲击波可以把数百公斤的电机车、绞车吹跑，把人"贴到墙壁上"。

**8.1.2　瓦斯爆炸事故常见发生地点**

煤矿井下生产过程中，涌出的瓦斯被流过工作面的风流稀释、带走。当工作面风量不足或停止供风时，以瓦斯涌出地点为中心或在一些特殊地点，瓦斯浓度将迅速升高，形成局部瓦斯积聚，一旦有引火源存在就会发生瓦斯爆炸、燃烧事故，浓度过大时还会发生瓦斯窒息事故。

1. 瓦斯爆炸、燃烧事故常见发生地点

井下任何地点都有发生瓦斯爆炸的可能，但绝大多数发生在采掘工作面，其次为盲巷、老硐、采空区和火区附近等。

（1）采煤工作面上隅角。这是采煤工作面瓦斯浓度最高的区域，当回风流瓦斯浓度为 0.7% ~ 0.8% 时，上隅角瓦斯就可能超限。

（2）采煤机切割部附近。这是瓦斯涌出比较集中的区域。

（3）采煤工作面回风巷。

（4）采空区边界处。

（5）停风的盲巷及煤仓。

（6）刮板输送机底槽处。这是在煤炭运输过程中，经常发生瓦斯积聚的地点。

（7）爆破地点附近，特别是 20 m 范围内必须将瓦斯浓度控制在 1.0% 以下。

（8）停风后恢复通风的工作面和瓦斯排放处。因为高浓度的瓦斯与新鲜风流混合后得到稀释，氧浓度迅速恢复并超过 12%，如果不能很好地控制排放量，这种混合气流就很容易进入爆炸区。因此，排放瓦斯必须制定专门的措施。

2. 瓦斯窒息事故常见发生地点

煤矿瓦斯窒息事故发生地点主要集中在盲巷、采空区、废旧井巷、停风区、启封密闭处、爆破地点附近和水仓等地方。

## 8.2　煤与瓦斯突出

**8.2.1　煤与瓦斯突出的征兆及常见发生地点**

1. 煤与瓦斯突出的危害

煤与瓦斯突出是指煤矿地下采掘过程中，由于地应力和瓦斯的共同作用，在很短时间（数分钟）内，破碎的煤（岩）和瓦斯（甲烷、二氧化碳）由煤体或岩体向采掘工作空间突然喷出的异常动力现象。它表现出来的危害主要包括：

（1）煤与瓦斯突出使采掘工作面及巷道在突然间充满大量的高浓度瓦斯，造成人员窒息，遇火会发生瓦斯爆炸。

（2）突出造成一定的动力效应，可以摧毁支架，破坏设施、设备。

（3）瞬间突出的瓦斯、碎煤（岩）流能破坏通风系统，造成风流紊乱或短时逆转。

（4）突出的煤炭使巷道堵塞，生产系统受到破坏，巷道通风阻力增大，甚至造成矿井停产。

2. 煤与瓦斯突出的征兆

1）有声征兆

（1）煤层中有煤炮声，煤层变形发出劈裂声、鞭炮声、机枪声、闷雷声或远处的雷鸣声，声音由远到近，由大到小，间隔时间的长短也不一致。

（2）支架折断声。发生突出前，因顶板压力突然增大，支架出现嘎嘎响，发出劈裂折断声。

（3）煤层或岩层的破裂声。有时煤层内出现破裂，引起煤壁震动、开裂响声等。

2）无声征兆

（1）煤层构造方面表现为煤层层理紊乱，煤变软、暗淡无光、变干燥、无光泽、易粉碎。

（2）煤层受挤压褶曲、倾角变大、变陡，煤层突然增厚或变薄，煤层破坏严重并常常伴随断层出现等。

（3）矿压显现方面表现为压力增大，使支架变形、断裂，煤壁外鼓、片帮、掉碴，顶底板出现凸起，炮眼变形，打钻时垮孔、顶钻、夹钻杆、钻机过负荷等。

（4）其他方面的征兆有瓦斯涌出异常、忽大忽小，煤尘增大，空气气味异常、闷人，气温异常，打钻喷瓦斯、喷煤粉等。

上述突出征兆并非每次突出时都会出现，很可能只出现其中的一种或几种。

3. 突出常见发生地点

（1）采煤、掘进工作面，其中大多数发生在掘进工作面。

（2）上山掘进头、煤层平巷及石门揭开煤层时，特别是石门揭开煤层时，突出强度最大，次数最多。

（3）地质构造变化的地区。

（4）突出多发生在外力冲击作用下，如爆破、打钻、破煤等都容易诱导突出。

（5）煤层由薄变厚的地区。

（6）围岩致密而干燥的厚煤层。

（7）采掘工作形成的应力集中地带。

### 8.2.2　预防煤与瓦斯突出的主要措施及管理规定

1. 预防煤与瓦斯突出的主要措施

1）区域性防突措施

（1）开采保护层。在突出矿井中，在煤层群中预先开采的，并能使相邻的突出煤层减少或消除突出危险的煤层称为被保护层。保护层开采后，被保护层在其被保护范围内可以降低或消除突出危险。

（2）预抽煤层瓦斯。利用均匀布置在突出危险煤层内的大量钻孔，经过一定时间（数个至数十个月）预先抽采瓦斯，以降低其瓦斯压力与瓦斯含量，并利用由此引起的煤层收缩变形、地应力下降、煤层透气系数增加、煤的强度增高等效应，使抽采瓦斯的煤体减弱或失去其突出的危险性。

（3）煤层注水。通过钻孔向煤体注水，使煤层湿润，增加煤的可塑性，减小工作面前方的应力集中；当水进入煤层内部的裂缝和孔隙后，可使煤体瓦斯放散速度减慢。因此，煤层注水可以减缓煤体弹性潜能及瓦斯潜能的突然释放，降低或消除煤层的突出危险性。

2）局部性防突措施

（1）震动性爆破。它是一种人为诱导突出的措施。用增加掘进工作面炮眼数目，加大装药量，全断面一次爆破，人为激发突出，以避免一般爆破法所发生的延期突出。爆破前，全部人员撤离现场。

（2）水力冲孔。利用钻机打钻时喷射的水射流，在突出煤层内冲出煤炭和瓦斯或诱导可控制的小型突出，以造成煤体卸压，排放瓦斯，消除采掘突出危险。

（3）打钻孔排放瓦斯。由岩巷或煤巷向有突出危险的煤层打钻孔，将煤层中的瓦斯经过钻孔自然排放出来，待瓦斯压力降到安全压力以下时，再进行开采。

（4）金属骨架。当石门接近煤层，距煤层 2～3 m 时，通过岩柱在巷道顶部和两帮上侧打钻孔，钻孔要穿过煤层全厚，并进入岩层 0.5 m，孔间距不大于 0.2 m，双排孔间距一般不大于 0.3 m，孔径为 75～100 mm。然后把长度大于孔深 0.4～0.5 m 的钢管或钢轨作为骨架插入孔内，再将骨架尾部固定，架空形成一个整体防护架，最后用震动性爆破揭开煤层。这一措施的防突作用包括：①钻孔卸压；②钻孔排瓦斯；③保护煤体。

（5）超前钻孔。由煤巷掘进工作面向前方煤体打一定数量的钻孔，始终保持钻孔有一定超前距，以使工作面前方煤体卸压、排放瓦斯，减弱或消除突出的危险性。

（6）松动爆破。在进行普通爆破时，同时爆破几个 7～10 m 以上的深炮孔，破裂与松动深部煤体，使应力集中带和高压瓦斯带移向煤体深部，以便在煤巷采掘工作面前方形成较长的卸压和排放瓦斯区，从而预防突出的发生。

3）"四位一体"综合防治措施

为了安全开采突出煤层，必须采取以防止突出措施为主，同时又避免人身事故的综合措施。综合防治措施的内容包括：突出危险性预测、防治突出措施、防治突出措施的效果检验和安全防护措施等 4 个方面的措施，即"四位一体"。

（1）突出危险性预测是防治突出综合措施的第一个环节，其目的是确定突出危险的区域和地点，以便使防治突出措施的执行更加有的放矢。它包括区域突出危险性预测和工作面突出危险性预测。

（2）防治突出措施是防治突出综合措施的第二个环节，它是防止发生突出事故的第一道防线。防治突出措施仅在预测有突出危险的区段采用，其目的是预防突出的发生。

（3）防治突出措施的效果检验是防治突出综合措施的第三个环节，其目的是确保措施的防突效果。检验证实措施无效时应采取附加防突措施。

（4）安全防护措施是防治突出综合措施的第四个环节，它是防止发生突出事故的第二道防线。安全防护措施是在突出预测失误或防治突出措施失效的情况下，各工作环节中采取的防突补救措施，以避免发生人身事故。

2. 预防煤与瓦斯突出的管理规定

（1）高瓦斯矿井、煤（岩）与瓦斯突出矿井，必须装备矿井安全监控系统。没有装备矿井安全监控系统的矿井的煤巷、半煤岩巷和有瓦斯涌出的岩巷掘进工作面，必须装备甲烷风电闭锁装置或甲烷断电仪和风电闭锁装置。没有装备矿井安全监控系统的无瓦斯涌出的岩巷掘进工作面，必须装备风电闭锁装置。没有装备矿井安全监控系统的矿井的采煤工作面，必须装备甲烷断电仪。

（2）高瓦斯、煤（岩）与瓦斯突出矿井的煤巷、半煤岩巷和有瓦斯涌出的岩巷掘进工作面，必须在工作面及其回风流中设置甲烷传感器。

（3）在煤（岩）与瓦斯突出矿井和瓦斯喷出区域中，进风的主要运输巷道和回风巷道内使用矿用防爆特殊型蓄电池电机车或矿用防爆型柴油机车时，蓄电池电机车必须设置车载式甲烷断电仪或便携式甲烷检测报警仪。当瓦斯浓度超过 0.5% 时，必须停止机车运行。

（4）突出矿井在编制年度、季度、月生产建设计划的同时，必须编制防治突出措施计划。开采突出煤层时，必须采取突出危险性预测、防治突出措施、防治突出措施的效果检验、安全防护措施等综合突出措施。

（5）对有突出危险的新建矿井，突出矿井的新水平、新采区，必须编制防治突出煤层突出的设计。设计应包括开拓方式、煤层开采程序、采煤方法、通风方式、支护形式、突出危险性预测方法、保护层的选择、抽采瓦斯和局部防治突出措施等内容，并按管理权限报县级以上煤炭管理部门审批。

（6）突出矿井中布置采掘工作面应遵循下列原则：

①主要巷道应布置在岩层或非突出煤层中。应尽可能减少突出煤层中的掘进工作量。开采保护层的采区，应充分利用保护层的保护范围。

②应尽可能减少石门揭穿突出煤层的次数，揭穿突出煤层地点应避开地质构造带。如果条件许可，应尽可能将石门布置在被保护区，或先掘进揭煤地点的煤层巷道，然后再与石门贯通。

③在同一突出煤层的同一区段的集中应力影响范围内，不得布置 2 个工作面相向回采或掘进。突出煤层的掘进工作面，应避开本煤层或邻近煤层采煤工作面的应力集中范围。

（7）在突出煤层顶底板掘进岩巷时，必须定期验证地质资料，及时掌握施工动态和围岩变化情况，防止误穿突出煤层。

（8）开采突出煤层时，每个采掘工作面的专职瓦斯检查工必须随时检查瓦斯，掌握突出预测。当发现有突出预兆时，瓦斯检查工有权停止工作面作业，并协助班组长立即组织人员按避灾路线撤出、报告矿调度室。

（9）有突出危险的采掘工作面爆破落煤前，所有不装药的眼、孔都应用不燃性材料充填，充填深度应不小于爆破孔深度的 1.5 倍。对采用直径大于 120 mm 的钻孔、水力冲刷或水力冲孔等措施在煤体中形成的孔洞，在爆破前应严密封闭孔口，孔内注满水、砂或填土。

（10）在突出危险区进行采掘作业时，必须采取综合防治突出措施。当预测为突出危险工作面时，应采取防治突出措施，只有经措施效果检验后，验证措施有效，方可在采取安全防护措施的情况下进行采掘作业。每执行 1 次防治突出措施作业循环后，应再进行工作面预测，如预测为无突出危险，仍必须再采取防治突出措施，只有 2 次预测为无突出危险，该工作面方可视为无突出危险工作面。

（11）对于有突出危险的煤层，应采取开采保护层或预抽煤层瓦斯等区域性防治突出措施。开采保护层后，在被保护层中受到保护的区域可按无突出危险区进行采掘作业；在未受到保护的区域，必须采取综合防治突出措施。

（12）井巷揭穿突出煤层和在突出煤层中进行采掘作业时，必须采取震动爆破、远距离爆破、避难硐室、反向风门、压风自救系统等安全防护措施。突出矿井的入井人员必须携带隔离式自救器。

（13）有煤（岩）与瓦斯突出危险的采掘工作面，有瓦斯喷出危险的采掘工作面和瓦斯涌出较大、变化异常的采掘工作面，必须有专人经常检查，并安设甲烷断电仪。

#### 8.2.3 发生突出的征兆及发生突出事故的应急措施

1. 发现煤与瓦斯突出征兆时的应急原则

（1）在采煤工作面发现有突出预兆时，要以最快的速度通知人员迅速向进风侧撤离。撤离中快速打开隔离式自救器并佩戴好，迎着新鲜风流继续外撤。如果距离新鲜风流太远时，应首先到避难所或利用压风自救系统进行自救。

（2）掘进工作面发现煤与瓦斯突出的预兆时，必须向外迅速撤至防突反向风门之外，之后把防突风门关好，然后继续外撤。如自救器发生故障或佩戴自救器不能安全到达新鲜风流时，应在撤出途中到避难所或利用压风自救系统进行自救，等待救护队援救。

2. 发生煤与瓦斯突出事故后的应急原则

（1）一旦发生煤与瓦斯突出事故，应立即佩戴好隔离式自救器，并迅速外撤。

（2）在撤退途中，如果退路被堵或自救器有效时间不够，可到矿井专门设置的井下避难所或压风自救装置处暂避，也可寻找有压缩空气管路的巷道、硐室躲避。这时要把管子的螺丝接头卸开，形成正压通风，延长避难时间，并设法与外界保持联系。

3. 发生煤与瓦斯突出事故后的安全注意事项

（1）发生煤与瓦斯突出事故，不得停风和反风，以防风流紊乱扩大灾情。如果通风系统及设施被破坏，应设置风障、临时风门及安装局部通风机恢复通风。因突出造成风流逆转时，要在进风侧设置风障，并及时清理回风侧的堵塞物，使风流尽快恢复正常。在恢复突出区通风时，要设法经最短路线将瓦斯引入回风道。回风流应尽量避开已封闭的火区，必须经过时，要严格检查火区封闭情况。同时，排风井口 50 m 范围内不得有火源，并设专人站岗监视。

（2）发生煤与瓦斯突出事故时，要根据井下实际情况决定是否停电。如果停电无被水淹的危险，应远距离切断灾区电源；否则需要加强通风，特别要加强电气设备处的通风，做到运行的设备不停电，停运的设备不送电，防止产生火花，引起爆炸。

（3）若瓦斯突出引起火灾时，要采用综合灭火或惰气灭火等措施积极灭火。若引起回风井口瓦斯燃烧，应采取总进风道隔氧措施将火扑灭。

（4）矿工只能在新鲜风流中工作，同时设立安全岗哨，禁止未佩戴隔绝式自救器的救灾人员进入灾区。

（5）当发现突出点有异常情况，可能发生二次突出时，要立即撤出人员。有可能时，要在突出堆积物外面打密集支柱和防护板。

### 8.3 瓦斯灾害的防治

#### 8.3.1 预防瓦斯事故的主要措施

2002 年，国家煤矿安全监察局在总结各地瓦斯灾害防治成功经验的基础上，提出了"先抽后采、监测监控、以风定产"瓦斯治理十二字方针，确立了瓦斯防治的指导思想和方法。在煤矿生产过程中，瓦斯爆炸、燃烧和窒息事故的防治应以预防为主，落实好各项规章制度，杜绝日常生产中存在的瓦斯危害隐患。

1. 落实矿井瓦斯管理制度

根据矿井生产情况，按照《煤矿安全规程》有关规定，要建立和健全矿井瓦斯管理的有关规定和制度，相关工作人员要严格遵守、执行。例如：爆破过程中的瓦斯管理制度，排放瓦斯的有关规定，瓦斯监测装备使用、管理的有关规定，盲巷、旧区和密闭启封等瓦斯管理规定，矿井瓦斯抽采、防止煤与瓦斯突出的规定。

**2. 加强瓦斯抽采和监测监控**

瓦斯抽采可以将煤层中存在或释放出的瓦斯通过机械设备和专用管路抽出来，输送到地面或其他安全地点。抽采瓦斯是防治瓦斯灾害的治本措施，不仅降低了瓦斯涌出量，消除了瓦斯爆炸隐患，还能将抽出的瓦斯收集加以利用，变害为利。

矿井瓦斯抽采的方式和方法多种多样，一般有 3 种分类方法，见表 8 - 1。

表 8 - 1　矿井瓦斯抽采方法分类表

| 分　类　方　法 | 瓦斯抽采方法 |
| --- | --- |
| 按抽采瓦斯的来源分类 | 本煤层瓦斯抽采 |
|  | 邻近层瓦斯抽采 |
|  | 采空区瓦斯抽采 |
| 按抽采与采掘的时间关系分类 | 采前抽采（预抽） |
|  | 采中抽采（边采边抽，边掘边抽） |
|  | 采后抽采（旧区抽采） |
| 按施工工艺分类 | 巷道抽采法 |
|  | 钻孔抽采法 |
|  | 巷道、钻孔混合抽采法 |

做好煤矿瓦斯抽采工作要坚持"二专六同时"。"二专"是指有一支高素质的抽采瓦斯专职队伍，既能管理，又能对影响抽采效果的问题进行研究解决；有专（兼）职抽采系统工程的领导，发挥领导的根本作用，解决问题。"六同时"包括：

（1）探煤的同时探煤（岩）层瓦斯含量，不丢弃瓦斯资源。

（2）设计开采的同时设计抽采瓦斯，抽采要有依据。

（3）投入开采资金的同时投入抽采瓦斯费用，保障抽采系统的建设。

（4）开拓的同时进行瓦斯工程建设，保障抽采瓦斯时间和空间。

（5）验收开拓工程质量的同时验收瓦斯工程质量，保障抽采效果。

（6）安全大检查的同时检查抽采瓦斯系统，保证安全抽采。

煤矿瓦斯的监测监控是煤矿安全生产、防止瓦斯爆炸事故发生的重要措施之一。通过对煤矿瓦斯和通风系统的监测监控，可以掌握瓦斯涌出规律，合理通风，及时发现瓦斯超限或积聚事故隐患，通过加强通风等措施消除瓦斯积聚，通过断电、报警等措施避免瓦斯事故的发生。

**3. 加强通风管理**

防止井下瓦斯积聚，首先应加强矿井通风，按实际需要分配风量并及时调节风量，利用新鲜空气来稀释并排出瓦斯，必须确保风量、风速符合《煤矿安全规程》的要求。为此，应做好以下几方面的工作：

（1）采用机械通风。每个矿井都必须采用机械通风，禁止单独利用自然通风。主要通风机一套运转，一套备用。

（2）实行分区通风。实行分区通风，不仅可以保证各采掘工作面都有新鲜风流，而且在发生瓦斯燃烧或爆炸事故时，可以减小灾害范围，减少灾害损失。

（3）加强掘进巷道通风。掘进巷道应采用全风压通风或局部通风机通风，做好局部通风机管理、风筒"三个末端"管理，特别是高、突矿井掘进工作面要严格执行局部通风机供电要求。局部通风机要设置在进风口的新鲜风流处，禁止产生循环风。风筒要悬挂在巷道一帮，保持完好。风筒口离工作面的距离最大不超过 5 m。临时停工的地点不准停风。

（4）及时构建通风设施。为保证矿井正常通风，应在井下适当位置设置控制风流的设施，如风门、风桥、挡风墙、调节风窗等。井下要及时构建通风设施，并保证质量，经常维修，保持完好。通过风门时，应随手关好。每个矿工对任何通风构筑物都必须爱护，绝不允许任意损坏。

（5）保证风流通畅。加强通风是目前防治瓦斯事故的主要手段，风流不畅就会发生瓦斯事故。为保持井下采掘工作面、巷道和其他工作地点风流畅通，不得在这些地点堆积杂物，并应加强维护，以保证足够的通风断面。

**4. 加强爆破过程中的瓦斯管理**

爆破过程中要严格执行瓦斯管理制度，做到严格检查，严格执行"一炮三检"和"三人连锁爆破"制度。

（1）"一炮三检"制度。"一炮三检"要求爆破工在装药前、爆破前和爆破后必须分别检查爆破地点附近 20 m 内风流中的瓦斯浓度，只有瓦斯浓度符合《煤矿安全规程》规定时才允许进行装药、爆破，瓦斯浓度达到 1% 时严禁爆破。需要强调的是不准检查一次而多次爆破。爆破工随身携带"一炮三检记录手册"，做到检查一次填写一次。

（2）"三人连锁爆破"制度。"三人连锁爆破"制度，是实现安全爆破的有效措施，既可防止瓦斯燃烧、爆炸事故的发生，又可防止爆破伤人。"三人"是指生产组长（队长）、爆破工和瓦斯检查工，这三人分别携带起爆器的钥匙、工作牌、爆破牌。在爆破前、后，严格按照《煤矿安全规程》检查爆破地点附近的风流、瓦斯浓度和其他爆破安全事项，符合要求后依照相关操作规定连锁交换钥匙、工作牌、爆破牌，进行安全爆破。

**5. 积聚瓦斯的处理措施**

矿井瓦斯在井下一些局部地点容易聚积，导致瓦斯浓度超限，必须按照瓦斯排放管理制度和局部积聚瓦斯处理方法，及时进行处理。

1）采煤工作面与采空区中积聚瓦斯的处理

（1）对于采煤工作面上隅角积聚的瓦斯，可以采用以下技术措施进行处理：利用引射器或专用局部通风机抽出瓦斯；用竹帘、旧风筒布做风障，使风流通过采煤工作面上隅角三角区，将瓦斯带走；用竹帘等构筑通风墙排除采煤工作面后边一段废巷道积存的瓦斯；打开工作面后边的横贯密闭墙，使一部分风流通过此横贯进入配风巷（尾巷），将上隅角处积存的瓦斯排除。

（2）炮眼内积存瓦斯的处理。采煤工作面炮眼内的瓦斯浓度可能会超过 10%。打好炮眼后，要及时装药，装药前应用炮棍在炮眼内来回捅一捅，以便排除炮眼内的瓦斯。火药要顶到炮眼底，装药后随即用炮泥将炮眼填实、填满。

（3）采空区中积聚瓦斯的排除方法。选用 Z 型或 Y 型通风系统，改变采空区瓦斯流向，避免其威胁采煤工作面安全；或将采空区上部小阶段回风巷的密闭墙打开，以增加漏风来排除采空区中的瓦斯；或在工作面回风巷加设调节风窗，强迫采空区中的瓦斯不向工作面涌出；有条件时应进行邻近层或采空区瓦斯抽采。对于综采放顶煤工作面，应在 U 型通风系统基础上，沿顶板加掘一条专用回风巷，进行"一进两回"式通风。

2）井下巷道中积聚瓦斯的处理

（1）巷道冒顶空间里积存的瓦斯，可以采用以下几种方法及时进行处理：风袖通风法，即在风筒上接一段分支小风筒直通巷道顶板冒顶处，排除积存的瓦斯；挡风板引风法，即在巷道支架顶梁上钉挡板，把风流引到冒顶处，吹散积存的瓦斯；充填隔离法，即在支架顶梁上钉木板或荆笆，然后用黄土、砂子或惰性气体充填、堵塞空间，排除积聚的瓦斯。

（2）巷道顶板处积聚的瓦斯，可以采用提高巷道内风速（大于 1 m/s）来消除，或利用导风板、引射器等引风吹散。

（3）处理停风的独头掘进巷道中积存的瓦斯，必须制定专门的安全排放措施，控制送入独头巷道中的风量排放。排放时，应有瓦斯检查人员在独头巷道回风流与全风压风流混合处检查瓦斯，当瓦斯浓度达到 1.5% 时，应通知风量调节人员，减少向独头巷道的送入风量，严禁"一风吹"。瓦斯排放后，只有当恢复通风的巷道风流中的瓦斯浓度不超过 1.0% 和二氧化碳浓度不超过 1.5% 时，方可恢复正常通风。

3）刮板输送机底槽处积聚瓦斯的处理

刮板输送机停止运转时，底槽附近有时会积聚高浓度的瓦斯。在运煤时，刮板与底梢之间摩擦产生的火花能引起瓦斯燃烧、爆炸。因此，必须排除该处的瓦斯。处理的方法有：

（1）设专人清理输送机底下遗留的煤炭，保证底槽畅通，使瓦斯不易积聚。

（2）保持输送机经常运转，即使不出煤也让输送机断续运转，以防止瓦斯积聚。

（3）吊起输送机处理积聚的瓦斯。如果发现输送机底槽内有瓦斯超限的区段，可把输送机吊起来，使空气流通而排除瓦斯。

（4）压风排瓦斯。有压风管路的地点可以将压风引至底槽进行通风，排除积聚的瓦斯。

6. 预防瓦斯爆炸点火源的措施

从事故统计分析可以看到，很多瓦斯爆炸事故的点火源都是人为造成的。因此，应制定严格的控制措施，防止井下出现引起瓦斯爆炸的点火源，确保煤矿井下生产安全。预防井下出现瓦斯爆炸点火源的主要措施包括：

（1）严格井口检查制度，禁止携带烟草和点火工具下井。

（2）严禁井下违章操作，如违章爆破、违章驾驶有轨车等。

（3）严禁使用不合格产品，确保各种矿用产品符合煤矿安全防爆标准。

（4）做好机电设备的管理，选用矿用防爆型电气设备，彻底消灭井下电气发火和静电火源。不准带电检修或迁移电气设备。只有在安装电动机开关的地点附近 20 m 巷道内的瓦斯浓度小于 1% 时，才准送电启动。

（5）瓦斯容易积聚的地点应该重点防范，保证不出现引燃瓦斯的点火源。

(6) 严格管理和限制煤炭生产中可能出现的火源、热源，防止摩擦撞击点火。如采煤机截齿与坚硬夹矸石摩擦而产生火花、小绞车钢丝绳摩擦火花、金属支架撞击火花等。

(7) 防止爆破火源，爆破时采用煤矿许用炸药和防爆型发爆器，并采用防爆型电气设备。爆破必须严格执行"一炮三检"制和"三人连锁爆破"制。每个炮眼必须充填足够炮泥和水炮泥。严禁明火爆破和放糊炮，正确处理瞎炮。

(8) 防止明火和其他火源。井下禁止吸烟，应使用防爆的照明灯，禁止打开矿灯。

(9) 经常检查火区的情况，严格管理火区，建立火区管理卡片。火区启封前一定要经过鉴定，确定火区已熄灭时才可启封。

### 8.3.2 《煤矿安全规程》对瓦斯浓度及其检查的规定

1. 瓦斯浓度及处理要求的有关规定

《煤矿安全规程》对井下各地点的瓦斯浓度及处理要求作出了严格的规定，主要内容如下：

(1) 矿井总回风巷或者一翼回风巷中甲烷或者二氧化碳浓度超过 0.75% 时，必须立即查明原因，进行处理。

(2) 采区回风巷、采掘工作面回风巷风流中甲烷浓度超过 1.0% 或二氧化碳浓度超过 1.5% 时，必须停止工作，撤出人员，采取措施，进行处理。

(3) 装有矿井安全监控系统的机械化采煤工作面、水采和煤层厚度小于 0.8 m 的保护层的采煤工作面，经抽采瓦斯（抽采率 25% 以上）和增加风量已达到最高允许风速后，其回风巷风流中甲烷浓度仍不能降低到 1.0% 以下时，回风巷风流中甲烷最高允许浓度为 1.5%，但应符合《煤矿安全规程》的要求。

(4) 采煤工作面瓦斯涌出量大于或等于 20 m³/min、进回风巷道净断面 8 m² 以上，经抽采瓦斯（抽采率 25% 以上）和增大风量已达到最高允许风速后，其回风巷风流中甲烷浓度超过最高允许浓度 1.5% 时，由企业主要负责人审批后，可采用专用排瓦斯巷，但该巷回风流中的甲烷浓度不得超过 2.5%，并遵守《煤矿安全规程》的相关规定。

(5) 采掘工作面及其他作业地点风流中甲烷浓度达到 1.0% 时，必须停止用电钻打眼；爆破地点附近 20 m 以内风流中甲烷浓度达到 1.0% 时，严禁爆破。

(6) 采掘工作面及其他作业地点风流中、电动机或者其开关安设地点附近 20 m 以内风流中的甲烷浓度达到 1.5% 时，必须停止工作，切断电源，撤出人员，进行处理。

(7) 采掘工作面及其他巷道内，体积大于 0.5 m³ 的空间内积聚的甲烷浓度达到 2.0% 时，附近 20 m 内必须停止工作，撤出人员，切断电源，进行处理。

(8) 对因甲烷浓度超过规定被切断电源的电气设备，必须在甲烷浓度降到 1.0% 以下时，方可通电开动。

(9) 采掘工作面风流中二氧化碳浓度达到 1.5% 时，必须停止工作，撤出人员，查明原因，制定措施，进行处理。

(10) 停工区内甲烷或二氧化碳浓度达到 3.0% 或者其他有害气体浓度超过《煤矿安全规程》第一百三十五条的规定不能立即处理时，必须在 24 h 内封闭完毕。

(11) 在局部通风机及其开关附近 10 m 以内风流中的瓦斯浓度都不超过 0.5% 时，方可人工开启局部通风机。

（12）符合《煤矿安全规程》第一百五十条规定的采掘工作面串联通风，必须在进入被串联工作面的风流中装设甲烷传感器，且甲烷和二氧化碳浓度都不得超过 0.5%。

2. 采掘工作面瓦斯检查的有关规定

《煤矿安全规程》规定：矿井必须建立甲烷、二氧化碳和其他有害气体检查制度，并遵守下列规定：

（1）矿长、矿总工程师、爆破工、采掘区队长、通风区队长、工程技术人员、班长、流动电钳工下井时，必须携带便携式甲烷检测报警仪。瓦斯检查工必须携带便携式光学甲烷检测仪和便携式甲烷检测报警仪。安全监测工必须携带便携式甲烷检测报警仪。

（2）所有采掘工作面、硐室、使用中的机电设备的设置地点、有人员作业的地点都应纳入检查范围。

（3）采掘工作面的甲烷浓度检查次数如下：低瓦斯矿井，每班至少 2 次；高瓦斯矿井，每班至少 3 次；突出煤层、有瓦斯喷出危险或者瓦斯涌出较大、变化异常的采掘工作面，必须有专人经常检查。

（4）采掘工作面二氧化碳浓度应每班至少检查 2 次；有煤（岩）与二氧化碳突出危险或者二氧化碳涌出量较大、变化异常的采掘工作面，必须有专人经常检查二氧化碳浓度。对未进行作业的采掘工作面，可能涌出或积聚甲烷、二氧化碳的硐室和巷道，应当每班至少检查 1 次甲烷、二氧化碳浓度。

（5）瓦斯检查工必须执行瓦斯巡回检查制度和请示报告制度，并认真填写瓦斯检查班报。每次检查结果必须记入瓦斯检查班报手册和检查地点的记录牌上，并通知现场工作人员。甲烷浓度超过《煤矿安全规程》规定时，瓦斯检查工有权责令现场人员停止工作，并撤到安全地点。

（6）在有自然发火危险的矿井，必须定期检查一氧化碳浓度、气体温度等的变化情况。

（7）井下停风地点栅栏外风流中的瓦斯浓度每天至少检查 1 次，密闭外的甲烷浓度每周至少检查 1 次。

（8）通风值班人员必须审阅瓦斯班报，掌握瓦斯变化情况，发现问题，及时处理，并向矿调度室汇报。

（9）通风瓦斯日报必须送矿长、矿总工程师审阅，一矿多井的矿必须同时送井长、井技术负责人审阅。对重大的通风、瓦斯问题，应当制定措施，进行处理。

除以上要求外，瓦斯检查工的配备必须符合《煤矿安全规程》中有关规定和矿井安全生产的要求。瓦斯检查工作必须严格执行检查计划图表，不得发生空班、漏检、少检、假检等情况，并做到井下记录牌板、检查手册、瓦斯台账三对口，瓦斯检查必须严格执行井下手上交接班制度。

### 8.3.3　矿井瓦斯监控系统

1. 瓦斯监控系统在安全生产中的作用

2002 年，国家煤矿安全监察局提出的"先抽后采、监测监控、以风定产"瓦斯治理方针，明确了瓦斯监控系统在煤矿安全生产过程中的重要保障作用。瓦斯监控系统由地面中心站、井下分站、信息传输系统和监测传感器及执行装置 4 部分组成，并且可实现市、区、县等地域多级联网监控，如图 8-2 所示。

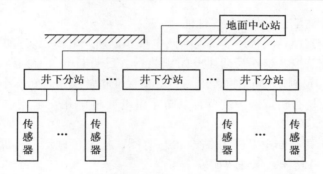

图 8-2 瓦斯监控系统组成

瓦斯监控系统主要是在井下采掘工作面及需要监测瓦斯的地点安设多功能探头；这些探头不间断地监测设置地点的瓦斯浓度，并将监测到的瓦斯浓度通过井下处理设备转变为电信号，通过电缆传至地面主机房，地面主机房通过信号处理器，将电信号转变为数字信号在屏幕上显示出来，从而实现动态监视和存储矿井瓦斯浓度变化、馈电、断电数据。

矿井瓦斯监控系统在保障煤矿安全生产中发挥着越来越重要的作用。该系统一般具有瓦斯超限声光报警、超限断电、瓦斯风电闭锁功能，监控人员通过监视器实时监控井下瓦斯浓度，一旦井下某处瓦斯超限，矿井上、下会同时报警并自动采取相应的断电措施，启动应急救援方案。多级联网后的瓦斯监控系统，可以使各级政府及管理人员在不同地点通过计算机网络，及时查看各矿井瓦斯浓度状况，动态监控煤矿安全生产情况。在发生瓦斯事故时，可利用瓦斯监控系统掌握井下实际情况，作出正确决策，保证救援工作的及时、有效进行。

2. 保证瓦斯监控系统有效运转的有关规定和注意事项

瓦斯监控系统是煤矿安全监控系统的重要组成部分，为了保证瓦斯监控系统的有效运转，必须从安全监控系统的安装、使用、管理和维护等方面加以控制，落实好相关规定和注意事项。

1）机构设置规定和安全监控设备要求

煤矿企业应建立安全仪表计量检验制度，由专门的鉴定站负责校准气样配置、计量检定、各种安全监控设备的性能检验及大修等工作，并对各矿进行技术指导；建立安全监控管理机构，负责安全监控设备的安装、调试和维护工作；安全监控管理机构应配备一定数量具有安全监控和通风专业知识的工程技术人员和安全监测工，并且须经过专业培训，经有关部门考试合格后持证上岗。

煤矿安全监控设备必须工作稳定、性能可靠，严禁设备在设计、制造中存在隐患引起瓦斯、煤尘爆炸等事故，危及人身安全。因此，对安全监控设备作出了具体的要求：

（1）必须符合有关国家标准和行业标准，通过煤炭行业标准化归口审查，通过国家技术监督局认证的检测机构的形式检验，并取得"MA 标志准用证"。

（2）用于爆炸环境的煤矿安全监控设备，必须通过国家技术监督局认证的检测机构的防爆检验，并取得"防爆合格证"；优先采用本质安全型煤矿安全监控设备，防爆型煤矿安全监控设备之间的输入输出信号必须为本质安全型信号。

（3）煤矿安全监控设备之间必须使用专用阻燃电缆连接，严禁与调度电话电线和动力电缆等共用，确保其本质安全防爆性能。

（4）矿井安全监控系统必须具备瓦斯断电仪和瓦斯风电闭锁装置的全部功能。

（5）矿井安全监控系统、瓦斯风电闭锁装置、瓦斯断电仪必须装备备用电池，以保证对瓦斯浓度的连续监控。当电网停电后，必须保证正常工作时间不小于2 h。

（6）系统必须具有防雷保护装置，以防止雷电通过矿井安全监控系统引起井下瓦斯爆炸。

（7）系统必须具有断电状态和馈电状态监测，报警、显示，存储和打印报表功能，以防止人为取消断电功能，保证煤矿安全生产。

2）甲烷传感器设置规定

（1）采掘工作面甲烷传感器设置的规定。

低瓦斯矿井的采煤工作面，必须在工作面（回风巷中距工作面煤壁线10 m内）设置甲烷传感器。高瓦斯和煤（岩）与瓦斯突出矿井的采煤工作面，必须在工作面及其回风巷（回风巷中距出风口10～15 m处）设置甲烷传感器，在工作面上隅角设置便携式甲烷检测报警仪。若煤（岩）与瓦斯突出矿井采煤工作面的甲烷传感器不能控制其进风巷内全部非本质安全型电气设备，则必须在进风巷（距工作面煤壁线10 m内的进风流中）设置甲烷传感器。

低瓦斯矿井的煤巷、半煤岩巷和有瓦斯涌出的岩巷掘进工作面，必须在工作面（距工作面煤壁5 m内）设置甲烷传感器。高瓦斯、煤（岩）与瓦斯突出矿井的煤巷、半煤岩巷和有瓦斯涌出的岩巷掘进工作面，必须在工作面（距工作面煤壁5 m内）及其回风流中（掘进巷道中距出风口10～15 m处）设置甲烷传感器。

采煤工作面采用串联通风时，被串工作面的进风巷（距被串工作面煤壁线3～5 m处）必须设置甲烷传感器。掘进工作面采用串联通风时，被串掘进工作面的局部通风机前（距局部通风机3～5 m处）必须增设甲烷传感器。

（2）矿井其他地点甲烷传感器设置的规定：

①在回风流中的机电设备硐室的进风侧必须设置甲烷传感器。

②高瓦斯矿井逆风的主要运输巷道内使用架线电机车时，装煤点和瓦斯涌出巷道的下风流中（3～5 m处）都必须设置甲烷传感器。

③瓦斯抽采泵站必须设置甲烷传感器，抽采泵输入管路中必须设置甲烷传感器。利用瓦斯时，还应在输出管路中设置甲烷传感器。

④专用排瓦斯巷内必须安设甲烷传感器。

（3）《煤矿安全规程》对甲烷传感器的报警浓度、断电浓度、复电浓度和断电范围作出了相应的规定，见表8－2。

表8－2　甲烷传感器的报警浓度、断电浓度、复电浓度和断电范围

| 设　置　地　点 | 报警浓度/% | 断电浓度/% | 复电浓度/% | 断　电　范　围 |
|---|---|---|---|---|
| 采煤工作面回风隅角 | ≥1.0 | ≥1.5 | <1.0 | 工作面及其回风巷内全部非本质安全型电气设备 |
| 低瓦斯和高瓦斯矿井的采煤工作面 | ≥1.0 | ≥1.5 | <1.0 | 工作面及其回风巷内全部非本质安全型电气设备 |

表8-2（续）

| 设　置　地　点 | 报警浓度/% | 断电浓度/% | 复电浓度/% | 断　电　范　围 |
|---|---|---|---|---|
| 突出矿井的采煤工作面 | ≥1.0 | ≥1.5 | <1.0 | 工作面及其进、回风巷内全部非本质安全型电气设备 |
| 采煤工作面回风巷 | ≥1.0 | ≥1.0 | <1.0 | 工作面及其回风巷内全部非本质安全型电气设备 |
| 突出矿井采煤工作面进风巷 | ≥0.5 | ≥0.5 | <0.5 | 工作面及其进、回风巷内全部非本质安全型电气设备 |
| 采用串联通风的被串采煤工作面进风巷 | ≥0.5 | ≥0.5 | <0.5 | 被串采煤工作面及其进、回风巷内全部非本质安全型电气设备 |
| 高瓦斯、突出矿井采煤工作面回风巷中部 | ≥1.0 | ≥1.0 | <1.0 | 工作面及其回风巷内全部非本质安全型电气设备 |
| 采煤机 | ≥1.0 | ≥1.5 | <1.0 | 采煤机电源 |
| 煤巷、半煤岩巷和有瓦斯涌出岩巷的掘进工作面 | ≥1.0 | ≥1.5 | <1.0 | 掘进巷道内全部非本质安全型电气设备 |
| 煤巷、半煤岩巷和有瓦斯涌出岩巷的掘进工作面回风流中 | ≥1.0 | ≥1.0 | <1.0 | 掘进巷道内全部非本质安全型电气设备 |
| 突出矿井的煤巷、半煤岩巷和有瓦斯涌出岩巷的掘进工作面的进风分风口处 | ≥0.5 | ≥0.5 | <0.5 | 掘进巷道内全部非本质安全型电气设备 |
| 采用串联通风的被串掘进工作面局部通风机前 | ≥0.5 | ≥0.5 | <0.5 | 被串掘进巷道内全部非本质安全型电气设备 |
| | ≥0.5 | ≥1.5 | <0.5 | 被串掘进工作面局部通风机 |
| 高瓦斯矿井双巷掘进工作面混合回风流处 | ≥1.0 | ≥1.0 | <1.0 | 除全风压供风的进风巷外，双掘进巷道内全部非本质安全型电气设备 |
| 高瓦斯和突出矿井掘进巷道中部 | ≥1.0 | ≥1.0 | <1.0 | 掘进巷道内全部非本质安全型电气设备 |
| 掘进机、连续采煤机、锚杆钻车、梭车 | ≥1.0 | ≥1.5 | <1.0 | 掘进机、连续采煤机、锚杆钻车、梭车电源 |
| 采区回风巷 | ≥1.0 | ≥1.0 | <1.0 | 采区回风巷内全部非本质安全型电气设备 |
| 一翼回风巷及总回风巷 | ≥0.75 | — | — | |
| 使用架线电机车的主要运输巷道内装煤点处 | ≥0.5 | ≥0.5 | <0.5 | 装煤点处上风流100 m内及其下风流的架空线电源和全部非本质安全型电气设备 |
| 矿用防爆型蓄电池电机车 | ≥0.5 | ≥0.5 | <0.5 | 机车电源 |

表 8 - 2 (续)

| 设 置 地 点 | 报警浓度/% | 断电浓度/% | 复电浓度/% | 断 电 范 围 |
|---|---|---|---|---|
| 矿用防爆型柴油机车、无轨胶轮车 | ≥0.5 | ≥0.5 | <0.5 | 车辆动力 |
| 井下煤仓 | ≥1.5 | ≥1.5 | <1.5 | 煤仓附近的各类运输设备及其他非本质安全型电气设备 |
| 封闭的带式输送机地面走廊内,带式输送机滚筒上方 | ≥1.5 | ≥1.5 | <1.5 | 带式输送机地面走廊内全部非本质安全型电气设备 |
| 地面瓦斯抽采泵房内 | ≥0.5 | | | |
| 井下临时瓦斯抽采泵站下风侧栅栏外 | ≥1.0 | ≥1.0 | <1.0 | 瓦斯抽采泵站电源 |

3) 安装、使用及维护安全监控系统的规定和注意事项

《煤矿安全规程》对安全监控系统的安装、使用及维护作了如下规定:

(1) 安全监控设备的供电电源必须取自被控开关的电源侧或者专用电源,严禁接在被控开关的负荷侧。安装断电控制系统时,必须根据断电范围提供断电条件,并接通井下电源及控制线。改接或者拆除与安全监控设备关联的电气设备、电源线和控制线时,必须与安全监控管理部门共同处理。检修与安全监控设备关联的电气设备,需要监控设备停止运行时,必须制定安全措施,并报矿总工程师审批。

(2) 安全监控设备必须定期调校、测试,每月至少1次。采用载体催化元件的甲烷传感器必须使用校准气样和空气气样在设备设置地点调校,便携式甲烷检测报警仪在仪器维修室调校,每15 d至少1次。甲烷电闭锁和风电闭锁功能每15 d至少测试1次。可能造成局部通风机停电的,每半年测试1次。安全监控设备发生故障时,必须及时处理,在故障处理期间必须采用人工监测等安全措施,并填写故障记录。

(3) 必须每天检查安全监控设备及线缆是否正常,使用便携式光学甲烷检测仪或者便携式甲烷检测报警仪与甲烷传感器进行对照,并将记录和检查结果报矿值班员;当两者读数差大于允许误差时,应当以读数较大者为依据,采取安全措施并在8 h内对2种设备调校完毕。

(4) 矿调度室值班人员应当监视监控信息,填写运行日志,打印安全监控日报表,并报矿总工程师和矿长审阅。系统发出报警、断电、馈电异常等信息时,应当采取措施,及时处理,并立即向值班矿领导汇报;处理过程和结果应当记录备案。

(5) 便携式甲烷检测仪的调校、维护及收发必须由专职人员负责,不符合要求的严禁发放使用。

(6) 配制甲烷校准气样的装备和方法必须符合国家有关标准,选用纯度不低于99.9% 的甲烷标准气体做原料气。配制好的甲烷校准气体不确定度应当小于5% 。

## 8.3.4　矿井通风设备、设施

1. 矿井通风设备、设施的作用

矿井的通风设备、设施是矿井通风系统的重要组成部分,它的可靠与否、功能是否正

常发挥，直接关系到煤矿的安全生产。一旦出现差错，就可能发生严重的安全事故。通过矿井通风设备和设施可以有效地调节矿井各地区的风量，确保矿井通风系统的合理可靠，确保采掘工作面有足够的新鲜风流和风量，确保井下有毒有害气体的浓度符合有关规定。实践证明，按照"以风定产"的要求，矿井通风设备、设施的正常运转对煤矿瓦斯防治和生产安全起到了重要的保障作用。

矿井通风设施在通风系统中起引导、控制风流或改善通风动力效果的作用。矿井通风设施主要包括风门、风墙、风桥、风硐和调节风窗等；矿井通风设备包括主要通风机、局部通风机和风筒等。

（1）风门。风门是既要切断风流又要行人、通车的通风构筑物，分自动开启和人力开启两种。对风门的要求包括：应逆着风流开启；每处风门至少要有两道，其间距不得小于 5 m；结构要严密，漏风量要小。

（2）风墙。风墙俗称密闭，是隔断风流的构筑物，设置在需要隔断风流而不需行人、通车的巷道中。其作用是封闭采空区、火区和废弃的旧巷区。

（3）风桥。风桥是将两股平面交叉的进风流、回风流隔断成立体交叉的一种通风构筑物。回风流从桥上面通过，新鲜进风流从桥下面通过。

（4）风硐。风硐是连接主要通风机装置和回风井之间的一段巷道，断面形状通常是圆形或拱形，以引导风流。

（5）调节风窗。调节风窗安装在风门上，是一种增加风阻的调风设施，用于采区内各工作面之间、采区之间，以及各生产水平之间的风量调节。

（6）主要通风机。主要通风机用于全矿井或矿井中某一翼（区）通风。如果主要通风机停止运转，井下没有新鲜风流，全矿将停止生产。

（7）局部通风机。局部通风机用于矿井局部地点的通风，如独头巷道掘进工作面的通风。

**2. 有关通风设备的规定**

《煤矿安全规程》对通风设备的有关内容作了如下规定：

1）主要通风机

矿井必须采用机械通风。主要通风机的安装和使用应当符合下列要求：

（1）主要通风机必须安装在地面；装有通风机的井口必须封闭严密，其外部漏风率在无提升设备时不得超过 5%，有提升设备时不得超过 15%。

（2）必须保证主要通风机连续运转。

（3）必须安装 2 套同等能力的主要通风机装置，其中 1 套作备用，备用通风机必须能在 10 min 内开动。

（4）严禁采用局部通风机或者风机群作为主要通风机使用。

（5）装有主要通风机的出风井口应当安装防爆门，防爆门每 6 个月检查维修 1 次。

（6）至少每月检查 1 次主要通风机。改变主要通风机转数、叶片角度或者对旋式主要通风机运转级数时，必须经矿总工程师批准。

（7）新安装的主要通风机投入使用前，必须进行试运转和通风机性能测定，以后每 5 年至少进行 1 次性能测定。

（8）主要通风机技术改造及更换叶片后必须进行性能测试。

（9）井下严禁安设辅助通风机。

2）局部通风机和风筒

安装和使用局部通风机和风筒时，必须遵守下列规定：

（1）局部通风机由指定人员负责管理。

（2）压入式局部通风机和启动装置安装在进风巷道中，距掘进巷道回风口不得小于 10 m；全风压供给该处的风量必须大于局部通风机的吸入风量，局部通风机安装地点到回风口间的巷道中的最低风速必须符合《煤矿安全规程》第一百三十六条的要求。

（3）高瓦斯、突出矿井的煤巷、半煤岩巷和有瓦斯涌出的岩巷掘进工作面正常工作的局部通风机必须配备安装同等能力的备用局部通风机，并能自动切换。正常工作的局部通风机必须采用三专（专用开关、专用电缆、专用变压器）供电，专用变压器最多可向 4 个不同掘进工作面的局部通风机供电；备用局部通风机电源必须取自同时带电的另一电源，当正常工作的局部通风机故障时，备用局部通风机能自动启动，保持掘进工作面正常通风。

（4）其他掘进工作面和通风地点正常工作的局部通风机可不配备备用局部通风机，但正常工作的局部通风机必须采用三专供电；或者正常工作的局部通风机配备安装一台同等能力的备用局部通风机，并能自动切换。正常工作的局部通风机和备用局部通风机的电源必须取自同时带电的不同母线段的相互独立的电源，保证正常工作的局部通风机故障时，备用局部通风机能投入正常工作。

（5）采用抗静电、阻燃风筒。风筒口到掘进工作面的距离、正常工作的局部通风机和备用局部通风机自动切换的交叉风筒接头的规格和安设标准，应当在作业规程中明确规定。

（6）正常工作和备用局部通风机均失电停止运转后，当电源恢复时，正常工作的局部通风机和备用局部通风机均不得自行启动，必须人工开启局部通风机。

（7）使用局部通风机供风的地点必须实行风电闭锁和甲烷电闭锁，保证当正常工作的局部通风机停止运转或者停风后能切断停风区内全部非本质安全型电气设备的电源。正常工作的局部通风机故障，切换到备用局部通风机工作时，该局部通风机通风范围内应当停止工作，排除故障；待故障被排除，恢复到正常工作的局部通风后方可恢复工作。使用 2 台局部通风机同时供风的，2 台局部通风机都必须同时实现风电闭锁和甲烷电闭锁。

（8）每 15 d 至少进行一次风电闭锁和甲烷电闭锁试验，每天应当进行一次正常工作的局部通风机与备用局部通风机自动切换试验，试验期间不得影响局部通风，试验记录要存档备查。

（9）严禁使用 3 台及以上局部通风机同时向 1 个掘进工作面供风。不得使用 1 台局部通风机同时向 2 个及以上作业的掘进工作面供风。

3. 有关通风设施的规定

（1）进、回风井之间和主要进、回风巷之间的每条联络巷中，必须砌筑永久性风墙；需要使用的联络巷，必须安设 2 道联锁的正向风门和 2 道反向风门。

（2）采空区必须及时封闭。必须随采煤工作面的推进逐个封闭至采空区的连通巷道。采区开采结束后 45 d 内，必须在所有与已采区相连通的巷道中设置密闭墙，全部封闭采区。

（3）控制风流的风门、风桥、风墙、风窗等设施必须可靠。不应在倾斜运输巷中设置风门；如果必须设置风门，应当安设自动风门或者设专人管理，并有防止矿车或者风门碰撞人员以及矿车碰坏风门的安全措施。开采突出煤层时，工作面回风侧不得设置调节风量的设施。

4. 矿井通风系统的检查

矿井通风系统担负着向井下输送足量新鲜空气供人呼吸、排放瓦斯煤尘、创造井下良好作业环境的重要任务，必须依照有关规定做好矿井通风系统的检查和维护工作，确保矿井通风设备、设施的完好，为煤矿生产提供安全保障。

1）检查矿井通风的可靠性

避免存在下列情况：

（1）主要通风机供风量小于井下需风量。

（2）两台以上通风机并联运转不匹配，造成一台抽、一台吸，主要通风机在风流不稳定区或其附近工作。

（3）风流不稳定、无风、微风或反向。

（4）不合规定的串联通风。

2）检查主要通风机的运行状况

（1）风机状况及其变化。

（2）电压、电流的稳定情况。

（3）风机故障情况。

（4）有无同能力的备用风机。

（5）有无反风能力。

（6）是否双回路供电，电气保护装置是否齐全、可靠。

3）检查矿井通风设施的完善性

（1）每季度应至少检查 1 次矿井反风设施，是否齐全、可靠。

（2）风门、风桥、测风站、密闭墙是否齐全、完好，重点是检查风门和密闭墙。

4）检查矿井漏风状况

检查矿井内部漏风和外部漏风状况，漏风率超过规定时要查明原因，并采取相应的处理措施。

### 8.3.5　瓦斯事故应急原则及安全注意事项

1. 瓦斯事故应急原则

一旦井下发生瓦斯爆炸、燃烧、窒息事故，在事故地点及附近的工作人员应遵循以下应急原则：

（1）沉着镇静，及时报告灾情。迅速向事故可能波及的区域发出警报，争取地面救护工作人员尽快救援，使其他区域的工作人员尽快撤离。

（2）积极稳妥地开展自救互救。发生瓦斯事故时，根据瓦斯爆炸的预兆（当感到附近空气有颤动的现象发生，有时还发出"嘶嘶"的空气流动声时），井下人员必须立即背向空气颤动方向，倒地俯卧，面部贴地，用湿毛巾或手捂住口、鼻，尽量屏住呼吸（特别是爆炸的瞬间），防止高温气流和有害气体吸入体内。俯卧时要用衣服等物品护住身体，避免烧伤或烫伤。

（3）安全撤离。爆炸过后，迅速佩戴好自救器，辨清方向，沿避灾路线尽快撤到新鲜风流中，离开灾区。撤离要统一行动，不盲目乱跑。

（4）妥善避灾。若因巷道严重破坏或其他原因无法撤退时，要尽快躲到较安全的地方或就地取材构筑临时避难硐室，等待救援，切忌盲动。

2. 掘进工作面瓦斯爆炸后的安全注意事项

（1）如发生小型爆炸，掘进巷道和支架基本未遭破坏，遇险矿工未受直接伤害或受伤不重时，应立即打开随身携带的自救器，佩戴好后迅速撤出受灾巷道到达新鲜风流中。对于附近的伤员，要协助其佩戴好自救器，帮助其撤出危险区；不能行走的伤员，在靠近新鲜风流 30~50 m 范围内，要设法将其抬运到新鲜风流中，如距离远，则只能为其佩戴自救器，不可抬运。撤出灾区后，要立即向矿调度室报告。

（2）如发生大型爆炸，掘进巷道遭到破坏，退路被阻，但遇险矿工受伤不重时，应佩戴好自救器，千方百计疏通巷道，尽快撤到新鲜风流中。如巷道难以疏通，应躲在支护良好的支架下面，或利用一切可能的条件建立临时避难硐室，相互安慰，稳定情绪，等待救助，并有规律地发出呼救信号。对于受伤严重的矿工要为其佩戴好自救器，使其静卧待救，并且要利用压风管道、风筒等改善避难地点的生存条件。

3. 采煤工作面瓦斯爆炸后的安全注意事项

（1）如果进回风巷道没有垮落堵死，通风系统破坏不大，所产生的有害气体，较易被排除。这种情况下，采煤工作面进风侧的人员一般不会受到严重伤害，应迎风撤出灾区。回风侧的人员要迅速佩戴自救器，经最近的路线进入进风侧。

（2）如果爆炸造成严重的垮落冒顶，通风系统被破坏，爆源的进、回风侧都会聚积大量的一氧化碳和其他有害气体，该范围所有人员都有发生一氧化碳中毒的可能。因此在爆炸后，没有受到严重伤害的人员，要立即打开自救器佩戴好。在进风侧的人员要逆风撤出，在回风侧的人员要设法经最短路线，撤退到新鲜风流中。

（3）如果冒顶严重撤不出来时，首先要把自救器佩戴好，并协助重伤员在较安全地点待救；附近有独头巷道时，也可进入暂避，并尽可能用木料、风筒等设立临时避难场所，并把矿灯、衣物等明显的标志物，挂在避难场所外面明显的地方，然后静卧待救。

# 9 瓦斯治理技术综述

## 9.1 我国煤矿区瓦斯灾害

就我国目前达到的勘探深度而言,至地下 2 km 深度处预测总资源量约为 $4.5 \times 10^3$ Gt。按粗略的估算,勘探深度平均每增加 100 m,获得的煤炭预测资源量约增加 225 Gt,在 $1.5 \sim 2.0$ km 深度范围内每增加 100 m 煤炭预测资源量平均增加 250 Gt。如果按目前煤矿的平均开采深度为 400 m 估算,则我国地下煤炭的预测总资源量中至少还有大约 80% 的煤炭资源还没有被开发和利用。深部煤炭资源的开发任重而道远。

东部矿区是我国重要的煤炭能源基地,该区属华北石炭—二叠系含煤区,煤层厚度稳定,煤质优良 (主要开采煤层含硫量多在 1% 以下),煤炭储量近千亿吨,其中淮南矿区拥有 500 亿 t,占东部矿区煤炭储量的 50%,占安徽省煤炭储量的 74%,有利于组织大规模机械化开采。现已建成淮南、淮北、徐州、兖州、新汶、平顶山、永城、焦作等国有大型煤炭企业,年产煤炭近 2 亿 t,产值超过 600 亿元。由于东部矿区位于长江经济开发区内,东邻沿海,西接欧亚大陆桥,具有战略上的区位意义。稳定发展东部煤炭生产已成为近期我国能源规划的重点。近年来,作为国家煤矿投资重点,该区内新建和在建煤矿 10 余处,新增年生产能力 50.0 Mt 以上,总投资超过 150 亿元,占全国煤矿总投资的 53% 以上。但是,我国东部矿区具有新生界覆盖层厚、煤层埋藏深、基底为奥陶系承压含水层的特点,深部资源 (700 m 以下) 占 2/3 以上,东部矿区将首先进入 1000 m 以下的深部开采。区内淮南新建矿井和新开发的巨野矿区多为深井开发,大部分生产矿井的开采深度已达 $500 \sim 1000$ m,淮南矿区现有的 15 对生产矿井有 12 对矿井开采深度在 $-700 \sim -1000$ m,已有 1 对矿井进入 $-1000$ m 以下。

随着开采深度的增加,煤炭的伴生资源——煤层瓦斯 (也称煤层气) 含量迅速增大。据新一轮全国煤层气资源预测结果,我国煤层气资源丰富,全国 2000 m 以上煤田范围内拥有的煤层气资源量为 $3.1 \times 10^{13}$ m³,居世界第二位,与陆上常规天然气资源量相当,是全国天然气总储量的 51.94%。东部矿区尤其如此,淮南矿区 20 世纪 90 年代以来,瓦斯涌出量以每年 100 m³/min 的速度递增,瓦斯含量梯度达 4.61 m³/hm 以上。

瓦斯作为一种洁净能源,应予开采和利用的科学采矿观日益受到关注和认可。它既是我国煤矿生产过程中的主要灾害,也是一种新型的洁净能源和优质化工原料,是 21 世纪的重要接替能源之一。2006 年全国煤炭产量 23.8 亿 t,国有重点煤矿井下瓦斯抽放量约 24 亿 m³。以平均吨煤瓦斯含量 8 m³/t 计,则每年排掉 168 亿 m³。近年来陆续出台的国家新的能源政策,已把瓦斯 (煤层气) 列为新的洁净能源。因此,开发利用瓦斯(煤层气),既可以充分利用地下资源,又可以改善矿井安全条件和提高经济效益,对缓解常规油气供应紧张状况、实施国民经济可持续发展战略、保护大气环境等均具有十分重要的意义。

我国煤矿自然条件差,地质条件复杂。我国大陆是由众多小型地块多幕次汇聚形成的，主要煤田经受了多期次、多方向、强度较大的改造。造成煤田地质条件复杂，伴生灾害多。我国煤矿均为有瓦斯涌出的矿井，全国煤矿的年瓦斯涌出量在 100 亿 $m^3$ 以上。国有重点煤矿中，高瓦斯和突出矿井占 49.8%，煤炭产量占 42%；有煤尘爆炸危险的矿井占 87.4%；煤层具有自然发火危险的矿井占 51.3%。在这种复杂的地质条件下，我国的煤矿尤其是瓦斯矿井容易发生灾害事故。以 2005 年数据为例，瓦斯事故起数占 12.13%，但死亡人数达到 36.5%；一次死亡 3 人以上重特大事故中，瓦斯事故占 59%；一次死亡 10 人以上特大事故中，瓦斯事故占 69%；新中国成立以来发生的 22 起一次死亡百人以上的特别重大事故中，20 起为瓦斯煤尘事故，事故起数和死亡人数分别占 91% 和 94%。因此，瓦斯灾害事故防治是煤矿安全工作的重中之重。

我国煤矿开采深度平均每年增加 10～20 m，随采深的增加，地应力、瓦斯压力、地温也越来越高，自然灾害的威胁逐步加重，治理的难度也越来越大。煤层瓦斯压力平均每年增加 0.1～0.3 MPa，瓦斯涌出量每年增加约 $1.5 \times 10^9$ $m^3$。例如 45 家重点监控企业中高瓦斯和突出矿井的比例 2005 年比 2004 年增加了 10%。淮南矿区的绝对瓦斯涌出量由 1997 年的 473 $m^3$/min 增加到 2005 年的 1000 $m^3$/min 左右，有 3 处矿井成为突出矿井。此外，受冲击地压和热害威胁的矿井也逐步增多，我国已有 102 处矿井发生过不同程度的冲击地压，并有 70 多处矿井存在热害威胁。

## 9.2　瓦斯治理技术的发展沿革

煤矿瓦斯灾害防治的主要目的是防止瓦斯积累，消除瓦斯突出，防治瓦斯煤尘爆炸。防止瓦斯积聚的主要技术途径是减少瓦斯向采掘空间涌出和稀释采掘空间的瓦斯浓度，其中瓦斯抽放是减少瓦斯涌出的一种最有效途径，加强矿井通风是稀释采掘空间瓦斯浓度最有效的方法。消除瓦斯突出等动力现象的主要技术途径是释放煤岩层中的瓦斯和地压。瓦斯灾害防治的辅助手段主要是控制井下火源，建立防隔爆、抑爆和个人防护体系，加强瓦斯监测。电气防爆、使用抗静电和阻燃性材料、使用煤矿许用安全爆破器材、有效防治煤层自然发火、有效控制外因火灾等措施是控制井下火源的主要途径。

随着煤炭工业的技术进步，我国的瓦斯抽放技术也得到了不断的提高和发展，我国的煤矿瓦斯抽放技术大致经历以下 4 个阶段。

（1）高透气性煤层抽放瓦斯阶段。20 世纪 50 年代初期，在抚顺高透气性特厚煤层中首次采用井下钻孔抽放瓦斯，获得了成功，解决了抚顺矿区高瓦斯特厚煤层开采的关键技术问题。在煤层透气性远远小于抚顺煤田的其他矿区采用类似的方法抽放瓦斯时，未能取得抚顺矿区的抽放效果。

（2）邻近层抽放瓦斯阶段。20 世纪 50 年代末，采用井下穿层钻孔抽放上邻近层瓦斯在阳泉矿区获得成功，解决了煤层群开采首采煤层工作面瓦斯涌出量大的问题。利用采动卸压作用对未开采的邻近煤层实施边采边抽，可以有效地抽出瓦斯，减少邻近层瓦斯向开采层工作面涌出。该技术在具有邻近层抽放条件的矿区得到广泛应用，取得了较好的抽放效果。

（3）低透气性煤层强化抽放瓦斯阶段。在低透气性高瓦斯和突出煤层，采用常规钻孔抽放瓦斯技术效果不理想。为此，从 20 世纪 70 年代开始，国内试验研究了煤层中高压注水、水力压裂、水力割缝、松动爆破、大直径钻孔等多种强化抽放技术；90 年代又试验研究了网格式密集布孔、预裂控制爆破、交叉布孔等抽放新技术。网格式密集布孔在煤矿得到了应用，但多数方法因工艺复杂、实用性差等问题，在煤矿未能得到广泛应用。

（4）综合抽放瓦斯阶段。从 20 世纪 80 年代开始，随着机采、综采尤其是放顶煤采煤技术的应用，采掘速度加快、开采强度增大，工作面瓦斯涌出量大幅度增加。为了解决高产、高效工作面瓦斯涌出问题，开始实施综合抽放瓦斯，即在时间上，将预抽、边采边抽及采空区抽放相结合；在空间上，将开采层、邻近层和围岩抽放相结合；在工艺方式上，将钻孔抽放与巷道抽放相结合、井下抽放与地面钻孔抽放相结合、常规抽放与强化抽放相结合。实施综合抽放瓦斯方法，最大限度地提高了瓦斯抽放效果。

"九五"期间在平顶山矿区开展了"改善煤矿安全状况综合配套和关键技术研究"。研究了综采工作面超前强化抽放瓦斯方法及工艺设备，试验成功了 200 ~ 500 m 岩石水平长钻孔抽放邻近层瓦斯，煤层水平（250 m）长钻孔及预裂控制爆破强化抽放本煤层瓦斯等综合抽放技术，使工作面瓦斯抽放率提高 20%。

"十五"期间在淮南矿区开展了"矿山重大瓦斯煤尘爆炸事故预防与监控技术研究"。在"九五"攻关的基础上，"十五"科技攻关中针对低透气性煤层抽放瓦斯难度大的问题，研究了强化抽放技术和装备。在顺层钻孔瓦斯抽放技术和水射流扩孔技术前期研究的基础上，通过高压水射流理论研究、实验室试验和现场试验考查，形成了一套在顺煤层钻孔中运用高压水射流扩孔和钻扩一体化技术和装备，以及石门揭煤抽、排瓦斯钻孔扩孔的工艺技术和方法。扩孔后钻孔直径达到 200 ~ 300 mm，为扩孔前的 4.5 倍，最大孔径达 619.9 mm，明显地提高了瓦斯抽放效果。

煤层群开采复杂条件下瓦斯综合防治技术是"十五"科技攻关的重点，开展了保护层作用机理的研究，针对保护层开采时，上下高瓦斯突出煤层的瓦斯集中向首采工作面涌出的特点，试验研究成功多种首采层瓦斯综合治理技术等，包括被保护层底板巷道 + 上向穿层钻孔抽放瓦斯技术、煤层群多重开采下卸压层瓦斯抽放技术、首采层（保护层）顶板巷道抽放技术、保护层顶板走向钻孔抽放技术、保护层工作面采空区埋管抽放技术、保护层掘进工作面边掘边抽技术、地面钻井抽采采动区、采空区卸压瓦斯技术等。这些技术保证了实际层间距 70 m（相对层间距 35 m）近水平煤层群的下保护层开采和 80° ~ 90° 急倾斜近距离煤层群下保护层开采关键技术的突破。这些技术在淮南矿区各矿应用后，显著提高了抽放和保护效果，使首采层瓦斯综合抽放率达到了 62%。"十五"科技攻关的瓦斯综合防治技术成果多数已推广到全行业，确立了中国煤矿瓦斯治理的领先地位，并且在国际上产生了影响。

我国地面钻孔抽放瓦斯目前尚处于勘探试验阶段。20 世纪 70 年代，为了解决煤矿瓦斯灾害问题，曾在白沙、抚顺、焦作、阳泉等矿区打了 40 多个地面钻孔，采用钻孔水力压裂等措施后抽放瓦斯，取得了一些经验，但产气效果不理想，抽气成本太高。1992 年，联合国开发计划署资助我国开发煤层气，由煤炭科学研究总院西安分院承担煤层气资源评价，同时在开滦、铁法、松藻进行了示范性的地面、井下试验（美国 REI 公司负责铁法和松藻项目，GAI 公司负责开滦项目，项目已于 1998 年完成），试验结果：铁法抽采空区瓦斯的 3 个地面钻孔，两年半时间内单孔平均产气量为 747 $m^3$/d；开滦施工的 3 个地面钻孔进行采前预抽，由于水量大，最大产气量为 2000 $m^3$/d，不适合于商业开发；松藻主要完善利用系统，冬季民用用气率达 100%。1995 年我国煤炭工业部与美国能源部签订"化石能研究与开发合作议定书",就煤层气回收与利用领域达成合作协议;同时又同美国安然、美中能源、阿莫科、德士古等公司就淮南、淮北、三交、平顶山、晋城等矿区地面煤层气开发进行合作。1996 年,由煤炭部、地矿部和中国石油天然气总公司联合组建中联煤层气有限责任公司(简称中联公司),从事煤层气资源的勘探、开发、输送、销售和利用,并享有对外合作专营权。1998 年 1 月中联公司与美国德士古公司合作开发淮北煤层气,预计最终投资规模达 5 亿美元;同年 6 月又与美国阿科石油公司和菲利浦斯石油公司合作开发山西河东煤田煤层气;到目前已在全国 10 多个矿区施工了 100 多口井,最大产气量达 10000 $m^3/d$ 以上,但 90% 以上的气井产气量小于 1000 $m^3/d$。按现有市场价格估算,地面钻孔产量小于 3000 $m^3/d$ 时,抽放 10 年以上方可收回投资,因此从目前试验的情况看,地面钻孔抽取效果较差,很难达到商业化开采的经济价值。

中国的含煤地层一般都经历了成煤后的强烈构造运动,煤层内生裂隙系统遭到破坏,成为低透气性的高延性结构,煤层普遍具有变质程度高、渗透率低和含气饱和度低的特点,70% 以上煤层的渗透率小于 $1 \times 10^{-3}$ mD,其透气性比美国和澳大利亚低 2 ~ 3 个数量级,这使得地面钻孔完井后采气效果差,水力压裂增产效果不明显。地面钻孔有效排放半径和钻孔瓦斯流量小,衰减快,透气性最好的抚顺煤层井下水平钻孔与美国同类条件相比,钻孔影响范围仅 30 ~ 50 m,而美国可达到 100 m 以上。煤层的低渗透率特点,决定了我国地面开发煤层气的难度很大。虽然地面钻井开采煤层气在个别高透气性煤层的矿区(沁水煤田)试验取得成功,但是我国 70% 以上矿区的煤层赋存在高地应力、高瓦斯、低透气性复杂地质条件下,先采气后采煤技术没有突破,采用现有煤层气开采技术难以实现国家制定的"先抽后采"安全开采方针和"煤气共采"能源战略。

实践表明,一旦煤层开采引起岩层移动,即使是渗透率很低的煤层,其渗透率也将增大数十倍至数百倍,为瓦斯运移和抽放创造了条件。我国煤层的主要特点是煤层透气性低、瓦斯含量高、煤层突出危险严重、煤层群开采、地质构造复杂,我国的煤层赋存条件决定了我国的瓦斯抽采应以卸压抽采为主,煤层气抽采的重点应放在井下,利用井下的采掘巷道,并尽量利用煤层采动影响,通过打钻孔和其他各种有效技术强化卸压煤层的煤层气抽采。因此若在开采时形成采煤和采瓦斯两个完整的系统,即形成"煤与瓦斯共采"技术,则不仅有益矿井的安全,而且采出的还是洁净能源。因此必须创新设计理念,实现安全高效开采矿井设计技术的突破,寻求科学的深部开采技术难题的解决方法,创新煤气共采技术,在开采高瓦斯煤层的同时,利用岩层运动的特点将煤层气开采出来将是我国能源开发的一条重要途径。

## 9.3　深井开采瓦斯治理面临的问题

深部资源开采已成为国内外采矿工程界一个十分重要的研究课题。1983 年,苏联的权威学者就提出对超过 1600 m 的深(煤)矿井开采进行专题研究。西德还建立了特大型模拟试验台,专门对 1600 m 深矿井的三维矿压进行了模拟试验研究。1989 年,岩石力学学会曾在法国专门召开"深部岩石力学"的国际会议,并出版了相关的专著。近 20 年来,国内外学者在岩爆预测、软岩大变形机制、隧道涌水量预测及岩爆防治措施、软岩防治措施以及深部矿井的瓦斯灾害治理等各方面进行了深入的研究,取得了一些成绩。一些深井开采的国家,如美国、加拿大、澳大利亚、南非、波兰、俄罗斯等,其政府、工业部门和研究机构密切配合,集中人力和财力紧密结合深部开采相关理论和技术开展基础问题的研究。南非政府、大学与工业部门密切配合,从 1998 年 7 月开始启动了一个"deep mine"的研究计划,旨在解决深部金矿安全、经济开采的一些关键问题。加拿大联邦和省政府及采矿工业部门合作开展了为期 10 年的 2 个深井研究计划,分别为在微震与岩爆的统计预报方面的计算机模型研究、针对岩爆潜在区的支护体系和岩爆危险评估。美国 Idaho 大学、密西根工业大学及西南研究院,西澳大利亚大学在深井开采方面也进行了大量工作。

我国 20 世纪 80 年代末也开始了深部开采方面的研究,一些高校和科研院所对深部开采的理论和技术进行了一些研究,并取得了不少研究成果。在软岩支护、岩爆防治、超前探测、信息化施工等方面,隧道工程部门、煤炭科学研究总院、中国矿业大学、中南大学、东北大学、重庆大学、同济大学、西南交通大学、安徽理工大学等进行了大量的研究和实践,积累了丰富的实践经验,且具有开展相关研究的基础与条件。

淮南煤田所含煤地层为石炭二叠系,其中二叠系山西组、石盒子组为主要含煤地层,可采煤层段煤系厚 340 m 左右,共含有可采煤层 9 ~ 18 层,可采煤层总厚度 25 ~ 34 m,平均 30 m。C13 – 1、B11 – 2、B8、B6、B4、A1 等煤层为主采煤层,单层厚度一般为 2 ~ 6 m,主采煤层的总厚度占可采煤层总厚度的 70% 左右。矿区地质条件复杂,煤层倾角变化大(0° ~ 90°),开采范围内已探明的落差 5 m 以上断层 1900 余条,平均每平方千米 1.1条。地质构造与瓦斯赋存密切相关,大的构造往往控制瓦斯赋存状况的分布,多数瓦斯事故与地质构造有关。

淮南矿区煤层赋存为高瓦斯煤层群(9 ~ 18 层可采煤层),煤层赋存的地质条件极为复杂,煤层瓦斯含量高(12 ~ 26 m$^3$/t),煤体极松软(坚固性系数 $f$ 为 0.2 ~ 0.8),煤层透气性低(渗透率为 0.001 mD),煤层瓦斯压力大(高达 6.2 MPa),主采煤层 C13、B11、B8、B4 均为强突出煤层。随着逐步向深部开采,矿井开采深度将以每年 20 m 以上的速度下延,矿区瓦斯涌出量将以每年 100 m$^3$/min 的幅度递增,2010 年达到 1500 m$^3$/min以上。目前,淮南区内新建矿井多为深井开发,首采区多在距地表 800 m 以下深度;大部分生产矿井的开采深度已达 – 700 ~ – 1000 m,且开采深度正以每年 20 ~ 25 m 的速度增加。由于过去对深部地质条件下开采技术的研究较少,未来几年淮南煤矿深部开采的难题将越来越突出。

### 9.3.1　瓦斯含量和突出威胁显著增加,治理难度加大

煤矿瓦斯治理是世界性难题,美国、英国、德国、俄罗斯等国家多次发生瓦斯爆炸事故。由于对井下瓦斯场、应力场、构造场规律没有完全把握,像淮南这样高瓦斯、高地压、高地温的煤矿,美国、澳大利亚都不开采了,欧洲也在收缩。

淮南矿区现有生产矿井开采深度进入 – 600 m 后,煤层瓦斯含量及煤与瓦斯突出危险性显著增加,瓦斯升级迅速,所有矿井全面升级为煤与瓦斯突出危险矿井或煤层。2005年新庄孜矿 66108 掘进工作面及 2006 年望峰岗矿井筒揭煤时相继发生煤与瓦斯突出事故,造成人员伤亡,新庄孜矿、丁集矿发生工作面煤壁的整体位移,伴随大量瓦斯涌出,造成瓦斯积聚,险些酿成事故。试验矿井望峰岗矿井田 – 860 m 水平 B11b 煤层实测最大瓦斯压力为 6.2 MPa。随着矿井开采水平的不断延深,煤与瓦斯突出危险性愈加严重。瓦斯升级给矿井的设计和安全生产管理造成极大困难,深部煤层防治煤与瓦斯突出成为深井开采技术难题之首。

传统的通风方式无法解决深部采煤工作面上隅角瓦斯超限问题。随着开采深度的增加，高瓦斯采煤工作面的瓦斯涌出量显著增大，尤其是煤层群卸压开采时，首采工作面瓦斯涌出量达 $90 \sim 120 \ m^3/min$，邻近层的瓦斯涌出比例通常超过 60%。目前我国采煤工作面大多采用 U 型通风系统（图 9 - 1），其优点是系统简单、经济，适于采空区瓦斯涌出量不大的工作面，缺点是高浓度瓦斯集中汇流于采煤工作面上隅角，产生瓦斯浓度超限危险区。U 型通风系统主要存在以下问题：①对采空区瓦斯涌出比例较大的采煤工作面，采空区积存大量高浓度瓦斯；②高瓦斯采煤工作面供风量大，上、下端口压差大，采空区漏风量大（约 20%）；③采空区漏风在上隅角汇集，上隅角瓦斯聚集无法从根本解决；④工作面系统通风路线长、风阻高；⑤U 型通风方式即使加上高位钻孔或高抽巷抽采采空区瓦斯，上隅角仍然存在瓦斯积聚问题，瓦斯经常超限。

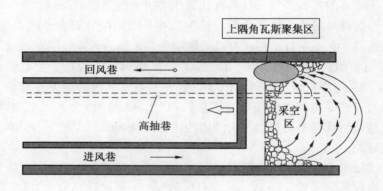

图 9 - 1　工作面 U 型通风系统

浅部治理措施不适于深部或实施困难。首先，高位钻孔或高抽巷抽采措施及煤层钻孔措施已不能满足深部高瓦斯涌出量工作面和强突出煤层消突的需求，开采层的高位钻孔或高抽巷抽采只能解决涌出量为 $50 \sim 60 \ m^3/min$ 的工作面瓦斯，强突出煤层直接施工钻孔引发的喷孔和突出已严重威胁施工人员的生命安全。其次，卸压开采消突技术是实现淮南矿区安全高效开采的关键。近年来，淮南矿区通过保护层卸压开采配合卸压瓦斯抽采方法，基本消除了突出煤层的煤与瓦斯突出事故的发生。但是，由于受地质条件和技术因素的影响，卸压层留设煤柱和断层岩柱造成了被保护层部分区域的应力集中（近年来发生的煤与瓦斯突出和动力现象都是在影响采动应力集中区发生的），使得深部突出煤层的突出危险性更大。因此，采掘布置及开采应尽量避免采动应力集中。再次，在浅部以巷道或巷道＋穿层钻孔抽采（简称巷道钻孔法）卸压瓦斯的成功经验，以及突出煤层"一面四巷"（煤层巷道开掘前先布置两条岩巷）预抽瓦斯消突的有效措施，均需要提前准备大量的岩巷和钻孔工程。进入深部后，由于高地压的影响，巷道开掘成本高、速度低且维护困难，在采掘接替时间安排上难以实现，在社会经济效益上也与安全高效开采不相适应。

淮南矿区历史上也是瓦斯灾害频繁发生的重灾区，经过 10 多年的探索，淮南矿业集团首先创立了"煤与瓦斯共采""卸压开采"等理论，提出了"瓦斯治理理念二十种"，总结出"瓦斯治理经验五十条""瓦斯治理技术五十种"。变传统的被动抽排瓦斯为主动抽采瓦斯，变局部治理为区域性井上下立体抽采。通过疏导卸压提前释放瓦斯压力，使煤层变性,由高瓦斯状态变为低瓦斯状态后进行开采,实现本质安全开采。承担了"十五"国家重点科技攻关"矿山重大瓦斯煤尘爆炸事故预防与控制技术"等瓦斯防治高新技术研发课题,研发了一整套巷道法卸压开采抽采瓦斯技术,如"低透气性高瓦斯软厚煤层远程卸压瓦斯抽放技术""煤层群多重上保护层防突开采技术""开采煤层顶板瓦斯抽放技术""高瓦斯煤层巷道边抽边掘抽放瓦斯技术""地面钻井抽采采动区、采空区卸压瓦斯技术"等,多数已推广到全行业,确立了中国瓦斯治理领先地位,并且在国际上产生了影响。

顾桥、望峰岗矿井分别被国家确定为高瓦斯、高地压、高地温治理示范矿井和深井开采试验矿井。淮南矿业集团建设的煤矿瓦斯治理国家工程研究中心,是我国煤炭行业唯一的以企业为平台的工程中心,担负着为行业瓦斯治理出标准、出规范和技术培训的任务。

淮南矿业集团公司近几年各类安全事故见表9-1。由表9-1可知,自2001年始,原煤产量逐年递增,而死亡人数和百万吨死亡率则逐年递减,百万吨死亡率处于全国平均水平之下。

表9-1 淮南矿业集团公司2000—2010年原煤死亡事故统计

| 年度 | 产量/万t | 死亡人数 | 百万吨死亡率 | 瓦斯 | 顶板 | 机电 | 运输 | 水 | 其他 |
|------|---------|---------|------------|-----|-----|-----|-----|----|-----|
| 2001 | 1774 | 17 | 0.9 | 6 | 5 | 1 | 3 | | 2 |
| 2002 | 2335 | 15 | 0.64 | 4 | 4 | | 4 | 1 | 2 |
| 2003 | 2673 | 12 | 0.45 | 6 | 1 | | 4 | | 1 |
| 2004 | 2982 | 13 | 0.45 | 2 | 5 | 2 | 2 | 1 | 1 |
| 2005 | 3095 | 16 | 0.52 | 7 | | | 2 | | 2 |
| 2006 | 3223 | 6 | 0.18 | 2 | 1 | 2 | 1 | | |
| 2007 | 4196 | 10 | 0.238 | | 6 | 3 | 1 | | |
| 2008 | 6005 | 8 | 0.133 | | 2 | 3 | 1 | | 2 |
| 2009 | 6715 | 17 | 0.253 | 4 | 10 | 3 | | | |
| 2010 | 6619 | 7 | 0.106 | | 4 | 1 | 2 | | 2 |

2002年淮南矿区煤层气抽采量为1.1亿$m^3$,2003年为1.3亿$m^3$,超过了1961—1997年37年的总和。2004年抽采瓦斯1.5亿$m^3$,2006年抽采瓦斯量为1.7$m^3$。矿井瓦斯抽采率由20世纪90年代初的2%提高到2005年的43%。2010年,顾桥、丁集、望峰岗、顾北、潘北等矿井的投产和其抽采系统的运行,瓦斯抽采量达到4亿$m^3$,2015年超过5亿$m^3$。图9-2给出的是淮南矿区近来瓦斯抽采量统计结果。

以上技术已成功解决淮南矿区-700 m以上浅开采深度的瓦斯治理问题,但随着开采深度增加,煤层瓦斯含量迅速增大,瓦斯涌出量明显增大,已达820 $m^3$/min,煤与瓦斯突出危险日趋严重。面对涌现出来的一系列新问题,现有的瓦斯灾害防治技术、安全规程和技术标准不能解决深井开采的瓦斯灾害问题,急需研究适应深井开采治理煤与瓦斯突出、瓦斯抽采的关键技术、并制订新的技术标准。

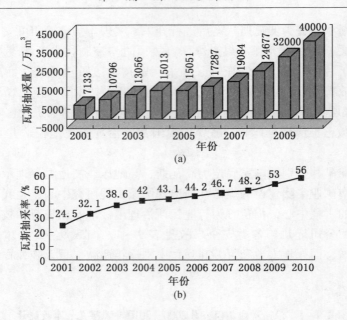

图 9 - 2　淮南矿区瓦斯抽采量统计图

### 9.3.2　巷道矿压显现剧烈，支护难度剧增

　　淮南矿区地质条件复杂，断层构造多，水平地应力大，实测 – 820 m 水平的最大主应力为 21.5 MPa，软岩遇水膨胀，岩层松软破碎，裂隙发育，属于典型的软岩矿区，软岩和煤巷支护难度很大。围岩刚开挖出来时较为坚硬，不久即风化变软。不少岩层富含水，个别矿钻孔涌水量可达 7 ~ 8 m³/h。巷道穿越煤层时地压显现更加突出。随着开采深度的加大，地压显现更为严重，支护难度日益增大。某些巷道采用架棚和砌碹支护，3 个月就压坏了；有的巷道采用 29U 型钢支护，代价高而效果亦不理想。近几年软岩巷道采用锚注（注浆锚杆）支护，效果较好，但也存在许多问题，比如如何选择注浆参数、漏浆封堵、遇泥岩注不进浆、支护成本高等。极易离层复合顶板煤巷采用高性能预拉力锚杆支护技术也取得重大突破，但是进入 – 700 m 以下后，软岩的各种软弱性表现得更加剧烈，围岩的自稳性能进一步减弱、流变显著，变形周期缩短。

　　按照目前的开拓布局及采掘接替方式，必然存在大量的巷道沿采空区边缘布置。这一类巷道在深部煤巷支护中问题特别突出，通常的布置方式是在相对较小的开采深度中采用留设一定煤柱沿稳定采空区边缘掘进巷道，在稳定顶板、中等强度煤层内一般能够取得成功。但进入深部以后小煤柱沿空掘巷围岩虽然处于应力低值区，但由于煤柱松软破碎，承载能力很低，在工作面采动影响时，上覆基本顶岩层三角块结构旋转下沉，塑性区、破碎区迅速扩展，导致巷道变形剧烈，通常以米来计量，仍然是极难维护的一类巷道。增加煤柱宽度，可以提高煤柱的整体性和承载能力，但是围岩应力也随之迅速增加，深部的高应力问题又表现了出来。随着采深增加、原岩应力增大导致工作面超前支承压力升高；煤矿生产集中化程度日益提高，大型设备的应用及工作面风量增加，巷道断面随之扩大，使沿空掘巷维护更加困难，该类巷道围岩的稳定性问题越来越突出，严重影响生产、威胁安全，是煤矿生产中亟须解决的技术难题，也是扩大锚杆支护技术应用范围、提高煤矿开采经济效益、社会效益的关键。

"九五"期间，中国矿业大学在深部煤矿开发中的灾害预测和防治研究、武汉岩土所在硐室优化及稳定性研究等方面都做了许多有益工作，取得了重要成果。"淮南矿区特厚表土层冻结法凿井关键技术研究及其应用""煤矿极易离层破碎型顶板预应力控制理论研究及工程应用"等成果也为高地压治理积累了不少经验。

在深部开采环境下，煤岩体的变形特性发生了根本变化：由浅部的脆性向深部的塑性转化；高地应力作用下，煤岩体具有较强的时间效应，表现为明显的流变或蠕变；煤岩体的扩容现象突出，表现为大偏应力下煤岩体内部节理、裂隙、裂纹张开，出现新裂纹导致煤岩体积增大，扩容膨胀；煤岩体变形的冲击性表现为，变形不是连续的、逐渐变化的，而是突然剧烈增加。深部开采环境和煤岩体变形特征决定了深部矿井会遇到一系列浅部开采未曾遇到的灾害。

围岩大变形、顶板垮落是深部开采遇到的主要灾害之一。随着矿井深度增大，围岩应力高于围岩强度，增大围岩的失稳性和支护难度，极易导致顶板垮落，出现事故。近年来的统计数据表明，全国煤矿顶板事故分别占事故次数和死亡人数的 50% 和 30% 以上。深部开采工程围岩失稳垮落是矿山灾害的一个重要部分。此外，围岩大变形导致采场、巷道断面不能满足通风、运输、行人的要求，不得不多次维修与翻修，严重影响矿井的正常生产。近年来，随着煤矿开采深度的增加，岩层灾害的发生又呈上升的趋势，并日益严重。归纳起来，还存在以下问题：

（1）缺乏对深部矿井应力环境和构造环境全面、系统的了解，基础参数明显不足。

（2）对于深部矿井煤岩体力学特性和动力响应特征的研究，大多局限于表象的分析，缺乏实质性、机理性的研究。

（3）尽管提出了多种围岩控制理论，但任何一种理论都有缺陷，不能全面解释围岩大变形、垮落的机理，对岩层灾害发生的一些影响因素还缺乏了解。

（4）深部围岩控制技术虽然取得一定效果，但还缺乏对高应力环境下围岩与支护体相互作用机理进行全面系统的研究，矿井深部巷道变形与破坏剧烈，围岩控制将更加困难，需要研究和采用适应于更深部巷道的支护技术和措施。

### 9.3.3　围岩温度持续升高，热灾严害

以淮南矿区为例，目前最大开采深度 -780 m，开拓深度 -840 m，地热灾害严重。生产矿井各煤层 -600 m 水平大部分区段地温超过 31 ℃，属于一级高温区，局部区段大于37 ℃，进入二级高温区。潘一矿 -650 m 标高围岩温度达到 40 ℃，潘三矿 -650 m 标高地温达到 37 ℃。顾桥、丁集等矿井都属于以地温异常为主的高温区，其中顾桥矿井在地质勘探过程中对 39 个钻孔进行了井温测试，地温梯度平均为 3.08 ℃/hm。垂深 -500 m 岩石的平均地温在 31 ℃以上，已进入一级高温区；垂深 -700 m 岩石的地温在 37 ℃左右，进入二级高温区；垂深 -800 m 岩石的地温达 40 ℃。目前矿区高温采掘工作面都采取了加大风量、降低机电设备散热、缩短作业时间等措施，但都不能有效解决地热灾害。深部高温区域回采工作面回风空气温度为 32 ~ 34 ℃，夏季达到 35 ~ 37 ℃，现场作业的职工出现过中暑现象，地热灾害严重危及职工身体健康和现场安全生产，一些回采工作面被迫停产。

淮南矿业集团是国内开展矿井降温工作较早的矿区之一，1964 年九龙岗矿就开始了

矿井降温工作。2001 年以来,针对潘一矿、潘三矿和谢桥矿多个采掘工作面温度夏季处在 30 ℃以上的实际情况,先后采取了优化通风系统、加大工作面风量、改上行通风为下行通风、煤层注水预冷煤体、冰块溶解降温等措施,但效果均不太显著。从 2002 年开始,集团公司开始了机械制冷降温工作。2002 年夏季,潘三矿 1451（3）采煤工作面装备了一台降温用冷风机组,尽管设备投入和运行费用都很高,但工作面风流只降温 1～2 ℃,效果不是十分明显。

　　上述深部岩层控制存在的问题,已经成为制约深部煤炭资源安全、高效开采的关键技术瓶颈。如果这些问题得不到有效解决,大量深部煤炭资源就无法开采,矿井的安全状况将会进一步恶化,煤矿的产量与效益受到严重影响,煤炭工业的可持续发展无法实现。因此,急需研究和提出针对深部围岩控制的新理论,开发新的、有效的支护加固技术。

# 10　地　面　抽　采

## 10.1　地面钻井抽采卸压瓦斯理论

地面钻井抽采卸压瓦斯是一项极具前瞻性和挑战性的研究课题，涉及对回采过程中煤岩应力场重新分布、变形及破坏、瓦斯压力、渗透性变化以及瓦斯解吸及运移规律的探索。近年来，地面钻井抽采卸压瓦斯理论与技术实践已有了很大的发展，如对采动围岩裂隙特征的认识（"三带"划分、O形圈、环形裂隙圈等）及其工程应用。但是，地面钻井抽采卸压瓦斯理论的研究还处于初期阶段，还需要应用国际先进的研究理念、监测与模拟分析手段进行深入和系统的研究。地面钻井抽采卸压瓦斯是一个系统工程，它除了涉及地面钻井本身的技术难题以外，还涉及采动围岩运动、应力场和裂隙场的演化、渗透率分布以及瓦斯解吸运移等，应该说采动围岩运动、应力场和裂隙场的演化是关系到抽采卸压瓦斯钻井施工和能否高效抽采瓦斯的基础。

### 10.1.1　煤层群开采上覆岩层运动基本特征

1. 采场上覆岩层"三带"形成与特征

井下煤层的采动，采动空间的形成，首先会引起周围原始应力的变化，其上覆岩层与底板岩层的应力平衡状态遭到破坏，产生附加应力。当应力超过岩石强度极限时，直接顶板便断裂、破碎而垮落，岩层将发生变形并开始移动。采场覆岩实质上是一系列岩层的有序组合，而层状组合的覆岩中有一层或几层较为坚硬的厚岩层在整个上覆岩体的变形与破坏中起主要作用，即关键层。

采动后岩体的破坏实际上是岩体结构改组和结构联结的丧失现象。从力学机理上可归结为四种常见的破坏机制，即张破坏、剪破坏、结构体滚动、结构体沿结构面滑动和错动，由这四种破坏机制导致的采动上覆岩层的移动形式主要为：垮落、离层、层间错动、剪切破坏和塑性变形、块体滚动。

煤岩体在垂直方向上可分为垮落带、断裂带、弯曲下沉带和底板影响带。沿走向可分为：原始应力区、煤壁支撑区、离层区、重新压实区和稳定区，如图 10-1 所示，其中弧线表示应力变化范围。

随着工作面的推进，沿工作面推进方向上的横"五区"随时间和空间的演化也在不断地往前移动，原来的原始应力区受回采的影响变成煤壁支撑区，煤壁支撑区逐渐被悬露垮落形成离层区，而原来的离层区被逐步压实成为重新压实区。

1）垮落带

煤层开采以后，上覆岩层的平衡被破坏，位于直接顶的岩层开始垮落，逐渐向上部岩层发展，垮落的空间不断变大，直到垮落的碎岩石堆积充满开采空间为止。垮落带下部岩层破坏较大，碎岩块不规则杂乱无章地堆积在采空区内，该区间称为不规则垮落带，如图 10-1 中的 1；垮落带上部的碎岩块较大，呈现类似层状的断块，有规则的排列位于不

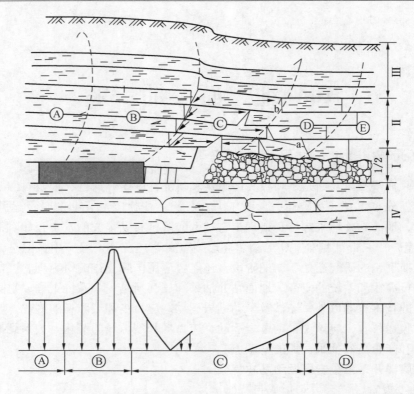

A—原始应力区；B—煤壁支撑区；C—离层区；D—重新压实区；E—稳定区；
Ⅰ—垮落带；Ⅱ—断裂带；Ⅲ—弯曲下沉带；Ⅳ—底板影响带；
a—离层裂隙；b—竖向裂隙；1—不规则垮落带；2—规则垮落带

图 10 - 1　采场上覆岩层破断移动分布示意图

规则垮落带的上部，称为规则垮落带，如图 10 - 1 中的 2。垮落带的碎岩石随着工作面的推进，受上覆岩层的压力逐渐被压实，受到多次破坏，因而岩块的碎胀度较大，裂隙、空隙较多，贯通性较好，是邻近煤层瓦斯、周围岩体内瓦斯运移及地下水聚积的良好通道。

2）断裂带

断裂带也称裂隙带或导水、导气裂隙带，位于垮落带之上，主要是指由于主关键层或亚关键层之间在采动影响下发生的岩层变形与移动。岩层在下沉过程中受到拉压应力的作用产生离层裂隙和竖向裂隙。断裂带的下部离层裂隙和竖向裂隙发育逐渐增强，向下能够渗透到采空区，是储气、导气及导水的通道。断裂带的上部裂隙随着采空区垮落面积的扩大而延伸，当裂隙延伸的范围达到一定极限时，则断裂带的高度基本上不再随采空区的扩大而增高，经过一段时间后，岩层移动逐渐趋于稳定，上部裂隙又逐渐闭合，断裂带的高度有所下降。一般来说，采空区形成两个月左右时，断裂带的高度发育最高。

3）弯曲下沉带

弯曲下沉带又称整体移动带。由于在断裂带的上部存在较少破裂，岩层在自身重力的作用下产生法向位移向下弯曲，所以弯曲下沉带一般下沉量较小，不会出现离层，有可能在软硬岩层间产生离层裂隙。离层裂隙仅仅是局部聚积一些气体或水，并与断裂带有一定的距离，不会与其连通。

2. O 形圈及其运动规律

保护煤层开始开采后不久，直接顶的悬露面积达到一定的极限跨距后，开始第一次大面积的垮落，称作直接顶初次垮落，一般直接顶初次垮落前的变形量比基本顶的变形量要大，因而在直接顶与基本顶之间容易出现离层。直接顶初次垮落后，由于岩石破碎后体积产生膨胀，堆积的高度必然大于直接顶岩层原来的高度，而在自身重力或外在载荷加载后渐渐趋于压实的状态，那么直接顶与基本顶岩层间可能留下空隙。

直接顶发生初次垮落后，随着工作面不断推进，基本顶的悬露面积继续增加。当基本顶悬露达到极限跨距时，基本顶断裂形成三铰拱式的平衡，同时破断的岩块发生变形失稳，有可能伴随滑落失稳，导致工作面顶板急剧下沉，支架受力增大，这时称为基本顶的初次来压。根据薄板理论分析基本顶从断裂到垮落的过程，由于基本顶的厚度与宽度的比值较小，可将基本顶看作薄板，当基本顶和上方岩层形成离层后更符合假设的条件。根据开采条件及采场边界煤柱的大小，可将基本顶岩层假设成如图 10 - 2 所示的支撑条件。

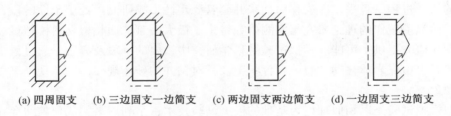

(a) 四周固支　　(b) 三边固支一边简支　　(c) 两边固支两边简支　　(d) 一边固支三边简支

图 10 - 2　基本顶支撑条件的简化

采用板的 Marcus 简算法，将板视为分条的梁、中部视为交叉的条梁，按挠度相等原则可求板中部及边界上的弯矩。随着弯矩的增长，由于岩层的抗拉强度较小，当基本顶岩层达到一定的强度极限时，将形成断裂。

以四边固支的板为例子（图 10 - 3），最大的弯矩是发生在长边的中心部位，形成断裂（图 10 - 3a），后来在短边的中央形成裂隙（图 10 - 3b），随着演化不断加剧，四周裂隙贯通后形成 O 形。板中央的弯矩达到最大值，基本顶岩梁超过强度极限后，会先在两侧支座的上端裂开，随后在梁的中间底部裂开，最后形成 X 形破断（图 10 - 3c）。

基本顶 O—X 形裂隙的特点：O 形的裂隙上部张下部合，X 形的裂隙上部合下部张。依据基本顶 X 形裂隙的破坏特点，可将

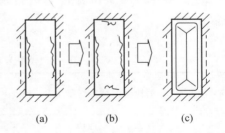

(a)　　　(b)　　　(c)

图 10 - 3　基本顶板竖 O—X 形破断形式

工作面分为上、中、下三个区。上下两个区域为裂隙区域，中间为压实区域，随着工作面推进，环形裂隙区域也动态向前推进，如图 10 - 4 所示。

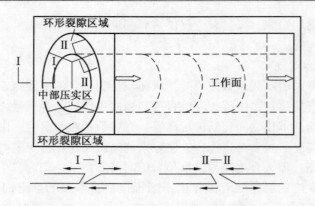

图 10-4 工作面 O—X 动态演化

## 10.1.2 煤层群开采上覆岩层裂隙演化规律

### 1. 相似材料模拟试验

对采动覆岩应力变化、岩层变形变位和裂隙的发展及分布等特征的探讨，国内外学者、专家、工程技术人员做了大量的研究工作。但由于采动覆岩岩层移动与破坏是一个极其复杂的力学过程，且采动区岩移对抽采井套管稳定性影响研究尚处于定性阶段，缺乏相关研究，给当前工作的理论研究与实测研究带来了极大困难，而相似材料模拟试验为项目工作的深入研究提供了可能。模拟试验是科学研究中重要的手段及方法，通过科学试验可以发现采场上覆煤岩体移动、裂隙发育状况及其对钻井的破坏规律，以及现场难以观测到的一些现象。

相似模拟试验是以相似理论为基础的模型试验技术，是利用事物或现象间存在的相似和类似等特征来研究自然规律的一种方法，适用于难以用理论分析方法获取结果的研究领域，同时也可以用于对理论研究结果进行比较与验证。目前，相似模拟试验已广泛用于解决采矿工程中许多难题的研究中。

模拟方案拟采用平面应力模型，忽略模型前后侧向变形对上覆岩层移动及钻井的影响，可以满足工程应用的需要。选取矿区工作面地层条件为原型，以相似三定律为理论基础，选用合适的几何相似常数，配比岩层相似材料，选择煤层开采方案并进行模型铺设，在自制的平面应力模型试验台上进行模拟试验。表 10-1 是相似材料模拟试验方案的参数。

表 10-1 模型岩层力学参数及相似材料配比

| 层数 | 岩性 | 实际层厚/m | 相似比 | 配比 | | | | 强度 | |
| --- | --- | --- | --- | --- | --- | --- | --- | --- | --- |
| | | | | 砂子 | 碳酸钙 | 石膏 | 水 | 原岩强度 | 模型强度 |
| 64 | 黏土 | 15 | 150 | 11 | 0.7 | 0.3 | 0.08 | 10 | 29 |
| 63 | 粉砂岩 | 6.05 | 150 | 6 | 0.3 | 0.7 | 0.08 | 57 | 167 |
| 62 | 细砂岩 | 3.2 | 150 | 3 | 0.5 | 0.5 | 0.08 | 71 | 208 |
| 59 | 砂质泥岩 | 6.9 | 150 | 7 | 0.3 | 0.7 | 0.08 | 47 | 138 |
| 58 | 细砂岩 | 1.15 | 150 | 3 | 0.5 | 0.5 | 0.08 | 71 | 208 |

表10-1（续）

| 层数 | 岩性 | 实际层厚/m | 相似比 | 配 比 | | | | 强 度 | |
|---|---|---|---|---|---|---|---|---|---|
| | | | | 砂子 | 碳酸钙 | 石膏 | 水 | 原岩强度 | 模型强度 |
| 57 | 粉砂岩 | 5.35 | 150 | 6 | 0.3 | 0.7 | 0.08 | 57 | 167 |
| 56 | 砂质泥岩 | 4.45 | 150 | 7 | 0.3 | 0.7 | 0.08 | 47 | 138 |
| 55 | 细砂岩 | 1.65 | 150 | 3 | 0.5 | 0.5 | 0.08 | 71 | 208 |
| 54 | 砂质泥岩 | 1.95 | 150 | 7 | 0.3 | 0.7 | 0.08 | 47 | 138 |
| 53 | 细砂岩 | 2.3 | 150 | 3 | 0.5 | 0.5 | 0.08 | 71 | 208 |
| 52 | 泥岩 | 4.7 | 150 | 7 | 0.3 | 0.7 | 0.08 | 47 | 138 |
| 51 | 细砂岩 | 4.5 | 150 | 3 | 0.5 | 0.5 | 0.08 | 71 | 208 |
| 50 | 泥岩 | 1.55 | 150 | 7 | 0.3 | 0.7 | 0.08 | 47 | 138 |
| 49 | 细砂岩 | 5.9 | 150 | 3 | 0.5 | 0.5 | 0.08 | 71 | 208 |
| 48 | 泥岩 | 2.1 | 150 | 7 | 0.3 | 0.7 | 0.08 | 47 | 138 |
| 47 | 细砂岩 | 1.15 | 150 | 3 | 0.5 | 0.5 | 0.08 | 71 | 208 |
| 46 | 砂质泥岩 | 5.45 | 150 | 7 | 0.3 | 0.7 | 0.08 | 47 | 138 |
| 45 | 细砂岩 | 6.4 | 150 | 3 | 0.5 | 0.5 | 0.08 | 71 | 208 |
| 44 | 粉砂岩 | 5.45 | 150 | 6 | 0.3 | 0.7 | 0.08 | 57 | 167 |
| 43 | 泥岩 | 12.1 | 150 | 7 | 0.3 | 0.7 | 0.08 | 47 | 138 |
| 42 | 细砂岩 | 5.15 | 150 | 3 | 0.5 | 0.5 | 0.08 | 71 | 208 |
| 41 | 砂质泥岩 | 8.9 | 150 | 7 | 0.3 | 0.7 | 0.08 | 47 | 138 |
| 40 | 细砂岩 | 2.1 | 150 | 3 | 0.5 | 0.5 | 0.08 | 71 | 208 |
| 39 | 砂质泥岩 | 7.4 | 150 | 7 | 0.3 | 0.7 | 0.08 | 47 | 138 |
| 38 | 细砂岩 | 1.4 | 150 | 3 | 0.5 | 0.5 | 0.08 | 71 | 208 |
| 37 | 泥岩 | 4 | 150 | 7 | 0.3 | 0.7 | 0.08 | 47 | 138 |
| 36 | 细砂岩 | 1.4 | 150 | 3 | 0.5 | 0.5 | 0.08 | 71 | 208 |
| 35 | 砂质泥岩 | 7.2 | 150 | 7 | 0.3 | 0.7 | 0.08 | 47 | 138 |
| 34 | 互层 | 3.05 | 150 | 5 | 0.3 | 0.7 | 0.08 | 64 | 188 |
| 33 | 细砂岩 | 4.25 | 150 | 3 | 0.5 | 0.5 | 0.08 | 71 | 208 |
| 32 | 17煤 | 1.6 | 150 | 8 | 0.7 | 0.3 | 0.08 | 20 | 58 |
| 31 | 泥岩 | 2.25 | 150 | 7 | 0.3 | 0.7 | 0.08 | 47 | 138 |
| 30 | 细砂岩 | 2 | 150 | 3 | 0.5 | 0.5 | 0.08 | 71 | 208 |
| 29 | 泥岩 | 1.9 | 150 | 7 | 0.3 | 0.7 | 0.08 | 47 | 138 |
| 28 | 细砂岩 | 1.65 | 150 | 3 | 0.5 | 0.5 | 0.08 | 71 | 208 |
| 27 | 粉砂岩 | 5.2 | 150 | 6 | 0.3 | 0.7 | 0.08 | 57 | 167 |
| 26 | 砂质泥岩 | 6.95 | 150 | 7 | 0.3 | 0.7 | 0.08 | 47 | 138 |
| 25 | 细砂岩 | 11.05 | 150 | 3 | 0.5 | 0.5 | 0.08 | 71 | 208 |
| 24 | 砂质泥岩 | 9.25 | 150 | 7 | 0.3 | 0.7 | 0.08 | 47 | 138 |
| 23 | 粉砂岩 | 1.65 | 150 | 6 | 0.3 | 0.7 | 0.08 | 57 | 167 |

表 10 - 1 （续）

| 层数 | 岩性 | 实际层厚/m | 相似比 | 配　比 | | | | 强　度 | |
| --- | --- | --- | --- | --- | --- | --- | --- | --- | --- |
| | | | | 砂子 | 碳酸钙 | 石膏 | 水 | 原岩强度 | 模型强度 |
| 22 | 砂质泥岩 | 13.75 | 150 | 5 | 0.3 | 0.7 | 0.08 | 47 | 138 |
| 21 | 粉砂岩 | 3 | 150 | 6 | 0.3 | 0.7 | 0.08 | 57 | 167 |
| 20 | 砂质泥岩 | 7.65 | 150 | 5 | 0.3 | 0.7 | 0.08 | 64 | 188 |
| 19 | 泥岩 | 4.15 | 150 | 7 | 0.3 | 0.7 | 0.08 | 47 | 138 |
| 18 | 砂质泥岩 | 9.9 | 150 | 5 | 0.3 | 0.7 | 0.08 | 64 | 188 |
| 17 | 粉砂岩 | 8.45 | 150 | 6 | 0.3 | 0.7 | 0.08 | 57 | 167 |
| 16 | 细砂岩 | 5.3 | 150 | 3 | 0.5 | 0.5 | 0.08 | 71 | 208 |
| 15 | 砂质泥岩 | 3.8 | 150 | 7 | 0.3 | 0.7 | 0.08 | 47 | 138 |
| 14 | 细砂岩 | 6.4 | 150 | 3 | 0.5 | 0.5 | 0.08 | 71 | 208 |
| 13 | 13 - 1 煤 | 5 | 150 | 9 | 0.7 | 0.3 | 0.08 | 15 | 44 |
| 12 | 砂质泥岩 | 26.35 | 150 | 5 | 0.3 | 0.7 | 0.08 | 64 | 188 |
| 11 | 粉砂岩 | 2.85 | 150 | 6 | 0.3 | 0.7 | 0.08 | 57 | 167 |
| 10 | 细砂岩 | 6.2 | 150 | 4 | 0.5 | 0.5 | 0.08 | 52 | 152 |
| 9 | 砂质泥岩 | 5.35 | 150 | 5 | 0.3 | 0.7 | 0.08 | 64 | 188 |
| 8 | 泥岩 | 3.2 | 150 | 7 | 0.3 | 0.7 | 0.08 | 47 | 138 |
| 7 | 细砂岩 | 2 | 150 | 4 | 0.5 | 0.5 | 0.08 | 52 | 152 |
| 6 | 砂质泥岩 | 8.6 | 150 | 5 | 0.3 | 0.7 | 0.08 | 64 | 188 |
| 5 | 粉砂岩 | 6.85 | 150 | 3 | 0.3 | 0.7 | 0.08 | 95 | 279 |
| 4 | 细砂岩 | 7.95 | 150 | 4 | 0.5 | 0.5 | 0.08 | 52 | 152 |
| 3 | 砂质泥岩 | 2.67 | 150 | 5 | 0.3 | 0.7 | 0.08 | 64 | 188 |
| 2 | 11 - 2 煤 | 2.5 | 150 | 8 | 0.7 | 0.3 | 0.08 | 20 | 59 |
| 1 | 砂质泥岩 | 1 | 150 | 8 | 0.7 | 0.3 | 0.08 | 56.7 | 165 |

1）试验条件

试验以淮南顾桥矿 1117（1）工作面上覆地层为原型，工作面走向长 2613 m，倾斜宽 240 m，面积为 672120 m²，地面标高为 + 23.1 ~ + 24.03 m，工作面标高为 - 801.9 ~ - 686.02 m；所采煤层为 11 - 2 号煤层，煤层倾角为 3° ~ 10°，平均为 5°，工作面煤层赋存总体比较稳定，煤厚 0.3 ~ 3.4 m，平均 2.47 m。模拟时，先开采下保护层 11 - 2 号煤层，距上方被保护层 13 - 1 号煤层垂距 75 m。

2）相似材料模型设计与铺设

拟采用平面应力模型，尺寸为 5.0 m × 2.2 m × 0.3 m，模型试验几何相似常数取 1/150。模型为随时间变化的动态模型，开采时间相似常数为 1/12。强度相似常数及相似材料配比由相似原理得出，模型以砂子为骨料，石膏、碳酸钙为黏结材料，根据铺设岩层的抗压强度选择配比号，再结合模型大小及岩层厚度计算出砂子、碳酸钙、石膏和水的用量。

3）模型制作

物理模型（图 10-5）有岩层 64 层，模型高度为 2.20 m，相当于实际岩层 330 m，对于模型上未能模拟的岩层厚度，采用机械配重加载方式实现。模拟开采 11-2 号煤层，模型采高 1.67 cm，相当于实际采高 2.5 m，每隔 2 h 采一次，推进 4.0 cm，相当于实际每天推进 6 m。模型开采长度 400 cm，相当于实际长度 600 m，模型两边各留 50 cm 边界煤柱。模型开采过程中，对裂隙带和弯曲下沉带离层进行宏观观察、测试及实地照相，采用应力传感器测试应力。整个模型拟开采 100 次，相当于现场开采 100 天。

图 10-5　物理模型剖面图

4）测点布置

为了研究下保护层开采后上覆煤岩层卸压保护范围、13-1 号煤层卸压膨胀变形变位特征、卸压带发育特征及采动对抽采井的破坏作用，拟在整个模型内布置近 30 个位移测点（图 10-6），用位移传感器测试；15 个应测点（图 10-7），用压力传感器测试。位移计及应力计布设于模型背面，位移传感器及应力传感器和 TS3890 型静态应变测量处理仪（图 10-8）连接，TS3890 型静态应变测量处理仪直接与计算机连接，由软件（图 10-9）自动记录，每 3 s 记录一次。在模型的正面，共设置了 8 条测线，利用全站仪（图 10-10）进行垂直及水平位移变化的监测，如图 10-11 所示。

（1）确定垂向上"三带"高度：利用岩层的垂直位移。

（2）确定水平方向上采动的影响范围，在开切眼及终采线附近工作面内外都要设多条观测线。

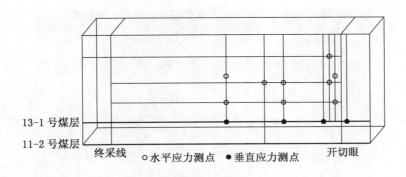

图 10-6　位移计位移测点分布

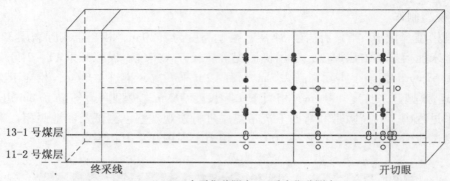

● 水平位移测点　○ 垂直位移测点

图 10 - 7　应力计应力测点分布

图 10 - 8　TS3890 型静态应变测量处理仪

图 10 - 9　计算机记录软件　　　　图 10 - 10　南方 NTS352 型全站仪

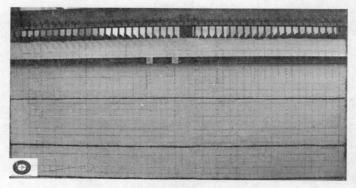

图 10 - 11　全站仪测量测线及测点布置

（3）观测从两侧至中心水平位移的变化规律，特别是垮落带、断裂带及 13 - 1 号煤层附近。

（4）确定离层的分布区域，是否分布在开切眼及终采线之外。

（5）在模型中按井位布置竖直的观测线，观测竖直线随着工作面推进的变化规律。找出水平、垂直位移最大点，特别是水平位移最大点。

（6）在卸压煤层上下层边界处设两条观测线，一为了观测煤层膨胀变形情况，二为了确定充分卸压和部分卸压区的位置。

（7）确定回采稳定后压实线的位置及压实程度。

（8）确定工作面回采的超前影响距离，确定压实作用产生的时间。

5）监测仪器

计算机和 TS3890 型程控静态电阻应变仪记录位移传感器及应力传感器的变化；南方 NTS352 型全站仪，测角精度为 2 s；宏观变形变位及裂隙观测由高分辨率相机完成。

6）试验过程

（1）在距模型右侧边界 50 cm 处开始，自右向左依次进行开挖，每次开挖 4 cm，时间间隔 10 min，相当于实际每天进尺 6 m。

（2）第 11 次开挖时，直接顶垮落；第 25 次开挖，顶板上方出现第一道离层裂隙，裂隙逐渐向上发展；第 28 次开挖时，顶板上方已可见八道离层裂隙，裂隙发育至距离底板 33.5 cm 处，随着开挖的次数增多，离层裂隙逐渐向上发展，离层裂隙长度和宽度逐渐增大；第 54 次开挖时，见宽度最大离层裂隙，裂隙宽度达 2 cm 左右，各道裂隙长度继续增大，随后裂隙宽度逐渐向上传递，随着下部裂隙宽度的减小，上部裂隙宽度逐渐增大，裂隙继续向上发展；第 72 次开挖时，裂隙已传递至距底板 1.68 m 处。

（3）开挖过程中裂隙闭合时，距开切眼约 50 cm 处的裂隙闭合较快，随后向其两侧传递，相较而言，沿开挖方向裂隙的闭合速度高于开切眼方向，开切眼附近处的裂隙保持时间较长。

（4）随着开挖次数增多，开挖距离增大，各个岩层靠近开切眼处的垂直岩层破断裂隙逐渐向上传递，岩层距离开采层越远，各岩层的破断点距离开切眼的水平距离越大。

（5）开挖过程中，可直接观测到离层裂隙发育至 13 - 1 号煤层顶板以上，肉眼可观测到距离底板 100 cm（相当于实际地层 150 m）左右处的离层裂隙，大于 11 - 2 号煤层距离 13 - 1 号煤层的 74 m。说明下覆煤层的开采，可对 13 - 1 号煤层起到有效卸压作用。

由于保护煤层采动的影响作用，必然会在煤层覆岩内产生一定范围的裂隙场。这一裂隙场不但会导致被保护煤层的卸压，而且会为煤层卸压瓦斯的运移提供空隙通道，使得瓦斯流场覆盖整个卸压保护区域。地面钻孔贯穿整个流场区域并抽采出卸压瓦斯，因此钻孔终孔点位置选择的好坏，直接影响着地面钻孔的抽采效果。为了实现地面钻孔抽采瓦斯的最优化效果，确定合理的钻孔位置至关重要，而研究和掌握抽放条件下采动区的瓦斯运移规律是解决这一问题的关键环节。

2. 采动卸压效应相似材料模拟分析

1）采动过程中卸压应力动态变化

为了利用相似材料模拟试验查明采动过程中 13 - 1 号煤层上覆岩层对该煤层的应力变化，在 13 - 1 号煤层顶板处设置点名分别为 10、11、13、14、15、16、17 的 7 个测点，

11 – 2 号煤层采动利用应力计进行实时检测。10 号测点在开切眼外约 10 cm，11 号测点位于开切眼垂直正上方，13、14、15 号测点距开切眼依次为 10 cm、20 cm、30 cm，16 号测点距开切眼 100 cm，17 号测点距开切眼 200 cm，位于工作面轴线处，图 10 – 12 所示为垂直应力测点分布。

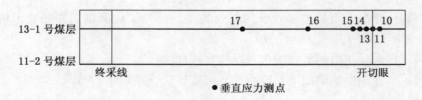

　　　　　　● 垂直应力测点

图 10 – 12　垂直应力测点分布

　　试验结果表明，10 号测点在采动初期经历了应力减小至增大的过程，采动稳定后 10 号测点的应力值大于未采动前应力，说明 10 号测点位于应力增大区，10 号测点对应的实际位置距工作面开切眼约为 15 m，即实际开采中距开切眼 15 m 处为应力压缩区，如图 10 – 13 所示。11、13、14、15、16、17 号测点的应力监测数据显示，采动后 35 h 内应力都呈现减小的趋势，其中 13、14、15、16、17 号测点应力减小趋势明显，如图 10 – 14 ~ 图 10 – 19 所示。说明下保护层的采动破坏了上覆岩层的原地应力场，采动的作用使上覆 13 – 1 号煤层承受应力减小，采动起到了明显的卸压作用。

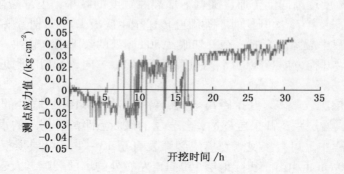

图 10 – 13　10 号测点应力变化

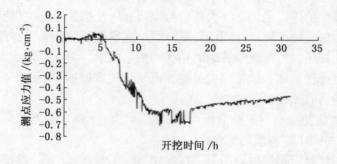

图 10 – 14　11 号测点垂直应力变化

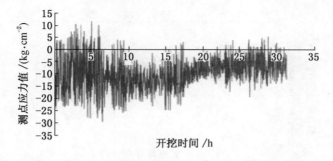

图 10-15　13 号测点垂直应力变化

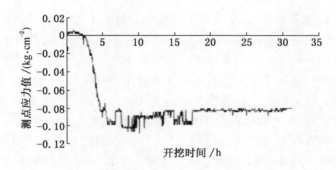

10-16　14 号测点垂直应力变化

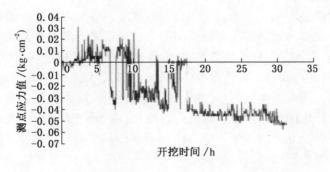

图 10-17　15 号测点垂直应力变化

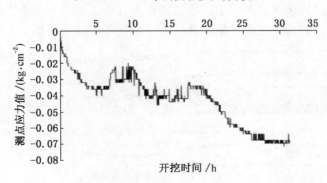

图 10-18　16 号测点垂直应力变化

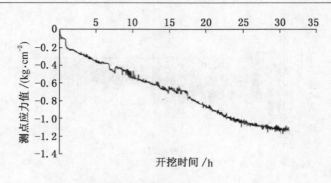

图 10 – 19　17 号测点垂直应力变化

　　结合相似材料模拟和数值模拟，采动过程中，11 – 2 号煤层采动，岩层垮落、移动后，13 – 1 号煤层中任何一点都经历了应力增大—应力较小—应力减小至最大—应力恢复—稳定这几个阶段，从而在 13 – 1 号煤层中形成了三个应力分带，即初始卸压带、充分卸压带和应力恢复带。这三个应力分带随着工作面推进而前进。初始卸压带内 13 – 1 号煤层的应力开始减小，煤层膨胀，瓦斯渗流能力相比于原位时增大，通常位于保护层 11 – 2 号煤层开采工作面后方 20 ~ 50 m 的范围内。充分卸压带位于保护层 11 – 2 号煤层开采工作面后方 50 ~ 160 m 的范围内，该范围 13 – 1 号煤层内的应力相较于原位时大幅降低，煤层膨胀，瓦斯渗流能力较原位时大幅增高，此带内采动卸压裂隙极为发育，空间相对较大，13 – 1 号煤层解吸瓦斯大都富集此。应力恢复带位于 11 – 2 号煤层采煤工作面后方 150 m 至接近开切眼处。

　　由于采空区逐渐被压实，上覆岩层压力逐渐恢复，应力逐渐向原始垂直应力靠近，这个过程较为缓慢，此带内采动卸压裂隙逐渐闭合，瓦斯渗流能力逐渐减小，向原位煤层时渗流能力靠近。这三个应力分带会随着工作面的推进逐渐相互转换，对于工作面上覆 13 – 1 号煤层的任何一点而言，其首先位于初始卸压带，随着工作面向前的推进，该点转换入充分卸压带内，随着工作面的继续推进，该点转换入应力恢复带内。

　　随着采动影响作用的逐渐恢复，垂直应力变化也逐渐趋于稳定，采动过程中跟随工作面移动的初始卸压带、充分卸压带、应力恢复带逐渐趋于稳定，如图 10 – 20 所示。随着采空区的压实和上覆岩层压力的逐渐恢复，采空区中部 13 – 1 号煤层中应力逐渐趋近于原位时的垂直应力，从而逐渐在开切眼、终采线及采空区四周上覆的 13 – 1 号煤层中出现一个应力减小带。此时，该区域内采动卸压裂隙保存较好，裂隙闭合较慢，瓦斯较为富集，瓦斯渗流能力较原位时大，这个区域逐渐成为一个瓦斯流动圈，如图 10 – 21 所示。

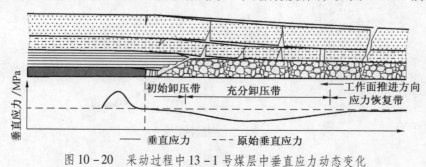

图 10 – 20　采动过程中 13 – 1 号煤层中垂直应力动态变化

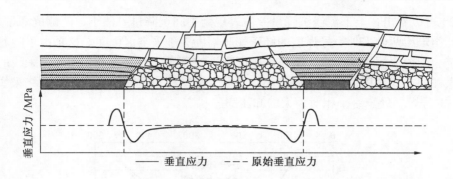

图 10 - 21　采动稳定后 13 - 1 号煤层垂直应力分布

2）采动过程中覆岩位移动态变化

通过观测发现，当 11 - 2 号煤层的开采范围较小时，上覆煤岩层变形和变位情况非常微小，用毫米级仪器都难以测出其变形变位，说明当 11 - 2 号煤层开采范围较小时，对上覆煤层的卸压作用是不明显的。

图 10 - 22 是不同开采时间 13 - 1 号煤层顶板上 7 个测点的位移沉降量（垂向位移）观测曲线，可以看到采动稳定后，采空区中部沉降量（垂向位移）最大，靠近开采线及终采线测沉降量最小。

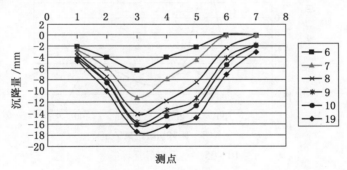

图 10 - 22　不同开采时间沉降量观测

为了研究 11 - 2 号煤层采动稳定后 13 - 1 号煤层储层的卸压膨胀情况，在 13 - 1 号煤层储层的底板及顶板设置了上下两条测线，如图 10 - 23 所示。

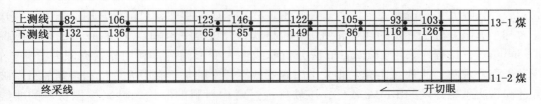

图 10 - 23　相似材料模拟煤层变形全站仪测量观测点

从图 10 - 24 上可以清晰地看出采动稳定后上下测线的垂直位移变化情况，上下测线都呈现出两头高中间低的抛物线形态，说明都是中间垂直位移大，而两侧垂直位移小。从

图 10 - 25 可以看出，上下测线沉降量差值表现为中间沉降量差值小、两侧沉降量差值大，说明采动稳定后两侧 13 - 1 号煤层的卸压膨胀幅度大于采空区中间。这是由于随着采动影响的稳定，上覆岩层逐渐下沉，采空区中间逐渐被压实，而靠近开切眼和终采线的两侧由于受到煤柱的支撑作用，压实程度较小。因此，采动稳定后在靠近开切眼和终采线的两侧处，13 - 1 号煤层处于一个相对较大的卸压膨胀状态。

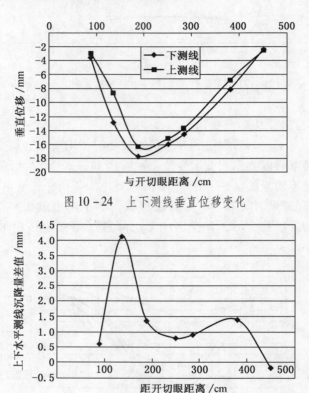

图 10 - 24　上下测线垂直位移变化

图 10 - 25　上下测线沉降量差

### 3. 深部覆岩运动规律数值模拟

近几十年来随着计算机的应用发展，数值计算方法在岩土工程问题分析中迅速得到了广泛应用，大大推动了岩土力学的发展。在岩土力学中所用的数值方法主要有：有限差分法、有限元法、边界元法、加权余量法、半解析元法、刚体元法、非连续变形分析法、离散元法、无界元法和流形元方法等。在岩土工程和采矿工程中，目前最常用的数值模拟软件为基于有限差分法开发的连续介质快速拉格朗日分析程序 FLAC（Fast lagrangian analysis of continua），该程序采用 Lagrangian 法分析非线性大变形问题，利用显式有限差分格式，按时步积分求解。此外，还有东北大学唐春安教授开发的基于有限元理论和全新的材料破裂过程算法思想开发的 RFPA 软件，该软件通过考虑材料的非均匀性来模拟材料的非线性，通过单元的弱化来模拟材料变形、破坏的非连续行为，可用于研究岩石材料从细观损伤到宏观破坏的全过程。美国 Itasca 公司开发的 UDEC 和 3DEC 软件也为岩块变形受力分析等提供了分析基础。

本试验建立工作面沿走向模型，通过数值模拟计算，从理论上研究上保护层开采对下伏煤岩体移动变形、应力变化等的影响作用。拟采用 UDEC 软件，建立工作面沿走向开采实际模型，以其顶底板岩层赋存状况作为模拟依据，通过数值模拟计算，根据研究问题的具体实际，主要模拟 11 - 2 号煤层与 13 - 1 号煤层之间采动区应力分布、煤岩层变形变位、煤层裂隙变化规律及采动过程中煤岩层动态位移对抽采井身的破坏作用，以期取得更加接近真实值的效果。针对抽采过程中出现的关键问题，项目后期设计了采动对钻井破坏影响的数值模拟。由于是对岩层移动基本规律的研究，设计过程中避免使用过于复杂的几何模型。针对淮南不同矿井钻井破坏的不同样式，在模拟过程中使用不同的地层参数分别对不同的地层条件进行模拟计算。

1）模型建立

根据谢桥煤矿 1242（1）工作面 1 号抽放瓦斯钻孔得到的地质资料，选取宽 450 m，高 230 m，下覆 11 - 2 号煤层厚 2 ~ 2.7 m。重点研究 11 - 2 号煤层覆岩中坚硬岩层与软岩交界面的移动规律（图 10 - 26）。

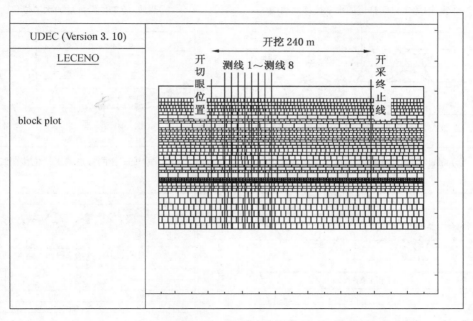

图 10 - 26　模型结构示意图

模型共设有四层坚硬岩层，前两层坚硬岩层位于模型上部，两岩层中间有 7 m 厚的一层软岩；后两层岩层中间夹有一层 3 m 厚的软岩。八条测线分别距离模型左边界 100 m、110 m、120 m、130 m、140 m、150 m、160 m、170 m。测线在四层坚硬岩层中的测点垂直坐标由上而下分别为 132.6 m、118.1 m、49.8 m、37.05 m。开切眼位置距模型左边界 80 m。

当测线位于工作面前方时，设定其与工作面的距离为负值。对模型进行开挖四次并监测测线的水平位移与垂直位移。四次开挖依次为 70 m、30 m、90 m、50 m，总共开挖 240 m。

2）模拟结果分析

（1）模型走向方向岩层水平移动规律。

图 10 - 27 是工作面推进不同距离时，位于岩层内各测点的水平位移数值曲线图。从图中可以看出，当工作面推进 70 m，经历初次来压时，上覆岩层受到的采动影响很小，

各岩层水平移动量非常小；当工作面推进100 m，工作面经历了初次来压和一次周期来压时，采动影响已波及表土层，分别表现为表土层同基岩上方以及基岩中硬岩与软岩产生了错动，但相对移动量不大，只有测线4的靠下方的软硬岩交界面上有超过100 mm的相对错动量，测线6上覆岩层上方软硬岩交界面上错动量超过了150 mm。

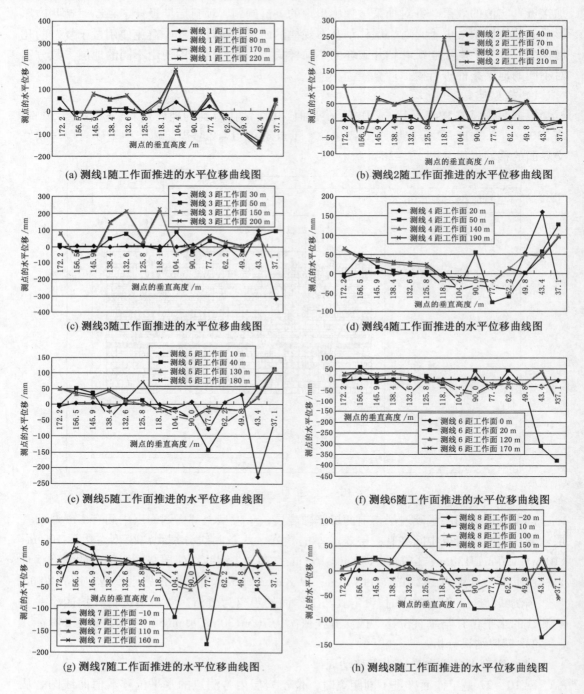

图 10-27　工作面推进不同距离各测线的水平位移

当工作面分别推进 190 m 与 240 m，工作面经历了多次周期来压时，上覆岩层受采动影响剧烈，同时，此区域上覆岩层的移动趋于稳定。测线 1 所测表土层同岩层的交界面相对移动量非常大，超过 300 mm，上覆岩层上方关键层与软岩交界面的错动值也很大，接近 200 mm。而在测线 2 中，表土层同岩层的错动值也超过了 160 mm，突出表现为上方关键层与软岩的错动，错动量超过 250 mm。测线 3 与测线 4 所监测到的上覆岩层的运动较一致，此时测线 3 与测线 4 均处于采动影响后的稳定区域，但是，所不同的是，测线 3 所监测的表土层与岩层交界面的相对移动量超过了 150 mm，上覆岩层上方软硬岩交界面相对错动值超过了 200 mm，错动量均很大。而测线 4 在采动影响过程中表现为岩性差异较大时岩层间的错动量也较大，但是当岩层稳定之后表现为岩层水平移动的恢复，也即稳定之后测线 4 所测岩层之间相对移动值很小。

在岩层稳定期，测点 5、6、7、8 所监测的上覆岩层的运动特征几近相同，岩层间的运动反弹，最终错动量很小，图中错动量超过 100 mm 是基本顶垮落所导致的，这对地面钻孔不构成影响，所以不予考虑。

上覆岩层上方关键层与软岩的较大错动值表明关键层的破断会对岩层间的错动产生较大的影响，同时也反映出，关键层的破断会对钻孔造成较大的扰动与破坏。

（2）走向模型岩层垂直移动规律。

图 10-28 是工作面推进不同距离时，位于岩层内各测线的垂直位移数值曲线图。从图上可以看出，当工作面推进 70 m，工作面经历初次来压时，测线 1~5 所监测到的上覆岩层上方 181.1 m 处的关键层与其下方相邻软岩之间显现出明显的离层现象，表现为两层岩层监测点连线的斜率较大。而测线 6~8 受采动影响较小，整条上覆岩层运动曲线都很平坦，没有明显的离层出现。

当工作面推进 100 m，也即工作面经历第一次周期来压之后，测线 1~6 所监测到的表土层与基岩以及上覆岩层上方 181.1 m 处的关键层与其下方相邻软岩之间显现出非常明显的离层现象，表现为监测点连线斜率变得更大。测线 7 与测线 8 也有离层现象，但没有其他测线明显，尤其是测线 8 所测上覆岩层上方运动曲线平坦，没有明显离层。测线 7 与测线 8 所监测的离层现象只表现在靠近基本顶的几层岩层，但其对钻孔的影响不大，因此不作为重点考虑。

当工作面分别推进了 190 m 和 240 m 后，8 条测线所监测到的上覆岩层的运动曲线不再有明显的变化。分析可得，在岩层稳定期，测线 1~4 所监测上覆岩层仍表现出较明显的离层现象，这说明如果钻孔处在这一区域则容易发生破坏。因此，在布置钻孔时，钻孔应处于测线 5 以后的位置才会较为稳妥。因为测线 5~8 所监测上覆岩层运动曲线在稳定期内表现为较为平坦的曲线，这说明在此区域内，岩层由初始运动的不同步最终表现为整体的下沉。测线 5 距开切眼的距离为 60 m，通过分析得知，钻孔应布置在走向方向距离开切眼 60 m 以远处会比较安全。这也与各测线所监测的水平移动曲线结果比较接近。通过对比分析可知，由于受采动影响，坚硬岩层与软岩的相对水平位移错动值较大；表土层与粉砂岩的相对错动值也较大，错动值最大达 200 mm 左右。而岩层的垂直位移主要会造成离层现象，离层主要发生在坚硬岩层与软岩的交界面上，表土层与粉砂岩交界面离层很明显，离层最大值达到 300 mm 左右。

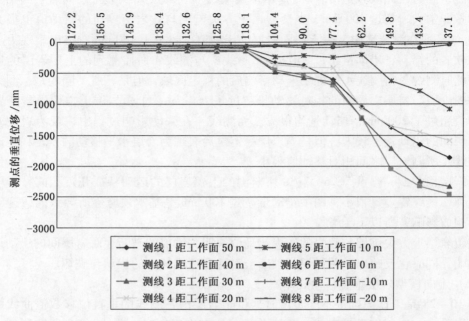

(a) 工作面距开切眼 70 m 时各测线垂直位移曲线图

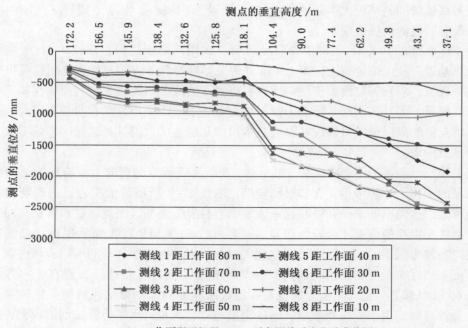

(b) 工作面距开切眼 100 m 时各测线垂直位移曲线图

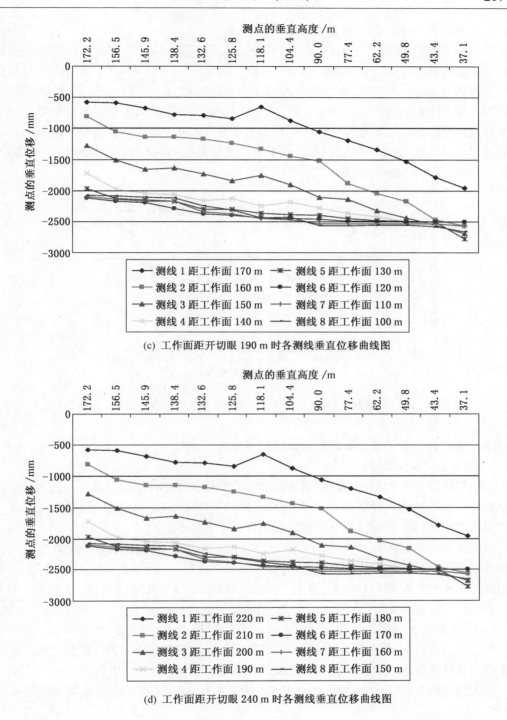

(c) 工作面距开切眼 190 m 时各测线垂直位移曲线图

(d) 工作面距开切眼 240 m 时各测线垂直位移曲线图

图 10-28　工作面推进不同距离各测线的垂直位移数值曲线图

综上所述，坚硬岩层与软岩的交界面的错动与离层对钻孔造成的破坏最大，钻孔应布置在走向方向距离开切眼 60 m 以远处会比较安全。

（3）保护层开采后的围岩应力分布状况。

图 10 - 29 为保护层开采前后 13 - 1 号煤层底板的垂直应力分布状况。由图中可以看出，原岩应力状态下 13 - 1 号煤层底板垂直应力水平在 16 ~ 17 MPa 之间，11 - 2 号煤层保护层工作面开采后，在工作面两侧煤柱上方形成较高的应力集中区，垂直应力峰值约 23 MPa，相当于原岩应力的 1.5 倍左右。13 - 1 号煤层在工作面采空区上方围岩垂直应力水平有大幅度降低，尤其在采空区两侧距煤壁水平 0 ~ 50 m 范围内垂直应力降低明显，保护层开采后该处仅为原岩应力的 0.5 ~ 0.8 倍，充分说明 11 - 2 号煤层保护层开采对 13 - 1 号煤层起到了良好的卸压作用。

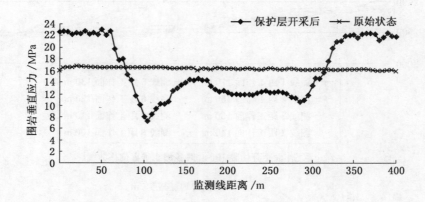

图 10 - 29　13 - 1 号煤层底板垂直应力分布状况

### 10.1.3　煤层群开采采场上覆岩层运动监测与分析

1. 采场上覆岩运动监测

为掌握深部开采大范围内的覆岩运动和裂隙发展规律，淮南矿业集团与澳大利亚联邦科学院合作，在淮南矿业集团顾桥矿的大力协助下，于 2008 年 2 月对顾桥矿 1115（1）工作面中部以及侧部剪切位移处的覆岩运动进行了多基点监测。

根据工作面的实际开采情况，在距 1115（1）工作面开切眼 1300 m 处对应的地表位置布置钻孔 2 个，具体设计位置如图 10 - 30 所示。其中，1 号钻孔对应 1115（1）工作面的中部，水平位置距离 1115（1）工作面轨顺 120 m。2 号钻孔对应 1115（1）工作面的侧部，水平位置距离 1115（1）工作面轨顺 30 m。

1 号、2 号两个覆岩位移孔设计要求一致，深度至 11 - 2 号煤层上部 50 m。为保证钻孔的稳定性，设计表土层部分的双层套管护孔时，孔内需保持一定的水位，孔底 5 m 置膨润土以防止孔底漏水。每个钻孔内设计安装位移计（图 10 - 31）20 个。

澳大利亚联邦科学院在 2008 年 2 月 26 日至 4 月 2 日期间对地表位移孔进行了安装（图 10 - 32）。

对于 2 号监测孔，由于 13 - 1 号煤层下方堵塞而未能将位移计顺利安设至 13 - 1 号煤层底板岩层内。

2. 监测结果分析

1 号监测孔在工作面前方 210 m 时便开始工作。遗憾的是，当工作面推进至钻孔前方

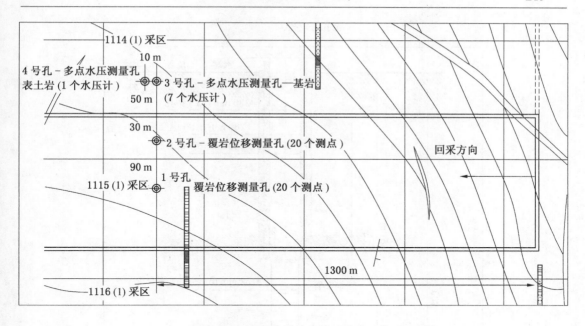

图 10 – 30 地面监测钻孔的设计布置位置

114 m 时，1 号孔内所有位移计都受到了明显扰动，致使大部分位移计破坏，仅有少数尚能工作。原因可能为表土层和基岩层交界位置处孔壁塌落，使整个孔内测绳受到扰动。2 号孔出现了与 1 号孔同样的情况，473 m 测点在工作面前方 30 m 处发生瞬间变化，继而所有位移计出现很大变动，仅剩下少数位移计尚能工作。

图 10 – 31 钻孔位移计

通过整理 1 号、2 号孔仍能工作的位移计的监测数据结果，可以得出深度在 473 ~ 595 m（回采煤层顶板 152 ~ 274 m）之间岩层的运动规律。

（1）采空区中部和侧部覆岩运动的时间基本一致。

（2）中部覆岩与地表之间的相对位移为 650 mm 左右。

（3）回采煤层上方 152 ~ 274 m 间的岩层下沉趋势基本一致。

（4）回采煤层上方 152 ~ 274 m 间的岩层运动主要发生在工作面推进 170 m 以内，特别是距工作面后方 20 ~ 150 m 范围内的上覆岩层运动剧烈。

（5）回采煤层上方 152 ~ 274 m 间的岩层，处在采空区中部的岩层运动超前于工作面约 20 m，处在采空区边部（靠近风巷）的岩层运动落后于工作面约 30 m。

### 10.1.4 煤层群开采卸压瓦斯运移规律

采空区瓦斯是采场瓦斯的重要组成部分。当采煤工作面有风流通过时，由于采空区存在漏风，相邻的采空区陷落煤岩的孔隙与裂隙中的气体必然处于流动状态。采空区的陷落煤岩是形成孔隙和裂隙的骨架，在研究采空区气体流动规律时，应该把陷落岩石及其孔隙与裂隙视为孔隙介质。因此二元体系混合气体（瓦斯和空气的混合）在采空区中的运动，

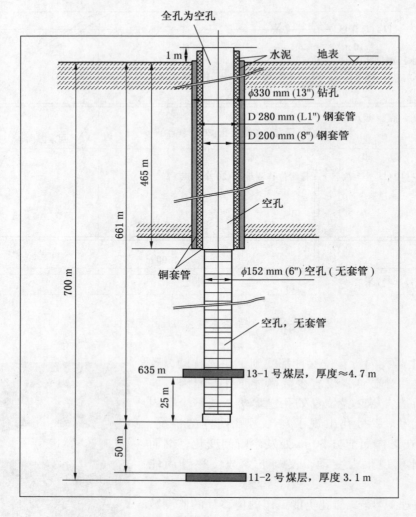

图 10-32　多基地覆岩位移监测孔的设计布置方案

实际上就是在采空区多孔介质中的渗流运动。

　　由于采空区的垮落岩石中孔隙和裂隙的形状、大小、连通性的不同，彼此形成的通道表现为形状复杂、纵横交错，因而在不同孔隙中或同一孔隙的不同部位上，气体的流动状态也是各不相同。在众多理论和实际工程研究中，我们关心的是流体的宏观结构与运动，而从宏观角度看，流体的结构和运动明显地表现出连续性、均匀性，而且遵从确定规律，可以被当成连续流研究。因此，我们完全可以通过研究孔隙介质内的平均运动，掌握具有平均性质的渗流规律。

　　采空区内瓦斯与空气混合气流速分布变化很大，层流区、紊流红、过渡流区同时存在。因此，瓦斯混合气在采空区内的扩散运动包括对流扩散、紊流扩散和分子扩散，最终形成了采空区内的瓦斯浓度分布规律。另外，由于采空区垮落岩石堆积方式的随机性，因此可将采空区视为各向同性的非均匀介质场。因此采空区内混合气流动属于各向同性三维多孔介质内混合气非线性渗流及扩散传质问题。

#### 10.1.5　地面钻井抽采采动卸压瓦斯基本原理

1. 卸压瓦斯来源

煤层开采以后，在采面的后方形成采空区，并在采空区内形成卸压空间。由于卸压作用而产生的裂隙在横向和竖向方向形成横三区和竖三带，即煤壁支撑影响区、离层区、重新压实区、垮落带、裂隙带和弯曲下沉带。随着工作面的推进，横三区和竖三带也将发生动态变化，这一变化对本煤层及邻近煤层瓦斯的涌出起到了重要的影响作用。位于采空区上方的顶板岩层在自重的作用下，发生弯曲、断裂、破碎成块而垮落，并无规则地堆积在采空区内，形成垮落带，其高度通常为采出厚度的 3~5 倍。垮落岩块具有一定的碎胀性，岩块之间的空间较大，这为瓦斯的流通提供了良好的通道。而位于垮落带上方的岩层由于缺少顶板岩层的支撑作用，将产生较大的弯曲、变形及破坏，会在岩体中出现顺着岩层层理面的离层裂隙和垂直于层理面的破断裂隙，形成裂隙带，其高度一般为采高的 10~30 倍。部分层间破断裂隙的相互贯穿为处于裂隙带内的邻近层瓦斯涌入到采空区提供了流动通道。远离开采层、位于裂隙带上方的煤岩层，由于受采动影响相对较小，岩层不发生破断，不能形成贯穿岩层的竖向破断裂隙，但能产生较大的离层裂隙。弯曲下沉带内上覆远距离煤层附近形成的离层裂隙成为该煤层卸压瓦斯聚集和流通的主要通道。

地面钻井抽采的煤层瓦斯包含 11 号煤层回采工作面采空区瓦斯和受采动影响的 13 号煤层卸压瓦斯两部分，分析这两部分瓦斯来源可确定地面钻井的抽采作用，并为后一阶段开采 13 号煤层的瓦斯抽采设计提供科学依据。

由于 13 号煤层在距离 11 号煤层顶板上方 60~70 m 的层位，11 号煤层工作面（采高 2 m 左右）开采后，13 号煤层处于弯曲下沉带内。因此，13 号煤层及其附近岩层将产生大量的离层裂隙，仅产生很少的竖向层间破断裂隙，13 号煤层的卸压瓦斯也将主要聚集在该煤层的离层裂隙内，而涌入到 11 号煤层采空区的瓦斯将非常有限。13 号煤层的卸压瓦斯将经过上部筛管进入到钻井中，而 11 号煤层工作面采空区的瓦斯将经过下部筛管进入钻井中，混合后的瓦斯在地面钻井抽采负压的作用下进入地面的瓦斯存储、利用设备。经过上部筛管进入地面钻井的 13 号煤层卸压瓦斯，由于没有其他气体进入的影响，可以看作是纯瓦斯，即瓦斯体积分数为 100%；由于下部筛管处于裂隙带中，经过此段筛管进入地面钻井的瓦斯浓度可以近似认为与该处采空区瓦斯浓度相同。基于此可以通过 13 号煤层瓦斯浓度、采空区瓦斯浓度和混合后的瓦斯浓度来确定地面钻井抽采瓦斯的来源。

2. 地面钻井抽采煤层群卸压瓦斯方法

卸压瓦斯地面钻井抽采是指通过从地面施工钻井至采动影响煤层，再通过井孔和地面泵站抽采采动影响区域的瓦斯。卸压瓦斯地面抽采要求可采煤层上赋存有一个或多个煤层，其基本原理是利用下部煤层采动卸压增加上部煤层的透气性，即利用采煤活动导致的应力释放和在煤系地层中产生的卸压增透增流效应，将井（孔）的终孔位置确定在开采导气裂隙带内抽采瓦斯（图 10-33）。其特点是井径大，抽放量大，抽放浓度高，抽放半径大（可达 200 m），地面施工条件好，可一井多用（也可作采空区瓦斯抽放井）。

淮南矿区煤层的特点是：煤质松软（$f = 0.2$）、煤层瓦斯压力高（6 MPa）、瓦斯含量大（12~22 $m^3$/t）、煤层透气性低 [0.01135 $m^2$/(MPa$^2$·d)]，煤层瓦斯抽采极为困难，首（主）采煤层 13-1 号在煤层群的最上层，是高瓦斯强突出煤层。在这种条件下，研究发展地面或井下卸压瓦斯开发理论及技术，对这一类煤层瓦斯抽采具有探索性意义。

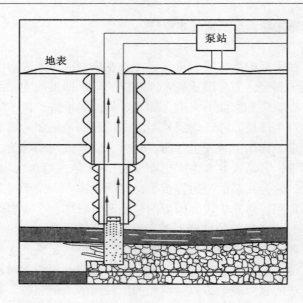

图 10 - 33　卸压瓦斯地面钻井抽采示意图

　　根据矿山采动岩层移动关键层理论，在工作面上方采动岩层中，存在一决定采场上覆岩层矿山压力变形破坏的关键层。当关键层破断后，位于采空区中部的采动裂隙趋于严实，而在采空区四周则将出现一个连通的采动裂隙发育区，也就是采动裂隙 O 形圈。这个采动裂隙 O 形圈将随工作面的推进而移动。O 形圈的作用相当于在工作面上部采动影响裂隙发育区中形成了一个瓦斯库，工作面周围煤岩体中的瓦斯解吸后，由于瓦斯具有升浮移动和渗流特性，来自于大面积的卸压瓦斯沿裂隙通道，不断渗流汇集到这个裂隙充分发育的 O 形裂隙圈内。只要将卸压瓦斯抽采钻孔打到采场的采动裂隙 O 形圈内，就可以保证钻孔有较长的抽采时间、较大的抽采范围、较高的瓦斯抽采率。

　　1）岩层移动与裂隙分带

　　井下煤层的采动和采动空间的形成，首先会引起周围原始应力的变化，其上覆岩层与底板岩层的应力平衡状态遭到破坏，产生附加应力。当应力超过岩石强度极限时，直接顶板便断裂、破碎而垮落，岩层将发生变形，并开始移动。

　　岩体是一种地质介质，采场覆岩实质上是一系列岩层的有序组合，而层状组合的覆岩中有一层或几层较为坚硬的厚岩层在整个上覆岩体的变形与破坏中起主要作用，即关键层。采动后岩体的破坏实际上是岩体结构改组和结构联结的丧失现象。

　　从力学机理上可归结为四种常见的破坏机制，即张破坏、剪破坏、结构体滚动、结构体沿结构面滑动和错动，由这四种破坏机制导致的采动上覆岩层的移动形式主要为垮落、离层、层间错动、剪切破坏、塑性变形、块体滚动。

　　当垮落的岩块尺寸小于开采空间时，岩块在采空区自由移动翻滚。这部分岩块在采空区内形成垮落带。垮落带上方的岩层由于岩块尺寸大于采空区，这部分岩块会平稳下沉，保持层位的弯曲断裂，这部分岩石形成整体移动带。整体移动带下部由于上覆岩层的压力较大，断裂及离层较多，因此称之为断裂带。整体移动带上部由于关键层的承载作用，其变化速度较慢，岩层整体产生的是弯曲变形，称之为弯曲下沉带。随着工作面的推进，新采动的岩层随之重复前面的移动过程，从而在采空区上方形成规则的三带分布，即垮落带、断裂带、弯曲下沉带（图 10-34）。

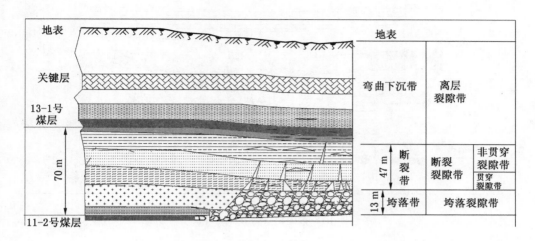

图 10-34　淮南矿区采动裂隙分带特征

　　采动造成的可供气水流动的裂隙也呈现规律性发育。垮落带多为碎块状岩石的无规则堆积，由于岩石的碎涨性和石块间存在的较大空隙，使得垮落带即使压实后也是很好的导水导气带。断裂裂隙带分为贯穿裂隙带和非贯穿裂隙带。贯穿裂隙带主要发育大密度的竖向裂隙和离层裂隙，气流阻力小，渗流能力强；非贯穿裂隙带，裂隙密度小，连通性差，可以导水导气，但流动阻力大。弯曲下沉带，岩层不再破裂，呈整体移动，在弯曲下沉带下部主要在软硬岩层交界处发育离层裂隙，竖向破断裂不发育。能与采空区贯通的裂隙带主要为垮落裂隙带和断裂裂隙带。

　　从岩层的破坏作用来看，垮落带破坏作用最强，断裂带次之，相较而言，弯曲下沉带内岩层破坏作用最小，因此卸压瓦斯地面钻井的套管最好止于垮落带之上。淮南矿区11-2号煤层和13-1号煤层的间距平均在 70 m 左右，根据经验公式推算，被保护层13-1号煤层处于11-2号煤层采动的弯曲下沉带，在13-1号煤层中存在较多的是顺层的张裂隙（即离层），因此被保护层13-1号煤层中的气水只能在本层流动。

　　2）采动造成的解吸卸压分带

　　受初期采动的影响，使13-1号煤层内出现三个明显的应力分区，分别为充分卸压区，部分卸压区，应力集中区（图 10-35）。

　　充分卸压区位于卸压线以内，采动初期的卸压作用，使处于该区的13-1号煤层承受的应力减小，导致该区瓦斯充分解吸。因此，该区也称为卸压充分解吸区。部分卸压区，位于卸压线与采动影响线之间。该区由于位于卸压线以外，垂向应力有一定程度减小，但并不充分。但由于受到两侧岩石的拉伸作用，该区内亦存在离层裂隙，因此，该区也称为部分解吸区。应力集中区位于采动影响线之外，这一区域受采动的影响，应力增大，处于该区的13-1号煤层相较于采动前反而被压缩，因此又称为压缩变形区。

　　采动后期，随着工作面推进，采动影响逐渐向上覆岩层延伸。当关键层破断后，采空区中部应力逐渐增大。此时，采空区中部13-1号煤层承受应力逐渐增大，初期卸压充分

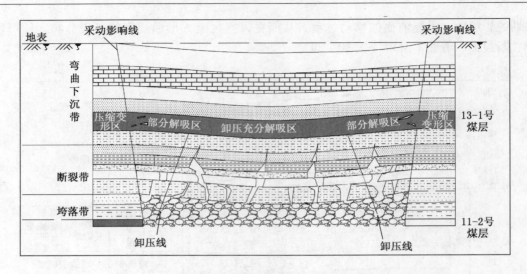

图 10 - 35　采动初期应力分区

解吸区的中心成为应力最大点，初期卸压充分区逐渐转换为应力集中区。而两侧 13 - 1 号煤层的部分卸压（解吸）区由于受两侧煤柱的支撑作用，垂直应力增幅缓慢，水平应力逐渐增大，离层增多，因此采动前期的部分卸压（解吸）区逐渐成为采动后期应力较小区。

　　3）卸压瓦斯的运移

　　煤是一种具有孔裂隙结构的弹性介质，其孔隙裂隙中的主要流体包括水和瓦斯。气体通常以吸附态、游离态、溶解态三种形式赋存于煤层中，其中以吸附态为主。淮南矿区煤层孔隙实验证明，煤层孔径以小于 100 nm 的吸附孔为主，瓦斯主要以吸附态存在于煤层中。通常认为煤层中气体的流动属于层流渗透，且服从达西定律，即流体的流速（$v$）与其压力梯度成正比。它的简单表达式为

$$v = \frac{K}{u} \cdot \frac{\partial p}{\partial L}$$

式中　　$v$——流体流速；

　　　　$K$——煤层渗透率；

　　　　$u$——流体绝对黏度；

　　　　$\dfrac{\partial p}{\partial L}$——流体压力梯度。

　　煤层中流体的移动主要受流体压力（储层压力）的控制，总是由流体压力高处流向流体压力低处，最终达到整个煤层的流体压力平衡。瓦斯煤层的流体压力（储层压力）主要指孔隙压力，与地应力、有效应力、上覆岩层静压力、静水柱压力和构造应力等有关。地应力在煤层中主要由孔隙压力和有效应力表现，孔隙压力是指由煤层中孔隙、裂隙中的流体承受的地应力，有效应力是指煤基质承受的地应力。煤层中的流体一般受三个方面的力的作用，包括上覆岩层静压力、静水柱压力和构造应力。淮南矿区构造煤极其发育，属于渗透性较差的区域，孔裂隙流体和煤基质共同承受了上覆岩层压力。

　　淮南矿区卸压瓦斯地面井抽采中，在下保护层 11 - 2 号煤层采动初期，上覆关键层未

破断前，对13－1号煤层的影响主要造成两个方面的影响，第一，采动导致了上覆岩层变形，被保护层13－1号煤层的上覆岩层压力减小；第二，导致了13－1号煤层中顺层张裂隙的发育。

采动初期，构造煤特别是鳞片状构造煤的发育，阻止了被保护层13－1号煤层流体的自由流动，在围岩的压力下，具孔裂隙特征的煤层处于压缩状态。随着11－2号煤层工作面煤的采出，导致了应力失衡，上下岩层发生了移动变形。由于煤在岩石力学性质上与围岩的差异，在上覆岩层压力降低时，其变形与上下岩层有较大的差异，因此，采动导致了13－1号煤层承受的上覆岩层压力的降低。上覆岩层压力降低的瞬间，孔裂隙中流体却并未发生变化，孔裂隙中的流体压力未变，受到流体压力的作用，会使煤的孔隙、裂隙增大。孔隙的增大，会导致流体压力的降低。流体压力的变化，破坏了煤孔隙、裂隙表面的吸附—解吸作用的平衡。裂隙宽度增大，流体压力减小，导致了大孔中的流体向孔隙流动，小孔中的游离态气体向大孔扩散（图10－36）。

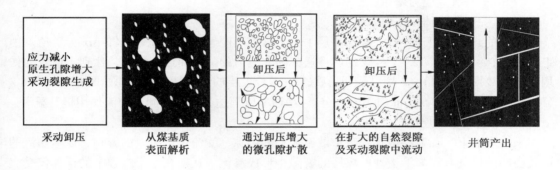

应力减小　　　　　　　卸压后　　　　　卸压后
原生孔隙增大
采动裂隙生成

采动卸压　　　从煤基质　　通过卸压增大　在扩大的自然裂隙　井筒产出
　　　　　　　表面解析　　的微孔隙扩散　及采动裂隙中流动

图10－36　卸压煤层气产出模型

当流体压力减小至吸附—解吸的临界解吸压力时，煤基质表面吸附的气体开始解吸。同时随着采动影响的加剧，周围岩层变形的不均衡，使煤层受到的拉张剪切作用越来越剧烈，导致了13－1号煤层中顺层张裂隙的发育。采动裂隙的产生，破坏了孔裂隙中原有的吸附—解吸平衡，受流体压力差的影响，孔隙中的部分流体经解吸—扩散—渗流作用，流向采动裂隙。在达到新的吸附—解吸平衡之前，大量的瓦斯不断从孔隙表面解吸出来流向裂隙，使得煤层中有了丰富的游离态的或者说可抽放的瓦斯。处于弯曲下沉带的被保护层13－1号煤层主要发育离层裂隙，层内的解吸气体主要在流体压力差的作用下在层内流动。

4）卸压增流作用

11－2号煤层上覆的各层岩石本身力学性质的差异，导致了岩石变形位移各不相同。淮南矿区煤层属于中变质烟煤，煤层相对岩石而言，抗压强度和弹性模量相差甚远，煤层变形及下沉速度快于上覆岩层。因此在11－2号煤层采动影响过程中，被保护层13－1号煤层上覆岩层压力有了较大幅度的降低，从而导致卸压作用的产生。对于生储于煤层中的煤层气而言，其渗透能力即渗透率的影响因素较多。煤层的天然渗透率主要受本身孔隙、裂隙发育程度的影响；采动过程中，可影响煤层渗透率的影响因素主要有有效应力与原地应力，基质收缩效应。

（1）孔隙、裂隙变化对渗透率的影响。

11 - 2 号煤层采动初期，上覆岩层变形变位的不一致，导致了 13 - 1 号煤层上覆岩层压力的降低，破坏了孔隙壁上原有的上覆岩层压力与流体压力的平衡；流体压力的反作用导致了煤层原生孔隙体积的增大及裂隙宽度的增大。同时，采动影响导致的挤压剪切作用使煤体中离层裂隙发育，从而为瓦斯提供了解吸后的流动通道和储集空间。可供流体移动的孔裂隙的发育，使煤层的渗流能力得到了较大的提高。

（2）有效应力的变化对渗透率的影响。

有效应力是指总应力减去煤层的流体压力，对于有效应力与渗透率的关系，Mckee 等给出了较为完善的关系式：

$$k = k_0 \exp( -3C_p \Delta \sigma) \tag{10 - 1}$$

式中　　$k$——绝对渗透率；

　　　　$k_0$——初始绝对渗透率；

　　　　$\Delta \sigma$——有效应力增量；

　　　　$C_p$——孔隙体积压缩系数。

采动的卸压作用，导致了被保护层 13 - 1 号煤层围岩压力的降低，即 $\Delta \sigma$ 为负值。由上式可知，被保护层 13 - 1 号煤层的渗透率随着应力的降低而逐渐增大，达到了增流的作用。实测数据显示，11 - 2 号煤层开采后，13 - 1 号煤层的透气性系数由原始的 0.01135 $\text{m}^2$/（$\text{MPa}^2 \cdot \text{d}$）增至 32.687 $\text{m}^2$/（$\text{MPa}^2 \cdot \text{d}$），渗透率增幅达 2880 倍，卸压增流作用极其显著。

5）瓦斯的聚集规律

采动影响下，瓦斯经微孔解吸扩散至大孔和裂隙，受流体压力差的影响，以达西流的形式在卸压后具有较高渗透性的煤层的裂隙中形成渗流。瓦斯在这个过程中的运移仅受流体压力的控制。

13 - 1 号煤层中主要发育离层裂隙，解吸出的瓦斯主要在本层流动。因此采动影响下 13 - 1 号煤层中瓦斯的富集主要受制于裂隙空间的位置。采动初期关键层未破断前，13 - 1 号煤层的变形移动较大的位置处于采空区中部，此时中部卸压作用最好，离层裂隙最为发育。因此关键层未破断前，瓦斯富集于采空区中部，即采动初期瓦斯富集于卸压充分解吸区。

采动后期，随着采动影响的逐渐上移，采空区关键层逐渐开始变形、破断，采空区中部 13 - 1 号煤层上覆岩层的压力开始越来越大，离层裂隙渐渐闭合，但 13 - 1 号煤层中靠近采空区两侧，由于受上覆岩层压力相对较小，裂隙闭合较慢，13 - 1 号煤层中部富集的瓦斯此时开始向两侧运移。受瓦斯富集的影响，煤层裂隙中瓦斯的浓度越来越大，气体量越来越多，流体压力也越来越大，逐渐与上覆岩层压力建立了新的平衡。

在关键层破断后，采空区四周的被保护层 13 - 1 号煤层中富集了大量的瓦斯，这就是采动 O 形圈的位置。11 - 2 号煤层采动后形成的采空区中聚集的瓦斯，由于瓦斯与空气的密度差，在采空区中部未压实前，瓦斯混合气体会慢慢升浮于垮落带中上部。在采空区中部被压实后，瓦斯混合气体富集于采空区四周垮落带顶部与贯穿裂隙内。因此，在采动后期保护层 11 - 2 号煤层及被保护层 13 - 1 号煤层中的瓦斯都聚集于采动裂隙 O 形圈内（图 10 - 37）。

6）卸压瓦斯地面井抽采过程

下覆保护层的采动使被保护煤层承受应力降低，被保护层中大量吸附态瓦斯解吸为游

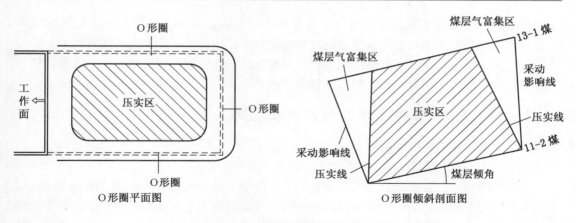

图 10 - 37　瓦斯富集 O 形圈示意图

离态, 同时采动通过卸压增流作用提高了被保护层煤储层的渗透率, 因此采动的影响使煤层中富集了可自由在煤层内流动的瓦斯, 为地面井抽采提供了条件。卸压瓦斯地面直井在工作面回采之前完井, 完井后井身内有大量的洗孔清水。经采动影响, 由于下部垮落裂隙带及断裂裂隙带产生, 井筒内的水通过裂隙流至采空区。同时, 13 - 1 号煤层中部分因卸压解吸的水体会沿着采动裂隙流向产气的筛管最终流至采空区的疏水道。水体流失的过程, 也破坏了层内的流体压力平衡, 加上井内的负压抽采作用, 使得煤层中井孔附近接近 200 m 范围内因采动而解吸的气体向井筒流动, 最终通过产气筛管及技术套管被抽至地面。

卸压瓦斯抽采应根据抽采目的布置井位: 主要抽采采动初期瓦斯的地面井应布于回采工作面中线上 (图 10 - 38a), 瓦斯日产大, 但抽采时间相对较短而且对采煤高度及煤炭日产有一定限制; 主要抽采采动后期的卸压瓦斯的地面井应布于回采工作面靠近风巷四周 (图 3 - 38b), 缺点是早期抽采量较小, 但其抽采时间相对较长, 抽采煤层气量也相对较大, 卸压瓦斯地面井相对有较好的抽采效果。

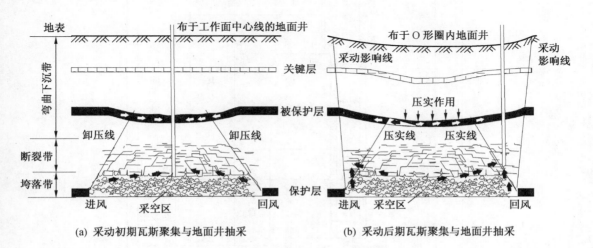

图 10 - 38　采动影响下煤层气聚集与地面井抽采

在采动形成的"三带"中，垮落带的破坏作用最强，而 11 – 2 号煤层采空区的瓦斯主要聚集于垮落带上部与断裂裂隙带的贯穿裂隙带中。因此在下筛管完井的过程中，筛管应下至垮落带以上。这样可以减小垮落岩石对筛管的破坏作用，同时减少由于筛管的摆动对技术套管的破坏。同时垮落裂隙带良好的导水导气能力，不会减小井筒的漏水能力。

## 10.2　地面钻井结构设计与施工关键技术

### 10.2.1　地面钻井结构设计基础

1. 地面钻井结构简介

根据地面钻井套管和筛管所受弯曲、拉伸、压缩、剪切应力分析，为了防止或减弱以上应力对钻井和破坏，钻井结构设计可采取三个方面对策，并在试验过程中，根据实际情况和存在的问题，又不断地对地面钻井结构进行修改设计。到目前为止，已设计出了三种比较成功的钻井井身结构并分别经现场检验。

为了适应不同地层、岩层的应力变化，从上向下一般可将卸压瓦斯地面钻井钻孔的结构分为三段。

第一段：地面至新地层与基岩风化带结合处，钻孔孔径最大。

第二段：基岩段至被保护层顶板处，钻孔孔径稍小于第一段。

第三段：被保护层顶板至保护层顶板之上几米处，钻孔孔径最小。

卸压瓦斯地面钻井中使用的套管为石油套管，根据套管在地面井中的作用及位置，也可分为三段（图 10 – 39）。

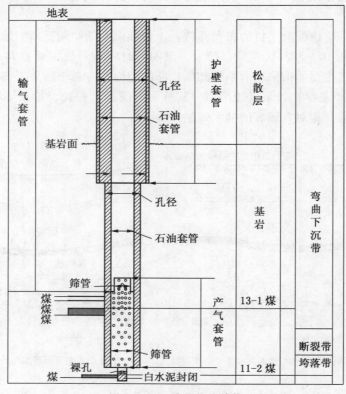

图 10 – 39　地面钻井结构

第一段：孔径最大的一路套管位于钻孔孔径最大段，即地面至新地层与基岩风化带结合处。此路套管称为护壁套管，其作用主要为护壁，并保护新地层段的输气套管。

第二段：孔径稍小于第一段，此路套管又称为技术套管或输气套管，位于地面至被保护层层顶板上部，输气套管在地面至新地层与基岩风化段处于护壁套管内，被护壁套管保护。此路套管主要作用是护壁并输送瓦斯至地面。

第三段：孔径最小，此路套管为带椭圆形筛孔的筛管，位于被保护层顶部至保护层顶板段，与输气套管重合 10 m 左右，但并不固定连接，此路套管为钻孔周围岩（煤）层中的卸压瓦斯进入地面钻孔的核心段，因此此路套管又称为滑动筛管或产气筛管，其作用主要是产气。

2. 套管柱设计理论

卸压瓦斯地面钻井尚无通用的套管柱设计方法，可参考石油系统的套管柱设计方法。套管柱的设计普遍采用的是安全系数法，一般为外载×安全系数≤套管强度。对于卸压瓦斯地面钻井，外载较为复杂，不同时期不同地质条件下，外载是不同的。

1）套管外载分析

（1）轴向拉力。套管自重所产生的轴向拉力是套管柱轴向拉力的基本负荷，在一些条件下还应考虑附加拉力的作用。包括套管本身自重产生的轴向拉力，以及井眼弯曲产生的附加拉力和其他附加应力。API标准套管的连接强度没有考虑弯曲应力，当井眼上部存在较大井斜或急弯时，由于弯曲效应增大了套管的拉力负荷，特别是在靠近丝扣啮合处易形成裂缝损坏。

（2）套管抗挤强度。套管柱在外挤压力作用下的破坏形式，除少数小直径和厚壁的套管外，主要是失稳破坏，而不是强度破坏。

2）套管柱设计

套管柱设计是在套管柱受力分析的基础上，再根据套管本身所具有的强度，建立一个安全可行的平衡关系，通式为

$$安全系数×外载≤套管强度$$

套管柱在不同井深所受外载（外挤压力、轴向拉力和内压力），可根据井下具体情况计算出来；安全系数由管强度的计算方法、室内套管强度实验、井下套管柱受力状态以及套管柱设计方法等结合经验所确定。由上式就可算出不同井深所需套管强度，再由套管强度数据表查出各井段所需的不同钢级、壁厚和扣型的套管，即设计出了所需的套管柱。

（1）掌握已知条件（套管尺寸和下入深度、安全系数、泥浆密度、水泥返高及套管强度性能表等）。

（2）根据外挤压力和抗挤安全系数确定下部第一段套管钢级和壁厚。

$$P_b = 0.01\gamma_m H_1 \qquad (10-2)$$

式中　$H_1$——第一段套管下入深度，m；

　　　$\gamma_m$——泥浆密度，$kg/m^3$；

　　　$P_b$——套管底所受外挤压力，MPa。

下部第一段套管的抗挤强度必须等于（或大于）井底外挤压力和安全系数的乘积，即

$$P_{c1} = 0.01\gamma_m H_1 S_c \qquad (10-3)$$

式中　　$P_{c1}$——第一段套管的抗挤强度，MPa；

　　　　$S_c$——抗挤安全系数。

根据 $P_{c1}$ 即可由套管强度性能表中选出下部第一段套管。

（3）确定第二段套管可下深度和第一段套管的使用长度。由于外挤压力愈往上愈小，根据安全经济的原则，第二段套管可选钢级或壁厚较低一级（即抗挤强度小一级）的套管，其可下深度为

$$H_2 = \frac{P_{c2}}{0.01\gamma_m S_c} \qquad (10-4)$$

式中　　$H_2$——第二段套管的可下深度，m；

　　　　$P_{c2}$——第二段套管抗挤强度，MPa；

则第一段套管使用长度 $L_1$ 为 $L_1 = H_1 - H_2$。

（4）当按抗挤强度设计套管柱超过水泥面或中和点（由于泥浆浮力使套管柱中不受轴向力的截面）时，应考虑下部套管柱浮重引起的套管抗挤强度的降低，即按双向应力设计套和柱。

（5）按抗拉强度设计确定上部各段套管。

设自下而上第 $i$ 段以下各套管总重量为 $\sum\limits_{n=1}^{i-1} T_n$，该段套管抗拉强度为 $P_{ji}$，则第 $i$ 段套管顶截面抗拉安全系数 $S_T$ 为

$$S_T = \frac{P_{ji}}{L_i q_{bi} + \sum\limits_{n=1}^{i-1} T_n}$$

所以根据抗拉强度设计第 $i$ 段套管长度的计算公式为

$$L_i = \frac{1}{q_{bi}}\left(\frac{P_{ji}}{S_T} - \sum\limits_{n=1}^{i-1} T_n\right) \qquad (10-5)$$

式中　　　　$L_i$——第 $i$ 段套管许用长度，m；

　　　　　　$q_{bi}$——第 $i$ 段套管单位长度浮重，kN/m；

　　　　　　$P_{ji}$——第 $i$ 段套管的抗拉强度，kN；

　　　　　　$S_T$——抗拉安全系数；

$\sum\limits_{n=1}^{i-1} T_n$——第 $i$ 段以下各段套管的总重量，kN。

按上式进行设计，$L_i$ 若不能延伸至井口时，在第 $i$ 段上部再选抗拉强度较大的套管进行计算，一直设计到井口为止，整个套管柱设计即告完成。

（6）抗内压安全系数校核。

$$S_i = \frac{P_i}{P_s} \qquad (10-6)$$

式中　　$P_i$——井口套管的抗内压强度，MPa；

　　　　$P_s$——井口内压力，MPa；

　　　　$S_i$——抗内压安全系数。

## 10.2.2　三种不同类型地面钻井结构设计

自淮南矿区试验第一口卸压瓦斯地面钻井以来，为获得卸压瓦斯地面钻井的成功抽

采，共设计了多种井身结构。井身结构对采动后井孔的稳定性有重要影响，其本身结构好坏，对卸压瓦斯地面井抽采效率有很大的影响。随着淮南矿区卸压瓦斯地面钻井试验经验的积累，根据井身破坏情况和卸压瓦斯地面钻井产能的统计情况，卸压瓦斯的地面井结构一直在改进。目前，已经获得比较成功并已推广应用的井身结构有Ⅰ型、Ⅱ型和Ⅲ型。

1. Ⅰ型地面钻井井身结构设计

1）井身结构设计

在调研及分析以往地面钻井失败原因的基础上，明确了要使钻井能够长时间出气，必须解决孔内有积水的问题。具体解决的理念原则是上止下泄。上部止水，对上部松散层采用石油固井，防止新地层水受采动影响后进入孔内；下部泄水，下部11-2号煤层底板10 m必须裸孔，确保孔底不被淤塞，孔内上部砂岩水能顺畅流入采空区。

根据这种理念，设计出了Ⅰ型井身结构。Ⅰ型地面钻孔结构具体参数如图10-40所示。

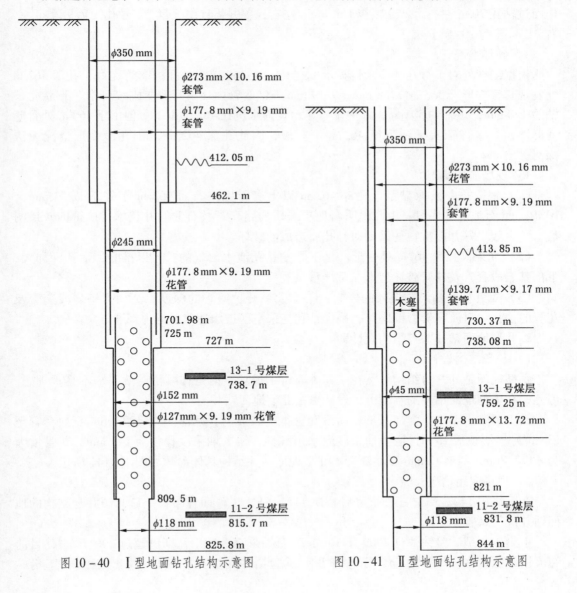

图10-40　Ⅰ型地面钻孔结构示意图　　　图10-41　Ⅱ型地面钻孔结构示意图

Ⅰ型地面钻井井身结构的具体参数为：

一开：0～基岩面下 50 m 左右，φ350 mm 孔径，下 φ273 mm × 10.16 mm 石油套管并采用石油固井。

二开：基岩面以下 50 m 左右至 13 - 1 号煤层煤顶板 15 m 左右，φ245 mm 孔径，下置 φ177.8 mm × 9.19 mm 石油套管，并采用石油固井。

三开：13 - 1 号煤层顶板 15 m 至 11 - 2 号煤层顶板 5 m，φ152 mm 孔径，下 φ127 mm × 9.19 mm 石油套管。

四开：11 - 2 号煤层顶板 5 m 至 11 - 2 号煤层底板 10 m，φ118 mm 裸孔。

2）现场应用情况

Ⅰ型井身结构试验井在丁集矿 1131（1）工作面及顾桥矿 1122（1）工作面各施工两个。丁集矿两孔单孔累计出气量接近 100 万 m³，取得成功；但在顾桥矿仅出气几天，工作面过钻孔 70 m 左右，就衰减至 1 m³/min 左右，单井累计出气量：1 号孔为 7.9 万 m³ 左右，2 号孔为 10.4 万 m³。

3）破坏情况

根据勘探处对 1 号孔井中录像显示，在孔深 462 m 以上，孔内套管完好，孔深 462 m 处发现套管变形严重，φ177.8 mm × 9.19 mm 石油套管内环由圆形变成"脚掌"形状，长轴约 150 mm，短轴约 50 mm，井中录像显示孔内水位在 462 m 以下。但由于 462 m 处管壁变形严重，录像探头无法下至 462 m 下孔段，因此孔深 462 m 以下孔段变形情况无法探明。

4）现场应用情况

（1）根据井中录像显示，孔深 462 m 以上套管完好，而 462 m 正好是 φ273 mm × 10.16 mm 石油套管底口。由此说明新地层采用两路套管及石油固井技术，取得的效果明显，止水效果好并能抗得住采动对钻孔所造成的破坏。

（2）如果仅孔深 462m 处变形，是不影响钻孔泄水出气的。可以推断，随孔深加大，下部基岩段套管及花管破坏变形非常严重。

（3）对Ⅱ型井身结构设计的经验：①加大一开护壁管的深度；②加大基岩段套管及花管的孔径、材质、套管壁厚等，确保钻孔与采空区透水透气，通道畅通。

2. Ⅱ型地面钻井井身结构设计

1）井身结构设计

Ⅰ型地面钻井井身结构虽然在丁集矿取得了成功，但是在顾桥矿效果却不是很理想。因此，在Ⅰ型地面钻井的基础上，设计出了Ⅱ型地面钻井。

其主要改进点为：为加强基岩面段套管抵抗破坏力，延深一开 φ273 mm 石油套管至 13 - 1 号煤层顶板 15 m，增大抽采段泄水出气性，增大抽采段孔径为 245 mm，花管增大为 φ177.8 mm × 13.72 mm 石油套管。Ⅱ型地面钻井结构具体参数如图 10 - 41 所示。

2）现场应用情况

在丁集矿 1422（1）工作面和顾桥矿 1122（1）工作面各布置一口Ⅱ型井身结构的地面钻井进行试验。

丁集矿Ⅱ型试验钻井自 2009 年 10 月 25 日抽采至今抽采瓦斯已超过 200 万 m³，目前纯流量仍稳定在 3.5 m³/min，标志着Ⅱ型试验钻井在丁集矿获得成功。后又在丁集矿

1321（1）工作面布置了 3 口Ⅱ型钻井，抽采效果均良好，目前仍在抽采，抽采量都将达到 100 万 $m^3$ 以上，抽采效果明显比Ⅰ型钻井提高。可以认为，Ⅱ型钻井结构及其工艺技术适应丁集矿地质及开采条件。

顾桥矿 1122（1）工作面Ⅱ型 1 号试验孔于 2009 年 6 月 16 日开工，2009 年 8 月 12 日完工，终孔孔深 844 m。在工作面推进至过该面 45 m 时，钻孔出气量突然衰减至 1 ～ 2 $m^3$/min，共抽采瓦斯 14575 $m^3$。

3）破坏情况

勘探处先后四次对该孔进行井中录像及一次井中压风，录像显示：孔深 500 ～ 600 m 段有多处管口变形，深 608 m 套管被挤压变形严重，使录像探头无法下测；换用 $\phi$35 mm 长 0.5 m 自制小探棒探测，下至 735 m 受阻，仪器显示水位 734 m。

4）现场应用情况

（1）根据井中录像显示，孔深 500 m 以下套管变形弯曲严重，且随深度加大，变形越剧烈，由此说明，顾桥矿基岩段双路套管亦未能抵抗住采动破坏。

（2）花管段套管无法录像，但可以推断，花管段单层套管受采动破坏影响更大。

（3）通过往孔内压风判断，钻孔未被完全破坏，与采空区是联通的。故钻孔出气通道受采动影响太狭小，是造成钻孔出气量变小的直接原因。

3. Ⅲ型地面钻井井身结构设计

1）井身结构设计

由于顾桥矿Ⅰ型、Ⅱ型地面钻井的井身结构均未获得理想的抽采效果。在总结Ⅰ型、Ⅱ型地面钻井失败经验的基础上，进行了大胆的技术创新，设计出了Ⅲ型井身结构，其主要创新如下：

（1）针对采动卸压瓦斯抽采孔的特点，总结Ⅰ型、Ⅱ型孔的经验，打破常规钻孔设计思路，引入上止下泄以及硬抗和避让相结合的设计理念，采用石油固井加强上部松散层止水，增大内层套管壁厚，将花管孔段扩大近一倍等多项举措。

（2）施工中采用 PDC 掏穴钻头（图 10-42）将 13-1 号煤层顶板至 11-2 号煤层顶板地层瓦斯抽采花管段孔径扩大。给花管预留一定的外环空间进行避让，可以有效缓冲岩层在采动后产生的剪切力、挤压力对花管的破坏，从而有效地保护花管在采动影响后能够保留完好的出气通道。另外可以使目的层的出气表面积增大，有效增加钻井出气量，提高单井产量。

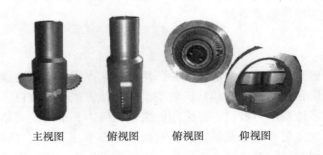

主视图　　　俯视图　　　俯视图　　　仰视图

图 10-42　PDC 掏穴钻头

（3）在花管与套管的连接上进行了改进，这种改进既增大了钻孔的过气断面，同时花管和实管采用同径，更易于钻孔的洗井工作。

（4）基岩面以下工作管石油套管壁厚增大到 1 倍左右，花管壁厚增大近 40%，这些施工工艺的改进都将有效增强工作管抗抵抗采动破坏影响，保证钻孔有良好的出气通道。

Ⅲ型地面钻井井身结构具体参数如图 10 – 43 所示。钻孔结构具体参数为：

（1）0 ~ 699.30 m（13 – 1 号煤层顶板），$\phi$350 mm 孔径；0 ~ 699.22 m，下 $\phi$273 mm × 10.16 mm 石油套管。

（2）699.30 ~ 779.00 m，$\phi$420 mm 孔径，其中由下而上 697.42 ~ 779.00 m 下置 $\phi$177.8 mm × 19.05 mm 石油花管，花管上口连接 7.57 m 长 $\phi$177.8 mm × 19.05 mm 石油套管；0 ~ 498.78 m 下置 $\phi$177.8 mm × 9.19 mm 石油套管，管长 499.08 m，高出台板 0.30 m；498.78 ~ 688.72 m 下置 $\phi$177.8 mm × 19.05 mm 石油套管，套管底口连接 8.70 m 长 $\phi$219 mm × 10 mm 无缝钢管（688.72 ~ 697.42 m）与花管上口 $\phi$177.8 mm × 19.05 mm 实管重叠。花管底口距 11 – 2 号煤层顶板 1.55 m，底口岩性为细砂岩，整个花管段的岩性以砂质泥岩、泥岩、细砂岩为主夹粉砂岩及煤层，其中细砂岩、粉砂岩总厚为 38.85 m，占 48.7%。

（3）779.00 ~ 796.86 m，$\phi$133 mm 孔径，裸孔。该孔花管底口距 11 – 2 号煤层顶板间距较小，因为在 $\phi$133 mm 成井时该段岩芯破碎，形成孔径较大，实际孔径超过 $\phi$216 mm，故必须把花管底口下深，钻孔方能坐住花管底口。

2）现场应用情况

顾桥矿Ⅲ型地面钻井在 1121（1）工作面试验，共设计 3 个钻孔，其中先施工 1 号、2 号孔，距开切眼距离分别为 80 m 和 402 m，距运输顺槽 60 m 左右，其中 1121 – 1 号瓦斯孔，孔深 760.34 m，开工日期 2010 年 1 月 13 日，竣工日期 2010 年 4 月 29 日；1121 – 2 号瓦斯孔，孔深 796.86 m，开工日期 2010 年 1 月 15 日，竣工日期 2010 年 5 月 10 日。

1 号瓦斯孔从 2010 年 6 月 22 日成功出气，两个多月后，出气混合量 10 m³/min 左右，累计出气量已达 50 多万 m³，2 号瓦斯孔于 2010 年 7 月 29 日出气，出气混合量 20 m³/min，累计出气量 37 万 m³。

Ⅲ型卸压瓦斯抽采地面钻井在顾桥矿取得了初步成功，解决了复杂地质及水文地质环境下工作面快速推进的地面瓦斯抽采钻井抽采卸压瓦斯的难题。

## 10.2.3　采动岩层地面钻井施工关键技术

瓦斯钻井类型和钻井工艺的选择取决于煤储层的埋深、厚度、力学强度、压力及地层组合类型、井壁稳定性等地质条件。

1. 地面钻井施工工艺简介

1）钻机类型

浅煤层钻井一般采用旋转或冲击钻钻井，用空气、水雾、泡沫液做循环介质，也可以使用轻便自行式液压钻机、顶部驱动钻机和小型车载钻机或普通钻机，宜采用非泥浆体系循环介质。浅煤层区地层压力低，不必采用泥浆控制压力，采用空气钻井，钻速高，基本费用低，在欠平衡和极欠平衡方式下钻进，对地层伤害小。采用空气钻进和泥浆钻进相结合的方法，即先利用空气钻井液直至泥浆贮备池装满采出水，再改用采出的水做钻井液到贮备池排空，如此交替直到完钻。

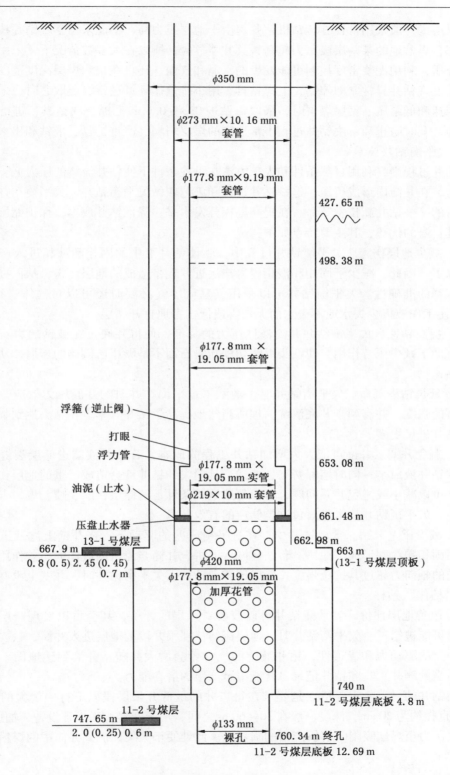

φ350 mm

φ273 mm×10.16 mm
套管

φ177.8 mm×9.19 mm
套管

427.65 m

498.38 m

φ177.8 mm×
19.05 mm 套管

浮箍（逆止阀）

打眼

浮力管

φ177.8 mm×
19.05 mm 实管

653.08 m

油泥（止水）

φ219×10 mm 套管

压盘止水器

661.48 m

13-1 号煤层

662.98 m

667.9 m

663 m
（13-1 号煤层顶板）

0.8 (0.5) 2.45 (0.45)
0.7 m

φ420 mm

φ177.8 mm×19.05 mm

加厚花管

11-2 号煤层

740 m

11-2 号煤层底板 4.8 m

747.65 m

φ133 mm

2.0 (0.25) 0.6 m

裸孔　760.34 m 终孔

11-2 号煤层底板 12.69 m

图 10-43　Ⅲ型地面钻孔结构示意图

深煤层区一般采用常规旋转钻机钻井。由于地层压力高，不能采用空气钻井技术。如美国西部含煤盆地的某些层段压力超高，具井喷危险，所以在大多数情况下，采用泥浆体系循环介质，利用泥浆密度控制可能发生的水涌和气涌。还可在预测煤层深度范围内，放慢钻速，发现钻井异常立即停钻，上提钻具，用小排量循环；进行煤层取芯时，采用低钻压、低转速和低泵压。钻厚煤层时，采取每钻进 0.3 ~ 0.6 m 上提一次钻具，进行多次循环等措施，及时防止和解决钻井过程中常遇到的煤层坍塌、严重扩径、卡钻和出水。

2）欠平衡钻井技术

在钻井过程中，利用自然条件和人工方法在可控条件下使钻井流体的压力低于要钻地层的压力，在井筒内形成负压。这一钻井过程和工艺叫做欠平衡钻井。欠平衡钻井是继水平井之后的又一钻井新技术革命，在提高勘探开发水平，降低钻井成本，保护储层等多方面都有其自身的优势，其主要特点如下：

（1）减少地层伤害。欠平衡钻井过程中，驱使钻井液中的固相和液相进入产层的正压差消除了，因此，减少了固相和液相侵入产层近井地带造成的地层伤害，从而提高了裸眼测井解释的准确性。欠平衡钻井可以采用气基流体（必要时还可以对气体进行脱水、干燥），使工作液极少失水或不失水而无伤害或低伤害地打开储层。

（2）提高钻速。欠平衡钻井井筒液柱压力的降低，使得井底正在被钻的岩石更容易破碎，有助于减少压持作用，使钻头继续切削新岩石而不是碾压已破碎的岩屑，从而提高了机械钻速。

（3）延长钻头寿命。欠平衡钻井时，消除了过平衡钻井时的井底压力效应，降低了井底岩石的强度，并有利于井底清洗，理所当然地提高了钻井效率，在钻头达到临界磨损之前，钻井进尺更多。

（4）避免井漏。井漏可能大大增加钻井工程的成本，若钻井液漏进储层裂缝就增加了额外的钻井液成本，同时堵漏费工、费钱，且漏失的钻井液会造成严重的地层伤害。欠平衡钻井可以减小或避免井漏问题，对于复杂地质条件下的储层，漏、喷、塌、卡均可能同时发生，欠平衡钻井技术是对付这类储层的有效技术。

（5）减少压差卡钻。常规钻井中，在过平衡压差的驱动下，在井壁上滤液进入高渗地层，而固相颗粒则形成了滤饼。若钻柱嵌入泥饼，井筒与泥饼内液体的压差作用可能使钻柱所受的轴向力超过其抗拉强度，造成压差卡钻。而欠平衡钻井时，井壁上没有泥饼和压差力"粘住"钻柱。

（6）改善地层评价。欠平衡钻井可以改善对产层的评价，甚至可以发现产层，而常规钻井时可能被错过。欠平衡钻井时，地层流体从裸眼井段的地层进入井筒，只要所钻地层具有一定的驱动力和渗透性，钻井液中的气含量会增大并随钻井液到达地面。在钻井时，用适当的测井工具和钻井记录，就能指示产层的潜在能力。

瓦斯钻井的另一个重要特点是要求在每口井的最低开采层段以下打一个大的"井底口袋"，直径约为 20 cm，深度一般在 30 ~ 60 m 之间，用于安置人工举升设备，加速排水，降低井底压力至煤层吸附气解析产出的临界点。此处便于聚集回流到井筒中的煤粉等碎屑物质。

2. 地面钻井施工工艺

采动岩层地面钻井的设计不同于原位瓦斯直井施工，一方面井位需设计在采动卸压范围内；另一方面，下保护层的开采导致上覆岩层移动，瓦斯钻井极易被挫断或拉断。因此，对瓦斯地面钻井的施工设计有更严格的要求。采动岩层地面钻井施工工艺以潘一矿 2361 - 1 号钻孔为例，其施工工艺如下：

1）井身结构参数

针对该矿地质条件，选择如下井身结构（表 10 - 2）：

（1）新地层穿过风化带（40 m 左右）至砂岩坚硬岩层（深度约 285 m，准确深度待钻探判层确定），孔径 $\phi$311 mm，下 $\phi$245 mm × 10 mm 无缝钢管，整个环状间隙用速凝水泥浆全封闭。

表 10 - 2 井 身 结 构 表

| 开钻顺序 | 钻头尺寸/mm | 套管尺寸/mm | 井深/m |
|---|---|---|---|
| 一开 | $\phi$311 | $\phi$245 × 10 | 285 |
| 二开 | $\phi$216 | $\phi$177. 8 × 9. 19 | 568. 5 |
| 三开 | $\phi$152 | $\phi$139. 7 × 9. 17 | 671. 00 |
| 四开 | $\phi$94 | 裸孔 | 680. 89 |

（2）孔深 285 ~ 568. 5 m，井径 $\phi$216 mm，下 $\phi$177. 8 mm × 9. 19 mm 石油套管（N80 型）至井口，并用速凝水泥浆全封闭。

（3）孔深 568. 50 ~ 671. 00 m，$\phi$152 mm 孔径，下 $\phi$139. 7 mm × 9. 17 mm 石油筛管（N80 型），其中在孔深 630. 3 ~ 649. 8 m 段（底抽巷上下各 10 m 内）下 $\phi$139. 7 × 9. 17 mm 石油套管（N80 型）并在套管顶底部缠止水橡胶。筛管上口与 $\phi$177. 8 mm 石油管重叠不少于 8 m。

（4）孔深 671. 0 ~ 680. 89 m，为 $\phi$94 mm 裸孔，其中孔深 671. 0 m 处至终孔用速凝水泥浆封闭。

2）钻井固井

采动岩层地面钻井有以下三个要求：①全孔为无岩芯钻进，且全孔进行常规测井；②孔斜控制：新地层孔段钻孔歪斜顶角不超过 1°，终孔点向上歪斜不超过 10 m；③井口管标高：＋19 m ＋3. 5 m（施工完毕后标高）。钻井施工顺序如下：

（1）开孔用 $\phi$152 mm 三牙轮钻头钻进至 300. 00 m 左右，并按常规测井、测斜，确定固管准确深度。

（2）分别用 $\phi$216 mm 和 $\phi$311 mm 前导向扩孔钻头分级扩孔至 285m，并下 $\phi$245 × 10 mm 套管并固管。

（3）固管结束后，继续用 $\phi$152 mm 钻头钻进至 671. 0 m，改用 $\phi$94 mm 钻头钻进至终孔并测井。

（4）用 $\phi$216 mm 三牙轮扩孔钻头扩孔至 568. 50 m，下 $\phi$177. 8 mm × 9. 19 mm 套管并固管。

（5）固管结束后，用 $\phi$152 mm 无芯钻头冲扫管内残留水泥浆及套（筛）管内壁水泥，冲扫孔深度至孔底，并下 $\phi$139. 7 mm × 9. 19 mm 筛管，后用高压射流逐段冲洗孔壁，直至孔口返清水，洗井时间要大于 48 h。

（6）按要求在外层套管安装避雷接地装置，内层套管高出地表 3.5 m，且管口以闷盘封闭。

3）钻井液选择

（1）常用钻井液按洗井介质可分为气体、液体、泡沫三大类。①气体：利用高压空气吹洗钻孔达到清除孔底岩粉和冷却钻头的目的。受水源的限制，因此多用于缺水地区、全孔漏失地层和永冻层。②液体：利用水泵将液体送入孔内，起到冲洗岩粉，冷却钻头，保护孔壁的作用。它主要有清水、泥浆和加入各类化学剂的水溶液。③泡沫：由气体、液体、发泡剂等组成，它除了冲洗钻孔外，因其相对密度低，还可起减少孔内钻井液漏失的作用。

（2）采动岩层地面钻井泥浆的选用：①冲积层段泥浆类型和性能。冲积层段钻进速度快，在施工中要严格控制泥浆的黏度、比重、失水量、含沙量，在泥浆的调配中要适量加入部分降失水剂和稀释剂，以确保施工的顺利进行和下套管的一次性成功。②基岩段钻进和扩孔的泥浆类型和性能。基岩选用低固相泥浆，具有除砂好、流动性好、配制简单的特点，泥皮薄而坚韧，可防止地层垮塌。

（3）泥浆的净化采用机械净化、人工捞砂和长槽沉淀三种方法同步进行，其中以机械除砂为主，人工捞砂和长槽沉淀为辅，以求全面清除泥浆中的无用固相，保持和稳定泥浆的性能，达到良性循环。

此口抽采井的泥浆类型为腐植酸钾、纤维素处理泥浆。泥浆性能参数为：失水量小于或等于 10 mL/30 min，含砂量小于 4%，胶体度大于 97%，黏度为 22 ~ 26 s，比重为 1.05 ~ 1.15。

4）洗井

钻井钻至设计井深并下套管后，井内岩粉沉淀至井底，需选用大流量水泵进行清洗井。

（1）高压射流洗井。首先用清水把孔内的泥浆替换出来，以方便洗井，泥浆替换出来后，把一根 $\phi$73 mm 钻杆本体用气焊割了 12 个旋流孔，并堵塞钻杆底部水眼，用洗井钻杆在观测段先自上而下，后自下而上将污水全部冲洗干净，直至井口基本返出清水。

（2）化学浸泡及高压射流联合洗井。将洗井钻杆下至孔底，用清水循环 3 h 后，替入由纯烧碱配置而成的 5% 溶液抵入观测段，浸泡 24 h 后，再用清水冲洗孔壁，直至井口返出清水。

3. 地面钻井完井与强化

1）地面钻井完井方法

地面钻井完井有三种基本方式，即裸眼完井、套管完井、混合完井（或称裸眼/套管完井）。此外，还有针对深部低渗煤层的水平排孔衬管完井。

（1）裸眼完井是指钻到煤层上方地层，下套管固井，再钻开生产层段的煤层，产气煤层保持裸眼的一种完井方式，这种完井方式是煤层气井中费用最低的一种。但增产作业时，井控条件降低，煤层坍塌会导致事故。此种完井方式一般用于单煤层井。

裸眼完井早期煤层段直接采用裸眼、砾石充填、筛管，现发展为裸眼洞穴完井，即人为地在裸眼段煤层部分造成一个大洞穴。此种方式适用于高压高渗地层，缺点是井眼稳定性差，风险性比套管完井大。

其优点是：①消除了钻井污染和水泥对煤层的侵入；②造成的大洞穴使洞穴直径5倍范围内的地应力降低，扩大了煤层的暴露面积，提高了自然裂隙的渗透率；③节约部分下套管和固井费用，免去了射孔或割缝作业。

其缺点是：①易出现地层坍塌，井筒极度充填；②隔离地层控制困难；③不易解决生产井段地层出水问题；④风险性大，后期井筒维护及修井作业费用难以预测。

（2）套管完井是指对煤层上方地层和产气煤层均下套管，然后在产气煤层处射孔或割缝的一种完井方式。

其优点是：①保持井筒稳定性，减少了修井作业和管理费用；②利于隔离煤层，允许对多煤层进行选择性完井；③确保强化生产时对气井的控制；④解决了生产井段的出水问题，降低了煤粉的产量。

其缺点是：①注水泥作业时，由煤压裂引起水泥侵入会造成煤层污染；②由于强化期间煤粉的磨蚀或生产过程中套管外围煤粉的运动，造成地层进入点（射孔或割缝）的堵塞；③增加了套管和固井费用；④需要射孔或割缝作业。目前正在使用一种特殊的工艺，即在注水泥时，当水泥达到生产层时，利用封隔器将水泥挤入井内，然后在非生产层处又将水泥挤到套管以外。这种方法使水泥不和煤层接触，避免水泥渗入煤层。套管尺寸须适应生产井气、水产量的需要，根据预测气、水产出量，选用抽水设备，再决定套管尺寸。

（3）混合完井是指裸眼完井与套管完井方式在同一口井中使用的一种完井方式。该方式一般用于多煤层，最深部煤层采用裸眼完井，上部煤层均采用套管完井。该方法综合了裸眼完井与套管完井的特点，保证有一煤层不受水泥污染，且减少部分套管、水泥和射孔或割缝费用。

（4）水平排孔衬管完井适用于深层低渗厚煤层，一般适用于厚1.52 m以上的煤层。其优点是能够提供与煤层的最大接触面积，尤其是各向异性煤层，有利于提高产量，促进瓦斯解吸，提高总抽采量和采出率。缺点是在钻井完井过程中易发生裂隙系统堵塞、闭合等现象，伤害煤层渗透率。

根据以上完井方式优缺点的对比，结合现场工程实践，卸压瓦斯抽采钻井完井方式都是裸眼筛管完井。筛管段长度从几十米至大于100 m不等。在抽采实践中，后期对筛管有所改进，体现在筛管壁厚和筛管孔上，孔径共有以下几种形式：$\phi$139.7 mm×9.17 mm、$\phi$177.8 mm×9.19 mm、$\phi$177.8 mm×12.65 mm、$\phi$177.8 mm×13.72 mm和$\phi$127 mm×12.7 mm。筛管孔密度变化不大，例如：$\phi$139.7 mm×9.17 mm石油筛管，每圈钻4个小眼，每米钻80个孔，穿叉分布，每个小眼直径为18 mm，而$\phi$177.8 mm×9.19 mm石油筛管，每圈钻5个小眼，每米钻100个孔，穿叉分布，每个小眼直径为18 mm。筛管孔形状也有所变化，由先前的一代井中的条形孔改为现今广泛使用的圆形孔。井底结构也有改动，主要体现在充填物上，11-2号煤层顶板2 m左右到煤层底板最初用94 mm木塞塞紧，之后改为水泥充填，后来又改用砾石充填，目前有些矿采用直径18 mm的玻璃球充填，而在丁集矿1262（1）工作面底部则使用了一根$\phi$110 mm内注满水泥的白色高强度塑料管。

2）地面钻井完井强化

通过对淮南矿区卸压瓦斯地面钻井的工程施工及产气效果的统计分析和总结，在钻井完井过程中，采用如下方式时卸压瓦斯地面钻井具有相对较好的工程效果。

（1）施工时间要求：地面井需在工作面回采之前施工完成。

（2）钻进时需测井：钻孔过新地层与基岩段时，13 - 1 号煤层底板 10 m 及 11 - 2 号煤层底板 10 m 时需进行常规测井，确定岩性以便确认各路套管的管底位置。

（3）测斜控制：钻进 50 ~ 100 m 之后及开始下套管之前均需进行钻孔测斜。钻孔应尽量垂直，终孔点离孔口点坐标不超过 10 m。

（4）固管：护壁套管及技术套管外要求全封闭。套管外部固井时，全封闭的质量对井孔抗压及抗剪强度有重要影响。前期地面井固井时，地面返流的水泥流有时单边上返，严重影响了固井质量。固管工作改用辽河油田石油固管车固井后，相同井位设计和井孔结构的卸压瓦斯地面钻井的有效抽采时间和产气量明显增大。因此，采用高质量的固井方法，可有效提高卸压瓦斯地面钻井的抽采效率。

（5）冲洗液：冲击层段，严格控制泥浆的黏度、比重、失水量、含沙量，泥浆调配中适量加入部分降失水剂和稀释剂；基岩段，选用低固相泥浆。

## 10.3　地面钻井抽采煤层群卸压瓦斯工程实践

### 10.3.1　地面钻井抽采煤层群卸压瓦斯理论

1. 煤层群开采采场裂隙演化特征

地层是由一层或多层的复杂层构成的，在采场覆岩移动活动中起主要控制作用的岩层称为关键层。关键层是主要的承载层，对上覆全部岩层活动起控制作用的岩层称为主关键层，主关键层破断会引起上覆煤层至地表的同步破断下沉，导致采场出现强烈的来压显现；相应地对上覆岩层活动局部起控制作用的岩层称为亚关键层。岩层断裂前是以板的结构形式，支撑着上部岩层的部分载荷，断裂后就形成砌体梁的结构形式。

在岩层移动与破断过程中，上覆岩层形成采动裂隙，按照出现的位置可分为地表采动裂隙、顶板岩层采动裂隙、煤层采动裂隙和底板岩层采动裂隙；按照性质可分为离层裂隙、竖向破断裂隙和断层面的活化裂隙。

离层裂隙是覆岩中不同岩层间移动不同步下沉引起的，假设煤层顶板上各层的岩性相等（即弹性模量 $E$ 相同），忽略不计层与层之间的黏结力，由弹性理论可知，板的弹性曲面方程为

$$\nabla^2 \nabla^2 \omega = \frac{12(1 - v^2)q}{Eh^3} \qquad (10 - 7)$$

由上式可知，板的弯曲度挠度（$w$）与其厚度（$h$）的立方成反比。由于上、下岩层之间强度和厚度不同，其下沉的挠度值也就不等，当上层岩层的挠度小于下层岩层的挠度时，此时在上下岩层之间形成了离层裂隙，迫使煤岩层产生膨胀变形，从而将吸附瓦斯煤层卸压，同时也可沿离层裂隙流动；竖向裂隙是伴随岩层下沉破断形成的穿层裂隙，也是地下水与瓦斯穿层流动的通道，故而也称为导水、导气裂隙；采动断层活化形成的裂隙会加剧采场的破坏和地表沉陷，也是地下水与瓦斯流动的通道。

1）离层裂隙发展特征

随工作面推进，覆岩离层裂隙的发展规律呈现两个阶段。

阶段 I：从开切眼开始到关键层初次垮落，离层裂隙不断发育，离层量沿工作面走向

分布曲线呈高帽状，采空区中部的裂隙最发育、离层量最大，并不随着推进速度不同而改变，此阶段内裂隙发展可分3个区：Ⅰ1离层始动区；Ⅰ2离层扩展区；Ⅰ3离层闭合区。

Ⅰ1离层始动区：随着工作面的推进，关键层下部的岩层裂隙不断发育，开始出现离层量很小的离层，推进的这段距离称作离层始动距离 ($d_s$)，从开切眼到离层始动距离的这段区间称作离层始动区。

Ⅰ2离层扩展区：工作面不断的推进，直到关键层下部出现的离层量达最大值为止，从开切眼到此时工作面的距离称作最大离层距离 ($d_m$)，从离层开始出现到离层量达到最大值的这段区间称作离层扩展区，即为 ($d_m - d_s$)。

Ⅰ3离层闭合区：当关键层下部的离层量达到最大值时，工作面不断推进，关键层下部的软岩下沉的速度要小于上覆关键层下沉的速度，从而使关键层下部的离层不断地减少，并且开始逐渐地闭合，最终导致关键层发生了初次垮落，从开切眼到这时工作面的距离称作离层闭合距离 ($d_c$)，从出现最大离层的位置开始至关键层初次垮落的这段区间称作离层闭合区，即为 ($d_c - d_m$)。

阶段Ⅱ：当关键层初次垮落后，位于采空区中部的离层逐渐趋于压实状态，而在采空区两侧（即开切眼一侧与工作面一侧）仍各自保持一个离层区，离层量沿工作面走向分布曲线呈驼峰状。开切眼一侧的离层区在开采一段时间后基本保持稳定，而工作面一侧的离层区则不同，伴随着工作面不断推进动态地向前移动；不过离层区的最大离层量、长度，以及工作面一侧到出现最大离层量的距离，并不会随着工作面推进而有很大的变化。

沿着煤层顶板垂直方向，离层随工作面推进自下而上出现跳跃式发展。开始第Ⅰ亚关键层下部出现离层，破断后下离层呈现O形圈分布。此时，上部的第Ⅱ亚关键层下部出现离层，破断后离层也呈O形圈分布。如此循环往复直至主关键层。

2）竖向裂隙发展特征

竖向裂隙在采动覆岩一定的高度范围内发育，最大发育高度与岩性和采高有关。在煤层开采开始阶段，下部关键层的破断对穿层裂隙自下而上非匀速的动态发展过程起控制作用，随着关键层的破断而发生突变。当采空区的面积达到一定值后，竖向裂隙的分布呈现O形圈特征。这种分布特征类似以开切眼的煤体和开采前方煤体为支撑点的拱形结构（即为O形、环形或椭抛圆形），随着工作面的推进距离不断增加，这种拱形结构也不断扩大。对于缓倾斜煤层，采动上覆煤岩裂隙在空间的任意水平面内的演变，沿着采空区走向和倾向中心线基本呈现对称分布，如图10-44所示。

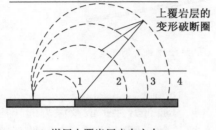

(a) 煤层上覆岩层走向方向

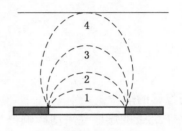

(b) 煤层上覆岩层倾向方向

图10-44 上覆岩层破断圈的演化

由于上、下岩层间的岩性不同，使得抗弯挠度也不同，致使相邻两岩层之间必然会产生位移形变。当上部岩层的抗弯挠度大于下部岩层时，就会产生离层运动；反之，产生组合运动。当相邻岩层抗弯挠度接近时，自下而上逐层发展的覆岩变形，则会产生离层发育区。在覆岩运动的动态演化过程中，在采空区上部的覆岩中存在大量的离层裂隙及竖向裂隙，覆岩中的横向离层面和纵向断裂面存在张开和闭合，从产生、发育直至最终闭合是一个动态的不断变化的过程。

当关键层破断后，采空区中部离层由于自身重力逐渐趋于闭合，同时在采空区的两侧一直存在离层发育区域。因此，在采空区四周存在沿卸压煤岩层面贯通的离层发育区，其形状与基本顶破断的 O—X 形结构相似，从平面和倾向上看卸压圈呈 O 形。

O 形圈是采空区四周离层裂隙发育区域的形状描述，它四周的裂隙区域是瓦斯运移的通道。由于 O 形圈的存在，为采空区以及上覆岩层的裂隙区域的瓦斯储存与流动提供了通道和空间。因此确定采动裂隙 O 形圈的存在和位置，有利于确定瓦斯抽采钻井（孔）的位置，并有助于提高对瓦斯运移机理和流动规律的研究。

2. 煤层群首采关键卸压煤层瓦斯富集区的确定

煤层是由固体骨架及孔隙裂隙构成的多孔介质，采动卸压过程中形成的孔隙裂隙是瓦斯储存之处与运移的通道。瓦斯受采动（或风流）影响在裂隙场中局部地方分布不均匀，与周围气体存在浓度差，瓦斯会沿着离层裂隙与竖向裂隙不断向上升浮与扩散。瓦斯在升浮与扩散过程中不断卷积着周围气体使得浓度差逐渐减小，直至达到一个动态平衡为止，混合气体聚集到断裂带的下部垮落带的上部裂隙发育较好的区域，即为瓦斯富集区域。

流向采空区的瓦斯按其来源可分为本煤层的瓦斯、上邻近层的瓦斯及下邻近层的瓦斯。本煤层开采面暴露的煤、煤壁、周围煤岩和采空区遗煤析出的瓦斯涌向采场，积聚在工作面的上部区域；保护层开采上、下邻近层中的瓦斯通过升浮或风流作用积聚在工作面的上部区域，如图 10 - 45 所示。

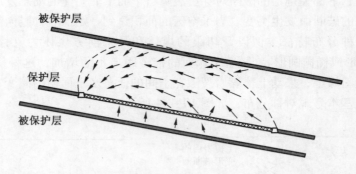

图 10 - 45　保护层开采瓦斯升浮与聚集的示意图

瓦斯运移的规律：

（1）下邻近的煤层受采动影响产生卸压瓦斯，通过升浮扩散及渗流的作用下，从下部被保护层通过底板影响带的裂隙向上部开采层扩散，再通过开采煤层的裂隙进入采空区；上邻近的煤层受采动影响亦产生卸压瓦斯，因采空区拥有较大卸压空间与上邻近的卸压瓦斯造成浓度差，在浓度梯度的作用下，上邻近层的卸压瓦斯也涌向采空区。

（2）位于本煤层的瓦斯和采空区的瓦斯因密度比空气轻，致使在竖直方向上瓦斯浓度分布不均，沿着裂隙升浮到 O 形或环形的卸压圈内，采场裂隙内的瓦斯垂直方向上呈现下部的低浓度区流向上部高浓度区，上部的瓦斯浓度大于下部的瓦斯浓度。

（3）采空区的瓦斯在进、回风巷压差的作用下向回风侧运移，工作面瓦斯浓度由进风侧沿倾斜方向向上逐渐增大，而离工作面较远的压实区，风流量较小，孔隙率也小，因而压实区的瓦斯浓度低于进、回风巷附近瓦斯的浓度，从而形成了两端的瓦斯浓度高凸、中间瓦斯浓度低凹，形如马鞍状的分布。

煤层群开采以后，上覆岩层开始移动破断并在煤层竖直方向上划分"三带"。根据煤岩层破断移动裂隙演化的规律和瓦斯升浮与聚集的特征，距开采层越近，卸压越充分，解吸出的瓦斯积聚浓度越高，又由于断裂带同时具有离层裂隙和竖向裂隙相互贯通，也为瓦斯运移和积聚创造良好的通道和空间。

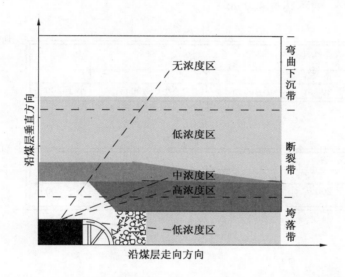

图 10 - 46　沿煤层垂直方向上上覆岩层分带与瓦斯分区示意图

由图 10 - 46 可知，垮落带上方、断裂带中下部是卸压瓦斯高浓度积聚的区域，在这高渗区域布置地面钻井是比较理想的地带。

随着开采不断地推进，采动裂隙演化分布逐渐形成 O 形圈、环形圈和椭抛带的卸压圈，采空区、邻近层围岩的部分瓦斯通过裂隙升浮到卸压圈内，汇成一条瓦斯河或瓦斯库；通过地面钻井打到这一高渗瓦斯富集区域，一般位于断裂带中下方、垮落带的上方，从而可以将本煤层的采空区瓦斯、邻近层及围岩的部分瓦斯抽采至地面，由保护层和邻近被保护煤层的卸压瓦斯作为补给源，从而保证钻井有较长的抽采时间、较大的抽采范围及较高的抽采率，同时实现一井多用，避免大量的采空区瓦斯涌向回采空间，有效地降低瓦斯排放。

## 10.3.2　卸压瓦斯地面钻井井位设计

1. 地面钻井井位设计

卸压煤层气地面钻井的井位设计应综合考虑卸压煤层气井开采地质条件、采动区范围及卸压带推进速度、地面条件、煤层气井控制范围与服务年限等。

卸压煤层气地面抽采钻井布设在煤矿准备采区范围内，抽采被保护层中煤层瓦斯。在工作面未回采之前，地面抽采钻井要施工完毕。

卸压煤层气地面钻井一般布置在采煤工作面倾向中部，这是因为在充分开采的条件下，采煤工作面中部岩石移动量最大，其活跃期为 2 ~ 3 个月。因此该位置曾被认为是抽放瓦斯的理论最佳位置。实践证明，卸压煤层气抽放钻井的井位布置还应综合考虑工作面采动对钻孔的影响，卸压煤层气地面钻井井位布置于采煤工作面上部且岩层下移速度相对较小区域更为有利。地面钻井有效的抽放半径一般为 200 m 左右，因此，卸压煤层气地面钻井两井间距一般不大于 400 m。同时，地面钻井井位部署还应考虑地面作业的适宜性。

目前淮南矿区卸压煤层气地面钻井井位部署主要有两种方式（图 10 – 47）：第一种，将井位布置于工作面正中间，井间距不超过 400 m；第二种，将井位布置于工作面离回风巷 1/3 处，井间距一般不超过 400 m。

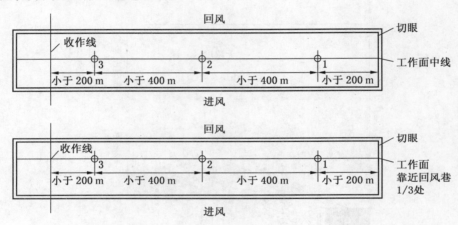

图 10 – 47　井巷与卸压煤层气井联合部署图

卸压煤层气地面钻孔终孔层位在保护层与被保护层之间，井底到被保护层煤顶板间约 20 ~ 30 m 井段下筛管，作为煤层气抽采段，其上用套管进行永久封闭。

当下部保护层煤工作面推进至距煤层气地面抽采井 50 m 左右时，卸压煤层气地面钻井开始产气。这是因为在采动影响下，钻孔内清水通过变形裂隙渗漏到采空区，被保护层煤层内水也被疏干，同时受采动影响被保护层煤层渗透率增大几百倍甚至上千倍。被保护层煤中解吸煤层气（瓦斯）通过筛管流入井孔，再从井孔中被抽至地面。当工作面继续推进，开采保护层煤采空区瓦斯也被地面抽采井抽采出来。

由此可见，卸压煤层气地面抽采可大致分三个阶段：第一阶段，保护层工作面回采期采动区抽采；第二阶段，保护层停采后采动区抽采；第三阶段，被保护层工作面采空区抽采。

2. 地面钻井井位优化布置

为了研究下保护层开采后上覆被保护层的裂隙分布情况，采用研究区顾桥矿 1117（1）工作面上覆岩层为相似材料模拟试验的原型，利用相似理论三定律，采用 1/150 的几何相似比，1/12 时间相似比，利用砂、碳酸钙、石膏、水等为原料，以力学强度相似为原则，设计了相似材料模拟试验。模型长 × 宽 × 高 = 5 m × 0. 3 m × 2. 2 m，采高为 2 cm，每隔两小时采一次。主要是观测下保护层 11 – 2 煤采动后，上覆被保护层 13 – 1 煤层中的应力变化和裂隙发育情况。

1）相似材料模拟试验初步结果

相似材料模拟试验结果表明，采动初期，采空区中心上覆岩层的裂隙最为发育，但随着时间的推移，垮落的岩石在上覆岩层应力作用下，逐渐压实，采空区中部的岩层压实最为紧密，而采空区四周岩层由于受到四周煤柱的支撑和拉伸作用，在采空区四周上覆岩层中，存在有大量裂隙，这些裂隙在相对较长的时间能够保持连通，因此在采动后期，采空区四周的上覆岩层内游离态煤层气相对富集。

布于工作面中心线上的测点测试结果表明，位于工作中心线上被保护煤层经历了压缩—膨胀—压实—稳定的过程，裂隙发育经历了增大—缩小—稳定的过程，采动裂隙的发育具有明显的阶段性。

自开切眼回采初期，卸压裂隙主要发育于采空区中部，但随着回采工作面的推进，采动作用的影响上移，上覆岩层逐层下移，弯曲下沉带内的离层裂隙逐渐闭合，远离回采工作面的采空区中部逐渐演变为压实区。而靠近回采工作面的采空区中部，由于采动作用尚未导致上覆较厚的关键层大幅弯曲变形，因此裂隙非常发育，因而为卸压裂隙发育区。卸压裂隙发育区和压实区都逐渐随回采工作面前移，最终采动结束后，采空区中部逐渐演变为压实区，采空区四周由于受到四周煤柱的支撑作用，虽然裂隙发育也经历了增大—缩小—稳定的过程，但其裂隙闭合速度远比采空区中部缓慢，因此靠近开切眼和终采线及进风回风巷的区域，在采动后期逐渐演变为裂隙发育区。

对于远距离被保护层，主要发育离层裂隙，其采动中和采动后裂隙分布如图 10 – 48 所示。许家林等学者研究后认为，采动后裂隙发育区为靠近开切眼及终采线的裂隙发育区为 34 m 左右，而靠近回风巷、进风巷的裂隙发育区为 24 m 左右，这只是针对某一特定工作面的数据。不同的工作面不同的采高，其裂隙发育区是不一样的，裂隙发育区主要由压实线和采动影响线来决定。

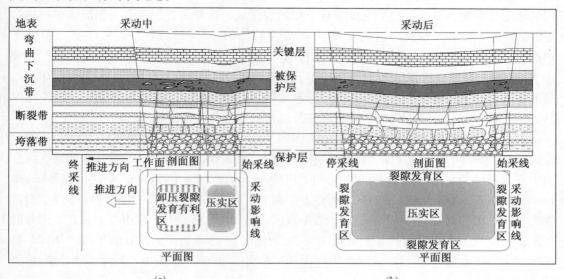

图 10 – 48　采动前和采动后采动裂隙分布图

2）井位优化部署方案与机理探讨

采动区卸压煤层气地面井主要是利用下覆煤层的采动作用，抽采上覆被保护层中卸压煤层气。采动影响作用对卸压煤层气地面井具有重要作用。煤层采动后，煤层上覆煤岩层向采空区方向移动，覆岩经历变形、离层弯曲、断裂、垮落几个阶段，先后在采空区上方形成垮落带、裂隙带、弯曲下沉带，从而减小了上覆煤层所承受的地应力，增加了煤层中的裂隙密度，使煤层中煤层气得以解吸流动。因此采动过程中，被保护层经历的应力变化及裂隙变化对地面井产能有重要影响作用。

采空区中部的任何一点煤体经历了压缩—膨胀—压实—稳定的过程，其裂隙发育经历了增大—减小—稳定的过程，其裂隙增大和减小幅度较采空区四周大，因此几乎所有位于采空区中心的井，产能具有明显增大—减小—稳定的过程，这和裂隙发育规律一致。位于采空区四周的煤体和裂隙经历了同样的过程，但其煤体在膨胀过程中，卸压较小，膨胀程度小于采空区中心的井，其裂隙发育程度也小于采空区中心部位的井，但煤体在压实过程中，压实程度较小，其裂隙减小程度远小于采空区中部，因此采空区四周的井产能在增大时是缓慢上升，产能在减小的过程中也是缓慢减小，并在较长的一个时期内均能保持一定的产能，1117 – 1 号井的产能曲线完全符合这一特点。采空区中部的绝大多数井如 1792 – 1、1792 – 2、1262 – 1、1262 – 4 井等产能特点均是产能迅速增大，并在较短的时间内迅速减小，这和裂隙发育规律是充分一致的。这也说明采动裂隙的发育规律和发育程度对卸压煤层气地面井的产能具有重要控制作用，将地面井井位于裂隙发育且长期保持的区域，才能保障地面井有较长的产气时间和较高的产能。

淮南矿区工程实践表明位于采空区四周的井产气时间相对较长，产能较高。在低采高薄松散层区域，采高较小，上覆岩层厚度相对较薄，采空区中心区域的压实程度相较于厚松散层区域的压实程度小，压实后尚有部分贯通小裂隙，小采高也使得薄松散层区域的采动对井身的破坏程度相较于厚松散层区域小，因此，在低采高薄松散层区域地面井井位布置于工作面的各个区域都有可能取得较高的产能，但就裂隙发育程度而言，处于采空区四周的采动裂隙更为发育，因此在低采高薄松散层区域，将井布置于采空区四周能获得相对更好的产能。例如位于靠近进风巷 50 ~ 63 m 内的 2361 – 1、2361 – 2、2361 – 3 井单井平均产能是 $138.4 \times 10^4 \ m^3$，位于靠近回风巷 42 m 处的 14102 – 1 井，其总产能是 $117.49 \times 10^4 \ m^3$。大采高厚松散层区域内 1117 – 1 井位于靠近开切眼处，产能达 $357.99 \times 10^4 \ m^3$，目前还处于抽采过程中，1117 – 4 井位于靠近回风巷 25 m 处，井孔虽被破坏，其产能也达 $58.16 \times 10^4 \ m^3$，在 1117 工作面相同井身结构的井中获得最好的总产能。

国外的数值模拟和工程实践结果也证明了位于采空区四周的地面井能获得更好的产能。C. O. Karacan 等通过 Flac 软件数值模拟得到，将采动区井的井位沿回风巷到采空区走向中心线上移动 60 m，会使井的产能下降 12MMSCF。William P. Dimond 等通过在 Pennsylvania 的 Lower Kitanning 煤层 216 m 宽的工作面上，试验了 5 口井在工作面中心线上，7 口井在靠近进风巷的 16.8 ~ 59.4 m 处，结果表明，4 个位于靠近工作面边缘的井在 7 个月的产量比 2 个位于中心线上的井产量高 37%，7 个位于工作面边缘的井孔的平均单井气产量比位于中心线上的井高 77%。位于工作面边缘的井比位于工作面中心线上的井的产量要高，产气时间要长。

3）井位部署方案

将卸压煤层气地面井的"生产套管"置于裂隙发育且长期保持处，是卸压煤层气地面井高产的关键。采动导致的岩层移动稳定后，裂隙发育且长期保持的区域位于采空区四周，即靠近工作面开切眼、收作线及靠近回风巷、进风巷的采动影响线与压实线确定的区域内。因此将井位布置于该区域将使地面井有相对较长的产气时间。由于煤层气密度低于空气，煤层气在运移过程中，会偏向富集于工作面上倾方向，即将井位布置于采空区靠近回风巷的裂隙发育区将会有更好的产气效果。采动区卸压煤层气地面井高产的最佳井位如图 10 - 49 所示。

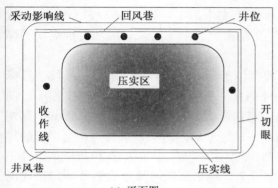

(a) 平面图

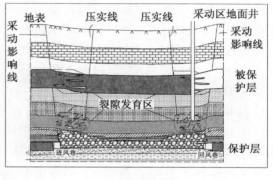

(b) 剖面图

图 10 - 49　卸压煤层气地面井最佳井位布置图

### 10.3.3　地面钻井抽采煤层群卸压瓦斯实践

#### 10.3.3.1　试验一：丁集煤矿

**1. 矿井及地质概况**

丁集煤矿位于潘谢矿区中部，与潘三和潘北井田相邻，西与顾桥井田相接，北与朱集勘察区接壤，南以各拐点坐标连线为界。东西走向长 6 ~ 15 km，南北倾向宽 11 km，井田面积 107.09 km²。矿井设计生产能力 5.0 Mt/a，矿井于 2004 年 6 月 28 日开工，2007 年底试生产。

井田新生界松散层厚 347 ~ 564m，其厚度变化随地形由东南向西增厚，属巨厚流沙层。含煤地层为石炭二叠系，共有可采煤层 9 层，平均总厚度 24.1 m，其中，13 - 1、11 - 2、8、6、1号煤层为主采煤层，平均总厚 21.74 m。各煤层储层较稳定，倾角一般为5°~ 15°，全井田 9 层煤共有地质储量 1282 Mt，可采储量 687 Mt，其中一水平可采储量 44.87 Mt。矿井分两个水平，一水平 -826 m，二水平 -1000 m。

矿井水文地质：含水层由新生界松散流沙层、砂岩层孔隙水，二叠系砂岩裂隙水和石炭系太原组及奥陶系灰岩岩溶裂隙水三部分组成。其中煤系砂岩裂隙水是矿井直接充水水源。矿井正常涌水量 226 m³/h，最大涌水量 583 m³/h。

矿井原设计为高瓦斯矿井，由于井下施工过程中发生煤与瓦斯动力现象，因此矿井瓦斯等级升级为煤与瓦斯突出矿井，设计建立永久瓦斯抽采系统。在中央工广内建立瓦斯抽采泵站，安装 4 台 2BE1 - 720 型水环式真空泵，两用两备，专门用于抽采井下瓦斯；地

面抽采管通过 φ520 mm 地面大口径抽采钻孔与井下抽采瓦斯管路连接；安装 2 台 2BE1 - 505 型水环式真空泵，一用一备，专门用于地面钻井抽采瓦斯。

11 - 2 号煤层厚度 0.36 ~ 6.05 m，平均煤厚 2.19 m。一般厚 2 ~ 3 m，变化规律明显（厚度突变点均为构造煤），二十八线以西一般厚 2 ~ 3 m，二十八线以东厚度一般在 2 m 以下，局部有少数不可采点，厚度略小于可采厚度，形成小片不可采区。煤层结构较简单，局部有 1 ~ 2 层夹矸，井田东部局部煤层被岩浆岩侵蚀，煤质变化不大，变异系数 35.48%，可采指数 95.9%，属稳定煤层。13 - 1 号煤层厚度为 0.50 ~ 10.68 m，平均厚 3.70 m，一般厚 2.5 ~ 4 m，全区可采，煤层厚度变化小、变化规律明显。28 线以西厚 2 ~ 3 m，以东中部地区煤层偏薄为 1 ~ 3 m，南北翼较厚煤层结构较简单，再往最东端至 15 线煤层又逐渐增厚，平均厚约 3 m，大部分含 1 ~ 2 层夹矸，东部岩浆岩局部侵蚀煤层，煤质变化小，变异系数 25.92%，属稳定煤层。

11 - 2 号煤层的 1262（1）下保护层工作面，位于西一采区第六小阶段。该段巷道标高 -890 ~ 850 m，轨道巷标高 -830 ~ 840 m。地面标高 +22.73 ~ +23.38 m。工作面走向长 2148 m，可采走向长 1828 m，倾斜宽 253 m。煤层厚度 1.2 ~ 3.37 m，平均 2.6 m，煤视密度 1.42 t/m³，可采储量 1.71 Mt。煤层倾角 0° ~ 6°，平均倾角 3°。煤种为中至中低的气煤，1/3 焦煤，属中灰煤。巷道掘进过程中局部顶板有淋水现象，但能自行疏干。预计正常涌水量为 30 m³/h。地面打钻过程中出现泥浆流失，抽采瓦斯时易造成钻井下口被煤泥堵塞，对抽采瓦斯极为不利。工作面上覆巨厚流沙层厚度大于 500 m，极易造成表土层段工作套管弯曲甚至断裂或挤瘪，水沙进入套管堵塞套管而终止抽采事故。因此，本次设计采用改进的钻井结构，表土松散层段、内外套管各安装三个"活管节"，以提高拉伸和弯曲能力。

2. 丁集煤矿含气性特征

丁集煤矿在构造背景上位于潘集背斜和陈桥向斜的衔接带，其东北部为潘集背斜的最西翼。井田按地层走向可以划分为三个次级单元，北部波曲区（走向北西西）、西部波曲区（走向南北）、南部波曲区（走向近南北），其中北部为潘集背斜的西缘，埋深从北到南渐增，整体形态较为完整，但断层发育。西部地层从西到东埋深逐渐增大，区内北东东走向的断层发育。井田南部从地层走向来看，应为潘集背斜和陈桥向斜的衔接带的核心部位，该区西面地层走向近南北，东部地层波状扭曲。

丁集矿区煤层气风化带各煤层不尽一致，13 - 1 号煤层风化带在距基岩面 200 m 以下，埋深大于 700 m；11 - 2 号煤层风化带在距基岩面 370 m 以下，埋深接近 900 m。13 - 1 号煤层埋深在 400 ~ 1100 m 之间，11 - 2 号煤层埋深在 500 ~ 1100 m 之间。据全区 13 - 1 号煤层 52 个勘探孔资料，13 - 1 号煤层甲烷含量介于 0.06 ~ 17.33 m³/t 之间，平均 4.79 m³/t，11 - 2 号煤层共有煤层气勘探孔资料 37 个，煤层气含量介于 0.003 ~ 12.95 m³/t 之间，平均 4.3 m³/t。不同水平甲烷含量和气体浓度见表 10 - 3。

如前所述，丁集煤矿位于潘集背斜和陈桥向斜的衔接带，煤层埋深从东往西呈一宽缓、扭曲的 V 型面，13 - 1 号和 11 - 2 号煤层埋深东西部浅，北部中央、中南部深，煤层瓦斯含量仍与埋深显示较好的一致性。西部和东北部埋深较浅，煤层含气性低，中南部埋深较大，含气性较高。

从 13 - 1 号煤层 52 个勘探孔、11 - 2 号煤层 37 个勘探孔资料中剔除不合格样品，共

表10-3　丁集煤矿不同埋深水平含气性特征

| 煤层 | 水平/m | 基岩盖层平均厚度/m | CH₄含量/(m³·t⁻¹) | 瓦斯成分/% | | |
|---|---|---|---|---|---|---|
| | | | | CH₄ | CO₂ | N₂ |
| 13-1 | -400~-500 | 27.37（3） | 0.00~0.06 | 0.00~1.88 | 2.43~24.49 | 73.63~97.41 |
| | | | 0.03（3） | 0.68（3） | 11.60（3） | 87.72（3） |
| | -500~-600 | 58.78（4） | 0.03~5.41 | 1.74~48.12 | 0.84~9.34 | 42.54~97.43 |
| | | | 1.46（4） | 14.69（4） | 5.35（4） | 79.42（4） |
| | -600~-700 | 196.08（7） | 0.01~6.18 | 0.60~79.47 | 2.73~14.38 | 14.48~85.03 |
| | | | 3.19（7） | 47.48（7） | 9.82（7） | 42.58（7） |
| | -700~-800 | 296.76（17） | 0.11~13.32 | 4.96~94.39 | 1.38~42.10 | 3.23~87.91 |
| | | | 4.59（17） | 62.63（17） | 7.59（17） | 29.77（17） |
| | -800~-900 | 409.10（13） | 3.28~17.33 | 47.83~92.16 | 0.52~8.70 | 2.75~49.30 |
| | | | 7.02（13） | 78.07（13） | 3.78（13） | 18.00（13） |
| | -900以下 | 536.69（8） | 4.31~7.45 | 74.09~87.93 | 1.76~6.10 | 5.55~22.31 |
| | | | 5.67（8） | 81.90（8） | 3.76（8） | 13.49（8） |
| 11-2 | -500~-600 | 92.78（6） | 0.003~12.95 | 0.05~76.04 | 2.56~10.14 | 16.72~97.39 |
| | | | 3.30（6） | 44.87（6） | 6.84（6） | 48.01（6） |
| | -600~-700 | 193.73（3） | 0.03~1.33 | 0.29~32.17 | 0.19~9.40 | 60.20~99.52 |
| | | | 0.67（3） | 20.69（3） | 5.74（3） | 73.57（3） |
| | -700~-800 | 291.89（6） | 0.01~5.98 | 0.00~93.70 | 1.87~19.81 | 2.06~92.42 |
| | | | 2.53（6） | 53.51（6） | 8.87（6） | 37.57（6） |
| | -800~-900 | 398.89（14） | 0.05~12.85 | 3.54~94.41 | 1.31~59.70 | 3.65~55.80 |
| | | | 5.14（14） | 67.83（14） | 10.07（14） | 22.02（14） |
| | -900以下 | 503.08（8） | 4.16~7.68 | 55.24~86.94 | 3.36~9.75 | 3.31~35.31 |
| | | | 6.23（8） | 77.94（8） | 6.67（8） | 14.82（8） |

利用13-1号煤层瓦斯资料37个，11-2号煤层瓦斯资料33个，求得煤层含气性与埋深的关系，13-1号煤层和11-2号煤层瓦斯梯度为$1.57m^3/t$。

3. 丁集煤矿1422（1）地面钻井布置与施工

1）钻孔概况和钻孔位置布置

为建立1422（1）工作面地面瓦斯抽采系统，在1422（1）工作面上共设计施工6口地面抽采钻孔，分别为W142-1号孔、W142-2号孔、Ⅱ型1号瓦斯试验孔、W142-4号孔、W142-5号孔、W142-6号孔。W142-1号孔、W142-2号孔、W142-3号孔、W142-4号孔、W142-5号孔5个钻孔距轨道巷80m、距运输巷160m，距开切眼分别为260m、575m、890m、1205m和1520m；Ⅱ型1号瓦斯试验孔距切眼775m，距轨道巷50m，距运输巷190m。6个钻孔分二轮施工，第一轮施工W142-1号孔、W142-2号孔、W142-3号孔，第二轮施工Ⅱ型1号瓦斯试验孔、W142-4号孔及W142-5号孔。钻孔的终孔深度、终孔层位和基岩面等钻孔参数见表10-4。

表 10-4　钻 孔 参 数 表

| 孔　号 | 基岩面/m | 终孔深度/m | 终孔层位 |
| --- | --- | --- | --- |
| W142-1 号钻孔 | 484.00 | 919.50 | 11-2 号煤层底板 |
| W142-2 号钻孔 | 497.20 | 923.52 | 11-2 号煤层底板 |
| W142-3 号钻孔 | 500.10 | 931.50 | 11-2 号煤层底板 |
| Ⅱ型 1 号瓦斯试验孔 | 499.25 | 925.00 | 11-2 号煤层底板 |
| W142-4 号孔 | 498.80 | 929.32 | 11-2 号煤层底板 |
| W142-5 号孔 | 501.90 | 932.76 | 11-2 号煤层底板 |

　　下面以Ⅱ型 1 号瓦斯试验孔为例，具体介绍钻孔的布置和施工。丁集煤矿Ⅱ型 1 号地面钻孔工作面平面布置图如图 10-50 所示。

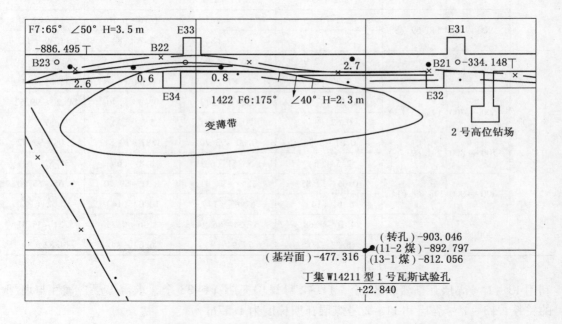

图 10-50　丁集煤矿Ⅱ型 1 号地面钻孔工作面平面布置图

2）丁集煤矿Ⅱ型 1 号地面钻孔施工设备
丁集煤矿Ⅱ型 1 号地面钻孔的施工设备主要包括：
（1）钻塔：A 型钻塔。
（2）钻机：SPS-2000NM 型钻机。
（3）水泵：TBW-850/6 型泥浆泵。
（4）6135 型柴油机。
（5）排污泵。
（6）振动筛。

3）钻具组合

（1）φ245 mm 孔段钻具组合：φ245 mm（φ216 mm）牙轮钻头+φ203 mm 加重钻铤 1 立根+φ146 mm 加重钻铤 1 立根+φ89 mm 钻杆若干+主动钻杆。

（2）φ152 mm 孔段钻具组合：φ152 mm 牙轮钻头+φ146 mm 加重钻铤 1 立根+φ105 mm 加重钻铤 1 立根+φ89 mm 钻杆若干+主动钻杆。

（3）φ118 mm 孔段钻具组合：φ118 mm 牙轮钻头+φ105 mm 加重钻铤 1 立根+φ73 mm 钻杆若干+主动钻杆。

（4）φ 扩孔时钻具组合：φ350 mm 六翼钻头+φ203 mm 加重钻铤 1 立根+φ146 mm 加重钻铤 1 立根+φ89 mm 钻杆若干+主动钻杆。

4）钻孔结构

丁集煤矿Ⅱ型 1 号地面钻孔结构如图 10-51 所示，具体详细尺寸如下：

（1）0~816.00 m，φ350 mm 孔径。0~813.99 m 下 φ273 mm×10.16 mm 石油套管，套管底口距 13-1 号煤层顶板 16.36 m，底口岩性为煤线。

（2）816.00~906.5 m，φ245 mm 孔径。其中由下而上 809.25~906.5 m 下 φ177.8 mm×13.72 mm 石油花管；0~809.25 m，下 φ177.8 mm×9.19 mm 石油套管，套管底口连接 8m 长 φ139.7 mm×12.7 mm 石油套管与 φ177.8 mm×13.72 mm 石油花管重叠。花管底口距 11-2 号煤层顶板 5.40 m，岩性为细砂岩，整个花管段的岩性以砂质泥岩为主夹细砂岩、粉砂岩、碳质泥岩及煤层，其中细砂岩、粉砂岩总厚为 39.2m，占花管段的 40.3%。

（3）906.50~925.00 m，φ118 mm 孔径，裸孔。

5）固管

（1）φ273 mm×10.16 mm 石油套管。φ273 mm×10.16 mm 石油套管的固井深度为 816.00 m（φ273 mm×10.16 mm 套管底口为 813.99 m）。固井前先进行管路试压，压力达 15 MPa，不刺不漏为合格。7 月 5 日开始固井工作，整个过程用时 76 min，共用嘉华 G 级水泥 70 t，注完水泥后压塞及替浆，用清水 40.22 m³，碰压压力 10 MPa，检查回压凡尔位置正常。

（2）φ177.8 mm×9.19 mm 石油套管。φ177.8 mm×9.19 mm 石油套管的固井深度为 797.50 m（φ177.8 mm×9.19 mm 套管底口为 809.25 m）。固井前先进行管路试压，压力达 15 MPa，稳压 3 min，压力不降后放压。7 月 26 日 20 时 30 分开始固井，共用嘉华 G 级

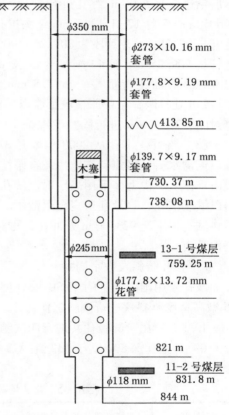

图 10-51 丁集煤矿Ⅱ型 1 号
地面钻孔结构图

水泥 30 t，注完水泥后压塞及替浆，用清水 15.87 m³，至 21 时 40 分碰压且碰压信号明显，稳压 3 min 后，放压检查井口无溢流现象。

6）钻孔施工概述

该孔于 2009 年 5 月 25 日开工，施工过程主要分 3 个部分。

（1）φ350 mm 孔径钻进。φ350 mm 孔径主要为新地层及 13 - 1 号煤层顶板基岩段。钻孔先用 φ311 mm 钻头钻进至 505.30 m 改用 φ216 mm 钻头钻进，孔深 820 m 时进行常规测井，确定 φ350 mm 扩孔位置为 816.00 m，然后用 φ246 mm、φ311 mm、φ350 mm 钻头进行逐级扩孔。2009 年 7 月 2 日扩孔到位，7 月 4 日下 φ273 mm × 10.16 mm 石油套管，套管深度为 813.99 m，7 月 5 日进行固井工作。

（2）φ245 mm 及 φ118 mm 孔径钻进。φ273 mm × 10.16 mm 套管固管合格以后，用 φ245 mm 钻进，至 895.00 m 改用 φ118 mm 钻进，经钻探判层 11 - 2 号煤层底板为 914.36 m，然后钻进至 925.00 m 终孔进行常规测井并确定 φ177.8 mm × 13.72 mm 花管底口位置为 906.50 m，7 月 17 日 φ245 mm 钻头扩孔到位。7 月 17 日下 φ177.8 mm × 13.72 mm 花管，花管长 97.25 m，花管段为 809.25 ~ 906.50 m。7 月 20 日下 φ177.8 mm × 9.19 mm 套管，套管长 809.25 m，底口连接 8 m 长 φ139.7 mm × 12.7 mm 石油套管于 φ177.8 mm × 13.72 mm 石油花管重叠。φ177.8 mm × 9.19 mm 石油套管于 808 m 处缠膨胀橡胶，于 797.5 m 处打眼，待膨胀橡胶膨胀以后对 797.5 m 以上之环状间隙采用石油固井技术进行全封闭，7 月 26 日进行固井工作。

（3）洗井。本孔从 2009 年 8 月 3 日 8 时开始洗孔。先将冲孔器下至孔底进行冲孔，孔口返清水后，将焦磷酸钠用泥浆泵注入孔内，在孔内浸泡 24 h。8 月 5 日开始从对花管段由下而上、由上而下用高压射流洗孔器逐节冲洗，由于 6 ~ 8 日更换设备到 8 日 22 时才得以继续洗孔，直至孔口完全返清水。然后下钻探测淤塞长度，探得孔内淤塞为 1 m，然后将洗孔器下至 923.00 m 处冲孔，再对花管段由下而上进行冲洗，8 月 10 日 21 时，洗孔工作结束。

7）钻孔防斜及数字测井

该孔采用国内先进的 TYSC - 3Q 型数字测井仪进行全孔的数字测井工作，采用 CX - 56 型高精度测斜仪进行测斜工作。

Ⅱ型 1 号瓦斯试验孔共进行四次测斜工作，详细情况见表 10 - 5。整个钻孔天顶角最大 1.09°，为孔深 80 m 处，偏距最大 2.16 m，为终孔点处，达到设计要求。

表 10 - 5　丁集煤矿Ⅱ型 1 号瓦斯试验孔测斜情况表

| 测斜次数 | 测斜日期 | 钻孔深度/m | 最终测点/m | 天顶角/(°) | 方位角/(°) | 偏距/m |
| --- | --- | --- | --- | --- | --- | --- |
| 第一次 | 2009.5.27 | 382.72 | 285 | 0.74 | 149.6 | 1.55 |
| 第二次 | 2009.6.4 | 655.56 | 650 | 0.27 | 183.7 | 0.28 |
| 第三次 | 2009.6.13 | 820 | 820 | 0.48 | 92.4 | 0.65 |
| 第四次 | 2009.7.16 | 925 | 920 | 0.84 | 54 | 2.16 |

8）孔口装置

$\phi$273 mm 石油套管上口用 $\phi$300 mm 托盘覆盖，托盘内圈与 $\phi$177.8 mm 石油套管焊死；$\phi$177.8 mm 石油套管之上连接 3.50 m 长的 $\phi$177.8 mm 石油套管短接，短接上口用 $\phi$280 mm闷盖闷死，闷盖中间留设 $\phi$10 mm 的气孔。

距离孔口 3 m，以 5 m 间距均布 6 个接地极，接地极采用 $\phi$50 mm × 2500 mm 镀锌钢管，且埋深 1 m，接地线采用 40 mm × 4 mm 镀锌扁钢，并焊接到孔口托盘上。施工完毕后，经遥测，接地电阻为 2.50 $\Omega$，符合设计要求。

4. 丁集煤矿卸压瓦斯地面钻孔抽采考察

丁集煤矿 II 型试验钻井自 2009 年 10 月 25 日至 2010 年 4 月抽采瓦斯已超过 200 万 m³，目前纯流量仍稳定在 3.5 m³/min，标志着 II 型试验钻井在丁集矿获得成功，后又在丁集矿 1321（1）工作面布置了 3 口 II 型钻井，抽采效果均良好，2010 年 7 月仍在抽采，抽采量达到 100 × 10⁴ m³ 以上，抽采效果明显比 I 型钻井提高。可以认为 II 型钻井结构及其工艺技术适应丁集矿地质及开采条件。

丁集矿 1122（1）工作面 II 型地面钻井抽采纯量变化曲线如图 10-52 所示。

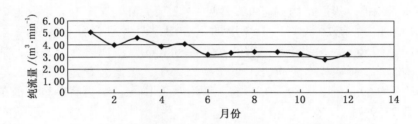

图 10-52 丁集矿 1122（1）工作面 II 型地面钻井抽采纯量变化曲线

丁集矿 1122（1）工作面 II 型地面钻井每月抽采总纯量变化曲线如图 10-53 所示。

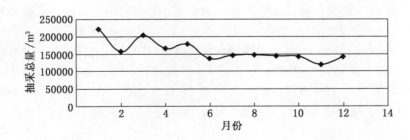

图 10-53 丁集矿 1122（1）工作面 II 型地面钻井每月抽采总纯量变化曲线

丁集矿各个工作面地面钻孔抽采卸压瓦斯量见表 10-6。

从表中可以看出，丁集矿地面钻井抽采瓦斯量累计超过了 3000 万 m³。地面钻井在丁集矿取得了成功。

10.3.3.2 试验二：顾桥煤矿

1. 矿井及地质概况

表 10 - 6　丁集矿地面钻井抽采卸压瓦斯量

| 工作面名称 | 回采时间 | 地面钻井数 | 各钻井抽采瓦斯量/m³ | | | | | | 累计抽采量/万 m³ |
|---|---|---|---|---|---|---|---|---|---|
| | | | 1 号 | 2 号 | 3 号 | 4 号 | 5 号 | 6 号 | |
| 1262(1) | 2007. 12. 26—2009. 3. 31 | 6 | 868801 | 5245186 | 289034 | 725807 | 246821 | 1110074 | 848. 57 |
| 1311(1) | 2008. 12. 1—2009. 7. 30 | 3 | 943616 | 1278150 | 823725 | | | | 304. 55 |
| 1422(1) | 2009. 4. 20—2010. 4. 30 | 6 | 3119681 | 1496500 | 4244771 | 581960 | 2964361 | 3785630 | 1619. 29 |
| 1321(1) | 2010. 1. 1—2010. 7. 31 | 3 | 2099225 | 1171306 | 928138 | | | | 419. 87 |
| 1412(1) | 2010. 9. 16—2011. 9. 20 | 6 | 2042821 | 1985260 | 1131944 | 180738 | 878031 | 71924 | 629. 07 |
| 1252(1) | 2011. 10. 15—2011. 12. 10 | 6 | 27842 | | | | | | |

顾桥井田二叠系含煤层段总厚 734 m，共含煤 33 层，煤层总厚 30.08 m，含煤系数为 4.10%，自下而上依次可分为 7 个含煤段。主要可采煤层为 13 - 1、11 - 2、8、6 - 2 和 1 号煤层，平均总厚 19.65 m，占可采煤层总厚的 89%。

13 - 1 号煤层煤厚 1.70 ~ 8.25 m，平均厚 4.65 m，五线以北厚度多低于平均值，十一线以南多高于平均值。煤层结构较简单，常见 1 ~ 2 层夹矸。煤厚变异系数为 25.6%，属稳定煤层。13 - 1下 号煤层系 13 - 1 煤层的下分层，两者呈合并分叉关系。最大厚度 1.85 m，平均厚 0.56 m。七线至十二线 - 750 ~ - 800 m 以浅地段为分叉区，其平均厚为 1.04 m，结构简单，顶底板多泥质岩，变异系数 25%，煤层较稳定。11 - 2 号煤层上距 13 - 1 号煤层平均 69 m，厚 0.89 ~ 7.23 m，平均厚 3.10 m。结构简单至较简单，煤层稳定，变异系数 27.9%。

顾桥井田位于陈桥背斜东翼，位于丁集矿正南部，总体构造形态为走向南北，向东倾斜的单斜构造，地层倾斜平缓，倾角 5° ~ 15°，并有发育不均的次级宽缓褶曲和断层。由于顾桥煤矿资料较为简单，没有具体的构造纲要图，顾桥煤矿含气性特征采用顾桥井田地质报告的研究部分。

顾桥煤矿瓦斯风化带在基岩面向下垂深 160 m、埋深 550 m 左右，瓦斯分风化带的甲烷成分 < 50%，氮气 > 30%，可燃气（分析基）< 2 cm³/g；瓦斯带甲烷成分 > 60%，可燃气含量 > 2 cm³/g。顾桥煤矿 13 - 1 号煤层埋深在 400 ~ 1000 m 之间，11 - 2 号煤层埋深在 500 ~ 1000 m 之间。顾桥井田地质报告中 13 - 1 号煤层钻孔瓦斯数据 24 个，11 - 2 号煤层钻孔瓦斯数据 16 个，13 - 1 号煤层含气量介于 0.066 ~ 15.858 m³/t 之间，平均为 5.014 m³/t，11 - 2 号煤层含气量介于 0.034 ~ 15.421 m³/t 之间，平均 4.410 m³/t。不同埋深水平含气性分布见表 10 - 7。

表 10 - 7　顾桥煤矿不同埋深水平含气性特征

| 煤层 | 水　平 | 可燃气含量（可燃基）/(cm³ · g⁻¹) | | | 可燃气成分/% | | |
|---|---|---|---|---|---|---|---|
| | | 样数 | 最大值 | 平均值 | 样数 | 最大值 | 平均值 |
| 13 - 1 | - 600 m 以上 | 5 | 6.48744 | 2.96352 | 5 | 85.09 | 44.72 |
| | - 600 ~ - 750 m | 11 | 15.85788 | 6.81684 | 12 | 89.21 | 80.40 |
| | - 750 m 以下 | 8 | 8.16228 | 5.51868 | 8 | 96.61 | 87.88 |

表10 -7 （续）

| 煤层 | 水 平 | 可燃气含量（可燃基）/(cm³·g⁻¹) | | | 可燃气成分/% | | |
|---|---|---|---|---|---|---|---|
| | | 样数 | 最大值 | 平均值 | 样数 | 最大值 | 平均值 |
| 11 -2 | -600 m 以上 | 4 | 8.10828 | 4.2672 | 4 | 75.06 | 64.87 |
| | -600 ~ -750 m | 3 | 4.72212 | 2.26212 | 3 | 92.92 | 85.01 |
| | -750 m 以下 | 9 | 15.42108 | 5.51952 | 9 | 93.70 | 80.07 |

从顾桥煤矿北一采区13 -1 号和11 -2 号煤层瓦斯含量等值线图中可以看出，顾桥煤矿瓦斯样品分布不均匀，瓦斯含量平均值不能反映煤层瓦斯分布的基本特征。通过以下分析处理：同一煤层同一钻孔中的两个测试样，舍去偏小的一个值；剔除氧含量>7% 或瓦斯煤样灰分>40% 的样点，回归分析时舍去离散程度大的个别值，实际利用测试成果：13 -1号煤层16 个、11 -2 号煤层7 个。由此建立了瓦斯含量与煤层埋深之间的相关分析。13 -1 号煤层煤层气含量梯度为 1.99 m³/hm，11 -2 号煤层煤层气含量梯度为1.89 m³/hm。

2. 地面钻井结构设计

顾桥煤矿112（1）工作面地面抽采钻井结构图为Ⅲ型井，如图10 -54 所示。以1 号孔为例，具体尺寸如下：

（1）0 ~ 663.00 m，孔径 $\phi$350 mm。0 ~ 662.98 m，下 $\phi$273 mm × 10.16 mm 的石油套管。

（2）663.00 ~ 740.00 m，孔径 $\phi$420 mm。其中由下而上661.48 ~ 740.00 m 下 $\phi$177.8 mm × 19.05 mm 石油花管，花管上口连接 7.50 m 长 $\phi$177.8 mm × 19.05 mm 石油套管;0 ~ 498.38 m 下 $\phi$177.8 mm × 9.19 mm 石油套管，管长 498.70 m，高出地面 0.32 m；498.38 ~653.08 m 下 $\phi$177.8 mm × 19.05 mm 石油套管，套管底口连接 8.40 m 长$\phi$219 mm × 10 mm 无缝钢管（653.08 ~661.48 m）与花管上口 $\phi$177.8 mm × 19.05 mm 实管重叠。

（3）740.00 ~ 760.34 m，$\phi$133 mm 孔径，裸孔。738.38 ~ 748.35 m，$\phi$89 mm 钻杆（孔内遗留物）。

3. 地面钻井井位布置与施工

顾桥煤矿1121（1）工作面Ⅲ型1 号钻孔于 2010 年1 月13 日开工，于 2010 年4 月29 日竣工。孔深为 760.34 m，最终测点为 755.00 m，天顶角1.61°，方位角310.2°，偏斜平距为3.74 m。钻孔的终孔深度为 760.34 m，终孔层位为11 -2 号煤层底板，基岩面深度为 427.65 m。

1）测井

常规测井、测斜。钻孔穿过新地层至基岩段硬岩（约60 m）时，要进行常规测井，确定新地层及基岩段岩性，以便确定 $\phi$298.5 mm 套管底口位置；钻进至 13 -1 号煤层底板 10 m 时进行常规测井，以便确定 $\phi$177.8 mm 套管底口位置；钻进至 11 -2 号煤层底板10 m 后，进行常规测井，以确定 $\phi$127 mm 花管位置。孔斜要求：钻孔尽量垂直，终孔点平面上距孔口点小于10 m。

2）固管

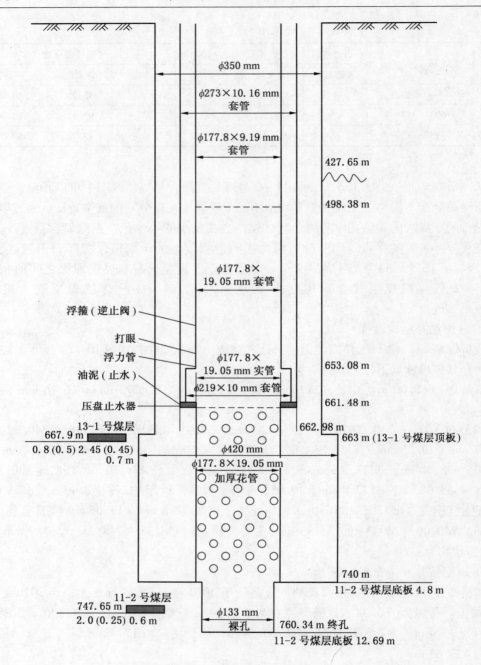

图 10 – 54　顾桥煤矿 1121（1）工作面Ⅲ型 1 号地面钻井结构图

$\phi$273 mm × 10. 16 mm 石油套管及 $\phi$177. 8 mm × 9. 19 mm、$\phi$177. 8 mm × 19. 05 mm 石油套管外环状间隙均采用石油固井技术进行全封闭。固井深度分别为 665. 00 m 和 652. 00 m。二路套管的固井施工过程连续，密度控制均匀，水泥返深至孔口，全井封固质量合格，各项指标达到设计要求。

3）冲洗液

冲积层段钻进速度快，在施工中要严格控制泥浆的黏度、密度、失水量、含沙量，在泥浆的调配中要适量加入部分降失水剂和稀释剂，以确保施工的顺利进行和下套管的一次性成功。基岩段选用低固相泥浆，具有除砂好，流变性好，配制简单的特点，泥皮薄而坚韧，可防止地层垮塌。

泥浆的净化采用机械净化、人工捞砂和长槽沉淀 3 种方法同步进行。其中机械除砂为主，人工捞砂和长槽沉淀为辅，以求全面清除泥浆中的无用固相，保持和稳定泥浆的性能，达到良性循环。设置专职泥浆管理员，保证泥浆性能稳定，配备泥浆性能测量仪器，定期测量泥浆性能，以便及时调整和补充，护壁管固管后要彻底更换池内和孔内陈泥浆。

4）井斜控制

开始钻进 50～100 m 左右、下套管前各测斜一次，发现问题及时研究处理。严把开孔关，新地层段要轻压、快速、大泵量钻进，逐根加入加重管。

5）孔口装置

$\phi$273 mm 石油套管上口用 $\phi$300 mm 托盘覆盖，托盘内圈与 $\phi$177.8 mm 石油套管焊死；$\phi$177.8 mm 石油套管之上连接 3.50 m 长的 $\phi$177.8 mm 石油套管短接，短接上口用 $\phi$280 mm 闷盖闷死，闷盖中心留设 $\phi$10 mm 的气孔。

距离孔口 3m，以 5m 间距均布 6 个接地极，接地极采用 $\phi$50 mm×2500 mm 镀锌钢管，且埋深 1 m，接地线采用 40 mm×4 mm 镀锌扁钢，并焊接到孔口托盘上。施工完毕后，经遥测，接地电阻为 2.8Ω，符合设计要求。

4. 顾桥煤矿 1121（1）工作面Ⅲ型地面钻井抽采效果

1）W1121 - 1 号井抽采效果

工作面推过 1 号地面钻井 27.3 m 开始稳定出气，抽采浓度为 17.4%～58.6%，混合量为 10.37～23.64 m³/min，纯量为 2.28～12.62 m³/min。抽采 65 天，共抽采瓦斯 531368 m³，正常抽采日抽采量 9187 m³。

在工作面距 1 号钻井为 14.2m 时出气量为 2.38 m³/min，随着工作面不断靠近钻井抽采量逐步下降至 0.7 m³/min，工作面推过钻井 19 m 后抽采量上升至 1.45 m³/min，工作面回采期间抽采量为 2.28～12.62 m³/min，平均为 6.5 m³/min，工作面推过钻井317 m 后抽采量逐步下降至 8.46 m³/min，工作面推过 413 m 后钻井抽采量降为 3.27 m³/min。W1121 - 1 号地面瓦斯钻井抽采纯量变化曲线如图 10 - 55 所示。

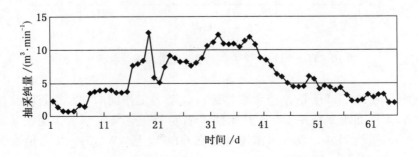

图 10 - 55　W1121 - 1 号地面瓦斯钻井抽采纯量变化曲线

工作面距 1 号钻井 14.2 m 时钻井瓦斯浓度为 60%，随着工作面向钻井位置靠近，抽采浓度逐步下降至 4.0%；当工作面推过钻井 27.3 m 后抽采浓度又逐渐上升至 17.4%，工作面回采期间抽采浓度 17.4%～58.6%，平均 40%；当工作面推过钻井 378.7 m 后，抽采浓度由 30% 逐步下降至 19%。W1121－1 号地面瓦斯钻井抽采浓度变化曲线如图 10－56 所示。

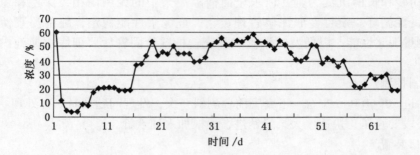

图 10－56　W1121－1 号地面瓦斯钻井抽采浓度变化曲线

2）W1121－2 号井抽采效果

工作面距 2 号地面钻井 2.5 m 开始稳定出气，抽采浓度为 41%～93%，混合量 18.3～23.9 $m^3/min$，纯量 8.3～18.4 $m^3/min$。抽采 27 d，共抽采瓦斯 510504 $m^3$，正常抽采日抽瓦斯 20455 $m^3$。

工作面距 2 号 13.1 m 开始出气 4.62 $m^3/min$，随着工作面不断靠近钻井抽采量逐步下降至 2.05 $m^3/min$，工作面推过钻井后抽采量上升至 15.56 $m^3/min$，工作面回采期间抽采量 8.3～18.4 $m^3/min$，平均 14.2 $m^3/min$。W1121－2 号地面瓦斯钻井抽采纯量变化曲线如图 10－57 所示。

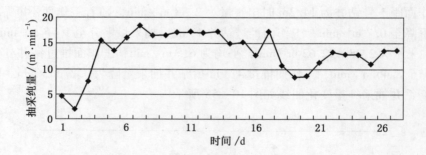

图 10－57　W1121－2 号地面瓦斯钻井抽采纯量变化曲线

工作面距 2 号井 23.7 m 钻井瓦斯浓度 95%，随着工作面向钻井靠近抽采浓度逐步下降至 16.6%，工作面距 2 号井 2.5 m 开始抽采浓度上升至 56%，工作面回采期间抽采浓度 41%～93%，平均 71%，现抽采浓度稳定在 60% 以上。W1121－2 号地面瓦斯钻井抽采浓度变化曲线如图 10－58 所示。

3）1121（1）工作面Ⅲ型地面钻井抽采效果分析

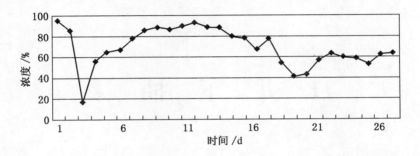

图 10 - 58　W1121 - 2 号地面瓦斯钻井抽采浓度变化曲线

W1121 - 1 号井正常抽采纯量 2.3 ~ 12.6 m³/min,平均 6.5 m³/min;W1121 - 2 号井正常抽采纯量 8.3 ~ 18.4 m³/min,平均 14.2 m³/min,两井同时抽采纯量 10.6 ~ 23.4 m³/min,平均 18.4 m³/min。

1121(1)工作面配风量 2685 m³/min,回风瓦斯浓度平均 0.3%。瓦斯涌出量 34 m³/min,抽采量 26 m³/min,工作面抽采率 77%,其中 2 口地面钻井平均抽采量 18 m³/min,占工作面抽采总量的 69%。

现工作面平均日产 9500 t 原煤,由于地面瓦斯钻井有效抽采了 13 - 1 号煤层卸压瓦斯,生产以来没有因瓦斯影响生产。同时地面钻井抽采浓度 40% 以上,满足了地面高浓瓦斯机组发电需要,2010 年 7 月 14 日至 8 月 25 日累计发电 89 × 10⁴ kW · h,取得了良好经济效益。

# 11 井 下 抽 采

## 11.1  抽放瓦斯系统

### 11.1.1  选择抽放瓦斯系统的一般原则

目前，我国抽放瓦斯系统一般分为地面钻孔抽放系统、矿井集中抽放系统和井下临时抽放系统三类。

选择抽放瓦斯系统时主要根据煤层赋存、地形条件、总体规划状况、矿井瓦斯涌出特点和采煤方法等因素综合分析确定。基本原则为：

（1）若煤层赋存较浅（< 800 m），煤层较厚，或煤层层数较多，层间距较近，且首采层已为中、下部煤层，地面又较平坦，可采用地面钻孔抽放系统。

（2）若煤层透气性较低，地面地形条件复杂，不适宜采用地面钻孔抽放系统，则应设立矿井集中抽放系统。

（3）不具备建立全矿井抽放瓦斯系统的矿井，个别区域瓦斯涌出量达到 3 ~ 5 m³/min，或采用加大风量稀释瓦斯不经济时（如采掘工作面、岩石裂隙带、溶洞等），可采用局部抽放措施。

在选择抽放瓦斯系统时，应根据抽放层位或钻场的分布、地面地形或井下巷道布置、利用瓦斯的要求，以及发展规划等状况，全盘考虑，避免和减少以后在主干系统上频繁改动。

### 11.1.2  井下临时抽放系统

井下临时抽放系统主要针对个别地点瓦斯涌出较大而采取的局部抽放措施，其设备一般选用 YD 和 YWB 系列煤矿井下移动式瓦斯抽放泵，其适用条件、系统组成及特点如下。

1. 适用条件

（1）局部瓦斯涌出量大或局部煤与瓦斯突出矿井。

（2）需抽放瓦斯的地方中小煤矿。

（3）采空区抽放、预抽、边采边抽及新区试抽放、瓦斯卸压抽放等。

2. 系统组成特点

（1）投资少，可有效地解决井下个别地点瓦斯涌出量较大的问题。

（2）系统简单，抽放泵体积小、移动方便，用途较广泛。

YD 系列煤矿井下移动式瓦斯抽放泵具有瓦斯浓度检测、超限报警断电、抽放量数码显示等功能，设备有关技术参数详见表 11 – 1。

YWB 系列煤矿井下智能式瓦斯抽放移动泵的主要组成部分：SK 水环式真空泵、参数（抽放量、抽放负压、抽放浓度、环境瓦斯浓度、泵的运行状态参数和供水参数等）监测、安全控制等三大部分。该泵具有可移动、易安装、易操作、运行安全可靠和无须专人值守等特点，有关技术参数详见表 11 – 2。

表 11-1　YD 系列煤矿井下移动式瓦斯抽放泵

| 型　　号 | YD-Ⅰ | YD-Ⅱ | YD-Ⅲ | YD-Ⅳ |
|---|---|---|---|---|
| 水封压力/MPa | | 0.15 | | |
| 耗水量/($L \cdot min^{-1}$) | 30 | 35 | 80 | 80 |
| 最大抽气量/($m^3 \cdot min^{-1}$) | 4.5 | 7.5 | 15.6 | 20.2 |
| 极限真空度/kPa | 81 | 81 | 81 | 81 |
| 电机功率/kW | 11 | 15 | 30 | 37 |
| 电压/V | | 380/660 | | |
| 外形尺寸/($m \times m \times m$) | $2 \times 1.05 \times 1.3$ | $2 \times 1.05 \times 1.3$ | $2.7 \times 1.32 \times 1.46$ | $2.7 \times 1.32 \times 1.46$ |
| 生产厂家 | | 煤炭科学研究总院瓦斯安全研究所 | | |
| 备注 | | 该系列产品被列为煤炭部 100 项技术推广项目 | | |

表 11-2　YWB 系列煤矿井下智能式瓦斯抽放移动泵

| 型　　号 | YWB-5 | YWB-7 | YWB-15 | YWB-20 | YWB-25 | YWB-30 | YWB-40 | YWB-60 |
|---|---|---|---|---|---|---|---|---|
| 水封压力/MPa | | 0.2~0.4 | | | | | | |
| 耗水量/($L \cdot min^{-1}$) | 30 | 60 | 70 | 80 | 80 | 90 | 100 | 150 |
| 最大抽气量（$m^3 \cdot min^{-1}$） | 5 | 7.6 | 15.6 | 20.2 | 25 | 33.2 | 42 | 60 |
| 绝对压力/kPa | 6.67 | 6.69 | 9.33 | 9.33 | 14.67 | 6.67 | 14.67 | 14.67 |
| 电机功率/kW | 11 | 15 | 30 | 37 | 37 | 55 | 75 | 90 |
| 电压/V | | 380/660 | | | | | | |
| 外形尺寸/($m \times m \times m$) | $1.7 \times 1.2 \times 1.2$ | | $2.9 \times 1.33 \times 1.55$ | | $3.9 \times 1.37 \times 1.65$ | | $4.2 \times 1.37 \times 1.65$ | |
| 生产厂家 | | 煤炭科学研究总院重庆分院 | | | | | | |
| 备注 | | | | | | | | |

### 11.1.3　矿井集中抽放系统

1. 适用条件

当矿井瓦斯涌出量大，采用地面钻孔抽放瓦斯不经济，采用井下临时抽放方式不能有效地解决瓦斯超限问题，则应建立矿井集中抽放系统。

2. 系统组成及特点

矿井集中抽放系统主要组成：在地面设置抽放泵房，由抽放泵房到井下，敷设主管、干管、分管（或支管）至钻场钻孔，并设置相应附属设施所组成的专用管道系统，将采（掘）工作面、采空区等地的瓦斯抽排至地面。其特点是能较有效地抽出部分或大部分煤层解吸瓦斯，减轻矿井通风负担，且抽出的瓦斯浓度较高，是优质的工业或民用能源。

全国约 98% 的抽放瓦斯矿井采用集中抽放系统抽放瓦斯。

## 11.2　抽放瓦斯方法及钻场布置

### 1.2.1　抽放方法分类

瓦斯抽放方法分类详见表 11-3。

表 11 - 3　瓦斯抽放类型、抽放方式、适用条件

| 抽放类型 | | 抽放方式 | 适用条件 | 工作面抽放率/% |
|---|---|---|---|---|
| 开采层抽放 | 未卸压抽放 | 岩巷揭煤和煤巷掘进预抽：由岩巷向煤层大穿层钻孔；煤巷工作面打超前钻孔 | 高突出危险煤层、高瓦斯煤层 | 10 ~ 30 / 10 ~ 30 |
| | | 采区大面积预抽：由开采层机巷、风巷或煤门等打上向、下向顺层钻孔 | 有预抽时间的高瓦斯煤层、突出危险煤层 | 10 ~ 30 |
| | | 由岩巷、石门、邻近层煤巷等向开采层打穿层钻孔 | "勉强抽放煤层" | 10（个别超过 50） |
| | | 地面钻孔 | 高瓦斯"容易抽放"煤层，埋深较浅 | 10 |
| | | 密封开采层巷道 | 高瓦斯"容易抽放"厚煤层 | 10 |
| | 卸压抽放 | 边掘边抽：由煤巷两侧或岩巷向煤层周围打防护钻孔 | 高瓦斯煤层、突出煤层 | 10 |
| | | 边采边抽：由开采层机巷、风巷等向工作面前方卸压区打钻孔 | 高瓦斯煤层 | 10 ~ 20 |
| | | 由岩巷、煤门等向开采分层的上部或下部未采分层打穿层或顺层打钻孔 | 高瓦斯煤层 | 10 ~ 20 |
| | | 水力割缝、松动爆破水力压裂（预抽）：由开采层机巷、风巷等打顺层钻孔；由岩巷或地面打钻孔 | 高瓦斯"难以抽放"煤层 | 20 ~ 30 / < 30 |
| 邻近层抽放 | 卸压抽放 | 开采层工作面推过后抽放上、下邻近层瓦斯：由开采层机巷、风巷、中巷等向邻近层打钻孔 | 邻近层瓦斯涌出量大、影响开采层安全 | 30 ~ 60 |
| | | 由开采层机巷、风巷、中巷等向采空区方向打斜交钻孔 | | 30 ~ 60 |
| | | 由煤门打沿邻近层钻孔 | | 30 ~ 60 |
| | | 在邻近层掘汇集瓦斯巷道 | 邻近层瓦斯涌出量大、钻孔的通过能力满足不了抽放要求 | 30 ~ 60 |
| | | 从地面打钻孔 | 地面打钻优于井下 | 15 ~ 40 |
| 采空区抽放 | | 开采层工作面推过后抽放采空区瓦斯：密封采空区插管抽放 | | 15 |
| | | 现采空区设密闭墙或采空区打钻抽放 | 无自燃危险或采用防火措施 | 15 |
| 综合抽放 | | 多种抽放方式相组合 | 采用单一的抽放方式效果较差 | 40 ~ 80 |
| 围岩瓦斯抽放 | | 由岩巷两侧或正前方向溶洞或裂缝带打钻、密闭岩石巷道抽放、封堵岩巷喷瓦斯区并插管抽放 | 围岩有瓦斯喷出危险，瓦斯涌出量大或有溶洞，裂缝带储存高压瓦斯 | |

## 11.2.2 开采层抽放

开采层抽放又分为未卸压抽放法、采（掘）卸压抽放法和人为卸压抽放法。

1. 未卸压抽放法

未卸压抽放法适用于透气性较高的煤层，煤层透气性系数一般要求大于 $0.1 \ m^2/MPa$。未卸压抽放法的布孔方式一般可分为穿层钻孔和沿层钻孔两种。

（1）穿层钻孔的优点：

①由于钻孔正交或斜交煤层，穿透了煤层的全部分层接触面，而沿这些接触面方向的透气性较垂直于这些层理和接触面方向的透气性高，所以在煤层孔长相同的条件下，穿层钻孔抽出的瓦斯大于沿层钻孔抽出的瓦斯量。

②可以利用开拓巷道提前打钻孔，赢得充分的抽放时间，对有突出危险的煤层，可以避免石门揭煤和掘进煤巷时采用其他麻烦的局部防突出措施。

③一般在岩石中开孔，封孔较可靠。

（2）沿层钻孔的优点：

①钻孔揭露煤层的面积大。

②在煤层中打钻通常速度较快、成本低。

因此，采用未卸压抽放法抽放薄及中厚煤层瓦斯时，一般优先考虑沿层布孔的方式。当煤层特厚或煤层突出危险性较大时，可打穿层钻孔。

2. 采（掘）卸压抽放法

该方法除靠煤层天然透气性外，主要靠采（掘）工作或人为采取措施，对周围煤体的卸压作用来实现抽放瓦斯的目的。采（掘）卸压抽放法的主要特点是：

（1）在薄及中厚煤层条件下，鉴于采掘工作对开采层本身的卸压范围较小，且卸压区的位置随采掘工作面推进而变化，所以同时起作用的抽放瓦斯孔数少，且钻孔服务期短。

（2）在分层开采厚煤层条件下，向开采分层上下各未采分层打钻抽瓦斯时，由于煤体充分卸压松动，在其中产生大量裂隙，且大面积与采空区相连，为此，只有在煤层厚度特别大（$>10 \sim 20 \ m$）时，该效果才会较好。

（3）采（掘）卸压抽放瓦斯，因卸压范围小，抽放时间短，可作为辅助抽放方法应用。在特厚煤层条件下，利用该法可取得较好的效果。

3. 人为卸压抽放

单一低透气性高瓦斯含量煤层的瓦斯抽放是煤矿瓦斯抽放的最困难问题，人工卸压抽放瓦斯法的基本原则为：

（1）从煤层中提取部分物质，形成空洞使煤体卸压、扩大原有裂隙，并产生新裂隙以提高煤体透气性。

（2）在有自由面的情况下，使煤体膨胀、变形，以提高煤层的透气性。

（3）在煤体无自由面的情况下，改善煤中裂隙的分布情况，使煤体中产生透气性良好的贯通裂隙，以提高整个煤层的透气性。

按上述原则，国内外所采用的措施为：

（1）水力压裂：在钻孔揭穿煤层处注入携带支撑剂（一般为石英砂）的高压水，在一定时间后瞬时卸压，如此反复卸压，使煤体在一定范围内形成无数微小裂缝，并由支撑剂支撑其微裂缝而增大煤层透气性。

（2）水力割缝：利用高压水流射向煤体，掏出部分煤炭，形成卸压裂隙以提高抽放效果。

（3）高压水射流扩孔：采用高压水射流，扩大预抽钻孔的直径，增加煤层暴露面积，增大钻孔卸压范围，降低地应力，提高低透气煤层的抽放效果。

（4）松动爆破：在钻孔见煤层段装入炸药引爆，使之扩大孔径和使煤体部分膨胀变形增大透气性。

（5）煤体物化处理：一般用酸来溶解煤杂质中的碳酸盐，以提高煤层的透气性。

开采层瓦斯抽放方法及钻孔布置方式、适用条件见表 11 - 4。

### 11.2.3　邻近层抽放

邻近层抽放是国内外应用最广泛的抽放类型，就首采层与邻近层的相互位置来看，通常把邻近层分为上邻近层和下邻近层两种，抽放上邻近层的效果一般较下邻近层要好。

1. 邻近层瓦斯来源

邻近层瓦斯来源，一般是根据回采工作面开采过程中的瓦斯涌出变化来区分的。开采初期的瓦斯涌出不大且比较平稳，可以认为是本煤层涌出的瓦斯 $Q_1$；当工作面推进一段距离（$L$）后，瓦斯逐渐增加，随着基本顶的垮落，瓦斯大量泄出而使其达到最高值 $Q_2$；则邻近层的瓦斯量近似为 $Q_3 = Q_2 - Q_1$。

邻近层的瓦斯涌出，随着开采层工作面的推进，沿走向方向的变化，可划分为几个带。正确掌握每个带的位置对邻近层抽放瓦斯的布孔角度和间距有着重要作用。

2. 邻近层的选择

邻近层的选择主要考虑岩层的卸压和瓦斯变化，邻近层的层位与开采层的距离、层间岩性、煤层倾角等因素有关，一般数值见表 11 - 5。

3. 邻近层抽放钻孔布置原则

（1）钻孔的孔底要位于卸压带内，保证能有充足的瓦斯源进行抽放。

（2）钻孔孔口部分要严密不漏气，孔身位于未卸压的非裂缝带内。

### 11.2.4　采空区抽放

采空区抽放瓦斯的方法较多，选择适宜的抽放方法的同时，更应注意合理的钻孔布置方式。

1. 采空区瓦斯抽放布孔原则

（1）瓦斯抽放钻孔或插管应布置在采空区回风侧（压能低）位置，以便利用通风压力及采空区内漏风对瓦斯的运移作用，提高瓦斯抽放浓度和效果。

（2）向采空区（垮落后）插管或打钻孔抽放瓦斯，并利用瓦斯密度小的特点，钻孔或插管应尽量偏向垮落带上部，以提高瓦斯抽放浓度。

（3）插管式钻孔周围应封闭严密，尽量减少外部空气漏入，有条件地点（如老空区）可设置均压密闭等。

（4）采空区瓦斯抽放的孔口负压应适当，以瓦斯浓度满足要求为前提，并注意防止局部漏风引起煤炭自燃。

2. 采空区瓦斯抽放的钻孔参数计算

当采用斜交钻孔向采空区垮落拱上方打钻孔抽放时，钻孔倾角 $\beta$ 可用式(11 - 1)计算：

表 11-4　开采层抽放瓦斯方法及钻孔布置方式、适用条件

| 抽放类型 | | 抽放方法及布孔方式 | 图示 | 有关参数 | 适用条件 |
|---|---|---|---|---|---|
| 开采层瓦斯抽放 | 未卸压抽放 | 底板专用瓦斯抽放巷预抽<br>在底板开掘专用瓦斯抽放巷,设专用抽放钻场向煤层打钻,进行密集网格钻孔预抽 | 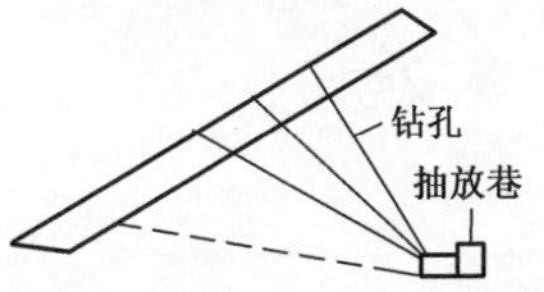 | 1. 孔距:根据煤层透气性系数及抽放影响半径而定,宜采用密集钻孔,布孔方式可采用"三花孔"<br>2. 孔口负压:16000～46600 Pa 为宜,可根据煤层透气性及瓦斯压力等加以调整<br>3. 预抽时间:一般为 2～4 年<br>4. 封孔:可用水泥砂浆或膨胀水泥,封孔深 2～4 m 即可 | 钻孔施工简便,易封孔,避免了预抽时揭穿突出煤层,抽放时间长,系统可靠,但岩巷工程量大,适用于煤层具有一定透气性,突出较严重,有一定倾角的中厚、厚煤层,并在开采开拓上有可靠的预抽时间,是一种应用广泛的有效抽放方法 |
| | | 石门揭煤与煤巷掘进抽揭煤<br>由石门向煤层打穿层钻孔抽放,预抽一定时间后再继续掘进揭煤 | 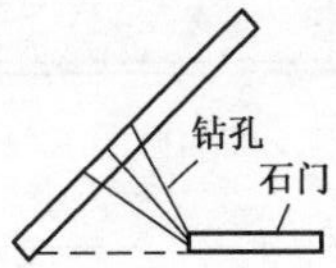 | | 利用石门设置钻场,施工较安全,简便。预抽阶段可免于穿突出煤层,工程量较小,但抽放与生产有一定干扰,难以保证足够的预抽时间,适用于具有一定透气性,有一定倾角的中厚、厚煤层,并要求生产接替不分紧张,可为石门揭煤创造安全条件 |
| | | 掘进抽放<br>由煤巷工作面打超前钻孔抽放,预抽一定时间后再继续掘进 | 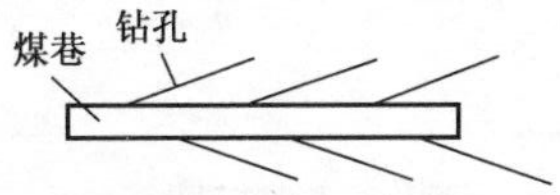 | 1. 孔距:每隔 10 m 左右向煤层打钻<br>2. 孔口负压:约 10600～13300 Pa<br>3. 预抽时间:一般不小于 6 个月<br>4. 封孔:膨胀水泥砂浆或聚氨酯,封孔深度 8 m 左右 | 在掘进预抽的同时,给出一定时间对煤体进行预抽可在一定程度上解决掘进及回采中的瓦斯问题,但掘、采,矛盾多,打钻及封孔施工困难,在生产接替不紧张的情况下可以采用 |
| | | 巷道预抽<br>预先掘出回采巷道加以密闭,然后进行预抽 | 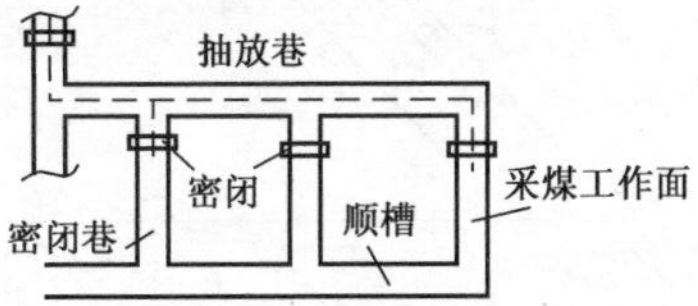 | 1. 煤巷间距:取 20～40 m;<br>2. 孔口负压:约 6500～10000 Pa<br>3. 抽放时间:一般不小于 6 个月<br>4. 密闭:设 2 道密闭 | 煤巷暴露面积大,抽放效果较好,但需预掘回采巷道,工程量大,维护困难,掘进沿底设有解改,仅适用于一些顶底板条件好,突出不严重,需临时解决顶板问题的工作面 |

表 11-4（续）

| 抽放类型 | 抽放方法及布孔方式 | 图　示 | 有关参数 | 适用条件 |
|---|---|---|---|---|
| 未卸压抽放　顺层钻孔预抽 | 由煤门或联络眼钻场向煤层打顺层钻孔进行预抽，对于特厚煤层，可实现卸压抽放及采空区抽放 | 上分层　下分层顺层钻孔　煤门或联络巷 | 1. 孔底间距：20～30 m，扇形孔 2. 孔口负压：预抽阶段13000～20000 Pa；采至特厚层开采分层后可降为5300～10000 Pa 3. 抽放时间：预抽阶段不小于6个月，贯穿上分层开采至终始卸压抽放 4. 封孔：聚氨酯或膨胀水泥，封深7～10 m | 适用于有一定倾角、突出严重的特厚及特厚煤层，特别对分层开采的特厚层，可实现采前预抽、边采边抽及采空区抽瓦斯，抽放效果好，但需揭煤，掘进瓦斯难以解决，钻孔及封孔困难，系统可靠性差，当采过上分层后，抽放浓度会大大降低 |
| 开采层瓦斯抽放　边采（掘）卸压抽放　边掘边抽 | 由煤巷两侧距一定距离一隔一钻场，向掘进方向打钻孔，可起到预抽及采（掘）卸压抽放的作用 | 钻孔　煤巷　钻孔 | 1. 抽放间距：40～60 m，孔长45～65 m 2. 孔口负压：根据巷道高度及钻孔与巷道平行距离确定，5870～50400 Pa 3. 封孔：膨胀水泥，封深7～9 m | 利用煤巷掘进动压边掘边抽，可基本解决掘进瓦斯问题，但打钻及封孔较困难，适用于干钻巷道预抽特厚煤层掘进瓦斯问题 |
| 边采边抽 | 由运输或回风顺槽向煤层打钻，随着回采面的推进，可起到（掘）卸压抽放的作用 | 回风巷　钻孔　顺槽 | 1. 孔距：10～20 m 2. 孔口负压：6700～10700 Pa 3. 抽放时间：随工作面推进逐一报废 4. 封孔：可用膨胀水泥，封深5～8 m | 利用回采动压增加煤的透气性，可大大提高抽放效果，适用于局部瓦斯大，时间紧，用预抽特厚煤层预抽不充分或求或预抽预抽不充分的回采面 |
| 边采边抽 | 由石门或底板岩巷向开采层下部采未采分层进行抽放（可实现预抽和卸压抽放的结合） | 钻孔　石门　上分层顺槽 | 1. 孔底，打至离上分层底板1～2 m处 2. 孔口负压：预抽阶段13300～20000 Pa；采至上分层后可降为4000～6700 Pa 3. 抽放时间：保证一定预抽时间，直至上分层采完 4. 封孔：水泥砂浆或膨胀水泥，封深3～5 m | 可实现预抽、边采边抽和上分层采空区的放，时间长、效果好、系统可靠，但终孔位置难以掌握，采过上分层后抽放浓度可能急剧下降，适用于一定倾角的分层开采特厚煤层（煤厚10～20 m以上） |

表11-4（续）

| 抽放类型 | | 抽放方法及布孔方式 | 图　示 | 有关参数 | 适用条件 |
|---|---|---|---|---|---|
| 开采层瓦斯抽放 | 采(掘)卸压抽放　边采边抽 | 由煤门或联络眼钻场向开采层上(下)部尚未开采的分层打顺层钻孔抽放 | | 1. 钻孔：扇形孔，孔底间距 10~15 m，每个钻场 20~30 个孔，沿上(下)分层打钻<br>2. 孔口负压：预抽 10700~16000 Pa；卸压 4000~6700 Pa<br>3. 抽放时间：(保证一定预抽时间，直至上分层采完)<br>4. 封孔：聚氨酯或膨胀水泥，封深 7~10 m | 可实现预抽，边采边抽和上分层采空区的抽放，效果好，但打钻及封孔施工困难，系统可靠性较低，适用于透气性较低、有一定倾角的分层开采，有特厚煤层(煤厚 10~20 m 以上) |
| | 人为卸压抽放　水力割缝 | | | 1. 钻孔：沿层扇形钻孔，孔长 60~80 m<br>2. 水射流压力：7840~11760 kPa (软煤层取低值，硬煤层则取上限)<br>3. 水射流量：10~15 m³/h | 对煤体实施水力割缝后，人为卸压措施，水力压裂、松动爆破等的斯流量大幅度增加，是单一低透气煤层透气性，是单一低透气性透气煤层的有效卸压方法，但为卸压措施工艺复杂，成本较高，限于解决局部瓦斯问题。随着该技术的发展和完善，今后将会得到普遍采用 |
| | 人为卸压抽放　水力压裂 | | | 1. 钻孔：可以抽放煤的岩石平巷、下层的煤或岩石平巷向抽放层打钻<br>2. 水压：4900~17640 kPa，流量：0.4~0.7 m³/min<br>3. 封孔后应能承受 19600 kPa 的压力 | |
| | 人为卸压抽放　松动爆破 | | | 1. 钻孔：150~200 m<br>2. 炸药：采用 8 号硝铵炸药<br>3. 每个钻孔内装爆破筒数：2~3 个<br>4. 爆破筒长：2.5 m | |
| | 人为卸压抽放　酸洗煤层 | | | 1.利用盐酸(HCl)与煤体中的碳酸钙(CaCO₃)反应生成易溶解的氯化钙(CaCl₂)，增大煤的孔隙率，从而提高其透气性 | 由于盐酸在运输、泵注过程中的困难较多，腐蚀问题不好解决，所以没有得到推广应用 |

表 11 - 5　邻 近 层 的 可 抽 放 参 数

| 煤层倾角/(°) | 上邻近层/m | 下邻近层/m |
|---|---|---|
| 缓倾斜（25 以下） | < 120 | < 80 |
| 急倾斜（45～90） | < 60 | < 60 |

$$\tan(\beta \pm \alpha) = \frac{mn\cos\phi}{b + nm\cot\phi} \qquad (11 - 1)$$

式中　$\alpha$——煤层倾角，(°)，沿煤层倾斜方向打钻孔时取正值，沿煤层仰斜方向打钻孔时取负值，倾斜长壁工作面取 $\alpha = 0$；

$n$——采高的倍数，$n = 4 \sim 11$；

$m$——采高，m；

$b$——煤柱宽度，m，采用矸石垛护巷，当矸石带宽度小于 12 m 时，取 $b = 0$；当矸石带宽度大于 12 m 时，$b$ 取 0.5 倍矸石带宽度；

$\phi$——岩石垮落角，(°)，可参照表 11 - 6。

表 11 - 6　几 种 岩 石 垮 落 角 $\phi$ 值

| 层间岩性 | 砂岩及粉砂岩 | | | 泥 质 页 岩 | | |
|---|---|---|---|---|---|---|
| 岩石所占百分比/% | ≥80 | 50 | 40 | 50 | 60 | ≥80 |
| 垮落角 $\phi$/(°) | 50～55 | 60～65 | 65～70 | 60～65 | 65～70 | 70～80 |

钻孔孔底一般应位于直接顶上方 5～10 m 处；钻孔近似长度 $L(\text{m})$ 按式（11 - 2）计算：

$$L = \frac{mn}{\sin(\beta \pm \alpha)\cos\phi} \qquad (11 - 2)$$

式中　$n$——采高的倍数，$n = 4 \sim 11$；

$m$——采高，m；

$\beta$——钻孔倾角，(°)；

$\alpha$——煤层倾角，(°)；

$\phi$——斜交角，(°)。

3. 采空区抽放方式

（1）密闭老采空区抽放：

①设密闭墙插抽放管抽放。将回采完毕的采煤工作面有关巷道关闭，在回风巷道侧设抽放密闭进行抽放。

②向密闭的采空区打钻孔抽放。开采急倾斜煤层时，可从运输水平或回风水平的岩石平巷直接向采空区打钻抽放。生产中，若开采层距岩石平巷较远，也可从下部煤层的巷道向采空区打钻，抽放钻孔穿过采空区的地点，距运输水平的垂高一般按阶段高度的 7/10 考虑。钻孔倾角 $\beta$ 和孔长 $L_0$ 按式（11 - 3）、式（11 - 4）确定：

$$\tan\beta = \frac{0.7H_0\sin\alpha}{M - 0.7H_0\cos\alpha} \quad （从运输水平打钻）$$

$$\tan\beta = \frac{0.3H_0\sin\alpha}{M + 0.3H_0\cos\alpha} \quad (\text{从回风水平打钻}) \tag{11-3}$$

$$L_0 = \frac{0.7H_0}{\sin\beta} \quad (\text{从运输水平打钻})$$

$$L_0 = \frac{0.3H_0}{\sin\beta} \quad (\text{从回风水平打钻}) \tag{11-4}$$

式中　$H_0$——阶段高度，m；

　　　$M$——孔口到开采层的法线距离，m；

　　　$\alpha$——煤层倾角，（°）。

（2）预埋管抽放。开采缓倾斜煤层时，可采用在顺槽预埋管，利用配风巷向采空区打钻抽放。

（3）利用配风巷抽放。

（4）随采随抽。随采随抽采空区瓦斯可分为两种类型：一种是用顶板裂隙钻孔抽采空区瓦斯，另一种是直接在工作面回风顺槽预埋管抽。该种方式抽放钻孔的布置形式有以下三种：

①邻近巷道打钻孔抽放。

②在钻场内向工作面上方打钻孔抽放。

③直接从回风巷向工作面上方打钻孔抽放。

4. 采空区抽放孔口负压及抽放率

采空区抽放孔口负压及抽放率详见表 11-7。

表 11-7　采空区抽放孔口负压及抽放率

| 抽放方式 | 抽放孔口负压/kPa | 抽放率/% |
| --- | --- | --- |
| 密闭采空区隔离抽放 | 6.7 ~ 9.33 | 10 ~ 30 |
| 插管抽放 | 1.3 ~ 5.33 | 10 ~ 15 |
| 向垮落拱上方打钻孔抽放 | 2.6 ~ 5.33 | 10 ~ 25 |
| 在基本顶岩石中打水平钻孔抽放 | 2.6 ~ 5.3 | 10 ~ 20 |
| 直接向采空区打钻抽放 | 4.0 ~ 9.33 | 10 ~ 20 |
| 顶板巷道抽放 | 2.0 ~ 4.0 | 15 ~ 30 |
| 地面垂直钻孔抽放 | 20 ~ 26 | 15 ~ 30 |

## 11.2.5　围岩瓦斯抽放

围岩瓦斯几乎全处于游离状态，且溶洞或裂隙对瓦斯流动的阻力很小，所以抽放围岩瓦斯是较容易的，关键在于对矿井地质构造的准确分析和对围岩裂缝带或溶洞位置的准确预测，然后打钻或插管进行抽放。

## 11.2.6　抽放钻场布置

### 11.2.6.1　钻场（钻孔）的间距

1. 开采层抽放钻孔布置

（1）沿倾斜布孔。以钻场和钻孔工作面水平所成的角度来划分，有上向式钻孔、下向式钻孔、水平孔三种形式。三种形式的优缺点：

①上向式钻孔不会积水，瓦斯涌出量较均衡，但在相同条件下比下向式钻孔略小。

②下向式钻孔瓦斯流量较大，可以加速排放瓦斯，但下向式钻孔中易积水，打钻施工困难。

③水平孔处于两者之间。

（2）沿走向布孔。沿走向布孔的间距，由抽放瓦斯的影响范围决定，即抽放半径 $B$，而影响范围的大小与煤质、瓦斯等诸因素有关。

2. 邻近层抽放钻孔间距

邻近层钻孔间距主要由钻孔的抽放影响范围决定。在一定条件下，上邻近层的影响范围要大些，下邻近层的影响范围要小些，远距离邻近层的影响范围要大些。

（1）抽放影响距离 $L$，随开采层工作面的推移，瓦斯量逐渐增加，当达到最大值后又逐渐下降，直至恢复到原来的水平，此时钻孔至回采工作面的距离为"抽放影响距离"。

（2）有效抽放距离 $L_1$，当满足下列条件，工作面推过钻孔的距离称为"有效抽放距离"。

①钻孔抽出的瓦斯浓度不应小于 30%。

②回采工作面回风流中的瓦斯可以维持在允许限度之内。

③钻孔瓦斯流量不应小于一个常数，一般小到 $0.3 \sim 0.5 \ \mathrm{m^3/min}$ 以下时，即不再抽放。

（3）可抽距离 $L_2$，钻孔能够抽出瓦斯是在回采工作面采过钻孔一定距离后才开始的，这个距离称为"可抽距离"。

钻孔的可抽距离，为设计布置采区内第一个抽放钻场位置提供了依据，而钻孔的有效抽放距离，决定着工作面的钻场个数。钻场间距 $M$

$$M = K(L_1 - L_2) \tag{11-5}$$

式中　　$K$——抽放不均衡系数，详见表 11 - 8。

表 11 - 8　钻 孔 间 距 参 数

| | 层间距/m | 有效抽放距离 $L_1$/m | 可抽距离 $L_2$/m | $K$ | 合理孔距/m |
|---|---|---|---|---|---|
| 上邻近层 | 10 | 30 ~ 50 | 10 ~ 20 | 0.8 | 16 ~ 24 |
| | 20 | 40 ~ 60 | 15 ~ 25 | 0.8 | 20 ~ 28 |
| | 30 | 50 ~ 70 | 20 ~ 30 | 0.9 | 27 ~ 36 |
| | 40 | 60 ~ 80 | 25 ~ 35 | 0.9 | 32 ~ 41 |
| | 60 | 80 ~ 100 | 35 ~ 45 | 0.9 | 42 ~ 50 |
| | 80 | 100 ~ 120 | 45 ~ 55 | 0.9 | 50 ~ 60 |
| 下邻近层 | 10 | 25 ~ 45 | 10 ~ 15 | 0.8 | 12 ~ 24 |
| | 20 | 35 ~ 55 | 15 ~ 20 | 0.9 | 18 ~ 32 |
| | 30 | 45 ~ 60 | 20 ~ 25 | 0.9 | 23 ~ 41 |
| | 40 | 70 ~ 90 | 30 ~ 35 | 0.9 | 36 ~ 50 |
| | 80 | 110 ~ 130 | 30 ~ 60 | 0.9 | 54 ~ 83 |

**11.2.6.2　钻孔角度的确定**

1. 开采层层抽放钻孔角度计算（表 11 - 9）

表11-9 本煤层抽放钻孔角度计算

| 图 示 | 公 式 | 符 号 注 释 |
|---|---|---|
| | 垂直煤层走向钻孔 $$\beta = \arctan \frac{H}{L \pm \dfrac{H}{\tan\alpha}} \quad (1)$$ $$l = L\frac{\sin\alpha}{\sin(\alpha \pm \beta)} \quad (2)$$ | $\alpha$—煤层倾角，(°)；<br>$\beta$—钻孔角度，(°)；<br>$L$—钻场至煤层顶、底板的水平距离，可在井巷平面图上量取，m；<br>$H$—钻孔终孔高度，m；<br>$\pm$—钻场在底板时，上向式钻孔取负，下向式钻孔取正，钻场在顶板时，上向式钻孔取正，下向式钻孔取负。公式（2）中的符号与（1）中符号相反；<br>$l$—钻孔长度，m |
| | 斜交煤层走向钻孔 $$\gamma = \arctan\frac{B}{l\cos\beta} \quad (1)$$ $$\beta' = \arctan\left(\frac{H}{B}\sin\gamma'\right) \quad (2)$$ $$l' = \frac{H}{\sin\beta'} \quad (3)$$ | $\gamma'$—垂直煤层走向钻孔与斜交煤层走向钻孔的水平投影的夹角，(°)；<br>$l$—垂直煤层走向钻孔的长度，m；<br>$B$—孔底分布距离，m，由钻孔抽放半径确定；<br>$\beta'$—斜交煤层钻孔的角度，(°)；<br>$H$—钻孔终孔高度，m；<br>$\beta$—钻孔角度，(°)；<br>$l'$—斜交煤层钻孔长度，m；<br>$\gamma$—垂直煤层走向钻孔与斜交煤层走向钻孔的夹角，(°) |

## 2. 邻近层钻孔角度计算

（1）钻孔布置原则：

①钻孔必须深入到邻近层的卸压带内。

②保持钻孔不受岩压活动影响而中断。

③考虑打钻是否方便。

邻近层钻孔合适布置，如图 11-1 所示。

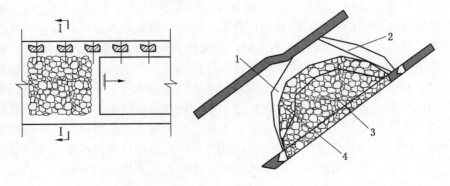

1—弯曲带；2—钻孔；3—裂缝带；4—垮落带

图 11-1 邻近层钻孔合适布置

（2）钻孔角度计算（表11-10）。

表11-10 邻近层钻孔角度计算表

| 图 示 | 公 式 | 符 号 注 释 |
|---|---|---|
| | 缓倾斜煤层钻孔角度计算 $$\beta = \arctan\frac{N}{N\cot\gamma + b} - \alpha$$ $$\tan(\alpha \pm \beta) = \frac{N}{a+b}$$ | $\beta$—钻孔与水平线的夹角，（°）; $N$—层间距离，m; $\alpha$—煤层倾角，（°）; $b$—未卸压范围长度，m; $\gamma$—邻近层卸压角，参见表11-11; $a$—工作面内部煤柱一侧阻碍邻近层卸压的宽度，m; $b'$—煤柱宽，m，再加 10~15 m 备用; $\beta'$—钻孔角度，（°） |
| | 急倾斜煤层钻孔角度计算 $$\tan(180° - \alpha - \beta') = \frac{N}{b'}$$ （从开采水平的运输巷道打钻） $$\tan(\alpha + \beta) = \frac{N}{b'}$$ （从开采水平的上部回风巷打钻） | |

表11-11 邻近层卸压角 $\gamma$ 值

| $N/M$ | 3~10 | 10~30 | 30~80 |
|---|---|---|---|
| $\gamma/(°)$ | 70 | 75 | 80 |

注：$N$ 为层间距离，$M$ 为开采厚度，当 $\frac{N}{M} < 3$ 或 $\frac{N}{M} > 80$ 时抽放效果一般很差。

## 11.3 煤层强化抽采技术

### 11.3.1 深孔预裂爆破瓦斯强化抽采技术

1. 抽采原理

深孔预裂爆破是在工作面前方存在一定卸压煤体（不小于8m）防护下，在前方引爆几个深孔炮眼形成煤体预裂爆破，其中控制孔（不装药）在爆破过程中起到控制爆破方向与补偿爆破裂缝空间的作用，形成卸压槽。一方面，爆破后炮眼周围煤体的破裂与松动形成卸压圈，其煤层透气性系数大大增加，使煤体瓦斯得以提前缓慢排放，瓦斯压力下降，瓦斯含量减少，从而提高煤体的坚固性，使煤体原集中应力带及高压瓦斯带移向煤体深部，同时有利于消除由于煤质软硬不均而引起的应力集中及由于地质构造引起的应力集中，降低煤体瓦斯压力梯度和应力梯度，有利于防止煤与瓦斯突出的发生和发展，为工作面回采创造了较长的安全区和防护区。另一方面，由于深孔预裂爆破使工作面前方煤体裂隙增大，即煤体透气性系数增大，使工作面前方煤体瓦斯得以缓慢排放，这样既可以提高长钻孔瓦斯抽放率，又可以减少瓦斯抽放时间，从而提高工作面回采速度。

2. 应用实例

实验地点位于淮南矿业集团潘三煤矿 -650 ~ -750 m 东翼新增回风下山揭 13-1 煤

上、下两个掘进工作面。邻近采掘关系为：掘进区段位于东四采区上山，已掘巷道多，附近的 13 - 1 煤工作面已采完收作，现北部的东三~东四新增回风巷，东四 B 组轨道石门正在掘进，西南部 11 - 2 煤层的 1742（1）工作面已收作、1792（1）工作面正在回采、17131（1）轨道运输顺槽正在掘进。

（1）布孔方式。在 - 650 ~ - 750 m 东翼新增回风下山的上停头位置处施工一个爆破孔（B1 号孔），在 B1 号孔周围布置 4 个抽采孔（U1 号、U2 号、U3 号、U4 号孔），这些抽采孔与 B1 号孔的距离分别为：2 m、2.5 m、3 m、3.5 m。钻孔具体布置如图 11 - 2 及图 11 - 3 所示，钻孔参数见表 11 - 12。钻孔必须穿透 13 - 1 煤，并进入煤层底板 1 m（爆破孔必须穿透 13 - 1 煤，并进入煤层底板 1.5 m）。

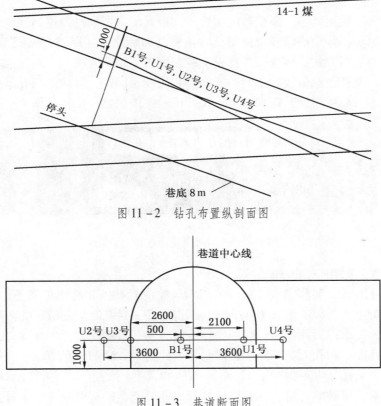

图 11 - 2　钻孔布置纵剖面图

图 11 - 3　巷道断面图

表 11 - 12　各钻孔布置情况表

| 孔号 | 倾角/(°) | 方位/(°) | 预计长度/m | 位置 | 用途 | 装药/m |
|---|---|---|---|---|---|---|
| B1 | -26 | 0 | 25.5 | | 爆破孔 | 10 |
| U1 | -26 | 0 | 25 | | 抽采孔 | — |
| U2 | -26 | 0 | 27 | 上部停头 | 抽采孔 | — |
| U3 | -26 | 0 | 25 | | 抽采孔 | — |
| U4 | -26 | 0 | 27 | | 抽采孔 | — |

备注：装药长度根据实际见煤深度确定。

（2）抽采钻孔封孔工艺。采用注浆封孔，封孔材料为速凝膨胀及不收缩水泥浆，注浆设备为封孔泵。

（3）爆破工艺：

①钻孔施工：用 SGZ－300A 型钻机打钻，采用压风排渣，为防止垮孔，当爆破孔施工完毕后，立即用探孔管探孔，验明孔深，验孔完毕且合格后，立即装药。

②装药参数：煤矿瓦斯抽排专用爆破药管的装药参数见表 11－13。

表 11－13　煤矿瓦斯抽排专用爆破药管装药参数

| 钻孔直径/mm | 炮孔深度/m | 装药直径/mm | 装药长度/m | 封孔长度/m |
| --- | --- | --- | --- | --- |
| 113 | 26.2 | 42 | 12 | 钻孔整个岩段 |

③装药方法。先用两发一段毫秒电雷管、一根煤矿瓦斯抽排专用爆破药管和爆破用的胶质线做一个炮头，并用绝缘胶带裹紧，防止短路和断路。在爆破孔见煤至终孔段装药，装药时采用正向装药方式。将煤层深孔松动控制爆破专用药管按其自身螺纹一管一管对接地装入炮孔中，尤其注意母线附于管壁侧面，并用胶带固定，以防管与孔壁的摩擦使雷管脚线与母线脱落，导致雷管断路和短路。深孔松动爆破的装药结构如图 11－4 所示。

图 11－4　松动爆破装药结构示意图

④起爆方式：采用正向起爆方式。

⑤爆破封孔方式。装药完毕，随即采用压风喷泥封孔器将略潮的黄土，粒度为 5 mm 以下专用封孔黄土，压风不足 0.4 MPa 时，不得封孔。封孔时应注意，孔内煤泥砂有压风冲伤人，因此，要求撑封孔器输送管的操作人员，在孔口用麻袋片护住孔口，以免煤泥砂冲出。要求封孔前，封孔人员要熟悉压风封孔器的使用方法和注意事项。确保孔牢、封实。防止穿孔。封孔长度不得少于 12 m。

⑥效果考察。爆破前，对工作面、机巷和风巷风流中的瓦斯浓度、风量进行一次全面测量。实施爆破 30 min 后对各抽放钻孔内的瓦斯流量、瓦斯浓度进行精确的测定。爆破30 min 后，由救护队进入控制爆破区域进行安全检查，排除险情，并确定该工作面系统及爆破区域处在正常、安全状态，测试人员进入工作面对巷道风流中风量进行测量，对巷帮抽放钻孔的瓦斯流量、瓦斯浓度进行单孔测定、计量，以后每隔 30 min 重复上述一次测试内容，总达 8 h，以后每班测试一次。计算爆破前后的瓦斯抽放量，并进行对比，作好台账记录。

从测试结果（图 11－5）可以看出，爆破后 30 min 工作面瓦斯抽放管道内的瓦斯浓度平均提高 2～3 倍；同时管道内的抽放负压平均降低了 3.5 kPa。24 h 后，管道内的瓦斯浓度保持在爆破前的 1.5 倍左右。说明爆破以后增加了煤层透气性。

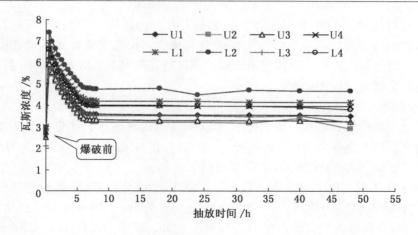

图 11-5　抽放瓦斯钻孔衰减变化曲线

从测试结果（图 11-6）可以看出，爆破后 30 min 工作面瓦斯抽放系统内单孔抽放瓦斯纯量平均增加了 0.46 m³/min，爆破后 3 h 内，单孔抽放瓦斯纯量为爆破前的 6~10 倍，24 h 后抽放系统的单孔抽放瓦斯纯量还保持在原来的 2~3 倍左右。

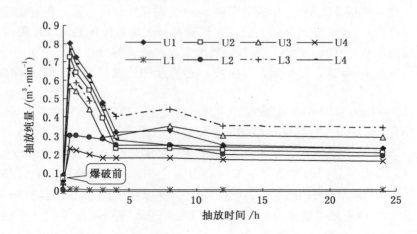

图 11-6　爆破前后抽放量的变化关系

## 11.3.2　水力压裂强化增透瓦斯抽采技术

### 1. 抽采原理

水力压裂既可以将水分注入煤层，实现有效降尘和弱化煤体，又可以促使煤层生成裂缝并延伸，实现对煤层较大范围的卸压，提高煤层透气性，进而提高瓦斯抽采效率。

水力压裂起裂的影响因素较多，一般有地应力、孔隙压力、钻孔围岩性质及应力分布等。大量的模拟实验及现场实测结果表明，在钻孔内的水压作用下，当钻孔孔壁的切向有效拉应力超过岩石的抗拉强度时，钻孔孔壁起裂。钻孔起裂后，裂缝的扩展方向则会受到地应力、天然裂缝及割理系统等多因素共同作用，当水平主应力差较小时，水力裂缝在多个方向起裂，水力裂缝主要沿天然割理裂缝方向随机扩展，而随着水平主应力差增加，水力裂缝形态相对简单，主要沿垂直最小水平主应力方向扩展，特别是当应力差为 4~6 MPa 时，水力裂缝形态在垂直裂缝和水平裂缝间转变。相比于常规卸压增透措施，水力压裂可以有效增大卸压区域，提高增透效果，不仅对瓦斯灾害的治理非常有意义，而且对矿压防治也具有很好的应用价值。

2. 应用实例

淮南矿业集团李嘴孜矿水力压裂孔于 2013 年 7 月 5 日施工，严格按照集团公司会审意见进行封孔，施工至煤层底板 2 m 前停，注实后扫孔至见煤 2 m。采取"一堵二注"工艺带压二次注浆，压力 6~8 MPa，封孔至见煤 2 m。

（1）第 1 次压裂工作。2013 年 8 月 1 日早班 8 时 55 分，32321 底板巷开始进行水力压裂试验。单台压裂泵初始压力 16 MPa，流量 200 L/min，10 min 后，压力稳定在 19 MPa。后开启双台泵时，压力稳定在 31~33 MPa 之间，流量 400 L/min。因供水管管径不足，压裂试验于 10 时 7 分停止，并关闭了压裂孔孔口截止阀。共计压裂时间 1 h 5 min，压入水量 18.09 t。压裂后进入巷道观察，无异常。

（2）第 2 次压裂工作。2013 年 8 月 3 日早班 6 时 13 分，继续进行水力压裂试验，单台泵初始压力 11 MPa，流量 200 L/min。开启双台泵后，压力稳定在 30~35 MPa 之间，流量 400 L/min。压裂时间持续至中班 15 时 03 分停止，并关闭了压裂孔孔口截止阀。共计压裂时间 8 h 50 min，压入水量 202.25 t。压裂结束后 5 min，对系统卸压后进入巷道观察情况：

①压裂孔以西 0~5 m 处，巷道底鼓，地坪开裂，无片帮掉顶及渗水现象。

②压裂孔以东 0~10 m，巷道顶板有轻微掉浆皮现象，部分锚杆孔渗水。

③压裂孔以东 15 m 处，巷帮局部掉浆皮，巷顶开裂放线较明显，周围锚杆孔口有渗水现象。

④压裂孔西 35 m，有 1 处裂隙滴水，伴有瓦斯溢出，周围部分锚杆孔渗水。

⑤32324 底板巷对应压裂孔处顶板侧局部掉浆皮。

（3）第 3 次压裂工作。2013 年 8 月 4 日早班 6 时 47 分，32321 底板巷继续进行水力压裂试验。开启双台泵后，压力稳定在 30~32 MPa 之间，流量 400 L/min。压裂时间持续至 8 月 4 日早班 10 时 31 分停止，并关闭了压裂孔孔口截止阀。共计压裂时间 3 h 32 min，压入水量 84.06 t。压裂结束后 5 min，对系统卸压后进入巷道观察情况，详见图 11-7、图 11-8、图 11-9、图 11-10 所示。

图 11-7　压裂孔西 5 m 地坪底鼓、开裂　　　　图 11-8　压裂孔东 15 m 掉浆皮

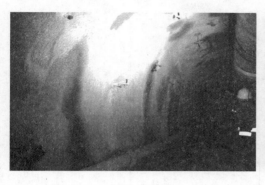 

图 11 - 9　压裂孔东 20 m 渗水　　　　　图 11 - 10　32324 底板巷顶板侧掉浆皮

32321 底板巷水力压裂试验，共计压入水量 304.4 t（有效水量约 300 t），总压裂时间 13 h27 min。压裂期间工作开展顺利，基本无影响。压裂期间巷道变化情况如图 11 - 11 所示。

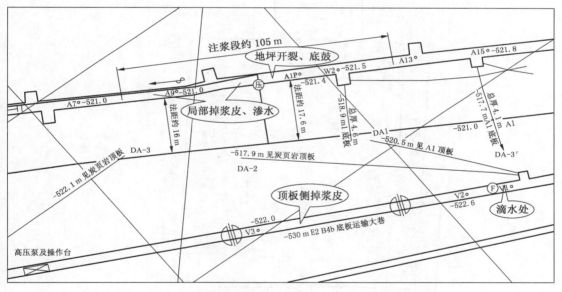

图 11 -11　压裂期间巷道变化情况示意图

（4）抽采效果：为考察压裂区域瓦斯抽采量，布置了三组考察孔。第一组和第二组钻孔直接采用已施工完毕的考察钻孔，第三组钻孔按照终孔间距 5 m（倾向）×10 m（走向）布置，与 32321 底板巷东头 2 号钻场原始煤层瓦斯抽采钻孔参数一致，详见表 11 - 14。三组抽采钻孔的分布如图 11 - 12 所示。

表 11 -14　三组抽采钻孔情况

| 编号 | 位　　置 | 包　含　钻　孔 |
|---|---|---|
| 第一组 | 压裂孔东 30～60 m 范围内 | R3～R6 及相应倾向孔，共 8 个孔 |
| 第二组 | 压裂孔左右 30 m 内 | R1、R2 和 L1 孔及上下倾向孔，B 组孔和 T 组孔，共 23 个孔 |
| 第三组 | 压裂孔西 20～40 m 范围内 | G 组孔和 8 个抽采孔，共计 11 个孔 |

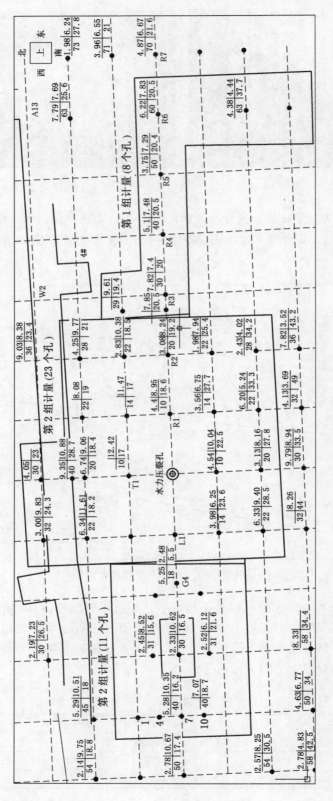

图 11－12　抽采钻孔分组示意图

①第一组抽采钻孔的抽采情况：第一组抽采钻孔位于压裂孔西侧 30 ~ 60 m 的范围内，共8个钻孔。瓦斯抽采效果明显提高，见表 11 - 15 和图 11 - 13 所示。

表 11 - 15  部分瓦斯抽采数据

| 时间 | 压裂后单孔瓦斯流量/($m^3 \cdot min^{-1}$) | 压裂前单孔瓦斯流量/($m^3 \cdot min^{-1}$) | 提高倍数 |
|---|---|---|---|
| 8 月 30 日 | 0.0652 | 0.0133 | 4.90 |
| 8 月 31 日 | 0.1229 | 0.0142 | 8.66 |
| 9 月 1 日 | 0.0416 | 0.0142 | 2.93 |
| 9 月 2 日 | 0.0275 | 0.0133 | 2.07 |
| 9 月 3 日 | 0.0302 | 0.0142 | 2.13 |

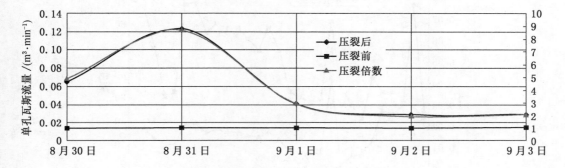

图 11 - 13  水力压裂前后瓦斯抽采数据

②第二组抽采钻孔的抽采情况：第二组抽采钻孔位于压裂孔两侧 30 m 的范围内，共23 个钻孔，抽采情况如图 11 - 14 所示。第二组钻孔于 9 月 8 日开始合闸抽采，瓦斯抽采流量稳定在 0.03m³/min，抽采浓度达到 80% 左右。该组抽采钻孔的单孔流量是原始煤层抽采钻孔单孔流量的 3 ~ 5 倍。

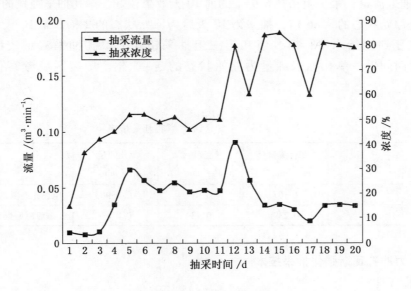

图 11 - 14  第二组抽采钻孔瓦斯抽采情况

③第三组抽采钻孔的抽采情况：第三组抽采钻孔位于压裂孔东侧 20 ~ 40 m 范围内，按照终孔间距 5 m（倾向）× 10 m（走向）布置，与 32321 底板巷东头 2 号钻场原始煤层瓦斯抽采钻孔参数一致，共计 11 个钻孔。抽采情况如图 11 - 15 所示。第三组抽采钻孔于 8 月 30 日合闸抽采，是三组钻孔中最早进行瓦斯抽采的钻孔组。该组钻孔的抽采受到了多方面因素的干扰，初期由于计量装置出现问题，数据采集不精确。经过对设备的调整和处理后，瓦斯流量和抽采浓度逐渐稳定，其中单孔瓦斯流量稳定在 0.018 m³/min 左右，抽采浓度稳定在 60% 左右。

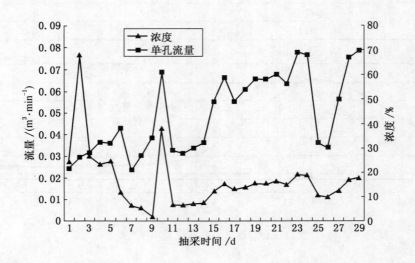

图 11 - 15　第三组抽采钻孔抽采情况示意图

三组抽采钻孔的对比分析：经过将近 1 个月的抽采，三组钻孔的流量和浓度基本稳定。单孔抽采流量：第一组钻孔在抽采的前 10 天效果较好，单孔抽采纯量的峰值出现在第 5 天，是原始状态的 8.66 倍，抽采第 10 天后为原始状态的 2 倍，第 10 天以后，抽采效果逐渐恢复到原始水平；第二组和第三组抽采钻孔的单孔抽采流量较稳定，从抽采后 1 个月时间里，单孔抽采纯量为原始状态的 3 ~ 5 倍。压裂区域考察孔抽采情况见表 11 - 16。

表 11 - 16　压裂区域考察孔抽采情况

| 抽采情况 | 干管浓度/% | 混合流量/<br>($m^3 \cdot min^{-1}$) | 纯流量/<br>($m^3 \cdot min^{-1}$) | 单孔纯量/<br>($m^3 \cdot min^{-1}$) | 备　注 |
| --- | --- | --- | --- | --- | --- |
| 压裂区域 | 78 | 1.167 | 0.91 | 0.0396 | 压裂孔周围 20 m，23 个孔 |
| 原始区域 | 45 | 0.289 | 0.13 | 0.0113 | 东段原始煤体，12 个孔 |

### 11.3.3　水力冲孔瓦斯强化抽采技术

1. 抽采原理

水力冲孔过程就是煤体破坏剥落，应力状态改变，瓦斯大量释放的过程。水力冲孔的实质就是：首先利用高压水射流破碎煤体在一定时间内冲出大量煤体，形成较大直径的孔洞，从而破坏煤体原应力平衡状态，孔洞周围煤体向孔洞方向发生大幅度位移，促使应力状态重新分布，集中应力带前移，有效应力降低；其次煤层中新裂缝的产生和应力水平的降低打破了瓦斯吸附与解吸的动态平衡，使部分吸附瓦斯转化成游离瓦斯，而游离瓦斯则通过裂隙运移得以排放，大幅度地释放了煤体及围岩中的弹性潜能和瓦斯膨胀能，煤层瓦斯透气性显著提高；最后，高压水润湿了煤体，煤体的塑性增加，脆性减小，可降低煤体中残存瓦斯的解吸速度。水力冲孔过程冲出了大量瓦斯和一定数量的煤炭，因此在煤体中形成一定的卸压、排放瓦斯区域，在这个安全区域内，破坏了突出发生的基础条件，起到了有效的防治突出效果。

2. 应用实例

试验地点为新庄孜矿 812 m 平石门 B11 煤层石门揭煤工作面，揭煤工程为 812 m Ⅳ线轨道石门揭 B11 煤层，标高 812 m。

揭煤区突出危险性评价：构造复杂，地应力相对集中，$P = 1.9$ MPa、$f = 0.31$，$K = 45.16$、$D = 19.73$，具有严重突出危险性。

揭煤区措施孔设计与施工：石门巷道共布置措施孔 163 个（迎头 89 个，左右两帮各 37 个），64313 底板巷迎头共布置措施孔 100 个，孔径 $\phi 94$ mm，上向孔和平孔孔底按 4 m、下向孔按 3 m 间距布置。

水力化措施施工：对 172 个钻孔进行水力化措施。

水力冲孔技术参数：

（1）调定泵压。调定泵压应大于等于破煤有效压力，通过试验考察，现泵压为平均 f 值的 20 倍。

（2）流量不低于 200 L/min。

（3）冲孔压力 4 ~ 15 MPa。

（4）冲孔时间钻孔到返清水时停止冲孔，冲孔时间根据现场情况而定，一般每米煤孔不大于 20 min。

水力化措施效果分析：水力冲孔后直径达 403 ~ 835 mm，为扩孔前的 4.3 ~ 8.9 倍；扩孔过程中瓦斯浓度明显增大，最大达到 0.7% 左右；扩孔后的钻孔瓦斯衰减系数为 0.0244，与扩孔前相比下降了 86.5%，扩孔效果显著。

### 11.3.4 顶板巷瓦斯抽采技术

1. 抽采原理

首采层开采后，下部煤岩体发生膨胀变形，表现为采空区底板的底鼓。膨胀变形导致距离采空区距离不远的煤岩体膨胀、破断，产生垂向破断裂隙和顺层张裂隙，其中的煤层透气性增加，瓦斯解吸，卸压瓦斯通过破断裂隙进入工作面采空区，给下卸压层工作面安全生产带来隐患。距离下卸压层较远的下部煤岩层（通常不超过 40 m），破断裂隙不发育，卸压瓦斯滞留本地，不能有效消除下卸压层的突出危险；但煤层层间张裂隙较发育，卸压瓦斯具有良好的顺层流动的条件。因此，对近距离下卸压层来说，需要布置穿层钻孔，拦截涌向下卸压层工作面的卸压瓦斯，保障开采层工作面的安全回采，同时降低下卸压层的瓦斯含量；对较远的下卸压层来说，需要布置穿层钻孔强化抽采卸压瓦斯，消除煤层突出危险性，降低煤层瓦斯含量。

2. 抽采方法

在下卸压层底板 15～25 m 的岩体中，工作面倾斜中部位置，断面积 6～10 m$^2$，布置底板巷道，在巷道中每隔一定距离布置一钻场，在钻场中布置扇形穿透下卸压层的钻孔，如图 11－16 所示。

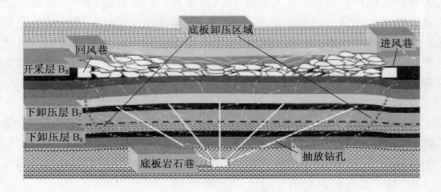

图 11－16　下卸压层 + 底板巷道网格式上向穿层钻孔卸压瓦斯抽采方法

瓦斯抽采工程需超前开采层回采工作面布置完毕，待工作面推进过该位置，下卸压层卸压后，保障钻孔能在卸压充分的时间段内顺利抽出卸压瓦斯。煤岩体的底鼓量相对于下沉量是有限的，因此下卸压层底板巷道和穿层钻孔在工作面推进过后，通常不会被破坏，抽采工作仍能继续，可以延长抽采时间，尽可能降低下卸压层瓦斯含量。

3. 应用实例

淮南矿业集团谢一矿开采下卸压层 C15 煤层保护 C13 煤层，煤层层间距 20 m，相对层间距 17 倍。开采层 C15 煤层工作面回采过程中，应用 C13 煤层底板巷道网格式上向穿层钻孔卸压瓦斯抽采技术（网格式钻孔间距 30 m × 30 m），强化抽采 C13 煤层的卸压瓦斯。试验结果表明，下卸压层经强化卸压瓦斯抽采后，C13 煤层瓦斯压力由 4.5 MPa 降为 0.5 MPa，瓦斯含量由 16.5 m$^3$/t 降为 4.3 m$^3$/t，煤层膨胀变形达到 4.0‰，综合瓦斯抽采率达 68%，卸压瓦斯强化抽采技术成功地消除了 C13 煤层的煤与瓦斯突出危险性，降低了煤层瓦斯含量，使高瓦斯突出危险煤层变为低瓦斯无突出危险煤层，C13 主采煤层具备了安全高效开采的条件。

## 11.3.5　底板巷瓦斯抽采技术

1. 抽采原理

远距离上卸压层回采后，岩层移动、变形、破坏，岩层移动在上卸压层中表现为整体下沉，即上卸压层处于岩体移动产生的弯曲下沉带内。上卸压层膨胀变形，煤层透气性增加，卸压瓦斯解吸。煤岩体整体下沉，导致其内部只能产生少量竖向破断裂隙；煤层卸压、膨胀变形，导致煤体内产生大量的横向离层裂隙。弯曲下沉带内少量的竖向破断裂隙，阻碍了上卸压层卸压瓦斯向回采空间的运移，卸压瓦斯只能滞留本地，不能有效地消除上卸压层的突出危险。横向离层裂隙易于瓦斯顺层流动，如煤层内有穿层钻孔，卸压瓦斯在抽采负压的作用下向穿层钻孔汇集，抽出卸压瓦斯，能有效地消除上卸压层的突出危险。

2. 抽采方法

如图 11 – 17 所示。在上卸压层底板 15 ~ 25 m 的岩层中,工作面倾斜中部位置,布置岩石巷道,在巷道中每隔一定距离布置钻场,在钻场中向突出煤层的保护区域,间隔一定距离施工穿透煤层的钻孔。待下部开采层工作面推进过一定距离后,上卸压层开始卸压,煤层透气性增加,瓦斯解吸,提前布置完毕的网格式上向穿层钻孔在负压的作用下汇集卸压瓦斯。在充分卸压期内,由于煤层透气性成百上千倍的提高,瓦斯流动阻力减小,大量的卸压瓦斯被抽出,突出煤层被保护区域消除突出危险性。另外,随着开采层工作面继续向前推进,底板岩巷和穿层钻孔不会遭到严重破坏,仍然可以继续抽采被保护区域的卸压瓦斯(采空区重新被压实,被保护区域的透气性变差,但仍高于原始透气性),进一步降低被保护区域的瓦斯含量,实现上卸压层的安全、高效开采。

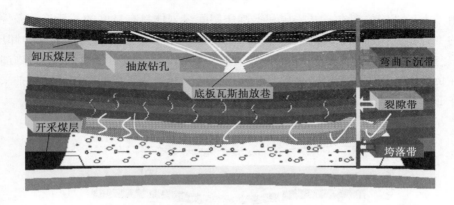

图 11 – 17 远距离上卸压层 + 上卸压层底板巷道网格式上向穿层钻孔瓦斯抽采

底板瓦斯抽采巷、钻场和钻孔一般参数为:底板岩巷在上卸压层底板 15 ~ 25 m 范围内,工作面倾斜中部,断面 6 ~ 10 m²,能够满足钻机施工需要;钻场间距 25 ~ 30 m,垂直底板岩巷水平布置,长度 5 m,断面 6 ~ 10 m²,能够满足钻机施工需要;钻孔布孔均匀,钻孔直径 90 ~ 120 mm,钻孔间距 25 ~ 30 m,钻孔进入煤层顶板 0.5 m。

3. 应用实例

淮南矿业集团潘一矿 11 号煤层与 13 号煤层的平均层间距为 66.7 m,11 号煤层开采之后,其裂缝带的高度为 30.1 ~ 36.1 m,将底板瓦斯抽采巷布置在 13 号煤层底板 10 ~ 20 m 的砂岩中。

如图 11 – 18 所示,每个钻场内沿煤层倾向方向布置 4 个抽采钻孔,钻孔间距 40 m(相邻钻孔与 13 号煤层中厚面交点的距离)。钻孔开孔位置位于钻场顶部;钻孔终孔位置为进入 13 号煤层顶板 0.5 m。

## 11.3.6 高抽巷瓦斯抽采技术

1. 抽采原理

如图 11 – 19 所示,在中距离上卸压层开采过程中,上卸压层处于开采层工作面回采形成的裂缝带内,煤岩层产生大量的顺层张裂隙和破断裂隙,煤层卸压,膨胀变形,透气性增加,瓦斯解吸。解吸瓦斯通过层间破断裂隙进入回采工作面,严重影响工作面回采的

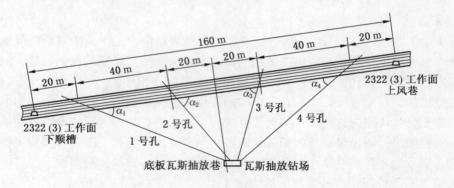

图 11 - 18　卸压范围内瓦斯抽采钻孔布置

安全。由于大量裂缝的存在，开采层和上卸压层间煤岩体具有良好的瓦斯流动条件，布置在其中的平行于工作面风巷的高抽巷在抽采负压的作用下会汇集涌向首采层的卸压瓦斯。同时，采空区内的瓦斯也会在通风负压及自身升浮力作用下向工作面倾斜上方方向运移，高抽巷在负压的作用下也会汇集这部分瓦斯。因此，开采层工作面高抽巷瓦斯抽采可减少回采工作面的瓦斯涌出，保障开采层工作面回采的安全。

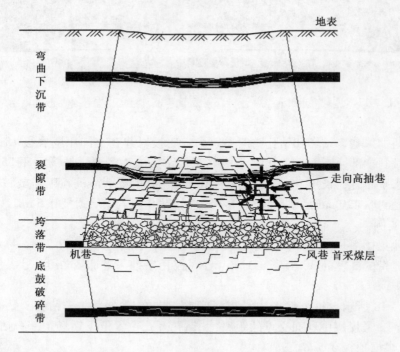

图 11 - 19　中距离上卸压层 + 开采层工作面顶板走向高抽巷瓦斯抽采

2. 抽采方法

在开采层工作面上部的煤岩体中，对应工作面倾斜偏上位置，布置一条岩石巷道。巷道要在开采层工作面回采前布置完毕，待开采层工作面回采时封闭，用巷道抽采拦截卸压瓦斯。如果下卸压层距离开采层相对较远（裂缝带上边缘），瓦斯向高抽巷运移的阻力增大，卸压瓦斯排放不充分，可以在高抽巷内布置少量穿层钻孔，强化抽采卸压瓦斯。顶板走向高抽巷布置参数为：顶板走向高抽巷布置在开采层工作面顶板 8～10 倍采高的层位；平行于工作面回风巷，距回风巷 20～30 m；顶板走向高抽巷断面一般为 5～6 m²，需要施工穿层钻孔的巷道，能够满足钻机施工需要。

3. 应用实例

淮南矿业集团新庄孜煤矿 B10 煤层 52010 工作面距卸压层 B11b 煤层 31 m，高抽巷布置在 52010 工作面风巷内侧 25 m 左右，标高与风巷相同。在高抽巷内施工 B11b 底板穿层钻孔，在 52110 工作面回采前瓦斯预抽；采时封闭，抽采 B11b 煤层的卸压瓦斯。在高抽巷内每隔 20 m 施工一组钻孔，每组 6 个钻孔，其中下帮施工 5 个钻孔，上帮施工 1 个钻孔，钻孔开孔间距不小于 0.3 m，如图 11－20 所示，钻孔布置参数见表 11－17。

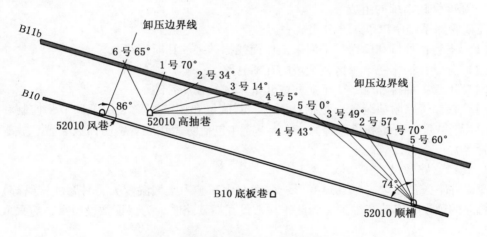

图 11－20　52010 工作面穿层钻孔布置倾向示意图

表 11－17　52010 高抽巷钻孔布置参数

| 孔号 | 方位/(°) | 仰角/(°) | 预计孔深/m |
| --- | --- | --- | --- |
| 1 | 63 | 70 | 24 |
| 2 | 63 | 34 | 33 |
| 3 | 63 | 14 | 48 |
| 4 | 63 | 5 | 65 |
| 5 | 63 | 0 | 87 |
| 6 | 243 | 65 | 32 |

# 11.4　瓦斯管路系统的布置及选择

## 11.4.1　瓦斯管路系统的布置及敷设

1. 瓦斯管路系统的布置原则

为了进行瓦斯抽放，必须在井上下敷设完整的抽放管路系统，以便把矿井瓦斯抽出井输送至地面利用。在布置抽放管路系统时，应遵守以下原则：

（1）布置瓦斯管路，应根据井下巷道的布置、抽放地点的分布、地面瓦斯泵站的位置、瓦斯利用的要求以及矿井的发展规划等因素统筹考虑，尽量避免以后对主干管路系统进行频繁改动。

（2）瓦斯管路应敷设在曲线段最少、距离最短的巷道。

（3）瓦斯管路要敷设在矿车不经常通过的巷道中，避免撞坏漏气，故一般放在回风系统的巷道中为宜。若设在运输巷道中，应将管路架设一定高度并加以固定，防止机车或矿车一旦掉道撞坏管路。

（4）所布置的抽放设备或管路一旦发生故障，管路内瓦斯不至于流入采、掘工作面和井下硐室。

（5）管路布置应考虑到运输、安装、维修和日常检查的方便。

2. 瓦斯管路系统的组成

瓦斯管路系统由以下几部分组成：

（1）支管：抽排和输送一个回采工作面或掘进区的瓦斯管路。

（2）分管：抽排一个采区或区段的瓦斯管路。

（3）主管：抽排和输送一个矿井或几个采区的瓦斯管路。

（4）抽放管路附属装置，包括：测压、测流量和调节装置（用于调节、控制和测量管路中瓦斯浓度、流量和负压等），安全装置（包括防爆炸装置、防回火装置、放水器和放空管等）。

3. 瓦斯管路敷设

煤矿井下条件复杂（如巷道变形、坡度变化和矿内空气湿度大、易腐蚀管路等），不利于管路的敷设、安装和维护。为此，在敷设瓦斯管路时，为保证敷设质量，应采取必要的措施。

（1）为了防止瓦斯管锈蚀，安装前应对管内外涂抹防腐剂。防腐剂可用经过热处理的沥青、油漆和红丹等。

（2）在巷道敷设管路必须用可缩木支垫，以防底板隆起折损管路。垫木高度不应小于 0.3 m，并保证每节管子下面有两个托木。

（3）在敷设倾斜管路时，为了防止管子下滑，应采用管卡将管子固定在巷道支架上，管卡间距根据巷道倾角 $\alpha$ 而定，一般 $\alpha$ 不小于 30°时，为 15～20 m。

（4）应尽量将管道敷设平直，坡度一致，尽量减少弯头、气门等附属管件，避免急转弯。

（5）敷设运输巷道的管路时，应将其牢固地悬挂（或架）在专用支架上，且管路高度应不小于 1.8 m，以便行人和运输。

（6）根据巷道高低、进回风巷温度有明显差别等情况，敷设管路时应创造排除管中积水的条件。

（7）井下敷设管路，一般采用法兰盘或快速接头接合、法兰盘中间应夹有胶皮垫，且垫的厚度最好不小于 5 mm。

（8）凡是新敷设的瓦斯管路都要进行漏气检验。检验方法可采用负压方法试验或用 SF6 检漏仪检测。

### 11.4.2 瓦斯管路系统的选择

1. 管径

根据主管、干管、支管中不同瓦斯流量，合理的瓦斯管径均可按式（11-6）计算：

$$d = 0.1457\left(\frac{Q}{V}\right)^{\frac{1}{2}} \tag{11-6}$$

式中　$Q$——瓦斯管内流量，$m^3/min$；

　　　$d$——瓦斯管内径，m；

　　　$V$——瓦斯管内流速，$5 \sim 15\ m/s$。

2. 管壁厚度

当采用钢管卷焊管或强度要求较高的远距离输瓦斯干管，可按式（11-7）计算壁厚：

$$\delta = \frac{Pd_w}{2[\alpha]} \tag{11-7}$$

式中　　　$\delta$——输瓦斯管管壁厚度，cm；

　　　　　$P$——管路最大工作压力，MPa；

　　　　　$d_w$——瓦斯管外径，cm；

　　　　　$[\alpha]$——容许压力，取屈服极限强度的 60%，缺少此值时，可参考以下数值：对于铸铁管取 20 MPa；焊接钢管取 60 MPa；无缝钢管取 80 MPa。

3. 管路阻力计算

（1）摩擦阻力计算。根据管径、流量的不同应分段计算阻力，每段管路摩擦阻力可用式（11-8）计算：

$$h_f = 9.81\frac{L\Delta}{K_0 d^5}Q^2 \tag{11-8}$$

式中　$h_f$——某段管路的摩擦阻力，Pa；

　　　$L$——管路长度，m；

　　　$\Delta$——混合瓦斯对空气的相对密度；

　　　$Q$——某段管路的混合瓦斯流量，$m^3/h$；

　　　$K_0$——系数，根据管径由表 11-18 查得；

　　　$d$——管路内径，cm。

式（11-8）中混合瓦斯对空气的相对密度 $\Delta$ 按式（11-9）计算：

$$\Delta = \frac{\rho_1 n_1 + \rho_2 n_2}{\rho_2} \tag{11-9}$$

表 11-18　不同管径的系数 $K_0$ 值

| 通称管径/mm | 15（1/2英寸） | 2013/4（英寸） | 25（1英寸） | 32（$1_{1/4}$英寸） | 40（$1_{1/2}$英寸） | 50（2英寸） |
|---|---|---|---|---|---|---|
| $K_0$ 值 | 0.46 | 0.47 | 0.48 | 0.49 | | |
| 通称管径/mm | 60（$2_{1/2}$英寸） | 80（3英寸） | 100（4英寸） | 125（5英寸） | 150（6英寸） | 150 以上 |
| $K_0$ 值 | 0.55 | 0.57 | 0.62 | 0.67 | 0.70 | 0.71 |

（2）局部阻力计算：

①基本方程：

$$h_1 = \xi \frac{1}{2} \rho v^2 \tag{11-10}$$

式中　$h_1$——瓦斯管路的局部阻力，Pa；

　　　　$\xi$——局部阻力系数，见表 11-19；

　　　　$\rho$——混合瓦斯密度，kg/m³；

　　　　$v$——瓦斯平均流速，m/s。

表 11-19　各种管径的局部阻力系数

| 管件 | 直角三通 | 分支三通 | 对管径相差一级突然收缩 | 弯头 | 直通阀 | 90°弯头 | 闸阀 | 球阀 |
|---|---|---|---|---|---|---|---|---|
| $\xi$ | 0.30 | 1.50 | 0.35 | 1.10 | 2.00 | 0.30 | 0.50 | 9.00 |

②折算法：

实际计算时，可把各种管件局部阻力折算成相当于一定管路长度所产生的阻力，即阻力强度。一支阀门相当于 1/5 $d$ 的阻力长度，m；一支丁形件相当于 1/10 $d$ 的阻力长度，m；一支滑阀相当于 1/20$d$ 的阻力长度，m；一支弯头相当于 1/100$d$ 的阻力长度，m。

如：在直径为 175 mm 的导管中，有一支阀门，它的阻力长度为 1/5 × 175 × 1000 = 35 m 导管长度。

③估算法：在实际工作中或初步设计时，也可用估算法计算局部阻力，一般取摩擦阻力的 10% ~ 20%。

## 11.5　瓦斯泵及附属装置选择

### 11.5.1　瓦斯泵选择

1. 瓦斯泵布置方式

瓦斯泵的布置方式，要根据矿井开拓系统、瓦斯管路系统、抽放量等因素，满足技术可行、经济合理和安全可靠的要求。一般矿井瓦斯泵的布置方式及适用条件见表 11-20。

表 11-20　瓦斯泵布置方式及适用条件

| 布置方式 | | 适用条件 |
|---|---|---|
| 几个矿井联合抽放和一个矿井单独抽放 | 多矿井联合抽放 | 1. 几个矿井敷设瓦斯管路的回风井筒距离较近时<br>2. 几个矿井利用瓦斯的用户比较集中时<br>3. 在整个抽放瓦斯期限内，几个矿井抽放瓦斯量比较均衡，抽放初期、高峰期和收尾期互相弥补，用一个抽放系统经济上合理时<br>4. 抽放瓦斯区域较小，抽出量不大，不适宜建立单独抽放站的情况下 |
| | 一个矿井单独抽放 | 1. 井田范围较大，而且又与其他抽放矿井相距较远时<br>2. 抽放瓦斯规模大，区域多，抽出量大时<br>3. 有单独利用瓦斯的用户时 |

表 11 - 20（续）

| 布　置　方　式 | | 适　用　条　件 |
|---|---|---|
| 单翼和多翼抽放 | 单翼抽放方式 | 1. 抽放瓦斯管路必须敷设在回风井巷中，所以单翼通风系统的矿井多采用单翼抽放<br>2. 井田范围较小时<br>3. 有时虽然是两翼通风系统和井田范围较大，但瓦斯用户集中在矿井的一翼时<br>4. 受地面地形限制，地表管路敷设困难时 |
| | 两翼和几个系统抽放方式 | 1. 矿井系对角式通风方式，或有 2 个以上排风井口<br>2. 矿井井田范围较大，管路系统较长<br>3. 瓦斯用户分散，有两个以上集中点 |
| 串联运转和并联运转 | 串联运转：分集中串联（在一个泵房内）和接力串联（二瓦斯泵相距很远） | 1. 管路系统较长，阻力较大时<br>2. 瓦斯泵能力小、压力低，不能满足瓦斯抽放的需要时<br>3. 用户距矿井较远，管路系统阻力大或用户对瓦斯压力有特殊要求，需要加压时<br>4. 为满足矿井抽放初期井浅、管路短、阻力小（选用低压瓦斯泵）和后期井深、管路长、阻力大的要求，充分利用原有设备，后期再选一台瓦斯泵与前期瓦斯泵串联工作 |
| | 并联运转 | 1. 瓦斯用户分别是在不同地点，需要单独共给瓦斯时<br>2. 矿井抽放初期流量不大，抽放中期阻力变化不大但流量增加很大时，再增设一台<br>3. 不同抽放区抽出的流量、浓度不同，要求有不同的抽放负压，当用阀门调整达不到要求时，往往敷设 2 条以上管路，分别用 2 台瓦斯泵单独抽放 |
| 抽出式和压出式 | 抽出式（瓦斯泵安装在地面） | 抽出式，即瓦斯泵安装在地面具有很多优点：<br>1. 瓦斯泵在地面易于管理和维护<br>2. 井下瓦斯管内是负压，当管路损坏时，矿井空气被抽入管路，瓦斯不至于涌到井巷中，可以保证矿井安全<br>3. 瓦斯泵设在井下时，当矿井发生其他灾变使瓦斯泵不能运转时，瓦斯量会大量增加，导致灾变扩大；而瓦斯泵在地面则无此害<br>4. 井下抽放区经常变动和发展时，设在井下的瓦斯泵也须经常移动，增加了移设费用；如不移设则需保留旧有巷道，增加了巷道维护费，地面瓦斯泵则无此项费用 |
| | 压出式（瓦斯泵安装在井下） | 国外个别矿井有把瓦斯泵安设在井下的，但在国内尚无此例，只有在下属几种情况下才有安设在井下的必要：<br>1. 在个别边远的抽放区，由于瓦斯管路长、阻力大，地面瓦斯泵造成的负压不能满足要求时，可在这个局部区域安设小型瓦斯泵与地面瓦斯泵串联工作<br>2. 个别采区需提前开采，没有足够的抽放时间，为提高该区的抽放效果，缩短抽放时间，须提高该区抽放负压时，安设小型瓦斯泵<br>3. 个别抽放区的煤层透气性系数较其他区小，用地面瓦斯泵正常抽放不能满足需要和要求时<br>4. 没有形成抽放瓦斯系统的矿井，某一个区瓦斯大，需单独进行抽放，可以在该区设瓦斯泵，通过瓦斯管把抽出瓦斯放到回风道中，新密装沟矿和鹤壁六矿即利用 SZ-1 型真空泵，将抽出瓦斯放到采区回风道中<br>5. 进行技术革新和科学试验时采用，比如阳泉一矿利用 SZ-1 型真空泵在井下进行大直径抽放瓦斯试验；白沙红卫矿坦家冲井利用井下安装的 SZ-2 型真空泵进行密集钻孔抽放试验 |

2. 瓦斯泵参数计算

（1）瓦斯泵压力计算：瓦斯泵压力就是从井下钻孔开始，经过抽放瓦斯管路至瓦斯泵，再从瓦斯泵送到用户所消耗的全部阻力损失之和，即：

$$H_f = (H_i + H_o)K = \left[(h_i + h_{zf}) + (h_o + h_{oz})\right]K \tag{11-11}$$

式中　　$H_f$——瓦斯泵压力，Pa；

　　　　$H_i$——井下负压管路系统全部阻力损失，Pa；

　　　　$H_o$——井上正压管路系统全部阻力损失，Pa；

　　　　$K$——备用系数，约为 1.2；

　　　　$h_i$——井下负压段管路最大总阻力，Pa；

　　　　$h_{zf}$——井下抽放钻场或钻孔造成的负压，Pa；

　　　　$h_o$——井上正压段管路总阻力，Pa；

　　　　$h_{oz}$——用户在瓦斯管出口所必需的正压，Pa，一般取 500～1000 Pa。

（2）瓦斯泵流量计算：

$$Q = K \sum Q_c / (X\eta) \tag{11-12}$$

式中　　　$Q$——瓦斯泵额定流量，$m^3/min$；

　　$\sum Q_c$——在抽放期间内抽出的最大纯瓦斯量之和，$m^3/min$；

　　　　$X$——瓦斯泵入口处瓦斯浓度；

　　　　$\eta$——瓦斯泵的机械效率，$\eta = 0.8$；

　　　　$K$——抽放备用系数，一般取 $K = 1.2$。

（3）真空度计算：

$$\eta_z = \frac{H_c}{101.3} \times 100\% \tag{11-13}$$

式中　　$H_c$——矿井抽放负压，kPa；

$$H_c = \left(H_i + \sum H_1 + H_{zf}\right) \times 1.2 \tag{11-14}$$

$H_i$、$\sum H_1$、$H_{zf}$符号与式（11-11）和式（11-12）同。

3. 瓦斯泵选型

瓦斯泵选型原则：

（1）瓦斯泵的抽气速率必须满足矿井瓦斯抽放期间，预计最大瓦斯抽出量的要求。

（2）在抽放期间，瓦斯泵压力必须满足克服瓦斯管路系统最大压力损失。

（3）抽放设备本身必须具有高气密性，防止运转时瓦斯渗入站房。

（4）抽放设备必须配备防爆电气设备及防爆电动机。

目前国内使用的瓦斯泵类型有：离心式鼓风机，回转式鼓风机（包括罗茨鼓风机、叶氏鼓风机、滑板式压气机等），水环真空压缩机，往复式压气机（只用于井上正压输送瓦斯）。各类型瓦斯泵的优缺点及适用条件详见表 11-21。

## 11.5.2　瓦斯抽放泵房设备布置

1. 瓦斯抽放泵房设计原则

（1）泵房建筑必须采用不燃性材料，耐火等级为二级。

（2）泵房周围必须设置栅栏或围墙。

表 11 – 21 各种类型瓦斯泵的优缺点及适用条件

| 类型 | 优 点 | 缺 点 | 适 用 条 件 |
|---|---|---|---|
| 离心式鼓风机 | 1. 运转可靠，不容易出故障<br>2. 运行平稳，供气均匀，便于维修、保养，使用寿命长<br>3. 该机流量大，最大可达 1200 $m^3$/min | 1. 工作效率低，两台并联运转，性能较差<br>2. 相同的功率、流量、压力与回转式鼓风机相比，成本高 1.5～2 倍 | 1. 适用于瓦斯流量大（80～120 $m^3$/min），负压要求不高（4000～50000 Pa）的抽放瓦斯矿井<br>2. 可作为正压鼓风输往用户，同时又可作为负压抽出瓦斯 |
| 回转式鼓风机 | 1. 流量不受阻力变化的影响，接近一个常数<br>2. 运行稳定，供气均匀，效率高，便于保养<br>3. 相同功率、流量和压力的瓦斯泵成本只是离心式鼓风机的 70%～80% | 1. 检修工艺复杂、机械加工要求较高<br>2. 运转中噪声大<br>3. 压力高时，气体漏损较大、磨损较严重<br>4. 转子表面易粘灰尘，需定期清洗 | 1. 因压力改变时流量不变，故适用于用户要求流量稳定的工艺过程<br>2. 适用于瓦斯流量大（1～600 $m^3$/min），负压较高（20000～90000 Pa）的抽放瓦斯矿井<br>3. 空气冷却的鼓风机适用于缺水地区 |
| 水环真空压缩机 | 1. 真空度高，且可正压输出<br>2. 工作水不断带走气体压送时产生的热量，泵体不会升温发热；当抽出瓦斯浓度达到爆炸界限时，也没有爆炸危险<br>3. 结构简单，运转可靠、平稳，供气均匀<br>4. 将负压抽出与正压输送合二为一，一般不需另设正压输送设备 | 需要提供工作水 | 1. 单机瓦斯抽出量为 1.8～450 $m^3$/min，适用范围广；煤层透气性低，管路阻力大需要高负压抽放的矿井<br>2. 适用于负压抽出瓦斯<br>3. 适用于瓦斯浓度经常变化的矿井，特别适用于浓度变化较大的邻近层抽放矿井 |
| 往复式压气机 | 1. 最大特点是加压能力大，最大出口压力可达 800 kPa<br>2. 流量只与转数成正比，而与压力无直接关系 | 1. 机械体积大、质量大、占地多、造价高<br>2. 供气不均匀，有冲击震动和脉动<br>3. 有曲柄、连杆装置，不能与电动机连接，转速低<br>4. 活塞与汽缸经常摩擦，磨损快 | 1. 适用于输出流量不大（50 $m^3$/min 以下），但需要高负压（400～600 kPa）输送瓦斯的条件<br>2. 只用于正压输送瓦斯，不能作为负压抽出瓦斯用 |

（3）泵房应有防雷电、防火灾、防洪涝、防冻等设施。

（4）泵房内要有良好的通风照明设施并设有直通矿井调度的电话。

（5）泵房的建筑面积应根据设备尺寸与台数决定，并留有余地。

（6）机械室、电气室和司机室都要有单独房间，避免相互干扰。

（7）泵房应有双回路供电线路。

（8）泵房应设有供水系统。泵房设备冷却水一般采用闭路循环，给水管路及水池容积均应考虑消防水量。

（9）泵房内电气设备、照明和其他电气、检测仪表均应采用矿用防爆型。

（10）泵房附近管路应设置放水器、放空管及防爆、防回水装置，并设置压力、流量、浓度测量装置以及采样孔、阀门等附属装置。

2. 瓦斯抽放泵房位置选择的原则

（1）泵房应设置在不受洪涝威胁且工程地质条件可靠的地带，避开滑坡、溶洞、断层破碎带及塌陷区等。

（2）泵房设置在回风井工业广场内，泵房距井口和主要建筑物及居住区不得小于50 m。

（3）泵房及泵房周围20 m范围内禁止有明火。

（4）泵房应建在靠近公路和有水源的地方。

（5）泵房应考虑进出管敷设方便，有利瓦斯输送，并尽可能留有扩能的余地。

3. 瓦斯泵房布置及附属设备

瓦斯泵房内设有瓦斯泵、气水分离器（水环式真空压缩机用）、管路、阀门、大小循环管（回转式鼓风机）等设备。在泵房附近进出口设有放水器，防爆防回火装置，放空管，压力、流量、浓度测定装置，以及采样孔、阀门等附属装置。瓦斯泵房内管路和阀门及附属设备的作用、设备位置及要求，见表11-22。

### 11.5.3  瓦斯管路附属装置的选择

1. 阀门

在瓦斯总管、分管、支管和钻场以及认为需要的地点，都必须设置阀门，用于调节和控制各抽放区、钻场的抽放量、浓度和负压。此外，阀门还用于管路检修、更换、连接时的局部关闭系统。矿井抽放瓦斯管路常见闸阀，见表11-22。

表11-22  瓦斯泵房内管路、阀门附属设备

| 名称 | 作　用 | 位　置 | 要　求 |
|---|---|---|---|
| 瓦斯泵入口阀门 | 1. 启动瓦斯泵时调节流量、限制启动电流<br>2. 停止瓦斯泵后，关闭阀门<br>3. 正常运转时调节瓦斯流量<br>4. 调节入口负压和出口正压 | 每台瓦斯泵入口和出口各1个 | 阻力要小，最好用闸板式阀门 |
| 出入口总控制阀 | 1. 正常运转时阀门全部打开<br>2. 瓦斯泵全部检修或全部停电时关闭入口总阀门，打开入口放空阀门放空<br>3. 当用户管路或设备检修或临时瓦斯浓度低不合要求时，关闭出口总阀门，打开出口放空管放空<br>4. 也可以起瓦斯本部入口阀门的作用 | 入口总阀门设置在入口放空管与瓦斯泵之间的总管上；出口总阀门设置在出口放空管与用户之间 | 1. 为便于管理和司机操作，应设置在距瓦斯泵房较近的管路上<br>2. 阻力要小，最好用闸板式阀门 |

表 11 - 22 （续）

| 名称 | 作　用 | 位　置 | 要　求 |
|---|---|---|---|
| 入口放空管 | 1. 瓦斯泵全部检修或全部停电时靠瓦斯泵浮力自然放空<br>2. 转式鼓风泵启动时可以打开入口放空管，但必须确保启动时瓦斯浓度在 30% 以上<br>3. 下管路检修、放水等操作，需要停止瓦斯泵才能进行时，则打开入口放空管放空；瓦斯浓度过高时，根据用户要求降低浓度时由入口放空管掺入空气 | 1. 设置在入口总阀门靠近矿井一侧<br>2. 为管理和司机操作方便，应设置在距瓦斯泵房较近处 | 1. 管子直径要大于或等于矿井抽入瓦斯总管路的直径<br>2. 阀门阻力要小<br>3. 根据防火、防空气污染和增加自然排力等要求，其高度应超过瓦斯泵房脊 3 m 以上为宜<br>4. 拉线设置牢固<br>5. 设置避雷器 |
| 出口放空管 | 1. 当瓦斯用户检修及出口主要管路检修时放空<br>2. 当瓦斯浓度高于 30% 但低于用户要求时放空<br>3. 瓦斯泵出口正压值超过规定数值时放空（比如夜间民用量减少时） | 1. 设置在瓦斯泵与出口阀门之间<br>2. 为管理和司机操作方便，应设置在距瓦斯泵房较近处<br>3. 为了两台瓦斯泵并联运转和换机过程中不中断供气，设置两个单独放空管为宜 | 1. 管子直径可小于瓦斯泵出入口管直径，但其阻力必须小于出口总管里系统阻力<br>2. 高度应超过瓦斯泵房脊 3 m 以上为宜<br>3. 拉线设置牢固<br>4. 设置避雷器 |
| 小循环管 | 回转式瓦斯启动时，为降低启动电流打开小循环管阀门，启动完了则关闭 | 与单台瓦斯泵并联连接 | 管路直径为出口、入口管直径的 0.3～0.4 倍为宜 |
| 大循环管 | 1. 回转式瓦斯泵当流量小于瓦斯泵启动额定流量时适当开启大循环管阀门<br>2. 调正入口负压和出口正压用 | 与两台瓦斯泵并联连接 | 管路直径与出口、入口管路直径相同 |
| 入口负压测量装置—静压管 | 测量瓦斯泵入口负压 | 1. 瓦斯泵入口总阀门的井下一侧<br>2. 管路平直，前后 5 倍管径长度无弯曲、障碍处 | 1. 管口垂直于管子中心线<br>2. 注意测压管内不能积水 |
| 出口正压测量装置—静压管 | 测量瓦斯泵出口正压 | 1. 瓦斯泵出口总阀门靠用户一侧<br>2. 管路平直，前后 5 倍管径长度无弯曲、障碍处 | 1. 管口垂直于管子中心线<br>2. 注意测压管内不能积水 |
| 流量测定装置—流量计、皮托管测定孔等 | 测定管内瓦斯流量 | 1. 可以在入口也可以在出口<br>2. 管路平直，前后 5 倍管径长度无弯曲、障碍处 | 详见流量测定部分 |

**2. 放水器**

由于管路在敷设中有一定的倾斜角度，管中不断有水流向管路中的低洼处，影响瓦斯流动，故需要在管路中每 200 ~ 300 m、最长不超过 500 m 的低洼处安设放水器，及时放出管中的积水。放水器分人工和自动放水器两种。

人工放水器的特点是加工简单、安设容易，但需要安排专人放水。多设于井下瓦斯主管系统和积水量较大、负压较高的地点。

U 形自动放水器的特点是将多余的水靠自重压力自动从 U 形管排出，常用于钻场及长孔抽放地点。U 形管的有效高度必须大于管内正常作用的最大负压，制作 U 形管自动放水器的常用管径可参考表 11 - 23，自动放水器性能见表 11 - 24。

表 11 - 23　U 形管自动放水器常用管径

| 瓦斯管直径 | | U 形管直径 | | 瓦斯管直径 | | U 形管直径 | |
|---|---|---|---|---|---|---|---|
| 英寸 | mm | 英寸 | mm | 英寸 | mm | 英寸 | mm |
| 4 | 106.6 | 1/2 | 12.7 | 12 | 304.8 | 1 | 25.4 |
| 5 | 127.0 | 1/2 | 12.7 | 13 | 330.2 | 1 | 25.4 |
| 6 | 152.4 | 1/2 | 12.7 | 14 | 335.6 | 1 | 25.4 |
| 7 | 177.8 | 3/4 | 19.05 | 15 | 381.0 | 1 | 25.4 |
| 8 | 203.2 | 3/4 | 19.05 | 16 | 406.4 | 1.5 | 38.1 |
| 9 | 228.6 | 3/4 | 19.05 | 17 | 431.8 | 2 | 50.8 |
| 10 | 245.0 | 1 | 25.4 | 18 | 457.2 | 2 | 50.8 |
| 11 | 279.4 | 1 | 25.4 | 19 | 482.6 | 2 | 50.8 |

表 11 - 24　自 动 放 水 器 性 能 表

| 名称 | 型号 | 用途 | 压力范围/<br>MPa | 放水速度/<br>(L·min$^{-1}$) | 外形尺寸/<br>(mm×mm×mm) | 质量/kg | 生产厂家 |
|---|---|---|---|---|---|---|---|
| 正压自动放水器 | CWG - ZY | 抽放系统主管、分管和支管的自动放水 | 0 ~ +0.08 | 10 ~ 90 | 300 ×300 ×350 | 20 | 煤科总院抚顺分院 |
| 负压自动放水器 | CWG - FY | | - 0.09 ~ 0 | 7 | 300 ×300 ×410 | | |
| 多功能自动放水器 | CF - 2 | | 0 ~ 0.09 | 7（间歇放水） | | | 重庆分院 |

**3. 快速接头**

适用于煤矿抽放瓦斯使用的快速接头，克服了法兰盘连接的缺点，具有连接速度快、轻便的特点，其性能及规格见表 11 - 25。

**4. 防爆、防回火器**

《煤矿安全规程》规定，干式抽放瓦斯泵吸气侧管路系统中，必须装设有防回火、防回气和防爆炸作用的安全装置，并定期检查，保持性能良好。

常用的几种防爆装置有：水封式、铜网式和分歧管式。

（1）水封式防爆、防回火器。该装置一般安装在泵房进、出口处或靠近用户附近为宜。在北方冬季须考虑防冻措施，一般是在地面砌筑暗井，并加设盖板。

表11-25 管路快速接头性能及规格

| 型号-压力/规格 | 配用管径/mm | | 允许转角 | 质量/kg | 生产厂家 | 备　注 |
| --- | --- | --- | --- | --- | --- | --- |
| | 公称通径 | 外径 | | | | |
| CDU-2.5/40 | 35 | 40 | 8°32′ | 1.0 | 煤科总院抚顺分院 | 1. 适用范围：适用于煤矿、石油、化工、冶金、建筑等部门的正、负压工业管道<br>2. 工作压力：2.5 MPa（4.0 MPa 和 6.4 MPa）<br>3. 成套范围：管卡、橡胶圈（耐油）、钢环、螺栓 |
| CDU-2.5/50 | 45 | 50 | 6°50′ | 1.2 | | |
| CDU-2.5/60 | 50 | 60 | 5°43′ | 1.8 | | |
| CDU-2.5/89 | 80 | 89 | 3°51′ | 2.2 | | |
| CDU-2.5/108 | 100 | 108 | 3°11′ | 2.8 | | |
| CDU-2.5/114 | 100 | 114 | 3°8′ | 3.2 | | |
| CDU-2.5/159 | 150 | 159 | 2°31′ | 5.0 | | |
| CDU-2.5/194 | 175 | 194 | 2°4′ | 8.0 | | |
| CDU-2.5/219 | 200 | 219 | 1°50′ | 8.6 | | |
| CDU-2.5/273 | 250 | 273 | 1°28′ | 11.0 | | |
| CDU-2.5/325 | 300 | 325 | 1°14′ | 12.6 | | |
| CDU-2.5/377 | 350 | 377 | 1°4′ | 20.7 | | |
| CDU-2.5/426 | 400 | 426 | 1°13′ | 25.1 | | |
| CDU-2.5/500 | 480 | 500 | 2°27′ | 34.8 | | |
| CDU-2.5/600 | 580 | 600 | 1°51′ | 51.9 | | |

（2）铜网式防爆、防回火器。该装置是利用铜网的散热作用，以隔绝火焰的传播，适用于瓦斯泵输出管路系统，一般安装在跟泵房和用户较近的地点，以保护机械设备和用户的安全。

（3）分歧管式防爆、防回火器。分歧管式防爆器，在管内发生瓦斯爆炸时，冲击波冲破胶板，压力得到释放，可以减轻和消除爆炸威力及火焰传播，从而保证井上下安全。该装置多设在泵房和住宅附近，分区、分支地点也可设置。分歧管一般与瓦斯管呈45°角安装，也有竖直安装的，在竖直安装时，高度应超过用户房顶。

5. 放空管和避雷器

（1）放空管。放空管一般安设在地面瓦斯泵进、出侧的管路上，靠近泵房。当瓦斯泵因故停抽时，可打开泵房入口放空管对空排放。当井下瓦斯浓度低于规定，不利于民用安全时，可打开泵房出口放空管对空排放，而瓦斯泵继续工作不影响正常的抽放工作。放空管位置设置：一般距泵房墙壁0.5~1.0 m为宜，最远不得超过10 m，且出口应加防护帽。放空管出口至少应该高出地面10 m，且至少高出20 m范围内建筑物房脊3 m以上。

（2）避雷器。一般设在瓦斯泵房和瓦斯罐附近的较高建筑物周围或中心地带，防止阴雨天气由于雷电引起的电火花损坏建筑物或点燃放空管瓦斯，引起火灾等事故。

6. 瓦斯流量计

为了掌握每个瓦斯区域的瓦斯抽出量，在瓦斯主管、分管、支管上均应安装流量计，通过其流量的测定，可以掌握每个瓦斯区域的瓦斯流量变化情况，反映煤层瓦斯涌出规律和抽放效果。瓦斯流量的测定方法较多，一般应用孔板流量计测定法测定。

（1）孔板流量计的制作：

①孔板材料最好采用不锈钢或镀铬钢材。

②制造工艺中应注意保持孔口圆度和光洁度。

③安装时要求孔板圆孔与管道同一圆心，端面与管道轴线垂直，偏心度应小于 1% ~2% 。

④孔板安装处前后应留有 5 m 以上直线段，以消除涡流紊流的影响。

不同瓦斯管径孔板流量计尺寸详见表 11 - 26。

表 11 - 26　不同瓦斯管径孔板流量计尺寸

| 序号 | $D$ | $B$ | $b$ | $d_1$ | $d_2$ | $L_1$ | $L_2$ |
|------|-----|-----|-----|-------|-------|-------|-------|
| 1 | 50 | 5 | 1 | 25 | 2 | 50 | 25 |
| 2 | 70 | 7 | 1. 4 | 35 | 2 | 70 | 35 |
| 3 | 80 | 8 | 1. 6 | 40 | 3 | 80 | 40 |
| 4 | 100 | 10 | 2 | 50 | 3 | 100 | 50 |
| 5 | 125 | 12 | 2. 5 | 62 | 4 | 125 | 62 |
| 6 | 150 | 15 | 3 | 75 | 5 | 150 | 75 |
| 7 | 175 | 17 | 3. 5 | 87 | 6 | 175 | 87 |
| 8 | 200 | 20 | 4 | 100 | 6 | 200 | 100 |
| 9 | 250 | 25 | 5 | 125 | 7 | 250 | 125 |
| 10 | 300 | 30 | 6 | 150 | 9 | 300 | 150 |
| 11 | 350 | 35 | 7 | 175 | 10 | 350 | 175 |
| 12 | 400 | 40 | 8 | 200 | 12 | 400 | 200 |

（2）孔板流量计的测定计算。在孔板前后端测出压差后，按式（11 - 15）~式（11 - 21）计算瓦斯流量：

$$Q_混 = 3. 13kb \sqrt{\Delta h} \delta_P \delta_T \qquad (11 - 15)$$

$$Q_纯 = Q_混 X \qquad (11 - 16)$$

$$k = 189. 76a_0 mD^2 \qquad (11 - 17)$$

$$m = d^2 / D^2 \qquad (11 - 18)$$

$$b = \sqrt{\frac{1}{1 - 0.00446X}} \qquad (11 - 19)$$

$$\delta_P = \sqrt{\frac{P_t}{101.3}} \qquad (11 - 20)$$

$$\delta_T = \sqrt{\frac{293}{273 + t}} \qquad (11 - 21)$$

式中　$Q_混$——抽放的混合瓦斯量，$m^3/min$；

$Q_{纯}$——抽放的纯瓦斯量，$m^3/min$；

$k$——实际孔板流量特性系数；

$b$——瓦斯浓度校正系数；

$\Delta h$——孔板前后端所测压差，Pa；

$\delta_P$——压力校正系数；

$\delta_T$——温度校正系数；

$X$——瓦斯浓度，%；

$a_0$——标准孔板流量系数；

$m$——截面比；

$D$——管道直径，m；

$d$——孔板直径，m；

$P_t$——测定当地气压（kPa）+该点管内正压（正）或负压（负）（kPa）；

$t$——瓦斯管内测点温度，℃。

# 12　保护层开采及卸压瓦斯抽采模型

　　保护层开采后，岩体中形成自由空间，破坏了原岩应力平衡，岩体向采空区方向移动，就会发生顶板垮落与下沉、底板鼓起等现象，如图 12 - 1 所示。煤层与岩体发生卸压、膨胀，同时产生大小不同的裂缝，透气性增加，卸压瓦斯得以排放，瓦斯压力和瓦斯含量下降，煤体变硬，进而达到消除煤层突出危险性的目的。传统的保护层开采技术的核心是被保护层的卸压作用和卸压瓦斯通过开采形成层间裂隙的自然排放，目的是为了消除被保护层的煤与瓦斯突出危险性。随着保护层开采技术的发展，其技术核心已经转化为被保护层的卸压作用和卸压瓦斯的强化抽采。这样既可以降低保护层工作面回采过程中的瓦斯涌出，实现保护层工作面的安全回采；又可以降低被保护层的瓦斯压力和瓦斯含量，变高瓦斯突出危险煤层为低瓦斯无突出危险煤层，实现被保护层煤和瓦斯资源的安全高效开采。

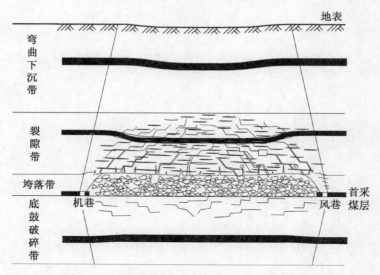

图 12 - 1　保护层开采被保护层变形及裂隙分布示意图

　　被保护层受到的保护效果与被保护层所处的位置（距离以及位于保护层的上、下方）密切相关。距离保护层近，膨胀变形大，卸压充分，保护效果好；反之，保护效果就差。与此相对应，被保护层的卸压瓦斯强化抽采也有不同的方法。根据淮南矿区煤层赋存与保护层开采的经验，总结出以下几种典型的保护层开采及卸压瓦斯抽采模型。

## 12.1　保护层开采及卸压瓦斯抽采模型

### 12.1.1　远距离下保护层开采 + 被保护层底板巷道网格式上向穿层钻孔瓦斯抽采

　　1. 抽采原理

　　远距离下保护层回采后，岩层移动、变形、破坏，由于被保护层距离下保护层远，岩层移动在被保护层中表现为整体下沉，即被保护层处于岩体移动产生的弯曲下沉带内。被保护层膨胀变形，煤层透气性增加，卸压瓦斯解吸。煤岩体整体下沉，导致其内部只能产生少量竖向破断裂隙；煤层卸压、膨胀变形，导致煤体内产生大量的横向离层裂隙。弯曲下沉带内少量的竖向破断裂隙，阻碍了被保护层卸压瓦斯向回采空间的运移，卸压瓦斯只能滞留本地，不能有效地消除被保护层的突出危险。横向离层裂隙易于瓦斯顺层流动，如果煤层内有穿层钻孔，卸压瓦斯在抽放负压的作用下向穿层钻孔汇集，能抽出卸压瓦斯，有效地消除被保护层的突出危险。

2. 抽采方法

如图 12 – 2 所示，在被保护层底板 15 ~ 25 m 的岩层中、工作面倾斜中部位置，布置岩石巷道，在巷道中每隔一定距离布置钻场，在钻场中向突出煤层的保护区域，间隔一定距离施工穿透煤层的钻孔。待下部保护层工作面推进过一定距离后，被保护层开始卸压，煤层透气性增加，瓦斯解吸，提前布置完毕的网格式上向穿层钻孔在负压的作用下汇集卸压瓦斯。在充分卸压期内，由于煤层透气性成百上千倍的提高，瓦斯流动阻力减小，大量的卸压瓦斯被抽出，突出煤层被保护区域就消除了突出危险性。另外，随着保护层工作面继续向前推进，但由于距离远，底板岩巷和穿层钻孔不会遭到严重破坏，仍然可以继续抽采被保护区域的卸压瓦斯（采空区重新被压实，被保护区域的透气性变差，但仍高于原始透气性），进一步降低被保护区域的瓦斯含量，实现被保护层的安全高效开采。

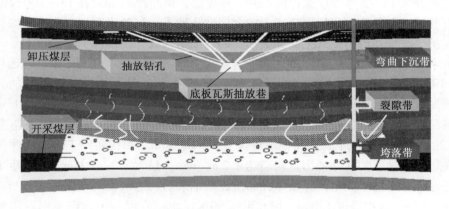

图 12 – 2　被保护层底板巷道网格式上向穿层钻孔卸压瓦斯抽采

3. 设计参数

（1）底板岩巷在被保护层底板 15 ~ 25 m 范围内、工作面倾斜中部，断面 6 ~ 10 m²，能够满足钻机施工需要。

（2）钻场间距 25 ~ 30 m，垂直底板岩巷水平布置，长度 5 m，断面 6 ~ 10 m²，能够满足钻机施工需要。

（3）钻孔布孔均匀，直径 90 ~ 120 mm，间距 25 ~ 30 m，钻孔进入煤层顶板 0.5 m。

（4）钻孔封孔长度不小于 8 m，孔口抽放负压不低于 20 kPa。

4. 适用条件

适用于远距离下保护层开采过程中的被保护层卸压瓦斯抽采，缓倾斜和倾斜煤层相对层间距 25 ~ 40 倍，急倾斜煤层层间距不大于 70 m。

5. 应用情况

远距离下保护层开采及被保护层底板巷道网格式上向穿层钻孔卸压瓦斯抽采在淮南矿区得到了广泛的应用。

潘一矿开采下保护层 11 - 2 号煤层保护上部 70 m 的 13 - 1 号煤层，在 13 - 1 号煤层底板巷道网格式上向穿层钻孔卸压瓦斯强化抽采后（钻孔间距 40 m×40 m），13 - 1 号煤层的瓦斯抽采率达到了 60% 以上，全面消除了突出危险，透气性系数由 0.01135 m²/（MPa²·d）提高到 32.687 m²/（MPa²·d），增加了 2880 倍；煤层瓦斯压力由 4.5 MPa 降到了 0.5 MPa 以下；煤层厚度膨胀变形最大达到了 26.3‰；煤巷掘进防突效果检验指标钻孔瓦斯涌出初速度和钻屑量指标都降到了安全范围内，实现安全进尺 2000 余 m，掘进速度由试验前月进 50 ~ 60 m 提高到 200 m 以上。目前，13 - 1 号煤层被保护区域的 2121（3）工作面已安全回采完毕，回采推进长度近 1000 m。回采过程中，瓦斯涌出量明显减小，瓦斯涌出正常，在工作面风量为 1800 m³/min 的条件下，回风流中瓦斯浓度仅为 0.5% ~ 0.6%，上隅角瓦斯浓度不超限，回采中未出现任何瓦斯动力现象。与相同条件下未进行卸压瓦斯抽采的工作面对比结果表明：前者的日平均产煤量为后者的 3 倍，达到 5100 t/d；相对瓦斯涌出量为后者的 1/5，仅为 5 m³/t；当二者的供风量都为 1800 m³/min 时，前者回风流平均瓦斯浓度仅 0.5% ~ 0.6%，后者达到了 1.15%。

潘三矿开采 11 - 2 号煤层保护的 13 - 1 号煤层，层间距 72 m，在 13 - 1 号煤层底板布置了岩石巷道，在巷道内布置网格式上向穿层钻孔抽采。试验表明，远距离下保护层开采结合被保护层底板巷道网格式上向穿层钻孔卸压瓦斯抽放，使被保护层 13 - 1 号煤层的瓦斯压力由 4.1 MPa 下降为 0.51 MPa，瓦斯含量由 10 m³/t 降为 3.8 m³/t，煤层的透气性系数由 8.1×10⁻⁴ m²/（MPa²·d）增大到 2.1 m²/（MPa²·d），是原始透气性系数的 2592 倍，煤层膨胀变形达到了 20.74‰，瓦斯抽放率达 62% 左右。经过考察证实，13 - 1 号煤层被保护区域的 1781（3）工作面，全面消除了煤与瓦斯突出危险，煤巷月掘进速度提高了 2.5 倍，达到了 200 m 以上，瓦斯涌出量仅为 1.8 m³/min。而在同一工作面的非保护区掘进时，在边掘边抽后的瓦斯涌出量仍高达 4.2 m³/min，最大 7.2 m³/min，并发生了小型突出。采用底板巷道网格式上向穿层钻孔卸压瓦斯抽采后，综放面月产量达 130 kt，瓦斯涌出量 13 m³/min，月推进度 130 m，回收率达 90% 以上；在同一工作面采用顺层长钻孔高压细射流强化预抽防突的区域，综放回采时的月产量平均 90 kt，瓦斯涌出量 43.5 m³/min，月进度 105 m，回收率仅 70%；而 13 - 1 号煤层在没有采取保护层或强化抽放措施时，综采工作面月产量平均不到 50 kt，月进度约 60 m，回收率约 65%。可见，开采远距离下保护层结合底板巷道网格式上向穿层钻孔卸压瓦斯强化抽采，使安全高效生产发生了质的飞跃。

谢一矿开采 B9 煤层保护的 B11b 煤层，层间距 70 m，相对层间距（层间距与保护层采高之比）35 倍。在 B10 煤层底板布置岩石巷道，巷道中每 30 m 布置钻场，钻场中布置钻孔，钻孔间距为 30 m。通过现场考察，得出了 B11b 煤层瓦斯压力由 4.5 MPa 降为 0.85 MPa，瓦斯含量由 14.0 m³/t 降为 5.5 m³/t，综合瓦斯抽排率达 61%。

可见，在远距离下保护层开采条件下，经过底板巷道网格式上向穿层钻孔卸压瓦斯强化抽采，被保护层的瓦斯抽采率通常能达到 60% 以上，瓦斯含量降至 6.0 m³/t 以下，变高瓦斯突出煤层为低瓦斯无突出危险煤层。

### 12.1.2 上保护层开采+底板巷道网格式上向穿层钻孔瓦斯抽采

**1. 抽采原理**

上保护层开采后，下部煤岩体发生膨胀变形，表现为采空区底板的底鼓。膨胀变形导致距离采空区不远的煤岩体膨胀、破断，产生垂向破断裂隙和顺层张裂隙，其中的煤层透气性增加，瓦斯解吸，卸压瓦斯通过破断裂隙进入工作面采空区，给上保护层工作面的安全生产带来隐患。距离上保护层较远的下部煤岩层（通常不超过40 m），破断裂隙不发育，卸压瓦斯滞留，不能有效消除被保护层的突出危险；但煤层层间张裂隙较发育，卸压瓦斯具有良好的顺层流动的条件。因此，对近距离下被保护层来说，需要布置穿层钻孔，拦截涌向上保护层工作面的卸压瓦斯，保障工作面的安全回采，同时降低被保护层的瓦斯含量；对较远的下被保护层来说，需要布置穿层钻孔强化抽采卸压瓦斯，消除煤层突出危险性，降低煤层瓦斯含量。

**2. 抽采方法**

在下被保护层底板15~25 m的岩体中，工作面倾斜中部位置，布置底板巷道，在巷道中每隔一定距离布置一钻场，在钻场中布置扇形穿透被保护层的钻孔，如图12-3所示。

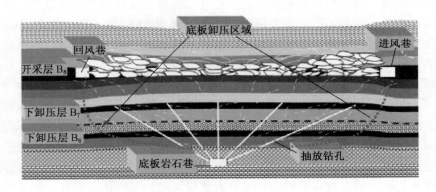

图12-3 下被保护层底板巷道网格式上向穿层钻孔卸压瓦斯抽采

瓦斯抽采工程需超前保护层回采工作面布置完毕，待工作面推进过该位置，被保护层卸压，保障钻孔能在卸压充分的时间段内顺利抽出卸压瓦斯。煤岩体的底鼓量相对于下沉量是有限的，因此被保护层底板巷道和穿层钻孔在工作面推进过后，通常不会被破坏，抽采工作仍能继续，可以延长抽放时间，尽可能地降低被保护层的瓦斯含量。

**3. 设计参数**

（1）底板岩巷在被保护层底板15~25 m范围内、工作面倾斜中部，断面6~10 m²，能够满足钻机施工需要。

（2）钻场间距30~40 m，垂直底板岩巷水平布置；长度5 m，断面6~10 m²，能够满足钻机施工需要。

（3）钻孔布孔均匀，直径90~120 mm，间距15~20 m，钻孔进入煤层顶板0.5 m。

（4）钻孔封孔长度不小于8 m，孔口抽放负压不低于20 kPa。

4. 适用条件

适用于上保护层开采过程中的被保护层卸压瓦斯抽采，缓倾斜和倾斜煤层层间距不大于 40 m，急倾斜煤层层间距不大于 50 m。

5. 应用情况

谢一矿开采上保护层 C15 煤层保护的 C13 煤层，煤层层间距 20 m，相对层间距 17 倍。C15 煤层工作面回采过程中，应用 C13 煤层底板巷道网格式上向穿层钻孔卸压瓦斯抽采技术（网格式钻孔间距 30 m × 30 m），强化抽采 C13 煤层的卸压瓦斯。试验结果表明，被保护层经强化卸压瓦斯抽放后，C13 煤层瓦斯压力由 4.5 MPa 降为 0.5 MPa，瓦斯含量由 16.5 m³/t 降为 4.3 m³/t，煤层膨胀变形达到 4.0‰，综合瓦斯抽排率达 68%。卸压瓦斯强化抽采技术成功地消除了 C13 煤层的突出危险性，降低了煤层瓦斯含量，使高瓦斯突出危险煤层变为低瓦斯无突出危险煤层，使 C13 主采煤层具备了安全高效开采的条件。

可见，上保护层开采后，经过底板巷道网格式上向穿层钻孔卸压瓦斯强化抽采，被保护层的瓦斯抽采率通常能达到 50% 以上，瓦斯含量降至 6.0m³/t 以下，变高瓦斯突出煤层为低瓦斯无突出危险煤层。

### 12. 1. 3　下保护层开采 + 地面钻井瓦斯抽采模型

底板岩石巷道网格式上向穿层钻孔抽采，能在较短的时间内抽采大量的卸压瓦斯，消除被保护层的突出危险。但钻孔利用率低，钻孔和底板瓦斯抽采巷工程量大，瓦斯抽采工程制度、生产发展、抽掘采的平衡发展很难保证。利用地面钻井瓦斯抽采技术，瓦斯抽采工程和工作在地面进行，生产与瓦斯抽采不互相制约，不互相干扰，可以改善井下安全环境和职工的工作条件，是煤与瓦斯资源共采的绿色技术。

1. 抽采原理

远距离下保护层回采后，岩层移动、变形、破坏，被保护层膨胀变形，煤层透气性增加，卸压瓦斯解吸。距离下保护层较远的被保护层，煤岩体整体下沉，导致其内部只能产生少量竖向破断裂隙，而产生大量的横向离层裂隙。距离下保护层较近的被保护层，周围煤岩体内竖向破断裂隙和顺层张裂隙发育，瓦斯具有良好的顺层运移和穿层运移的条件。可见，下保护层回采后，被保护层内均发育有顺层裂隙，卸压瓦斯具有良好的顺层流动的条件。从地面布置穿透被保护层的钻孔，既可有效地汇集被保护层内的卸压瓦斯，消除被保护层的突出危险，降低煤层瓦斯含量，又可以抽采采空区的瓦斯，保障保护层工作面的安全回采，如图 12 - 4 所示。

2. 抽采方法

该抽采方法为从地面向保护层位置施工地面钻井。在钻井的表土层段，采用 φ295 mm 钻头钻进，下 φ245 mm × 10 mm 的套管，并注水泥砂浆固井；基岩段改用 φ216 mm 钻头钻进至被保护层顶板以上 2 ~ 3 m，下 φ177.8 mm × 10 mm 的套管，并注水泥砂浆固井；然后用 φ152.4 mm 钻头钻进至保护层工作面顶板 5 m 左右。地面钻井高出地面 4 m 左右，高架支管与干管连接，由地面抽采车间敷设 φ325 mm 干管至钻井附近，支管采用 φ215 mm，用干管合苲，用真空泵抽采钻井瓦斯。

保护层工作面推进过后，被保护层卸压，钻井抽采卸压瓦斯。待工作面推进过一段距离后，保护层工作面重新压实，但透气性仍高于原始值，钻井可以继续抽采瓦斯，进一步降低被保护层的瓦斯含量。

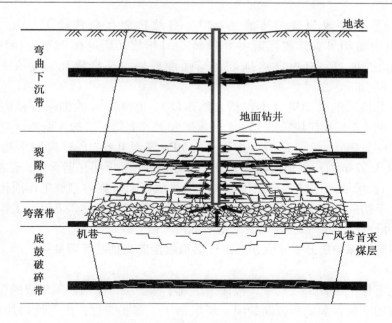

图 12-4　地面钻井抽采上被保护层卸压瓦斯

3. 参数设计

（1）地面钻井布置在距回风巷 30~40 m。

（2）地面钻井间距不大于 300 m。

（3）地面钻井穿过煤层段槽管直径不小于 180 mm。

（4）地面钻井终孔距保护层顶板间距 5 m。

（5）地面钻井应具有完备的套管加固措施。

4. 适用条件

适用于煤层倾角不大于 40°的下保护层开采。另外，回采工作面地表具有地面钻井施工和瓦斯抽采管路安装的条件。

5. 应用情况

潘一矿开采 11-2 号煤层 2352（1）工作面保护的 13-2 号煤层 2322（3）工作面，采用地面钻井对 2322（3）工作面和该面的上、下邻近层实施全层预抽瓦斯区域性措施，工作面走向长 1700 m，沿走向最东段的 217 m 为钻井预抽半径范围。

地面钻井在采动期抽采瓦斯过程中，瓦斯抽采量的最大值为 22190 m³/d（平均 15.4 m³/min），最小值为 9518 m³/d（平均 6.6 m³/min）。抽采瓦斯半径在 0~101.4 m 和 0~211 m 范围内，平均抽采瓦斯量分别为 16783 m³/d（平均 11.7 m³/min）和 14943 m³/d（平均 10.4 m³/min），抽采半径达 211 m 时的最小抽采瓦斯量仍有 9518 m³/d。在 65.1 d 内共抽出瓦斯 972808 m³，对应块段的煤层瓦斯抽出率为 18.6%。在 11-2 号煤层工作面采动影响过后，继续抽采 119.2 d，抽采瓦斯量稳定在 9316~3989 m³/d（6.5~2.8 m³/min）之间，抽采瓦斯浓度稳定在 95% 以上。119.2 d 内共抽出瓦斯 710150 m³，平均日预抽瓦斯量为 5958 m³。对应块段的煤层瓦斯抽出率为 13.5%。为了扩大地面钻井抽采瓦斯功能，减少抽采工程量，节约电耗，在 11-2 号煤层的上覆岩（煤）移基本稳定条件下，将地面全层预抽钻井改为自然排放瓦斯井。自然排放瓦斯共计 151 d，共排出瓦斯 466765 m³；其中前 81 d 共排放瓦斯 444545 m³，日排放瓦斯量在 9278 ~ 1037 m³（6.4 ~ 0.72 m³/min）之间；后 70 d 自然排放瓦斯强度较弱，日排放瓦斯量在 893 ~ 245 m³ （0.62 ~ 0.17 m³/min）之间。

在地面钻井抽采的时间里（不包括自然排放），在 422 m 的抽采直径内共抽出瓦斯 2149723 m³，抽采直径相应块段的 13 - 1 号煤层和上、下邻近层的瓦斯储量为 5241166 m³，煤层预抽率为 41.0%。煤层瓦斯压力由 4.5 MPa 降至 0.6 MPa；煤层平均瓦斯含量由 13.0 m³/t 降至 7.67 m³/t；距地面钻井 219 m 处的 13 - 1 号煤层瓦斯含量，已由 13.31 m³/t 降至 5.46 m³/t；采取地面钻井全层预抽和自然排放瓦斯措施的综放工作面比相同条件下未采取预抽瓦斯措施的 2312（3）综采工作面，平均日产量提高 2.7 倍，工作面平均绝对瓦斯涌出量下降 65.5%，相对瓦斯涌出量降低 4.1 倍。

### 12.1.4　中距离下保护层开采 + 保护层工作面顶板走向高抽巷瓦斯抽采

#### 1. 抽采原理

在中距离下保护层开采过程中，被保护层处于保护层工作面回采形成的裂隙带内，煤岩层产生大量的顺层张裂隙和破断裂隙，煤层卸压，膨胀变形，透气性增加，瓦斯解吸。解吸瓦斯通过层间破断裂隙进入回采工作面，严重影响工作面回采的安全。由于大量裂隙的存在，保护层和被保护层间煤岩体具有良好的瓦斯流动条件，布置在其中的平行于工作面风巷的高抽巷在抽放负压的作用下会汇集涌向回采工作面的卸压瓦斯，如图 12 - 5 所示。同时，采空区内的瓦斯也会在通风负压及自身升浮力作用下向工作面倾斜上方方向运移，高抽巷在负压的作用下也会汇集这部分瓦斯。因此，保护层工作面高抽巷瓦斯抽采可减少回采工作面的瓦斯涌出，保障保护层工作面回采的安全。

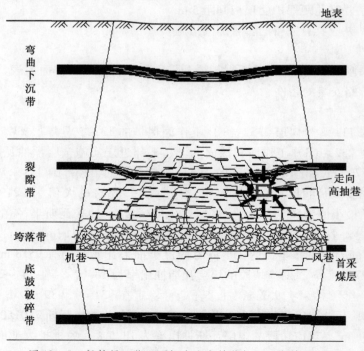

图 12 - 5　保护层工作面顶板走向高抽巷卸压瓦斯抽采方法

2. 抽采方法

在保护层工作面上部 8～10 倍采高的煤岩体中，对应工作面倾斜偏上位置，布置一条岩石巷道。巷道要在保护层工作面回采前布置完毕，待保护层工作面回采时封闭，用巷道抽采拦截卸压瓦斯。如果被保护层距离保护层相对较远（裂隙带上边缘），瓦斯向高抽巷运移的阻力增大，卸压瓦斯排放不充分，可以在高抽巷内布置少量穿层钻孔，强化抽采卸压瓦斯。

3. 参数设计

（1）顶板走向高抽巷布置在保护层工作面顶板 8～10 倍采高的层位，平行于工作面回风巷，距回风巷 20～30 m。

（2）顶板走向高抽巷断面一般为 5～6 m$^2$，需要施工穿层钻孔的巷道，能够满足钻机施工需要。

（3）顶板走向高抽巷应有较好的密闭措施，抽放负压不低于 13 kPa。

4. 适用条件

（1）被保护层应位于保护层开采的裂隙带，被保护层卸压瓦斯能够通过裂隙向顶板走向高抽巷汇集。

（2）如果被保护层卸压瓦斯无足够的裂隙向顶板走向高抽巷汇集，可从高抽巷向被保护层施工穿层钻孔。

5. 应用情况

新庄孜矿开采 B10 煤层保护上部的 B11b 煤层，层间距 28 m，采高 1.9 m，相对层间距 14.4 倍。回采前在距 B10 煤层顶板 10 m、距离工作面风巷平距 25m 处，布置条平行于工作面风巷的岩石巷道，在巷道内每 15 m 布置一组（6 个）穿透 B11b 煤层的扇形钻孔，钻孔在 B11b 煤层中线上的间距为 10～15 m，在 B10 煤层回采前进行预抽 B11b 煤层的瓦斯，回采后高抽巷封闭，和钻孔一起抽采 B10 煤层的卸压瓦斯。回采过程中，高抽巷的抽放量在 4.6～36.9 m$^3$/min 之间，平均为 20 m$^3$/min；抽采瓦斯浓度在 18.4%～6.4% 之间；高抽巷钻孔控制范围内煤体的瓦斯抽放率超过 70%。

## 12.1.5 沿空留巷上向穿层钻孔卸压瓦斯抽采

1. 抽采原理

处于保护层开采的裂隙带和底鼓破碎带内的被保护层，煤岩体内产生大量的破断裂隙和顺层张裂隙，卸压瓦斯具有良好的顺层流动和越层流动的条件。卸压后，卸压瓦斯解吸，涌向保护层工作面，影响保护层工作面的安全生产。工作面推进后，通过巷帮充填护巷技术，可以保留采空区内的风巷和机巷。从采空区内的机巷和风巷每隔一定距离施工穿透突出煤层的钻孔，在负压的作用下卸压瓦斯向钻孔汇集，抽出卸压瓦斯，如图 12－6 所示。保护层回采完毕后，机巷和风巷仍然保留，钻孔可持续抽采被保护层的卸压瓦斯，直至被保护层工作面回采，进一步降低被保护层的瓦斯含量。

2. 抽采方法

保护层工作面推进后，充填护巷，使采空区内的机巷和风巷不致于垮塌。被保护层开始卸压前，紧跟回采工作面在工作面采空区内每隔一定距离施工穿透突出煤层的钻孔。被保护层卸压时，卸压瓦斯向钻孔汇集，抽出卸压瓦斯；另外，由于工作面顶板裂隙带内裂隙发育，瓦斯在自身升浮力和回风压力的作用下，逐渐向倾斜上方运移，沿空留巷穿层钻孔还可以抽出这部分瓦斯,减少工作面上隅角的瓦斯涌出。

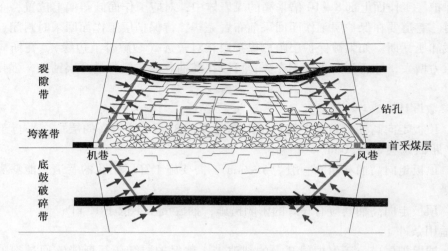

图 12 - 6　沿空留巷上向穿层钻孔卸压瓦斯抽采

3. 参数设计

(1) 穿层钻孔沿工作面回风巷和机巷均匀布孔,间距 10 ~ 15 m,直径 90 ~ 120 mm,钻孔方向迎向回采工作面,仰角 50° ~ 65°。

(2) 在工作面倾斜方向,穿层钻孔应避开垮落区,以防止钻孔短路,钻孔应穿过被保护煤层 0.5 m。

(3) 钻孔封孔长度不小于 10 m,孔口抽放负压不低于 13 kPa。

(4) 为有效地防止钻孔与垮落区沟通,可采取套管护孔技术措施。

(5) 为了更好地控制瓦斯涌出,可在上述穿层钻孔基础上,设计部分低角度拦截钻孔。

4. 适用条件

(1) 采用沿空留巷的 Y 型通风工作面,采空区侧的风巷和机巷均具有穿层钻孔的施工和护孔条件。

(2) 缓倾斜和倾斜下保护层,相对层间距不大于 25 倍。

(3) 缓倾斜和倾斜上保护层,相对层间距不大于 20 倍。

5. 应用情况

新庄孜矿开采 B10 煤层保护上部的 B11b 煤层,层间距 28 m,采高 1.9 m,相对层间距 14.4 倍。保护层工作面回采前,在机巷每 20 m 施工一组 (7 个) 穿层钻孔,钻孔在 B11b 煤层中厚线上的间距 20 m,预抽保护层工作面对应 B11b 煤层区域倾斜下部的瓦斯 (倾斜上部采用高抽巷抽放)。工作面推进过程中,机巷充填护巷,钻孔继续抽采倾斜下部区域的卸压瓦斯。回采过程中,机巷的抽放量在 7.5 ~ 34.0 m³/min 之间,平均为 14.0 m³/min;机巷钻孔控制范围内煤体的瓦斯抽放率超过 60%。

该方法也是德国邻近层卸压瓦斯的主要抽采方法,如图 12 - 7 和图 12 - 8 所示。利用该方法,瓦斯流量可达到 3.2 m³/min,被保护层的瓦斯抽采率可达 70%。

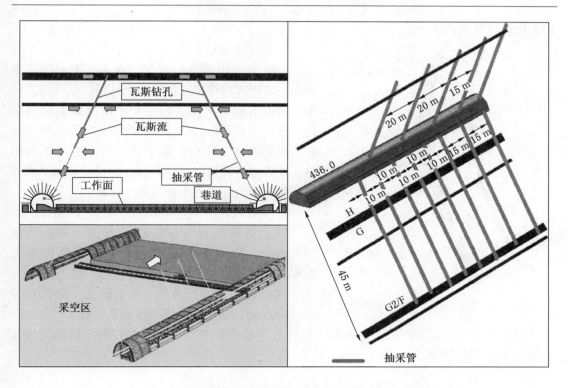

图 12 - 7　德国煤矿邻近层卸压瓦斯抽采钻孔布置示意图

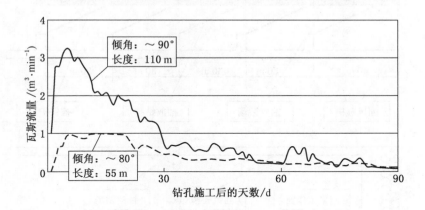

图 12 - 8　钻孔瓦斯涌出量随时间的变化

## 12.1.6　保护层工作面风巷穿层钻孔卸压瓦斯抽采

### 1. 抽采原理

如图 12 - 9 所示,在急倾斜煤层群中,保护层开采后,被保护层会发生近似横向的膨胀变形,煤层卸压,煤层内顺层张裂隙发育,透气性增加,瓦斯解吸。由于顺层张裂隙的存在,使卸压瓦斯具有良好的顺层流动的条件,从风巷施工穿透突出煤层的钻孔。在抽放负压的作用下,卸压瓦斯向钻孔方向汇集,抽出卸压瓦斯,以消除被保护层的突出危险性,降低被保护层的瓦斯含量,减小被保护层卸压瓦斯向回采空间的涌出量,以保障保护层工作面的安全回采。

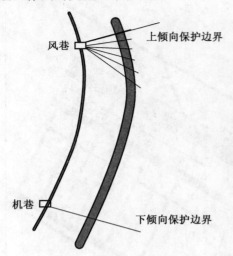

图 12 - 9　风巷穿层钻孔卸压瓦斯抽采

**2. 抽采方法**

如图 12 - 10 所示，在保护层工作面回风巷中每隔一定距离向煤层底板作一个钻场，在钻场内向采空区方向向突出煤层施工 4 个扇形倾斜穿层钻孔。待工作面回采后，被保护煤层卸压，卸压瓦斯被汇集到抽放钻孔中。由于钻孔向采空区方向倾斜，抽放卸压瓦斯时，钻孔开口段仍在未回采煤体的回风顺槽内，有利于抽放卸压瓦斯。

**3. 参数设计**

（1）钻场布置在保护层工作面风巷，间距 30 ~ 40 m，断面 6 ~ 10 m²，能够满足钻机施工需要。

（2）每个钻场布置 5 ~ 8 个钻孔，钻孔直径 90 ~ 120 mm，钻孔进入煤层顶板 0.5 m。

（3）钻孔迎向工作面采空区方向，钻孔与风巷夹角 40° ~ 60°，相邻两个钻场的钻孔走向压茬不小于 10 m。

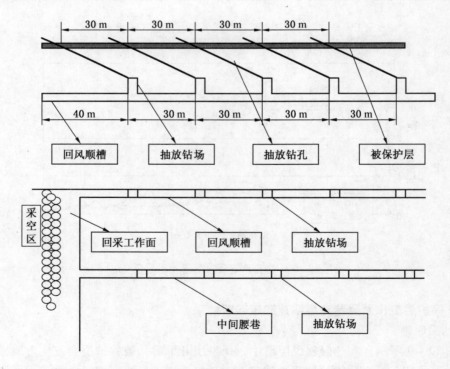

图 12 - 10　回风顺槽倾斜穿层钻孔瓦斯抽放方法示意图

（4）钻孔封孔长度不小于 8 m，孔口抽放负压不低于 15 kPa。

4. 适用条件

该瓦斯抽采方法适用于急倾斜保护层开采过程中被保护层卸压瓦斯的抽采。

5. 应用情况

李二矿开采下保护层 B9 煤层保护的 B8 煤层，煤层倾角 80°~90°，层间距 10~12 m。在 6222B9 工作面回风顺槽每隔 30 m 向底板方向做一长度为 5 m 的钻场，每个钻场内沿走向方向向 B8 煤层打 3~4 个 $\phi$91 mm 的倾斜穿层钻孔，在回风顺槽共需布置 5 个钻场。在 B8 煤层的中厚面上，钻孔走向间距 30 m、倾斜间距 10 m，钻孔进入煤层顶板 0.5 m。

在下保护层 6222B9 工作面回采过程中，被保护层 B8 煤层透气性系数由 0.163 m²/（MPa²·d）增加到 19.344 m²/（MPa²·d），增大了 118 倍；B8 煤层的瓦斯压力由 0.8 MPa 降低至 0.27 MPa，降低了 66%；煤层瓦斯含量由 5.0 m³/t 下降到 2.7 m³/t，瓦斯抽排率达到了 55.1%；消除了 B8 煤层的突出危险性。B8 煤层机巷掘进突出危险预测钻粉量指标最大值仅为 4.3 kg/m，低于临界指标值 6.0 kg/m；钻屑解吸指标最大值仅为 0.21 mL/（g·min^(1/2)），远低于临界指标值为 0.5 mL/（g·min^(1/2)）；B8 煤层风巷掘进突出危险预测钻粉量指标最大值仅为 4.1 kg/m，钻屑解吸指标最大值仅为 0.07 mL/（g·min^(1/2)）。在掘进风量为 148 m³/min 的条件下，回风流瓦斯浓度的最大值仅为 0.26%，机巷和风巷都实现了安全掘进，月掘进速度由试验前的 81 m 提高到了 137 m，提高了 69%。在保护范围内，B8 煤层回采工作面实现了安全生产，月产量由试验前的 8010 t，提高到 27000 t，提高了 237%；相对瓦斯涌出量由 11.0 m³/t 降低到 1.74 m³/t；绝对瓦斯涌出量由 2.0 m³/min 降低到 1.0 m³/min。

## 12.1.7 保护层开采保护上、下被保护层 + 底板巷道网格式上向穿层钻孔卸压瓦斯抽采

1. 抽采原理

保护层开采后，其上、下煤岩层发生膨胀变形，煤层透气性增加，采用合理的瓦斯抽采方法能有效地抽采上、下被保护层的卸压瓦斯，消除突出煤层的突出危险性，变突出危险高瓦斯煤层为非突出低瓦斯煤层。

2. 抽采方法

保护层开采上、下被保护层的卸压瓦斯抽采方法与单独的上被保护层和下被保护层卸压瓦斯抽采方法相同，可采用底板巷道网格式上向穿层钻孔抽采，如图 12-11 所示。

3. 应用情况

本方法在谢一矿应用效果显著。通过保护层（B9b 煤层）的开采试验、-720B10 底板巷道网格式上向穿层钻孔卸压瓦斯抽放、-780B6 底板巷道网格式上向穿层钻孔卸压瓦斯抽放、B6 煤层巷道抽放、工作面采空区尾部瓦斯抽放、工作面回风和尾巷风排瓦斯综合瓦斯治理方法，成功地消除了 B11b 煤层的煤与瓦斯突出危险性，降低了煤层瓦斯含量，使高瓦斯突出危险煤层变为低瓦斯无突出危险煤层，B11b 主采煤层具备了安全高效开采的条件。在层间距 70 m，相对层间距（层间距与保护层采高之比）35 倍、煤层倾角 23°的远距离下保护层条件下，得出 B11b 煤层瓦斯压力由 4.5 MPa 降为 0.85 MPa，瓦斯含量由 14.0 m³/t 降为 5.5 m³/t，综合瓦斯抽排率达 61%。5121B9b 工作面绝对瓦斯涌出量平均达 40 m³/min，相对瓦斯涌出量平均达 45 m³/t。其中，回风排放瓦斯量最大为 10.1 m³/min，尾排瓦斯量最大为 15.2 m³/min，-720B10 底板巷钻孔瓦斯抽放量为 6.5~17.9 m³/min，-780B6 底板巷钻孔瓦斯抽放量为 5.5~12.9 m³/min，尾抽瓦斯量为 2.1~

6.5 m³/min，瓦斯抽放总量为 12.4～35.5 m³/min。

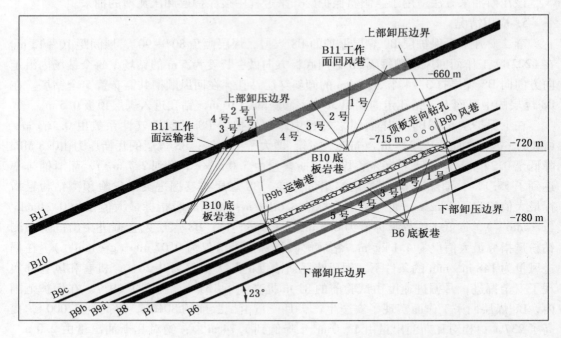

图 12 - 11　保护层开采上、下卸压及卸压瓦斯抽采

## 12.2　保护层卸压瓦斯抽采实践

### 12.2.1　谢一矿开采 B9 煤层保护的 B11 煤层

#### 12.2.1.1　保护层基本情况

1. 保护层工作面的开采范围

根据谢一矿工作面接续关系，将 51 采区 B9b 煤层的 5121B9b 工作面作为保护层试验工作面，如图 12 - 12 和图 12 - 13 所示。工作面标高在 -714.4～-774.3 m 之间，北起 -720 m 中央石门，南至Ⅳ线，煤层上下阶段及南北翼均未回采，上覆 B10、B11b 及下部的 B8、B7、B6 煤层亦未回采。工作面参数为：

工作面走向长　　　　　　　　　　　　　　　　560 m（已减去下山保护煤柱）

工作面倾斜长　　　　　　　　　　　　　　　　148 m

煤层厚度　　　　　　　　　　　　　　1.8～2.4 m，平均 2.0 m

煤层倾角　　　　　　　　　　　　　　　　　　23°

2. 被保护层工作面的开采范围

1）开采保护层的有效层间距

根据《防治煤与瓦斯突出细则》规定，下保护层开采时，有效层间距小于 100 m。谢一矿 B9b 和 B11b 煤层的层间距为 70 m，属有效保护范围内。

2）倾斜方向的保护范围

在上部被保护层中，沿倾斜方向的保护范围可按卸压角划定。煤层倾角为 23°时，倾

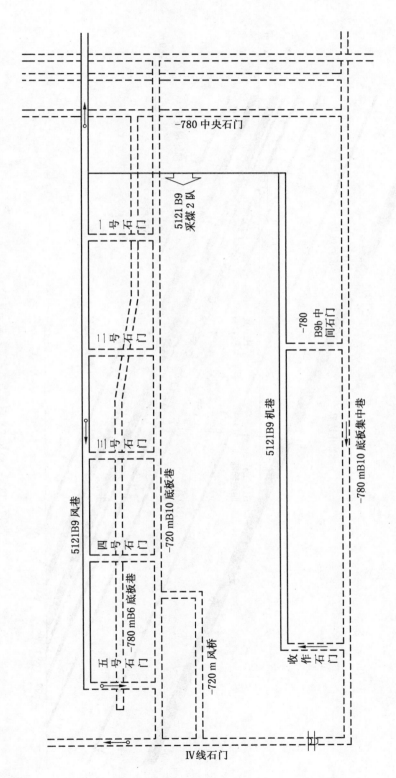

图 12 - 12 试验区工作面及巷道布置平面示意图（一）

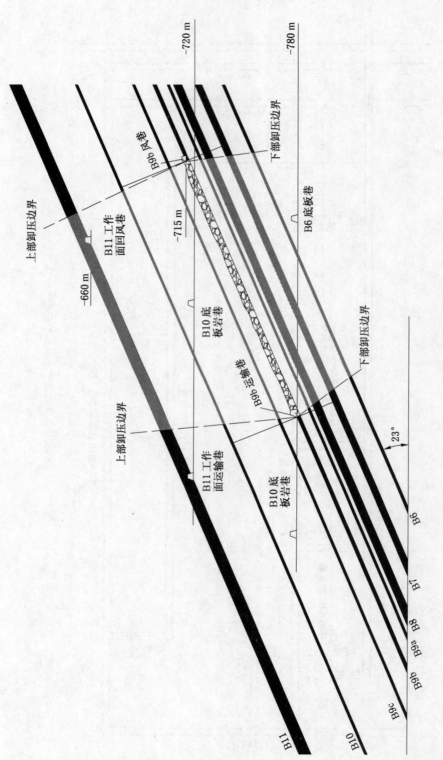

图 12-13　试验区工作面及巷道布置剖面示意图（二）

斜下部卸压角 $\delta_1 = 73°$，倾斜上部卸压角 $\delta_2 = 87°$。相对于保护层工作面，被保护层工作面上部内错距离为 4.0 m，处在 -660 m 水平之上，说明被保护层工作面上部边界已经全部处在被保护范围内；被保护层工作面下部内错距离为 21.5 m，相对于保护层工作面运输巷，被保护层工作面运输巷外错 18.5 m，故被保护层工作面下部 40 m 范围处在未被保护范围内。

在下部被保护层中，沿倾斜方向的保护范围可按卸压角划定。煤层倾角 23°时，倾斜下部卸压角 $\delta_3 = 75°$，倾斜上部卸压角 $\delta_4 = 75°$。

3）走向方向的保护范围

本设计走向方向的保护范围是指被保护层工作面的开切眼和终采线向里内错的距离：

开切眼向里内错 $\qquad L_3 = 70 \times \cot 60° = 40.0 \text{ m}$

终采线向里内错 $\qquad L_4 = 70 \times \cot 60° = 40.0 \text{ m}$

4）被保护层工作面参数

上部被保护层工作面为 B11b 煤层的 5123B11b 工作面，与保护层工作面层间距 70 m，工作面标高在 -660 ~ -774.3 m 之间。工作面参数为：

| | |
|---|---|
| 工作面走向长 | 560 m |
| 工作面倾向长 | 148 m |
| 煤层厚度 | 4.0 ~ 6.0 m，平均 5.0 m |
| 煤层倾角 | 23° |
| 走向被保护区长 | 560 - 80 = 480 m |
| 倾向被保护区长 | 148 - 40 = 108 m |

3. 瓦斯基础参数

保护层 5121B9b 工作面对应的被保护层 5123B11b 工作面保护范围的上、下限标高为 -660 ~ -774.3 m，-660 m 处煤层瓦斯压力为 3.84 MPa，-774 m 处煤层瓦斯压力为 5.0 MPa，工作面煤层平均瓦斯压力为 4.5 MPa，工作面煤层平均瓦斯含量为 14.0 $\text{m}^3/\text{t}$。

### 12.2.1.2 工作面瓦斯综合治理

1. 风排瓦斯治理方法

5121B9b 工作面由 -780B6 底板巷—石门—工作面机巷进风，经工作面—工作面风巷—石门— -720B10 底板巷—Ⅳ石门进入采区回风系统。根据工作面巷道断面和系统供风能力，并考虑到工作面开采初期采用通风排放瓦斯和尾巷排放瓦斯，确定工作面回风量上限为 1000 $\text{m}^3/\text{min}$，工作面风排瓦斯量上限为 10.4 $\text{m}^3/\text{min}$。工作面采过一号石门后，由于顶、底板瓦斯抽放系统发挥作用，而此时工作面缺少尾排的条件，此时工作面回风量上限为 1200 $\text{m}^3/\text{min}$，工作面风排瓦斯量上限为 12.5 $\text{m}^3/\text{min}$。

2. 尾排及尾抽瓦斯治理方法

5121B9b 工作面采过一号石门前，进入工作面风流的一部分经采空区，通过 -720B10 北底板巷进入采区回风系统，形成尾排，尾排的瓦斯主要包括：①工作面采落煤炭释放的部分瓦斯；②邻近层及围岩赋存的瓦斯在采动应力作用下解吸，通过采动裂隙进入采空区并积存在采空区底部的部分瓦斯。尾排风流中瓦斯浓度最大按 2.5% 控制，尾排风量取决于工作面与尾排联络巷之间的阻力分配，即工作面与尾排联络巷之间的距离。尾排风量平均按 600 $\text{m}^3/\text{min}$ 设计，尾排最大瓦斯量为 30 $\text{m}^3/\text{min}$。

将靠近开切眼附近的尾排联络巷封闭，将抽放管路插入密闭内，对工作面采空区后部进行尾抽，抽放的瓦斯主要来自于邻近层及围岩赋存的瓦斯在采动应力作用下解吸，通过采动裂隙进入采空区并积存在采空区后部的部分瓦斯。根据谢一矿的经验，尾抽瓦斯量按 $10.0 \ m^3/min$ 设计。

3. $-720B10$ 煤层底板巷道网格式上向钻孔卸压抽放方法

由于被保护层 B11b 煤层和保护层 B9b 煤层相距 70.0 m，根据淮南矿区开采远距离下保护层经验，在保护层开采过程中如果不对远距离被保护层卸压瓦斯进行预抽，B11b 煤层的瓦斯仅有 10% ~15% 的瓦斯通过采动裂隙进到保护层工作面，被保护层工作面的瓦斯得不到有效抽排，不能实现变高瓦斯突出危险煤层为低瓦斯无突出危险煤层的目的。因此，为了实现远距离被保护层的安全高效开采，必须在开采 B9b 煤层的同时对 B11b 煤层的卸压瓦斯进行预抽。

B11b 煤层的卸压瓦斯预抽采用底板岩巷网格式上向穿层钻孔瓦斯抽放方法，在 5123B11b 工作面倾向中部，距 B10 煤层底板 5.0 m 的岩层中布置一条走向底板瓦斯抽放巷，巷道标高为 $-720$ m。在 $-720B10$ 煤层底板瓦斯抽放巷内（被保护范围内），每隔 30 m 布置一个抽放钻场，钻场垂直于底板瓦斯抽放巷水平布置，每个钻场长度 5 m，净断面为 $6.0 \ m^2$，采用锚喷支护。共布置了 16 个钻场。

在 $-780B10$ 底板瓦斯抽放巷内（未被保护范围内），每隔 10 m 布置一个抽放钻场，钻场垂直于底板瓦斯抽放巷水平布置，每个钻场长度 5 m，净断面为 $6.0 \ m^2$，采用锚喷支护。共布置了 48 个钻场。

在 B11b 煤层卸压范围内，每个钻场内沿煤层倾向方向布置 4 个抽放钻孔，钻孔间距 30 m（相邻钻孔与 B11 煤层中厚面交点的距离）。钻孔开孔位置位于钻场顶部，钻孔终孔位置为进入 B11 煤层顶板 0.5 m。设计抽放钻孔总长度 3980 m，其中钻孔穿过煤层的总长度为 541 m。在卸压范围内，设计同时起作用的抽放钻孔数量为 4 排 16 个，单孔瓦斯抽放量按 $1.0 \ m^3/min$ 设计，底板巷道瓦斯抽放量为 $16.0 \ m^3/min$。

在 B11b 煤层未卸压范围内，每个钻场内沿煤层倾向方向布置 4 个抽放钻孔，钻孔间距 10 m。钻孔开孔位置位于钻场顶部，钻孔终孔位置为进入 B11 煤层顶板 0.5 m。设计抽放钻孔总长度 16769 m，其中钻孔穿过煤层的总长度为 2382 m。

4. $-780B6$ 煤层底板巷道网格式上向钻孔卸压抽放方法

在保护层 B9b 煤层底板 9.0 ~35.0 m 范围内有 B8、B7 和 B6 三个煤层，煤层平均厚度分别为 4.5 m、3.8 m 和 1.6 m，平均层间距分别为 9.0 m、20.5 m 和 35.0 m。在保护层工作面开采期间，下部对应区域将产生底鼓膨胀，下邻近层瓦斯大量解吸。如果不对上述三个煤层的卸压瓦斯进行抽放，将有 $8.1 \ m^3/t$ 的瓦斯进入保护层工作面。如果工作面产量为 1200 t/d，则来自于上述三个煤层的瓦斯涌出量预计达到 $6.7 \ m^3/min$。由此可见，为了保护层工作面的安全开采，必须对 B8、B7 和 B6 煤层的卸压瓦斯进行预抽。

$-780B6$ 煤层底板巷道网格式上向钻孔卸压抽放方法，是在 5121B9b 工作面倾向中上部，距 B6 煤层底板 10.0 m 的岩层中布置一条走向底板瓦斯抽放巷。巷道标高为 $-780$ m，沿瓦斯抽放巷每隔 30 m 布置一个抽放钻场；在每个钻场内沿煤层倾斜方向，每隔 30 m 布置一个穿层瓦斯抽放钻孔；每个钻场内布置 5 个瓦斯抽放钻孔，钻孔直径 91 mm，钻孔进入 B8 煤层顶板 1.0 m；设计抽放钻孔总长度 4541 m，其中钻孔穿过煤层的总长度为

869 m。设计同时起作用的抽放钻孔数量为 4 排 20 个，单孔瓦斯抽放量按 0.5 m³/min 设计，底板巷道瓦斯抽放量为 10.0 m³/min。

5. 设计系统瓦斯抽排能力

1）初期系统的瓦斯抽排能力

保护层 5121B9b 工作面初期瓦斯抽排系统由风排、尾排、－720B10 煤层底板巷道网格式上向钻孔和－780B6 煤层底板巷道网格式上向钻孔组成，各子系统的设计瓦斯抽排能力汇总如下：

| | |
|---|---|
| 风排瓦斯 | 12.5 m³/min |
| 尾排瓦斯 | 30.0 m³/min |
| －720B10 底板巷道 | 16.0 m³/min |
| －780B6 底板巷道 | 10.0 m³/min |
| 系统最大瓦斯抽排能力 | 68.5 m³/min |

考虑到系统的匹配关系，系统瓦斯抽排能力按最大值的 80% 计算，为 54.8 m³/min。当工作面产量为 1200 t/d 时，工作面绝对瓦斯涌出量为 26.4 m³/min，工作面瓦斯抽排系统可以满足生产的需要。

2）后期系统的瓦斯抽排能力

保护层 5121B9b 工作面初期瓦斯抽排系统由风排、尾抽、－720B10 煤层底板巷道网格式上向钻孔和－780B6 煤层底板巷道网格式上向钻孔组成，各子系统的设计瓦斯抽排能力汇总如下：

| | |
|---|---|
| 风排瓦斯 | 12.5 m³/min |
| 尾抽瓦斯 | 10.0 m³/min |
| －720B10 底板巷道 | 16.0 m³/min |
| －780B6 底板巷道 | 10.0 m³/min |
| 系统最大瓦斯抽排能力 | 48.2 m³/min |

考虑到系统的匹配关系，系统瓦斯抽排能力按最大值的 80% 计算，为 38.8 m³/min。当工作面产量为 1200 t/d 时，工作面绝对瓦斯涌出量为 26.4 m³/min，工作面瓦斯抽排系统可以满足生产的需要。

煤层底板巷道网格式上向抽排钻孔设计图如图 12－14 所示，－720B10 煤层底板巷道网格式上向抽排钻孔施工图如图 12－15 所示，－780B6 煤层底板巷道网格式上向抽排钻孔施工图如图 12－16 所示。

12.2.1.3　保护层开采参数考察技术方案及参数测定方法

1. 考察内容

（1）B9b 煤层的 5121B9b 工作面始采线煤柱对被保护煤层（B11b 煤层）沿走向方向的被保护范围。

（2）B9b 煤层的 5121B9b 工作面下侧煤柱对被保护煤层（B11b 煤层）沿倾斜方向的被保护范围。

（3）B9b 煤层的 5121B9b 工作面开采及卸压瓦斯抽放，引起被保护煤层（B11 煤层）瓦斯压力、煤层瓦斯含量、钻孔瓦斯流量和透气性系数等参数的变化。

（4）B9b 煤层的 5121B9b 工作面开采及卸压瓦斯抽放，引起被保护煤层（B8 煤层）瓦斯压力、煤层瓦斯含量、钻孔瓦斯流量和透气性系数等参数的变化。

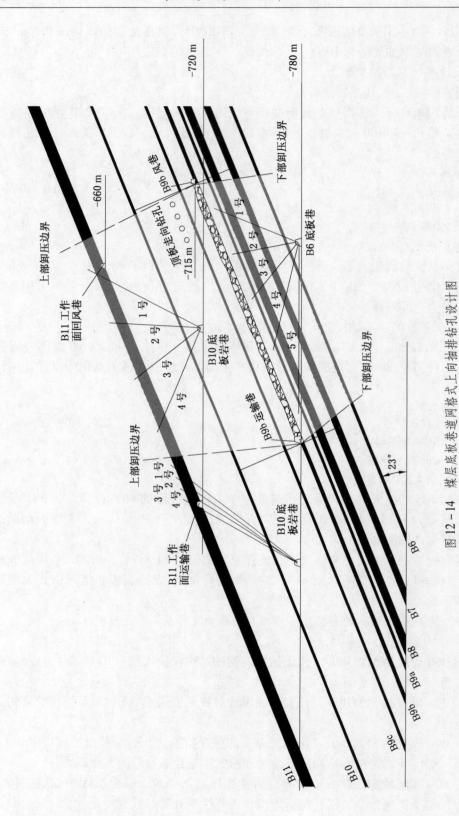

图 12-14　煤层底板巷道网格式上向抽排孔设计图

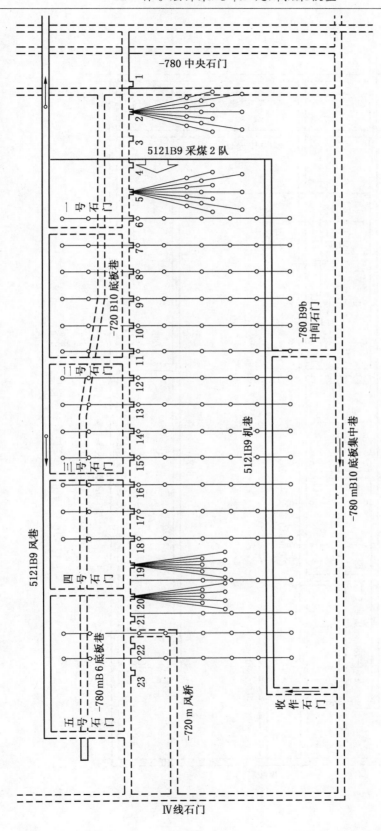

图 12 - 15　-720B10 煤层底板巷道网格式上向抽排排钻孔施工图

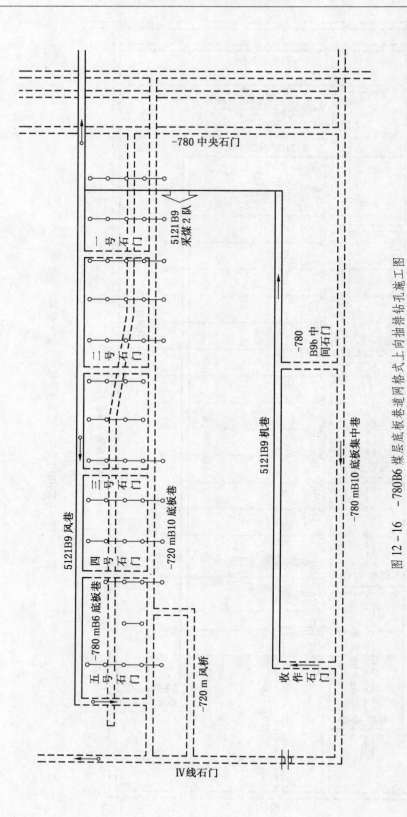

图 12－16　－780B6 煤层底板巷道网格式上向抽排排钻孔施工图

（5）B9b 煤层的 5121B9b 工作面开采对被保护煤层（B11b 煤层）卸压瓦斯抽放的影响。

（6）B9b 煤层的 5121B9b 工作面开采对被保护煤层（B8 煤层）卸压瓦斯抽放的影响。

（7）B9b 煤层的 5121B9b 工作面开采对被保护煤层（B11b 煤层）未卸压区域瓦斯抽放的影响。

2. 考察方案

1）走向方向的被保护范围

B11 煤层走向卸压边界的考察在 B11 工作面开切眼侧的卸压区和未卸压区边界处进行。考察钻孔布置方式如图 12 - 17 所示，共布置 3 个瓦斯压力测定钻孔。1 号钻孔在卸压范围内，距设计西卸压边界线 10 m；2 号钻孔终孔位置落在设计卸压边界线上；3 号钻孔在未卸压范围内，距设计卸压边界线 10 m。钻孔间距以煤层中厚线为准。

在保护煤层设计时，设计走向卸压角 60°。1 号、3 号考察钻孔终孔距设计卸压边界线 10 m，按 B9b 煤层与 B11 煤层平均层间距 70 m 计算。设计考察钻孔开孔位置在未卸压区的底板抽放巷道中，瓦斯抽放密闭外侧，1 号、2 号考察孔应避开预计的 B9b 煤层开采的影响范围，即在设计卸压边界线以外。

2）倾斜方向的被保护范围

倾斜方向的卸压范围分为工作面上部卸压边界和工作面下部卸压边界。由于 B11 煤层工作面上顺槽已经处在卸压被保护范围内，测定工作面上部卸压边界已经没有实际意义，因此本考察只设计了工作面下部卸压边界的考察。

由 -780 mB10 底板巷向保护边界打考察钻孔。考察钻孔布置方式如图 12 - 18 所示，共布置 3 个瓦斯压力测定钻孔。8 号钻孔在卸压范围内，距设计卸压边界线 5 m；7 号钻孔终孔位置落在设计卸压边界线上；6 号钻孔在未卸压范围内，距设计卸压边界线 5 m。

3）保护层的回采及卸压瓦斯抽放的影响

在被保护范围内通过测定 B11 煤层瓦斯压力、透气性系数和钻孔瓦斯抽放量变化，考察保护层的回采及卸压瓦斯抽放的影响。共布置了 4 号和 5 号 2 个测压孔，要求考察钻孔尽可能垂直于煤层。

由于 -720 mB10 底板岩巷处在 B9b 煤层工作面开采的裂隙带内，瓦斯将沿顺层和穿层裂隙向巷道汇集，再加上此水平巷道变形较大，因此在设计时将 -720 mB10 底板岩巷作为瓦斯抽放巷。要求 4 号和 5 号 2 个测压孔的测压管引到瓦斯抽放密闭外侧，在此处读取 4 号和 5 号测压孔的瓦斯压力变化。

在被保护范围内通过测定 B8 煤层瓦斯压力、透气性系数、煤层顶底板相对变形和钻孔瓦斯抽放量变化，考察保护层的回采及卸压瓦斯抽放的影响。钻孔布置如图 12 - 19 所示，共布置了 9 号和 10 号 2 个测压孔，要求考察钻孔尽可能垂直于煤层。变形钻孔要求进入 B8 煤层顶板 1.0 m。

4）被保护范围下边界与岩石移动边界之间瓦斯抽放效果考察

如前所述，在 B11 煤层被保护工作面倾斜下边界有 40 m 处在未被保护范围内，但该区域处在保护层开采影响的岩石移动范围内（岩石移动角取 123.6°）。相对于被保护范围而言，煤层具有一定程度的卸压，但卸压程度相对较小，煤层透气性增大较小，故该区域

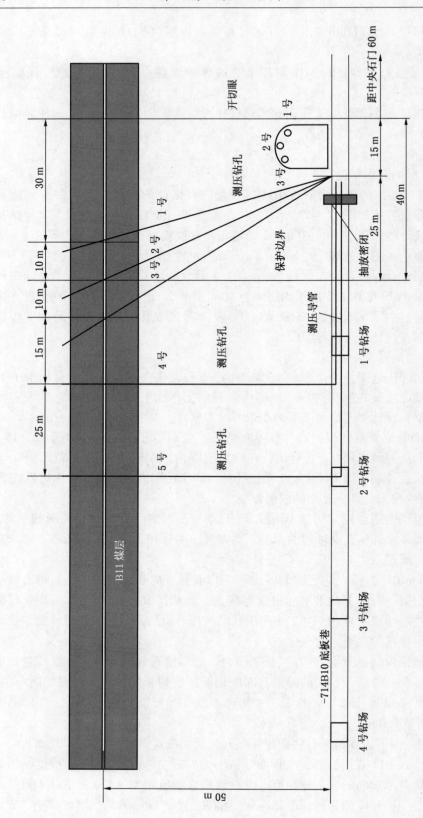

图12-17 B11煤层走向卸压边界考察钻孔及卸压抽放考察钻孔布置图（沿-720B10底板巷垂直剖面图）

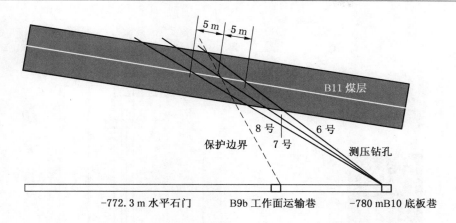

图 12－18　B11 煤层工作面倾向下卸压边界考察钻孔布置图

内瓦斯抽放钻孔布孔密度较大。为了考察上述区域内的卸压和瓦斯抽放效果，共布置了 4 个测定瓦斯压力钻孔，如图 12－20 所示，其中 11 号及 12 号钻孔布置在抽放区域内，13 号及 14 号钻孔布置在抽放区域外。测压钻孔开孔位置在 －780 mB10 底板巷。

**12.2.1.4　保护层开采及卸压瓦斯抽采效果分析**

1. B11b 煤层瓦斯压力测定结果

根据设计要求，在保护层 5121B9b 工作面开采之前共施工了 14 个测压钻孔。其中 P1、P2、P3 考察 B11b 煤层走向卸压边界，P4、P5 考察 B11b 煤层卸压及瓦斯抽放效果，P6、P7、P8 考察 B11b 煤层倾向下卸压边界，P11、P12、P13、P14 考察 B11b 煤层倾向下卸压边界外、岩层移动角内的抽放及卸压效果。

由于 B11b 煤层底板岩性完整性和封孔等技术原因，特别是 －720B10 底板岩巷距 B9b 煤层仅为 25 m，处于保护层开采的裂隙带内，在卸压区域内 B10 煤层的瓦斯直接通过裂隙进入底板岩巷，迫使底板岩巷提前封闭，其中的观察工作无法进行。－780B10 底板岩巷 B11b 煤层瓦斯压力测定的最大瓦斯压力仅为 0.45 MPa，该区域原始瓦斯压力应达到 4.5 MPa。由于测定结果相差较大，因此在实际瓦斯参数计算过程中没有采用本次的测定结果。

2. 保护层工作面初采阶段瓦斯抽排情况分析

保护层工作面初采阶段是指从工作面开采到工作面顶底板煤岩层全面卸压、顶底板内瓦斯抽放工程生效之前的开采时段。该阶段又可分成两个时段，第一时段为顶底板煤岩层卸压之前，此时工作面的瓦斯涌出主要来自于开采煤层本身及距开采煤层较近的煤岩层，瓦斯涌出量相对较小；第二时段从顶底板煤岩层卸压到顶底板内瓦斯抽放工程生效之前，此时由于顶底板内煤岩层全面卸压，大量瓦斯解吸并沿层间裂隙向工作面涌出，而此时顶底板内的瓦斯抽放工作面还没有完全发挥作用，工作面风排瓦斯量较大。

1）风排瓦斯效果分析

图 12－21 给出了工作面回风及尾排风量变化。从图中可以看出，工作面回风量为 862～1250 m³/min，平均为 1000 m³/min；工作面尾排风量为 176～945 m³/min，平均为 650 m³/min；工作面总风量为 1154～2000 m³/min，平均为 1650 m³/min。工作面回风量和

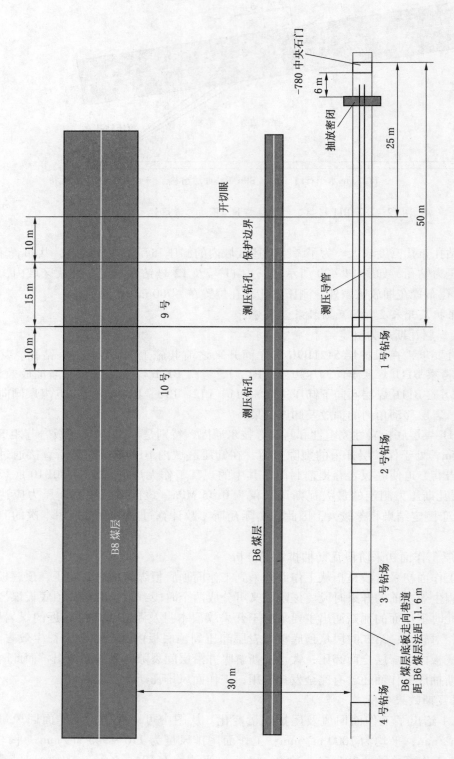

图 12 - 19　B8 煤层卸压抽放考察钻孔布置图

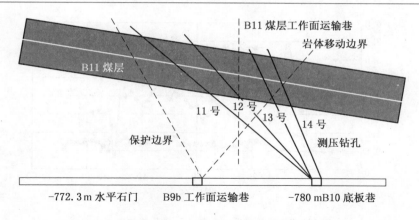

图 12-20 B11 煤层工作面倾向下卸压边界外考察钻孔布置图

尾排风量变化均较大，这主要取决于尾巷联络巷与工作面的位置关系。当尾巷联络巷距工作面较近时，尾巷阻力较小，尾排风量大；当尾巷联络巷距工作面较远时，尾巷阻力增大，尾排风量减小。说明用尾巷排放瓦斯通风系统的稳定性差，这也是造成工作面回风及尾巷风流中瓦斯浓度波动范围大的主要原因。

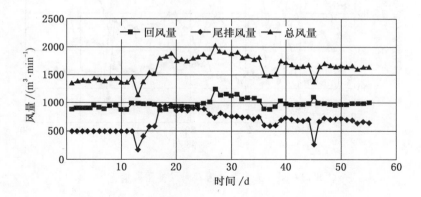

图 12-21 工作面回风及尾排风量变化

从图 12-22 中可以看出，工作面回风瓦斯浓度为 0.42% ~ 1.17%，平均为 0.70%；尾排风流中的瓦斯浓度为 0.12% ~ 3.60%，平均为 2.0%。工作面回风流中个别时段出现瓦斯浓度大于 1.0% 的现象，尾巷回风流中个别时段出现瓦斯浓度大于 2.5% 的现象。说明在初采阶段瓦斯处理还有不足之处，有待于在今后的实践中予以完善。

图 12-23 给出了保护层工作面初采期间风排瓦斯量随开采时间的变化。可以看出，工作面回风排放瓦斯量为 3.7 ~ 13.1 $m^3/min$，平均为 6.6 $m^3/min$；工作面尾排瓦斯量为 0.32 ~ 15.13 $m^3/min$，平均为 12.5 $m^3/min$；工作面风排瓦斯量为回风与尾排瓦斯量之和，工作面风排瓦斯量为 13.3 ~ 23.9 $m^3/min$，平均为 19.1 $m^3/min$。

2）抽放瓦斯效果分析

图 12-24 给出了工作面瓦斯抽放量变化，包括 -720B10 底板巷瓦斯抽放量（简称 -720B10 底板巷）、-780B6 底板巷瓦斯抽放量（简称 -780B6 底板巷）、B6 煤层巷道和

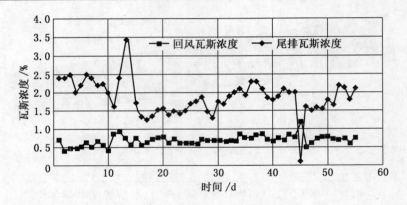

图 12 - 22　工作面初采期间风流瓦斯浓度变化

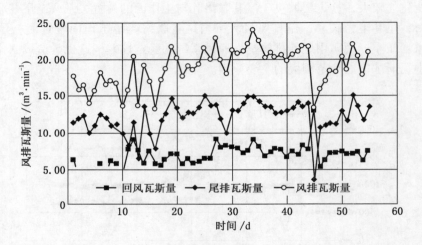

图 12 - 23　工作面初采期间风排瓦斯量变化

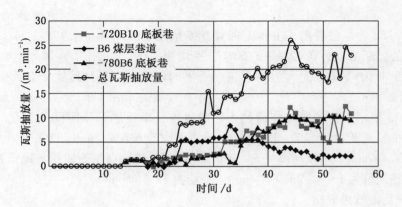

图 12 - 24　工作面初采期间抽放瓦斯量变化

瓦斯抽放总量。从图中可以看出，在工作面开采最初阶段，工作面瓦斯主要来自于开采煤层和其附近的煤岩层，此时由于顶底板岩层变形较小，工作面瓦斯主要为风排瓦斯，工作面瓦斯抽放量为零；之后随着工作面的推进，底板穿层钻孔首先抽出瓦斯，说明底板卸压超前于顶板。随着顶底板岩层卸压程度提高和抽放钻孔数量增多，顶底板巷道和煤层巷道的作用，工作面瓦斯抽放量逐渐增加，－720B10 底板巷瓦斯量为 $0 \sim 12.3$ m$^3$/min，稳定在 $10.0$ m$^3$/min；－780B6 底板巷瓦斯量为 $0 \sim 10.5$ m$^3$/min，稳定在 $10.0$ m$^3$/min；B6 煤层巷道瓦斯量为 $0 \sim 8.4$ m$^3$/min，后降为 $2.2$ m$^3$/min；瓦斯抽放总量为 $0 \sim 26.0$ m$^3$/min，稳定在 $20.0$ m$^3$/min。

　　图 12 - 25 给出了保护层工作面初采期间绝对瓦斯量随开采时间的变化，图 12 - 26 给出了保护层工作面初采期间产量和相对瓦斯量随开采时间的变化。从图中可以看出，工作面绝对瓦斯量为 $13.7 \sim 47.6$ m$^3$/min，稳定在 $40.0$ m$^3$/min；工作面产量为 $700 \sim 1412$ t/d，稳定在 $1100$ t/d；工作面相对瓦斯量为 $20.0 \sim 78.9$ m$^3$/t，稳定在 $50.0$ m$^3$/t。

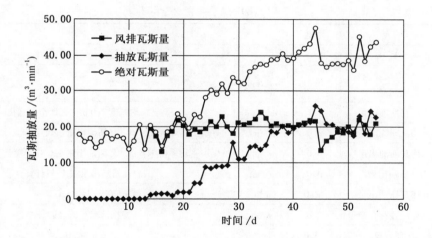

图 12 - 25　工作面初采期间绝对瓦斯量变化

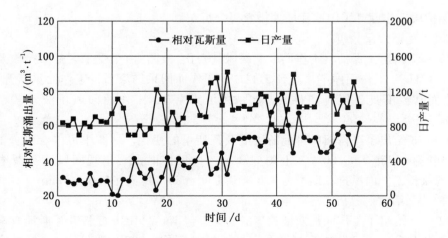

图 12 - 26　工作面初采期间产量及相对瓦斯量变化

3）B9b 煤层瓦斯含量统计分析

表 12 - 1 给出了 B9b 煤层瓦斯含量的统计计算结果，统计时间为 2004 年 8 月 1—15 日，此时段对应 5111C15 工作面初采阶段的第一时段，即为工作面顶底板煤岩层卸压之前，此时工作面的瓦斯涌出主要来自于开采煤层本身及距开采煤层较近的煤岩层，包括 B9b 煤层、B9a 煤层、B9c 煤层及围岩，平均瓦斯涌出量为 16.0 m³/min，其中围岩瓦斯涌出量按 15% 计算，近似取 3.0 m³/min，B9b 煤层、B9a 煤层、B9c 煤层瓦斯涌出量为 13.0 m³/min，工作面平均日产 850 t。由于 B9a 煤层在 B9b 煤层底板下 5.6 m，B9c 煤层在 B9b 煤层顶板上 9.0 m，认为在 B9b 煤层回采期间，B9a 煤层和 B9c 煤层对应区域可解吸瓦斯量部分解吸并涌向工作面。B9b 煤层、B9a 煤层和 B9c 煤层瓦斯涌出量比例关系见表 12 - 1，B9b 煤层瓦斯涌出量为 7.0 m³/min，B9a 煤层和 B9c 煤层瓦斯涌出量为 3.0 m³/min。计算得出 B9b 煤层吨煤瓦斯涌出量为 12.0 m³/t，根据淮南矿区经验，B9b 煤层残存瓦斯含量取 2.0 m³/t，由此获得 B9b 煤层瓦斯含量为 14.0 m³/t。

表 12 - 1　B9b 煤层瓦斯含量计算表

| 项　目 | 参数 | 单位 | 备　注 |
|---|---|---|---|
| 工作面平均日产 | 850 | t | |
| B9b、B9a、B9c 煤层及围岩平均瓦斯涌出量 | 16.0 | m³/min | |
| B9b 煤层平均瓦斯涌出量 | 7.0 | m³/min | 煤层平均厚度 2.0 m，瓦斯全部涌出 |
| B9a 煤层平均瓦斯涌出量 | 3.0 | m³/min | 煤层平均厚度 1.4 m，瓦斯涌出量占煤厚度比例的 60% |
| B9c 煤层平均瓦斯涌出量 | 3.0 | m³/min | 煤层平均厚度 1.4 m，瓦斯涌出量占煤厚度比例的 60% |
| 围岩平均瓦斯涌出量 | 3.0 | m³/min | 围岩瓦斯涌出量按 15% 计算 |
| B9b 煤层吨煤瓦斯涌出量 | 12.0 | m³/t | 7.0 × 1440/850 |
| B9b 煤层采出煤炭残存瓦斯量 | 2.0 | m³/t | 根据淮南矿区经验 |
| B9b 煤层瓦斯含量 | 14.0 | m³/t | 12.0 + 2.0 |

注：计算时假设 B9b、B9a、B9c 三个煤层瓦斯含量相同，且煤层赋存一致。

3. 保护层工作面开采中期瓦斯抽排效果分析

1）风排瓦斯效果分析

图 12 - 27 给出了保护层工作面中期回风量变化（注：由于受采区瓦斯排放及通风条件限制，5121B9b 工作面停产，直到 5111C15 工作面回采结束后，工作面重新开始生产，此时工作面已经不具备尾排条件）。从图中可以看出，工作面回风量波动较小，平均为 1200 m³/min。

图 12 - 28 给出了工作面风排瓦斯浓度及瓦斯量的变化。从图中可以看出，工作面风排瓦斯浓度为 0.45% ~ 0.80%，平均为 0.64%，工作面没有出现回风流瓦斯浓度大于 0.8% 的现象；工作面风排瓦斯量为 4.6 ~ 10.1 m³/min，稳定在 8.0 m³/min。

2）抽放瓦斯效果分析

图 12 - 29 给出了工作面瓦斯抽放量的变化，包括 -720B10 底板巷瓦斯抽放量（简称 -720B10 底板巷）、-780B6 底板巷瓦斯抽放量（简称 -780B6 底板巷）、尾抽瓦斯量和瓦斯抽放总量。从图中可以看出，由于保护层工作面中间停产时间较长，工作面附近采场

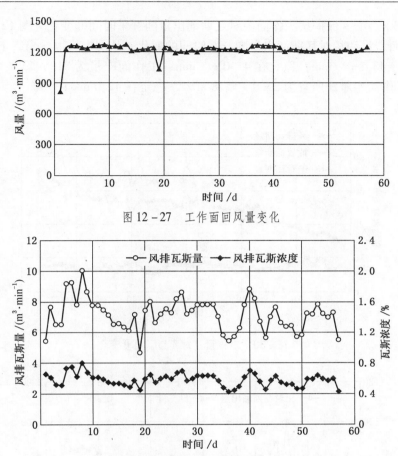

图 12 – 27　工作面回风量变化

图 12 – 28　工作面风排瓦斯浓度及瓦斯量变化

中的瓦斯得到了一定的排放,致使工作面瓦斯抽放量从恢复生产后出现持续增长态势。– 720B10底板巷瓦斯量为 5.2 ~ 17.5 m³/min,稳定在 17.0 m³/min; – 780B6 底板巷瓦斯量为 5.1 ~ 13.8 m³/min,稳定在 12.0 m³/min;尾抽瓦斯量为 2.6 ~ 6.5 m³/min,稳定在 5.0 m³/min;瓦斯抽放总量为 12.4 ~ 35.5 m³/min,稳定在 35.0 m³/min。

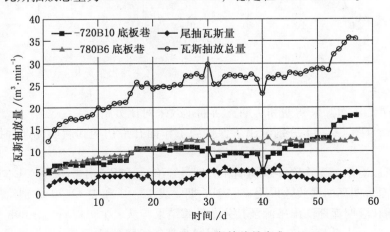

图 12 – 29　工作面瓦斯抽放量变化

　　图 12 - 30 给出了保护层工作面绝对瓦斯涌出量随开采时间的变化，图 12 - 31 给出了保护层工作面产量和相对瓦斯涌出量随开采时间的变化。从图中可以看出，工作面绝对瓦斯量为 17. 8 ~ 43. 2 m³/min，稳定在 41. 0 m³/min；工作面产量为 810 ~ 1594 t/d，稳定在 1200 t/d；工作面相对瓦斯量为 25. 0 ~ 55. 8 m³/t，稳定在 42. 0 m³/t。

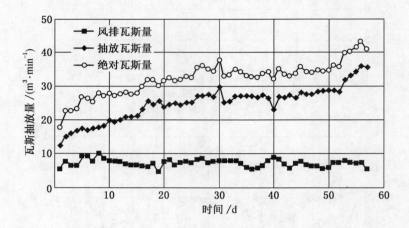

图 12 - 30　工作面绝对瓦斯涌出量变化

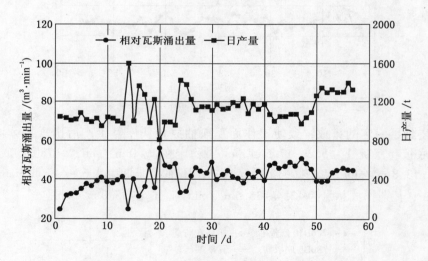

图 12 - 31　工作面产量及相对瓦斯涌出量变化

　　4. 保护层工作面开采初期和后期瓦斯抽排效果对比分析

　　图 12 - 32 ~ 图 12 - 34 分别给出了保护层工作面开采初期和后期瓦斯抽排效果的对比关系。

　　从图中可以看出，工作面开采初期和后期最终绝对瓦斯涌出量相当，基本稳定在 40 m³/min，但工作面后期瓦斯抽放效果明显好于前期。表 12 - 2 和表 12 - 3 分别给出了保护层工作面开采初期和后期瓦斯涌出来源及其分布计算结果，从表中可以看出，B9b 煤层瓦斯涌出量为 7. 0 m³/min，占总量的 17. 0%，B9b 煤层及其邻近层瓦斯涌出量，占总量的 83. 0%。

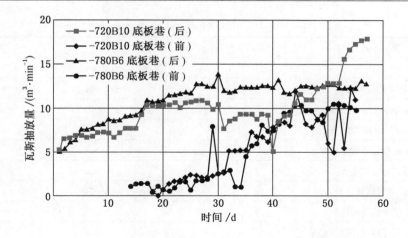

图 12-32　工作面底板巷抽放瓦斯量变化对比

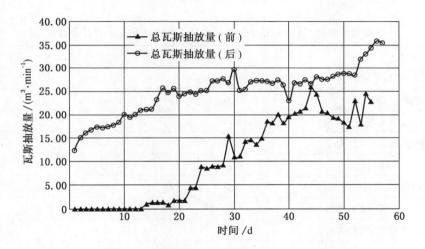

图 12-33　工作面总抽放瓦斯量变化对比

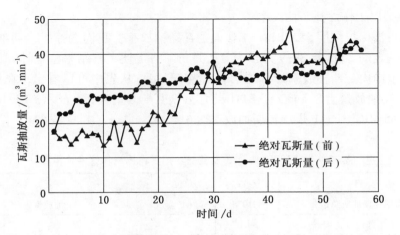

图 12-34　工作面抽放瓦斯量变化对比

表 12 - 2 5121B9b 工作面前期瓦斯涌出来源及其分布计算结果

| 项 目 | 参数 | 单位 | 备 注 |
|---|---|---|---|
| 回风平均瓦斯量 | 7.0 | m³/min | |
| 尾排平均瓦斯量 | 11.5 | m³/min | |
| B6 煤层巷道抽放平均瓦斯量 | 2.5 | m³/min | |
| -720B10 底板巷平均瓦斯量 | 12.0 | m³/min | |
| -780B6 底板巷平均瓦斯量 | 17.5 | m³/min | |
| 总瓦斯涌出量 | 41.0 | m³/min | |
| B9b 煤层瓦斯涌出量 | 7.0 | m³/min | |
| B9b 煤层瓦斯涌出比例 | 17.0 | % | |
| B9b 煤层及其邻近层瓦斯涌出量 | 34.0 | m³/min | |
| B9b 煤层及其邻近层瓦斯涌出比例 | 83.0 | % | |

表 12 - 3 5121B9b 工作面后期瓦斯涌出来源及其分布计算结果

| 项 目 | 参数 | 单位 | 备 注 |
|---|---|---|---|
| 回风平均瓦斯量 | 7.0 | m³/min | |
| 尾抽平均瓦斯量 | 5.0 | m³/min | |
| -720B10 底板巷平均瓦斯量 | 17.0 | m³/min | |
| -780B6 底板巷平均瓦斯量 | 12.0 | m³/min | |
| 总瓦斯涌出量 | 41.0 | m³/min | |
| B9b 煤层瓦斯涌出量 | 7.0 | m³/min | |
| B9b 煤层瓦斯涌出比例 | 17.0 | % | |
| B9b 煤层及其邻近层瓦斯涌出量 | 34.0 | m³/min | |
| B9b 煤层及其邻近层瓦斯涌出比例 | 83.0 | % | |

5. 被保护层工作面瓦斯抽放率

为了分析被保护煤层 5123B11b 工作面的瓦斯抽放率，我们选择了瓦斯抽放量及工作面产量较为稳定的 2005 年 8—9 月作为分析月份。将上述考察结果整理计算得出 B11b 工作面被保护范围内瓦斯抽放率计算结果，见表 12 - 4。从表中可以看出，在计算区域内，B11b 煤层瓦斯抽放量为 8.5 m³/t，B11b 煤层残余瓦斯含量为 5.5 m³/t，B11b 煤层残余瓦斯压力为 0.85 MPa，B11b 煤层瓦斯抽放率达 61%。

表 12 - 4 5123B11b 工作面被保护范围内瓦斯抽放率计算表

| 项 目 | 参数 | 单位 | 备 注 |
|---|---|---|---|
| B11b 煤层瓦斯抽放总量 | 521078 | m³ | 抽放量累计 |
| 5121B9b 工作面推进度 | 80.0 | m | |
| B11b 煤层抽放区煤炭储量 | 61600 | t | B11b 煤厚 5 m，瓦斯排放带 110 m |

表 12 -4（续）

| 项　　目 | 参数 | 单位 | 备　　注 |
|---|---|---|---|
| B11b 煤层吨煤瓦斯抽放量 | 8.5 | m³/t | 521078/61600 |
| B11b 煤层吨煤瓦斯含量 | 14.0 | m³/t | 根据吸附试验及瓦斯压力计算 |
| B11b 煤层吨煤残余瓦斯含量 | 5.5 | m³/t | 14.0 - 8.5 |
| B11b 煤层残余瓦斯压力 | 0.85 | MPa | 根据吸附试验反算 |
| B11b 煤层被保护范围内瓦斯抽放率 | 61.0 | % | 8.5/14.0 |

#### 12.2.1.5 被保护层工作面已无煤与瓦斯突出危险性论证

由图 12 -35b 煤层底板巷道网格式上向穿层钻孔实际竣工情况可知，在 5123B11b 工作面的被保护范围内，抽放钻孔能够控制整个卸压预抽区域并布孔均匀，满足《防治煤与瓦斯突出细则》的规定。

将表 12 -4 中 5123B11b 工作面被保护范围内瓦斯抽放率计算结果汇总于表 12 -5。

表 12 -5　被保护层工作面已无煤与瓦斯突出危险性论证结果汇总

| 项　　目 | 实际参数 | 规定指标 | 突出危险性 |
|---|---|---|---|
| 钻孔布置均匀度 | 均匀布置 | 均匀布置 | 无 |
| 残余瓦斯含量/($m^3 \cdot t^{-1}$) | 5.5 | 8.0 | 无 |
| 瓦斯抽放率/% | 61.0 | 30 | 无 |

由表 12 -5 可以看出，B11b 煤层瓦斯抽放率达到 61.0%，B11b 煤层残余瓦斯含量仅为 5.5 m³/t，小于突出危险区域标高处瓦斯含量。说明在 5123B11b 工作面的被保护范围内不但已经全面消除了煤与瓦斯突出危险性，而且该工作面已经由高瓦斯突出危险煤层变为低瓦斯无突出危险煤层。

### 12.2.2 李二矿开采 B9 煤层保护的 B8 煤层

#### 12.2.2.1 保护层基本情况

1. 试验区基本概况

如图 12 -35 所示，试验区位于东二采区，保护层工作面为 6222B9，被保护层工作面为 6222B8。上部通过 -500 m 水平东二石门与工作面回风顺槽（ -489 m）相连，下部通过 -580 m 东二石门与工作面运输顺槽（ -569 m）相连。工作面平均走向长 190 m，平均倾斜长 70 m（近似为工作面垂高）。

2. 保护层工作面开采范围

根据李二矿工作面接续关系，决定东二采区 6222B9 工作面作为保护层试验工作面。工作面倾斜上方为 5222B9 工作面（已经回采完毕），东边为下山保护煤柱终采线，西边为东二下山采区边界线。倾斜方向位于 -489 ~ -570 m 等高线之间。工作面参数为：

|  |  |
|---|---|
| 工作面走向长 | 190 m（已减去下山保护煤柱） |
| 工作面倾斜长 | 71 m |
| 煤层厚度 | 1.4 ~ 2.2 m，平均 1.7 m |
| 煤层倾角 | 64° ~ 102°，平均 80° |

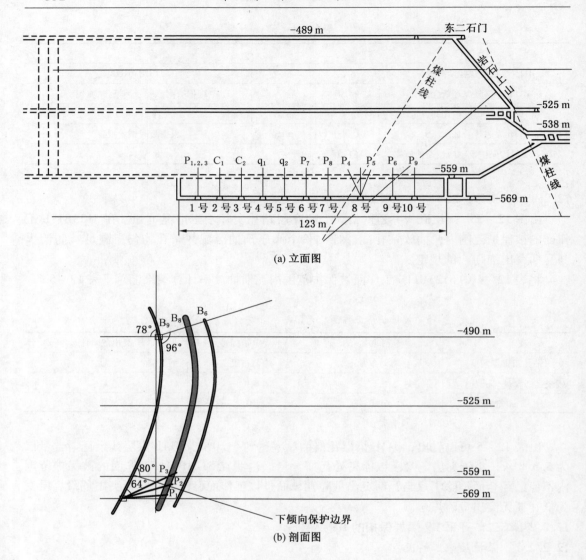

(a) 立面图

(b) 剖面图

图 12-35　保护层工作面布置图

工作面煤层赋存稳定，地质构造简单，适合于伪倾斜、Ⅱ 型柔性掩护支架开采方式，工作面平均日产为 300 t。

3. 被保护煤层工作面开采范围

1）倾斜方向的保护范围

在被保护层中，沿倾斜方向的保护范围可按卸压角划定。倾斜下部煤层倾角为 64°时取下部卸压角 $\delta_3 = 80°$。相对于保护层工作面，被保护层工作面下部外错距离为 3.5 m。由于工作面上区段已经回采完毕，故被保护层上边界不需内错。

上述计算说明，在整个倾斜范围内 B8 煤层都处在被保护范围内。

2）走向方向的保护范围

本设计走向方向的保护范围是指被保护层工作面的开切眼和终采线向里内错的距离：

开切眼向里内错　　　　　$L_3 = 11.4 \times \cot 60° = 6.6$ m，取 7 m

终采线向里内错　　　　　$L_4 = 11.4 \times \cot 60° = 6.6$ m，取 7 m

3）被保护层工作面参数

被保护层工作面为 6222B8 工作面，工作面倾斜上方为 5222B8 工作面，东西两边为保护煤柱终采线。工作面倾斜方向位于 −489 ~ −570 m 等高线之间。工作面参数为：

| | |
|---|---|
| 工作面走向长 | 190 m（已减去保护煤柱） |
| 工作面倾向长 | 70 m |
| 煤层厚度 | 8.0 ~ 10.0 m，平均 9.0 m |
| 煤层倾角 | 60° ~ 90°，平均 80° |
| 被保护区长 | 190 − 14 = 176 m |

4. 瓦斯基本参数

取 B8 煤层被保护工作面下限标高 −570 m 处的瓦斯压力为 1.5 MPa，计算煤层瓦斯含量为 7.3 $m^3/t$。这是保护层工作面邻近层瓦斯涌出预测的依据。矿上无 B9 煤层吸附常数，考虑到 B9 煤层与 B8 煤层相距较近，B8 煤层瓦斯含量取 7.3 $m^3/t$，B6 煤层瓦斯含量取 6.2 $m^3/t$。

### 12.2.2.2　保护层开采瓦斯综合治理技术方案

1. 风排瓦斯治理技术方案

根据瓦斯涌出量预测，6222B9 保护层工作面瓦斯涌出量 $q_{CH_4} = 4.9$ $m^3/min$，据此计算的工作面配风量为 784 $m^3/min$。因此，在保护层工作面开采过程中，只要保证工作面上口通风断面大于 3.5 $m^2$，即可满足通风排放瓦斯的要求。如果出现上隅角局部瓦斯积聚，可以采用挂风障的方法驱散局部瓦斯积聚。

在瓦斯涌出量不大的条件下，此法是最经济的瓦斯治理技术方案，但要保证工作面上口有足够的通风面积。

2. 风排加采空区埋管抽放瓦斯治理技术方案

在风排治理瓦斯过程中，如果上隅角附近经常出现瓦斯超限，可在风排的基础上采用采空区埋管抽放治理技术方案。

由采空区风流流动及瓦斯运移理论可知，6222B9 工作面开采之后其采空区遗煤的瓦斯将随采空区漏风流向上隅角方向运移，同时邻近层的卸压瓦斯也通过裂隙带和垮落带进入采空区向上隅角方向运移，致使采空区上隅角附近的瓦斯浓度相对较大，这个特点在急倾斜煤层开采的条件下更加明显。利用瓦斯运移的这一特点，在回风顺槽铺设一路直径 108 mm 的采空区瓦斯抽放管路，抽放口进入采空区 2 ~ 10 m（具体铺设深度可通过试验来确定），用于抽放上隅角附近的瓦斯，防止上隅角瓦斯超限。在目前的瓦斯涌出条件下，只要保证抽放量在 2.0 $m^3/min$，即可解决保护层开采的瓦斯涌出问题。

开采一定距离之后，可想办法将埋在采空区内的抽放管路拖出，以减少管路损失。

3. 回风顺槽倾斜穿层钻孔瓦斯抽放方法

如图 12 − 36 所示，在回风顺槽每隔 30 m 向底板方向做一长度为 5 m 的钻场，每个钻场内沿走向方向 B8 煤层打 3 ~ 4 个直径 91 mm 的倾斜穿层钻孔，在回风顺槽共需布置 5 个钻场。钻孔间距以 B8 煤层中厚面为准，钻孔孔底进入 B8 煤层底板 0.5 m。在 B8 煤层的中厚面上钻孔走向间距按 30 m、倾斜间距按 10 m 设计。

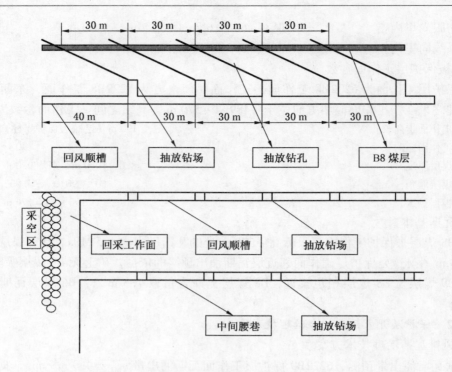

图 12 - 36　回风顺槽倾斜穿层钻孔瓦斯抽放方法示意图

　　这种抽放方法的作用机理为：在开采保护层工作面时，由于受采动影响，顶板的原岩应力状态遭到破坏。在采空区上方形成垮落带、裂隙带和弯曲下沉带。使处在弯曲下沉带的 B8 煤层卸压，透气性增大，瓦斯流动性增强。这时，通过钻场向 B8 煤层打钻，抽放其卸压瓦斯，不但可以消除煤与瓦斯突出危险性，而且可以大大降低 B8 煤层的瓦斯含量。通过这种方法可将涌向保护层工作面采空区的瓦斯抽放出去，减少了保护层工作面的瓦斯涌出量，使保护层工作面的通风条件得到根本改善。由于抽放钻孔穿过煤层，还将抽放出 B8 煤层的卸压瓦斯，减少 B8 煤层的瓦斯含量。

　　由于保护层工作面分两个阶段回采，为了使 B8 煤层的卸压瓦斯得到充分均匀抽放，要求在中间腰巷内也和上部回风顺槽一样，按同样的方式布置倾斜穿层钻孔。

　　4. B6 煤层巷道和穿层钻孔瓦斯抽放方法

　　如图 12 - 37 所示，将 - 500 m 水平东二石门延长至 B6 煤层，在 B6 煤层内平行于 6222B9 工作面回风顺槽向开切眼方向打一条专用瓦斯抽放巷。在专用瓦斯抽放巷内每隔 30 m 布置一瓦斯抽放钻孔钻场，每个钻场内向 B8 煤层打 4 个直径 91 mm 的倾斜穿层钻孔，共需布置 5 个钻场。钻孔间距以 B8 煤层中厚面为准，钻孔孔底进入 B8 煤层顶板 0.5 m。在 B8 煤层的中厚面上钻孔走向间距按 30 m、倾斜间距按 10 m 设计。

　　5. 保护层开采过程中实际瓦斯综合治理技术方法

　　在保护层工作面实际开采过程中，采用回风顺槽倾斜穿层钻孔抽放被保护煤层卸压瓦斯和风排瓦斯相结合的瓦斯综合治理技术方法。在顶部回风顺槽布置了 3 个抽放钻场，由于时间紧张每个钻场只布置了 2 个抽放钻孔（钻孔倾角相同）。在中间回风顺槽每隔 30 m 布置 1 抽放钻场，共布置了 6 个抽放钻场，每个抽放钻场布置 3 ~ 4 个抽放钻孔，钻孔长

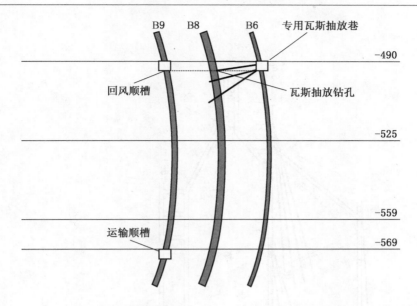

图 12 - 37　B6 煤层巷道和穿层钻孔瓦斯抽放方法示意图

度 50 ~ 60 m，钻孔直径 73 mm。保证两个抽放钻场之间的钻孔重叠大于 20 m，以保证钻场交替时的瓦斯抽放效果。

### 12.2.2.3　保护层开采参数考察技术方案

1. 考察内容

（1）6222B9 煤层工作面始采线煤柱对保护层（B8 煤层）沿走向方向的保护范围（保护角）。

（2）6222B9 煤层工作面下侧煤柱对保护层（B8 煤层）沿倾斜方向的保护范围（保护角）。

（3）6222B9 煤层工作面开采及卸压瓦斯抽放，引起保护层（B8 煤层）瓦斯压力、煤层瓦斯含量、钻孔瓦斯流量、煤层变形和透气性系数等参数的变化。

（4）6222B9 煤层工作面开采对保护层（B8 煤层）卸压瓦斯抽放的影响。

2. 考察技术方案

1）考察巷道的布置

要对 B9 煤层开采后 B8 煤层内发生的变化进行考察，必须要向 B8 煤层打钻，布置相应的仪器和设备，定期对其进行观测。这些工作还不能与考察期间的生产相冲突。而根据目前的巷道布置情况来看，还没有一条现有的巷道能够满足，因此必须设置一条专门的考察巷道，如图 12 - 38 所示。这条考察巷道准备布置在位于 B9 煤层 - 569 m 水平的巷道内，由 - 569 m 水平现有的巷道直接向西延伸即可。考察巷道的长度为 123 m。沿 B9 煤层 - 569 m 水平作水平剖面图，如图 12 - 39 所示。这种布置的优点是不用进入突出煤层 B8 煤，B9 煤层开采引起的扰动对考察巷道影响较小，有利于完整地记录 B8 煤层内发生的变化。同时考察巷道内的独立通风问题容易解决。

2）走向方向的卸压范围

B8 煤层走向保护边界的考察在东二石门的岩石下山保护煤柱线处进行。考察钻孔布

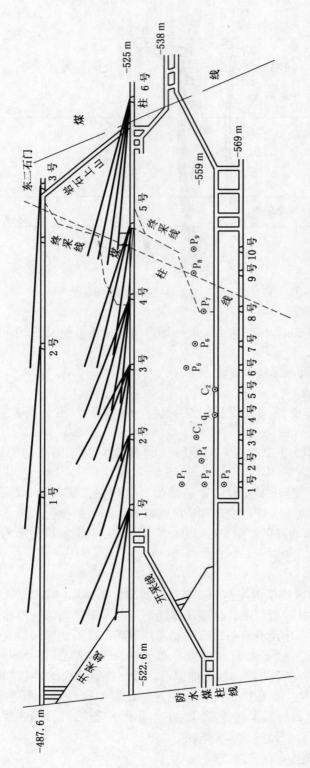

图 12-38 保护层工作面实际开采过程中瓦斯抽放钻孔及考察钻孔布置图

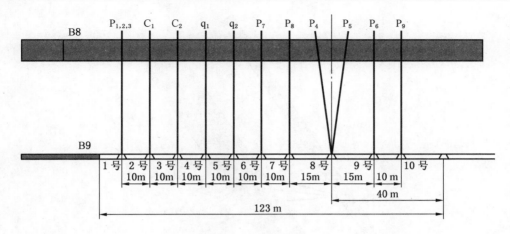

图 12-39 考察巷道及考察钻孔布置水平剖面示意图

置方式如图 12-40 所示，共布置 3 个瓦斯压力测定钻孔。P4 测压钻孔在卸压范围内，距设计卸压边界线 5 m；P5 钻孔终孔位置落在未卸压范围内，距设计卸压边界线 5 m；P6 测压钻孔在未卸压范围内，距设计卸压边界线 15 m。钻孔间距以 B8 煤层中厚线为准。钻孔终孔位置进入煤层顶板 1 m。

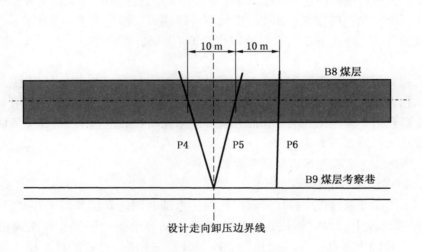

图 12-40 走向卸压边界考察钻孔布置图

3）倾斜方向的卸压范围

倾斜方向的保护范围分为工作面上部保护边界和工作面下部保护边界。由于被保护层工作面上邻的区段工作面已经开采，测定工作面上部保护边界已经没有实际意义，因此本考察只设计了工作面下部保护边界的考察。

倾斜边界的考察钻孔布置方式如图 12-41 所示，共布置 3 个瓦斯压力测定钻孔，分别为 P1、P2 和 P3。P3 钻孔在被保护范围内，距设计保护边界线 5 m；P2 钻孔位置落在设计保护边界线上；P1 钻孔在未被保护范围内，距设计保护边界线 5 m。

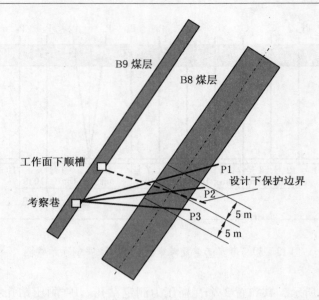

图 12 - 41　倾向卸压边界考察钻孔布置图

4）开采煤层的回采及卸压瓦斯抽放的影响

在被保护范围内通过测定 B8 煤层的瓦斯压力、透气性系数、煤层相对变形和钻孔有效抽放半径，考察保护层开采及卸压瓦斯抽放的影响。共布置了 2 个测压孔、2 个变形孔及 2 个瓦斯流量孔。这些钻孔均垂直被考察的 B8 煤层。要求穿越 B8 煤层，进入底板内 1.0 m。

测压孔和瓦斯流量孔用于测定保护层工作面开采及卸压瓦斯抽放过程中，B8 煤层瓦斯压力、钻孔自然流量和煤层透气性等参数的变化，并经进一步分析得出对瓦斯抽放的影响程度。变形孔用于测定保护层工作面开采及卸压瓦斯抽放过程中 B8 煤层顶底板的相对变形，要求进入煤层顶板 1.0 m。

12.2.2.4　保护层开采及卸压瓦斯抽采效果分析

1. 被保护煤层瓦斯压力及其变化

保护层工作面开采过程中被保护煤层瓦斯压力随时间的变化如图 12 - 42 所示，保护层工作面开采过程中被保护煤层瓦斯压力随测压钻孔距保护层工作面距离的变化如图 12 - 43 所示。从图中可以看出，由于 P1、P2 和 P3 三个测压钻孔距保护层工作面距离较近，致使这三个测压孔的瓦斯压力值没有达到煤层原始瓦斯压力值就已经受到保护层工作面开采的动压影响，工作面采过钻孔 60 m 之后瓦斯压力趋于稳定。P5 测压孔封孔之后距保护层工作面 110 m，还没有受到保护层工作面开采的动压影响，瓦斯压力上升到最大值 0.8 MPa，并在该值附近稳定一段时间。当测压钻孔距保护层工作面 75 m 左右，开始受到保护层工作面开采的动压影响时，瓦斯压力开始下降，当测压钻孔距保护层工作面 30 m 左右时，瓦斯压力下降速度最大。

通过瓦斯压力测定结果综合分析，我们认为，在试验工作面的开采水平，被保护煤层的原始瓦斯压力为 0.8 MPa，在保护层工作面开采的有效保护范围内被保护煤层的残余瓦斯压力为 0.35 MPa，该值为被保护煤层卸压稳定后 P3 测压钻孔的瓦斯压力值。

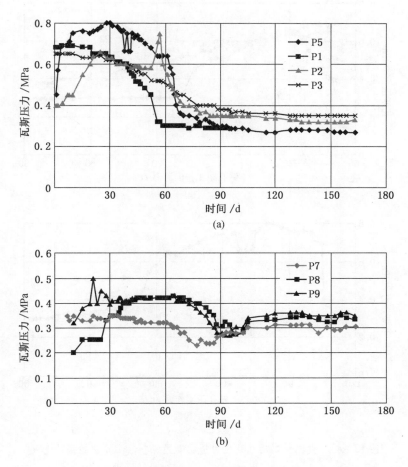

图 12 - 42　被保护煤层瓦斯压力随时间的变化

由于 P1、P2 和 P3 三个倾斜边界考察钻孔实际施工倾角大于设计倾角,致使三个测压钻孔均在设计卸压范围内,倾角最小的 P3 测压钻孔处在倾斜最下方,该钻孔处在 - 559 m 水平下方 2 ~ 3 m 处。由实测结果可知,P3 测压钻孔处已处在有效保护范围内。由于李二矿煤层群采区内采用石门—分层巷道的开采方式,因此保护层与被保护层之间下顺槽同标高布置,被保护层工作面在倾斜方向即处在有效的保护范围内。

P7、P8 和 P9 三个走向边界考察钻孔均处在终采线外测,P9 测压钻孔距终采线距离最远,约为 10 m。P9 测压钻孔的残余瓦斯压力为 0.35 MPa,从该值判断 P9 钻孔已处在有效卸压范围内。为安全起见,我们建议保护层工作面开采的走向卸压范围仍按《防治煤与瓦斯突出细则》的规定向内按 60°划定。

2. 被保护煤层透气性系数及其变化

我们利用 P1、P2、P3、C2、q1 钻孔对被保护煤层卸压前后的透气性系数进行了测定。测定结果表明,被保护煤层卸压前的透气性系数为 0.1453 ~ 0.2107 $m^2/(MPa^2 \cdot d)$、平均为 0.1717 $m^2/(MPa^2 \cdot d)$;卸压后的透气性系数为 19.3443 ~ 27.4163 $m^2/(MPa^2 \cdot d)$、平均为 22.4163 $m^2/(MPa^2 \cdot d)$,透气性系数增加 130 倍。

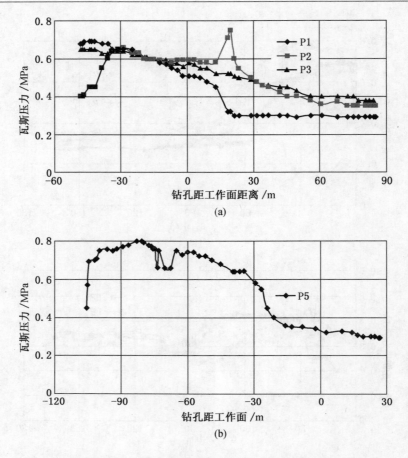

图12-43 被保护煤层瓦斯压力随钻孔距保护层工作面距离的变化

### 3. 被保护煤层瓦斯抽放效果分析

在保护层工作面开采期间我们对风排瓦斯量和被保护煤层瓦斯抽放量进行了测定分析，测定结果如图12-44所示。

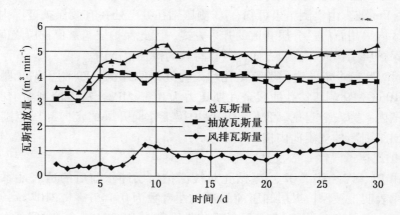

图12-44 保护层工作面瓦斯抽放量随时间的变化

从图中可以看出，瓦斯抽放量为 3.01 ~ 4.37 m³/min、平均为 4.00 m³/min，风排瓦斯量为 0.27 ~ 1.46 m³/min、平均为 0.7 m³/min，总瓦斯抽排量为 3.38 ~ 5.28 m³/min、平均为 4.70 m³/min。保护煤层开采过程中瓦斯抽放率达 86%。

被保护煤层平均瓦斯抽放量为 4.0 m³/min，同时抽放的钻孔数为 3 ~ 4 个，平均单孔瓦斯抽放量达 1.0 m³/min。

**4. 被保护煤层瓦斯抽放率**

实测被保护煤层原始瓦斯压力为 0.8 MPa，被保护煤层的原始可解吸瓦斯含量为 4.13 m³/t，被保护煤层残余瓦斯压力为 0.35 MPa，煤层残余瓦斯含量为 1.75 m³/t。由此可计算出，被保护煤层卸压瓦斯抽放后的煤层瓦斯抽放率为 57.6%。

**12.2.2.5　保护层开采及卸压瓦斯抽采效果验证**

**1. 被保护层工作面掘进期间瓦斯突出及涌出参数分析**

**1）被保护层工作面上下顺槽掘进期间瓦斯突出参数分析**

为了验证保护层工作面开采对被保护层工作面煤层的卸压作用，需要对在该煤层中掘进的工作面上下顺槽防突效果检验中得到的钻屑量和钻屑解吸指标进行统计分析，结果如图 12 – 45 和图 12 – 46 所示。

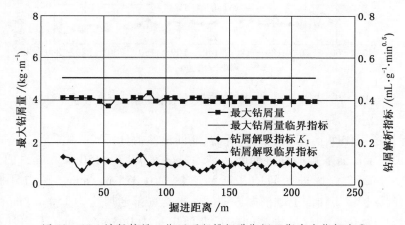

图 12 – 45　被保护层工作面下顺槽掘进期间瓦斯突出指标变化

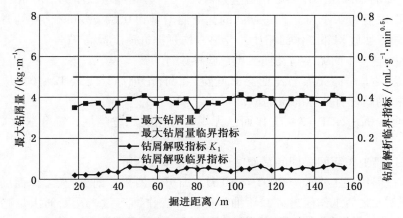

图 12 – 46　被保护层工作面上顺槽掘进期间瓦斯突出指标变化

在下顺槽掘进期间，钻屑量的最大值为 4.3 kg/m，小于《防治煤与瓦斯突出细则》规定的临界值 6 kg/m，钻屑解吸指标最大值为 0.0979 mL/(g·min$^{0.5}$)，小于规定的临界值 0.5 mL/(g·min$^{0.5}$)。在上顺槽掘进期间，钻屑量的最大值为 4.1 kg/m，小于规定的临界值 6 kg/m，钻屑解吸指标最大值为 0.065 mL/(g·min$^{0.5}$)，小于规定的临界值 0.5 mL/(g·min$^{0.5}$)。在整个上下顺槽掘进期间未发生任何动力现象。

图 12 - 47 为相邻未被保护工作面下顺槽掘进期间钻屑量和钻屑解吸指标统计分析结果，钻屑量的最大值为 4.3 kg/m，钻屑解吸指标最大值为 0.1568 mL/(g·min$^{0.5}$)。上述指标均大于被保护工作面上下顺槽掘进时的对应指标。

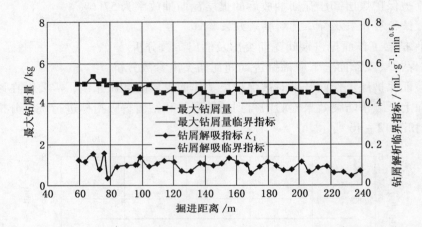

图 12 - 47　相邻未被保护层工作面下顺槽掘进期间瓦斯突出指标变化

2）被保护层工作面上下顺槽掘进期间瓦斯涌出参数分析

在被保护层工作面下顺槽掘进期间，平均局部通风量为 150 m³/min，回风流中的平均瓦斯浓度为 0.25%，掘进期间的瓦斯涌出量为 0.375 m³/min，平均月掘进进尺为 120.6 m。在被保护层工作面上顺槽掘进期间，平均局部通风量为 150 m³/min，回风流中的平均瓦斯浓度为 0.20%，掘进期间的瓦斯涌出量为 0.3 m³/min，平均月掘进进尺为 137 m。在相邻的未卸压工作面顺槽掘进过程中，平均局部通风量为 240 m³/min，回风流中的平均瓦斯浓度为 0.35%，掘进期间的瓦斯涌出量为 0.84 m³/min，平均月掘进进尺为 80 m。与未卸压抽放相邻工作面相比，巷道平均月掘进速度提高 71%。

2. 被保护层工作面无煤与瓦斯突出危险性论证

被保护煤层工作面无煤与瓦斯突出危险性综合论证结果见表 12 - 6。从表中可以看出，所有指标均满足有关标准规定。

通过综合分析，2121（3）工作面已无煤与瓦斯突出危险性，符合《煤矿安全规程》的规定。

3. 被保护层工作面回采期间瓦斯突出及涌出参数分析

6222B8 被保护层工作面于 2003 年 10 月 1 日开始回采，前 12 天工作面处于未卸压抽放范围内，12 天之后工作面进入卸压抽放范围，工作面产量、瓦斯涌出量趋于稳定。因此以下主要分析工作面正常回采之后的产量及瓦斯涌出参数变化。

表12-6 被保护层工作面无煤与瓦斯突出危险性综合论证参数表

| 参数 | 方法 | 结果 | 规定值 | 突出危险 |
|---|---|---|---|---|
| 瓦斯抽排率/% | 残余瓦斯压力 | 57.6 | >30% | 无 |
| 残余瓦斯压力/MPa | 实际测定 | 0.35 | <0.74 | 无 |
| 下顺槽及开切眼掘进验证 | 最大钻屑量/(kg·m⁻¹) | 4.3 | <6 | 无 |
| | 钻屑解吸指标/(mL·g⁻¹·min⁻¹/²) | 0.14 | <0.5 | |
| 上风巷掘进验证 | 最大钻屑量/(kg·m⁻¹) | 4.1 | <6 | 无 |
| | 钻屑解吸指标/(mL·g⁻¹·min⁻¹/²) | 0.065 | <0.5 | |

被保护层6222B8工作面绝对瓦斯涌出量、相对瓦斯涌出量及产量随工作面推进时间的变化如图12-48所示。从图中可以看出，工作面正常回采后工作面日产量为715～1150 t/d，平均为900 t/d；工作面绝对瓦斯涌出量为0.44～1.7 m³/min，平均为1.0 m³/min；工作面相对瓦斯涌出量为0.7～2.7 m³/t，平均为1.74 m³/t。被保护层6222B8工作面回风流瓦斯浓度随工作面推进时间的变化如图12-49所示。从图中可以看出，工作面回风流瓦斯浓度为0.12%～0.32%，平均为0.17%。

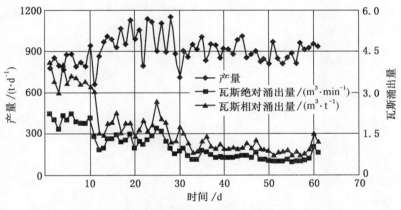

图12-48 6222B8工作面回采期间产量及瓦斯参数变化

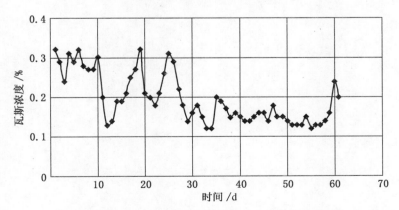

图12-49 6222B8工作面回风流瓦斯浓度变化

被保护层 6222B8 卸压瓦斯抽放工作面与邻近未采取相应措施的 -400 东二西 B8 工作面有关参数对比见表 12 - 7。由对比结果可知,在保护范围内,B8 煤层回采工作面实现了安全生产,日产量由试验前的 267 t 提高到 900 t,提高了 237%。相对瓦斯涌出量由 11.0 m³/t 降低到 1.74 m³/t。

表 12 -7　卸压瓦斯抽放工作面与未卸压瓦斯抽放工作面参数对比

| 对 比 参 数 | | 卸压瓦斯抽放工作面 6222B8 工作面 | 未卸压瓦斯抽放工作面 -400 东二西 B8 工作面 |
|---|---|---|---|
| 产量/(t · d⁻¹) | 范围 | 715 ~ 1150 | |
| | 平均 | 900 | 267 |
| 相对瓦斯涌出量/<br>(m³ · t⁻¹) | 范围 | 0.7 ~ 2.7 | |
| | 平均 | 1.74 | 11.0 |
| 回风流瓦斯浓度/% | 范围 | 0.12 ~ 0.32 | |
| | 平均 | 0.17 | 0.75 |
| 配风量/(m³ · min⁻¹) | 平均 | 400 | 360 |

# 13　煤与瓦斯共采

## 13.1　卸压开采煤与瓦斯共采原理

瓦斯抽采方法可以分为钻孔法、巷道法和综合法。瓦斯抽采的类型按空间对象分，有开采层、邻近层、采空区和围岩抽采；按地应力变化情况来分，可分为末卸压和卸压抽采；按抽采与采掘的时间先后分，有采（掘）前预抽、边掘边抽、边采边抽和采后抽采。本章从煤层开采后采场覆岩运移规律和卸压瓦斯运移和富集规律出发，讲解卸压开采煤与瓦斯共采原理。

### 13.1.1　卸压开采增透原理

煤层开采后，岩体中形成自由空间，破坏了原岩应力平衡，岩体向采空区方向移动，发生顶板冒落与下沉、底板鼓起等现象（图13－1）。煤层与岩体发生卸压、膨胀，同时产生大小不同的裂缝，透气性增大，卸压瓦斯得以排放，通过抽采措施使瓦斯压力和瓦斯含量下降，煤体变硬，进而达到消除煤层突出危险性的目的。传统的保护层开采技术的核心是被保护层的卸压作用和卸压瓦斯通过开采形成层间裂隙的自然排放，目的是为了消除被保护层的煤与瓦斯突出危险性。随着保护层开采技术的发展，其技术核心已经转化为被保护层的卸压作用和卸压瓦斯的强化抽采。这样既可以降低保护层工作面回采过程中的瓦斯涌出，实现保护层工作面的安全回采；又可以降低被保护层的瓦斯压力和瓦斯含量，变高瓦斯突出危险煤层为低瓦斯无突出危险煤层，实现被保护层煤和瓦斯资源的安全高效开采。

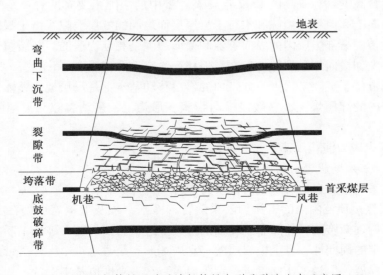

图13－1　保护层开采后被保护层变形及裂隙分布示意图

1. 卸压开采采场覆岩运移规律

随着开采深度的增加，瓦斯含量逐渐升高，各煤层以及煤层的不同部位瓦斯含量也极为不均。这种瓦斯赋存的不均匀性是煤矿安全生产的危险因素，对防止矿井瓦斯突出，进行瓦斯抽采是十分不利的。为此，针对淮南矿区煤层赋存特点，采用卸压开采方法使突出煤层卸压。

卸压开采后，其上覆岩层发生破坏和位移，位于不同层位卸压层，其变形与破裂形态有较大差异，研究卸压开采后，覆岩"三带"分布规律对卸压煤层气抽采具有指导意义。在采用长壁全部冒落法开采缓倾斜煤层条件下，当采深达到一定深度，覆岩的破坏和移动形成"三带"，分别为垮落带、断裂带和弯曲下沉带（图 13 – 2）。

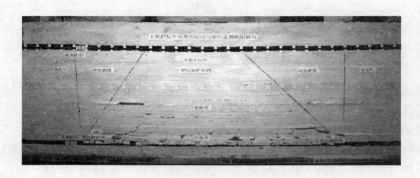

图 13 – 2　卸压煤层开采后覆岩移动实照

由研究结果表明：11 – 2 号煤层开采后最大垮落带高度为 13.6 m，为采高的 4.0 倍，岩石垮落不规则。在采空侧，采动裂隙发育高度为 58.7 ~ 72 m，其中，在采空侧下位顶板离层明显，在距煤层顶板 0 ~ 58.7 m 范围内裂隙互相沟通，在距煤层顶板 58.7 m 以上顶板岩层也有裂隙发育，但互相不沟通；自煤壁向偏采空区方向裂隙呈 50° 左右向上延伸，裂隙带发育高度约为采高的 17.2 倍。裂隙带中的裂隙主要有两种：垂直和斜交于岩层层面的开口向上和向下的裂隙和平行于岩层层面之间的离层裂隙。由于裂隙带发育高度较大，在裂隙带的下部岩层内的纵向裂隙和横向裂隙是相互沟通的。在裂隙带的上部尽管有纵向细微裂隙和横向细微裂隙的存在，但相互没有完全沟通。

弯曲下沉带位于裂隙带之上，此带内的岩层移动基本上是成层地、整体性地移动，位于弯曲下沉带内的卸压煤层，一般以横向膨胀变形为主，采动裂隙与下部的采空区没有沟通。

2. 卸压开采应力演化规律

1）卸压开采采场覆岩运移规律

卸压开采采场覆岩运移一般具有以下特点：

（1）煤层直接顶范围内的岩体均随采随冒，而基本顶及上覆岩层则在工作面推进一定距离时才开始逐渐垮落，伴随着工作面的继续推进，岩体的变形破坏不断向上、向前发展，并具有一定的周期性，且上覆岩层的移动破坏形态是冒落拱形。垮落带高度及裂缝带高度不断向上发展，但当工作面推进一定距离时，这一高度值基本保持不变。

（2）在工作面回采过程中，工作面及采空区上覆岩层将自下而上依次运动，但由于岩层的强度和分层厚度及层理、节理发育情况不同，各岩层的运动和垮落步距也有所不同。

（3）两带高度内岩层间有明显的分组变形、破坏、下沉等现象，呈现出以关键层为标志的明显成组运动特征，即上覆岩层分为若干组且各组岩层具有协调运动的特点。垮落带内岩体呈不规则垮落，排列也极不整齐；裂缝带内岩体破断后排列比较整齐，形成多组梁式结构并对上覆岩层有一定的支撑作用。

（4）两带最大高度（离层最大高度）随工作面推进呈梯级越进并逐渐趋于稳定。

2）卸压开采应力分带特征

从卸压应力分布观点看，岩层的垮落、自然充填的支撑和压实等作用，在采空区上方的横向方向上也产生"四带"：应力集中带、初始卸压带、充分卸压带和应力恢复带。

应力集中带：通常位于保护层工作面前方 5 ~ 50 m 范围内。此带范围内煤层承受的应力高于原始状态，最大应力点位于保护层工作面前方 5 ~ 20 m 范围内，最大压缩变形达 0.5‰ ~ 2‰，裂隙封闭，透气性降低。

初始卸压带：从保护层工作面开始往采空区方向均存在保护卸压作用，但由于保护层的卸压传递到被保护层时要滞后一段距离，因此，保护层卸压带的起点（对卸压层而言）通常位于保护层工作面后方 0.25 ~ 0.8 倍层间距位置。从卸压瓦斯流动观点来看，在此带范围内，初始卸压带内煤层纵向破断裂隙发育，透气性大大增加，为初始卸压增透带。

充分卸压带：充分卸压点位于保护层工作面后方 50 ~ 150 m 范围，通常为层间垂距的 0.8 ~ 2.75 倍，然后应力开始恢复。从卸压瓦斯流动观点来看，在此带范围内，煤层承受的应力减小，被保护层变形增大，卸压煤层裂隙十分发育，尤其是横向离层裂隙发育丰富，透气性增加，充分卸压带内为卸压充分高透高流带。

应力恢复带：位于保护层工作面后方 150 ~ 500 m 以远，此带范围由于采空区冒落岩石逐渐被压实，应力逐渐恢复，但仍然小于原始应力状态，只能经过足够时间的恢复，才逐步向原始应力状态靠近。从卸压瓦斯流动观点来看，在此带范围内，由于上覆岩层向下移动压实作用使应力恢复带内的采动裂隙趋于密合，为减透减流，但被保护层横向离层变形要维持较长的时间，为卸压瓦斯抽采提供足够的时间。

3）被卸压煤层移动规律

由于下部煤层开采深度、开采厚度、采煤方法、顶板控制方法、岩性以及煤层的产状不同，下部煤层开采后其上覆岩层移动和破坏的形式也不一样，层间距与下煤层采厚的比值较小时，煤层采出一定面积后，上煤层底板可能出现较大的裂隙或塌陷坑，这时，巷道移动和变形在空间和时间上都是不连续的，即在渐变中有突变，它们的分布没有严格的规律性。当采深与采厚的比值较大时，底板中没有较大的地质破坏，下部煤层采出一定面积后，上覆岩层移动和变形在空间和时间是都是连续的、渐变的，它们的分布有明显的规律性，形成某种形式的盆地。在充分采动条件下，卸压煤层的移动盆地一般可以划分 3 个区域，根据模拟试验结果得到卸压煤层移动盆地的特征如图 13-3 所示。

中间区（采空区上方），煤层底板下沉均匀，断裂裂缝不明显，断裂裂缝趋于密合，但存在横向膨胀离层裂隙，下沉值最大。

内边缘区，底板下沉均匀，但下沉值不相等，底板向盆地中心倾斜，呈凹形，产生拉伸压缩变形，形成断裂裂缝，裂隙发育丰富，按照一定的方向呈竖向向采空区上方展布，但裂隙沟通性差。

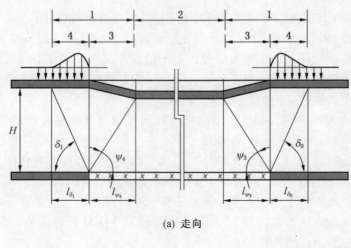

(a) 走向

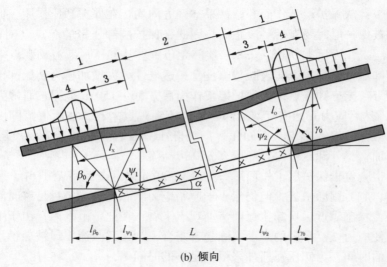

(b) 倾向

1—边缘区；2—中间区；3—内边缘区；4—外边缘区

图 13 - 3　卸压煤层移动盆地的特征

　　外边缘区（煤柱上方），底板下沉不均匀，并向盆地中心倾斜呈凸形，产生拉伸变形。当拉伸变形值超过一定数值时，底板产生裂缝。在内外边缘区连接处，即剖面上凹线形与凸线形的交接点为线形拐点。它的特征如下：

　　（1）移动盆地与采空区不对称。在倾斜方向上，工作面上边界上方的盆地边缘比下边界上方盆地边缘陡；开采影响范围是外边缘区比内边缘区小，整个移动盆地偏向采空区内边缘。

　　（2）工作面上边界上方的底板移动盆地的拐点偏向采空区内侧，下边界上方的底板移动盆地的拐点偏向采空区外侧。

　　3. 卸压开采裂隙演化规律

　　1）顶板离层裂隙演化特征

　　煤层开采后将引起岩层移动与破断，并在覆岩中形成离层与裂隙。覆岩移动过程中的离层与裂隙分布规律的研究与卸压瓦斯抽采等工程问题紧密相关。

　　随工作面推进离层范围和离层高度与工作面推进长度近似呈线性关系，呈梯级跃升。当离层发育到厚硬岩层底部时，由于硬岩层作用效应，离层高度暂时不再增加而稳定在该厚硬岩层底部。而当工作面继续推进到使厚硬岩层达到极限跨距时，离层又向上发展到上一厚硬岩层底部。但离层发育高度也不是无限制地向上发展的，因为采动覆岩中的每组岩层都会因离层空间和离层裂隙的发育产生一定的碎胀而占据一定的空间，因而当上覆岩层没有破碎空间时，覆岩就不会再产生离层裂隙，离层高度就会在某一厚硬岩层底部趋于稳定而不再向上发展（图 13 - 4）。

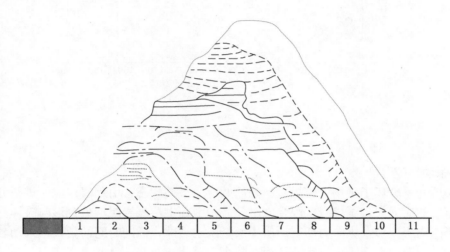

图 13 - 4  顶板离层裂隙演化动态素描

　　顶板离层裂隙的发生、发展、密合，受控于关键层的运动，可分为 3 个阶段：

　　第一阶段：从开切眼开始，随着工作面推进，顶板岩层由初次开挖的弹性变性向塑性的变形、破坏发展，两端出现破断裂隙，中间出现离层裂隙，且裂隙密度不断增加，至工作面初次来压时，离层裂隙密度达到最大，但发育高度低。

　　第二阶段：为顶板初次来压后周期性矿压显现的正常回采期，此阶段内覆岩破断和离层裂隙向较高层位发展，尤其是离层裂隙发育，但顶板来压后采空区中部垮落矸石被重新压实，裂隙密度逐渐减小。但在工作面侧和开切眼附近覆岩采动裂隙分布的密度仍然很大，特别在远离开切眼的工作面附近，覆岩离层裂隙发育丰富，离层率较大。

　　第三阶段：随着开采范围的扩大，离层裂隙继续逐渐向高层位方向呈跳跃式由下往上发展。由于关键层运动对覆岩离层的产生、发展与时空分布起控制作用，离层裂隙止于主关键层下方。在顶板任意高度水平内，位于采空区中下部的离层裂隙基本被压实，而在采空区上部走向方向上存在一连通的离层裂隙发育区。该离层裂隙发育区的存在，为采空区积存的高浓度瓦斯和上覆卸压煤岩层的卸压瓦斯流动提供了流动通道和空间，是采空区高浓度瓦斯富集区域。

　　保护层正常开采经过几个周期来压步距后，工作面煤壁上方覆岩破断裂隙密度明显大于开切眼处覆岩采动裂隙密度。通过工程实践总结，工作面侧裂隙发育区宽度 $A_1$ 相当于 3 ~ 4 个周期来压步距，而开切眼附近裂隙区宽度 $A_2$ 变化在 2 ~ 3 个周期来压步距之间，保护层卸压开采过程中，卸压煤岩体内部采动裂隙动态分布如图 13 - 5 所示。

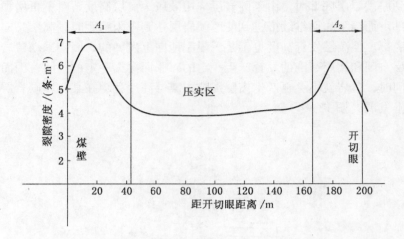

图 13 - 5　卸压煤层采动裂隙密度动态分布

2）采动裂隙分区

保护层开采破坏了采场上覆煤岩层的原始应力平衡状态，引起岩体应力重新分布。当重新分布后的应力超过了煤岩极限强度时，必须引起上覆煤岩层产生变形与破坏。上覆煤岩层的竖向离层变形及纵向剪切变形产生大量采动裂隙，但随时间的延长，采动影响逐渐消失，采动裂隙会重新闭合压实，从而在整个上覆煤岩层形成大面积的卸压（据李宏星，2006）；下煤层先开采以后在上覆岩层中形成两类裂隙：一类是离层裂隙，是指随岩层下沉在不同岩性岩层之间出现的沿层面裂隙，它可以使上覆煤层产生膨胀变形而使瓦斯卸压，并且使卸压瓦斯沿离层裂隙移动，有利于卸压瓦斯抽采，由此形成保护层卸压开采。另一类裂隙是纵向剪切破断裂隙，是指随岩层下沉破断形成的穿层裂隙，它可沟通上、下岩层间瓦斯和水的通道。

煤层的采动会引起其周围岩层产生"卸压增透"效应，即引起周围岩层地应力封闭的破坏（地应力降低、卸压、孔隙与裂缝增生张开）、层间岩层封闭的破坏（上覆煤岩层垮落、破裂、下沉；下伏煤岩层破裂、上鼓）以及地质构造封闭的破坏（封闭的地质构造因采动而开放、松弛），三者综合导致围岩及其煤层的透气性系数大幅度增加，为卸压煤层气高效抽采创造前提条件。

从卸压瓦斯流动通道观点看，采动破坏的造缝作用在采空区上方垂向方向上形成"三带"：垮落带（形成贯通采场的空洞与裂缝网络通道）、断裂带（形成层向与垂向裂缝网络通道）和弯曲下沉带（形成层内层向裂缝网络通道）。煤层开采在上覆岩层中形成的采动裂缝垂向分带模型如图 13 - 6 所示。

卸压层开采后，在采空侧顶板存在"竖向裂隙发育区"，采空侧采动影响区内顶板岩层裂隙呈现动态演化。垮落带岩体呈不规则堆积，由于采动应力影响，沿工作面推进方向，采空区顶板裂隙区分布呈环形分布，由于煤层气密度小，气体上浮，采空区瓦斯易于富集在采空区顶板环形裂隙区（图13－6中的1区）。

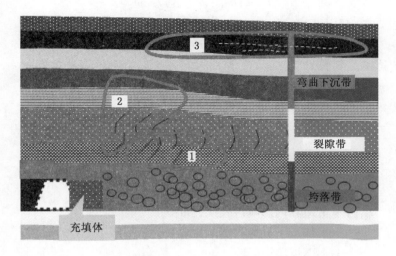

1—采空区顶板环形裂隙区；2—裂隙带内竖向裂隙发育区；3—远程卸压煤层裂隙发育区
图13－6　采动裂隙分区模型

规则垮落带和裂隙带中竖向裂隙区（图13－6中的2区）顶板岩层产生卸压，该位置区域离层裂隙和竖向破断裂隙发育，横向和竖向裂隙贯通，并和下部不规则垮落带相连通，为围岩卸压瓦斯和采空区瓦斯积聚的瓦斯提供良好的储集场所。

弯曲下沉带内由于煤体发生膨胀变形，弯曲下沉带内煤体中离层裂隙为主，煤层的透气性显著增加，如淮南潘一矿11－2号煤层开采后，远程弯曲下沉带内13号煤层的透气性增加2800倍，处于弯曲下沉带裂隙区中的煤层（图13－6中的3区）为远程卸压抽采煤层气提供了良好的通道。

从图13－6看出，由于煤层开采后上覆岩体形成承重岩层，承受的重量将转移到工作面前后方和两侧的煤体上，从而在采空区下方形成卸压区。开采煤层顶底板经历了采前压力升高、采后压力降低、压力逐渐恢复几个阶段。在留巷边界处向小于原始应力的垂直等应力曲线作切线，便可得到上部煤层开采以后，在采空区上下方形成的卸压区范围。卸压开采煤层气下向抽采钻孔应布置在该区，该区域左边界角为采动卸压角。

卸压开采采场裂隙演化特征为卸压煤层气抽采钻孔的布置提供了理论依据。

### 13. 1. 2　卸压瓦斯抽采机理

#### 1. 煤层卸压范围

采用长壁垮落采煤法的工作面，随着工作面不断推进，采空区面积也不断扩大，岩层移动波及某一高度的覆岩，使覆岩产生一种在空间上和时间上有规律的移动和变形，当工作面采完，覆岩移动稳定之后，在采空区上方形成一个沉陷区。

下部煤层开采以后，上部卸压煤层下边界内影响区长度 $l_{\psi 1}$、上边界内影响区长度 $l_{\psi 2}$、走向内边界影响区长度 $l_{\psi 3}$、上部、下部边界影响区范围计算。

下边界内影响区长度 $l_{\psi 1}$ 为

$$l_{\psi 1} = H\cos(\psi_1 + \alpha)/\sin\psi_1 \qquad (13-1)$$

上边界内影响区长度 $l_{\psi 2}$ 为

$$l_{\psi 2} = H \cos(\psi_2 - \alpha) / \sin\psi_2 \qquad (13-2)$$

走向内边界影响区长度 $l_{\psi 3}$ 为

$$l_{\psi 3} = H \cot\psi_3 \qquad (13-3)$$

下部边界影响区斜长 $l_x$ 为

$$l_x = H[\cot(\alpha + \beta_0) + \cot\psi_1] \qquad (13-4)$$

上部边界内影响区斜长 $l_s$ 为

$$l_s = H[\cot(\gamma_0 - \alpha) + \cot\psi_2] \qquad (13-5)$$

式中　　　　$\beta_0$、$\gamma_0$——下部、上部边界角，(°)；

$\psi_1$、$\psi_2$、$\psi_3$——下部、上部、走向充分采动角，(°)；

$l_{\psi 2}$——上边界内影响区长度，m；

$l_{\psi 1}$——下边界内影响区长度，m；

$l_s$、$l_x$——上部、下部边界影响区斜长，m；

$H$——上下煤层层间距，m；

$\alpha$——煤层倾角，(°)。

沿煤层走向可分为边界影响区、最大下沉区，两端边界影响区范围大致相同。由图 13 - 6 可知，走向边界影响区范围为

$$l_z = H(\cot\psi_3 + \cot\delta_0) \qquad (13-6)$$

覆岩内部移动角与层间岩性及煤层倾角有关，顾桥矿 11 - 2 号煤层与 13 - 1 号煤层之间以中硬偏软岩层为主体，根据有关研究结果，取充分采动角为 52°，$\psi_1 = \psi_3 - 0.5\alpha$；$\psi_2 = \psi_3 + 0.5\alpha$。因此不同层间距条件下的合理空间关系见表 13 - 1。

表 13 - 1　上行卸压开采合理空间参数（$\alpha = 6°$）

| 内影响区长度/m | 层间距 $H$/m | | |
|---|---|---|---|
| | 60 | 67 | 85 |
| 下部边界影响区斜长 | 65.3 | 72.9 | 92.5 |
| 上部边界影响区斜长 | 73.3 | 81.9 | 103.9 |
| 走向边界影响区 | 68.7 | 76.7 | 97.3 |
| 下边界内影响区长度 | 43.3 | 48.4 | 61.3 |
| 上边界内影响区长度 | 50 | 55.8 | 70.8 |
| 走向边界内影响区长度 | 46.9 | 52.3 | 66.8 |

由计算公式及表 13 - 1 可见，上行远程卸压开采具有以下特点：

（1）在倾斜煤层条件下，由于走向、倾向上方、倾向下方岩层移动角存在明显的差异，各个方向的内影响区长度不同。倾向上方内影响区范围最大，倾斜下方最小，走向居中。

（2）各个方向的内影响区范围与层间距大小呈线性关系。层间距越大各个方向影响区的长度越大。

### 2. 卸压瓦斯运移规律

采空侧围岩结构运动及裂隙发育规律研究表明，煤层群首采关键卸压层开采后，在采空侧顶板存在"竖向裂隙发育区"，采空侧采动影响区内顶板岩层裂隙呈现动态演化。竖向裂隙区外侧为增压区、内侧为卸压膨胀稳定区。垮落带岩体呈不规则堆积，由于采动应力影响，沿工作面推进方向，采空侧空隙分布呈 O 形，由于煤层气密度小，气体上浮，采空区瓦斯易于富集在上部沿空留巷采动冒落空隙区。规则垮落带和裂隙带中竖向裂隙区顶板岩层产生卸压膨胀，该位置区域离层裂隙和竖向破断裂隙发育，横向和竖向裂隙贯通，并和不规则垮落带相连通，为围岩卸压瓦斯和采空区积聚的瓦斯提供良好的储集场所。弯曲下沉带内由于煤体发生膨胀变形，弯曲下沉带内煤体中离层裂隙为主，煤层的透气性显著增加，处于弯曲下沉带竖向裂隙区中的煤层为远程卸压抽采煤层气提供了良好的通道。底板远程卸压膨胀区的卸压煤层，如新庄孜 B8 号煤层下部 41.9 m 的 B4 号煤层，B8 号煤层开采后，B4 号煤层的透气性增加 600 倍，远程底板卸压煤层离层裂隙发育，煤层中富含高瓦斯卸压煤层气。

从图 13-7 看出，由于煤层开采后上覆岩体形成承重岩层，承受的重量将转移到工作面前后方和两侧的煤体上，从而在采空区下方形成卸压区。开采煤层顶底板经历了采前压力升高、采后压力降低、压力逐渐恢复几个阶段。在留巷边界处向小于原始应力的垂直等应力曲线作切线，便可得到上部煤层开采以后，在采空区上下方形成的卸压区范围。卸压开采煤层气下向抽采钻孔应布置在该区，该区域左边界角为采动卸压角。

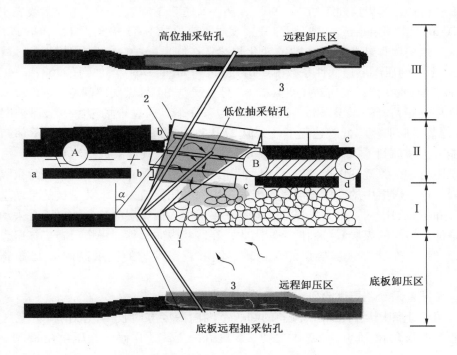

Ⅰ—垮落带；Ⅱ—裂隙带；Ⅲ—弯曲下沉带；

A—煤壁支撑影响区；B—离层区；C—重新压实区，顶板破断角；

1—上部采空区顶区空隙区；2—裂隙带内的楔形裂隙发育区；3—远程卸压煤层离层发育区

图 13-7　采动覆岩移动"竖三带""横三区"和"裂隙三发育区"模型

卸压开采沿空留巷采场裂隙演化特征为卸压煤层气抽采钻孔的布置提供了理论依据。

3. 卸压瓦斯富集区分布规律

首采关键卸压煤层工作面的瓦斯主要来源于本煤层、采空区和邻近层的卸压解吸瓦斯。由于煤层松软、透气性低，穿层、顺层钻孔施工困难，抽采效果极差。U 型通风全部垮落采煤法开采的工作面若对采空区实施大面积抽采，工程难度大，而且抽不出高浓度瓦斯。沿空留巷 Y 型通风方式开采的工作面，留巷处于采空侧，为首采关键卸压层抽采覆岩卸压煤层气提供了必要和有利的条件。因此，寻找卸压煤层气运移的裂隙通道和瓦斯富集区是实施有效煤气共采的技术关键。

根据矿山岩层移动理论，煤层在开采过程中，顶底板岩层冒落、移动，产生裂隙，远程煤层卸压，煤层透气性显著增加，为卸压煤气共采创造良好的条件；首采关键卸压煤层和相邻卸压煤层内的煤层气卸压、解吸，由于瓦斯具有升浮移动和渗流特性，来自于大面积的卸压煤层的煤层气沿裂隙通道汇集到顶板竖向裂隙充分发育区，即汇集到顶板竖向裂隙区，在顶板竖向裂隙槽内形成卸压煤层气积存库。基于沿空留巷条件，把抽采钻孔布置在顶板竖向裂隙槽，能够获得理想的抽采低位高浓度瓦斯效果，从而避免采空区瓦斯大量涌入回采空间。

1) 远程高瓦斯煤层卸压增透抽采区的确定

淮南矿区煤层赋存特征是高瓦斯、低透气性松软煤层，新区多为远距离煤层群，如 B11 号煤层和 C13 号煤层间距约 70 ~ 90 m，潘一矿远程下卸压层开采工程实践表明：在层间距近 70 m，相对层间距（层间距与开采煤层采高之比）35 倍条件下，通过现场考察，得出的卸压煤层远程卸压相关参数的变化规律：在卸压保护区，煤层膨胀变形最大达到 2.633%，上部卸压煤层透气性系数由 0.01135 m²/(MPa²·d) 增加到 32.687 m²/(MPa²·d)，增加了约 2880 倍；淮南新庄孜煤矿 B8 号煤层与 B4 号煤层层间距为 41.92 m，相对层间距（层间距与开采煤层采高之比）20.9 倍条件下，通过现场考察，上保护层卸压开采后 B4 号煤层膨胀变形此时达到了最大值 $27.1 \times 10^{-3}$，远远超过了 6‰；下部卸压煤层透气性能大大增加到了 22.2 m²/(MPa²·d)，即是原始透气性系数的约 600 倍。由于远程卸压煤层距离首采关键卸压煤层较远，远程卸压煤层与首采卸压层中间具有致密隔气性较好的泥岩，远程煤层中的高压煤层气不能通过中间卸压层流入首采关键层的采动空间。因此，远程卸压煤层中的富含高压煤层气储集在煤层中，而煤层的透气性由于受采动卸压而大幅度增加，煤层的煤层气可抽性好，因此，在留巷内向远程卸压煤层施工穿层煤层气抽采钻孔，把钻孔布置在远程煤层卸压区内，能够获得理想的抽采高浓度大流量煤层气效果。

淮南矿区首采卸压层试验研究得到的卸压范围为：

(1) 开采上卸压层时沿煤层倾向的卸压范围向深度方向收敛，淮南矿区老区开采上卸压层倾向卸压角在 75.0° ~ 82.0° 之间；新区开采上卸压层倾向卸压角在 83.0° ~ 85.0° 之间。

(2) 开采下卸压层时，沿煤层倾向的卸压范围向高度方向发散，淮南矿区老区开采下卸压层倾向卸压角在 110.2° ~ 118.9° 之间；新区开采下卸压层倾向卸压角在 102.0° ~ 110.0° 之间。

（3）淮南矿区老区开采上卸压层倾向卸压范围（$K < 1.0$）向底板方向发展的深度超过了 100 m，新区开采上卸压层倾向卸压范围向底板方向发展的深度超过 80 m。

（4）淮南矿区老区开采下卸压层倾向卸压范围（$K < 0.9$ 区域）向顶板方向发展高度超过 130 m，新区开采下卸压层倾向卸压范围向顶板方向发展高度达到 150 m。

2）采场顶板瓦斯富集区的确定

根据淮南 C13 号煤层的赋存特征，工作面的布置参数，应用 FLAC 数值计算，采用弹性物理模型和 Mohr – Coulomb 强度准则，模拟采场空间顶板垮落带及裂隙发育特征，并利用数值模拟结果找出竖向裂隙区存在的位置。模拟的条件为工作面倾向长度 180 m，采高 3 m，煤层顶板模拟高度 45 m，底板厚 10 m，倾角 10°。岩石力学主要参数取自开采试验资料、钻孔岩心取样试验及顶板岩性分类资料。图 13 – 8 所示为数值模拟结果，表明淮南矿 C13 号煤层开采时，复合顶板的采场顶板竖向裂隙区的位置：以留巷上风巷为界，右边角为 60°，左边角为 95°；垂直煤层顶板向上 2.7 ~ 8.3 倍采高（8 ~ 25 m），倾斜方向 0 ~ 30 m，为裂隙充分发育区。

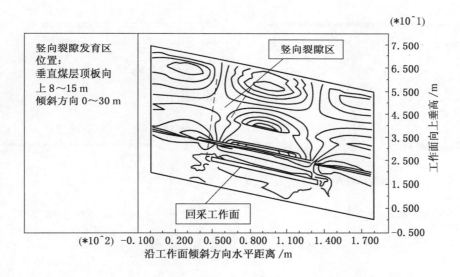

图 13 – 8　首采层开采后顶板裂隙发育状态的数值模拟结果

3）Y 型通风采空区瓦斯富集区确定

根据 Y 型通风工作面布置条件，数值计算采空区瓦斯浓度场分布规律，模拟工作面倾向长度 150 m，采空区走向长 350 m，煤层为近水平，采空区孔隙率 $n = 0.13 ~ 0.33$，冒落碎胀系数 $K_p = 1.15 ~ 1.50$；采空区瓦斯涌出强度为 $W_{CH_4} = 0.50$ mol/（m$^2$ · h），采空区连续漏风总量为 100 m$^3$/min，图 13 – 9 所示为 Y 型通风采空区瓦斯浓度场分布图。

Y 型通风采空区瓦斯浓度场模拟结果表明，在采空区瓦斯涌出强度一定和有效控制采空区漏风条件下，Y 型通风易于在采空区积存高浓度瓦斯，在工作面上部留巷采空区后部 50 m 瓦斯浓度超过 10%，100 m 位置瓦斯浓度超过 20%，300 m 位置采空区瓦斯浓度达到 40%。因此，对于两进一回 Y 型通风系统，在留巷后部一定位置区向采空区施工抽采瓦斯钻孔，可以抽采采空区高浓度的煤层气资源。同时，Y 型通风采空区与采场顶板竖向裂

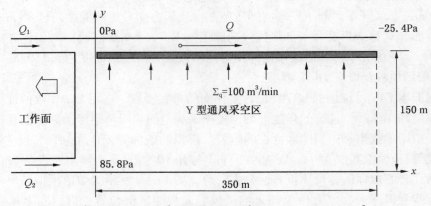

$Q_1=350 \ m^3/min$，$Q_2=1250 \ m^3/min$，$Q=1600 \ m^3/min$，$W_{CH_4}=0.5 \ mol/(m^2 \cdot h)$

(a) Y 型通风采空区几何模型

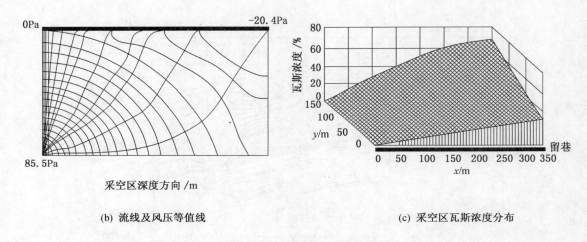

(b) 流线及风压等值线　　　　　　　　　　　(c) 采空区瓦斯浓度分布

图 13 - 9　Y 型通风采空区瓦斯浓度场

隙区连通，为采场顶板富集瓦斯区连续提供高浓度煤层气，利于采场顶板瓦斯富集区煤层气抽采，为首采关键卸压层开采煤与瓦斯共采创造良好的安全保障。

4）采场底板瓦斯富集区

淮南矿业集团新庄孜煤矿首采卸压煤层开采后，采空区底板发生膨胀变形，左侧底板卸压膨胀区发育范围以偏 55°向采空区内，右侧底板卸压膨胀区发育范围以偏 60°向采空区内，裂隙发育深度到 B11 - 2 号煤层底板 28 ~ 31 m。

由于瓦斯密度小，底板裂隙发育区有竖向裂隙与采空区贯通，因此，底板卸压瓦斯上浮运移至采空区，在底板裂隙发育区没有显著的瓦斯富集区。但在底板 28 ~ 31 m 以下具有致密隔气性较好的泥岩的远程卸压煤层中，存在高压富瓦斯煤层，煤层具有一定的采动层间离层裂隙，煤层透气性大大增加，在该卸压煤层卸压上部布置抽采煤层气钻孔，卸压煤层底部的瓦斯解吸并通过层间裂隙运移到上部抽采钻孔周围而被抽采。在下向钻孔密封性保证条件下，下部远程卸压煤层能抽采较高浓度的煤层气。

## 13.2　无煤柱开采煤与瓦斯共采原理

### 13.2.1　采场顶板破断规律

　　无煤柱开采技术是将工作面运输平巷或回风平巷靠采空区一侧进行充填形成充填条带，整个充填带在采空区里面，从而将所留巷道与采空区隔离开，无煤柱开采沿空留巷矿压模型如图 13 - 10 所示。

　　随着工作面推进，悬臂梁急剧转动，悬臂梁的沉降量与一次开采厚度呈正比关系。沿空巷道煤帮作为悬臂梁的一个支承点承受较为集中的支承压力，所以沿空留巷煤帮会产生严重破裂。这不仅导致煤帮强烈位移，而且随悬臂梁的回转角增加，会引起巷道顶板急剧沉降。因此，制止煤帮强烈位移是控制整个巷道围岩大变形的关键之一。

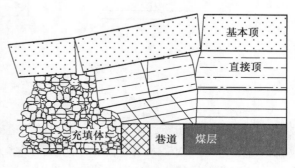

图 13 - 10　沿空留巷矿压模型

　　充填体上方的直接顶板在工作面前方超前支承压力的作用下，一般已比较破碎，刚度和强度都比较低。如果顶板比较破碎，漏冒严重，充填体不能将支撑阻力传递给直接顶，导致基本顶回转下沉量加大，因而造成巷道顶板和巷道煤帮严重破坏，则沿空留巷难以成功。因此，充填体上方顶板完整性的控制是沿空留巷成功的又一关键。

　　由板的塑性极限分析、板破断的相似材料模拟试验以及现场观测均已证明：长壁工作面自开切眼向前推进一段距离后，首先在悬露基本顶的中央及两个长边形成平行的断裂线 $I_1$、$I_2$，再在短边形成断裂线 $II$，并与断裂线 $I_1$、$I_2$ 贯通，最后基本顶岩层沿断裂线 $I$ 和 $II$ 回转且形成分块断裂线 $III$，进而形成结构块 1、2。基本顶在采空区中部接触矸石后，运动较平缓。基本顶初次破断后的平面图形近似呈椭圆状。沿空留巷的直接顶板除采空区自然垮落外，必然由于结构块即 2、3 结构块的运动而被迫下沉。因此，结构块 2、3 的稳定状况直接影响沿空留巷的稳定状况。一般来说，充填体很难阻止结构块 3 的旋转下沉。可见，当基本顶破断下沉时，要求巷旁充填体具有一定的可缩量，使其适应结构块 3 的旋转下沉。为了保持巷道顶板的完整，以及减少顶板下沉量，要求充填体具有一定的支护阻力，将结构块 3 在采空区侧沿充填体边缘切断，即切顶。

　　根据图 13 - 11 所示的沿空留巷基本顶断裂结构图，结构块 2 和 3 在其中部悬顶距达到最大，此时充填体既要适应结构块的运动，又要控制顶板旋转下沉量，所承担的载荷达到最大。此时，充填体外侧顶板最可能发生切顶断裂，因而充填体的支护阻力必须满足这种切顶要求。

### 13.2.2　留巷侧上覆岩层破断规律

　　上覆岩层的活动是引发沿空留巷巷道压力和变形剧烈增加的主要原因。所以，研究留巷首先就应该对上覆岩层破断规律有所认识。上覆岩层的活动规律特别是侧向板块的结构及活动规律，对留巷巷道的围岩变形影响最为显著。

　　研究结果表明，在留巷顶板岩层发生离层前，及时进行支护，使顶板岩层首先沿巷旁

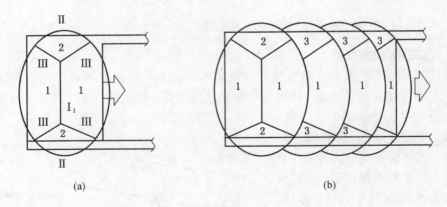

图 13 - 11　沿空留巷基本顶破断的基本形态

支护外侧采空区侧切断，垮落时对所架设的巷道支护的冲击较小，支护的变形也较小。若顶板离层后再架设同样大小的支护，顶板岩层就会首先沿煤帮折断，垮落时对支护的冲击较大，支护变形也较大。合理的留巷支护对上覆岩层垮落具有明显的主动控制作用，并且及早进行巷内支护以及保证支护具有较大的初撑力，及时控制围岩活动是十分重要的。

上覆岩层垮落所产生的动压，对移动边界（即工作面空间）的影响比对固定边界（沿空留巷）的影响严重得多。研究结果表明，沿空留巷的矿压显现的剧烈程度明显小于采场中的矿压显现程度，也说明了为什么工作面前方动压影响范围明显大于工作面两侧煤体中的影响范围。即沿空留巷支护阻力必然小于工作面采场支架的支护阻力。

总之，工作面周期来压是不均衡的，周期来压步距不相同，相邻的两次周期来压步距、来压强度往往都不相同。此特点对研究沿空留巷以及采场支护对围岩相互作用机理，寻找合理控制留巷岩层活动的方式和设计支护参数都是十分重要的。

通过改变沿空留巷侧的支护方式能够改变下位岩层（尤其初次垮落岩层）的垮落边界位置，进而改变整个垮落线的位置。这种特点是研究沿空留巷支护对围岩作用的重要依据。根据顾桥矿 11 - 2 号煤层工作面的工程地质条件，沿空留巷侧上覆岩层破断的模拟结果如图 13 - 12 所示。

随着垮落层位的向上发展，固定边界已垮岩层残留边界由承载状态转入了加载状态。当加载达到一定程度，即达到下位岩层整个残留边界的总极限承载能力时，残留边界就会产生"二期破断"，二期破断不同于前期破断，除下位垮落带所对应的那部分岩层外，其余岩层都受到前期破断岩层结构和未垮岩层的"夹持"作用，下沉受到制约（据张飞，2014）。由于前期垮落的岩层已受到一定程度的压实，并在边界处形成了稳定结构，这种边界结构构成了二期破断岩层的"支座"。当这种支座的刚度等于或大于煤体的刚度时，上覆岩层的下沉将以"平移"甚至"反转"的形式下沉。上覆岩层的这种下沉会加剧煤帮的挤出，增大底鼓量。随着"二期垮断"的发展，已经稳定的岩层上方平衡的未垮岩层还会失去平衡，产生下沉。上覆岩层的这种活动会加剧沿空留巷上覆岩层的平移下沉以及巷道煤帮的挤出，使巷道煤帮内的支承压力范围加大。

分析表明，设计沿空留巷最大支护载荷主要以上覆岩层的前期规律为依据。设计沿空留巷最大支护变形主要以上覆岩层后期活动规律为依据。

(a) 模拟

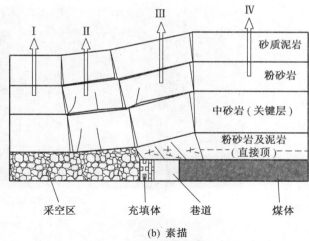

(b) 素描

Ⅰ—垮落区；Ⅱ—错动离层带；Ⅲ—二次破断区；Ⅳ—煤壁支撑区

图 13 - 12　采空侧顶板破坏示意图

### 13.2.3　无煤柱留巷围岩应力演化规律

1. 淮南矿区首采关键卸压保护层开采卸压范围

卸压开采后，周围的煤岩层向采空区移动，采空区上方岩体冒落并形成自然冒落拱，采空区下方岩体向采空区膨胀形成裂隙，使得采空区上下方煤岩体产生应力、透气性、瓦斯压力、位移等变化。研究卸压开采后应力重新分布规律，对确定卸压范围具有十分重要的意义。上下保护层卸压开采沿走向和倾向卸压范围的模拟结果如图 13 - 13 所示。

从图 13 - 13 可以看出，由于煤层开采后上覆岩体形成承重岩层，在煤柱边界处向小于原始应力的垂直等应力曲线作切线，便可得到上部煤层开采以后，在采空区下方形成的卸压区范围，走向卸压角为 80°左右，为了进一步研究卸压开采理论，在矿区实际考察得出的走向卸压保护角 56° ~60.5° 所做出的卸压保护线与集中载荷作用下底板岩体内沿走向应力分布等值线对照，可以看出：①采空区下方为卸压保护区域，为减压区；②卸压保

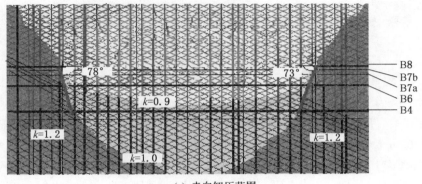

(a) 走向卸压范围

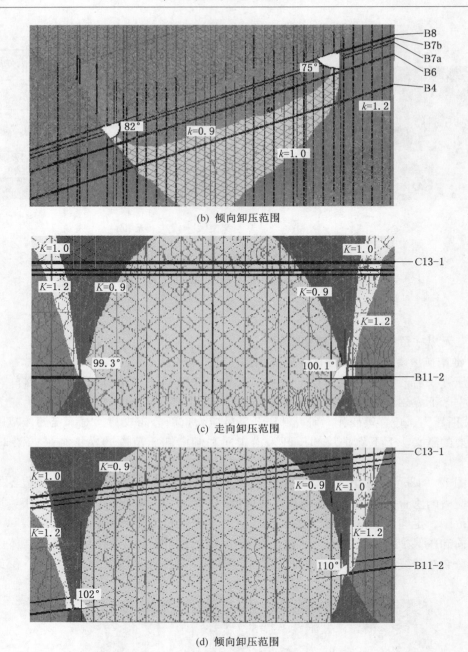

(b) 倾向卸压范围

(c) 走向卸压范围

(d) 倾向卸压范围

图 13 - 13　上下保护层开采卸压范围

护区域在减压区内，但比减压区范围小，以 56°～60.5°的卸压保护角偏向采空区一侧；③在距上部开采煤层 60 m 深度时，集中应力系数趋于 1，表明向底板煤层卸压的有效开采垂距小于 60 m。新庄孜矿开采 B8 号煤层与 B6 号煤层间距约 20 m，开采 B8 号煤层后，B6 号煤层从理论上分析应该受到保护；B8 号煤层与 B4 号煤层间距超过了 60 m，开采 B8 号煤层后 B4 号煤层从理论上分析受到的保护作用不会很明显；B6 号煤层与 B4 号煤层间距约 40 m，开采 B6 号煤层后，B4 号煤层从理论上分析应该受到保护。

　　1）沿走向顶、底板煤岩体中卸压范围

　　（1）无论开采上卸压层还是下卸压层，沿走向卸压方向应力状态基本呈对称形态。

　　（2）开采上卸压层时沿煤层走向的卸压范围向深度方向收敛，淮南矿区老区开采上卸压层走向卸压角为 73.0°～78.0°；淮南矿区新区开采上卸压层走向卸压角为 80.8°～84.7°之间。

　　（3）开采下卸压层时沿煤层走向卸压范围向高度方向发散，淮南矿区老区开采下卸压层走向卸压角为 104.6°～109.1°；新区开采下卸压层走向卸压角为 99.3°～100.1°。

　　（4）淮南矿区老区开采上卸压层走向卸压范围（$K<1.0$）向底板方向发展的深度超过了 100 m，新区开采上卸压层走向卸压范围向底板方向发展的深度超过了 80 m。

　　（5）淮南矿区老区开采下卸压层走向卸压范围（$K<0.9$ 区域）向顶板方向发展的高度超过了 130 m，新区开采下卸压层倾向卸压范围向顶板方向发展的高度达到 150 m。

　　2）沿倾向顶、底板煤岩体中卸压范围

　　（1）开采上卸压层，倾向卸压方向应力分布均呈不对称状态，且下山侧的倾向卸压角大于上山侧的倾向卸压角；开采下卸压层，倾向卸压方向应力分布均同样呈不对称状态，且下山侧的倾向卸压角小于上山侧的倾向卸压角。

　　（2）开采上卸压层时沿煤层倾向的卸压范围向深度方向收敛，淮南矿区老区开采上卸压层倾向卸压角为 82.0°～75.0°；淮南矿区新区开采上卸压层倾向卸压角为 83.0°～85.0°之间。

　　（3）开采下卸压层时，沿煤层倾向的卸压范围向高度方向发散，淮南矿区老区开采下卸压层倾向卸压角为 110.2°～118.9°；淮南矿区新区开采下卸压层倾向卸压角为 102.0°～110.0°。

　　（4）淮南矿区老区开采上卸压层倾向卸压范围（$K<1.0$）向底板方向发展的深度超过了 100 m，新区开采上卸压层倾向卸压范围向底板方向发展的深度超过了 80 m。

　　（5）淮南矿区老区开采下卸压层倾向卸压范围（$K<0.9$ 区域）向顶板方向发展的高度超过了 130 m，新区开采下卸压层倾向卸压范围向顶板方向发展的高度达到 150 m。

　　2. 卸压煤层采空侧顶底板卸压区分布

　　为了进一步研究卸压煤层开采后，采空侧顶底板岩层卸压膨胀区的发育状况，依照顾桥 1115（1）工作面的柱状建立模型，模型划分 17100 个单元，模拟工作面宽度为 200 m，工作面两侧边界各留为 80 m，模型总宽度为 360 m。11 - 2 号煤层顶板高度为 140.4 m，底板为 75 m。模拟埋深为 750 m。计算模型如图 13 - 14 所示。

　　1）卸压膨胀区分布特征

　　当 11 - 2 号煤层开采后，采空侧顶底板卸压区分布如图 13 - 15 所示。分析计算结果可知：

　　（1）左侧顶板破断角为 50°，边界采动影响角为 110°。竖向裂隙区内顶板岩层产生卸压膨胀变形。

　　（2）右侧顶板破断角为 45°，边界采动影响角为 106°。竖向裂隙区内顶板岩层产生卸压膨胀变形。

　　（3）左侧底板卸压膨胀区发育范围以偏 55°向采空区内，发育深度到 11 - 2 号煤层底板 31 m。

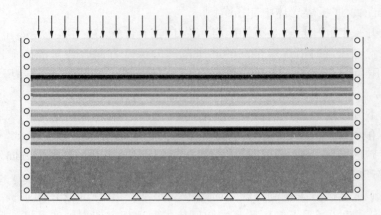

图 13 - 14　计算模型

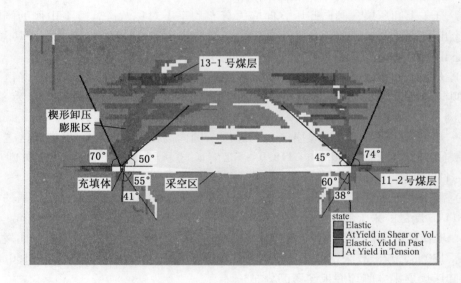

图 13 - 15　采空侧卸压区分布图

（4）右侧底板卸压膨胀区发育范围以偏 60°向采空区内，发育深度到 11 - 2 号煤层底板 28 m。

2）应力分布

当 11 - 2 号煤层开采后，采空侧顶底板岩层应力分布如图 13 - 16 所示。

（1）由图 13 - 16a 可知，煤层开采后，两采空侧上、下以一定角度范围形成剪应力升高区。其中，靠近工作面两巷剪应力最大，达到 15 ~ 20 MPa，随与工作面距离增加，剪应力从 10 MPa、5 MPa 下降为 0。结合图 13 - 16b，该范围内剪应力是造成竖向区内岩石卸压膨胀变形的主要原因。而两个剪应力升高范围中间所形成的接近 0 剪应力范围，是由于拉、剪应力破坏使该范围内岩体屈服无法承受太大剪切应力。

（2）图 13 - 16b 为两采空侧最大主应力与最小主应力差的应力分布云图。由图知采空侧顶、底板中主应力差值变化分为 3 个区。

稳定卸压区：位于采空区上、下岩体的应力变化区，应力值在 5～10 MPa 之间变化，岩体受拉、剪破坏，承载的最大、最小主应力均不高，主应力差值也不高。

卸压膨胀区：位于采空侧上方岩体的应力值变化区，应力差值变化较大，在 10～40 MPa 区间变化，说明该范围内岩体具备承载能力，结合图 13－16b，尽管出现膨胀变形，应力趋于平衡，围岩结构自稳。

增压区：采空侧两端头外侧，应力值在 5～10 MPa 之间，该范围岩体受超前压力影响，岩体内应力没有得到卸压，最大、最小主应力值均较大，所以差值不高。

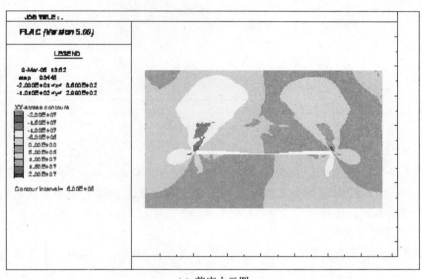

(a) 剪应力云图

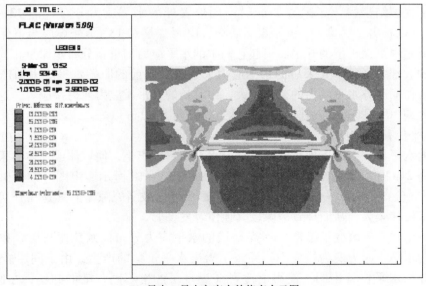

(b) 最大、最小主应力差值应力云图

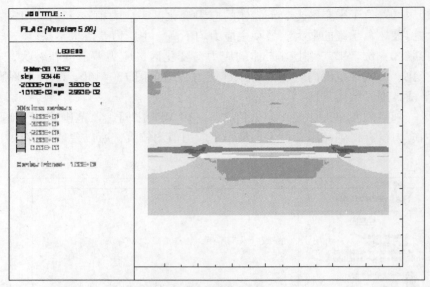

(c) 水平应力云图

图 13 – 16　采空侧顶底板应力分布

（3）图 13 – 16c 是水平应力云图，应力值在 0 ~ 10 MPa 之间，说明煤层开采后，顶、底板岩层抗水平错动能力减弱，尤其是底板下部，出现 0 应力区，说明该区域内各岩层由于自身力学性能不同，造成水平方向相互错动，失去抵制外载能力。

3. 被卸压煤层采动应力分布

下保护层开采后不仅会引起垂直方向应力的改变，而且水平应力、水平位移都将会发生相应的变化。

1）水平应力

由数值模拟结果得出了采高 2 m 时不同位置处的水平应力分布（图 13 – 17）。由图 13 – 17 可以看出，尽管 13 – 1 号煤层底板、12 号煤层和 13 – 1 号煤层与下保护层的距离不同，但是由下保护层的开采而引起它们中的水平应力的重新分布规律是相同的。在采空区上方的大部分区域，开采后的水平应力大于未开采前的原始水平应力即产生应力集中。而在工作面前方水平应力的变化较大，由原始的水平压应力变为拉应力，这种变化从工作面内大约 10 m 即开始，其影响范围达工作面前方 80 m 以外。

2）水平位移

岩层内水平拉应力的出现必然导致岩层水平位移的产生，使岩体或煤体向采空区方向移动。采高 2 m 时不同位置处的水平位移分布如图 13 – 18 所示。由图可知，由于同一岩（煤）层不同位置处的水平位移不同，因而将形成竖向破断裂隙。尤其是在开切眼及终采线附近水平位移较大，从而导致裂隙较其他位置发育。

下保护层的开采改变了上覆岩（煤）层的水平应力分布，尤其在开切眼和终采线附近，原始的水平压应力变为拉应力，导致了岩层水平位移的产生，由于同一岩（煤）层不同位置处的水平位移不同，使得上覆岩（煤）层产生不同程度的卸压，在卸压带内，煤体产生膨胀变形，生成大量次生裂隙，增加了煤体的透气性，所以在覆岩中将形成丰富的竖向裂隙，为卸压瓦斯的运移提供了通道。

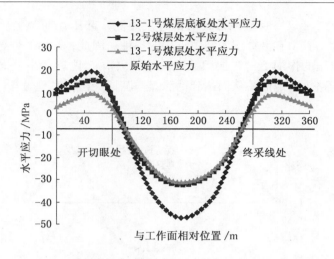

图 13 - 17　卸压煤层附近水平应力分布

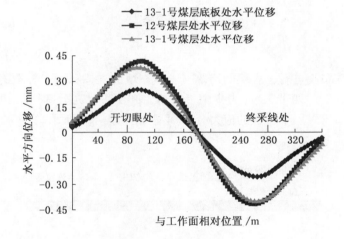

图 13 - 18　卸压煤层附近水平位移分布

3）垂直方向应力分析

采用数值模拟对 11 - 2 号煤层开采（采高 2.0 m）之后，处在其上方远程卸压区域内的 13 - 1 号煤层及其附近岩体的垂直应力变化进行了模拟。图 13 - 19 为 13 - 1 号煤层卸压垂直应力变化模拟结果（注：工作面始采及终采位置对应坐标为 80、280 m）。

可见，11 - 2 号煤层开采之后，13 - 1 号煤层开始卸压，当 11 - 2 号煤层采过 40 m 后，13 - 1 号煤层垂直应力已降为原始应力的 91%，说明 13 - 1 号煤层已经充分卸压。

另由相似材料模拟及数值模拟结果分析可以看出，下保护层的开采将破坏上覆岩（煤）层的原岩应力场，使得距离下保护层一定距离的上覆岩（煤）层产生不同程度的卸压，岩（煤）体产生膨胀变形，从而使岩（煤）体内产生大量的顺层及穿层裂隙。

研究结果表明，11 - 2 号煤层开采后，其裂隙带的高度为 40 ~ 58.7 m，说明 13 - 1 号煤层处在弯曲下沉带内。在弯曲下沉带内形成的裂隙主要为岩（煤）层离层后形成的顺层张裂隙和少部分岩（煤）层破断后形成的穿层裂隙，卸压瓦斯解吸后具有沿顺层张裂隙流动的较好条件，极少有沿穿层张裂隙流动的条件。因此，13-1号煤层中的瓦斯将在瓦斯压力和抽采负压的作用下沿顺层张裂隙向钻孔（井）位置产生径向流动，并通过地面钻井瓦斯抽采管路排至地面，从而达到消除煤与瓦斯突出，实现煤与卸压瓦斯安全共采的目的。

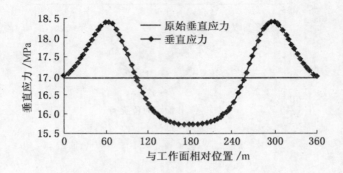

图13-19 卸压煤层垂直应力分布

4）卸压应力分带

从卸压应力分布观点看，岩层的垮落、自然充填的支撑和压实等作用，在采空区上方的横向方向上也产生"四带"：应力集中带、初始卸压带、充分卸压带和应力恢复带。煤层开采在其上覆卸压煤层中形成的应力分带模型如图13-20所示。

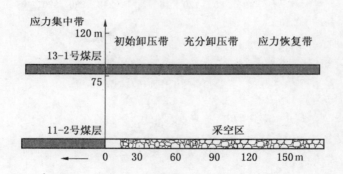

图13-20 被卸压煤层应力分带模型

应力集中带：通常位于保护层工作面前方5~50m范围内。此带范围内煤层承受的应力高于原始状态，最大应力点位于保护层工作面前方5~20m范围内，最大压缩变形达0.5‰~2‰，裂隙封闭，透气性降低。

初始卸压带：从保护层工作面开始往采空区方向均存在保护卸压作用，但由于保护层的卸压传递到被保护层时要滞后一段距离，因此，保护层卸压带的起点（对卸压层而言）通常位于保护层工作面后方0.25~0.8倍层间距位置。从卸压瓦斯流动观点来看，在此带范围内，初始卸压带内煤层纵向破断裂隙发育，透气性大大增加，为初始卸压增透带。

充分卸压带：充分卸压点位于保护层工作面后方 50～150 m 范围，通常为层间垂距的 0.8～2.75 倍，然后应力开始恢复。从卸压瓦斯流动观点来看，在此带范围内，煤层承受的应力减小，被保护层变形增大，卸压煤层裂隙十分发育，尤其是横向离层裂隙发育丰富，透气性增加，充分卸压带内为卸压充分高透高流带。

应力恢复带：位于保护层工作面后方 150～500 m 以远，此带范围由于采空区垮落岩石逐渐被压实，应力逐渐恢复，但仍然小于原始应力状态，只能经过足够时间的恢复，才逐步向原始应力状态靠近。从卸压瓦斯流动观点来看，在此带范围内，由于上覆岩层向下移动压实作用使应力恢复带内的采动裂隙趋于密合，为减透减流带，但被保护层横向离层变形要维持较长时间，为卸压瓦斯抽采提供足够的时间。

## 13.3　无煤柱巷道围岩稳定性控制

### 13.3.1　无煤柱留巷围岩结构稳定性分析

1. 无煤柱留巷的基本特性

巷道围岩的稳定性主要取决于围岩强度、应力状况及支护系统性能。沿空留巷围岩赋存状况和应力状态明显不同于其他煤层巷道，不能简单地描述沿空留巷围岩处于低值应力区，实际上其围岩应力场在留巷过程中复杂多变，并从根本上决定着留巷围岩的稳定性。已有的研究表明，沿空留巷从开掘到留巷，显现出如图 13-21 所示的阶段性特征，各阶段围岩的稳定及变形特点不尽相同。

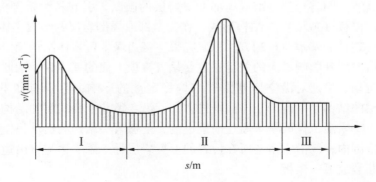

Ⅰ—掘进及掘后稳定阶段；Ⅱ—采动应力调整阶段；Ⅲ—留巷稳定阶段

图 13-21　沿空留巷的阶段性矿压特征

第Ⅰ阶段，在巷道开掘后，破坏了掘巷前的原始应力状态，在巷道围岩内出现应力集中，在形成塑性变形区的过程中，围岩内巷道显著变形，随着掘后时间的延长，围岩的变形速度将日趋缓和，围岩应力重新分布，逐渐趋向稳定。

第Ⅱ阶段，受采煤工作面的影响，支承压力不断增长，巷道围岩的应力进入重新调整阶段，应力重新分布，此阶段内，围岩塑性区显著扩大，围岩变形急剧增长。在工作面推过一段距离，回采引起的支承压力和巷道的围岩变形速度都达到最大值。远离工作面后，随着支承压力的降低，巷道围岩变形速度会逐渐衰减。巷道的支护和充填墙体的承载性能对该时期的围岩稳定及变形有很大影响。

第Ⅲ阶段，回采引起的应力重新调整，趋向稳定后巷道处于采空侧应力低值区，但围岩已发生大范围破坏，仍保持一定速度流变。

我国 20 世纪 80 年代以来大力发展煤巷锚杆支护，在"九五"期间形成成套螺纹钢树脂锚杆支护技术，在Ⅰ、Ⅱ、Ⅲ类煤巷获得广泛应用，在部分Ⅳ、Ⅴ类复杂地质条件下也取得突破，使用比例已超过 60%，但在深井复合顶板松软煤层条件下，仍以 U 型钢支护为主。深井煤巷采用 U 型钢支护在掘进期间通常有 500～800 mm 的围岩收敛变形，在超前回采期间附加 800～1000 mm 采动变形，累计达到 1500～2000 mm 以上，巷道在临近工作面端头时，U 型钢严重变形，基本丧失承载能力，根本不具备留巷条件。

因此，针对沿空留巷的特点，研究适宜我国国情的煤巷支护技术是开发沿空留巷技术的关键之一。考虑到我国的国情和煤巷支护技术现状，留巷支护的出路仍然是发展和创新锚杆支护。与一般煤巷锚杆支护相比较，其技术难点主要是保持锚杆支护系统在留巷应力调整阶段的稳定性控制，并提出针对性解决方案。

2. 外层岩体结构稳定性分析

1）顶板关键岩块的确定

在煤层顶板中，由于成岩矿物成分及成岩环境等因素的不同，造成顶板各岩层的厚度和力学特性等方面存在着较大的差别，其中一些较为坚硬的具有一定厚度的岩层起着主要的控制作用，它们破断后形成的结构直接影响着采场侧向巷道的矿压显现和岩层活动，这种具有控制顶板结构作用的岩层叫关键层，具有以下属性：①相对于其他岩层厚度较大；②相对于其他岩层较为坚硬，即强度和弹性模量较大；③上覆较为软弱岩层的下沉与它是同步协调变形；④破断将导致全部或局部上覆岩层的破断，引起较大范围内的岩层移动；⑤关键层破断前以板（或梁）的结构形式，作为全部或局部岩层的承载主体。

应用关键层理论的基本原理和方法，研究采空区边缘上覆岩体结构稳定性特征和规律是适宜的，对沿空留巷影响最大的关键层主要是直接顶上面的基本顶。因此，我们仅研究基本顶断裂、运动、稳定对沿空留巷围岩结构稳定性的影响，它具有如下几点特殊性：①采场上覆岩层的结构是平行于工作面推进方向，沿空留巷上覆岩层的结构则是垂直于工作面推进方向；②采煤工作面是不断往前推进的，上覆岩层结构的运动只发生在采煤工作面前后方一定范围内；③沿空留巷所在位置的上覆岩层处于固支边与自由边相交处，因而其上覆关键层断裂成弧三角板。

2）顶板关键层结构模型

上区段工作面回采后采空侧上覆岩体的断裂具有如图 13 - 22a ～ 图 13 - 22c 所示的几个过程：

（1）工作面推过后，随着上区段煤层的采出，直接顶岩层随之发生不规则或规则的垮落下沉，最终与其上位的基本顶岩层发生离层。在这个过程中，由于上区段工作面中部和靠近采空侧煤层的采出程度不同，直接顶的垮落下沉也是不同的。当煤层完全采出时（如工作面中部），直接顶一般为不规则垮落。

（2）基本顶岩层在直接顶垮落后，一般在侧向煤体内断裂，并发生回转或弯曲下沉，直至在采空侧形成如图 13 - 22 中所示的岩块 A、岩块 B、岩块 C 组成的铰接结构。该结构的稳定性与采空区充满程度及基本顶岩层的断裂参数密切相关。

（3）在基本顶岩层垮落过程中，其上覆载荷岩层随之发生垮落。

图 13 - 22d 也即沿空留巷上覆外层顶板岩层结构模型，其岩体的垮落运动分为两组：

其一是随煤层的采出而不规则或者规则垮落的直接顶岩层；其二是基本顶岩层及其上部载荷岩层垮落后能形成平衡结构的岩层。相应地，上覆岩体垮落稳定后，沿空留巷位于关键块 B 的下方，岩体 A 为本区段工作面上方的基本顶岩层，块 B 为上区段工作面采空侧的弧三角板，块 C 为上区段工作面采场中的断裂块。由此可见，块 B 对于沿空留巷上覆岩体大结构的稳定是很重要的。

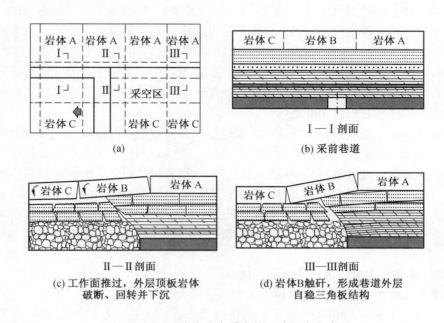

图 13-22　沿空留巷上覆岩层运动与稳定过程

**3）顶板岩体结构中关键块体的确定**

沿空留巷上覆岩体大结构的形成与直接顶、基本顶二者的性质、厚度以及煤层的采空程度相关，大结构中关键块 B 主要包括 3 个基本尺寸：基本顶岩层在侧向的断裂跨度 $l$、块体沿工作面推进方向的长度 $L$ 和块体的厚度 $h$，以及块体在煤体中的断裂位置 4 个参数，关键块 B 的基本尺寸通过基本顶岩层在周期来压时的断裂模式和周期来压步距确定。

（1）$L$ 的确定。关键块 B 沿工作面推进方向的长度 $L$ 即为基本顶周期来压时的步距，其值可以通过现场观测或理论计算获得。以淮南顾桥煤矿 1115（1）工作面为例计算，其基本顶岩层的周期来压步距一般为 20 m 左右。

（2）$l$ 的确定。关键块 B 在侧向的断裂跨度 $l$ 是指随着煤层的采出，基本顶岩层断裂后在采场侧向形成的悬跨度，根据板的屈服线分析法，认为板的断裂跨度 $l$ 与面长度 $S$ 和基本顶的周期来压步距 $l$ 相关，$l$ 的长度可用下式进行计算：

$$l = \frac{2L}{17}\left[\sqrt{\left(10\,\frac{L}{S}\right)^2 + 102} - 10\,\frac{L}{S}\right] \qquad (13-7)$$

根据研究，当 $S/L > 6$ 时，周期来压时的侧向跨度与周期来压步距一般可认为是相等的。周期来压步距一般为 20 m 左右，工作面的长度 $S$ 一般为 240 m，即 $S/L$ 约为 12。故我们可以认为，基本顶岩层的周期来压步距 $L$ 的大小在一定程度上决定了基本顶岩层的侧

向断裂跨度 $l$，在该条件下可近似认为相等，沿空留巷上覆基本顶岩层断裂后关键块 B 的悬跨度为 $l = 21.8$ m。

（3）$h$ 的确定。关键块 B 的厚度 $h$ 即为形成大结构主体的基本顶岩层的厚度。

（4）断裂位置。基本顶岩层的断裂位置在沿空留巷上覆岩体大结构稳定性的研究中，是一个很重要的参数，它对上区段工作面采空侧煤体中的垂直应力分布规律、沿空留巷的合理位置确定及巷道外部力学环境的演化有很大的影响。影响基本顶岩层断裂位置的因素很多，主要有采深、原岩应力状态、煤层厚度及性质、直接顶厚度及性质、基本顶岩层厚度及性质、采空区状况等。考虑到基本顶岩层与其下位岩层之间的交界面上存在两种情况：一是有力的传递，但没有相对位移产生，亦即没有相对运动或张开，这时把下位岩层与基本顶岩层视为不同材料组成的连续体；二是在下位岩层与基本顶岩层之间存在着相对运动或张开，此时将它们视为非连续体。

各因素对基本顶层断裂位置影响的重要性依次为：直接顶的厚度、直接顶的性质、基本顶岩层的厚度、煤层性质。其中直接顶的厚度、直接顶的性质对断裂位置的影响远大于后两个因素的影响，随着直接顶厚度的增加，基本顶岩层在煤体中的断裂距离呈逐渐减小的趋势；随着直接顶性质的增强，基本顶岩层在煤体中的断裂距离也呈减小的趋势。在顶板稳定程度较差，直接顶厚度在 5 ~ 8 m 之间变化时，断裂位置距上区段采空侧煤壁的距离一般在 5 ~ 8 m 之间；当直接顶其岩层单轴抗压强度位于 15 ~ 25 MPa 之间时，断裂距离一般在 5 ~ 7 m。

4）顶板岩体结构中关键块体的稳定性分析

可以通过关键块 B 的触矸情况和受力特点分析大结构的稳定性。

（1）关键块 B 的触矸情况。当上区段工作面推过，上覆岩层垮落稳定后，关键块的下沉量计算如下：

上覆岩层垮落稳定后，关键块 B 在采空区触矸处的给定下沉量 $S_d$ 可用下式计算（即图 13 - 23 中的 $d$ 处）：

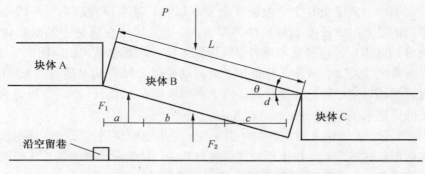

图 13 - 23　沿空留巷中顶板关键块体的结构分析

$$S_d = (M + T)[I - k_m(I - \eta)] - H_1(k_1 - 1) \qquad (13 - 8)$$

式中　$M$——煤层采高，m；

　　　$T$——直接顶松散层厚度，m；

　　　$k_m$——煤体的碎胀系数，取 $k_m = 1.3$；

$\eta$——工作面的采出率，按80%考虑；

$k_1$——直接顶的碎胀系数，取 $k_1 = 1.2$；

$H_1$——直接顶的厚度，m。

（2）关键块 B 在 $c$ 处的给定下沉量。关键块 B 在 $c$ 处的给定下沉量 $S_C$ 可用下式计算：

$$S_C = M - [T(K_m - 1) + H_1(K_1 - 1)]$$

（3）关键块 B 对其下位岩体的压缩量。根据关键块 B 在采空区的给定下沉量 $S_d$，假设块 B 在其断裂位置 $a$ 处无下沉，可以估算出块 B 回转变形稳定后对采空侧煤体边缘 $b$ 的压缩量 $S_b$ 为

$$S_b = X_0 \mathrm{Sin}\theta \tag{13 - 9}$$

式中　$X_0$——基本顶岩层断裂位置距上区段采空侧煤壁的距离，m；

　　　$\theta$——关键块 B 在采空区中触矸时的回转角，$\theta = \arcsin (S_d / L)$，（°）；

（4）关键块 B 的受力特点。关键块 B 在上区段工作面回采结束，上覆岩体垮落稳定后，块 B 将不但受到相临岩体 A 和块体 C 提供的水平推力 $T_1$、$T_2$、$T_3$ 和摩擦剪力 $Q_1$、$Q_2$、$Q_3$ 的作用；而且还受到上区段采空区矸石和采空侧边缘煤体的支承作用，关键块 B 在采空侧触矸点受到的支撑反力 $F$：

$$F_1 = k_b S_b \tag{13 - 10}$$

式中　$k_b$——采空侧煤体边缘对块 B 的支承刚度系数，MPa/m。

在给定下沉量的条件下，块 B 下部的矸石和采空侧煤体将对其形成强大的支承作用；同时该块还将受到相邻块 A、C 的夹持，显然此时关键块 B 是稳定的，因此沿空留巷上覆岩体大结构是自稳定的。

5）关键块体回转运动对留巷围岩稳定性的影响

沿空留巷沿上区段工作面采空侧维护，巷道一般位于关键块体下方，并受到它的保护，但这个外层岩体结构形成过程中的破断、回转和下沉对沿空留巷支护围岩结构影响很大。

工作面回采时，采空区基本顶岩层在回采工作面采空区内破断，侧向三角板 B 块体在回转力矩作用下向本工作面采空区回转下沉，如图 13 - 24 所示。这种运动和不稳定状态造成沿空留巷围岩应力的重新分布和集中，其影响程度远大于掘巷时围岩应力的重新分布和集中。从受工作面回采影响起，直到临近工作面，上覆岩体大结构上的载荷虽然是在不断增加，但由于各岩块间的支承条件并没有改变，故仍会保持随机的平衡状态，大结构的稳定性不会受到根本的改变，大结构的稳定平衡状态只有邻近工作面推过后才会被打破。

实践表明，沿空留巷在工作面滞后开采影响下，巷道围岩的变形很大，同实体煤巷道相比，其围岩变形量可达后者围岩变形量的 3～6 倍左右；同巷道掘进期间的围岩变形量相比，其变形量也可达到掘进期间围岩变形量的 5～6 倍左右，主要原因在于本工作面回采时，沿空留巷上覆岩体大结构形成过程中的回转和扰动造成巷道围岩应力的急剧上升。

进一步可以确定：沿空留巷在本工作面回采时，围岩变形的剧烈时期为一个关键块体的长度，即基本顶岩层的周期来压步距；较为剧烈的影响范围为两个块体长度；对于超前影响距离则会因关键块体间作用的不同而有一定的不同。而沿空留巷在本工作面回采时，巷道上覆岩体大结构不会发生失稳垮落，但其一定程度的下沉变形是不可抗的，除了适应上覆岩层的下沉外，保持巷道围岩的完整性是至关重要的。采用新型预拉力锚带网及钢绞

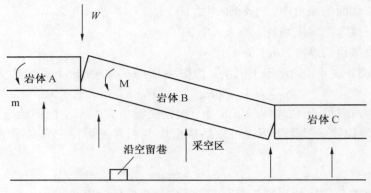

图 13 - 24　外层顶板的回转运动

线预拉力桁架等预应力组合支护，可以大大提高围岩锚固结构的整体性能。

3. 内层支护结构稳定性分析

1）支护围岩小结构的概念

沿空留巷的稳定主要取决于巷道外部的力学环境和巷道支护结构的适应性。实际上，锚杆支护巷道的稳定是通过在巷道围岩中布置锚杆，使锚杆群、锚杆的辅助构件及其锚固范围内的围岩形成一个整体承载结构，通过该结构良好的承载性能和对其外部围岩变形的适应性，充分发挥较深部围岩的自承能力，从而保证巷道的稳定性，如图 13 - 25 所示。相对于沿空留巷上覆岩体的大结构而言，这个由巷道周围锚杆组合支护、巷旁充填墙体、巷内辅助加强支护与围岩形成的统一承载结构称为沿空留巷支护围岩小结构。本课题所做的研究表明，单一的锚杆支护不能保证沿空留巷在应力调整期内顶板的稳定。

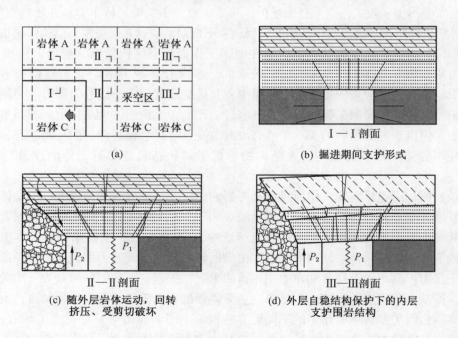

图 13 - 25　沿空留巷内层人工支护围岩小结构

2）几种典型的破坏型式

由于巷道所处的应力环境呈现明显的不均衡性，沿空留巷围岩小结构的变形与破坏也将呈现非均匀的特点，可归纳为如下几种形式：

（1）顶板诱导型破坏。由于受上覆岩体断裂回转的影响，顶板中将形成一组裂隙，并呈压缩状态，当巷道掘进后，顶板所贮存的压缩能量将释放，此时如果不能及时提供有效的支护阻力，顶板在其自重及上覆岩体变形压力的作用下将发生明显的下沉，甚至冒落。随着工作面推过，顶板上方的载荷将向实体煤帮移动，巷道顶板载荷加大而进一步破碎失稳，同时实体煤帮及底板的稳定状态也发生变化，使巷道围岩小结构破坏，我们称之为顶板诱导型破坏。

充填体上方的直接顶板在工作面前方超前支承压力的作用下，一般已比较破碎，刚度和强度都比较低。如果顶板比较破碎，漏冒严重，充填体不能将支撑阻力传递给直接顶，导致基本顶回转下沉量加大，因而造成巷道顶板和巷道煤帮严重破坏，则沿空留巷难以成功。因此，充填体上方顶板完整性的控制是沿空留巷成功的又一关键。

（2）实体煤帮诱导型破坏。实体煤帮较完整，但其应力集中程度是最大的，在掘巷稳定期间，煤帮的变形主要由大约 1 m 范围内围岩的变形破坏引起，受采动影响时，垂直应力的集中系数可达 4 左右，实践中，实体煤帮的破坏随着垂直应力的增加而向较深部煤体中扩展，常常因过大的垂直应力而向巷道内强烈拉移和显著下沉，同时诱导顶板向实体煤侧发生倾斜而垮落。

因本工作面采动而产生的垂直应力在实体帮的集中程度明显较大，重视实体煤帮的支护问题，将对沿空留巷围岩的稳定起到很大的作用，通过合理的锚杆布置加固巷道帮角，既可以强化帮角的围岩强度，又可以减弱帮角的应力集中程度，使帮角的应力集中向围岩较深部转移，可以减缓顶板的倾斜下沉和底板的严重鼓起。

随着工作面推进，悬臂梁急剧转动，悬臂梁的沉降量与一次开采厚度呈正比关系。沿空巷道煤帮作为悬臂梁的一个支承点承受较为集中的支承压力，所以沿空留巷煤帮会产生严重破裂。这不仅导致煤帮强烈位移，而且随悬臂梁的回转角增加，会引起巷道顶板急剧沉降。因此，制止煤帮强烈位移是控制整个巷道围岩大变形的关键之一。

（3）底板诱导型破坏。沿空留巷底板岩体的力学性能相对于巷道的其他部位要好一些，但该部位通常处于自由约束状态，1.5 m 以内的岩层很容易底鼓，并导致浅部围岩中的应力卸载并向着较深部围岩转移，如果底鼓量过大，两帮必将因下沉量过大而引起破坏，造成巷道围岩失稳，称之为底板诱导型破坏。

3）保持小结构稳定的措施

支护围岩小结构是一个由巷道顶板煤岩体锚固结构、巷旁充填墙体、底板无锚岩体结构和实体煤帮锚固结构组成的复合结构。由于各部分岩体受上工作面采动影响时变形破坏的程度不同，锚杆加固效果存在差异，微观应力环境有很大的区别，故各部分的变形和破坏存在明显的非均衡现象，比如底板中应力集中的不均衡性，导致软弱底板岩层的鼓起也是不对称的。

大结构传递到巷道周围的应力有一定的分布规律，将造成小结构各个部位应力状态和量值上的较大差异，相对较软弱的部位起到极为关键的作用。其中影响最大的垂直载荷明显地向巷道实体煤帮深部和充填墙体上集中，巷道顶板所承受的载荷并不大，实体煤帮和充填墙体帮是主要的承载结构，且以实体煤帮最为明显。因此小结构的稳定取决于对两帮的有效加固，特别是对其形状的有效控制。采用新型预拉力锚杆支护手段可以很好地完成小结构的加固。

（1）顶板破碎，但是受力并不大，因此保持完整性是首要的。锚带网等组合支护使顶板围岩形成整体承载结构，可以防止顶板诱导型破坏，阻止顶板的垮冒。

（2）由于锚杆对围岩的强度强化作用，显著提高了峰值强度和残余强度，加强的锚固体使小结构的承载能力得到较大的提高，可以发挥其对外部围岩的支承作用。

（3）锚固圈抗变形性能优越，对围岩应力具有良好的适应性，对其外部围岩可以起到"让"的作用。

（4）两帮煤体的松动变形量约占 40% ~60%，松动变形过大常常影响到锚固圈层的承载性能，普通高强锚杆不能起到及时有效的加强作用，对这种变形控制不利，进而导致支护失败。采用预应力支护技术时，则可以通过锚杆等支护构件提供的高预拉力作用及时有效地提供侧向约束，大大减少浅表松散煤体的松动变形，以及对支护围岩结构整体性的破坏作用。

4. 内外层结构的关系

通过对沿空留巷上覆岩体垮落运动的研究，揭示出采空区侧向顶板经过破断、回转后能够形成外层结构，这个结构具有自稳特性；支护围岩小结构的稳定受回采时大结构垂直载荷传递的影响，难以自稳。内外层结构的相互作用可以从图 13 - 26 留巷与否的空间结构图中区分。

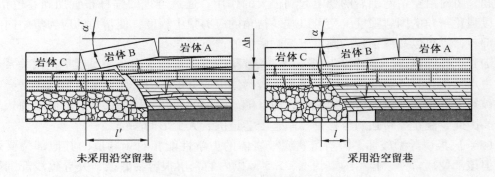

图 13 - 26　沿空留巷上覆岩层运动与稳定结构

（1）大结构自稳是具有决定作用，总体上不受留巷与否的影响，关键岩层 B 块仍然形成一端触矸、一端靠煤壁支撑的自稳结构；但是留巷顶板区域岩体不能充分垮冒，破断角一直延伸到关键岩层，并形成支撑作用，使 B 块的位态有一定的调整，即留巷支护体系的刚度和承载范围对上覆岩层垮落具有明显的主动控制作用。

（2）支护围岩小结构在大结构形成过程中只能产生适应性反应，以确保自身的稳定。巷内支护受顶板岩层下沉、回转时产生的剪切作用，顶板支护结构必须具有抗剪切性能，适应剪切破坏，并保持完整性；充填墙体承受巨大的支持压力作用和具有给定性质的下沉量，其承载性能要求高强可缩；巷内辅助加强支护在应力调整期起平衡支撑压力的作用，应具有主动高强和可压缩特性，保持沿空留巷顶板与外层岩体不发生离层。

（3）稳定的内外层结构间力的传递是连续的，大小结构互为作用，小结构符合硬支多载的规律，减轻支护强度必然牺牲巷道空间。外层岩体结构是客观的自然形成的稳定结构，内层支护结构是人工的，通过调节支护强度和刚度来维持稳定、保持空间。

### 13.3.2　无煤柱留巷围岩控制原理

1. 留巷支护原则

2000 年以来，淮南矿区针对结构复杂的离层破碎型煤巷顶板提出了极易离层破碎型煤巷围岩预应力控制技术，并在矿区 − 700 m 以上的浅部煤层大面积推广应用锚杆支护，但是在深部使用时掘巷阶段仍然发生 300 ~ 500 mm 的变形，采动影响时锚固力衰减 50% ~ 80%，树脂锚固体系已趋于失效，现有的锚杆支护技术体系仅能满足掘巷阶段和本工作面超前回采阶段的需求，根本无法适应进一步的滞后采动影响，必须进一步研究如何控制掘巷阶段的变形，为实施留巷支护并长期维护奠定支护基础。这里提出沿空留巷巷内锚杆支护强化控制技术原理，包括锚杆支护承载性能强化、巷道破裂围岩体强度强化和围岩承载结构强化。

1）锚杆承载性能强化

当巷道周围层状岩体受到采掘工程影响后会产生两方面的反应：一是由于各个岩层的刚度不同产生沿垂直层面方向上的离层膨胀，二是沿层面方面的相对剪切滑移。如果支护不力巷道就会产生两种变形：即巷道围岩的结构变形和岩层的松动扩容变形。理论和实践观测表明，结构变形通常占整个变形的 40%，而松动扩容变形则占到整个巷道变形的 60%。巷道的开挖使得围岩原始应力场遭到破坏，围岩自身的自组织功能使得围岩相互影响和作用，岩层发生一定的结构变形是在所难免的，这种结构变形只要发生在一定的范围和尺度内，围岩整体结构稳定就行，这种结构变形可以通过锚索和桁架支护技术得到控制。而岩层的松动扩容变形主要发生在巷道浅部围岩，是由于卸荷作用造成的。如果得不到及时有效的支护，这种扩容变形将很快演变为围岩的破裂和垮冒。只有通过提高围岩的初始支护强度，这种松动扩容变形才能得到有效控制。

有学者研究指出，当锚杆的预紧力达到 70 ~ 80 kN 时，围岩的浅部松动基本可以消除。本课题研究认为，当锚杆的初始支护强度小于 0.1 MPa 时，松散变形随初始支护强度的增大下降曲率很大；初始支护强度介于 0.1 ~ 0.3 MPa 时，松散变形随初始支护强度的增大下降曲率相对减小，但仍在明显下降；而当初始支护强度超过 0.3 MPa 时，松散变形已很小。因此可见，煤巷锚杆支护中锚杆对围岩的初始支护强度应达到 0.3 MPa。按照目前锚杆间排距布置方式，每根锚杆预紧力应在 100 kN 左右才能保证实现这个效果。而目前大多数情况下锚杆仅有 20 ~ 30 kN 的预紧力，是远远不够的。当初始支护强度较低时，深部煤巷锚杆支护掘进完成后变形量就达到 400 ~ 500 mm，留巷前已有大范围松动破坏，留巷难度大大增加。

因此，煤巷锚杆支护技术的发展已经不再单纯强调锚杆的强度，系统提高锚杆支护的承载特性是锚杆支护的发展方向，其本质是促使其锚杆支护特性曲线具有及时早强速增阻的特性（图 13 − 27）。

典型的支护围岩特性曲线如图 13 − 27 曲线 1 所示，巷道围岩压力随围岩变形而急剧衰减。适当滞后支护，可以释放一定的围岩压力，但支护的滞后常常产生松动变形。通过及时安装的高预拉力锚杆提供初期的支护阻力，消除掘巷煤岩体松动变形，通过高刚度的

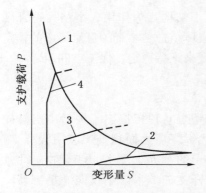

1—典型的支护围岩关系曲线；2—传统支护
特性曲线；3—高强锚杆支护特性曲线；
4—"三高"锚杆支护特性曲线

图 13 - 27　支护阻力与围岩变形关系图

护表材料及锚杆附件，促使锚杆在后续围岩变形过程中实现高增荷特性，很快达到高的工作载荷，限制后续的围岩变形，锚杆工作荷载如曲线 4 所示，实现了及时、高初锚力、高增荷特性，进而达到高工作荷载，可以控制留巷巷道在掘进期间的变形；锚杆工作荷载如曲线 3 所示，锚杆施工安装时间滞后一些，增荷速度低一些，最终形成的工作荷载也有降低，掘巷期间的围岩变形就大一些，这是目前支护实践常见的现象。锚杆工作荷载如曲线 2 所示，支护在围岩充分松动变形以前不起作用，壁后很空、和围岩接触不好的 U 型钢支护类似这种状况，掘巷期间围岩变形很大，留巷时顶板松动、离层，极易在实施留巷充填时垮冒，常常需要先期注浆固结顶板区域，施工难度大，巷道变形严重，留巷困难。

沿空留巷支护经历强烈动压影响并长期维护，对掘巷阶段变形提出了更高的要求，必须实现上图中曲线 4 的工作特性曲线，即以杆体和附件高强度锚杆为基础，通过高预紧力和高刚度，实现高承载性能的"三高"锚杆支护才能满足沿空留巷巷道锚杆支护的要求：

（1）高预拉力：锚杆预拉力（或称初撑力）的大小对顶板稳定性具有决定性的作用。当预拉力大到一定程度时，锚杆长度范围内和锚杆长度以上的顶板离层得以消除。同时顶板的垂直压力被转移到巷道两侧岩体纵深，巷道两侧附近岩体的压力减少，片帮现象缓和。通过高预拉力实现承载性能的强化。

（2）高刚度：保持初始工作载荷则依赖于护表材料的性能，锚杆载荷向围岩的扩散和增荷速度依赖于增大护表构件的刚度和强度；因此护网、托盘和钢带的抗变形能力必须进一步加强，并适应强动压影响，达到高增阻限制变形的工作状况。

（3）高强度：由于强烈动压影响，高预拉力锚杆荷载增加很大，杆体及配套螺母、托盘强度必须适应动压大变形的特点；在高预拉力的基础上，进一步实现高阻让压的工作状态，限制围岩变形。

这里有一个临界支护强度、刚度概念，有效控制沿空留巷围岩变形、保持巷道空间，必须从掘巷阶段开始支护设计，基本消除掘巷阶段围岩松动变形，在超前采动阶段，锚固体变形控制在 200 ~ 300 mm 以内，因此不同的巷道工程地质条件，支护强度、预紧力和刚度有不同的要求，必须超过某个临界值。实践表明，现有的高强锚杆支护不能满足留巷巷道对初期变形控制的要求。

2）破裂围岩体强度强化

煤层巷道围岩强度一般都较低，开挖以后必然产生一定程度的破坏，浅部的围岩处于低围压破裂状态，承载能力很低，在根本上决定着巷道围岩的稳定性，只有对巷道周围低围压破裂岩石进行有效加固，才能提高巷道围岩的承载能力和稳定性。通常采用锚杆和注浆两种加固方式。

（1）锚杆加固。围岩强度强化原理揭示了锚杆支护对锚固范围岩体峰值强度和残余峰值强度的强化作用以及对锚固体峰值强度前后的 $\delta$、$E$、$C$ 等力学参数的改善，分析了锚固体强度强化后对巷道围岩塑性区和破碎区的控制程度。

在巷道周边低围压条件下，岩体强度随围压的逐步增大而呈急剧增长趋势，所以，要想提高破碎岩体的承载强度，就必须增大其围压，从岩层内部增大其承载能力。相对于被动适应围岩变形挤压作用的 U 型棚支护，高预拉力主动作用的锚杆支护就是早期快速增大围压的最有效方式。在破裂岩石中安装锚杆之后，改善了破裂岩体的应力状态，其承载性能明显增大，破裂岩体中采用锚杆加固具有几个方面的作用：从结构面剪切破坏角度分析，锚杆加固具有抗剪阻滑的作用；从脆性断裂强度理论分析，它具有降低裂隙间应力强度因子，阻碍裂隙扩展的作用；从节理岩体的岩桥强度理论分析，它具有增强节理岩体的裂隙前缘岩桥的断裂韧度的作用，使裂隙断裂扩展力不仅要克服岩桥的阻力，还要提供锚杆索的桥联作用，因而阻止了裂隙进一步的扩展和贯通。

（2）破裂岩体的注浆加固性能。破裂岩石表现出明显的结构效应，在滑移变形过程中破裂岩石产生显著的剪胀现象，随时间延续表现为强烈的体积膨胀。在高地应力作用下，开掘导致的应力状态转化过程（由三维向二维转化）中巷道岩体大范围破坏，同时巷道轴向约束并未因开挖而产生较大改变，这就导致了破裂岩体向巷内自由面变形，破裂后围岩主要受结构面控制，表现为沿结构面向低约束方向的滑移，因此巷道易发生顶帮冒落和底鼓。另一方面破裂岩体在低围压下强度低、变形大，对深部围岩的约束压力也较小，高地应力或动压作用下深部岩体进一步破坏，形成渐进破坏的动态循环，变形持续扩大，因而破裂岩体性质决定了高地应力软岩巷道的大变形特征。

注浆固结体较破裂岩体，强度和抗变形性能明显提高，因此在掘巷导致的围岩破裂圈基本形成后，对其进行注浆加固，可以大大提高围岩承载力，改善围岩稳定性，同时注浆固结体良好的适应变形的能力，使其在相当大的变形范围内保持承载能力。实践表明，适时滞后注浆控制围岩效果显著，但由于水泥类材料与岩体的低黏结性能，注浆固结体并未从根本上改变破裂岩体的力学性能，它们的破坏形式和变形性能与含弱面的裂隙岩体类似。固结体强度较完整岩石仍相差较大，掘巷后即开展注浆不仅由于围岩破裂不充分，渗透性差而导致注浆困难，同时高地应力场中强烈的围岩应力调整也会将固结岩体破坏而失去加固作用，即注浆固结体的承载和变形能力仍是有限的，常由于采动影响和工程扰动而遭到破坏。因而利用注浆加固技术能够在一定程度上控制巷道围岩变形，但必须把握滞后注浆时机，并与其他支护技术相结合。

3）巷道围岩结构的强化

（1）顶板的安全控制：通过高性能预拉力锚杆的高张拉力支护，完全克服松动岩体的自重，阻止了围岩的进一步松动，消除岩体松散变形，改善锚杆增阻性能，提高锚杆的支护能效；小孔径预拉力锚索则可以充分利用深部围岩的强度和稳定性，增大锚固范围，削弱层状顶板的剪切破坏作用，消除顶板的渐次离层和垮冒；利用巷道的特殊围岩结构和帮角稳定围岩区，采用小孔径预拉力钢绞线桁架系统强化顶板承载结构，确保顶板结构稳定。

（2）弱化区的补强：煤巷围岩层状赋存，两帮煤体是天然的软弱部位，由于赋存的不均匀性、大倾角导致高低帮的不对称性、软弱夹层等，煤巷客观上存在弱化区，必须针对性补强，减弱或控制这些区域的松动变形破坏，维护巷道围岩的整体承载性能。

（3）关键承载区的加强：在深井高地应力区开挖巷道，在采动应力场、温度应力场和岩体结构的共同作用下，围岩由整体性压缩向局部性扩张转化，直到新的动态平衡，这些局部性扩张转化的区域就是关键承载区，比如顶板的中部、不规则断面的高帮中上部位等。在这些关键承载区的动态变化过程中，巷道围岩力学行为和各个方面均相应地表现出特殊而复杂的特征。必须强化关键承载区的支护强度，促成支护围岩整体承载结构的进一步强化，以多层次的联合支护来实现支护体和围岩间的主动和动态的相互作用。

2. 巷内强化支护技术

1）高性能超高强锚杆及其附件

高性能预拉力锚杆向超强锚杆方向发展，以实现高强度、高刚度、高预紧力和高可靠性。超强杆体、超大托盘、超强大扭矩阻尼螺母是实现大扭矩安装、提高锚杆承载性能的关键因素，配合气扳机可以实现 50 ~ 100 kN 的预紧力，并保持高荷载的工作状态。

在选择锚杆杆体强度高的同时，要求其附件也同样要具有高强度和稳定性。高强塑网、钢塑复合带、冷拔电弧网等高强度、高刚度护表材料可以解决软破岩体的网兜现象，提高支护结构的整体稳定性，防止锚杆松弛、锚固失效。

这里特别强调锚杆预拉力（初锚力）的大小对巷道围岩稳定性具有决定性的作用，在水平应力条件下巷道表面的剪切破坏是不可避免的，而预拉力锚杆可以有效提高围岩整体的抗剪强度，阻止其破坏向纵深发展，并形成预应力结构。采用高性能预应力技术可以有效改善深部岩巷围岩变形，改善巷道周边围岩应力分布，提高其稳定性，同时发挥锚杆的主动支护作用和其本身的强度和刚度来维护巷道围岩的稳定。

顾桥 1115（1）轨道巷属于典型的深井三软复合顶板煤巷，在围岩强化控制原理指导下开展参数设计，用具有"三高"性能的锚杆支护，掘巷期间两帮移近一般控制在 100 ~ 200 mm，顶板下沉控制在 50 ~ 80 mm 以内，顶板最大下沉量仅为 150 mm，两帮最大移近量仅为 328 mm，为后续留巷创造了非常有利的条件。

2）帮部桁架支护结构及配件

利用帮部深部围岩小变形的特点，将顶部使用的桁架支护技术灵活应用到巷道的帮部，控制帮部中间位置的大变形，维护巷道围岩的整体稳定性。帮部桁架支护结构如图 13 - 28 所示：将两根预应力锚索钢绞线分别安装在帮部靠顶板和底角的深部围岩，使用一定长度的槽钢作桁架梁，锚索孔距为 1.6 ~ 2.6 m，钢绞线与水平方向上夹角为 30°，中间用桁架连接器连接。采用加长锚固方式，每根锚索采用 1 节 K2550 快速和 3 节 Z2550 型中速树脂药卷加长锚固；锚索预紧力不小于 70 ~ 100 kN。

3）锚索梁承载结构

在巷道的顶板或帮部位置布置高强预应力锚索梁，其结构为：一定长度的两根钢绞线相距一定的距离与顶板或帮部岩面垂直安装（可外带 10°）；在两锚索张拉时铺设槽钢梁即两根锚索将槽钢梁紧贴岩面实现高张拉力；锚索的锚固要求和施工工艺均同单体锚索。这里采用 $\phi18 ~ 22$ mm 大直径锚索，相对于 $\phi15$ mm 的第一代锚索，不仅锚索破断力大大提高，为施加高预紧力创造条件，而且解决了"三径"匹配问题，保证了安装的可靠。

锚索梁具有单套锚索锚固范围大、充分调动深部围岩承载能力的特点，同时双锚索高预拉力使得围岩承载性能更加得以强化，槽钢梁又增大了支护系统对围岩的护表面积，对松散破坏易泥化围岩巷道的控制作用明显增强。

图 13 - 28  桁架支护控制煤帮变形

**3. 巷内辅助加强技术**

在工作面侧向顶板基本顶强烈动压影响下，锚杆支护不能实现自稳，必须采取加强措施。传统的工作面两端头区域采用液压单体支护柱的支护方式是一种护顶能力小，承载能力小的支护形式，在复杂的地质条件下，尤其顶板破碎的地区，极有可能因巷道超前维护不利，导致端头后方充填困难和巷道严重变形。从设备布置和人员作业施工角度，实施巷旁充填的端头区域将是众多辅助设备和工人作业的集中地区，采用单体支护不仅支护效果差，还将对安全施工构成严重威胁。

为解决这一问题，仿照液压支架设计巷内辅助加强支护，采用类似液压支架的结构，由立柱支撑顶梁和底座，用四连杆机构增强支架的抗扭性，采用相邻的前后两架由伸缩梁和推移千斤顶连接的方式，对前、后架进行相互推拉自移行走。

巷内辅助加强支护应具有高的主动支撑能力、大的护表接触面积和自移功能，可以根据实际需要铺设的长度对架数进行增减。

根据在巷道内使用的特点，该支架宽度较窄，采用并列两排布置，顶梁配合工字钢横梁对巷道顶板进行支护，结合模板支架，就形成了包括充填模板、机尾支护和轨道巷的综合机械化支护方案。

采空侧顶板区域岩体不能充分垮冒，因而支撑压力显现总小于工作面内部充分垮冒的顶板，按工作面矿压的经验公式，设计在顶板回转过程中辅助直接支架的主动支撑强度，后期随采空侧围岩自稳结构的形成递减支撑强度，并和充填墙体的支撑结合起来考虑；经过采动压力作用复合松软顶板趋向破碎，巷内辅助加强支架反复支撑，客观上需要加大护顶接触面积，并采取必要措施保护顶板锚固结构；由于采动支撑压力是随工作面回采动态前移的，因此适应该阶段的辅助加强支护也必须具有自移功能，与工作面同步推进，以适应支撑压力动态迁移的客观规律。

自移式巷道超前支护支架采用类似液压支架的结构，由立柱支撑顶梁和底座，用四连杆机构增强支架的抗扭性，采用相邻的前后两架由伸缩梁和推移千斤顶连接的方式，对前、后架进行相互推拉自移行走。根据这一原理，就可以根据实际需要铺设的长度对架数进行增减。巷道超前支护支架的结构示意图如图 13 – 29 所示。根据在巷道内使用的特点，该支架宽度较窄，采用并列两排布置，顶梁配合工字钢横梁对巷道顶板进行支护，就形成了包括充填模板、机尾支护和轨道巷的综合机械化支护方案（图 13 – 30）。

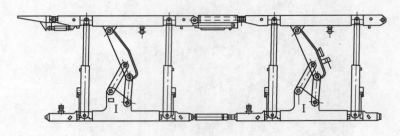

图 13 – 29　巷道超前支护支架示意图

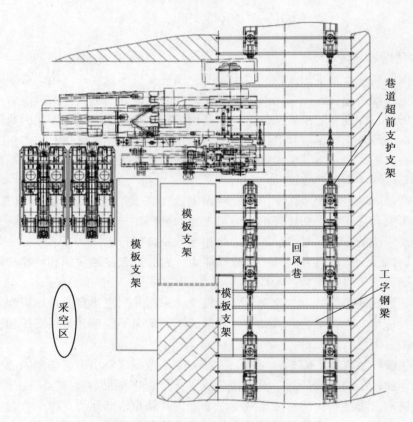

图 13 – 30　机尾端头综合机械化支护方案

　　虽然布置上巷道超前支护支架因为在回风巷，中间没有大型设备，所以对左、右架的中心距要求不苛刻。但是从支护效果来看，巷道的顶板在没有外界支护的情况下，是一个简支梁的受力状态，巷道超前支护支架比较理想的工作状态是在以巷道中心线为中心的均匀两侧，其中心距可以根据简化的力学公式进行推断。根据梁的力矩公式，钢梁在巷道超前支护支架之间的弯矩 $M$ 可由下面的公式计算：

$$M = -\frac{q}{2}\left[\frac{l}{2}\left(\frac{l}{2}-l\right)+l\cdot l_1\right]=\frac{ql^2}{2}\left(\frac{1}{4}-\frac{l_1}{l}\right) \qquad (13-11)$$

式中，$l$ 为巷道宽度；$l_1$ 为超前支护支架到巷帮的距离，经过简化可以得出，当 $l_1 = l/4$ 时，$M$ 最小。即在理想状态下，假设作用在横梁上的矿压是沿着横梁均布的，则巷道超前支护支架的中心距应该是巷道宽度的一半（$l/2$）。但是在实际应用中，受各种因素影响，巷道超前支护支架的中心距可能不会保持理想的状态，而且其中心线也不一定会与巷道中心保持重合。比如本项目使用的巷道超前支护支架，因充填墙体和超前支护支架之间要布置液压模板，所以巷道超前支护支架的布置整体向下帮靠近一些。

巷道超前支护支架的主要技术参数见表 13 - 2。

表 13 - 2  巷道超前支护支架的主要技术参数

| 支架型号 | ZT2×4000/18/35 型巷道超前支护支架 |
|---|---|
| 支撑高度 | 1.8 ~ 3.5 m |
| 使用高度 | 2.0 ~ 3.3 m |
| 底座宽度 | 0.49 m |
| 工作阻力 | 2×4000 kN，$P$ = 40.76 MPa |
| 初撑力 | 6180 kN，$P$ = 31.5 MPa |
| 支护强度 | 0.79 MPa |
| 立柱 | $\phi250/\phi180/\phi235/\phi160$，双伸缩，每架 2 柱 |
| 推移千斤顶 | $\phi140/\phi85$ |

#### 4. 巷旁充填技术

#### 1）充填墙体的基本功能

巷旁充填随回采工作面的推进而逐段实施，其作用与工作面后方沿空留巷侧向顶板运动规律密切关联。顶板前期活动阶段以旋转下沉为主，来压强度较小，充填体的作用力主要是平衡巷道上方直接顶及其悬臂部分岩层的重量。为保持巷道顶板的完整性，增加直接顶的自稳能力，要求充填体与巷内支护共同作用，保持直接顶与基本顶的紧贴。

顶板岩层过渡期活动阶段，基本顶破断、失稳、旋转下沉剧烈。由于直接顶及一定范围内的基本顶垮落破碎，体积增大，充填采空区后，减少了冒落矸石与基本顶之间的间隙，为基本顶形成稳定结构提供了条件，但在基本顶岩块的"大结构"形成之前，充填体应具有足够的可缩量以适应基本顶的回转，通过适当的变形让压，充分发挥围岩（基本顶岩梁及冒落矸石）的承载能力，这也是支架围岩共同作用的体现；同时，充填体还应具有足够的支护阻力参与顶板运动及平衡，以缩短过渡期顶板剧烈活动的时间，减缓留巷顶板过大的下沉量。

基本顶岩块形成"大结构"后，顶板岩层进入后期活动阶段，充填体的作用是维持基本顶"大结构"的稳定，其临界支护阻力为平衡垮落带对应范围内岩层的重量。

充填体上方顶板在工作面前方超前支承压力的作用下，已比较破碎，刚度和强度都比较低。充填体上方顶板完整性的控制是综放工作面沿空留巷成功的又一关键。如果充填前顶板已严重破坏，则充填体不能将支撑阻力传递给直接顶，导致基本顶回转下沉量加大，因而造成巷道顶板和巷道煤帮严重破坏，则"三位一体"的沿空留巷稳定结构难以形成，工作面沿空留巷难以成功。

近期的研究表明，当充填体早强，刚度大，承载能力高，能够适应"硬支多载"的顶板下沉规律时，反过来可以促成采空区基本顶沿充填体边缘切顶，使侧向顶板及时及早垮冒，从而形成对巷道维护有利的外部结构环境，减缓巷道的动载，沿空留巷很快进入稳定状态，因此早撑、早强、大刚度的巷帮充填墙体是沿空留巷的关键技术。

2）充填墙体的荷载及缩量预计

煤层顶板一般都是沉积岩层，其特点是层理发育、分层性好，可以看成是叠加板。要把采空区侧的巷道稳定下来，实施沿空留巷巷内充填支护，必须分析沿空留巷的顶板载荷。顶板荷载来源于采空区侧的上覆岩层，根据前面所分析的上覆岩层活动规律结合岩层控制的关键层理论知道：在最下位岩层出现破断裂隙之前，进行足够初撑力和刚度的充填支护，能保证顶板的破断线在支护的外侧，巷道处于Ⅲ区——二次破断区下方，支护前期变形小，此时，支护的切顶效果好；当顶板沿煤帮破断后再进行同样的支护，则顶板的破断线将发生在煤帮处，使巷道处于Ⅱ区——错动离层（带）区下方，此时支护前期变形大，甚至损坏，支护的切顶效果差。支护的前期作用主要是切顶，提高支护切顶作用效果的合理方式是及早支护，提高支护初撑力、支护增阻速度以及前期支护刚度。不同采高和不同岩性的直接顶板，所需要的支护前期作用的支护阻力不同。

根据极限分析理论，留巷支护体的合理支护阻力不得小于垮落岩层的载荷。

上覆岩层进入后期活动过程的主要特点是巷道上方下位岩层可能垮落，上覆岩层平移或回转下沉引起的煤帮挤出和底鼓量加剧。支护的后期作用是保证下位岩层不垮落，防止煤帮挤出或片帮造成巷道状况恶化。同时，要求巷道支架有足够的双向可缩性以适应上覆岩层整体下沉引起的给定变形。

总之，充填支护前期作用主要考虑切顶作用，要求尽早支护，保证支护具有较高的初撑力或增阻速度、较大的支护刚度。前期应"以顶为主，顶让兼顾"的原则，设计支护最大载荷以前期为主。后期作用在要求具有适当的双向承载性能的同时，主要是要求支护具有较大的双向可缩性能。后期应坚持"以让为主，让顶兼顾"的原则。设计支护最大变形以后期为主。

根据有关理论，将对岩体活动全部或局部起控制作用的岩层称为关键层。对沿空留巷来说，关键层主要是指基本顶岩层，它破断后形成的"砌体梁"结构将直接影响沿空留巷的稳定性。只要有"砌体梁"结构存在，给定变形就存在，这一点对充填体特别重要。

一般来说，充填体很难阻止基本顶关键块的旋转下沉，必须具有一定的可缩量，以减小对充填体的压力。为了保持巷道顶板的完整，以及减少顶板下沉量，要求充填体又要具有一定的支护阻力。而直接顶的变形特征对锚杆支护特别重要，即锚杆不必承受基本顶回转的给定变形，但却要适应直接顶的变形特征，如剪切变形等。当然对沿空留巷来说还要搞清"砌体梁"结构与它的位置关系以及充填体的大小等，可用图 13 - 31 所示的沿空留巷围岩结构模型来分析。

设充填体的弹性模量为 $E_b$，纵向应变为 $\varepsilon_b$，直接顶的弹性模量为 $E_d$，纵向应变为 $\varepsilon_d$，充填体与直接顶中的垂直应力为 $\sigma$，则

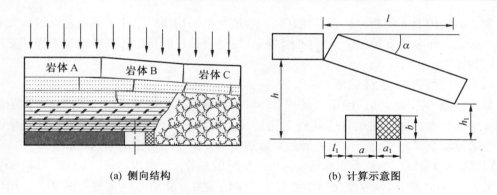

(a) 侧向结构          (b) 计算示意图

图 13 – 31　1115（1）沿空留巷"三位一体"的围岩结构模型图

$$\varepsilon_b = \frac{\sigma}{E_b} \qquad (13-12)$$

$$\varepsilon_d = \frac{\sigma}{E_d} \qquad (13-13)$$

考虑变形协调关系可得

$$\Delta h = \varepsilon_b b + \varepsilon_d (h-m) + \Delta b \qquad (13-14)$$

其中，$b$ 为充填体高度，$h$ 为底板到基本顶的距离，$m$ 为割煤高度，而 $\Delta h$ 和 $\Delta b$ 为

$$\Delta h = (h-h_1)(l_1 + a + 0.5a_1) \qquad (13-15)$$

$$\Delta b = m - b$$

其中，$h_1$ 为基本顶回转后的触矸高度，$a_1$ 为充填体的宽度，而 $h_1$ 为

$$h_1 = k(h-m) \qquad (13-16)$$

其中，$k$ 为碎胀岩石（煤）的压实系数。

联立式（13 – 12）~式（13 – 16）可得

$$\sigma = \frac{E_b E_d \left[ (h-h_1)(l_1 + a + 0.5a_1) - \Delta b l \right]}{(bE_d + (h-m)E_b)l} \qquad (13-17)$$

式中，$l$ 为岩块在水平方向的投影长度，如图 13 – 31 所示。

对于顾桥矿 1115（1）工作面，可取 $h = 7.37$ m，$m = 3.4$ m，$k = 1.25$，$l = 20.0$ m，$l_1 = 4.0$ m，$a = 4.6°$，$a_1 = 2.2$ m，$b = 3.2$ m，$\Delta b = 0.2$ m，$E_d = 100$ MPa，$E_b = 150$ MPa。

将此数值代入式（13 – 17）可得

$$\sigma = 15.48 \text{ MPa}$$

则由式（13 – 12）可得

$$\varepsilon_b = 0.103$$

充填侧巷道顶板下沉量 $\Delta y$ 为

$$\Delta y = \Delta b + \varepsilon_b b = 0.53 \text{ m}$$

这个计算是假定充填墙体不干预基本顶的回转、下沉和破断等活动规律、充填墙体顺应基本顶回转下沉的条件下得到的。实际上充填墙体和采空区破碎矸石、巷道上方直接顶共同构成了基本顶的承载基础，当居于中间的充填墙体具有足够的刚度时，必将改变基本顶的应力分布，并在墙体上方产生应力集中，而基本顶大多是由完整的脆性岩体组成，很容易发生沿墙体上方脆断，从而形成有利于巷道维护的切顶，消除了侧向悬臂等加大巷内压力的现象，而巷内支护的重点相应地转移到维持直接顶的稳定，高性能超强锚杆支护通常可以胜任。

　　3）充填材料基本性能确定

　　泵送性能和拆模时间的确定。受井下环境条件制约，充填泵站往往只能布置在距离工作面较远的位置，并且输送管道高程变化复杂，因此，要求充填材料具有良好的泵送性能，以满足复杂高程变化条件下的远距离泵送要求。最小泵送距离为 500 m。

　　以顾桥矿 1115（1）综采工作面实际生产情况做参考，该工作面单产 10000 ~ 14 000 t/d，推进度 8 ~ 12 m/d，综合考虑充填作业方式、泵送能力、充填系统布置等因素，每循环充填 2 ~ 3 刀，拆模时间必须控制在 4 ~ 5 h。

　　固结体早期强度的确定。在工作面后方某一范围内，巷道顶煤与直接顶已经卸载，此时巷旁充填体需有一定的支护阻力。如果不及时支护或者支护阻力低，顶煤与直接顶就会沿巷道煤帮破断，造成巷道破坏严重或前期变形量过大；因此，巷道充填体应具有凝固速度快、早期强度高的特性。

　　另外，随着回采工作面推进，必然引起基本顶依次破断、失稳，此时巷旁充填体的支护阻力应达到切顶阻力。当基本顶岩层中的弯矩在巷旁充填体的边缘依次达到极限值时，基本顶将被依次切断。巷旁充填体的切顶高度取决于采出煤体的厚度，综放开采采出的煤体厚度较大，需切落的顶板高度较大，故充填体应有较大的切顶阻力。

　　根据顾桥矿 11 - 2 号煤层的矿压观测，其周期来压步距约 20 m，按日推进度 10 m 计，在工作面后方 20 m 处，充填墙体即经受 1 次来压，此时充填墙体刚脱模 1 天，3 天后达到留巷长度 40 m，基本顶二次垮落，顶板回转下沉更充分，因此，充填材料固结体 1 天、2 天、3 天强度是留巷初期保持顶板稳定的关键指标，结合工业性试验，一般需要充填体 1 天、2 天、3 天强度分别不低于 3 MPa、7 MPa 和 10 MPa。

　　固结体后期强度的确定。垮落的矸石由于破碎后体积增大，当充满采空区时，更上位岩层在矸石、煤体、巷内支护与巷旁充填体的共同支撑作用下取得运动的平衡，巷道围岩变形趋于缓和并逐渐稳定，此时巷旁充填体的支护阻力应能维持巷道上方已被切断岩层的平衡，将巷道顶板（煤）下沉量控制在设计要求的范围内。因此，要求充填体最终不低于 25 MPa。

　　可缩性能的确定。从所留巷道两侧介质的刚度匹配来说，巷道一侧是具有一定可缩量的弹塑性介质的煤体，另一侧是巷旁充填带，若巷旁充填体所具有的可缩量很小或基本上是刚性的，则会造成顶板下沉不均衡，对巷道维护不利。因此材料应具有一定可压缩性，压缩率应达到 10% 以上。

# 13.4　无煤柱煤与瓦斯共采

## 13.4.1　无煤柱煤与瓦斯共采技术原理

　　低透气性煤层群无煤柱煤与瓦斯共采关键技术，采用沿空留巷 Y 型通风一体化，解决高瓦斯、高地应力、高地温的煤层群进入深部开采面临的瓦斯治理、巷道支护、煤炭开采等重大安全生产技术难题，即：首采关键卸压层，沿首采面采空区边缘快速机械化构筑高强支撑墙体将回采巷道保留下来。在留巷内布置钻孔抽采邻近层及采空区卸压瓦斯；采用无煤柱连续开采，实现被保护层全面卸压；同步推进综采工作面采煤与卸压瓦斯抽采，实现了煤与瓦斯安全高效共采；抽采的高、低浓度瓦斯分开输送到地面加以利用，实现节能减排，经济、社会、环境效益显著。

研究和实践表明：首采关键卸压层开采后，在采空区上部走向方向上存在一连通的竖向裂隙发育区（图13-32）。该竖向裂隙发育区的存在，为采空区积存的高浓度瓦斯和上覆卸压煤岩层的卸压瓦斯流动提供了流动通道和空间，是采空区高浓度瓦斯富集区域。采空区遗煤解吸瓦斯和上、下邻近煤层卸压瓦斯通过采动裂隙流向采空区，并在采空区及其顶板竖向裂隙区内聚集，形成高浓度瓦斯库。沿空留巷Y型通风工作面上、下巷均进风，工作面上隅角处于进风侧，解决了工作面上隅角瓦斯超限问题；工作面实际通过风量较U型通风低，工作面上、下两端压差小，工作面采空区漏风量小，采空区漏风携带的瓦斯量小；沿空留巷通过密实性支护形成较好的封闭区域，易于在工作面采空区形成高浓度瓦斯库。由于瓦斯密度小，采空区瓦斯积聚在工作面采空区上部及其上覆岩层卸压竖向裂隙区。

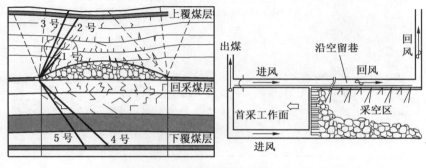

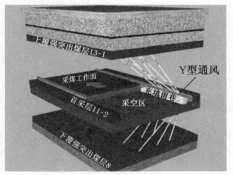

图13-32　无煤柱沿空留巷钻孔法抽采瓦斯原理图

在沿空留巷采空区顶板卸压区，对于来自开采层和卸压层通过采空区上覆岩层受采动影响形成的裂隙通道汇集到采空区上部及竖向带状裂隙区内的解吸游离瓦斯，在沿空留巷内由布置在卸压竖向带状裂隙区中的倾向抽采瓦斯钻孔进行抽采，卸压竖向带状裂隙区位于Y型通风工作面回风留巷的采空区顶板垮落带以上的离层裂隙带内。

### 13.4.2　低位钻孔抽采采空区富集瓦斯技术

如图13-33和图13-34所示，在煤层开采后，将工作面的上巷采空区侧通过支护形成沿空留巷，作为采煤工作面回风巷，以工作面机巷和材料巷作为进风巷，并以工作面机巷作为主进风巷，进风量占工作面总进风量的 2/3 ~ 3/4，以材料巷作为辅助进风巷，进风量为工作面总进风量的 1/4 ~ 1/3，工作面回风由沿空留巷经边界回风巷或回风石门流出，建立沿空留巷 Y 型工作面通风系统。

　　所述倾向抽采瓦斯钻孔布置的参数选取为：倾向抽采瓦斯钻孔终孔位置距采煤工作面回风巷的水平距离为 10 ~ 30 m，距煤层顶板法向距离 8 ~ 10 倍采高，并且不小于30 m。

　　所述倾向抽采瓦斯钻孔的倾角小于采动卸压角，包括：对于缓倾斜煤层，钻孔倾角不大于80°；对于急倾斜煤层，钻孔倾角不大于75°。

　　所述倾向抽采瓦斯钻孔的施工时间在采煤工作面采后 20 m 以后开始施工，成组设置，每组数量不少于两个，钻孔直径不小于 90 mm，钻孔偏向工作面的角度为 60° ~ 70°，钻孔组间间距 20 ~ 25 m。

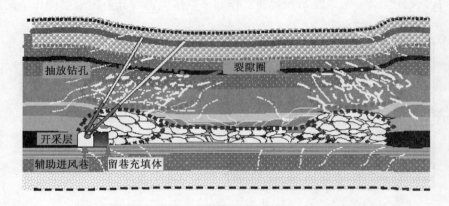

图 13 - 33　沿空留巷 Y 型通风采空区顶板低位钻孔抽采卸压瓦斯原理图

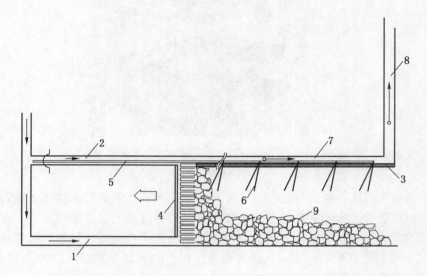

1—运输巷（下巷）；2—材料巷（上巷）；3—留巷充填体；4—采煤工作面；5—抽采管道
6—低位抽采钻孔；7—留巷（回风巷）；8—边界回风上山；9—采空区

图 13 - 34　沿空留巷 Y 型通风低位钻孔抽采卸压瓦斯布置图

所述倾向抽采瓦斯钻孔的孔口端下有套管，孔口的封孔长度在开采煤层顶板法向上大于采动规则垮落带的高度，且抽采钻孔法向上封孔深度不小于 5 倍采高。

对于中近距离保护层开采工作面，由留巷回风巷中施工的抽采瓦斯钻孔可直接穿过上保护层，进行被保护层卸压瓦斯抽采。与已有技术相比，Y 型通风沿空留巷低位钻孔抽采本煤层采空区富集瓦斯技术有益效果体现在以下几方面：

（1）通过沿空留巷 Y 型通风在采空区内形成高浓度瓦斯源，倾向抽采瓦斯钻孔布置在沿空留巷形成的聚集瓦斯的采动裂隙"竖向带状裂隙区"，在瓦斯抽采泵负压的作用下，大量的覆岩卸压瓦斯和采空区高浓度瓦斯被抽出，根本上解决了上隅角瓦斯超限和瓦斯积聚问题，有效地解决了回风流瓦斯超限问题，实现采空区高浓度瓦斯抽采利用，保证了矿井的安全生产。

（2）抽采瓦斯钻孔为倾向抽采瓦斯钻孔，钻孔依次贯穿采动覆岩垮落带、裂隙带至弯曲沉降带，解决顶板走向抽采瓦斯钻孔布置层位受煤系地层覆岩结构影响需准确研究确定和有效抽采长度短的问题，抽放瓦斯效果得到保证。倾向抽采瓦斯钻孔抽采瓦斯较顶板走向高位钻孔或高抽巷抽采工程量小。

（3）沿空留巷 Y 型通风瓦斯抽采方法，实现无煤柱开采，没有煤柱影响区的应力集中，消除被保护突出煤层应力集中区煤与瓦斯突出危险威胁。在留巷回风巷内优化布置近距离被保护突出煤层卸压抽采瓦斯钻孔，可替代高、低抽巷，工程量大大降低。

### 13.4.3 留巷段采空区埋管抽采瓦斯技术

高瓦斯煤层群开采，首采关键卸压层后，邻近卸压煤层瓦斯将大量涌入回采空间，在不采取留巷钻孔卸压抽采的情况下，工作面绝对瓦斯涌出总量中邻近煤层瓦斯量可达 90% 以上。虽然采取留巷顶、底板穿层钻孔抽采采动卸压瓦斯，由于近距离邻近卸压煤层涌出的瓦斯量大，仍可能造成瞬时回风瓦斯超限，因此，首采关键卸压层无煤柱开采时，留巷段采空区埋管抽采瓦斯可作为防止采空区瓦斯大量向工作面涌出的辅助措施。

首采层沿空留巷工作面的上、下邻近煤层距首采关键卸压层很近，由于近距离邻近卸压煤层涌出的瓦斯量大，工作面采用埋管抽采作为防止采空区瓦斯大量向工作面涌出的辅助措施。工作面在巷旁充填体施工过程中，每间隔 10 m 预留一直径不小于 150 mm 抽采管道，通过三通和连接管接入采空区抽采管道上，在每一分支管道上设置一个闸阀，通过闸阀控制同时埋管抽放的数量，在留巷内保持 6～8 个采空区抽采管道与埋管抽采主管道连通，抽放口与工作面的距离为 20～80 m；其他的采空区抽采管道的闸阀关闭，当工作面瓦斯涌出量大或瓦斯涌出异常时，通过控制采空区埋管抽采管道口的数量和开启程度控制采空区瓦斯抽采量和抽采瓦斯浓度。沿空留巷 Y 型通风工作面，可通过工作面上、下进风巷风量和留巷段埋管抽采量的调节，将留巷排放瓦斯的浓度合理控制在安全值以下。因此，Y 形通风对瓦斯管理具有很大的灵活性。

如淮南新庄孜矿 52210 Y 型通风工作面，在留巷充填体施工过程中，每间隔 10 m 预留一直径不小于 150 mm 抽采管道，通过三通和连接管接入风巷一趟 $\phi$300 mm 抽放管道上，在每一分支管道上设置一个闸阀，通过闸阀控制埋管抽放的数量，在留巷内保持 6～8 个采空区抽采管道与埋管抽采的主管道连通，抽放口与工作面上口的距离为 20～80 m；采空区抽采管道的闸阀关闭，当工作面瓦斯涌出量大或瓦斯涌出异常时，通过控制采空区埋管抽采管道口的数量和开启程度控制采空区瓦斯抽采量和抽采瓦斯浓度。

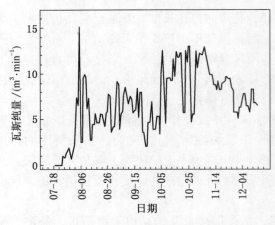

图 13 - 35　新庄孜矿 52210Y 型通风
工作面采空区埋管瓦斯抽采量

图 13 - 35 所示为新庄孜矿 52210Y 型通风工作面采空区埋管抽采瓦斯情况。由图 13 - 35 可以看出，沿空留巷 Y 型通风埋管抽采瓦斯具有施工布置方便，埋管抽采瓦斯量混合量大（120 ~ 150 m³/min，最大 250 m³/min），实现采空区高浓度瓦斯抽采，可显著改变采空区流场结构，有效解决了工作面上隅角瓦斯积聚问题。

### 13.4.4　抽采远程卸压煤层瓦斯技术

长期理论研究和突出危险煤层的开采实践证明，对于低透高瓦斯煤层群条件，开采首采关键卸压层和预抽被保护区卸压煤层瓦斯是有效地防治煤与瓦斯突出和实现安全本质型生产的区域性措施，该方法可以避免长期与突出危险煤层处于短兵相接状态，提高了防治煤与瓦斯突出措施的安全性和可靠性。

高瓦斯突出危险煤层透气性通常比较低，直接进行原始煤体瓦斯抽采瓦斯消突，需钻孔布置密集、抽放时间长、效果差。利用首采关键卸压层开采形成的卸压作用，可几十倍、几百倍甚至数千倍地提高被保护煤层的透气性。根据首采关键卸压层开采的具体情况，配合各种形式的卸压瓦斯抽采技术，能够抽出大量的卸压瓦斯，不但能消除被保护卸压区域煤体的突出危险性，而且能够减小首采关键层和被保护卸压煤层工作面回采的瓦斯涌出，保障回采过程的安全、高效。另外，抽出的大量高浓度瓦斯可以开发利用，如发电和民用，减少了大量温室气体的排放，不但促进了高效洁净能源的利用，而且保护了人类的生存环境。

首采关键卸压层开采后，岩体中形成自由空间，破坏了原岩应力平衡，岩体向采空区方向移动，发生顶板垮落与下沉、底板鼓起等现象。

煤层群首采关键卸压层开采后，采空侧垮落带岩体呈不规则堆积，沿工作面推进方向，采空侧空隙分布呈 O 形，由于瓦斯密度小，气体上浮，采空区瓦斯易于富集在上部沿空留巷采动垮落空隙区（图 13 - 36 中的 1 区）。规则垮落带和裂隙带中顶板岩层产生卸压膨胀，存在竖向裂隙发育区（图 13 - 36 中的 2 区），该区域离层裂隙和竖向破断裂隙发育，横向和竖向裂隙贯通，并和不规则垮落带相连通，为围岩卸压瓦斯和本煤层工作面采空区积聚的瓦斯提供良好的储集场所。弯曲下沉带内由于煤体发生膨胀变形，弯曲下沉带内煤体以离层裂隙为主，煤层的透气性显著增加，处于弯曲下沉带远程竖向卸压裂隙区（图 13 - 36 中的 3 区）的煤层中富含高压卸压瓦斯，煤层离层裂隙发育，为远程卸压抽采瓦斯提供了良好的通道。这些研究为卸压瓦斯抽采钻孔的布置提供了理论依据。

淮南新区 11 号煤层和 13 号煤层间距约 70 ~ 90 m，11 号煤层开采后，在相对层间距（层间距与开采煤层采高之比）为 35 倍条件下，在顶板远程卸压区煤层膨胀变形达到 26.33‰，上部远程卸压煤层透气性系数由 0.01135 m²/(MPa²·d) 增加到 32.687 m²/(MPa²·d)，增加了 2880 倍；淮南老区 B8 号煤层与 B4 号煤层层间距为 41.92 m，在相对层间距（层间距与开采煤层采高之比）为 20.9 倍条件下，首采卸压煤层 B8 号煤层开采后，

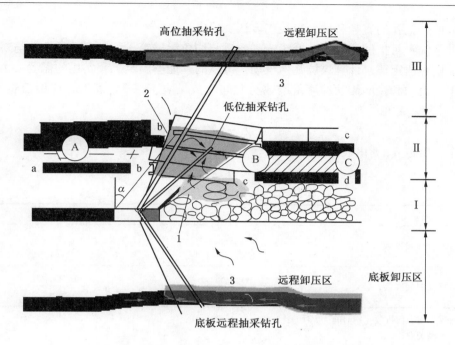

I—垮落带；II—裂隙带；III—弯曲下沉带；
A—煤壁支撑影响区；B—离层区；C—重新压实区；α—顶板破断角；
1—上部采空区顶区空隙区；2—裂隙带内的竖向裂隙发育区；3—远程卸压煤层离层发育区
图 13-36 沿空留巷钻孔法抽采卸压煤层煤与瓦斯共采原理图

下部远程 B4 号卸压煤层膨胀变形最大值达 27.1‰，下部 B4 号卸压煤层透气性能大大增加，达到了 22.2 $m^2/(MPa^2 \cdot d)$，即是原始煤层透气性系数的 600 倍。由于远程卸压煤层距离首采关键卸压煤层较远，远程卸压煤层与首采卸压层中间具有致密隔气性较好的泥岩，远程煤层中的高压瓦斯不能通过中间卸压层流入首采关键层的采动空间。

为解决远程卸压煤层煤与瓦斯突出和回采时的瓦斯问题，必须利用采动卸压技术在卸压期内将远程卸压煤层瓦斯抽采出来，传统的远程卸压煤层瓦斯卸压抽采方法是在首采卸压煤层开采前，在远程卸压煤层底板布置走向岩石巷道，在底板巷中每间隔一定距离设置钻场，在钻场中成组布置上向穿层抽采瓦斯钻孔，利用采动卸压进行远程卸压煤层瓦斯高效抽采。这种布置方式存在的问题：一是需在远程卸压煤层底板布置岩石巷，底板岩石巷的长度与首采卸压煤层采煤工作面的走向长度基本相当，岩巷工作量大，在采掘接替紧张的情况下，根本就没有时间布置底板岩巷。二是对首采关键卸压层上、下均存在远程卸压煤层的条件下，需布置 2 条以上岩巷。

沿空留巷 Y 型通风方式的留巷为远程卸压煤层提供了抽采远程卸压煤层瓦斯抽采钻孔的布置空间，在留巷内布置上向穿层钻孔抽采上部远程卸压煤层瓦斯，下向穿层钻孔抽采下部远程卸压煤层瓦斯。

首采关键卸压层留巷钻孔法煤与瓦斯共采的核心是抽采钻孔参数的确定。因为首采关键层的卸压参数直接影响煤与瓦斯共采效果，同时也是抽采管路设计的重要依据。首采关键卸压层顶板垮落特征、瓦斯富集区分布规律及卸压范围给出了卸压抽采钻孔倾向的布置范围，但抽采钻孔的直径和抽采半径仍需认真确定。

　　周世宁院士对扩散—渗透、低渗透—渗透与均质渗透等 3 种模型进行计算与对比。他认为，采用达西定律来计算煤层瓦斯流动是可以的，能够满足工程实用的需要。由渗流理论得出单向流动和径向流动的流量准数与时间准数见表 13 - 3。表 13 - 3 中流量准数 $Q_N$ 与时间准数 $T_N$ 的关系为

$$Q_N = aT_N^b \tag{13 - 18}$$

　　式中，常数 $a$、$b$ 由表 13 - 4 查得。

表 13 - 3　流量准数和时间准数表

| 流动类型 | 单向流动 | 径向流动 |
|---|---|---|
| $Q_N$（流量准数） | $\dfrac{qL}{\lambda(p_0^2 - p_1^2)}$ | $\dfrac{qr_1}{\lambda(p_0^2 - p_1^2)}$ |
| $T_N$（时间准数） | $\dfrac{4\lambda p_0^{1.5} t}{\alpha L^2}$ | $\dfrac{4\lambda p_0^{1.5} t}{\alpha r_1^2}$ |

注：　$q$—煤暴露表面排放瓦斯时间为 $t$ 时的比流量，$m^3/(m^2 \cdot d)$；

　　　$L$—流场长度，m；

　　　$\lambda$—煤层透气性系数，$m^2/(MPa^2 \cdot d)$；

　　　$p_0$—煤层原始瓦斯压力，MPa；

　　　$p_1$—煤暴露表面的瓦斯压力，MPa；

　　　$t$—排放瓦斯时间，d；

　　　$\alpha$—煤层瓦斯含量系数，$m^3/(m^3 \cdot MPa^{0.5})$；

　　　$r_1$—钻孔半径，m。

表 13 - 4　流 动 方 程 及 其 常 数 表

| 计算公式 | 流场类型 | 时间准数区间 | $a$ | $b$ |
|---|---|---|---|---|
| $Q_N = a \cdot T_N^b$ | 单向流动 | $\leqslant 0.1$ | 0.69 | 0.5 |
| | | $0.1 \sim 0.3$ | 0.66 | 0.52 |
| | | $0.3 \sim 0.6$ | 0.577 | 0.577 |
| | 径向流动 | $10^{-2} \sim 1$ | 1 | - 0.38 |
| | | $1 \sim 10$ | 1 | - 0.28 |
| | | $10 \sim 10^2$ | 0.93 | - 0.20 |
| | | $10^2 \sim 10^3$ | 0.588 | - 0.12 |
| | | $10^3 \sim 10^5$ | 0.512 | - 0.10 |
| | | $10^5 \sim 10^7$ | 0.344 | - 0.065 |

　　表 13 - 4 根据上述径向瓦斯流动计算公式，结合淮南矿区高瓦斯低透气性煤层的具体条件 [煤层原始透气性系数 $\lambda = 3.92 \times 10^{-2} \, m^2/(MPa^2 \cdot d)$，瓦斯含量系数 $\alpha = 9 \, m^3/(m^3 \cdot MPa^{0.5})$，煤层原始瓦斯压力（$p_0 = 5$ MPa）]，对 $\phi 91$ mm 和 $\phi 200$ mm 钻孔瓦斯流动情况进行了计算。图 13 - 37 为 91 mm 和 200 mm 钻孔瓦斯流量随透气性系数变化的对比，图 13 - 38 为 91 mm 和 200 mm 钻孔瓦斯流量随时间变化的对比。由以上计算结果可以得出

下述结论：

（1）在抽放时间相同的条件下，200 mm 钻孔瓦斯流量随透气性系数的增加优于 91 mm 钻孔，两者相比增加的幅度很小。例如，透气性系数增加 1500 倍，抽放时间为 90 天时，91 mm 钻孔瓦斯流量为 0.98 m³/min，而 200 mm 钻孔瓦斯流量仅为 1.08 m³/min。

（2）在相同透气性系数条件下，钻孔瓦斯流量随抽放时间的增加呈指数规律衰减，但在透气性系数增加到 1500 倍时，钻孔瓦斯流量衰减不大。例如，91 mm 钻孔抽放时间为 1 天时，瓦斯流量为 1.31 m³/min；30 天时为 1.05 m³/min，90 天时为 0.98 m³/min；200 mm 钻孔抽放时间 1 天时；瓦斯流量为 1.45 m³/min，30 天时为 1.16 m³/min，90 天时为 1.08 m³/min。

（3）在透气性系数增加小于 2000 倍的条件下，200 mm 钻孔和 91 mm 钻孔相比优势并不明显。因此，远程卸压抽采瓦斯选用直径 91 mm 的钻孔。

（4）根据淮南矿区浅部远程卸压钻孔抽采考察实践，结合钻孔瓦斯流量（1.0 m³/min），按单孔连续有效抽放时间 60 天计算，上部远程卸压抽采钻孔直径为 91 mm，钻孔有效间距为 20 m；下部远程卸压抽采钻孔直径为 91 mm，有效间距为 10 m。

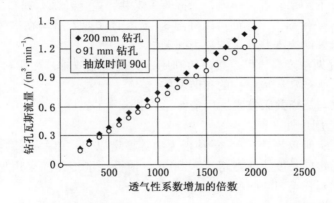

图 13-37　91 mm 和 200 mm 钻孔瓦斯流量随透气性系数变化的对比

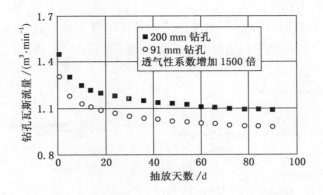

图 13-38　91 mm 和 200 mm 钻孔瓦斯流量随时间变化的对比

该项技术的有益效果体现在上向、下向穿层钻孔替代远程卸压煤层底板岩石巷及在该巷中布置的上向穿层钻孔进行远程卸压煤层瓦斯抽采，节省多条底板岩石巷，工程量大大减少。

### 13.4.5　无煤柱煤与瓦斯共采技术主要技术特点

本项技术在新型充填材料和充填工艺、强采动影响条件下的留巷支护和快速构筑充填体关键技术上实现了突破，在充填材料远距离输送系统新设备研发和机械化快速构筑充填墙体工艺系统上实现了集成创新，有效地解决了高瓦斯低透气性煤层安全高效开采技术难题。其主要特点如下：

（1）实现了煤与瓦斯安全高效共采，实现了瓦斯抽采浓度、抽采效率最大化。

（2）采用 Y 型通风方式，消除了采煤工作面上隅角瓦斯超限隐患。

（3）利用沿采空区留巷巷道，施工顶、底板穿层钻孔，抽采临近层或被保护层卸压瓦斯，可以节省大量瓦斯抽采钻孔工程，解决低透气性煤层群瓦斯先抽后采问题，真正实现煤与瓦斯共采。

（4）沿空留巷无煤柱开采，可以多回收区段煤柱 8 ~ 20 m，提高采出率 5% ~ 8%。

（5）充填留巷作为瓦斯治理巷道，节省至少两条岩巷，降低了掘进成本和矸石排放量，留巷继续服务下一个邻近工作面，少掘一条煤巷，简化开采布局和采区巷道系统。

（6）Y 型通风条件下，工作面可以降温 3 ~ 5 ℃ 且作业人员均在进风流中工作，大大改善作业环境，有效解决深井开采的热害问题。

（7）抽采的瓦斯浓度高，可直接高效利用，实现节能减排，瓦斯利用成本大大降低，实现煤矿安全高效生产和环境保护的和谐发展。

### 13.4.6　无煤柱煤与瓦斯共采技术适用条件

1. 开采煤层适用条件

薄及中厚煤层；倾角为 0° ~ 25°；顶板为中等稳定以上；单一或煤层群开采；顶板稳定性较差的工作面走向长度小于或等于 1500 m，顶板稳定工作面采用加固措施后，工作面走向长度可适当延长至 3000 m 左右。

2. 采区巷道布置方式

Y 型通风系统巷道布置要求在采煤工作面开切眼侧构成回风系统，根据采区巷道布置条件，归纳起来主要有以下两种：

（1）利用边界回风巷道构筑 Y 型通风。在采区边界布置一条回风上山，采区各工作面在开切眼位置施工回风联巷与边界回风上山连通，形成 Y 型通风道（图 13 – 39）。

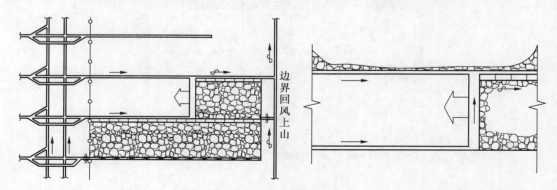

图 13 – 39　Y 型通风系统

（2）改造现有的巷道系统，利用相邻工作面提前开掘的巷道和联络巷与拟采用沿空留巷 Y 型通风开采的工作面形成二进一回的通风系统。

## 13.5　煤与瓦斯共采辅助技术

### 13.5.1　抽采瓦斯钻孔施工工艺

高瓦斯煤层群首采卸压层煤与瓦斯共采时，必须对被卸压保护层进行瓦斯卸压抽采，留巷钻孔法抽采瓦斯主要是施工穿层钻孔，对于下部远程卸压煤层，就必须施工下向穿层钻孔进行预抽。否则被保护层在保护层开采后，得不到充分卸压，同时下部卸压煤岩层受采动卸压后，卸压瓦斯大量向首采卸压煤层运移，造成首采卸压层开采时工作面和回风流中瓦斯超限，严重影响到矿井安全生产。因此，实现煤与瓦斯资源绿色共采的根本途径是抽出卸压煤体内的瓦斯。

岩石定向长钻孔代替顶底板抽采瓦斯巷，节省施工费用，提高了邻近层的瓦斯抽采率。寻求适合煤矿抽采瓦斯长钻孔施工要求的控制技术及配套装备，从而保证定向长钻孔的施工有效长度和终孔位置，提高钻孔的成孔率和瓦斯抽采效果成为目前迫切需要解决的问题。

利用定向长钻孔强化抽采邻近层瓦斯，提高工作面的瓦斯抽采率，消除工作面瓦斯事故隐患、缩短预抽期，有利于缓和采掘接续紧张的矛盾；同时还实现了抽采瓦斯工艺技术的变革，即将传统的多点分散式打钻抽采变为集中布孔抽采，使抽采瓦斯的管理更为集中化、科学化。

现阶段下向穿层钻孔在施工和抽采瓦斯过程中钻孔内的排渣、封孔、排水等问题很难解决，在钻孔施工中埋钻掉钻头情况时有发生，且钻孔角度一般达到 -20°时，严重影响下向抽采瓦斯钻孔的应用。经调查和研究，引用压风作为动力的潜孔钻机施工下向钻孔和有效的封孔技术，大大地提高了下向穿层钻孔抽采下伏卸压邻近煤层瓦斯的抽采率。

1. KQJ120 潜孔钻机

传统的下向钻孔（低俯角）施工困难，钻孔俯角角度受一定的限制，排渣难度大，钻孔施工易垮孔、容易埋钻、夹钻甚至丢失钻头等，严重制约下向钻孔的施工进度。经调研，确定选用 KQJ120 潜孔钻机。

图 13 - 40 所示为 KQJ120 潜孔钻机装置示意图。KQJ120 型潜孔钻机是一种适合于井下钻凿采矿爆破孔、天井吊罐孔、通风孔、泄水孔，亦可用于铁路隧道、水电工程等地下工程以及露天采石等岩土工程穿孔作业的新型冲击—回转式凿岩设备。该类钻机以大功率井下移动空气压缩机的压风为动力，钻进速度快，钻孔排渣容易，比传统施工速度提高 2～3 倍，且成孔率高，不易埋钻，钻孔深度能施工 80 m，能实现最大达 -90°钻孔的施工。

1）钻机的工作原理和结构

钻机由支柱和调整支柱可靠地支撑并固定于凿岩硐室的顶板与底板之间，并可按钻孔要求沿支柱调节其滑架的工作高度和角度。滑架的滑道上装有回转传动装置（回转头），回转传动装置以交流电动机为动力机，经减速机构减速后带动钻具（钻杆、冲击器和钻头）旋转。固定于滑架下面的推进器（气缸）可带动回转传动装置及钻具沿滑道前后移

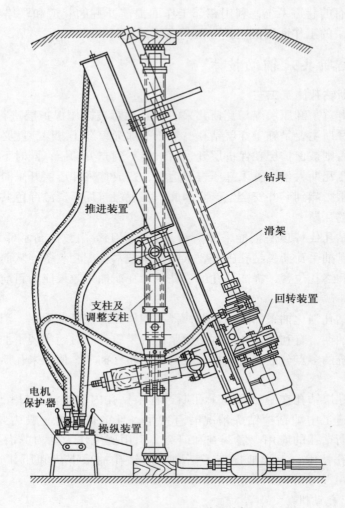

图 13 - 40　KQJ120 潜孔钻机

动。钻机依靠潜入钻孔内的潜孔冲击器的冲击和钻具的回转破碎岩石，并通过推进、排粉、提钻及接卸钻杆等动作，完成钻孔的全过程。向下钻孔时，首先使用大直径复合片钻头（153 mm），进行扩孔下套孔进行护孔，套孔材质为高强度无缝钢管扩孔，下套孔深度不小于 20 mm，然后再换钻头（94~108 mm）进行施工至孔底，在施工过程中利用高压风力钻进排渣。钻机的全部动作及气、水、电等动力的接通和调节，均通过操纵装置由人工控制实现。

2）KQJ120 型潜孔钻机的主要特点

工作参数合理；回转传动装置结构先进，性能优良；采用电动机作为回转动力机，综合性能优于气动马达；钻进效果好，钻进成本低。

可安装大功率井下移动空气压缩机，增加风压，使用高压风施工和排渣。同时加大封孔长度，采用高压封孔泵注浆封孔，增加封孔质量，提高瓦斯抽采量。

施工下向钻孔时，俯角最大能达 -90°，只采用高压风排渣钻进，钻孔施工速度快，比传统施工速度提高 2 ~3 倍，且成孔率高，不易埋钻，钻孔深度能施工 80 m。

3）主要性能参数

| | |
|---|---|
| 钻孔直径 | 100 mm |
| 使用岩石种类 | 中硬以上，$f = 8 \sim 16$ |
| 钻孔深度 | 向下 80 m |
| | 向上 100 m |
| 钻孔方向 | 任意 |
| 最大推力 | 1200 N |
| 一次推进有效行程 | 1000 mm |
| 工作气压 | 0.70 ~1.20 MPa |
| 耗气量 | 610 m³/min |
| 工作水压 | 0.18 ~110 MPa |
| 耗水量 | 8 ~12 L/min |
| 凿岩速度 | 150 ~250 mm/min |
| 总重量 | 750 kg |
| 最小工作空间（宽×高） | 218 mm ×310 mm |

2. 下向钻孔封孔技术

使用风动钻机，施工地点需再专门安装一台移动式空气压缩机和充足的压风供给，压风风压不得低于 0.7 MPa，待钻机及管路安装稳固后即可施工。首先使用大直径复合片钻头（153 mm）进行扩孔、下套管进行护孔，套管材质为高强度无缝钢管，下套管深度不小于 20 m。下向穿层抽采瓦斯钻孔布置示意图如图 13 –41 所示，具体施工步骤如下：

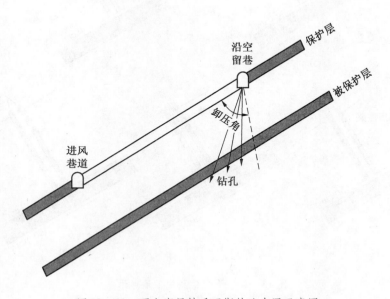

图 13 –41  下向穿层抽采瓦斯钻孔布置示意图

（1）利用 φ133 钻头向下施工下部卸压煤层的抽采瓦斯钻孔。当钻孔施工至目标煤层顶板 50 cm 位置，停止施工取出钻杆（图 13 –42a）。

（2）在钻孔内送入 $\phi$108 mm（钢管口焊接好法兰盘）无缝钢管（套管）至孔底，长度根据钻孔施工的深度确定（不小于 20 m）。同时在孔口送入两根 $\phi$33.4 mm 的无缝注浆钢管（外口加工成外丝扣），注浆管长 2 m 左右，一根作为备用或两根同时进行双液注浆，外口均带有阀门和高压胶管快速接头，以便和注浆泵相连。然后在孔口段（500 ~ 1000 mm）利用快干水泥砂浆进行封堵（图 13 – 42b、图 13 – 42c）。

（3）待水泥砂浆凝固后，接好 QZB – 50/6 注浆泵（工作压力 0 ~ 6 MPa），并与 $\phi$33.4 mm 注浆管连接好，搅拌一定量的速凝发泡水泥浆液，用注浆泵向钻孔内注浆（如果只用一根注浆管注浆，要将另一根 $\phi$33.4 mm 无缝注浆钢管闷上），待浆液从 $\phi$108 mm 无缝钢管口流出时，停注 1 min 左右，再次进行注浆，待浆液再次从 $\phi$108 mm 无缝钢管口流出时，用准备好的法兰盘盖板将 $\phi$108 mm 无缝钢管口闷上，再向钻孔内注浆直至不能再注为止，说明浆液将钻孔周围的裂隙注实（图 13 – 42d）。

（4）上述抽采瓦斯钻孔注浆 1 ~ 2 天后，打开 $\phi$108 mm 无缝钢管口的法兰盘盖板，钻机在套管中按原施工钻孔的位置和角度，用 $\phi$73 mm 钻头施工抽采瓦斯钻孔直至穿过煤层进入煤层顶板（或煤层底板）500 mm（图 13 – 42e）。

（5）取出钻杆，用准备好的带有连接抽采系统接头的法兰盘接头安装在 $\phi$108 mm 无缝钢管上，接入抽采系统即可进行卸压瓦斯抽采。

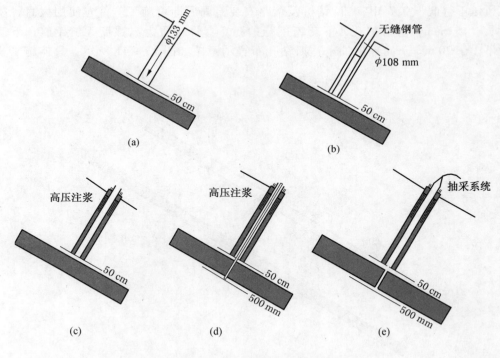

图 13 – 42　下向钻孔施工步骤示意

### 13.5.2　无煤柱沿空留巷围岩控制技术

1. 留巷巷道基本支护方式

沿空留巷条件下的煤与瓦斯共采最关键的技术是能否有效地维护住留巷空间。由于采场周围所引起的采动压力随工作面推进是连续向前传递的，工作面前方始终存在一个压力高峰区，这个压力高峰区向一个压路机的压滚，随工作面推进在其上方连续向前滚动，因此工作面前方巷道必将承受很大的压力。当然这种地下岩体出现高应力集中－支撑压力只是采动引起应力变化的全过程的一个特殊阶段，并不是在开采工作中的任何时间和任何地点都始终存在的。这个变化过程符合"平衡—不平衡—新的平衡"的发展规律，在不平衡阶段，既存在应力升高的支撑压力区，也存在应力降低的卸压区。由于采动影响，从开始掘进到报废为止的整个服务期间，巷道矿压显现的剧烈程度差异很大，可分为 6 个矿压显现带：掘进影响带、不受采动影响带、回采工作面前方采动影响带、回采工作面后方采动影响带、采动压力影响稳定带和二次采动影响带。通常第一、第二带所造成的顶底移近量很小，巷道变形主要发生在后面的 4 个带内，预计巷道移近量，并判断巷道支护系统在整个服务期内是否够用，并采取合理可行的支护方式是十分重要的。

德国煤矿沿空留巷总体技术，特别是充填泵送设备处于国际领先地位，但其煤巷支护一般采用棚式体系，巷内支护技术依赖于 U 型钢壁后充填，而树脂锚杆锚索在复杂地质条件和深部开采时很少采用。由于我国东部地区尤其是淮南矿区典型极复杂的煤层赋存条件，棚式支护应用受到限制。我国 20 世纪 80 年代以来煤巷锚杆支护技术持续进展，复杂条件煤巷锚杆支护一再取得突破，但能不能采用锚杆支护，特别是强动压作用下如何保证锚固顶板的稳定需要认真研究。

巷道支护要采用高支护强度设计，支护强度能够满足巷道掘进期间及二次回采动压的应力及变形要求；沿空留巷巷道掘进施工前，根据现场地质条件、巷道围岩力学性质等地质力学评估内容进行支护设计，支护方式首选锚索网，特殊地质条件下可采用 U 型钢、U 型钢＋锚杆＋锚索（采深≥600 m）、U 型棚＋壁后充填复合支护等支护形式。

1）锚索网支护

由矿压观测数据表明掘进期间巷道围岩变形量不大，围岩整体稳定性良好的锚网支护正常巷段，不进行采前加固。护表破坏的地段及时采用锚杆和网打补丁，加强护表支护的整体稳定性，防止锚杆和锚索松弛失效，对于个别两帮移近量过大（超过 300 mm）的局部地段也应评价其稳定水平，并提供分析结构，作为特殊地段处理。

为保证充填工作安全顺利进行，减轻工作面采动支撑压力对巷道的影响，确保留巷达到较好技术指标，需对充填区域巷道进行加强支护和护顶，在移动充填支架等设备时，应及时增设单体支柱护顶，防止顶板松动离层。留巷范围设备布置及顶板控制方式如图 13－43 所示。

巷帮充填后模板支架反复支撑顶板，裸露顶板可能破坏、松动垮冒，因此应及时跟进支护，方法是架设倾斜抬棚、从充填架顶梁穿木柱，逐渐搭接到后部已胶结充填墙体，或单体锚杆加固顶板。锚网支护采前巷道剖面、待充填区巷道剖面及留巷后巷道剖面分别如图 13－44～图 13－46 所示。

2）U 型棚支护

由于 U 型棚支护是纯粹的被动支护，远远满足不了沿空留巷支护阻力的要求。采前首先要实地评估当前的支护状态，测量巷道变形量，预测能否满足留巷空间，局部变形严重地段刷帮扩棚，可采用 U 型钢拱形可缩支架结合壁后水泥充填支护。

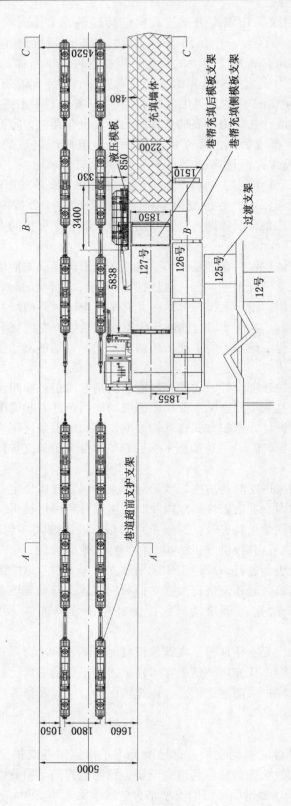

图 13-43 留巷范围设备布置及顶板管理方式

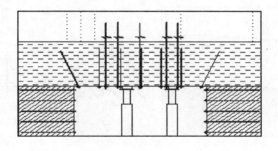

图 13-44 采前巷道 *A—A* 剖面

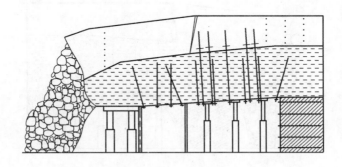

图 13-45 待充填区巷道 *B—B* 剖面

小变形地段 U 型棚巷道段加固方案和参数如下：

（1）顶板每排打 3 套 $\phi 17.8$ mm $\times 6.3$ m 的预应力锚索（配 200 mm $\times$ 200 mm 的大托盘）对直接顶板进行强化，其中一根锚索打在顶板最中间，其余两根锚索距中间的锚索各 1.2 m。

（2）巷道高帮沿走向打走向桁架，桁架具体位置为 U 型棚肩角卡揽偏下一点。

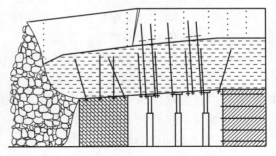

图 13-46 留巷后巷道 *C—C* 剖面

钢绞线规格为：$\phi 17.8$ mm $\times 6.3$ m，桁架钢绞线下铺设 2.2 m 轻型槽钢，槽钢上两眼间距为 1.8 m，每孔采用三节 Z2380 中速树脂药卷加长锚固，以保证锚固效果，预紧力为 80 ~ 100 kN，锚固力不低于 200 kN。桁架交叉重叠布置。

采取锚索补强后，如果围岩破碎条件恶劣，需要对围岩进行进一步注浆加固，有效封堵围岩裂隙，提高围岩的完整性，从而进一步提高围岩的自稳能力。同样，为保证充填工作安全顺利进行，减轻工作面采动支撑压力对巷道的影响，确保留巷达到较好的技术指标，采前需对充填区域巷道进行加强支护和护顶。要及时替换棚腿，替换棚腿时要保持棚子不动，防止棚子与顶板脱离。架棚段采前、待充填区及留巷后的巷道剖面如图 13-47 ~ 图 13-49 所示。

3）U 型棚 + 壁后充填支护

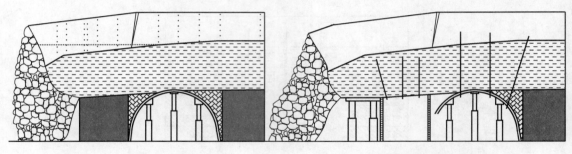

图 13 - 47　采前巷道 A—A 剖面　　　　　　图 13 - 48　架棚待充填区 B—B 剖面

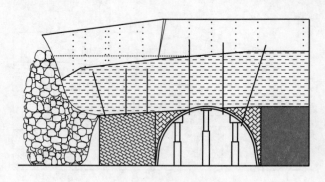

图 13 - 49　架棚段留巷后 C—C 剖面

　　架棚支护不可避免地在支护体后形成了壁后空间，壁后空间的存在对巷道的稳定性有着举足轻重的影响：首先壁后空间的存在使支架受力状况恶化，支架承载能力降低；同时壁后空间的存在使巷道围岩松动圈范围扩大，围岩稳定性降低。因此，若能在回采后，及时用某种具有良好的力学特性、强度适宜且具有一定可缩性的充填材料将壁后空间充满，使围岩—充填体—支护结构三者形成一个共同的力学承载体系，充分发挥支架及围岩本身的承载能力，有效控制围岩松动圈的扩大和位移，则能提高巷道稳定性。具体地讲，良好的壁后充填可以起到如下作用：

　　（1）改善支架受力状况。

　　（2）整体壁后充填的实施大幅度提高了支护结构的支护强度。

　　（3）支架及时承载。

　　（4）可缩性壁后充填层可吸收围岩变形能及变形量，减少支架及巷道变形的剧烈程度。

　　（5）充填层封闭围岩。

　　（6）可起加固围岩的作用。

　　U 型棚 + 壁后充填支护条件下沿空留巷，采前要实地评估当前的支护状况，预测支护强度能否满足留巷要求，及时采用锚索补强，留巷后需要对围岩进行深孔注浆加固，有效封堵深部围岩裂隙，提高围岩的完整性，从而提高围岩的自稳能力。

　　同样，为保证充填工作安全顺利进行，减轻工作面采动支撑压力对巷道的影响，确保留巷达到较好技术指标，采前需对充填区域巷道进行加强支护和护顶，并及时开缺口，使工作面与留巷巷道贯通，形成通风回路，这种支护条件下留巷，因为要提前开缺口，刷掉垛体和替换棚腿，劳动强度较高，开缺口工作与工作面回采、充填不能同步，制约了综采工作面的快速推进和留巷，限制了工作面的高产高效。采前、待充填区及留巷后的巷道剖面如图 13 –50 ~ 图 13 –52 所示。

4）超前加强支护方式

根据相近采煤工作面的矿压观测结果，评估超前采动影响范围，确定超前受采动影响较小影响范围、采动明显影响范围、采动

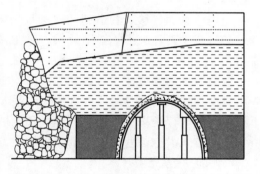

图 13 –50　U 型棚壁后充填采前巷道 *A—A* 剖面

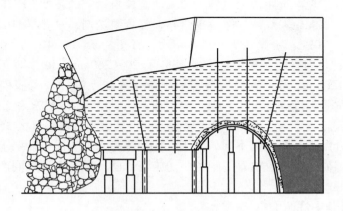

图 13 –51　U 型棚壁后充填待充填区 *B—B* 剖面

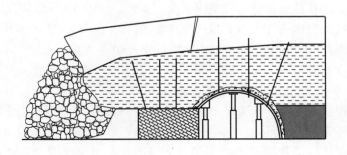

图 13 –52　架棚壁后充填留巷后巷道 *C—C* 剖面

剧烈影响范围，以此为参考，确定加强支护方式。超前受采动影响较小影响范围、采动明显影响范围的超前支护采取单体液压支柱的加强支护形式，每排 2 ~ 4 根，靠近工作面渐次增加，可采用一梁三柱的方式迈步前移，避免移动单体时局部顶板失控。单体支柱初撑力不得小于 50 kN，并配套有效地防止钻顶和插底措施；采动剧烈影响范围采用两套自移式巷道超前支架管理工作面回采前 20 m 到采面推过后 10 m 范围内的巷道顶板，通过强支撑来控制顶板下沉，这里特别强调应保护好顶板锚杆锚索的外露端不受破坏，充填支架进入巷道锚固范围内移动时，必须在顶梁及护板上加垫层，保护锚杆（索）及护表构件不受破坏。可统一修剪锚杆锚索的外露长度，方便支架推移。

应当注意到自移式巷道超前支架反复对其上方顶板进行支撑，对顶板锚固区反复扰动，必将产生破坏，影响锚固效果，应在施工中尽最大努力减少移架频度，减小这种消极作用。

沿空留下的巷道要先后经受二次采动影响，其中一次采动时工作面后方局部地段巷道矿压显现强烈，给留巷阶段的维护带来很多困难和障碍，为能取得留巷的成功，必须立足于不同围岩赋存类别和不同支护形式和支护状况、不同采动影响阶段和时期，深入细致分析各支护方式沿空留巷条件下的合理加固方案及针对性加固措施。

2. 快速巷旁充填技术

无煤柱煤与瓦斯共采技术体系中巷旁充填墙体是由适宜工作面采高变化，具有早强、高增阻、可缩性且实现可远距离泵送施工的大流态、自密实的新型 CHCT 型充填材料形成的，其基本组分为水泥，粉煤灰，粗、细骨料，复合泵送剂，复合早强剂和水等。配比范围：水泥为 10% ～30%、粉煤灰为 7% ～40%、石子为 15% ～40%、砂为 15% ～30%、水为 10% ～30%；材料性能：充填料浆坍落度为 120～260 mm，可实现远距离泵送，最长水平泵送距离达 1200 m，泵送入模后自密实；充填结束后 2～3 h 可脱模；1 天、2 天、3 天、7 天、28 天抗压强度分别可达 5 MPa、10 MPa、12 MPa、15 MPa 和 28 MPa；具有良好的压缩变形性能，压缩率为 5% ～10%，残余强度可达极限抗压强度的 35% ～60%。该材料实现了多套组合配方，能根据不同的矿压显现规律和巷道变形特性要求配制，具有良好的承载特性和压缩变形性能且适宜远距离泵送施工，已形成了多种不同产能的工业化生产模式。

1）充填材料基本性能确定

泵送性能和拆模时间的确定。受井下环境条件制约，充填泵站往往只能布置在距离工作面较远的位置，并且输送管道高程变化复杂，因此，要求充填材料需具有良好的泵送性能，以满足复杂高程变化条件下的远距离泵送要求。

以淮南顾桥煤矿 1115（1）综采工作面实际生产情况为参考，该工作面单产 10000 ～14000 t/d，推进度 8～12 m/d，综合考虑充填作业方式、泵送能力、充填系统布置等因素，每循环充填 2～3 刀，拆模时间必须控制在 4～5 h。

固结体早期强度的确定。在工作面留巷后方某一范围内，巷道直接顶已经卸载，此时巷旁充填体需有一定的支护阻力。如果支护不及时或者支护阻力低，直接顶就会沿巷道煤帮破断，造成巷道破坏严重或前期变形量过大；因此，要求巷道充填体应具有凝固速度快、早期强度高的特性。

另外，随着采煤工作面的推进，必然引起基本顶依次破断、失稳，此时巷旁充填体的支护阻力应达到切顶阻力。当基本顶岩层中的弯矩在巷旁充填体的边缘依次达到极限值时，基本顶将被依次切断。巷旁充填体的切顶高度取决于采出煤体的厚度，工作面采出的煤体厚度较大，需切落的顶板高度较大，故充填体应有较大的切顶阻力。

根据顾桥矿 B11 –2 号煤层的矿压观测，其周期来压步距约 20 m，按日推进度 10 m 计，在工作面后方 20 m 处，充填墙体即经受 1 次来压，此时充填墙体刚脱模 1 天，3 天后达到留巷长度 40 m，基本顶二次垮冒，顶板回转下沉更充分，因此，充填材料固结体 1 天、2 天、3 天强度是留巷初期保持顶板稳定的关键指标，结合工业性试验，一般需要充填体 1 天、2 天、3 天强度分别不低于 3 MPa、7 MPa 和 10 MPa。

固结体后期强度的确定。由于垮落的矸石破碎后体积增大，在充满采空区时，更上位岩层在矸石、煤体、巷内支护与巷旁充填体的共同支撑作用下取得运动的平衡，巷道围岩变形趋于缓和并逐渐稳定，此时巷旁充填体的支护阻力应能维持巷道上方已被切断岩层的平衡，将巷道顶板下沉量控制在设计要求的范围内。因此，要求充填体最终强度不低于25 MPa。

可缩性能的确定。从所留巷道两侧介质的刚度匹配来说，巷道一侧是具有一定可缩量的弹塑性介质的煤体，另一侧是巷旁充填带，若巷旁充填体所具有的可缩量很小或基本上是刚性的，则会造成顶板下沉不均衡，对巷道维护不利。因此材料应具有一定可压缩性，压缩率应达到10%以上。

2）新型 CHCT 巷旁充填材料

沿空留巷巷旁充填材料，采用煤矿瓦斯治理国家工程中心自主研发的 CHCT 系列充填材料。CHCT 充填材料由水泥、粉煤灰、石子、砂、水和复合外加剂组成，复合外加剂由减水剂、保水剂、引气剂和早强剂等组成。原材料按设定的配比混合后可进行远距离泵送施工，硬化后具有良好的承载特性和变形性能，形成的充填体能控制直接顶的离层和及时切断直接顶及下位基本顶，使垮落矸石在采空区中充填较密实，减少基本顶的弯曲、下沉，以减少巷内支护所受的载荷和巷道围岩的变形，保持巷道的稳定性；同时及时封闭采空区，防止漏风和煤的自然发火，避免采空区中有害气体进入工作空间。

通过以上大量试验，优化得到沿空留巷 CHCT 充填材料的基本配合比。由水泥、粉煤灰、石子、砂、水和复合泵送剂、复合早强剂等组成，各组成成分按质量百分数范围为：水泥为10%～30%，粉煤灰为7%～40%，石子为15%～40%，砂子为15%～30%，水为10%～30%；复合泵送剂和复合早强剂有效成分的掺量按质量百分比分别为水泥和粉煤灰总量的0.5%～2.0%和2%～5%。

复合泵送剂包括高效减水剂、保水剂（MC）、引气剂和增稠剂（AD）等，复合早强剂包括早强剂、膨胀剂和速凝剂（SN）等。

CHCT 充填材料典型配合比如下：

CHCT-1型：水泥为250 kg/m³，粉煤灰为450 kg/m³，砂子为550 kg/m³，石子为550 kg/m³，复合泵送剂为1.1%，复合早强剂为2.03%。

CHCT-2型：水泥为280 kg/m³，粉煤灰为420 kg/m³，砂子为500 kg/m³，石子为600 kg/m³，复合泵送剂为0.75%，复合早强剂为3.375%。

CHCT-3型：水泥为450 kg/m³，粉煤灰为250 kg/m³，砂子为500 kg/m³，石子为600 kg/m³，复合泵送剂为0.75%，复合早强剂为4%。

CHCT-4型：水泥为500 kg/m³，粉煤灰为200 kg/m³，砂子为500 kg/m³，石子为600 kg/m³，复合泵送剂为0.75%，复合早强剂为4.03%。

3）留巷巷旁快速充填系统

快速留巷巷旁充填工艺系统包括：地面干混充填料制备系统、地面至井下干混充填料泵站运输系统、充填泵料斗干混充填料上料系统、充填料浆的制备与泵送系统和充填支架模板系统。

主要充填工艺过程为：由地面专门生产线按设计配比生产出干混充填材料，以袋装或专用集装箱散装运至井下泵站；用螺旋输送机或带式输送机将干混料送至充填泵料斗；在充填泵中加水搅拌均匀后经充填管路泵送至充填模内；充填料浆在充填模内自流平密实，自然养护，待硬化产生一定强度后拆模。工艺流程如图 13 − 53 所示。

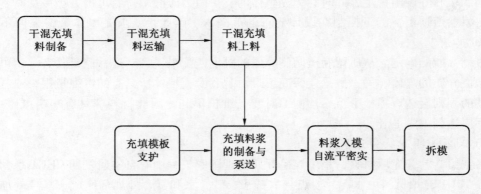

图 13 − 53　快速留巷巷旁充填工艺流程

## 13.6　无煤柱工作面瓦斯控制技术

### 13.6.1　Y 型通风采空区流场特征

目前，我国绝大多数矿井采用长壁后退式采煤法。采煤工作面 U 型通风系统特有的漏风流态，会使采空区回风隅角大量积聚瓦斯，影响工作面生产安全。随着矿井开采深度和开采规模的不断增大，采空区瓦斯涌出与抽、排放问题的解决将会更加突出。图 13 − 54a 为典型的 U 型通风采空区漏风流场模型，由于煤系岩层的非均质性，采空区的渗流结构的非均质主要反映在冒落岩石介质非均质性和流场高度的变化上，如图 13 − 54b 所示。

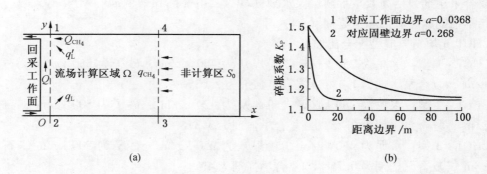

$Q$—工作面风量；$q_L$、$q'_L$—工作面向采空区漏入、漏出风量；$Q_{CH_4}$—采空区瓦斯绝对涌出量

图 13 − 54　U 型通风工作面采空区几何模型及冒落非均质特性

随着科学技术的发展，研制的膏体充填材料具有较强的支撑强度和密实堵漏性能，充填设备和充填工艺的改进，使得我国大型化综采、综放开采的沿空留巷技术应用不断成熟，并将会在一定的范围内普及应用。

图 13 − 55 为典型的 Y 型通风采空区漏风流场模型。Y 型通风方式是一种有效途径，但采用 Y 型通风导流瓦斯会产生大量的采空区漏风，加大采空区遗煤自燃的危险性。显然，

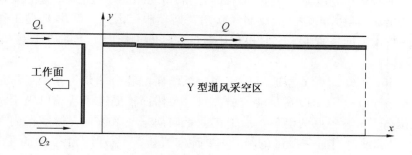

$Q_2$—工作面风量；$Q_1$—配风量；$Q$—回风巷风量

图 13-55  Y 型通风采煤工作面的几何模型

对于高瓦斯高自燃危险矿井来说，二者是相互矛盾的。因此，研究分析 U 型通风和 Y 型通风形式采空区瓦斯排放与自燃的过程，分析比较不同通风形式的效果，量化确定合理的通风形式和瓦斯抽采参数，实现高瓦斯易自燃煤层的瓦斯与煤的自燃综合防治具有重要的现实意义。

### 13.6.2  U 型通风和 Y 型通风方式采空区瓦斯运移规律

我国绝大多数矿井采用长壁后退式采煤法。采煤工作面 U 型通风系统特有的漏风流态，会使采空区回风隅角大量积聚瓦斯，影响工作面生产安全。由于矿井开采深度的不断增大，采空区瓦斯涌出与抽、排放问题的解决将会更加突出。Y 型通风方式是解决采空区瓦斯涌出和回风隅角超限的有效途径，但采用 Y 型通风导流瓦斯会产生大量的采空区漏风，增加了采空区遗煤自燃的危险性。图 13-56 所示为 U 型通风和 Y 型通风采空区风压分布规律。

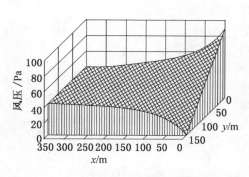

(a) U 型通风采空区风压分布规律

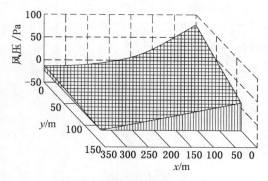

(b) Y 型通风采空区风压分布规律

图 13-56  不同通风方式采空区风压分布规律

由图 13-56a 可知：对 U 型通风工作面，工作面回风隅角是系统风压最低点，采空区内部的能位均高于回风隅角，采空区积聚的高浓度瓦斯必然流向该处，造成回风隅角瓦斯超限。在采煤工作面风量和压差一定的条件下，采空区积聚的瓦斯浓度越高、瓦斯积存量越大，则工作面回风隅角瓦斯超限程度越严重；在工作面采空区积存瓦斯量一定的条件下，工作面上下端口压差越大，采空区内部与上隅角之间的差值也大，造成流场影响范围大，采空区涌出瓦斯量大，容易造成回风隅角瓦斯超限。因此，解决 U 型工作面回风隅角瓦斯超限的技术方向是减少采空区积存瓦斯量或降低工作面上下端口压差（均压技术，减少采空区漏风）。

由图 13 – 56b 可知：对 Y 型通风工作面，工作面留巷末端是是系统风压最低点，工作面主进风巷的端口（下端口）是能位最高点，工作面辅助进风巷端口（上端口，也称上隅角）能位高于留巷各点的能位；沿工作面走向向采空区方向，采空区内部各点的能位逐渐降低；因此，工作面采空区的漏风主要流向留巷，不易形成上隅角的瓦斯积聚；如果留巷密实性好，采空区内部易积存大量高浓度瓦斯，利于实现高浓度瓦斯抽采；在留巷密实性好的前提下，在留巷内距工作面切顶线一定距离或留巷末端增加流出汇（采空区埋管抽采瓦斯），通过调节抽采量，可显著改变采空区流场结构，保证工作面上隅角瓦斯浓度处于安全允许值以下的较低值；在保证工作面瓦斯浓度不超限的安全条件下，通过调节二进风巷的进风比，降低工作面的风量，减少上、下端口压差，实现上部端口区域瓦斯浓度处于较低水平。由于上部沿空维护巷道的存在，Y 型采空区漏风形态与 U 形通风有很大的不同。工作面中没有来自采空区的漏回风，避免了采空区瓦斯向工作面的涌入；相反，工作面漏入采空区的风流，稀释并排除采空区上隅角的瓦斯后，从上沿空巷道边界流出；采空区内部大范围区域涌出的瓦斯也随漏风流从沿空巷道边界被排出。

可通过沿空巷道配风量和留巷段埋管抽采的调节，将留巷排放瓦斯的浓度合理控制在安全值以下，因此，Y 形通风对瓦斯的管理具有很大的灵活性。与 U 形通风相比，采用 Y 形通风，既有效防止了采空区侧漏回风隅角处瓦斯的积聚，又保留了部分的采空区空隙空间腔体对瓦斯贮存的调节作用。图 13 – 57 为 U 型通风条件下采空区流场及 $\phi$（$CH_4$）分布。

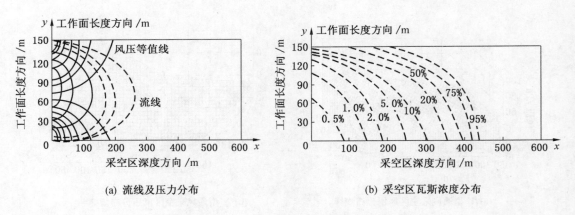

(a) 流线及压力分布　　　　　　　　(b) 采空区瓦斯浓度分布

图 13 – 57　U 型通风采空区流场及 $\phi$（$CH_4$）模拟结果

由图 13 – 57a 可以看出，U 型通风条件下，采空区漏风流线和风压分布较为对称，在工作面进风口处风压最大而上隅角处风压最小，且两点附近风压梯度最大，从而使在两点漏入和漏出采空区的风流较为集中；在工作面中部由于风流压差较小，漏风相应减少；在采空区深处由于冒落矸石的压实作用，风流阻力增大，漏风也迅速减少。正是由于 U 型通风采空区流场的这种分布特征，导致图 13 -57b 中采空区 $\phi$（$CH_4$）以工作面进风口为中心，沿采空区深度和工作面长度方向逐渐增大。

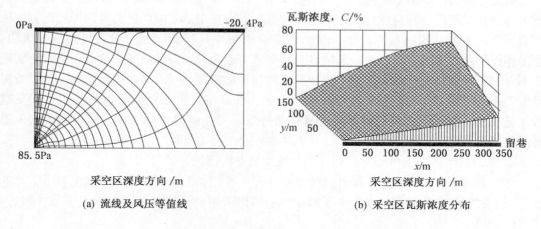

图 13 -58 Y 型通风采空区流场及 $\phi$（$CH_4$）模拟结果

图 13 -58 是 Y 型通风采空区流场及 $\phi$（$CH_4$）分布情况。由图可以看出，两进一回 Y 型通风系统，两条巷道进风，使通过工作面的风量相对减少，有助于防止工作面煤尘飞扬，改善工作面环境，减少采空区漏风和瓦斯涌出，从而具有防止工作面瓦斯积聚的作用；两进一回 Y 型通风系统的主进风通过工作面，稀释本煤层瓦斯，并利用在采空区维护的回风巷，有效地控制了向采空区回风巷漏风，使采空区瓦斯直接进入回风巷；而副进风巷进风的作用在于驱散上隅角瓦斯积聚，并具有稀释回风巷瓦斯浓度的作用；Y 型通风系统沿空留巷作专用回风巷，巷道中无人员和设备，提高瓦斯允许浓度和风速，从而提高其通风能力。

因此，Y 型通风系统由于其沿空留巷使采空区漏风方向改变，瓦斯随漏风直接涌向沿空回风巷，在防止上隅角瓦斯积聚和工作面瓦斯超限方面均优于 U 型通风系统。

## 13.7 无煤柱工作面采空区防火技术

因采用 Y 型通风，采空区漏风增大，漏风路线较长，当采面遇断层等地质构造带时，推进速度势必减慢，增加了自燃发火的可能性，必须加强防灭火预测预报和防灭火措施。工作面回采期间采用束管监测系统、通风监测系统和抽采监测系统预测预报自燃发火危险性，采用采空区灌浆、注氮防灭火措施。

### 13.7.1 减少工作面采空区漏风设计

1. 合理配置工作面的风量

由风流流动的阻力平方定律可知，在工作面断面参数和装备一定的条件下，工作面通过的风量越大，工作面上、下端的压差也越大，工作面主进风巷端口与留巷段的压差也越大，这样造成采区的漏风量增大，工作面主进风巷风量越小，采空区的漏风量越小。因此，在保证工作面回风瓦斯可控的前提条件下，从防止采空区煤炭自燃发火角度出发，工作面以小风量通风为佳；在实际生产过程中，可根据工作面瓦斯涌出量和温度情况合理降低工作面的供风量。

2. 工作面下端口及时砌筑防火隔漏风墙，减少采空区漏风

Y 型通风工作面采空区内的"马鞍型"漏风带，以能自燃的漏风通道为主，漏风持续时间越长，不仅自身自燃危险性严重，而且是采空区中部各漏风区漏风的源与汇直接决定着采空区中部的漏风量与自燃分区。可以设想在"马鞍型"漏风带进风侧增加风阻，在工作面相同的风压差条件下，漏风量必然骤减，原为自燃的漏风通道将有相当部分转变为不自燃漏风通道，从而大大缩小中漏风区的易自燃范围。同时采空区漏风影响范围及漏风量大小与采煤工作面倾斜长度成正比。显然，在采空区沿切顶线漏风源（工作面下端口靠近采空区侧）构筑隔漏风墙，还具有缩短采煤工作面斜长的作用，即可减少向采空区的漏风量和漏风范围。

3. 及时封闭留巷墙体的空隙和裂隙，减少采空区漏风

工作面回采后顶板冒落、破坏，加之顶板原有裂隙，采空区部分气体会沿着沿空留巷墙体顶、底板裂隙流向回风巷，由于沿空留巷墙体采用高强度膏体材料砌筑密封性能好，主要防治顶、底板漏风。

留巷墙体稳定牢固后，在留巷顶部和帮部喷水泥浆封闭，喷浆时要均匀严实，平均厚度为 50 mm。

过断层等地质构造带时，施工钻孔向构造带内注水泥浆封堵裂隙；空隙较大的，注水泥浆或注入罗克休进行充填。

巷道底板漏风时，通过灌浆系统在采空区留巷处灌黄泥浆或水泥水玻璃双液浆进行封堵。

### 13.7.2　束管监测系统设计

采用地面 HWSP－1 束管监测站对井下自然发火情况进行监测。系统在微机的控制下，将井下监测地点的气体，通过束管连续不断地抽至气体分析仪中进行精确分析，实现对 $CH_4$、$C_2H_6$、$C_2H_4$、$C_2H_2$、$CO$、$CO_2$、$N_2$、$O_2$ 等气体含量的在线监测。

以淮南顾桥煤矿 1115（1）工作面为例，在 1115（1）轨道巷铺设 12 芯监测束管，引出单芯束管埋入采空区，可实现同时对 12 个监测地点取气进行分析，及时发现发火预兆。

束管监测系统：地面分析室 HWSP－1 束管监测系统→副井 12 芯束管→13－1 轨道大巷 12 芯束管→11－2 轨道大巷 12 芯束管→11－2 轨道石门 12 芯束管→11－2 轨道上山 12 芯束管分站→1115（1）轨道巷 12 芯束管→采空区单芯束管。

测点布置：在采空区距工作面 200 m 范围内每 50 m 布置一个测点，束管在留巷筑墙时埋入墙体，束管用 4′铁管保护，防止墙体压坏束管；取样点设在墙体内 0.5～1 m，采空区顶部。另在距工作面 10～20 m 处利用瓦斯抽采钻孔取气分析，根据需要可增设测点。

根据指标气体的种类、浓度和变化情况，判断采空区遗煤的自燃状态，确定采空区氧化带、自燃带和窒息带的范围，并根据气体浓度的梯度大致确定高温区域的范围，以便及时采取措施。

初采时每周分析化验 3 次，初次放顶、正常回采后每天分析化验 1 次，发现自燃预兆时每班分析化验一次。

整个采样工作可从第一点开始直至工作面回采至束管另一口终点位置（500 m）。当

初始某一测点气样中的 $O_2$ 浓度值低于 8% 时，可停止该点的观测工作。

### 13.7.3 温度、一氧化碳气体检测

回采期间，对上隅角、高冒处以及后方老塘进行设点检测一氧化碳气体浓度，每小班检查 1 次。

对 1115（3）底抽巷抽采管路、1115（1）轨顺抽采管路每天检测一氧化碳气体浓度。

在 1114（1）运顺安设一氧化碳传感器，进行 24 h 不间断对回风流中一氧化碳浓度进行监测。

## 13.8 防灭火措施

工作面回采过程中采取灌黄泥浆和注氮的防灭火措施；工作面出现发火预兆时进行灌浆和注氮；工作面回采结束后进行灌浆防灭火。

1. 灌浆防火

灌浆系统：地面灌浆站 $\phi$273 mm 管路→$\phi$273 mm 灌浆钻孔→北一 11 - 2 回风大巷 $\phi$133 mm 灌浆管→北一 11 - 2 回风斜巷 $\phi$133 mm 灌浆管→北一 11 - 2 回风上山 $\phi$108 mm 灌浆管→1115（1）轨道巷 $\phi$108 mm 灌浆管→工作面采空区。

灌浆材质：黄土、水。

灌浆方法：采空区上隅角埋管灌浆、利用抽采钻孔灌浆措施。

灌浆系数（黄土体积与灌浆区空间容积之比）：3%。

浆液浓度：土水比（体积比）1:5。

灌浆防灭火方式：自流输浆。

2. 注氮防灭火

注氮系统：地面制氮站→ -780 m 钻孔巷 $\phi$219 mm 钢管→北一 11 - 2 回风大巷 $\phi$159 mm 注氮管→北一 11 - 2 回风斜巷 $\phi$159 mm 注氮管→1117（1）运输巷联巷 $\phi$108 mm 注氮管→1117（1）运输巷 $\phi$108 mm 注氮管。

注氮机：PSA - 1000。

氮气产量：1000 $Nm^3/h$。

氮气纯度：≥97%。

制氮机氮气出口压力：≥0.85 MPa（可调）。

输氮管路验算：供氮压力能否满足要求，按下式进行计算。

$$P_1 = \left[ 0.0056(Q_{max}/1000)1/2 \sum (D_0/D_i)5(K_0/K_i)L_i + P_2 \right]1/2$$

$$= \{0.0056 \times (1000/1000)1/2 \times [(200/150)5 \times (0.024/0.026) \times 800/1000 + 530/1000 + (100/150)5 \times (0.029/0.026) \times 2700/1000] + 0.22\}1/2$$

$$= 0.063 \text{ MPa}$$

式中　　$P_2$——管路末端的绝对压力，0.2 MPa；

　　　　$Q_{max}$——最大输氮流量，$m^3/h$；

　　　　$D_0$——基准管径，150 mm；

　　　　$D_i$——实际输氮管径，mm；

　　　$L_i$——相同直径管路的长度，km；

　　　$K_0$——基准管径的阻力损失系数，0.026；

　　　$K_i$——实际输氮管径的阻力损失系数（管径 100 mm，0.029；管径 200 mm，0.024）。

制氮机氮气出口压力≥0.85 MPa，符合要求。

注氮工艺：在工作面的运输巷下帮埋设一趟注氮管路，当埋入采空区 30 m 后开始注氮。随工作面开采又埋入第二趟注氮管路（注氮管口的步距取 30 m），如此循环。

# 14   典型瓦斯治理技术集成

## 14.1  顾桥矿单一厚煤层瓦斯治理技术

### 14.1.1  顾桥矿1115（1）工作面概况

顾桥煤矿1115（1）工作面为北一B11-2采区的第五个条带，工作面标高为-765.8～-656.2 m，工作面净长220 m，回采长度为2596.3 m，面积为621 651.06 m²。工作面煤层赋存稳定，煤层厚2.5～3.61 m，平均2.94 m，煤层结构复杂，一般含2～3层炭质泥岩夹矸，煤层倾角为3°～10°，平均5°。该工作面井下位于东至1114（1）运输巷，西至1114（1）运输巷，南到工业广场保护煤柱，北到F₈₇采区边界断层。

为解决矿井通风，缩短接替准备工期，采用Y型通风，工作面运输巷采用一般支护，回风巷采用沿空留巷技术，支护难度较大。1115（1）工作面运输巷和轨道巷（一次沿空留巷巷道）均为矩形断面、锚梁网支护，在断层破碎带附近及顶板淋水段为U型棚支护；其中运输巷道设计中高为3.2 m，宽5.0 m，断面16.0 m²；轨道巷道设计中高为3.4 m，宽5.0 m，断面17.0 m²。

1115（1）工作面于2007年8月中旬开始回采，于2008年5月底回采完毕。工作面设计日产量为10000 t。

回采时预计瓦斯相对涌出量为5.4 m³/t，绝对瓦斯涌出量为37.4 m³/min。其中约7.1 m³/min（19%）为工作面落煤时瓦斯涌出量，30.3 m³/min（81%）为采空区遗煤、邻近层等采空区瓦斯涌出量。

工作面设计风量为2730 m³/min，则工作面的风排瓦斯能力为

$$q = Q \times 0.8/100/k$$

式中   $q$——风排瓦斯量，m³/min；

$k$——瓦斯涌出不均衡系数，取1.5。

计算得风排瓦斯量为14.6 m³/min，剩余的22.8 m³/min瓦斯必须进行抽采。

### 14.1.2  单一厚煤层多向钻孔布置与参数设计

1115（1）综采工作面是顾桥矿第一个沿空留巷Y型通风工作面，为减小采空区向工作面的瓦斯涌出量，减轻风排瓦斯量，采用顶板穿层钻孔和顶板走向钻孔抽采采空区和上临近层瓦斯。工作面瓦斯抽采钻孔布置如图14-1所示。

1. 顶板倾向穿层钻孔

顶板穿层钻孔布置原则：钻孔在工作面煤层回采后沿空留巷内施工，钻孔的倾角应小于采动卸压角，对缓倾斜煤层，钻孔倾角不大于80°，倾角确保钻孔穿过顶板裂隙带上部，穿过C13-1煤层。钻孔直径不小于90 mm，每组抽采钻孔数量2个，抽采钻孔组间距20 m，见表14-1。

2. 顶板倾向裂隙区钻孔

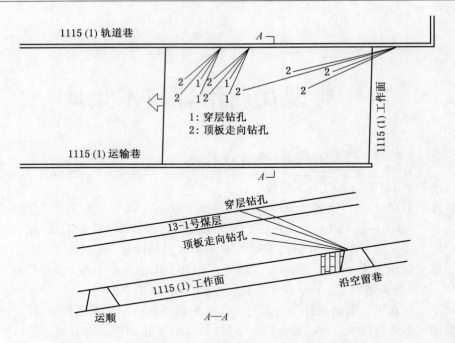

图 14 - 1　工作面瓦斯抽采钻孔布置图

表 14 - 1　顶板穿层钻孔设计参数表

| 孔号 | 夹角/ (°) | 倾角/ (°) | 孔径/ mm | 预计钻孔长度/ m | 终孔距回风巷倾向水平距离/ m | 终孔距开孔点走向水平距离/ m |
|------|------|------|------|------|------|------|
| 1 号 | 70 | 70 | 94 | 83 | 27 | 10 |
| 2 号 | 65 | 65 | 94 | 85 | 33 | 15 |

注：煤层倾角按 3°计算。

顶板倾向裂隙区钻孔布置原则：钻孔在工作面煤层回采后沿空留巷内施工，顶板倾向裂隙区抽采瓦斯钻孔的倾角应小于采动卸压角（缓倾斜煤层倾角不大于 80°），倾角确保钻孔在顶板垮落后不会断开且位于裂隙带上部，钻孔终孔位置位于 B11 - 2 煤层顶板接近 C13 - 1 号煤层的稳定的砂岩内。

1）初采时钻孔布置

初采时从开切眼北 10 ~ 30 m 处回风巷内施工顶板倾向钻孔，每 5 m 施工 1 组，每组 4 个孔，钻孔终孔位置距回风巷平距 18 ~ 33 m，距 B11 - 2 号煤层顶板法距 50 ~ 60 m。钻孔直径不小于 90 mm。钻孔具体布置参数见表 14 - 2 和表 14 - 3。

2）沿空留巷后正常回采时钻孔布置

走向顶板抽采瓦斯钻孔布置的参数选取为：钻孔终孔倾向投影距离 20 ~ 40 m，距 B11 - 2 号煤层顶板法距 45 ~ 55 m 的稳定砂岩顶板内。走向顶板抽采钻孔直径不小于 90 mm，每组抽采钻孔数量 2 个，抽采钻孔组间间距为 20 m，钻孔具体布置参数见表 14 - 4 和表 14 - 5。

表 14-2　倾向顶板钻孔设计参数表（开切眼北 10~30 m）

| 孔号 | 夹角/(°) | 倾角/(°) | 孔深/m | 孔径/mm | 距 B 11-2 号煤层顶板法距/m | 终孔距开切眼长度/m | 倾向长度/m | 孔口距开切眼距离/m |
|---|---|---|---|---|---|---|---|---|
| 1 号 | 20 | 40 | 70 | 94 | 51 | 20~40 | 18 | 10~30 |
| 2 号 | 20 | 30 | 90 | 94 | 54 | 43~63 | 27 | 10~30 |
| 3 号 | 25 | 40 | 70 | 94 | 51 | 40~40 | 23 | 10~30 |
| 4 号 | 25 | 30 | 90 | 94 | 54 | 43~63 | 33 | 10~30 |

表 14-3　倾向顶板钻孔设计参数表（距开切眼 35 m）

| 孔号 | 夹角/(°) | 倾角/(°) | 孔深/m | 孔径/mm | 距 B 11-2 号煤层顶板法距/m | 终孔距开切眼长度/m | 倾向长度/m | 孔口距开切眼距离/m |
|---|---|---|---|---|---|---|---|---|
| 1 号 | 20 | 25 | 120 | 94 | 63 | 71 | 37 | 35 |
| 2 号 | 20 | 20 | 120 | 94 | 54 | 71 | 39 | 35 |
| 3 号 | 25 | 25 | 120 | 94 | 63 | 64 | 46 | 35 |
| 4 号 | 25 | 20 | 120 | 94 | 54 | 64 | 39 | 35 |

表 14-4　走向顶板钻孔设计参数表（开切眼~20 m）

| 孔号 | 夹角/(°) | 倾角/(°) | 孔深/m | 距 B 11-2 号煤层顶板法距/m | 钻孔倾向投影距离/m | 钻孔走向投影距离/m |
|---|---|---|---|---|---|---|
| 1 号 | 70 | 55 | 65 | 55 | 35 | 13 |
| 2 号 | 65 | 45 | 65 | 48 | 42 | 19 |

表 14-5　走向顶板钻孔设计参数表（20~40 m）

| 孔号 | 夹角/(°) | 倾角/(°) | 孔深/m | 距 B 11-2 号煤层顶板法距/m | 钻孔倾向投影距离/m | 钻孔走向投影距离/m |
|---|---|---|---|---|---|---|
| 1 号 | 70 | 60 | 60 | 54 | 28 | 10 |
| 2 号 | 65 | 55 | 60 | 51 | 31 | 15 |

由于钻孔倾角决定钻孔在采空区三带内的位置，与钻孔抽采效果关系密切，故在初采阶段施工不同倾角钻孔对抽采效果进行考察，钻孔按照考察后抽采效果较好的参数施工。

### 14.1.3　单一厚煤层煤与瓦斯共采效果分析

1. 初采期间瓦斯抽采效果

从 1115（1）工作面初期回采期间瓦斯涌出量的变化关系（图 14-2）可以看出，由于设计施工的顶板穿层钻孔层位合理，钻孔封孔和抽采系统完善，顶板倾向穿层钻孔抽采瓦斯效果较好，上部邻近煤层 C13 的卸压瓦斯基本上全部被顶板倾向穿层钻孔拦截抽采，抽采瓦斯浓度在 20% 以上，采空区内基本上没有高浓度瓦斯积聚区，上隅角瓦斯一直在 0.3% 以下，埋管抽采的瓦斯浓度和瓦斯量较小，2007 年 10 月起取消了埋管抽采瓦斯措施，工作面留巷回风和上隅角的瓦斯浓度均控制在 0.5% 以下。日产万吨原煤工作面绝对瓦斯涌出量约 20 m³/min，工作面瓦斯抽采量占总涌出量的 50%~70%，杜绝了工作面瓦斯超限现象，取得了较好的安全效果。

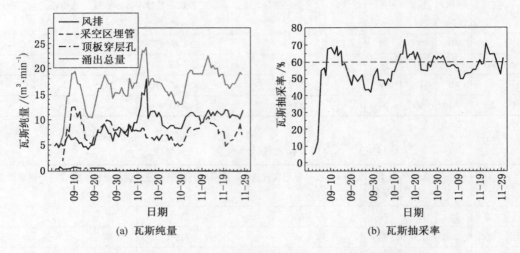

(a) 瓦斯纯量　　　　　　　　　　　　(b) 瓦斯抽采率

图 14 - 2　1115 (1) 工作面初采期间瓦斯涌出量的变化关系

**2. 正常生产期间的瓦斯抽采效果**

在初采期间留巷抽采试验考察基础上，优化钻孔布置，穿层钻孔仍按原设计方案施工；由于裂隙带与下部冒落空隙部分连通且裂隙发育，裂隙带内低位抽采钻孔抽采影响范围大，考察后将低位抽采钻孔由 2 个调整为 1 个。

图 14 - 3 是正常生产时期留巷卸压抽采钻孔抽采瓦斯浓度和抽采瓦斯量关系曲线。由图 14 - 3 可以看出，穿层钻孔抽采远程卸压瓦斯，具有抽采浓度高（基本能保持在 30%以上）、抽采纯量大的特点（10 ~ 25 m³/min）；低位钻孔由于其与垮落带连通，抽采的浓度相对要低一些（8% ~ 10%），抽采纯量相对小（5 ~ 8 m³/min）；总的抽采量维持在 15 ~ 25 m³/min，风排瓦斯量在 10 m³/min 以下，抽采率平均达 72% 。取得了较好的安全生产效果。

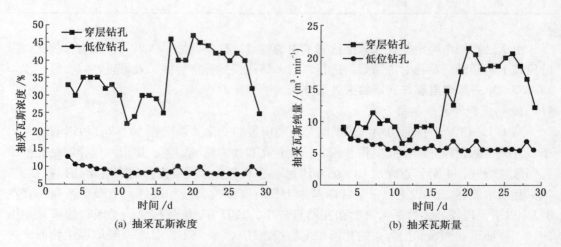

(a) 抽采瓦斯浓度　　　　　　　　　　(b) 抽采瓦斯量

图 14 - 3　正常生产时期留巷卸压抽采钻孔抽采瓦斯浓度和抽采瓦斯量关系曲线

综上，1115（1）综采工作面采用沿空留巷 Y 型通风卸压抽采瓦斯技术，远程穿层钻孔替代传统的 C13 号煤层底板抽放巷及其在该巷内施工的抽采钻孔；留巷内施工的低位抽采钻孔替代传统的抽采本煤层瓦斯的高抽巷，取得了较好的瓦斯治理效果，正常生产阶段工作面瓦斯抽采率在 70% 以上（图 14-4），留巷回风流瓦斯浓度在 0.4% 以下，消除了上隅角瓦斯超限现象。因此，留巷钻孔法抽采卸压瓦斯，替代高、低抽巷，效果显著，显著提高了综采生产的安全可靠性。

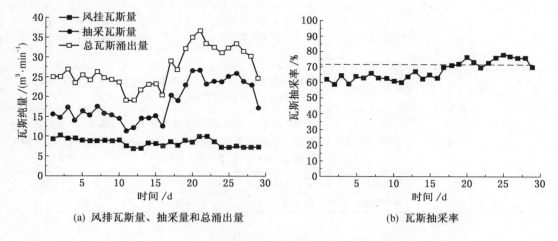

(a) 风排瓦斯量、抽采量和总涌出量　　(b) 瓦斯抽采率

图 14-4　1115（1）工作面正常生产时期瓦斯涌出情况及瓦斯抽采率

## 14.2　谢一矿深井低透气性煤层群瓦斯治理技术

### 14.2.1　谢一矿 5121（0）工作面概况

谢一矿 5121（0）工作面位于 51 采区，上限标高为 -714.6 m，下限标高为 -783.6 m，工作面范围内 B10 号煤层总体呈单斜构造，根据现有资料推断块段内共有断层 15 个，落差 0.3~7.0 m。工作面走向长 1100 m，上、下巷均采用树脂加长锚固强力锚杆锚索组合支护系统，斜梯形断面，净宽×净高 =5000 mm×2810 mm；开切眼长 168 m，矩形断面，平均倾向长 170 m，煤层厚度为 1.0~1.5 m，部分区域煤层较薄（<0.7 m），平均厚度为 1.2 m，煤层倾角为 21°~25°，本工作面可采储量为 390342 t。根据地质条件和开采条件预计工作面日产 2000 t 时的绝对瓦斯涌出量为 106 $m^3/min$，设计采煤工作面抽采率为 85%。5121（0）工作面设备及参数见表 14-6。

表 14-6　5121（0）工作面设备及参数

| 序号 | 设备名称 | 型　号 | 技　术　参　数 |
|---|---|---|---|
| 1 | 采煤机 | MG2×150/700-WD | 采高为 1.2~2.05 m，装机功率为 700 kW，电压为 3300V，牵引力为 456 kN |
| 2 | 工作面输送机 | SGZ800/800 | 输送能力为 1500 t/h，装机功率为 2×400 kW，电压为 3300 V、转速为 1485/735 r/min |
| 3 | 转载机 | SZZ800/250 | 输送能力为 1800 t/h，装机功率为 250/125 kW，电压为 3300 V，减速机型式为圆锥/行星传动 |

表 14 - 6（续）

| 序号 | 设备名称 | | 型　　号 | 技　术　参　数 |
|---|---|---|---|---|
| 4 | 破碎机 | | PCM200 | 破碎能力为 2000 t/h，电机功率为 200 kW，最大输入块度为 800 mm × 800 mm，破碎锤头冲击速度为 20 m/s |
| 5 | 带式输送机 | | DTL1000/63/2 × 75 | 运输能力为 400 t/h，电压为 1140/660 V，电机功率为 2 × 75 kW，带宽为 1100 mm，带速为 2 m/s |
| 6 | 乳化泵站 | | BRW - 400/31.5 | 电机功率为 250 kW，额定工作压力为 31.5 MPa，公称流量为 400 L/min、配套液箱为 3000 L（主 2000 L，辅 1000 L，每套二泵二箱） |
| 7 | 液压支架 | 液压支架 | ZY5000/8.5/17D | 支撑高度为 0.85 ~ 1.7 m，支护强度为 0.56 ~ 0.62 MPa，初撑力为 3087 ~ 3387 kN，支护强度为 0.56 ~ 0.62 MPa |
| | | 端头支架 | ZY5000/11/26D | 支架中心距为 1750 mm，支撑高度为 1.1 ~ 2.6 m，支护强度为 0.56 ~ 0.62 MPa，支架宽度为 1650 ~ 1850 mm，系统压力为 31.5 MPa，适应倾角为 ≤30°，移架步距为 800 mm |
| 8 | 支护挡风板 | | 自主研制 | 长 3.5 m，高度为 1.0 ~ 1.7 m |
| 9 | 充填模板 | | 自主研制 | 长 × 宽 3.9 m × 2.5 m，高度为 1.0 ~ 1.7 m |

距离本煤层法距 25 m 的上覆 B11b 煤层，平均煤厚 4.0 m，预计瓦斯含量为 22 $m^3$/t，下覆 B9 号煤层距本煤层法距 35 m，平均煤厚 2.0 m，预计瓦斯含量为 15 $m^3$/t，B10 号煤层作为首采关键卸压层，该煤层开采后可直接上保护 B11b 煤层，下保护 B9 号煤层。

设计采用沿空留巷 Y 型通风方式，上巷为沿空留巷回风巷，并作为上阶段 5111（0）工作面机巷用。进风路线：①机巷进风，-780 m C13 号煤层底板巷→-780 m Ⅳ线石门→机巷→工作面；②风巷进风，-660 ~ -720 m C13 号煤层底板下山→-720 m C13 号煤层底板巷→-720 m Ⅳ线石门→风巷。回风路线：5121（0）工作面→沿空留巷→-660 ~ -715 m B10 号煤层回风上山→-660 m N2 回风石门→二号风井→地面。设计工作面风量为 2400 $m^3$/min：其中下巷进风 1300 $m^3$/min，上巷进风 1100 $m^3$/min。

### 14.2.2　煤层群瓦斯立体抽采设计

1. 沿空留巷设计

5121（0）工作面上巷采后进行沿空留巷，作为 5121（0）工作面"Y"型通风的回风巷及上阶段机巷用。

（1）为加强工作面充填段的顶板支护，减少悬臂顶板对充填垛的压力，在 5121（0）采面端头超前主动支护。上端头超前煤壁 5.0 m 采用顺山钢带、锚杆、锚索及金属网支护，顺山钢带间距为 800 mm，锚杆采用 $\phi$22 × 2200 mm 的左旋无纵筋螺纹钢锚杆，锚索采用锚索为 $\phi$17.8 的钢绞线，长 6500 mm，托盘为 $\delta$12 mm 的钢板加工的特殊盖板，规格 245 mm × 245 mm，钢带为 GT - M5，金属网规格为 3300 mm × 900 mm。

（2）支护挡风板：自主研制的新型装备，选用 20 mm 厚钢板加工，长 3.5 m，高 1.0 ~ 1.7 m 可调，内设液压伸缩油缸，把支护和通风有机地结合起来，既解决了上端头支架移架后尚未充填前与采空区之间的临时支护，又改变了上隅角通风流场迫使漏风流向埋管抽采系统内。

（3）充填模板：自主研制的新型装备，选用 20 mm 厚钢板加工，模板规格为 2.5 m ×
3.9 m，充填高度随采高进行伸缩调节，采用液压升降和移动，随工作面推进自移。

（4）充填材料及充填设备。充填材料选用膏体材料，充填设备选用德国普茨迈特公
司 BSM1002E 充填泵。

（5）充填管路及敷设。充填管路选用耐压 10 MPa，管径 108 mm，壁厚≥6 mm，低阻
尼耐磨无缝钢管，管道连接采用耐压 10 MPa 管道快速接头及 O 形橡胶圈密封。充填管路
敷设在巷道底板并用两根锚杆固定，输送距离为 400 m。

2. 立体瓦斯抽采设计

图 14 - 5 为 5121（0）工作面留巷钻孔法卸压抽采瓦斯布置图，根据工作面采区巷道
布置系统，设计的立体瓦斯抽采如下：

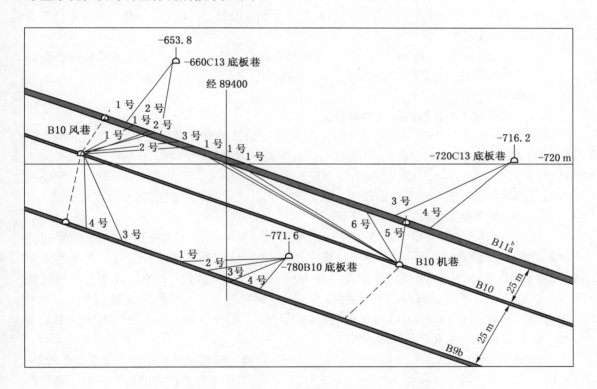

图 14 - 5  5121（0）工作面留巷钻孔法卸压抽采瓦斯布置图

（1）采空区埋管抽采：工作面开采后在工作面开切眼处埋两根 $\phi$200 mm 抽采管（$L$ =
3.5 m），随着工作面向前推进，在工作面充填垛内每隔 20 m 埋一根 $\phi$325 mm 抽采管（$L$ =
3.5 m），抽采管口距离充填垛内墙面不大于 0.3 m，高度位于充填垛中上部。

（2）-710 m 5121（0）工作面风巷上向钻孔抽采。从开切眼上口向北在 5121（0）
工作面风巷和机巷内布置上向抽采钻孔，钻孔开孔为 $\phi$153 mm，钻孔终孔在 B11a 位置，
主要拦截 B11b 卸压瓦斯，上向钻孔 20 m 一组。

（3）-710 m 5121（0）工作面风巷下向穿层钻孔抽采。在 5121（0）工作面风巷内

布置下向穿层抽采钻孔，钻孔间距为 10 m 一组，每组 2 个孔，钻孔开孔为 φ108 mm。钻孔终孔至 B9b 底板，主要抽采 B9b 卸压瓦斯。

（4）工作面采后顶板倾向穿层钻孔抽采：

①在 5121（0）工作面留巷段内施工穿层抽采钻孔，每隔 10 m 布置一组，每组 3 个孔钻孔，孔径为 133 mm，终孔至 B11b 顶板 0.5 m 位置，主要抽采 B11b 卸压瓦斯。

②在 5121（0）工作面机巷超前工作面煤壁 30 m 施工穿层抽采钻孔，每 10 m 布置一组钻孔，每组 3 个钻孔，终孔在 B11b 顶板 0.5 m 位置，主要抽采 B11b 卸压瓦斯。

（5） −660 m C13 号煤层底板巷下向穿层抽采钻孔。在 −660 m C13 号煤层底板巷道内沿走向每 20 m 布置一组下向穿层钻孔，每组 2 个孔。终孔在 B11b 底板 0.5 m 位置，主要抽采 B11b 卸压瓦斯。

（6） −720 mC13 号煤层底板巷下向穿层抽采钻孔。在 −720 mC13 号煤层底板巷道内沿走向每 20 m 布置一组下向穿层钻孔，每组 2 个孔，终孔至 B11b 底板 0.5 m 位置，主要抽采 B11b 卸压瓦斯。

（7） −780 mB10 号煤层底板巷下向穿层抽采钻孔。在 −780 mB10 号煤层底板巷道内沿走向每 10 m 布置一组下向穿层钻孔，每组 4 个孔，钻孔终孔至 B9b 底板位置，主要抽采 B9b 卸压瓦斯。

### 14.2.3　煤层群煤与瓦斯共采效果分析

图 14 −6 所示为 5121（0）工作面留巷钻孔法卸压抽采瓦斯效果。由图 14 −6a、图 14 −6b 可以看出，5121（0）工作面期间，工作面下巷进风量约为 1300 m³/mim，上巷进风量约为 1000 m³/mim，采空区抽采混合量约为 370 m³/mim，正是采取首采卸压层留巷综合卸压抽采技术，实现了工作面卸压瓦斯高效抽采，工作面回风流的瓦斯浓度在 0.4% 以下，工作面煤壁瓦斯浓度在 0.8% 以下。

从图 14 −6c 可以看出，随着工作面的推进， −660 mC13 号煤层底板巷下向穿层孔（抽 B11 号煤层）先进入采动卸压区，钻孔瓦斯抽采量首先出现跳跃上升，当采面采至 −780 mB10 号煤层底板巷下向穿层孔（抽 B9 号煤层）附近时， −780 mB10 号煤层底板巷下向穿层孔（抽 B9 号煤层）瓦斯抽采量也出现跳跃上升，而后抽采量基本上保持较大的稳定抽采量；而 −720 mC13 号煤层底板巷下向穿层孔（抽 B11 号煤层）由于处于采动卸压区外，钻孔抽采瓦斯量基本变化不大。

由图 14 −6d 可以看出，上向穿层钻孔由于受采动裂隙影响，钻孔封孔较难完全封实，上向穿层钻孔的抽采浓度相对要低。由于 5121（0）工作面为近距离煤层群开采，邻近卸压煤层瓦斯易于涌入开采煤层采空区，增加采空区埋管抽采量能取得较好的效果，5121（0）工作面采空区抽采量约占总抽采量的 50%。

由图 14 −6e 和图 14 −6f 可以看出，5121（0）工作面开采前期工作面的绝对瓦斯涌出量在 50 m³/mim，中后期在 100 m³/mim 左右，最大达 119 m³/mim，工作面回采期间瓦斯涌出量大。正是通过实施首采关键卸压煤层沿空留巷 Y 型通风煤气共采技术，优化抽采钻孔布置，研究并实施了倾向钻孔抽采顶底板被保护煤层（高瓦斯强突出煤层）卸压瓦斯，首采关键卸压层工作面回采期间瓦斯抽采率最高达 95%，平均为 90%。大大降低了高瓦斯煤层群采煤工作面回采期间的风排瓦斯量，实现了工作面安全高效生产。

瓦斯抽采效果如下：

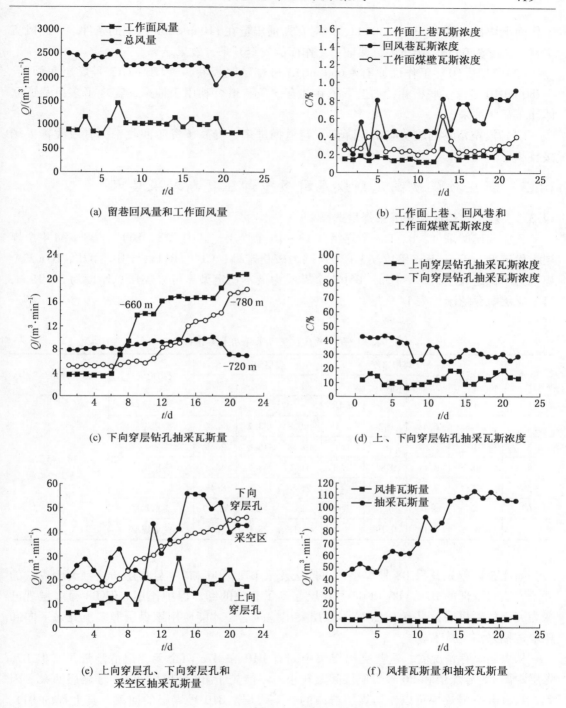

(a) 留巷回风量和工作面风量

(b) 工作面上巷、回风巷和
工作面煤壁瓦斯浓度

(c) 下向穿层钻孔抽采瓦斯量

(d) 上、下向穿层钻孔抽采瓦斯浓度

(e) 上向穿层孔、下向穿层孔和
采空区抽采瓦斯量

(f) 风排瓦斯量和抽采瓦斯量

图 14-6 5121 (0) 工作面留巷钻孔法卸压抽采瓦斯效果

（1）5121（0）工作面作为保护层开采，受邻近层 B11、B9 卸压瓦斯涌出的影响，工作面瓦斯涌出量达 110 m³/min 以上，采用"Y"型通风，并通过穿层钻孔拦截抽采被保护层瓦斯，埋管抽采采空区瓦斯解决了上隅角和充填区域瓦斯问题。抽采率达 95% 以上，工作面平均日产量为 2300 ~ 3000 t，绝对瓦斯涌出量在 110 $m^3/min$ 以上的条件下，回风流中瓦斯浓度为 0.3% ~ 0.5%，保证了工作面的安全开采，效果显著。

（2）5121（0）工作面原有 − 660 mC13 号煤层底板巷、− 720 mC13 号煤层底板巷、− 780 mB10 号煤层底板巷，加上下风巷共有 5 条巷道可利用于抽采，实现了多条巷道立体卸压瓦斯抽采。

（3）沿空留巷的成功应用，降低了巷道掘进率，提高了资源回收率，有效改善采场接替状况。

## 14.3　新庄孜煤矿高瓦斯煤层群多重卸压瓦斯抽采技术

### 14.3.1　新庄孜煤矿卸压开采煤层选择

新庄孜矿回采 A、B、C 3 个煤组共 13 ~ 16 个煤层，其中 C13、B11b、B8、A1 4 个煤层为稳定型；B7a、B6、B4、A3 4 个煤层为较稳定型；C14、B11a、B10、B7b、B7a 5 个煤层为不稳定煤层；B9、B5a、B5b 3 个煤层为极不稳定型。可采煤层总厚度为 31.96 m，可采煤层赋存情况见表 14 − 7。

表 14 − 7　新庄孜矿可采煤层基本情况

| 序号 | 煤层 | 煤层厚度/m | | | 煤层间距/m | | | 突出危险性 | 地层倾角/(°) |
|---|---|---|---|---|---|---|---|---|---|
| | | 最大 | 最小 | 平均 | 最大 | 最小 | 平均 | | |
| 1 | C13 | 12 | 2.1 | 6.16 | | | | 突出煤层 | |
| 2 | B11b | 6.48 | 0.3 | 3.5 | 100.8 | 33.2 | 64.52 | 突出煤层 | |
| 3 | B10 | 2 | 0 | 1.3 | 40.28 | 16.5 | 26.8 | | 18 ~ 45，平均 24 |
| 4 | B8 | 3.11 | 0.84 | 1.93 | 51.2 | 33.6 | 46.2 | 突出煤层 | |
| 5 | B7a | 7.36 | 0.78 | 4 | 22.8 | 1.9 | 8.42 | | |
| 6 | B6 | 5.76 | 0.1 | 3.6 | 15 | 5 | 11.29 | 突出煤层 | |
| 7 | B4 | 8.11 | 0.19 | 3.2 | 49.18 | 28.8 | 36.6 | 突出煤层 | |

新庄孜矿曾先开采 B8 号煤层，再依次开采 B7a、B6 和 B4 号煤层。这种大剥皮式的开采方法对下部的 B7a、B6 和 B4 号煤层起到了有效的卸压保护作用。但 B8 号煤层现已变为突出危险煤层，只有消除 B8 号煤层突出危险后，才能应用该煤层群多重开采下向卸压增透抽采消突技术。

从煤层赋存情况看，这些突出煤层中间有 B10 和 B7a 两个无突出危险煤层，但 B7a 煤层距离 B8 号煤层和 B6 号煤层层间距较小，不能先于 B8 号煤层和 B6 号煤层回采。因此，只有 B10 号煤层可以作为煤层群内的首采煤层。B10 号煤层的回采，其上部的 B11$_b$ 号煤层将处在破裂区内，卸压瓦斯解吸，配合卸压瓦斯抽采措施，可降低 B11b 号煤层的瓦斯含量，消除 B11b 号煤层的突出危险性。在消除突出危险后回采 B11b 号煤层，并同时卸压抽采 C13 号煤层的瓦斯，消除 C13 号煤层的突出危险性。

同时，保护层 B10 号煤层的开采对下部、平均距离为 46.2 m 的 B8 号煤层具有的卸压保护作用。回采时，在 B6 号煤层底板布置岩巷，在岩巷中布置网格式上向穿层钻孔，卸压抽采 B6、B7a 和 B8 号煤层的瓦斯，消除 B8 号煤层的突出危险；B8 号煤层消突后回采，保护 B7a 和 B6 号煤层；B6 号煤层消突后回采，同时卸压抽采 B4 号煤层的卸压瓦斯，消除 B4 号煤层的突出危险。

新庄孜开采卸压煤层的选择见表 14-8。

表 14-8 新庄孜矿保护层选择

| 突出煤层 | C13 | B11b、B8 | B7a、B6 | B4 |
|---|---|---|---|---|
| 保护层 | B11b（消突后） | B10 | B8（消突后） | B6（消突后） |
| 备注 | 先开采 B10 号煤层，同时卸压抽采 B11b 号煤层和 B8 号煤层瓦斯；消突后，B11b 号煤层保护 C13 号煤层，B8 号煤层保护 B7a 号和 B6 号煤层；B6 号消突后，保护 B4 号煤层 | | | |

### 14.3.2 新庄孜煤矿 5221（0）工作面概况

5221（0）工作面位于新庄孜矿五水平二采区，上限标高为 -556 m，下限标高为 -612 m。工作面走向长为 600 m，倾斜长为 130 m，倾角为 22°～26°，平均 24°。该块段所对应的上覆 B11b 号煤及下伏的 B8 号煤均为强突煤层，目前尚未采动。B10 号煤层为结构复杂的薄煤层，煤厚为 0.6～1.2 m，可采储量约 143000 t。该煤层回采后上可以保护 B11b 号煤层，下可以保护 B8 号煤层，可保护煤量 45 万 t。

B10 号煤层赋存状态不稳定，煤厚变异系数大，顶部煤质较差。局部有底鼓变薄带。B10 号煤层直接顶板为灰色砂质泥岩，含植物碎片，局部相变为灰白色细砂岩，厚 2.0～3.0 m，基本顶为细中粒砂岩，厚约 4.0 m；B10 号煤层直接底板为灰褐色砂质泥岩，厚约 2.5 m，基本底为灰白色粉砂岩，厚约 3.5 m。

B10 号煤层为非突出煤层，根据瓦斯地质资料，该块段 B10 号煤层预计原始瓦斯含量为 7 m³/t，与下覆 B8 号煤层层间距为 40 m，B8 号煤层预计原始瓦斯含量为 14 m³/t，与上覆 B11 号煤层层间距为 28 m，B11b 号煤层预计原始瓦斯含量为 15 m³/t。

计算 5221（0）采煤工作面相对瓦斯涌出量达 55.98 m³/t，其中本层瓦斯涌出量为 9.55 m³/t，占总涌出量的 17.1%，上、下邻近层瓦斯涌出量达 46.43 m³/t，占涌出量的 82.9%。日产 1500 t/d 原煤时的绝对瓦斯涌出量 58.31 m³/min。

为了保证保护层 B10 号采煤工作面的顺利开采，必须在 B10 号保护层开采的同时进行上部 B11b 号煤层和下部 B8 号煤层的卸压瓦斯抽放，不仅可大幅度地减少上邻近层的瓦斯涌出、回收瓦斯资源而且可以创造上部 B11b 号煤层和下部 B8 号煤层安全高产高效的开采条件。设计工作面瓦斯抽采率为 80%，抽采瓦斯量为 46.6 m³/min，风排瓦斯量为 11.71 m³/min。

根据工作面巷道断面和系统供风能力，在综合考虑瓦斯涌出、工作面温度、工作面人数和风速的基础上，确定工作面供风量为 1700 m³/min，设计运输巷供风量为 1200 m³/min，轨道巷供风为 500 m³/min，工作面留巷回风流中瓦斯浓度按 0.8% 管理，工作面最大风排瓦斯量为 13.6 m³/min。

### 14.3.3 多重卸压钻孔布置方案与参数设计

B10 号保护层开采关键是对 B11b、B8 号两个强突出煤层进行瓦斯抽采消突。如果

B10 号煤层开采之后没有把 B11b、B8 号煤层的瓦斯抽采出来，没有把 B11b、B8 号两个强突出煤层消突问题解决掉，那么 B10 号保护层开采毫无意义，如果开采保护层之后没有向被保护层施工穿层钻孔，也没有办法把瓦斯抽出来，就无法实现消突的目的。根据 5221（0）工作面系统周围巷道布置情况，研究并实施多向钻孔抽采技术。图 14-7 所示为 5221（0）沿空留巷 Y 型通风工作面多向钻孔抽采卸压瓦斯布置图。

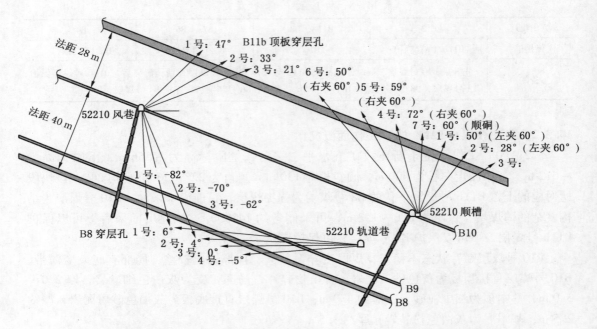

图 14-7　5221（0）沿空留巷 Y 型通风工作面多向钻孔抽采卸压瓦斯布置图

**1. 机巷上向穿层钻孔预抽 B11 号煤层瓦斯**

采前在运输巷下帮每间隔 20 m 布置一个钻场，每个钻场内布置 7 个穿层钻孔，钻孔参数见表 14-9；钻孔孔底间距为 15～20 m。钻孔穿过 B11 号煤层顶板，预抽 B11b 号煤层下段原始瓦斯和回采期间抽采采动卸压瓦斯。

表 14-9　5221（0）巷道穿层钻孔施工参数表

| 孔号 | 方位（与巷道中线夹角）/(°) | 仰角/(°) | 预计孔深/m | 孔底位置 |
|---|---|---|---|---|
| 1 | 90（左夹 60） | 50 | 30 | |
| 2 | 90（左夹 60） | 6 | 58 | |
| 3 | 210（右夹 60） | 72 | 45 | 穿过 B11b 煤层并进入顶板 1 m |
| 4 | 210（右夹 60） | 59 | 58 | |
| 5 | 210（右夹 60） | 50 | 77 | |
| 6 | 150（顺硐） | 60 | 38 | |
| 7 | 90（左夹 60） | 28 | 45 | |

**2. 风巷留巷内倾向上向穿层钻孔采后抽采 B11b 号煤层卸压瓦斯**

如图 14 - 7 所示，在 5221（0）工作面回采后沿空留巷内，沿采空区侧滞后一个周期来压步距（20 ~ 30 m）施工倾向上向穿层抽采瓦斯钻孔，保证倾向抽采瓦斯钻孔的完整性不因顶板周期来压覆岩冒落而破坏。钻孔参数见表 14 - 10；钻孔孔底间距为 15 ~ 20 m。钻孔穿过 B11b 号煤层顶板，抽采 B11b 号煤层采动卸压瓦斯和 B10 号煤层顶板裂隙圈积聚的游离瓦斯。

表 14 - 10  5221（0）风巷 B11b 穿层钻孔施工参数表

| 孔号 | 方位（与风巷中线夹角）/(°) | 仰角/(°) | 预计孔深/m | 孔底位置 |
|---|---|---|---|---|
| 1 | 117（左夹 33） | 47 | 38 | |
| 2 | 95（左夹 55） | 33 | 43 | 穿过 B11b 号煤层并进入顶板 1 m |
| 3 | 86（左夹 64） | 21 | 49 | |

为了保证瓦斯抽采效果，倾向瓦斯抽采钻孔的施工顺序、钻孔布置位置及密封性也是关键所在。

倾向上向穿层抽采瓦斯钻孔依次贯穿采动覆岩垮落带、断裂带至弯曲沉降带，如果在采空区垮落带存在畅通的瓦斯流动通道，则抽采瓦斯流量大、浓度低，不利于采空区漏风控制和抽采的瓦斯利用。倾向抽采瓦斯钻孔孔口端要求下套管，材质为高强度无缝钢管，孔口的封孔长度在法向上应大于采动规则垮落带的高度，原则要求倾向抽采瓦斯钻孔法向封孔深度不小于 5 倍采高，封孔段要求密实不漏气。设计的倾向钻孔套管的长度为 15 m，封孔深度不小于 12 m，实现倾向上向穿层抽采瓦斯钻孔在裂隙段有较好的瓦斯流动通道，抽采瓦斯浓度高、纯量大。

**3. 风巷留巷内倾向下向穿层钻孔采后抽采 B8 号煤层卸压瓦斯**

如图 14 - 8 所示，在 5221（0）工作面回采后沿空留巷内，沿采空区侧滞后 40 ~ 50 m 施工倾向下向穿层抽采瓦斯钻孔，使用浅孔锤配大功率压风机施工，每隔 10 m 布置一个钻场，每个钻场布置 3 个钻孔，向 B8 号煤层施工抽采钻孔，钻孔参数见表 14 - 11。钻孔孔底间距为 10 ~ 12 m，孔深为 50 ~ 70 m。下向钻孔穿过 B8 号煤层底板，抽采 B8 号煤层采动卸压瓦斯和 B8 号煤层底板裂隙圈积聚的游离瓦斯。

表 14 - 11  5221（0）风巷 B8 号煤层下向穿层钻孔施工参数表

| 孔号 | 方位/(°) | 仰角/(°) | 预计孔深/m | 孔底位置 |
|---|---|---|---|---|
| 1 | 60 | −62 | 66 | |
| 2 | 60 | −70 | 56 | 穿过 B8 号煤层并进入底板 1 m |
| 3 | 60 | −82 | 49 | |

为了保证瓦斯抽采效果，倾向下向抽采瓦斯钻孔的施工工艺、钻孔布置位置及密封性是关键所在。

**4. 5221（0）轨道巷近水平穿层钻孔抽采 B8 号煤层下段卸压瓦斯**

如图 14 - 8 所示，根据已有的巷道系统，利用 -612 m 5221（0）轨道巷从顶板向 B8

号煤层卸压带施工钻孔，每隔 10 m 布置一个钻场，每个钻场布置 4 个钻孔，钻孔参数见表 14 - 12。钻孔孔底间距为 10 ~ 12 m，孔深为 50 ~ 82 m。抽采瓦斯钻孔均布置在采动卸压区内。

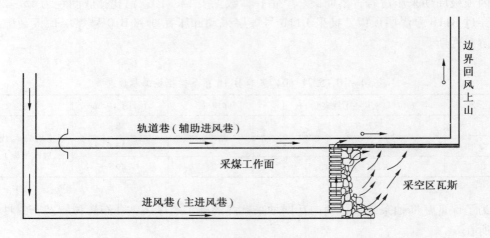

图 14 - 8　5221（0）沿空留巷 Y 型工作面通风系统示意图

表 14 - 12　- 612 m 5221（0）轨道巷 B8 穿层钻孔施工参数表

| 孔号 | 方位（与巷道中线夹角)/(°) | 仰角/(°) | 预计孔深 | 孔底位置 |
|---|---|---|---|---|
| 1 | 垂直巷道 | 6 | 82 | |
| 2 | 垂直巷道 | 4 | 67 | 穿过 B8 号煤层并 |
| 3 | 垂直巷道 | 0 | 58 | 进入底板 1 m |
| 4 | 垂直巷道 | - 5 | 50 | |

**5. 基于留巷 Y 型通风工作面采空区埋管抽采瓦斯技术**

高瓦斯煤层群开采首采保护层开采时，上下邻近层卸压释放瓦斯量大，造成采空区涌出的瓦斯量大，据统计，采空区瓦斯涌出比例一般为 50% ~ 70%，最高可达 90%。传统的 U 型通风方式高瓦斯回采面上隅角瓦斯超限问题一直是制约高瓦斯矿井生产能力提高的瓶颈。近年来，虽然通过采取瓦斯抽采等各种上隅角瓦斯积聚防治措施可以减轻上隅角的瓦斯积聚，但是由于采空区涌出的大部分瓦斯都在这里积聚，仍容易在工作面上隅角聚积瓦斯，严重限制和危害工作面生产能力的提高和安全生产。随着开采深度的增加，采掘工作面瓦斯涌出量迅猛增长，采煤工作面上隅角的瓦斯积聚不仅限制了采掘设备生产能力和生产效率的进一步提高，而且严重危及工作面作业人员的生命安全，因此，高瓦斯采面瓦斯超限的防治已成为目前我国安全高效生产中迫切需要解决的难题。

5221（0）工作面沿空留巷"两进一回" Y 型通风方式（图 14 - 8），工作面机巷和上风巷均进风，机巷和工作面的过风量较 U 型通风工作面风量小，工作面两端压差小，采空区漏风滤流场影响范围小；上风巷进风，改变了工作面系统的能位分配和采空区流场结构，上隅角处于进风流中，消除了上隅角瓦斯积聚问题。虽然采空区遗煤解吸瓦斯和上、下邻近煤层卸压瓦斯通过采动裂隙流向采空区,并在采空区及其顶板裂隙区内聚集,但由于沿空留巷膏体充填材料充填形成的留巷密实性好,易于在工作面采空区形成高浓度瓦斯库。由于瓦斯密度小,采空区瓦斯积聚在工作面采空区上部及其上覆岩层卸压裂隙区。若未布置倾向穿层抽采瓦斯钻孔或抽采量不足时,采空区积存的高浓度瓦斯在压力差和浓度差的作用下可能向工作面开采空间运移和扩散,仍有可能造成回风隅角等局部地点瓦斯浓度超限。因此,从安全生产角度出来,在沿空留巷段实施埋管抽采瓦斯技术,通过调节采空区埋管抽采位置和抽采量,改变采空区瓦斯流场和瓦斯浓度场分布,控制采空区瓦斯涌出,实现工作面的安全生产。

设计在工作面上风巷沿空留巷段,在充填体施工过程中,在充填体内每间隔 10 m 预留一直径不小于 150 mm 抽采管道。抽采管道穿过留巷充填体,伸入采空区的长度不少于 1.5 m,前端 1 m 管壁布置 $\phi$10 mm 进气花孔。通过三通和连接管接入风巷一趟 $\phi$300 mm 抽放管道上,在每一分支管道上设置一个闸阀,通过闸阀控制同时埋管抽放的数量。实际操作过程中,为提高采空区埋管抽采瓦斯效果,在留巷内保持 6 ~ 10 个采空区抽采管道与埋管抽采主管道连通,抽放口与工作面上口的距离为 20 ~ 80 m;其他的采空区抽采管道的闸阀关闭,当工作面瓦斯涌出量大或瓦斯涌出异常时,通过控制采空区埋管抽采管道口的数量和开启程度控制采空区瓦斯抽采量和抽采瓦斯浓度。

沿空留巷 Y 型通风采空区半开放式抽采瓦斯,如果充填体漏风较大,抽采的瓦斯浓度不会太高,为达到有效的抽采治理瓦斯效果,抽采的混合流量不应太小。具体的抽采混合流量可根据工作面的实际条件确定。图 14 - 9 所示为采空区进管抽采瓦斯布置示意图。

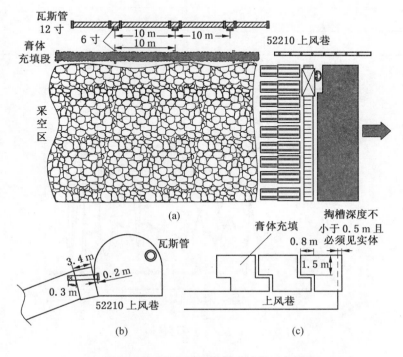

图 14 - 9  采空区埋管抽采瓦斯示意图

### 14.3.4　多重卸压煤与瓦斯共采效果分析

新庄孜矿开采 B10 号煤层保护上部的 B11b 号煤层，层间距为 28 m，采高为 1.9 m，相对层间距为 14.4 倍。保护层工作面回采前，在机巷每 20 m 施工一组（7 个）穿层钻孔，钻孔在 B11b 号煤层中厚线上的间距为 20 m，预抽保护层工作面对应 B11b 号煤层区域倾斜下部的瓦斯。工作面推进过程中，上风巷充填护巷，在留巷施工上向（3 个）和下向（3 个）穿层钻孔，分别拦截抽采上部和下部邻近高瓦斯突出煤层的卸压瓦斯，同时在 5221（0）底板轨道巷施工穿层钻孔抽采下部 B8 号邻近煤层的采动卸压瓦斯。

1. 顶板倾向钻孔抽采效果

为考察 5221（0）沿空留巷 Y 型通风工作面顶板倾向抽采瓦斯钻孔的抽采效果，在初始的 150 m，设计施工并考察了不同抽采瓦斯钻孔布置的单孔抽采瓦斯效果。每个钻场施工了不同倾角的倾向顶板抽采钻孔 7 个，各钻孔的施工参数见表 14 - 13。图 14 - 10、图 14 - 11 所示为代表性抽采瓦斯钻孔的抽采考察效果。

表 14 - 13　5221（0）风巷 B11b 号煤层顶板试验穿层钻孔施工参数表

| 孔号 | 方位（与风巷中线夹角）/(°) | 仰角/(°) | 孔底位置 |
|:---:|:---:|:---:|:---:|
| 1 | 左 15 | 60 | |
| 2 | 左 15 | 55 | |
| 3 | 左 15 | 43 | |
| 4 | 左 45 | 33 | 穿过 B11b 号煤层并进入顶板 1 m |
| 5 | 105 | 18 | |
| 6 | 105 | 8 | |
| 7 | 105 | 2 | |

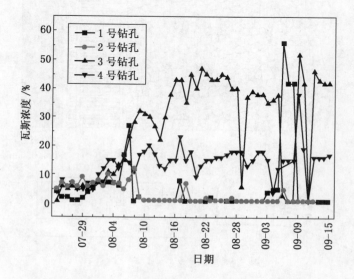

图 14 - 10　4 号钻场各钻孔抽采瓦斯浓度随时间的变化关系

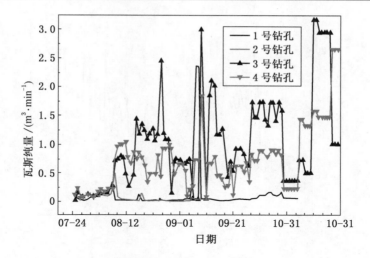

图 14 - 11　4 号钻场各钻孔抽采瓦斯纯量随时间的变化关系

　　单孔试验考察结果表明：对倾角小于 25°的低位钻孔，工作面回采过钻孔 10 m 后由于顶板冒落将钻孔切断，抽采瓦斯浓度和抽采瓦斯量迅速降低；对角度大于 55°的高位钻孔，由于本风巷为二次留巷，大角度高位钻孔可能通过采动裂隙与上阶段采空区沟通，抽采瓦斯浓度低；倾向抽采钻孔角度在 25°～55°之间时，工作面回采过钻孔位置 20 m 后抽采钻孔仍能保持较长时间的高浓度抽采，正常条件下单孔抽采纯瓦斯量约 0.7 m³/min，个别钻孔（如 4 号钻场的 3 号钻孔）可高达 2.8 m³/min，采后钻孔稳定高浓度抽采时间约 20～30 天。

　　通过前 150 m 单孔抽采考察，自 18 号钻场后，每一钻场施工 3 个钻孔，设计的钻孔参数见表 14 - 14。图 14 - 12 所示为 5221（0）工作面顶板倾向抽采钻孔抽采瓦斯情况，由图 14 - 12 可以看出，由于钻孔设计合理，2007 年 11 月以后留巷内的顶板倾向抽采钻孔抽采瓦斯量基本稳定在 15 m³/min，完全可以替代顶板高抽巷，取得了较好的瓦斯治理效果。

表 14 - 14　5221（0）风巷 B11b 号煤层顶板穿层抽采瓦斯钻孔施工参数

| 孔号 | 方位<br>（与风巷中线夹角）/（°） | 仰角/（°） | 与煤层层面夹角/（°） | 预计孔深/m | 孔底位置 |
|---|---|---|---|---|---|
| 1 | 117（左夹 33） | 47 | 71 | 38 | 穿过 B11b 号煤层<br>并进入顶板 1 m |
| 2 | 95（左夹 55） | 33 | 57 | 43 | |
| 3 | 86（左夹 64） | 25 | 49 | 49 | |

2. 底板下向穿层钻孔抽采瓦斯效果

　　表 14 - 15 为 5221（0）风巷 B8 号煤层下向穿层钻孔施工参数。所施工的下向钻孔均在 5221（0）工作面回采的卸压保护范围内。

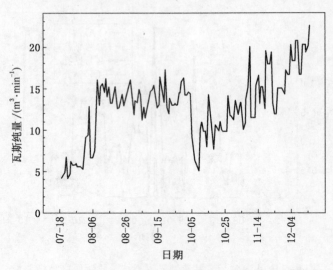

图 14 - 12　5221（0）工作面顶板穿层孔抽采瓦斯情况

表 14 - 15　5221（0）风巷 B8 号煤层下向穿层钻孔施工参数表

| 孔号 | 方位/(°) | 仰角/(°) | 预计孔深/m | 孔 底 位 置 |
|---|---|---|---|---|
| 1 | 60 | −62 | 66 | 穿过 B8 号煤层并进入底板 1 m |
| 2 | 60 | −70 | 56 | |
| 3 | 60 | −82 | 49 | |

图 14 - 13、图 14 - 14 所示为风巷下向穿层钻孔抽采瓦斯的单孔考察结果。由图 14 - 7、图 14 - 8 可以看出，由于 B8 号煤层距 B10 号煤层层间距 40 m，风巷下向穿层钻孔是在采后留巷中施工，基本上抽采 B8 号煤层采动卸压瓦斯，单孔抽采瓦斯量基本在 0.2 m³/min，最大约 0.45 m³/min，钻孔稳定的高浓度瓦斯抽采时间约 20 ~ 30 天，抽采的

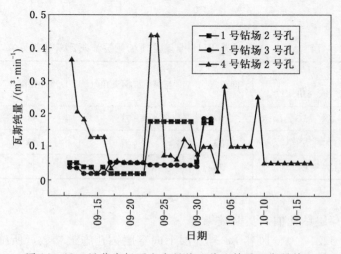

图 14 - 13　风巷底板下向穿层钻孔单孔抽采瓦斯量情况

瓦斯浓度高（60% ~90%）。工作面回采 100 m 后，底部远程 B8 号卸压煤层的抽采瓦斯量为 6 ~ 8 m³/min。

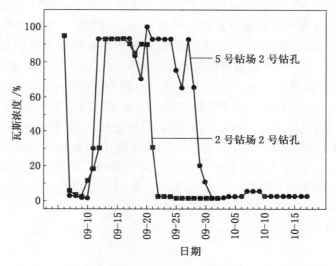

图 14 - 14　风巷底板下向穿层钻孔单孔抽采瓦斯浓度情况

3. Y 型通风工作面采空区埋管抽采瓦斯效果

55221（0）工作面上下邻近煤层 B8 号和 B11b 号煤层距开采煤层近，工作面瓦斯涌出总量中邻近煤层瓦斯占 87%，虽然采取顶、底板穿层钻孔抽采采动卸压瓦斯，由于邻近煤层涌出的瓦斯量大，工作面埋管抽采作为防止采空区瓦斯大量向工作面涌出的辅助措施。由图 14 - 15 可以看出，虽然埋管抽采瓦的浓度在 10% 左右，由于埋管抽采瓦斯的混合量大（120 ~ 150 m³/min，最大为 250 m³/min），改变了采空区流场结构，有效解决了工作面上隅角瓦斯积聚问题，是保证工作面安全生产的重要技术措施之一。

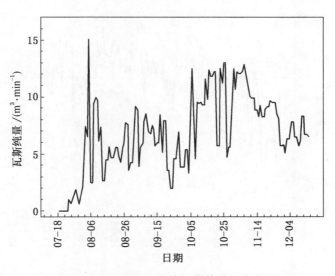

图 14 - 15　采空区埋管瓦斯抽采量变化图

　　根据 5221（0）工作面及其邻近煤层瓦斯含量，计算 5221（0）采煤工作面相对瓦斯涌出量达 55.98 m³/t，其中本层瓦斯涌出量为 9.55 m³/t，占总涌出量的 17.1%，上、下邻近层瓦斯涌出量达 46.43 m³/t，占涌出量的 82.9%。日产 1500 t/d 原煤时的绝对瓦斯涌出量为 58.31 m³/min，其中本煤层瓦斯涌出量为 9.94 m³/min，邻近层瓦斯涌出量为 48.37 m³/min。

　　5221（0）工作面自 2007 年 7 月开始回采，由于其是高瓦斯煤层群首采保护层工作面，在综合分析工作面回采瓦斯涌出的基础上，研究并实施了沿空留巷技术，实现了高瓦斯煤层群首采煤层的无煤柱开采，消除了煤柱应力集中区的影响。由图 14 - 16 和图 14 - 17 可以看出，5221（0）工作面开采前期工作面绝对瓦斯涌出量在 30 m³/mim，中后期在 45 m³/mim 左右，最大达 68 m³/mim，工作面回采期间瓦斯涌出量大。正是通过实施沿空留巷 Y 型通风技术，优化抽采钻孔布置，研究并实施了倾向钻孔抽采顶底板被保护煤层（高瓦斯强突出煤层）卸压瓦斯，保护层工作面回采期间瓦斯抽采量占工作面总的瓦斯量比例最高达 85%，平均为 75%。大大降低了工作面回采期间的风排瓦斯量。

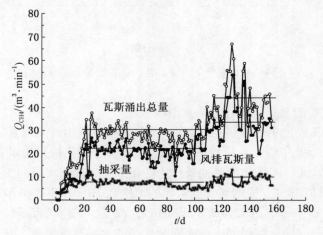

图 14 - 16   5221（0）工作面回采瓦斯期间抽采率

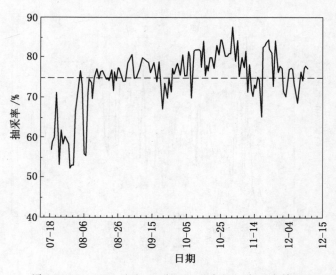

图 14 - 17   5221（0）工作面回采期间瓦斯涌出情况

5221（0）工作面回采期间，风排瓦斯量为 $7 \sim 12$ m³/min，回风量为 $1700 \sim 1800$ m³/min，回风瓦斯浓度为 $0.4\% \sim 0.7\%$，本煤层瓦斯基本上被工作面风流排放；卸压抽采瓦斯量约 35 m³/min，邻近煤层的煤层气抽采率为 72.4%，完全消除了邻近突出煤层的突出危险性；工作面回采结束后，留巷抽采钻孔仍可继续抽采，邻近煤层的瓦斯抽采率将还会有所提高。通过留巷卸压煤气共采，首采卸压煤层安全回采煤炭 40 万 t，解放上覆 B11b 号煤层煤量 46.95 万 t；解放下伏 B8 号煤层煤量 24 万 ~ 36 万 t；总计解放煤量 71.41 万 t，经济效益和社会效益显著。

# 参 考 文 献

[1] 邓中. 低透气性煤层群首采关键层卸压瓦斯综合治理技术 [D]. 安徽建筑工业学院, 2011.

[2] 袁亮, 薛俊华. 中国煤矿瓦斯治理理论与技术 [A] //安徽省科学技术协会. 2010 年安徽省科协年会: 煤炭工业可持续发展专题研讨会论文集. 安徽省科学技术协会, 2010: 14.

[3] 余陶. 低透气性煤层穿层钻孔区域预抽瓦斯消突技术研究 [D]. 安徽建筑工业学院, 2010.

[4] 胡千庭, 蒋时才, 苏文叔. 我国煤矿瓦斯灾害防治对策 [J]. 矿业安全与环保, 2000 (1): 5 – 8, 61.

[5] 卢鉴章, 刘见中. 煤矿灾害防治技术现状与发展 [J]. 煤炭科学技术, 2006 (5): 1 – 5.

[6] 刘超. 采动煤岩瓦斯动力灾害致灾机理及微震预警方法研究 [D]. 大连理工大学, 2011.

[7] 马丕梁, 蔡成功. 我国煤矿瓦斯综合治理现状及发展战略 [J]. 煤炭科学技术, 2007 (12): 7 – 11, 16.

[8] 黄华州. 远距离被保护层卸压煤层气地面井开发地质理论及其应用研究——以淮南矿区为例 [D]. 中国矿业大学, 2010.

[9] 李广培. 地面群井抽采卸压瓦斯技术研究 [D]. 安徽理工大学, 2011.

[10] 尹忠昌. 采动影响下地面瓦斯抽放钻孔破坏机理研究 [D]. 山东科技大学, 2008.

[11] 黄华州, 桑树勋, 李国君, 等. 采动区远程卸压煤层气地面直井抽采机理分析 [J]. 煤炭科学技术, 2010 (3): 62 – 66.

[12] 陈金华, 胡千庭. 地面钻井抽采采动卸压瓦斯来源分析 [J]. 煤炭科学技术, 2009 (12): 38 – 42.

[13] 赵兴龙, 汤达祯, 陶树, 等. 澳大利亚煤层气开发工艺技术 [J]. 中国煤炭地质, 2010 (9): 26 – 31.

[14] 成荣发. 地面钻井代替底板抽排巷消突研究 [J]. 西部探矿工程, 2011 (5): 145 – 146, 148.

[15] 王佑安, 李英俊. 我国煤矿抽放瓦斯方法分类及技术改进途径 [J]. 煤矿安全, 1981 (8): 1 – 9.

[16] 袁亮. 低透高瓦斯煤层群安全开采关键技术研究 [J]. 岩石力学与工程学报, 2008 (7): 1370 – 1379.

[17] 刘彦伟. 突出危险煤层群卸压瓦斯抽采技术优化及防突可靠性研究 [D]. 中国矿业大学, 2013.

[18] 费玉祥. 顾北矿下保护层开采瓦斯治理模拟实验研究 [D]. 安徽理工大学, 2014.

[19] 马益民. 深水平保护层工作面瓦斯治理实践 [J]. 矿业安全与环保, 2007 (1): 58 – 60, 62.

[20] 何勇. 高突煤层保护层瓦斯综合治理技术 [J]. 煤炭技术, 2006 (11): 68 – 70.

[21] 谷明轮, 方成. 5111 – 720C15 保护层工作面保护效果分析 [J]. 煤矿现代化, 2007 (5): 23 – 24.

[22] 王林. 芦岭煤矿工作面瓦斯治理技术探析 [J]. 能源与节能, 2014 (8): 132 – 133.

[23] 车路. 特厚、极松软、强突出煤层长距离防突掘进瓦斯治理技术 [J]. 煤矿现代化, 2012 (6): 33 – 35.

[24] 涂敏. 煤层气卸压开采的采动岩体力学分析与应用研究 [D]. 中国矿业大学, 2008.

[25] 涂敏. 低渗透性煤层群卸压开采地面钻井抽采瓦斯技术 [J]. 采矿与安全工程学报, 2013 (5): 766 – 772.

[26] 宋常胜. 超远距离下保护层开采卸压裂隙演化及渗流特征研究 [D]. 河南理工大学, 2012.

[27] 卢平, 袁亮, 程桦, 等. 低透气性煤层群高瓦斯采煤工作面强化抽采卸压瓦斯机理及试验 [J]. 煤炭学报, 2010 (4): 580 – 585.

[28] 翟成. 近距离煤层群采动裂隙场与瓦斯流动场耦合规律及防治技术研究 [D]. 中国矿业大学, 2008.

[29] 王亮. 木城涧反程序开采相似模拟实验和数值模拟研究 [D]. 辽宁工程技术大学, 2007.

[30] 李宏星. 白家庄矿残采区上行开采技术研究 [D]. 太原理工大学, 2006.

[31] 杨科. 围岩宏观应力壳和采动裂隙演化特征及其动态效应研究 [D]. 安徽理工大学, 2007.

[32] 魏学松. 卧龙湖矿沿空留巷围岩控制技术研究 [D]. 中国矿业大学, 2008.

[33] 付勇. 缓倾斜中厚煤层沿空留巷合理支护研究 [D]. 重庆大学, 2010.

[34] 温克珩. 深井综放面沿空掘巷窄煤柱破坏规律及其控制机理研究 [D]. 西安科技大学, 2009.

[35] 赵明强. 深井大断面沿空留巷围岩控制机理研究 [D]. 安徽理工大学, 2008.

[36] 郝其杰. 沿空留巷矿压规律与支护关键 [J]. 陕西煤炭, 2011 (4): 117－118, 106.

[37] 聂建湘. 朱集矿深井复合顶板沿空掘巷控制技术研究 [D]. 中国矿业大学, 2014.

[38] 张飞. 混凝土预制块砌碹墙巷旁支护沿空留巷 [D]. 重庆大学, 2014.

[39] 阚甲广. 典型顶板条件沿空留巷围岩结构分析及控制技术研究 [D]. 中国矿业大学, 2009.

[40] 倪建明. 淮北矿区煤巷围岩稳定性分类与支护对策研究 [D]. 中国矿业大学, 2008.

[41] 杨百顺. 顾桥矿深井开采沿空留巷顶板控制技术研究 [D]. 中国矿业大学, 2008.

[42] 陈峰. 沿空留巷锚杆支护及其工程实践 [D]. 安徽理工大学, 2008.

[43] 张农, 李桂臣, 阚甲广. 煤巷顶板软弱夹层层位对锚杆支护结构稳定性影响 [J]. 岩土力学, 2011 (9): 2753－2758.

[44] 郭富利. 综放工作面空巷围岩控制理论研究 [D]. 太原理工大学, 2003.

[45] 杨百顺, 谢洪, 凌志迁. 深井开采沿空留巷顶板锚杆强化控制技术研究 [J]. 中国安全生产科学技术, 2010 (4): 50－55.

[46] 李敬佩. 深部破碎软弱巷道围岩破坏机理及强化控制技术研究 [D]. 中国矿业大学, 2008.

[47] 袁亮. 留巷钻孔法煤与瓦斯共采技术 [J]. 煤炭学报, 2008 (8): 898－902.

[48] 王雷. 新型巷旁支护充填材料制备与性能研究 [D]. 安徽建筑工业学院, 2010.

[49] 袁亮. 低透气性煤层群无煤柱煤气共采理论与实践 [J]. 中国工程科学, 2009 (5): 72－80.

[50] 薛俊华. 无煤柱煤与瓦斯共采关键技术 [A] //中国煤炭学会煤矿建设与岩土工程专业委员会. 矿山建设工程技术新进展: 2009 全国矿山建设学术会议文集 (下册). 中国煤炭学会煤矿建设与岩土工程专业委员会, 2009.

[51] 周保精. 充填体—围岩协调变形机制与沿空留巷技术研究 [D]. 中国矿业大学, 2012.

[52] 薛俊华. 三巷布置 Y 型通风煤与瓦斯共采技术 [J]. 安徽建筑工业学院学报 (自然科学版), 2012 (4): 83－90.

[53] 张琪. 三交河煤矿综采工作面 "U" 型通风系统瓦斯治理技术 [J]. 煤矿安全, 2012 (12): 79－81.

[54] 沈玮. 高瓦斯易自燃孤岛综采面瓦斯综合治理研究 [D]. 安徽建筑工业学院, 2012.

[55] 李宗翔, 孙学强, 贾进章. Y 形通风采空区自燃与有害气体排放的数值模拟 [J]. 安全与环境学报, 2005 (6): 108－112.

[56] 张智强. 双突矿井中柔模混凝土沿空留巷应用研究 [D]. 西安科技大学, 2012.

[57] 袁亮. 低透气性高瓦斯煤层群无煤柱快速留巷 Y 型通风煤与瓦斯共采关键技术 [J]. 中国煤炭, 2008 (6): 9－13, 4.

[58] 罗勇. Y 型通风沿空留巷巷道支护试验研究 [J]. 有色金属 (矿山部分), 2011 (2): 40－46.

[59] 阚甲广, 张农, 郑西贵, 等. 不同顶板条件沿空留巷围岩活动规律 [J]. 煤矿安全, 2009 (7): 93－95.

[60] 聂小松. 复杂地质条件下的沿空留巷实践 [J]. 山西焦煤科技, 2008 (9): 23－25, 46.

[61] 杨百顺, 唐小山, 凌志迁, 等. 深井开采巷旁充填沿空留巷围岩活动规律研究 [J]. 中国安全生产科学技术, 2012 (6): 58－64.

[62] 常猛. 动压区巷道破坏规律及加强支护研究 [D]. 河北工程大学, 2014.

# 第 3 篇

## 瓦斯综合利用

瓦斯是热值高、无污染的清洁能源。纯瓦斯的热值大于 33000 kJ/$m^3$，1 $m^3$ 纯瓦斯热值相当于 1.13 kg 汽油或 1.21 kg 标准煤。我国煤矿瓦斯开发利用大体可分为 3 个阶段。

第一阶段（20 世纪 50—70 年代末）：减少煤矿瓦斯灾害的井下抽采与利用阶段。所抽采的瓦斯基本上都被排放到大气中。

第二阶段（20 世纪 70 年代末—90 年代初）：煤层气勘探开发试验初期和煤层气井下抽采利用阶段。我国先后在抚顺龙凤矿、阳泉矿、焦作中马村矿等矿区地面钻孔 40 余个，大量煤层气井下抽采和利用项目进一步展开，部分地区已开始将其用于工业和民用取暖。

第三阶段（20 世纪 90 年代初至今）：煤层气勘探开采试验全面展开和井下规模抽采利用阶段。煤层气的勘探试验取得了实质性突破，煤炭、地矿、石油系统和部分地方政府积极参与此项工作，许多国外公司如美国的 Texaco、Arco、Phillips、Greka 石油公司及澳大利亚的 Lowell 石油公司等也积极投资，在中国进行煤层气勘探试验。

由于煤矿开采瓦斯方式的差异，抽采瓦斯中甲烷（$CH_4$）含量及其利用技术也有所区别，按 $CH_4$ 浓度主要分为以下 3 类。

（1）通过地面钻井排采，采出 $CH_4$ 浓度多大于 90% 的煤矿瓦斯，其成分特性类似天然气。此类气体可供天然气发电设备进行发电或作为民用燃料、化工原料等，利用技术相对简单、成熟。

（2）通过井下瓦斯抽采系统和地面输气系统抽采，采出 $CH_4$ 浓度多为 3%～80% 的煤矿瓦斯，由于涉及瓦斯爆炸危险，目前对其应用一般均限于浓度为 30% 以上部分。而浓度为 6%～30% 部分的利用是一个难点，目前我国国内部分企业已拥有此项安全利用技术，并已在国内 16 个省、市、自治区的煤矿试点应用，取得了良好的社会和经济效益。

（3）通过煤矿通风排出的煤矿瓦斯，$CH_4$ 浓度一般低于 1%，称为风排瓦斯（俗称"乏风"）。这部分煤矿瓦斯由于 $CH_4$ 浓度太低，利用技术难度较大，基本上都被排空。我国相关企业正在准备对这部分瓦斯进行处理和利用。

# 15 瓦斯安全输送与预处理技术

## 15.1 瓦斯储存

煤矿瓦斯抽采出来后，在民用、工业等方面利用以及长距离输送时，需要按稳定气量进行供应及输送，但瓦斯消耗会因使用时间段和季节变化而呈现不均匀性。因此，瓦斯的供输系统需要采取调峰储气的措施，即在用气低谷时，将供气源的剩余气体储存在储气设施中，而到用气高峰时，用储气设施内的储存气来弥补供气量的不足。

储气罐按其压力大小分为中压和低压两种，按其密封方式分为干式和湿式两种。根据煤矿瓦斯利用的特点，常选用低压（<4 kPa）、湿式储气罐，其升降方式有外导架直升式、螺旋导轨式和无外导架直升式 3 种类型。

储气罐的容积应能满足供气地区高峰用气时补充气量的需要，当抽采泵因故停抽时也能保证部分用气之需。通常，储气罐的容积是按民用与工业用户的用气量比例来确定的，详见表 15 - 1。

表 15 - 1　储气罐容积　　　　　　　　　　　%

| 工业用量占日供气量 | 民用量占日供气量 | 储气罐容积占平均日供气量 |
| --- | --- | --- |
| 50 | 50 | 40 ~ 45 |
| >60 | <40 | 30 ~ 40 |
| <40 | >60 | 50 ~ 60 |

由于储气罐大都是钢结构，本身有相当大的质量，特别是湿式储气罐，罐内充满了水，5000 ~ 10000 m³ 储气罐充水 3000 ~ 4000 t，这样大的质量通过基础加在地表上，将造成地表下沉。加上所有储气罐各塔节的升降都是通过导轨、导轮、滑道运行的，如果地表发生不均匀沉降，造成储气罐偏斜，就会产生"卡罐"事故。因此，对储气罐地基有如下要求：

（1）基础下的土质构造应均匀，不允许有不均匀下沉的可能性。

（2）不能建在采空区、塌陷区及其波及区之上。对于老采空区，必须经过足够的年限并经地质部门出证确认沉降已经稳定后，储气罐方可建在其上。

（3）地下岩层结构平整，不能有较大的倾斜或溶洞。

（4）利用老矸石堆场、粉煤灰场等场所时，必须进行严格的地质处理。例如，采用充分的灌浆灭火、强夯或打桩处理，以确保不发生下沉特别是不能发生倾斜。

储气罐或罐区与建筑物、堆场间应具有一定的防火间距，见表 15 - 2。

表 15 - 2　储气罐或罐区与建筑物、堆场间的防火间距

| 明火或散发火花的地点，民用建筑，甲、乙、丙类液体储气罐，易燃材料堆场，甲类物品库房 | | | 储气罐总容积/m³ | | | |
| --- | --- | --- | --- | --- | --- | --- |
| | | | ≥1000 | 1001 ~ 10000 | 10001 ~ 50000 | >50000 |
| | | | 25 m | 30 m | 35 m | 40 m |
| 其他建筑 | 耐火等级 | 一、二级 | 12 m | 15 m | 20 m | 25 m |
| | | 三级 | 15 m | 20 m | 25 m | 30 m |
| | | 四级 | 20 m | 25 m | 30 m | 35 m |

注：（1）固定容积的储气罐与建筑物、堆场间的防火间距应按本表的规定执行。总容积按其水容量（m³）和工作压力（绝对压力，9.8 × 10⁴ Pa）的乘积计算。

（2）干式可燃气体储气罐与建筑物、堆场间的防火间距按本表的规定增加 25%。

（3）容积不超过 20 m³ 的可燃气体储气罐与所属厂房的防火间距不限。

## 15.2　瓦斯输配

　　煤矿瓦斯的储存和输配，主要靠储配站来完成。在煤矿瓦斯供应中，供气量和需要量之间的平衡是靠储配站来调节的。储配站由储气罐、加压泵房和附属设施构成。煤矿瓦斯从煤岩储层中抽采出来，通过采、集气管网，再经输气主干线输送至储气设施内，然后通过矿区或城镇燃气输配管网、调压站将煤层气输送至用户，瓦斯抽采与输配系统如图15-1所示。

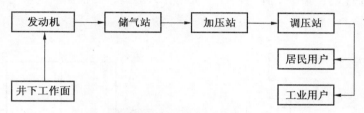

图15-1　瓦斯抽采与输配系统

　　1. 输送压力

　　《城镇燃气设计规范》（GB 50028—2006）按输送燃气的压力将城镇燃气管道分为5级，见表15-3。设计中，实现将燃气从储配站输送到居民灶前的压力选择工作，称为输配的压力级制。利用储气罐（或加配重）的压力直接（或通过调压站）送到居民家中的方式，称为低压一级系统；在储配站加压后，经管道送到调压站，由调压器降压后再送到用户的方式称为中—低压两级系统；如果输气规模大、距离远，还可以采用三级、四级等多级压力机制。

表15-3　城镇燃气输送压力（表压）分级

| 名　　称 | | 压力 $p$/MPa |
|---|---|---|
| 高压燃气管道 | A | $0.8 < p \leqslant 1.6$ |
| | B | $0.4 < p \leqslant 0.8$ |
| 中压燃气管道 | A | $0.2 < p \leqslant 0.4$ |
| | B | $0.005 < p \leqslant 0.2$ |
| 低压燃气管道 | | $p \leqslant 0.005$ |

　　一般小区域（不超过5000户）、近距离（不超过2 km）输送燃气，应选用低压一级系统。它的优点是整个输配系统都处于低压状态，安全易于保证，管理、维修方便；储配站内不需建加压机房，节省占地面积和设备投资；没有噪声污染，停电不影响供气，供气的可靠性高；减少了值班、维修人员和动力消耗，因而降低了输配成本。

　　在用户较多或距储配站较远、主干线长的情况下，可选用中压（B）—低压两级系统。在储配站用罗茨鼓风机或往复泵加压到0.035~0.05 MPa，经中压干管输送到调压站，降至低压送到小区低压管网。它的特点是输送量大、节省钢材，减少工程投资。在边远矿区，居住很分散时，可以采用中—低压系统（使用楼栋箱式调压器）或以中压一级系统直接送到用户调压器。后者因为中压进户，对施工要求严格，目前尚不推荐广泛采用。

如果采气量大、浓度高，可以采用更高的压力进行长距离输送。美国、俄罗斯、德国等有些矿区开采的高浓度煤层气（＞95% CH$_4$）均已进入长距离天然气管网供给用户。我国目前尚无煤层气长距离输气管道。

2. 主干管布置和敷设形式

主干管布置有不同的方式，可分为环状与枝状 2 种（图 15 − 2），也可以混合采用。按敷设方式分为埋地、架空 2 种。设计中采用什么形式，要根据当地情况，通过技术经济对比后确定。

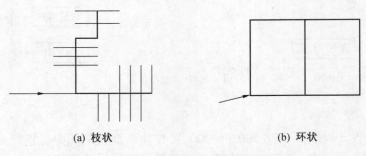

(a) 枝状　　　　　　　　　　　　　　　(b) 环状

图 15 − 2　输配管网的布置方式

枝状布置适用于量少且线性排列的小型住宅区。优点是计算、施工和运行管理都比较简单，建设时比较节省钢材，投资较少；缺点是运行可靠性较差，主管道上有一处出现故障，故障点后部的用户要全部停气。当囿于资金情况时，可以先按枝状布置，预留成环接口，在资金允许时再成环。

一般大中型煤气管网应布置成环，局部不易成环的布置为枝状。有时这种混合布置更符合技术经济的要求。

埋地敷设是管道敷设常采用的方式，除地下水太浅或有坚硬岩石等无法克服的外界因素外，一般都采用地下直埋，优点是埋设费用低。埋设在本地区冰冻线以下，只需按土质情况做防腐处理不必另做保温；按管道坡度要求正确设置凝水缸，湿煤气中的冷凝水易于排除，且可以利用凝水缸进行管道穿越或交叉时的"调坡"；只要施工质量优良，其安全、耐久性也比较好；在无外界因素破坏的情况下，一般不需要维修，节省管理费用。

3. 安全输送技术

对于浓度为 6% ～30% 的煤矿瓦斯，由于瓦斯浓度的变化有可能造成瓦斯浓度处于临界爆炸极限范围内，必须采取可靠的阻火措施，保证发动机回火不会造成火焰在管网中传播。另外，瓦斯浓度和压力的变化对空燃比的影响更大，为保证发动机可靠运行，机组对瓦斯压力的控制精度要求更高。

低浓度瓦斯安全输送技术就是将防火和阻火技术相结合，来提高安全可靠性，即细水雾阻火、金属波纹阻火和雷达控制水位的水封泄爆阻火技术的串联。低浓度瓦斯安全输送技术的工艺流程如图 15 − 3 所示。

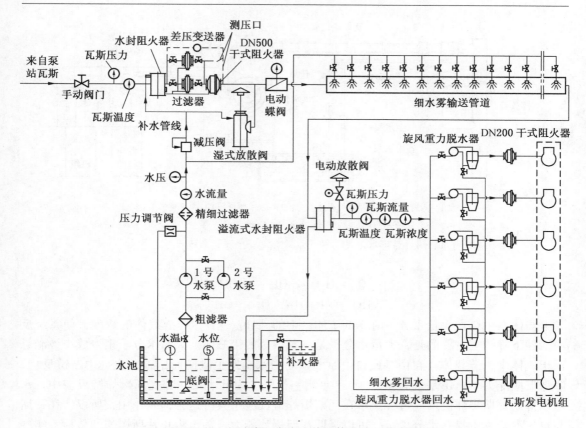

图 15-3 低浓度瓦斯安全输送技术的工艺流程

来自瓦斯泵站的瓦斯首先进入水位自控水封阻火防爆器，再经过带阻火器的金属波纹瓦斯管道，从根本上保证了系统的安全可靠。如果瓦斯输送量超过发电利用量，瓦斯安全放散器可以自动打开，将富余的瓦斯排空。煤矿瓦斯进入细水雾管道后，细水雾与瓦斯全程连续混合输送。水雾发生器根据瓦斯输送量进行设计选型，在输送管道上等距离安装。输送管道要保证一定斜度，便于细水雾凝结回流。细水雾与瓦斯混合物经末端水封阻火防爆器进入瓦斯发电站。在输送末端设置瓦斯压力、温度、流量及浓度测量点，此参数由计算机统一监控。每台瓦斯发电机组配套一组旋风脱水和重力脱水装置，脱水后的瓦斯再经一道瓦斯管道阻火器供瓦斯发电机组发电。细水雾输送系统所需要的水可循环使用。

在原有低浓度瓦斯安全输送技术的基础上，淮南矿业（集团）有限公司研发并成功试用了新的低浓度瓦斯安全输送系统——煤矿低浓度瓦斯气水二相流安全输送系统。该系统主要用于正压管网输送低浓度瓦斯，为低浓度瓦斯安全输送开辟了新途径。其安装示意如图 15-4 所示。

从物理阻爆角度而言，该系统在低浓度瓦斯输送管网中，采用水流在输送管道内附壁流动，瓦斯气流在附壁环形水流腔内流动，沿流动方向产生间歇性柱塞水团，把管路内附壁环形水流腔中流动的瓦斯气流分割成段，实现了低浓度瓦斯安全型输送。

从化学阻爆角度而言，水分子可以与支链反应的一些自由基或自由原子作用：

$$[H] + H_2O \rightarrow H_2 + [OH]$$

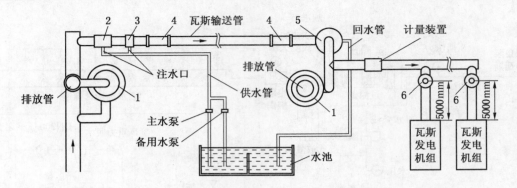

1—稳压放散装置；2—柱流装置；3—环流装置；4—透明观察管；
5—防爆阻火式气水分离器；6—双向阻火装置

图 15 - 4　煤矿低浓度瓦斯气水二相流安全输送系统安装示意图

$$[O] + H_2O \rightarrow [OH] + [OH]$$
$$[HO_2] + H_2O \rightarrow H_2O_2 + [OH]$$

当体系中存在大量水分子时降低了体系中的 [H]、[O] 等链载体的浓度，使系统反应活性下降。更主要的是，大量水分子是一种很好的第三体。大量水分子集聚成小液滴悬浮于气体中，链载体（自由基或自由原子）易与水滴发生碰撞而销毁，也会中断链反应，降低反应能力。自由基（自由原子）+ 水滴 → 销毁。由此可见，在瓦斯爆炸链反应中，水可以抑制瓦斯爆炸链反应过程。水在瓦斯爆炸链反应中具有这种抑制作用，所以，在瓦斯与空气混合物中提高水分含量，可以降低瓦斯爆炸能力，甚至阻止瓦斯爆炸的传播，实现了低浓度瓦斯安全型输送。

## 15.3　瓦斯气体净化

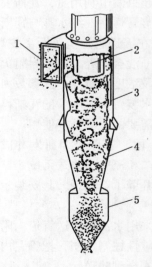

1—进气口；2—排气管；3—圆
筒体；4—圆锥体；5—集灰斗
图 15 - 5　旋风除尘器示意图

瓦斯是一种混合气体，主要成分为 $CH_4$，其中含有的 $CO_2$、$N_2$、水气以及微量的惰性气体和粉尘为瓦斯中的杂质，其给瓦斯的储运及利用带来很大困难，因此需将瓦斯中的杂质成分去除。

1. 净化除尘

1）旋风除尘器

（1）旋风除尘器介绍。旋风除尘器是利用旋转气流所产生的离心力将尘粒从含尘气流中分离出来的除尘装置（图15 - 5）。它具有结构简单，体积较小，无须特殊的附属设备，造价较低，阻力中等，除尘器内无运动部件，操纵维修方便等优点。旋风除尘器一般用于捕集 5 ~ 15 μm 以上的颗粒，除尘效率可达 80% 以上，近年来经改进后的特制旋风除尘器，其除尘效率大于 95% 。

（2）旋风除尘器内流场运动规律。旋风除尘器内部流场为复杂的两相三维强旋转湍流流场，气流在其中做旋转运动时，任意一点均存在切向速度、轴向速度和径向速度。为掌握旋风除尘器内流场的运动特点，前人对其内部流场做了大量的试验研究，所得的速度和压力分布规律大致相同，具体如图 15-6 所示。

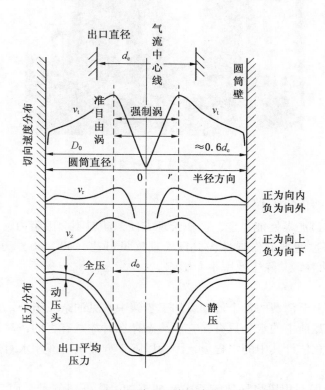

图 15-6　旋风除尘器内速度和压力分布

切向速度是决定气流速度大小的主要分量，也是决定流场中质点离心力大小的主导因素。外旋准自由涡的切向速度随半径的减小而增加，在准自由涡和强制涡的交界面切向速度达到最大；内旋强制涡的切向速度随半径的减小而减小。外涡旋的轴向速度向下，内涡旋的轴向速度向上，在内涡旋，随气流逐渐上升轴向速度不断增大，在排气管底部达到最大。此外，在旋风除尘器排气管入口以下的空间存在径向速度，外涡旋的径向速度是向心的，内涡旋的径向速度是向外的。径向速度和切向速度对颗粒的分离作用相反，前者使颗粒做向心的径向运动，将颗粒推向内旋强制涡，后者产生惯性离心力，使颗粒有向外的径向运动。旋风除尘器内轴向各断面的速度分布差别较小，其轴向压力变化较小，而切向速度在径向上变化较大，因此径向的压力变化也较大，其中外侧高，中心低。同时由图 15-6 可以看出，旋风除尘器轴心处处于负压状态，这种负压能一直延续到灰斗，所以除尘器的下部要保持良好的气密性，否则会导致已分离的粉尘重新卷入内涡旋，影响除尘效果。

　2）组合式高效气体过滤器

　　组合式高效气体过滤器有多种，其中效果较为明显的是多层式高效过滤器，其实物如图 15-7 所示，其特点为：

　　（1）高效气体过滤器除尘效率高（可达 99.999%），能够捕集微米级和亚微米级的粉

图 15 - 7　多层高效过滤器实物

尘颗粒，能满足超净化的要求。

（2）高效气体过滤器性能稳定，操作管理方便，滤料不会因阻力增加而被破坏。

（3）高效气体过滤器操作弹性大，日处理气量可达（40～80）万 m³，处理风量在 100% 的范围内波动时，其除尘效率不受影响。

2. 瓦斯脱水

水是瓦斯从采出至消费的各个处理或加工步骤中常见的杂质组分，而且其含量经常达到饱和。一般认为瓦斯中的水分只有当它以液态存在时才是有害的，对瓦斯进行压缩或冷却处理时要特别注意估计其中的水含量，因为以下 3 方面出现液相水对处理装置及输气管线是十分有害的：

（1）冷凝水的局部积累将导致管线中瓦斯流动，降低损气量，而且水的存在（不论气相或液相）使输气过程增加了不必要的动力消耗，也给有关处理装置（如轻烃回收装置）上的机泵和换热设备带来一系列问题。

（2）液相水与 $CO_2$ 和 $H_2S$ 相混合即生成具有腐蚀性的酸，瓦斯中酸性气体含量越高，腐蚀性越强。$H_2S$ 不仅会引起常见的电化学腐蚀，它溶于水生成的 $HS^-$ 能促使阴极放氢加快，还能阻止原子氢结合为氢分子，这样就造成大量氢原子聚集在钢材表面，导致钢材氢鼓泡、氢脆及硫化物应力腐蚀、破裂。此时，必须采用价格昂贵的特殊合金钢，如果瓦斯中不含游离水时则可以用普通碳钢。

（3）含水瓦斯经常遇到的另一个问题是，其中所含水的小分子气体及其混合物可能在较高的压力和温度高于 0 ℃ 的条件下，生成一种外观类似冰的瓦斯水合物。后者可能导致输气管线或其他处理设备堵塞，给瓦斯储运和加工造成很大困难。

瓦斯一般都应先进行脱水处理，使之达到规定的指标后才进入输气干线。各国对管输瓦斯中水分含量的规定有很大不同（表 15 - 4），这主要由地理环境决定。含水量指标有"绝对含水量"和"露点温度"两种表示法，前者指单位体积瓦斯中水的含量，以 $t/m^3$ 为单位；后者指一定压力下，瓦斯中水蒸气开始冷凝结露的温度，用 ℃ 表示。通常管输瓦斯的露点温度应比输气管线沿途的最低环境温度低 5～15 ℃。

对于瓦斯脱水，有多种方法可使瓦斯达到管输要求，按瓦斯脱水原理可分为冷冻分离、固体干燥剂吸附和溶剂吸收三大类。近年来，国外正在大力发展膜分离技术进行瓦斯气体脱水，但目前在工业上还应用不多。

表 15-4　管输瓦斯的水分含量

| 国家 | 德国 | 荷兰 | 伊朗 | 苏联 | | 美国 | 法国 |
|---|---|---|---|---|---|---|---|
| mg（水)/m³（瓦斯) | 80 | 47 | 64 | | | 95～125 | 58 |
| 露点/℃ | <0 | -8 | | 南部和中部 -5～15<br>北部 -30～-35 | | | -5 |
| 备注 | | 压力 7 MPa | | 压力 5 MPa | | | |

1）冷冻分离法

这类方法可采用节流膨胀冷却或加压冷却。节流膨胀的方法适用于高压气源，高压瓦斯经过焦耳－汤姆逊效应制冷从而使气体中的部分水蒸气冷凝下来。为了防止在冷冻过程中生成水合物，可在过程气流中注入乙二醇作为水合物抑制剂（注：-18～40 ℃的范围内有效），如需进一步冷却，可再使用膨胀机制冷。加压冷却是先用增压的方法使瓦斯中的部分水蒸气分离出来，然后再进一步冷却，此法适用于低压气源。典型的低温分离工艺如图 15-8 所示。

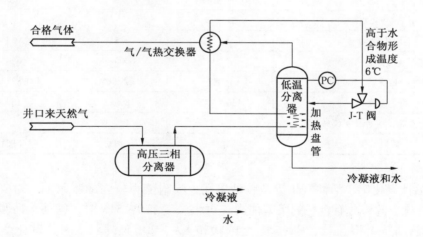

图 15-8　典型的低温分离工艺

用冷却分离法进行瓦斯脱水时，当瓦斯的压力不能满足制冷要求、增压或由外部供给冷源又不经济时，可采用其他类型的脱水方法。

2）固体干燥剂吸附法

利用固体（吸附剂）的表面力使气体中某些组分的分子被固体内孔表面吸着的过程称为吸附。按表面力的不同本质，吸附过程又可分为物理吸附和化学吸附两种，应用于瓦斯脱水的吸附过程多属于物理吸附。瓦斯脱水吸附剂应具有以下特性：

（1）多孔性的、具有较大吸附比表面积的物质。用于瓦斯脱水的吸附剂比表面积一般都为 500 ~ 800 m²/g，比表面积越大，其吸附容量（或湿容量）越大。

（2）对流体中的不同组分具有选择性吸附作用，也对要脱除的组分具有较高的吸附容里。

（3）具有较高的吸附传质速度，在瞬间即可达到相间平衡。

（4）能简便而经济地再生，且在使用过程中能保持较高的吸附容量，使用寿命长。

（5）工业用的吸附剂通常是颗粒状的。为了适应工业应用的要求，吸附剂颗粒在大小、几何形状等方面应具有一定的特性。例如，颗粒大小适度而且均匀，同时具有很高的机械强度以防止破碎和产生粉尘（粉化）等。

（6）具有较大的堆积密度。

（7）有良好的化学稳定性、热稳定性，以及价格便宜、原料充足等。

目前，在瓦斯脱水中主要使用的吸附剂包括活性氧化铝、硅胶及分子筛三大类（表15 - 5）。通常应根据工艺要求进行经济性比较后选择合适的吸附剂。

表 15 - 5　干 燥 剂 参 数 对 比

| 物 理 性 质 | 硅胶 | 活性氧化铝 | 分子筛 |
|---|---|---|---|
| | R 型 | F - 1 型 | 4 A ~ 5 A |
| 表面积/(m² · g⁻¹) | 550 ~ 650 | 210 | 700 ~ 900 |
| 孔体积/(cm³ · g⁻¹) | 0.31 ~ 0.34 | — | 0.27 |
| 孔直径/10⁻¹⁰ m | 21 ~ 23 | — | 4.2 |
| 平均孔隙率/% | — | 51 | 55 ~ 60 |
| 堆积密度/(g · L⁻¹) | 780 | 800 ~ 880 | 660 ~ 690 |
| 比热/(J · g⁻¹ · ℃⁻¹) | 1.047 | 1.005 | 0.837 ~ 1.047 |
| 再生温度/℃ | 150 ~ 230 | 180 ~ 310 | 150 ~ 310 |
| 静态吸附容量（相对湿度 60% ）/% | 33.3 | 14 ~ 16 | 22 |
| 颗粒形状 | 球状 | 颗粒 | 圆柱状 |

（1）活性氧化铝。活性氧化铝是一种多孔、吸附能力较强的吸附剂。对气体、水蒸气和某些液体中的水分有良好的吸附能力，再生温度 175 ~ 315 ℃。国外瓦斯脱水常用的活性氧化铝有 F - 1 型粒状、H - 151 型球状和 KA - 201 型球状 3 种，其化学组成见表15 - 6。活性氧化铝吸附剂有如下特点：经活性氧化铝吸附脱水后，油田气的露点最高点可达 - 73 ℃；但再生时消耗热量多，选择性差，易吸附重烃，呈碱性，不宜处理含酸性气体较多的瓦斯。

表 15 - 6　典 型 活 性 氧 化 铝 组 成

| 型号 | Al₂O₃ | Na₂O | SiO₂ | Fe₂O₃ | 灼烧损失 |
|---|---|---|---|---|---|
| F - 1 型 | 92 | 0.90 | < 0.10 | 0.08 | 6.5 |
| H - 151 型 | 90 | 1.40 | 1.1 | 0.1 | 6.0 |
| KA - 201 型 | 93.60 | 0.30 | 0.02 | 0.02 | 6.00 |

（2）硅胶。硅胶是粉状或颗粒状物质，粒子外观呈透明或乳白色。分子式为 $mSiO_2 \cdot nH_2O$，它是用硅酸钠与硫酸反应生成水凝胶，然后洗去硫酸钠，将水凝胶干燥制成的。其典型组成见表 15-7。硅胶吸湿量可达到 40% 左右。按孔隙大小，硅胶分成细孔和粗孔两种。粗孔硅胶的比表面积为 $(3 \sim 5) \times 102 \ m^2/g$，细孔硅胶的比表面积为 $(6 \sim 7) \times 102 \ m^2/g$。瓦斯脱水用的是细孔硅胶，平均孔径为 $20 \sim 30 \ Å$。硅胶吸附水蒸气的性能特别好，且具有较高的化学和热力稳定性。但硅胶与液态水接触很易炸裂，产生粉尘，增加压降，降低有效湿容量。

表 15-7 典型硅胶的组成

| 组成 | $SiO_2$ | $Fe_2O_3$ | $Al_2O_3$ | $TiO_2$ | $Na_2O$ | $CaO$ | $ZrO_2$ | 其他 |
|---|---|---|---|---|---|---|---|---|
| 含量/% | 99.71 | 0.03 | 0.10 | 0.09 | 0.02 | 0.01 | 0.01 | 0.03 |

（3）分子筛。分子筛是具有骨架结构的碱金属的硅铝酸盐晶体，是一种高效、高选择性的固体吸附剂。其分子式如下：

$$M_{2/n}O \cdot Al_2O_3 \cdot xSiO_2 \cdot yH_2O$$

其中，M 为某些碱金属或碱土金属离子，如 Li、Na、Mg、Ca 等；n 为 M 的价数；x 为 $SiO_2$ 的分子数；y 为水的分子数。

常用分子筛性能见表 15-8。

表 15-8 常用分子筛性能表

| 型号 | 孔直径 Å | 吸附质分子 | 排除分子 | 应用范围 |
|---|---|---|---|---|
| 4A | 4 | 直径小于 4 Å 的分子，包括以上各分子及 $C_2H_5OH$、$H_2S$、$CO_2$、$SO_2$、$C_2H_4$、$C_2H_6$ 及 $C_3H_6$ | 直径大于 4 Å 的分子，如 $C_3H_8$ 等 | 饱和烃脱水 |
| 5A | 5 | 直径小于 5 Å 的分子，包括以上各分子及 $n-C_4H_9OH$、$n-C_4H_{10}$、$C_3H_8$ 至 $C_{22}H_{46}$ | 直径大于 5 Å 的分子，如异构化合物及 4 碳环化合物 | 从支链烃及环烷烃中分离正构烃、脱水 |
| 10X | 8 | 直径小于 8 Å 的分子，包括以上各分子及异构烷烃、烯烃及苯 | 二正丁基胺及更大分子 | 芳烃分离 |
| 13X | 10 | 直径小于 10 Å 的分子，包括以上各分子及二正丙基胺 | $(C_4H_9)_2N$ 及更大分子 | 同时脱水、$CO_2$、$H_2S$ 等 |

采用吸附法脱水时，应根据工艺要求作技术经济比较以选择合适的吸附剂。其中分子筛脱水宜用于要求深度脱水的场合（$1 \times 10^{-6}$ 以下），分子筛宜采用 4 Å 型或 5 Å 型。当瓦斯露点要求不很低时，可采用氧化铝或硅胶脱水。氧化铝不宜处理酸性瓦斯。低压气脱水，宜用硅胶（或氧化铝）与分子筛双层联合脱水。

关于瓦斯吸附脱水的处理工艺过程，目前用于瓦斯吸附脱水的装置多为固定床吸附塔。为保证装置连续操作，至少需要两个吸附塔。工业上经常采用双塔流程（图 15-9）

和三塔流程（图 15 - 10），吸附脱水流程如图 15 - 11 所示。

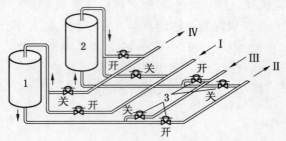

1—在吸附的干燥器；2—在再生（包括热吹和冷吹）的干燥器；3—程序切换阀；

I —含水瓦斯；II—脱水后瓦斯；III—热（冷）吹气入口；IV—热（冷）吹气出口

图 15 - 9 两台吸附器时的运行图

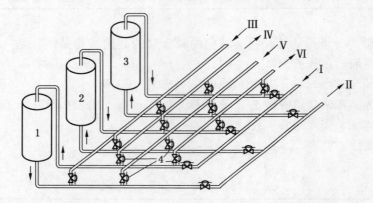

1—在吸附的吸附器；2—在热吹的吸附器；3—在冷吹的吸附器；4—程序切换阀；

I —含水瓦斯入口；II—脱水后瓦斯出口；III—热吹气入口；IV—热吹气出口；

V—冷吹气入口；VI—冷吹气出口

图 15 - 10 三台吸附器时的运行图

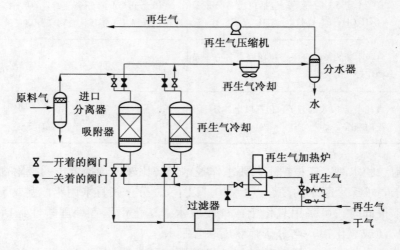

图 15 - 11 吸附脱水的原理流程

### 3）溶剂吸收法

该法也是目前瓦斯脱水工艺中应用最普遍的方法。虽然有多种吸收溶剂（或溶液）可供选用（表 15-9），但多数装置常用甘醇类溶剂作为吸收液。

表 15-9 脱水溶剂比较

| 脱水溶剂 | 优 点 | 缺 点 | 备 注 |
|---|---|---|---|
| 氯化钙水溶液 | 操作成本低，设备简单 | 设备腐蚀严重，露点降较小（约 11 ℃），与天然气中的 $H_2S$ 反应会生成沉淀 | 目前已很少应用，主要用于边远气井和严寒地区 |
| 氯化锂水溶液 | 露点降可达 22~36 ℃，对设备的腐蚀比氯化钙水溶液小 | 价格贵 | 主要用于空气脱水 |
| 二甘醇溶液 | 浓溶液不会固化，操作温度下溶剂稳定，吸湿性强 | 露点降 28 ℃，三甘醇水溶液低，携带损失量比三甘醇大，装置投资高 | 在天然气工业中应用不多 |
| 三甘醇溶液 | 浓溶液不会固化，操作湿度下溶剂稳定，吸湿性很高。蒸气压低，携带损失量小，露点降可达 40 ℃左右 | 装置投资高，溶液有一定发泡倾向 | 是天然气工业中应用最广泛的脱水方法 |

### 3. 杂质气体的脱除

瓦斯中一般含有微量 $H_2S$ 杂质，其对铁和钢等金属会产生深孔腐蚀和脆化作用，催化毒性强，有剧毒性，对人体神经系统的危害特别大，大量吸入会导致死亡。因此，在利用瓦斯前需要先将其中的 $H_2S$ 脱除。

气体脱硫技术可分为干法（以固体为吸收剂脱硫）和湿法（以液体为吸收剂脱硫）两大类。其中干法脱硫是以固定氧化剂、吸收剂或吸附剂来氧化、吸收或吸附 $H_2S$，适于气体的精脱硫（图 15-12）。

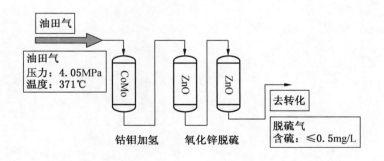

图 15-12 干法脱硫示意图

湿法脱硫按溶液的吸收和再生方法，又分为化学吸收法、物理吸收法和氧化还原法 3 种类型。其中化学吸收法是目前脱硫工艺中最常用的方法，它利用碱性醇胺溶液在常温下

与 $H_2S$ 和 CO 等酸性气体反应生产盐来脱硫，所得吸收富液通过升温、降压，分解盐来释放 $H_2S$ 和 CO，从而实现吸收剂的循环使用。物理吸收法全部采用有机复合物做吸收剂，由于该法存在共吸现象（吸收剂吸收 $H_2S$ 的同时吸收了很多重烃），影响净化气的热值，因而多用来吸收酸气分压高（一般大于 0.35 MPa）、重烃含量低的天然气。

针对传统干法、湿法脱硫存在能耗大、脱硫剂难再生等缺点，一些高新技术也正在不断发展和完善，如膜分离、生物分解、电子束照射分解法，以及光催化反应等。

# 16 民 用 瓦 斯

瓦斯作为民用燃气主要用于做饭和烧热水。瓦斯民用的基本技术条件为：①瓦斯浓度大于 30%；②足够的气源、稳定的气压，当用于炊事时，气压应大于 2000 Pa；③气体混合物中无有害杂质；④完善的气体储存和输送设施。

## 16.1 民用瓦斯量

民用瓦斯量有按生活用气量指标计算和按燃气灶具额定耗气量计算两种方法。

1. 按生活用气量指标计算

$$Q_R = \frac{Q_z n k}{365 Q_W} \tag{16-1}$$

式中　$Q_R$——每户日耗瓦斯量，$m^3/d$；

　　　$Q_z$——城镇居民生活用气量指标，$MJ/(a \cdot 人)$，见表 16-1；

　　　$n$——平均每户人口数，人；

　　　$k$——日用气高峰系数，1.15；

　　　$Q_W$——瓦斯的低热值，40% 浓度的瓦斯为 14.65 $MJ/m^3$。

表 16-1　城镇居民生活用气量指标　　　　　　　MJ/(a·人)

| 地区 | 有集中采暖的用户 | 无集中采暖的用户 |
|---|---|---|
| 东北 | 2303~2721 | 1884~2303 |
| 华东、中南 | | 2093~2303 |
| 北京 | 2721~3140 | 2512~2931 |
| 成都 | | 2515~2931 |

注：(1) 本表系在住宅内做饭和热水的用气量。

　　(2) 采暖系指非燃气采暖。

　　1982 年煤炭工业部加工利用局经过大量调查研究，确定煤炭系统瓦斯利用居民日用气量为 1 $m^3/(户 \cdot d)$（纯）。如果按每户 3.5 人计算，折合用气量指标为 3735 $MJ/(a \cdot 人)$，高于《城镇燃气设计规范》（GB 50028—2006）推荐的数字。较长期的统计数字表明，日用气量在 0.8~0.85 $m^3/(户 \cdot d)$ 之间就可以满足需要。

　　2. 按燃气灶具额定耗气量计算

$$Q_R = q_D n t \tag{16-2}$$

式中　$Q_R$——每户日耗气量，$m^3/d$；

　　　$q_D$——灶具额定耗气量，$m^3/h$；

　　　$n$——每户用灶具数，一般为 2 个；

　　$t$——用户日用气时间，据经验数，一般为 4 h。

## 16.2　煤矿抽采瓦斯储存

　　内容见 15.1 节。

## 16.3　煤矿瓦斯输配系统

　　内容见 15.2 节。

# 17 瓦 斯 发 电

## 17.1 概述

瓦斯发电是一项多效益型瓦斯利用项目，能有效地将矿区抽采的瓦斯变为电能，方便地输送到各地。瓦斯发电也是煤矿节能减排、符合国家环保政策的好项目。不同型号的瓦斯发电设备，可以利用不同浓度的瓦斯，这对于降低发电成本，就地利用瓦斯非常重要。目前，直接燃用瓦斯发电的成熟技术工艺有：燃气轮机发电、汽轮机发电、燃气发动机发电和联合循环系统发电，以及热电冷联供瓦斯发电。

利用瓦斯发电具有以下优越性：

（1）瓦斯发电设备简单、已成系列、运行可靠，可根据气源数量选定利用规模。

（2）燃气发电机组效率可达80%以上，热能转化率较高，有利于节约能源。

（3）瓦斯发电机组可以直接使用从矿井抽采的低浓度瓦斯，有利于建设坑口电站。

（4）在我国天然气管道未大规模建成以前，电力输送比燃气输送简单易行。特别是对一些离大电网较远的地区，可就近解决本地的部分用电量，经济效益较好。

（5）对于瓦斯民用系统，发电机组是有效的调峰手段。我国东北寒冷地区，冬、夏季用气峰谷差异很大，建设瓦斯发电站有效地利用了夏季低谷期富余气量。

（6）瓦斯一般不含或甚少含硫化物，用于发电不会造成烟气污染，这对我国西南部酸雨地区更具有环保效益。

20世纪80年代后期，美国、英国、澳大利亚等国家开始利用煤矿瓦斯发电。发电设备主要为燃气轮机，瓦斯体积分数一般在40%以上。例如，1986年4月，在澳大利亚阿平矿，BHP公司安装了1台标定功率为14 MW的单循环燃气轮机发电机组及与之相配套的气体压缩机、防回火器、气体过流器等辅助装置，利用从矿井中收集的部分甲烷生产电能。1995年5月，该矿新建了一组1 MW燃气发电机组。

我国第一个煤层气发电示范项目是辽宁省抚顺矿务局老虎台煤矿电站，采用功率为1500 kW的KGZ-3C燃气轮机，瓦斯体积分数为40.4%。晋城矿业集团的寺河矿区采用2台功率为2000 kW的燃气轮机，瓦斯体积分数为55%~65%。

我国第一个内燃机瓦斯发电项目是山西省五里庙煤矿电站，采用胜动集团功率为400 kW的瓦斯发电机组，瓦斯体积分数为30%以上。

除胜动集团外，国内还有两个厂家曾在山西省等地试验过瓦斯发电，但也针对高浓度瓦斯。由于没有自动适应瓦斯浓度变化的技术，以及需要对瓦斯气源等进行增压等，此技术没有得到推广应用。在国外，25%体积分数的煤矿瓦斯发电技术已经出现，所用发电机主要是在以天然气或瓦斯为燃料的发电机组基础上改造而来的，工业性应用的机型较少。国内常见瓦斯发电机组主要技术参数对比见表17-1。

表 17 - 1　瓦斯发电机组主要技术参数对比

| 项　　目 | 机　　型 | | | |
| --- | --- | --- | --- | --- |
| | 中国胜动集团<br>（12V190） | 德国道依茨<br>（TGB620V16K） | 美国卡特彼勒<br>（3520C） | 奥地利颜巴赫<br>（TGC420） |
| 标定功率/kW | 500 | 1360 | 1800 | 1416 |
| 标定转速/(r·min$^{-1}$) | 1000 | 1500 | 1500 | 1500 |
| 缸径/mm | 190 | 170 | 170 | 145 |
| 行程/mm | 210 | 195 | 190 | 185 |
| 燃气功率/(MJ·kW$^{-1}$·h$^{-1}$) | 10.0 | 9.0 | 9.2 | 8.5 |
| 点火方式 | 火花塞点火 | 火花塞点火 | 火花塞点火 | 火花塞点火 |
| 排气支管温度/℃ | 500 | 525 | 464 | 400 |
| 外置增压设备 | 不需要 | 需要 | 需要 | 需要 |
| 储气柜 | 不需要 | 需要 | 需要 | 需要 |
| 应用瓦斯体积分数范围 | >6% | >25% | >25% | >25% |
| 排放指标 | 欧Ⅱ | 欧Ⅲ | 欧Ⅲ | 欧Ⅲ |

瓦斯体积分数达到 5% ~15% 时，遇明火就会发生爆炸。因此，在 2004 年以前，体积分数为 6% ~25% 的煤矿瓦斯全部排空，得不到有效利用。2004 年 9 月，胜动集团研究开发了煤矿瓦斯细水雾安全输送系统和低浓度瓦斯发电机组，解决了低浓度瓦斯输送的安全性问题和发动机安全问题，在淮南矿业集团潘三矿建立了世界上首座低浓度瓦斯发电站，装机容量为 6 ×500 kW。

## 17.2　瓦斯发电方式

目前瓦斯发电技术成熟的工艺有：燃气轮机发电、汽轮机发电、燃气发电机发电和联合循环系统发电，以及热电冷联供瓦斯发电。国内用于瓦斯发电的燃气机组，其燃烧室内的瓦斯浓度一般控制在 9% ~10%，因为这个浓度范围的瓦斯与氧气充分混合后，能产生最大的爆燃强度，可提高发电效率。

1. 燃气轮机发电

燃气轮机是最常用的燃气动力机械。其优点是运行可靠，燃料混合气体在燃气轮机的燃烧室里爆燃，利用涡轮机动力驱动，带动发电机发电；结构简单、紧凑，较小功率的整套机组可以装在一个大型集装箱内；比燃煤或燃气锅炉占地少，节省基建投资。

由于燃气轮机需要使用高压燃料，除直接由高压瓦斯管道增压外，需在燃气轮机前增加加压设备将压力提高到 1.2 MPa，并需设高压均压箱，压缩机的高温还需用冷却器降温。因此，燃气轮机有一定的能量损失，效率被降低。但即便如此，它仍是一种高速高效的动力设备。现在国内外使用的仍多为燃气轮机发电装置。

2. 汽轮机发电

除了使用专门制造的燃气发电机外，利用飞机、汽车发动机燃用瓦斯的实验也已获得成功，用以发电、采暖、制冷。我国六枝矿务局凉水井矿、松藻矿务局石壕矿均已利用航空发动机作为燃气机组建设了瓦斯发电站，前者发电已达 $15 \times 10^5$ kW·h 以上。英国煤气公司设计了利用福特汽车发动机 Escart/Fierta 系列空调—采暖装置，其制冷功率为 70 kW，采暖功率为 105 kW。

汽轮机发电机组运行热效率较低，但其优点是运行可靠、机组寿命长、燃气不需特殊的净化处理。它所需要的是对锅炉用水进行软化处理。由于锅炉房较大的土建工程加大了土建投资，因此，汽轮机发电装置总投资比较昂贵。只有当产气量特别大，且供气年限长的情况下，才选择汽轮机组发电。

3. 燃气发电机发电

这类发电机有 2 种类型：一种是火花点火式四冲程发电机，如汽车上安装的发电机；另一种是狄塞尔双燃料发电机，为了保证点火成功，在气体燃料中添加重油。

英国煤炭公司许多不同功率的发动机使用矿井瓦斯作燃料，如 Waukesha 公司 500 kW 的火花点火式发电机和凯令莱和卡尔煤矿的 Ruston 1.9 MW 火花点火式发电机。

一般来说，燃气发电机一次性投资高，维修费昂贵；但它的热效率高，燃料气入口压力低，这克服了确定的安全极限参考值的制约。

4. 联合循环系统发电

联合循环发电系统是将燃气轮机发电所排放的高温尾气直接送到余热锅炉产生蒸汽，再利用汽轮机发电，这样就可以更充分地利用能源，其热能利用率可达 45% ~50%。

20 世纪 50 年代以来，这种装置在世界各国已较多采用。近年的发展趋势是余热锅炉所产生的蒸汽不是直接驱动汽轮机组发电，而是在蒸汽中再添加燃气，将蒸汽—燃气—空气的混合物注入燃烧室中，利用它燃烧所产生的膨胀做功，提高发电机的出力。这种联合循环发电装置可以进一步提高燃气轮机的效率。

5. 瓦斯发电热电冷联供

瓦斯发电热电冷联供，是指利用瓦斯进行发电，并且利用瓦斯发电的余热和所排放的高温烟气进行二次制热或制冷，充分利用能源的一种瓦斯利用方式。

热电冷联供中，由于采用燃气轮机或内燃机发电，机组运行过程中产生大量烟气（随着不同的发电形式，烟气温度一般为 250~500 ℃），高温烟气可以通过余热锅炉制取蒸汽和热水。内燃机发电机组缸套冷却水吸热后可以达到 85~95 ℃，通过吸收式制冷机利用吸热后的冷却水余热制冷，能源综合利用率可由原来的 35% ~40% 提高到 65% ~85%，这样一个系统同时完成发电、制冷、采暖等多项功能，在实现同等功能的前提下，节约大量设备投入和运行成本，有效提高了能源的利用率，同时减少了温室气体的排放。瓦斯发电热电冷联供集中制冷降温原理如图 17－1 所示。

6. 瓦斯发电案例

到 2006 年初淮南矿业集团建成了 10 座瓦斯发电站，装机总规模达到 24232 kW，其中，谢桥矿 $2 \times 600$ kW 机组为南通宝驹机组，潘三矿 $4 \times 1200$ kW、潘一矿 $2 \times 500$ kW、谢一矿 $2 \times 500$ kW、潘一矿南风井 $2 \times 1360$ kW 和新庄孜矿毕家岗井 $1 \times 1360$ kW 机组为德国道依茨发电机组，张北矿 $2 \times 1800$ kW 机组为美国卡特彼勒发电机组，谢桥矿 $2 \times 1416$ kW 机组为奥地利颜巴赫发电机组。

潘一矿南风井瓦斯发电热电冷联供工程。2008 年潘一矿南风井瓦斯发电热电冷联供系统建成，瓦斯发电采用 2 台德国道依茨内燃式瓦斯发电机组，额定功率为 1360 kW，发

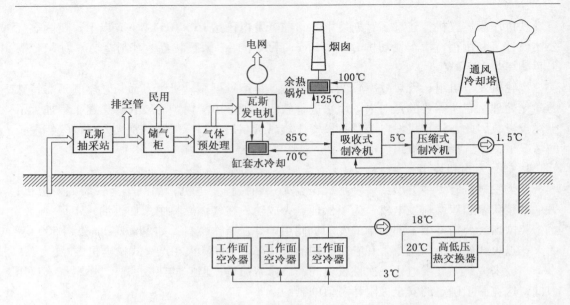

图 17 - 1　瓦斯发电热电冷联供集中制冷降温原理

电效率达到 40% 。机组余热一部分为发电机尾部排出的烟气余热,另一部分为发电机缸套冷却产生的热水。其中尾部烟气温度高达 525 ℃,品位高,热功率占燃料热功率的 24% ~30% ;缸套水温度 92 ℃,品位较低,热功率占燃料热功率的 20% 左右。采用烟气/热水型溴化锂制冷机,井下制冷回水通过溴化锂制冷机出水温度可降低至 5 ℃,再经过二级电制冷降至 2.5 ℃后送入井下。采用溴化锂制冷机,烟气余热制冷 COP 为 1.37,热水余热制冷 COP 为 0.7,烟气热功率 1700 kW 可以制出 2300 kW 冷量,热水热功率 1542 kW 可以制出 1100 kW 冷量,合计生产 3400 kW 以上冷量;二级电制冷 COP 为 5,电功率 139 kW 可以制出 665 kW 冷量。同等制冷量的情况下,比采用电制冷少耗电 750 kW,按照 5~9 月供冷量计算,年节约电费 2000 多万元,如果全年制冷可节约电费 4800 万元。每年供热可以节约原煤 630 t。

## 17.3　发电瓦斯安全输送技术

对于体积分数为 6% ~30% 的煤矿瓦斯,由于瓦斯浓度的变化有可能造成瓦斯浓度在临界爆炸极限范围内,因此必须采取可靠的阻火措施,保证发电机回火不会造成火焰在管网中传播。另外,瓦斯浓度和压力的变化对空燃比的影响更大,为保证发电机可靠运行,机组对瓦斯压力的控制精度要求更高。

低浓度瓦斯安全输送技术就是将防火和阻火技术相结合,来提高安全可靠性,即细水雾阻火、金属波纹阻火和雷达控制水位的水封泄爆阻火技术的串联。低浓度瓦斯安全输送技术的工艺流程如图 17 - 2 所示。

来自瓦斯泵站的瓦斯首先进入水位自控水封阻火防爆器,再经过金属波纹带瓦斯管道阻火器,从根本上保证了系统的安全可靠。如果瓦斯输送量超过发电利用量,瓦斯安全放散器可以自动打开,将富余的瓦斯排空。煤矿瓦斯进入细水雾管道后,细水雾与瓦斯全程连续混合输送。水雾发生器根据瓦斯输送量进行设计选型,在输送管道上等距离安装。输

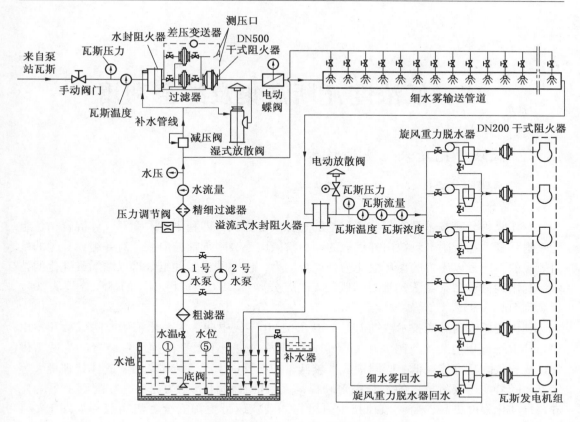

图 17-2　低浓度瓦斯安全输送技术的工艺流程

送管道要保证一定斜度，便于细水雾凝结回流。细水雾与瓦斯混合物经末端水封阻火防爆器进入瓦斯发电站。在输送末端设置瓦斯压力、温度、流量及浓度测量点，此参数由计算机统一监控。每台瓦斯发电机组配套一组旋风脱水和重力脱水装置，脱水后的瓦斯再经一道瓦斯管道阻火器供瓦斯发电机组发电。细水雾输送系统所需要的水可循环使用。

# 18　低浓度瓦斯富集及综合利用

## 18.1　低浓度瓦斯浓缩提纯技术

1. 变压吸附分离技术

1）简介

变压吸附分离技术是吸附分离技术的一种实现方式，即利用吸附剂对气体混合物各组元吸附强度、在吸附剂颗粒内外扩散的动力学效应或吸附剂颗粒内微孔对各组元分子的位阻效应的不同，以压力的循环变化为分离推动力，使一种或多种组分得以浓缩或纯化的技术。利用碳分子筛（或天然沸石）吸附 $CH_4$，分离 $N_2$、$O_2$，可将 $CH_4$ 的体积分数从 20% 提高到 50% ~ 95%。

利用变压吸附分离技术浓缩 $CH_4$，20 世纪 80 年代中期，西南化工研究院成功开发出 500 $m^3/h$ 浓缩甲烷装置。德国和美国也先后开发并建立了大型浓缩甲烷装置，为城市供气。变压吸附具有能耗低、吸附剂成本较低、初期投资少、运转周期短、气体处理量大等优点。随着变压吸附技术的不断完善和提高，目前在设计上更为完善，在配套上更为先进，自动化程度更高，监测监控技术更可靠，装置运行更为安全。实物照片如图 18 - 1 所示。

图 18 - 1　浓缩净化回收甲烷变压吸附装置外景照片

2）特点

变压吸附分离技术在石油、化工、冶金、电子、国防、医疗、环境保护等方面得到了广泛应用，与其他气体分离技术相比，变压吸附分离技术具有以下优点：

（1）低能耗。变压吸附工艺适应的压力范围较广，一些有压气源可以省去再次加压的能耗。变压吸附在常温下操作，可以省去加热或冷却的能耗。

（2）产品纯度高且可灵活调节。例如，变压吸附制氢，产品纯度可达 99.999%，并可根据工艺条件的变化，在较大范围内随意调节产品氢的纯度。

（3）工艺流程简单，可实现多种气体的分离，对水、硫化物、氨、烃类等杂质有较强的承受能力，无须复杂的预处理工序。

（4）装置由计算机控制，自动化程度高，操作方便，每班只需稍加巡视即可，装置可以实现全自动操作。开停车简单迅速，通常开车半小时左右就可得到合格产品，数分钟就可完成停车。

（5）装置调节能力强，操作弹性大。变压吸附装置稍加调节就可以改变生产负荷，而且在不同负荷下生产时产品质量可以保持不变，仅回收率稍有变化。变压吸附装置对原料气中杂质含量和压力等条件改变也有很强的适应能力，调节范围很宽。

（6）投资小，操作费用低，维护简单，检修时间少，开工率高。

（7）吸附剂使用周期长。一般可以使用 10 年以上。

（8）装置可靠性高。变压吸附装置通常只有程序控制阀是运动部件，其使用寿命长，故障率极低，而且由于计算机专家诊断系统的开发应用，具有故障自动诊断、吸附塔自动切换等功能，使装置的可靠性进一步提高。

（9）环境效益好。除因原料气的特性外，变压吸附装置的运行不会造成新的环境污染，几乎无"三废"产生。

2. 膜分离技术

气体膜分离技术是一种新兴的先进化工分离技术，已经在许多领域发挥了重大作用。膜分离技术是以膜两侧气体的分压差为推动力，通过溶解、扩散、脱附等步骤产生组分间传递速率的差异来实现分离的一种技术。膜分离法虽然存在膜分离效果对制膜技术依赖性强、成本高、膜易发生淤塞、易损等缺陷，但与传统分离方法如低温蒸馏法和深冷吸附法相比，该方法具有分离效率高、设备紧凑、占地面积小、能耗较低、操作简便、维修保养容易、投资较少等优点，因此显示出优良的应用前景。采用膜技术开发 $CH_4$ 的膜分离技术，具有十分诱人的发展前景。

1）膜分离的机理

膜法气体分离的基本原理是根据混合气体中各组分在压力的推动下透过膜的传递速率不同而进行的膜分离过程，主要用来从气相中制取高浓度组分（如从空气中制取富氧、富氮）、去除有害组分（如从瓦斯中脱除 $CO_2$、$H_2S$ 等气体）、回收有益成分（合成氨中氢气的回收）等，从而达到浓缩、回收、净化等目的。气体通过膜的渗透情况非常复杂，对不同的膜其渗透情况不同，气体通过膜的传递扩散方式不同，因而分离机理也各异。目前常见的气体通过膜的分离机理有两种：努森扩散、表面扩散。多孔介质中气体传递机理包括分子扩散、黏性流动、努森扩散及表面扩散等。由于多孔介质孔径及内孔表面性质的差异使得气体分子与多孔介质之间的相互作用程度有所不同，从而表现出不同的传递特征。

首先膜与气体接触，然后气体向膜的表面溶解（溶解过程）；其次因气体溶解产生的浓度梯度使气体在膜中向前扩散（扩散过程），然后气体就到达膜的另一面，此时，过程始终处于非稳定状态，一直到膜中气体的浓度梯度沿膜厚方向变成直线时才达到稳定状态。从这个阶段开始，气体由另一膜面脱附出去的速度也变为恒定，如图 18-2 所示。

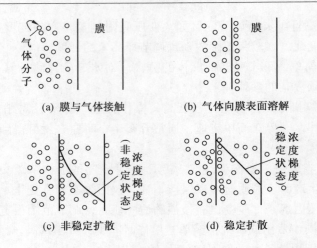

(a) 膜与气体接触　　　　　(b) 气体向膜表面溶解

(c) 非稳定扩散　　　　　(d) 稳定扩散

图 18 - 2　气体对均质膜的渗透机理

气体对均质高分子膜的渗透，在很大程度上取决于高分子是"橡胶态"还是"玻璃态"。橡胶态聚合物具有较高的链迁移性和对透过物溶解的快速响应性。可以看到，气体与橡胶之间形成溶解平衡的过程，在时间上要比扩散过程快得多。

膜材料的性能对气体渗透的影响十分明显。例如，氧在硅橡胶中的渗透性要比在玻璃态的聚丙烯腈中大几百倍。气体分离用聚合物膜的选定通常是在其选择性和渗透性之间取"折中"的方法，即两性兼顾进行。因为选择性和渗透性成反比的关系，选择性增大，则渗透性减小，反之亦然。

2）膜的分类及其特征

膜按材料不同可分为有机膜和无机膜；按结构不同可分为对称膜和不对称膜；按推动力不同可分为压力差推动膜、浓差推动膜、电推动膜、热推动膜等。按分离机理不同可分为有孔膜、无孔膜及有反应性官能团作用的膜。

（1）压力差推动膜。各种压力推动膜过程可以用于稀（水或非水）溶液的浓缩或净化。这类过程的特征是溶剂为连续相而溶质浓度相对较低。根据溶质粒子的大小及膜结构（即孔径大小和孔径分布）可对压力推动膜过程进行分类，即微滤、超滤、纳滤和反渗透。在压力作用下，溶剂和许多溶质通过膜，而另一些分子或颗粒截留，截留程度取决于膜结构。从微滤、超滤、纳滤到反渗透，被分离的分子或颗粒的尺寸越来越小，膜的孔径越来越小，所以操作压力渐大以获得相同的通量。但各种过程间并没有明显的分别和界限。

（2）浓差推动膜。利用浓差为推动力的膜过程包括：气体分离、蒸汽渗透、全蒸发、透析、扩散透析、载体介导过程和膜接触器。在全蒸发、气体分离和蒸汽渗透过程中，推动力通常表示为分压差或活度差，而不是浓度差。根据膜的结构和功能不同，可分为固体膜过程和液膜过程。在以上各过程中，与压力推动膜过程不同的是均采用无孔膜，而且它们之间彼此也有相当大的差别。

（3）电推动膜。以电位差为推动力的膜过程就是利用带电离子或分子的传导电流的能力，向电解质与非电解质的混合液加电压，使阳离子向阴极迁移，阴离子向阳极迁移而不带电的分子不受这种推动力的影响。因此带电阻分可与不带电阻分分离。这里使用的膜起选择性屏障作用，可分为两类：充分带正电荷的离子通过的阳离子交换膜和允许带负电荷的离子通过的阴离子交换膜。使用这类膜的过程主要包括：电渗析、膜电解、双电性膜和燃料电池。前 3 个过程需要有电位差作为推动力，而燃料电池能将化学能转化为电能，其转化方式较常规的燃烧法更为有效。

（4）热推动膜。大多数膜传递过程均为等温过程，推动力可以是浓度差、压力差或电位差等。当被膜分离的两相处于不同的温度时，热量将从高温侧传向低温侧。热量传递与相应的推动力，即温差有关。通过均质膜的热传导过程，热量通常与膜材料的导热系数成正比，与温差成正比。在热量传递的同时，也发生质量传递，这一过程称为热渗透或热扩散，在这类过程中不发生相变。另一类热推动膜过程为膜蒸馏，用多孔膜将两个不能润湿膜的液体分开。如液体温度不同，两侧蒸气压不同，从而导致蒸气分子从高温（高蒸汽压）侧传向低温（低蒸汽压）侧。膜蒸馏是一种膜不直接参与分离作用的膜过程，膜只作为两相间的屏障，选择性完成由气—液平衡决定，这意味着蒸汽分压最高的组分渗透率也最大。

由于有机膜研究的历史较长，所以数据比较全面，由表 18 - 1 列出的部分有机膜对 $N_2$ 和 $CH_4$ 的选择性和渗透率可以看出：渗透率越低，$N_2$ 的选择性越强，而渗透率越高，$CH_4$ 的选择性强。总的来说目前研究的有机膜中选择性系数均不高，$CH_4/N_2$ 的最大系数为 4，而 $N_2/CH_4$ 也只有 2.3。所以有机膜在低浓度瓦斯中 $CH_4/N_2$ 分离上还存在一定制约。

表 18 - 1  部分有机膜对 $N_2$ 和 $CH_4$ 的选择性和渗透性

| 有 机 膜 | 渗透率/Barrer[①] | | 选 择 性 | |
| --- | --- | --- | --- | --- |
| | $N_2$ | $CH_4$ | $N_2/CH_4$ | $CH_4/N_2$ |
| 聚酰亚胺（6FDA - BAHF） | 3.1 | 1.34 | 2.3 | 0.4 |
| 聚酰亚胺（BPDA - MDT） | 0.048 | 0.028 | 1.7 | 0.6 |
| 聚碳酸酯 | 0.37 | 0.45 | 0.8 | 1.2 |
| 聚砜 | 0.14 | 0.23 | 0.6 | 1.7 |
| 聚乙烯（dimethylsiloxane - dimethylstyrene） | 103 | 335 | 0.3 | 3.3 |
| 聚乙烯（siloctylene - siloxane） | 91 | 360 | 0.25 | 4.0 |

注：渗透率单位：1 Barrer = $10^{-10}$ cm$^3$(STP) · cm/cm$^2$ · g · cmHg。

近年来，无机分离膜材料引起了人们普遍的关注，原因在于价格上虽然高于有机膜，但在耐高温、耐磨和稳定的孔结构等方面却具有明显的优势。分子筛膜作为一种新型的无机膜，对其关注度也在逐渐升温，其中具有八元环孔道的小孔分子筛的气体渗透选择性较明显（表 18 - 2）。多项数据表明目前所研制的各种膜材料对于 $CH_4/N_2$ 的分离性能还未达到理想效果，选择性至少要达到 5，甚至 7，才具备工业应用的价值，因此要想解决瓦斯回收问题需继续研制稳定性好，对 $CH_4$、$N_2$ 选择性高的膜材料。

表 18-2　分子筛膜的渗透性

| 分子筛膜 | 渗透性/(mol·m⁻²·s⁻¹) | | 选择性 |
|---|---|---|---|
| | $N_2$ | $CH_4$ | $N_2/CH_4$ |
| SAPO-34 | $65 \times 10^{-3}$ | $3.7 \times 10^{-3}$ | 4.98 |
| Zeolite T | $0.17 \times 10^{-8}$ | $0.02 \times 10^{-8}$ | — |
| DDR | $10 \times 10^{-3}$ | $1.8 \times 10^{-3}$ | — |

3）膜法分离净化瓦斯的工艺流程

由气体膜分离原理可知，膜对混合物中的任何一个分离组分都不可能理想地全部通过，必定有其他组分一并通过，只是数量不同而已。从井下抽采的瓦斯其浓度一般比较低为 30% 左右，甲烷浓度超过 80% 才能作为高效燃料并入城市瓦斯供应网。瓦斯中含有 $H_2O$（气）、$N_2$、$CO_2$、$H_2S$ 等气体，水蒸气和 $CO_2$、$H_2S$ 酸性气体的存在会给瓦斯的运输带来不便，对设备、管道会造成腐蚀，氮量过高会降低瓦斯的热值和管输能力。因此必须研究瓦斯的浓缩净化以满足用户对商品化产品的要求。瓦斯分离技术是利用瓦斯中不同的组分在压差作用下通过膜时的渗透速度的差异来分离瓦斯的各种组分的。水蒸气、硫化氢、二氧化碳等气体比烃类气体容易穿透膜，故渗透过膜的气体是渗透气（废气），而余下来的则是渗余气（净气），其分离原理如图 18-3 所示。

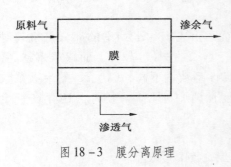

图 18-3　膜分离原理

膜分离存在两个缺点：回收率较低；产品纯度不高，若要制取高纯产品，则需采用多级操作。对于瓦斯这种含有多种杂质气体的复杂气体，可以采用多级膜对混合气中的杂质气体逐级分离，如图 18-4 所示。80% ~90% 的煤矿瓦斯浓度低于 5% ，风排瓦斯浓度一般为 0.2% ~0.75% 。极低的瓦斯浓度，加大了瓦斯利用的难度。一般对于低瓦斯浓度的提纯比较困难，分离系数一般都小于 6，所以采取除去杂质气体的方法，因为在混合气体中氧氮等杂质的浓度相对比较高。

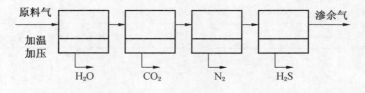

图 18-4　多级膜分离瓦斯原理

从瓦斯中脱除 $H_2O$、$CO_2$、$H_2S$、$N_2$ 是利用各种气体通过膜的速率不相同这一原理，从而达到分离的。气体渗透过程可分 3 个阶段：气体分子溶解于膜表面；溶解的气体分子在膜内活性扩散、移动；气体分子从膜的另一侧解吸。气体分离是一个浓缩驱动过程，它与进料气和渗透气的压力和组成有关。膜法脱水是近年来发展起来的新技术，它克服了传统净化的许多不足，表现出较大的发展潜力。

## 18.2  低浓度瓦斯综合利用技术

### 1. 低浓度瓦斯发电技术

将瓦斯作为一种新能源进行勘探开发始于 20 世纪 80 年代中期，我国矿井分布范围广，各个矿区已逐渐开采利用瓦斯用于城镇燃气供应与发电等，取到了较好的经济效益。我国煤矿瓦斯抽排按浓度可以分为 5 种。不同浓度有不同的相关利用技术选择，见表18－3。

表18－3  煤矿瓦斯利用途径                        %

| 类别 | 浓度 | 技 术 选 择 |
| --- | --- | --- |
| 高浓度甲烷 | >90 | 可直接进入管道进行利用 |
| 较高浓度甲烷 | 60～90 | 提纯技术，处理后可进入管道 |
| 中等浓度甲烷 | 30～60 | 民用、发电、工业燃料等，无须处理，可直接利用 |
| 低浓度甲烷 | 1～30 | 配合高浓度甲烷使用或作为辅助燃料使用 |
| 矿井乏风 | <1 | 逆流催化氧化，逆流氧化，稀薄燃料发电、辅助燃料 |

#### 1）燃气轮机发电

燃气轮机是最常用的燃气动力机械。其优点是运行可靠，燃料混合气体在燃气轮机的燃烧室里爆燃，利用涡轮机动力驱动，带动发电机发电；结构简单、紧凑，较小功率的整套机组可以装在一个大型集装箱内；比燃煤或燃气锅炉占地少，节省基建投资，其发电系统如图 18－5 所示。

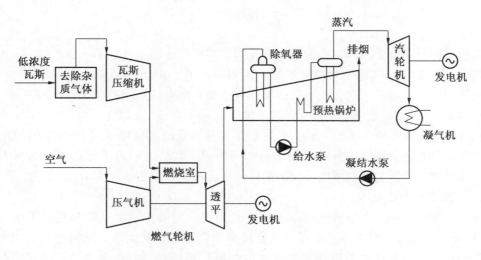

图 18－5  瓦斯燃气轮机发电系统图

由于燃气轮机需要使用高压燃料，除直接由高压瓦斯管道外，需在燃气轮机前增加加压设备将压力提高到 1.2 MPa，并需设高压均压箱，压缩机的高温还需用冷却器降温。因此，燃气轮机有一定的能量损失，效率降低。但它仍是一种高速高效的动力设备。现在国内外正在运行的仍多为燃气轮机发电装置。

　　2）燃气发电机发电

　　燃气发电机发电所使用的发电机有 2 种类型：一种是火花点火式四冲程发电机，如汽车上安装的发电机；另一种是狄塞尔双燃料发电机，为了保证点火成功，在气体燃料中添加重油。其基本示意如图 18 – 6 所示。

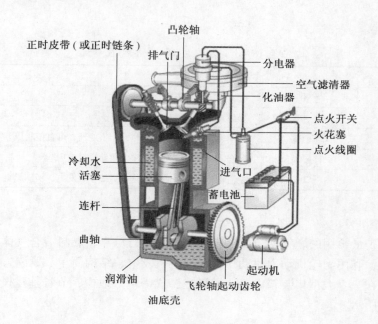

图 18 – 6　内燃发动机示意图

　　英国煤炭公司许多不同功率的发动机使用矿井瓦斯作燃料，如 Waukesha 公司 500 kW 的火花点火式发动机和凯令莱和卡尔煤矿的 Ruston 1.9 MW 火花点火式发动机。一般来说，燃气内燃式发动机一次性投资高，维修费昂贵；但它的热效率高，燃料气入口压力低。

　　3）联合循环系统发电

　　联合循环发电系统是将燃气轮机发电所排放的高温尾气直接送到余热锅炉产生蒸汽，再利用汽轮机发电，这样就可以更充分地利用能源，其热能利用率可达 45% ～ 50%，这种系统可以进一步提高燃气发电系统的整体效率，系统如图 18 – 7 所示。

　　2. 辅助燃料发电技术

　　对于大多数矿井，由于抽采瓦斯的浓度及流量一般波动较大，特别是对于浓度低于 8% 的抽采瓦斯气体，将其作为辅助燃料直接利用仍存在较大困难。低浓度瓦斯作为辅助燃料进行利用，其原理就是用抽采的低浓度瓦斯代替燃料，以减少主燃料的使用量。图 18 – 8 中将低浓度瓦斯替代部分锅炉燃料燃烧所需的空气以推动汽轮机发电。该发电系统的优点是运行可靠、机组寿命长、燃气不需特殊的净化处理，但汽轮机发电装置总投资比较昂贵，只有当产气量特别大，且供气年限长的情况下，才选择汽轮机组发电。

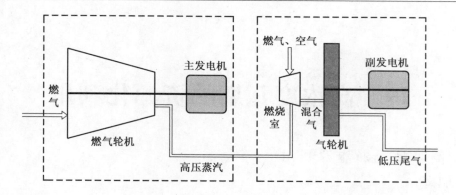

图 18－7　联合循环发电系统图

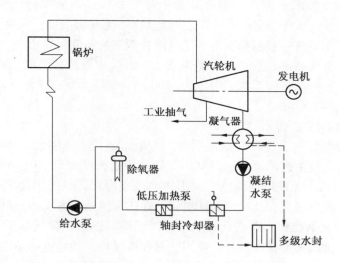

图 18－8　汽轮机发电系统

# 19　高浓度瓦斯的资源化利用

## 19.1　高浓度瓦斯能源利用

### 1. 直接用作燃料

#### 1）民用燃料

瓦斯民用的基本技术条件为：①瓦斯浓度大于 30%；②足够的气源、稳定的气压，当用于炊事时，气压应大于 2000 Pa；③气体混合物中无有害杂质；④完善的气体储贮和输送设施。瓦斯民用系统一般由抽采泵、储气罐、调压站和输气管道组成。

我国目前有两类瓦斯供应系统：一类为低压一级供应系统，瓦斯压力维持在 2000 Pa 以下；另一类为中、低压供应系统，中压为 3500 Pa，低压为 2000 Pa。一般情况下，储气罐内的气压为 5000 ~ 6000 Pa。

瓦斯民用技术的技术保障：

（1）保持气源稳定。采空区瓦斯民用时，若抽出的瓦斯浓度大于 40%，必须采取人工勾兑的方法将其灌气浓度降至 35% ~ 40%。因为甲烷浓度为 35% ~ 40% 时最适宜民用；浓度大于 40% 时，属于工业用料浓度，民用将会造成浪费，且民用过程中容易产生炭黑和甲醛污染环境。此方法是保证采空区能更长久地作为民用气源点的一种重要手段。

（2）正确使用瓦斯燃料。燃气点必须保持气流畅通以防止输气管泄漏或点火不及时的情况下，能及时地将瓦斯排出室外；使用灶具和取暖灶具的地点必须安设抽油烟机、换气扇或烟囱。瓦斯的主要成分是甲烷，还含有一些其他诸如 $SO_2$、$H_2S$、$CO$、$CO_2$ 等有毒有害气体，同时甲烷燃烧不完全能产生炭黑和甲醛及其他有毒有害气体，人长期生存在这种环境中易得皮肤病或呼吸道疾病，不利于人体健康。

（3）加强瓦斯管理。为确保采空区瓦斯民用的持续稳定可靠，供气单位应定期检修相关设备、管道及其附属装置，并派专人（专业人员）定期巡视、维护瓦斯输出及输入管道，及时将管道内积水放干，将漏气点堵上，确保民用瓦斯气源稳定、正常安全。

#### 2）工业燃料

瓦斯可作为洁净的工业锅炉燃料，能够减少污染，改善工业产品质量。工业炉主要包括金属加工工业炉、硅酸盐工业炉和工业锅炉 3 种。工业炉以瓦斯为燃料，可以增加传热效率，提高工业炉的生产率。例如硅酸盐工业炉以瓦斯代煤作燃料，不仅能节能降耗，而且能提高产品质量；燃用瓦斯的陶瓷窑炉，产品合格率和一级品率比燃煤窑炉分别提高 10% ~ 15% 和 10%，热能利用率提高 70% 以上；水泥窑炉燃用瓦斯后，可比较容易地控制窑内温度和窑炉的生产率。

为了充分利用抽采的瓦斯，各公司积极将燃煤锅炉改装为燃瓦斯锅炉。锅炉改装主要有两种方式：一是将燃煤锅炉改为全部燃气锅炉，锅炉效率可提高 30% ~ 50%；二是将锅炉改装为调峰用气锅炉，即在居民用气低峰时，锅炉燃用瓦斯。

3）汽车燃料

煤矿瓦斯代替汽油作为运输燃料具有明显的环境效益和经济效益，与汽油车相比，天然气汽车可使汽车后气中的一氧化碳减少 89%，碳氢化合物降低 72%，二氧化氮减少 39%，二氧化硫、苯、铅和粉尘减少 100%。作为汽车燃料的压缩天然气的工艺参数为：瓦斯浓度为 83% ~ 100%；乙烷以上的烃类含量不超过 6.5%。车用压缩瓦斯技术指标见表 19 - 1。

表 19 - 1 车用压缩瓦斯技术指标

| 项 目 | 技 术 指 标 | |
|---|---|---|
| | I 类 | II 类 |
| 甲烷含量（体积分数）/% | ≥90 | ≥83 ~ 90 |
| 高位发热量 $Q_g$/(MJ·m$^{-3}$) | ≥34 | ≥31.4 ~ 34 |
| 总硫含量 $S$/(mg·m$^{-3}$) | ≤150 | |
| 硫化氢含量/(mg·m$^{-3}$) | < 12 | |
| 水露点 | 在煤层气交接点的压力和温度条件下，煤层气的水露点应比最低环境温度低 5 ℃ | |

注：1. 当甲烷含量指标与高位发热量指标发生矛盾时，以甲烷含量指标为分类依据。

2. 本标准中气体体积的标准参比条件是 101.325 kPa，20 ℃。

推广应用瓦斯作为汽车燃料的目的及意义巨大：

（1）有利于缓解燃油危机，减少汽车排放对环境的污染，瓦斯燃料在汽车上的广泛应用，将有效地缓解常规能源供应不足，有利于减少环境污染。

（2）有利于缓减瓦斯产生的温室效应，瓦斯的主要成分是甲烷，具有很强的温室效应。在体积相同的条件下甲烷产生的温室效应为二氧化碳的 21 倍以上。推广应用瓦斯汽车，则是变废为宝，能有效地缓减瓦斯直接排放到大气中导致的严重的温室效应。

（3）有利于拉动相关产业的发展，瓦斯汽车产业是一项庞大的系统工程，建设一个瓦斯生产基地将带动运输、钢铁、水泥、化工、电力、生活服务等相关产业的发展，增加就业机会，促进当地经济的发展。

（4）有利于缓减煤矿安全问题，推广应用瓦斯汽车必须加大对瓦斯的采集、加工、利用开发，将有效地降低由瓦斯引起的煤矿重大事故发生的频率，有利于从根本上防止煤矿瓦斯事故。

2. 内燃机直接发电技术

1）煤矿高浓度瓦斯发电技术及现状

我国第一个瓦斯发电示范项目是辽宁省抚顺矿务局老虎台煤矿电站，采用功率为 1500 kW 的 KGZ - 3C 燃气轮机，瓦斯体积分数为 40.4%。晋城矿业集团的寺河矿区采用 2 台功率为 2000 kW 的燃气轮机，瓦斯体积分数为 55% ~ 65%。我国第一个内燃机瓦斯发电项目是山西省五里庙煤矿电站，采用胜动集团功率为 400 kW 的瓦斯发电机组，瓦斯体积分数为 30% 以上。在国外，25% 体积分数的煤矿瓦斯发电技术已经出现，所用发电机主要是在天然气或瓦斯为燃料的发电机组基础上改造而来的，工业性应用的机型较少。常见瓦斯发电机组的主要技术参数见表 19 - 2。

表 19 - 2　瓦斯发电机组主要技术参数对比

| 项　　目 | 机　　型 | | | |
| --- | --- | --- | --- | --- |
| | 中国胜动集团<br>(12V190) | 德国道依茨<br>(TGB620V16K) | 美国卡特彼勒<br>(3520C) | 奥地利颜巴赫<br>(TGC420) |
| 标定功率/kW | 500 | 1360 | 1800 | 1416 |
| 标定转速/(r·min⁻¹) | 1000 | 1500 | 1500 | 1500 |
| 缸径/mm | 190 | 170 | 170 | 145 |
| 行程/mm | 210 | 195 | 190 | 185 |
| 燃气热耗率/(MJ·kW⁻¹·h⁻¹) | 10.0 | 9.0 | 9.2 | 8.5 |
| 点火方式 | 火花塞点火 | 火花塞点火 | 火花塞点火 | 火花塞点火 |
| 排气支管温度/℃ | 500 | 525 | 464 | 400 |
| 外置增压设备 | 不需要 | 需要 | 需要 | 需要 |
| 储气柜 | 不需要 | 需要 | 需要 | 需要 |
| 应用瓦斯体积分数范围/% | 大于 6 | 大于 25 | 大于 25 | 大于 25 |
| 排放指标 | 欧 Ⅱ | 欧 Ⅲ | 欧 Ⅲ | 欧 Ⅲ |

2）煤矿瓦斯发电关键技术

煤矿瓦斯发电关键技术可以概括为瓦斯混合、自动控制、安全阻火三大类，包括以下内容：

（1）等真空度膜片混合技术。该技术主要用于甲烷体积分数大于 75% 的瓦斯，调整混合器燃气供气压力和节流调节阀的开度，可以实现空燃比随功率变化的匹配特性，低负荷空燃比小，高负荷空燃比大。该技术无法自动适应瓦斯浓度的变化，但由于地面开发的瓦斯成分非常稳定，随时间变化得非常缓慢，相当于天然气，因此，这种混合器能应用于高浓度瓦斯场合。

（2）文丘里电控混合器混合技术。文丘里电控混合器采用文丘里管原理，利用空气在文丘里管流动产生一个负压力，使瓦斯从侧通道进入混合器进行混合。当瓦斯浓度变化时，控制系统自动进行控制，调整混合器瓦斯通道的开度，从而使混合气浓度保持稳定。这种混合器可以适应体积分数为 30% ～55% 和 45% ～75% 的瓦斯混合需要。图 19 - 1 为文丘里电控混合器结构简图。

（3）双蝶门混合器电控技术。对于低浓度瓦斯，如果体积分数为 25%，空气与瓦斯混合的体积比大约为 3:1，如果瓦斯体积分数降为 10%，那么空气与瓦斯混合的体积比大约为 9:1。因此，常规的混合器无法满足低浓度瓦斯混合的需要。

图 19 - 2 为专用于低浓度煤矿瓦斯的双蝶门电控混合器结构简图。空气通道和燃气通道分别经过电动控制的蝶阀来调节流量，瓦斯浓度增加时，TEM 控制系统进行闭环控制，减小瓦斯通道的开度或加大空气通道的开度，使空燃混合体积比加大，从而使混合气的浓度保持不变。这种混合器工作范围宽，可以用于体积分数为 6% ～30% 的瓦斯混合。

（4）瓦斯低压进气混合技术。天然气与地面开发的瓦斯压力和浓度都比较高，因此可以采用增压后混合方式。矿井抽排瓦斯压力一般为 10 kPa，体积分数多为 10% ～55%，

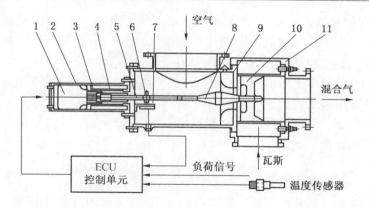

1—步进电机；2—外罩；3—万向节；4—联轴器；5—下限位霍尔件；6—感应磁块；
7—上限位霍尔件；8—橄榄阀；9—混合器体 A；10—滑阀；11—混合器体 B

图 19-1 文丘里电控混合器结构简图

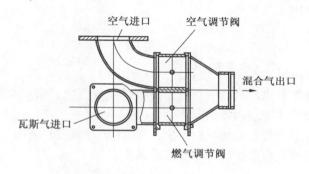

图 19-2 双蝶门混合气原理

比较适合于空气与瓦斯增压前预混合，混合前瓦斯压力为 0 就可满足要求，因此机组供气压力只需 3~5 kPa 就能正常运行，提高了投资经济性。通过废气涡轮增压器，利用发动机排气余热将混合后的瓦斯和空气同时增压（图 19-3）。增压后的混合气压力一般在 0.10 MPa（表压）以下，温度在 120 ℃以下，与 $CH_4$ 自燃着火温度 650 ℃相差很远。增压器以每分钟数万转的速度旋转，气流高速运动，即使在增压器内由于机械原因"打火"，也会因强烈的气流流动导致火星熄灭，不会引起混合气爆炸。实践证明，瓦斯与空气先混合后增压在安全方面是可靠的，实现了直接应用煤矿抽采瓦斯发电的目的。

3. 燃料电池直接发电技术

燃料电池作为一种新型能源，它是将燃料（瓦斯）的化学能直接转化成电能的一种装置。由于没有机械和热的中间媒介，燃料电池具有效率高，污染低，系统运行噪声低等特点，其利用率

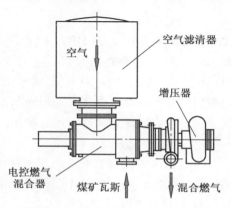

图 19-3 瓦斯与空气混合后增压

可达 90% 以上（据张强，2000）。燃料电池大体分为以下 5 类：碱性燃料电池（AFC）、磷酸盐燃料电池（PAFC）、熔融碳酸盐燃料电池（MCFC）、高温固体燃料电池（SOFC）和聚合物电解质燃料电池（PEFC），其中 PAFC 和 SOFC 特别适合以瓦斯作为燃料。

燃料电池的结构基本上是由两个电极和电解质组成。燃料和氧化剂分别在两个电极上进行电化学反应，电解质则构成电池的内回路。

在燃料处理单元，将预处理的瓦斯和发电单元过来的水蒸气在催化剂作用下发生反应，产生一种新的瓦斯：

$$2CH_4 + 3H_2O \xrightarrow{\text{重整装置}} 7H_2 + CO + CO_2$$
$$\text{（瓦斯）} \quad \text{（水蒸气）} \qquad\qquad \text{（新的瓦斯）}$$

从重整装置出来经转化的瓦斯，温度进一步降低，在转化中产生富氢燃料：

$$7H_2 + CO + CO_2 + H_2O \xrightarrow{\text{转化器}} 8H_2 + 2CO_2$$
$$\text{（经转化的瓦斯）} \quad \text{（水蒸气）} \qquad \text{（富氢燃料）}$$

燃料电池的心脏是位于发电单元的燃料电池堆叠片。富氢燃料和空气中的氧在此发生化学反应，产生直流电：

在阳极：
$$2H_2 \longrightarrow 4H^+ + 4e^-$$
$$\text{（富氢燃料）} \quad \text{（氢离子）} \quad \text{（电子）}$$

在阴极：
$$O_2 + 4H^+ + 4e^- \longrightarrow 2H_2O$$
$$\text{（氧气）} \quad \text{（氢离子）} \quad \text{（电子）} \qquad \text{（水蒸气）}$$

电流转换单元是燃料电池最后一部分，主要是把直流电转变成交流电，供用户使用。它包括微处理交换器和主要过程控制器等。

由于燃料电池电能通过电化学反应产生，和传统的发电方式相比，燃料电池不受卡诺循环的限制，输出功率近似等于吉布斯函数的减少：

$$W_{\max,\text{有用}} = (G_2 - G_1)T_P$$

由于所有燃料都通过与氧反应而放出能量，燃料电池高转化效率的关键在于用催化剂来控制这个反应。只要不断地提供燃料，燃料电池就会永久地产生电能。对于催化剂要加强维护，否则在启动和关闭时，电池堆叠片会被氮覆盖。与其他发电方式一样，燃料电池也会排放 $CO_2$，但由于其效率高，其排放量要比常规发电少得多。

## 19.2　高浓度瓦斯化工利用

### 1. 合成氨

瓦斯经加压至 4.05 MPa，经预热升温在脱硫工艺脱硫后，与水蒸气混合，经转化炉制 $H_2$。工艺气经余热回收后，进入变换系统将 CO 变为 $CO_2$，经脱碳、甲烷化反应除去 CO 和 $CO_2$，分离出的 $CO_2$ 送往尿素工艺。工艺气进入分子筛系统除去少量水分，为合成氨提供纯净的氢氮混合气，经压缩至 14 MPa 送入合成塔进行合成氨的循环反应，少量惰气经过普里森系统分离进行回收利用。

### 2. 直接制甲醇

目前，由甲烷合成甲醇的方法有多相催化氧化法、均相催化氧化法、熔盐氧化法、等离子体转化法、酶催化氧化法和光催化氧化法等。

### 3. 直接制甲醛

甲烷和氧在低压和低浓度时形成甲醛的概率很大，过氧化物 $CH_3OOH$ 分解为 $CH_3$ 和

OH，然后由 $CH_3O$ 原子团形成 $CH_2O$。

$$CH_4 + O_2 \longrightarrow CH_3 + HO_2$$
$$CH_3 + O_2 \longrightarrow CH_3O_2$$
$$CH_3O_2 + CH_4 \longrightarrow CH_3OOH + CH_3$$
$$CH_3OOH \longrightarrow CH_3O + OH$$
$$CH_3O + O_2 \longrightarrow CH_2O + HO_2$$

由原子团 $CH_3O_2$ 也能形成甲醛：

$$2CH_3O_2 \longrightarrow CH_3OH + CH_2O + O_2$$

甲烷氧化成甲醛的催化剂应当具备脱氢机能和引入氧原子的机能，对于第一个机能，$Fe^{3+}$ 和 $Cr^{3+}$ 的氧化物是最好的；对于第二个机能，$V^{5+}$、$Mo^{6+}$、$Ti^{4+}$ 和 $Zr^{2+}$ 的氧化物是最好的。

通过大量研究分为 3 组催化剂：

（1）含有氧化钼或氧化钒体系。

（2）含有氧化铁的催化体系。

（3）酸类。载有氧化物的 $SiO_2$ 体系比载有氧化物的硅酸铝或 $Al_2O_3$ 体系活泼而且有选择性。几乎在所有条件下，甲烷氧化成甲醛的温度（100~200 K）比甲烷氧化缩合的温度（723~973 K）低。

4. 甲烷氧化偶联合成乙烯

美国 siluria 技术公司于 2010 年 7 月宣布，开发出纳米线基催化剂，这种催化剂可在温度低于蒸汽裂解所需温度的条件下，直接将甲烷转化成乙烯。

5. 甲烷裂解制氢

瓦斯的主要成分是甲烷，通过甲烷制氢的方法有多种，包括甲烷水蒸气重整制氢、甲烷部分氧化制氢、甲烷自热重整制氢、甲烷绝热催化裂解制氢等。其中甲烷水蒸气重整工艺较为成熟，是目前工业应用最多的方法，但其耗能高、生产成本高、设备投资大，而且制氢过程中向大气排放大量的温室气体 $CO_2$，同时需要经过一氧化碳变换，二氧化碳脱除以及甲烷化多个后续步骤方能得到纯度较高的氢气，生产周期长。甲烷催化裂解制氢由于其耗能少，产物氢气中不含 $CO_x$ 而对环境不会有影响，因而具有很好的前景，而且其产物纯度较高，可满足目前的燃料电池用能要求。目前限制其规模使用的原因主要有两方面，即制氢的转化率和副产品碳的应用。要提高制氢的转化率，主要应从催化裂解的操作条件以及催化剂的性能两方面着手。

甲烷在高温情况下，直接分解为碳和氢气，主要反应式如下：

$$CH_4 \longrightarrow C + 2H_2 \qquad \Delta H = 18 \text{ kcal/mol}$$

反应中由于 C—H 键非常稳定，反应要求温度很高。在无催化剂条件下，反应温度必须在 700 ℃ 以上才能保证反应进行。而要保证有较高产氢量，要求反应温度在 1500 ℃ 以上。产生的碳以微粒形式存在，主要的气态产物即氢气。每反应 1 mol 甲烷需能量 18 kcal，考虑在 80% 的热效率情况下，所需能量 11.3 kcal。

为了降低反应温度，一般采用加入催化剂的方法。以前有采用一些迁移性金属如 Ni、Fe、Co 等作为催化剂的方法，而且这些催化剂的活性很高，但由于分解出来的碳容易产生沉积现象，沉积阻塞导致催化剂失活及再生等问题。目前提出一种采用碳基催化剂的方法，Muradov 采用了各种碳基催化剂，包括活性炭、炭黑、石墨碳、碳纤维等，试验表明活性炭和炭黑催化活性较好。而且这些催化剂价廉易得，产生的碳还可以作为副产品加以利用，催化剂再生这一步也可以取消。

6. 炭黑生产

炭黑的生成过程大致可分为 5 个阶段：初期反应、成核作用、粒子集聚、聚集体表面增长、氧化作用。典型炭黑生成的化学方程式：

$$C_nH_m \rightarrow nC + \frac{m}{2}H_2$$

（1）初期反应：炭黑生成的先兆和开始，包括分子体系向粒子体系转换。

（2）成核作用：晶核生成和晶核长大的过程。

（3）粒子集聚：在成核作用下生成直径为 12 mm 细小粒子间的碰撞。

（4）聚集体表面增长：聚集体表面聚积或吸附，生成的 100 ～ 1000 nm 长的链状物。

（5）氧化作用：炭黑生成和增长之后，由于氧化过程，生成表面官能团。

其流程如图 19 - 4 所示。

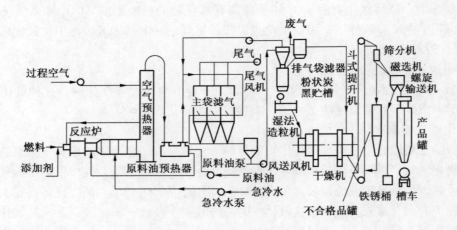

图 19 - 4　炭黑生产流程

# 20　瓦斯发电余热制冷技术

瓦斯发电余热制冷又称为瓦斯发电热电冷联供，是指利用瓦斯进行发电，并且利用瓦斯发电的余热和所排放的高温烟气进行二次制热或制冷，充分利用能源的一种瓦斯利用方式。

瓦斯发电余热：一是作为矿井井下制冷的制冷热源；二是作为供热热源为矿井提供蒸汽和热水，用于采暖、供热。冬季余热向矿井供热，夏季高温季节余热全部用于制冷，制冷量不足部分采用电制冷作为补充，保证制冷量及制冷效果。

利用矿井瓦斯发电产生大量余热，通过吸收式制冷机实现制冷达到热源的高效利用。热电冷联供中，由于采用燃气轮机或内燃机发电，机组运行过程中产生大量烟气（随着发电形式不同，烟气温度一般为250~500℃），高温烟气可以通过余热锅炉制取蒸汽和热水。内燃机发电机组还会产生缸套冷却水（85~95℃），利用吸收式制冷机将余热回收，能源综合利用率可由原来的35%~40%提高到65%~85%，这样一个系统同时完成发电、制冷、采暖等多项功能，有效提高能源的利用率，同时减少温室气体的排放。

## 20.1　瓦斯发电余热制冷系统的基本原理

热电冷联产又称为分布式能源系统，是在热电联产的基础上发展起来的，利用一种燃料能源方式，生产2种或2种以上的能量，通常是电能和热能冷能。它能够将能源进行梯级利用，使燃料的高品位燃烧热能通过汽轮机组或者燃气机组等热工转换设备进行发电，做过功的低品位热能（一般为尾气余热或余热水）利用余热转换设备进行冷、热转换，为用户提供供冷或供热服务。它是在能源梯级利用的基础上，将制冷、供热（采暖和供热水）及发电一体化的总能系统，使系统能源利用效率达到70%~90%。

从应用规模化角度进行划分，热电冷三联供系统分为以燃气轮机为原动机的大型热电冷三联供系统和分布式热电冷联供系统两种。其能源利用分配关系如图20-1所示。

**1. 热电冷联产系统的组成与结构**

一个完整的热电冷联产系统包括动力系统、发电机组、制冷机组、供热机组、控制系统等，见表20-1。其中，动力系统主要分为蒸汽轮机、燃气轮机、燃油发动机、燃料电池等；供热系统主要由热源、热网和热用户3部分组成；制冷系统按照其制冷方式不同则分为压缩式制冷（电动压缩式制冷、蒸汽压缩式制冷）和吸收式制冷（氨—水吸收式制冷、溴化锂—水吸收式制冷）两种。

以燃气机为原动机的热电冷联产系统为例，如图20-2所示，这是以燃气为动力源，由吸收式制冷装置、热交换装置等作为热能二次利用的系统。

热电站在对外供热的同时，通过溴化锂制冷机组对外供冷，既可以调节冬、夏冷热负荷的不均衡，又可以达到节能减排的目的。

**2. 以瓦斯为气源热电冷三联产工艺**

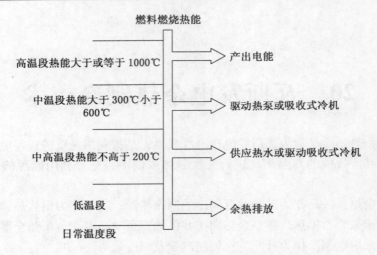

图 20 - 1　热电冷联产系统的能源梯级利用示意图

表 20 - 1　热 电 冷 联 产 系 统 构 成

| 分类 | 设备及构成 | 能源转换过程及功能 | 分类 | 设备及构成 | 能源转换过程及功能 |
|---|---|---|---|---|---|
| 驱动系统 | 蒸汽轮机 | 高压蒸汽→动能 | 供热系统 | 热源 | 排气、余热→供热热媒 |
| | 燃气轮机 | 煤气等→动能 | | 热力网 | 供热热媒的输送 |
| | 柴油发动机 | 油→动能 | | 热用户 | 热量消费者 |
| | 燃气发动机 | 天然气等→动能 | 制冷系统 | 压缩式制冷 | 蒸汽动力→冷水 |
| | 燃料电池 | 天然气等→动能 | | 吸收式制冷 | 蒸汽等热力→冷水 |
| 发电系统 | 发电机 | 动能→电能 | | | |

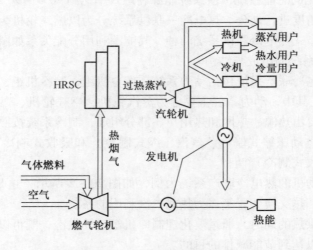

图 20 - 2　以燃气轮机为原动机的热电冷联产系统示意图

　　根据瓦斯气源的特殊性及目前市场占有情况，介绍内燃机热电冷联产系统。内燃机发电机组的余热分为两部分：一部分为发动机排出的烟气余热；另一部分为发动机缸套冷却水。其中，烟气余热的热能品位较高，对应的可利用热能随利用后排烟温度的变化而变化；缸套水温度较低，属品位较低的热能。高品位的烟气经过余热锅炉产生蒸汽，蒸汽推动蒸汽轮机发电；或者采用溴化锂制冷机组进行制冷。缸套水自发电机出来后，可以进入水－水换热器进行热交换，出来的热水可以供热或者制冷，而经冷却的缸套水重新回到发电机进行闭式循环（据樊金璐，2012）。系统流程如图20－3所示。

　　天然气热电冷三联产（BCHP）系统是以天然气为一次能源，同时产生热、电、冷3种二次能源的联产联供系统。该系统以小型燃气轮机发电设备为核心，以燃气透平排放出来的高温尾气，驱动吸收式冷热水机或通过余热锅炉产生的蒸汽或热水供热，满足用户对热电冷的各种需求。系统以小规模、分散式布置在用户附近，基本上可以摆脱对地区电网的依赖，具有相对的独立性和灵活性，具有效率高、可靠性强及污染物排放低等特性，在国外已取得迅速发展，在国内则刚起步（据张宝怀，2005）。

　　3. 瓦斯热电冷三联产系统常见的配置模式

　　（1）燃气蒸汽联合循环＋蒸汽型溴冷机系统（图20－4），既可用于新建，又可对现存燃气—蒸汽联合循环机组进行改造，配置蒸汽型溴冷机来实现热电冷三联产。发电通过燃气轮机发电机组和汽轮发电机组实现。余热锅炉回收燃气透平排气余热产生的蒸汽注入汽轮机，膨胀做功后的排气或抽气的一部分供蒸汽型溴化锂吸收式制冷机制冷，其余部分可用于提供采暖或卫生热水。溴化锂—水吸收制冷中的吸收剂溴化锂，不会对环境造成污染。

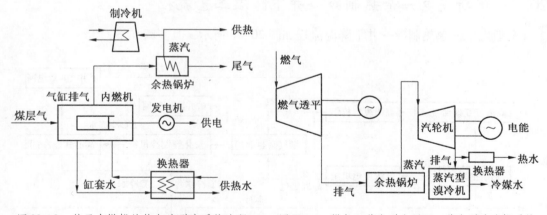

图20－3　基于内燃机的热电冷联产系统流程　　　图20－4　燃气－蒸汽联合循环＋蒸汽型溴冷机系统

　　（2）燃气轮机＋余热型溴化锂冷热水机组系统（图20－5）。利用燃气透平排气直接通过余热型溴化锂冷热水机组制冷、采暖和提供生活热水，是一种系统结构简单、一次性投资较少的流程模式，但其要求在各种工况下，燃气透平排气热流量都能够满足系统制冷量或供热量的需求。

　　（3）燃气轮机＋双能源溴化锂冷热水机组系统（图20－6）。作为对第2种模式的改进，当燃气透平排气热量不足时，就可以把排气作为助燃气体。混合补燃燃料，引入直燃型溴化锂冷热水机组的高压发生器中燃烧；或将燃气透平排气引入溴化锂吸收式冷热水机组的余热型高压发生器，其低温排气可直接排放，也可再次引入带燃烧器的高压发生器中与补燃燃料混合燃烧。第 3 种模式是针对燃气透平排气温度较高但流量不足的情况。第 2、3 种模式的负荷调节都较灵活，可满足楼宇在燃气轮机任意工况下对制冷、采暖和卫生热水的需求，所采用的溴化锂吸收式冷热水机组根据需要可同时供冷和供热，也可单供冷媒水或热水。如果采用内燃机作原动机，则内燃机缸套冷却水余热也可作为生活热水的热源。我国的远大公司与美国能源部合作研发的三联产系统，采用燃气轮机 + 双能源双效直燃式溴化锂吸收式冷热水机组模式。该系统额定制冷量为 210 kW，配置的燃气轮机发电机功率为 75 kW，系统总的能源效率可达 70% 以上。

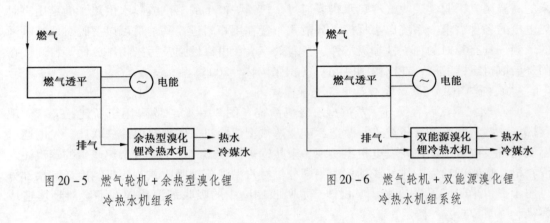

图 20 - 5　燃气轮机 + 余热型溴化锂　　　　　　图 20 - 6　燃气轮机 + 双能源溴化锂
　　　　　冷热水机组系　　　　　　　　　　　　　　　　冷热水机组系统

## 20.2　瓦斯发电—余热制冷—井下降温工艺流程

瓦斯发电—余热制冷—井下降温流程如图 20 - 7 所示，其步骤如下：

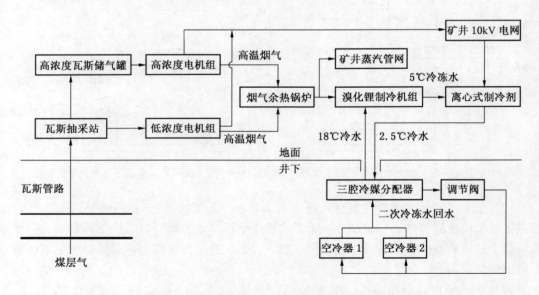

图 20 - 7　瓦斯发电—余热制冷—井下降温流程

（1）矿井瓦斯经过矿井瓦斯抽采系统抽至矿井瓦斯储配系统，瓦斯气体进入发电机组之前设置瓦斯气体预处理装置，对瓦斯气体进行除尘、过滤、脱水、加压处理。

（2）利用矿井抽采瓦斯采用内燃发电机发电，所发电能并网。

（3）采用溴化锂吸收制冷技术，把发电余热作为能源进行矿井降温。

（4）制冷站制出 2.5 ℃的冷水通过保温钢管送至井底车场的高低压热交换器，通过交换器减压送入制冷点的空冷器，进行与空气的热交换，实现工作面降温。

（5）井下降温末端设备，根据各制冷点的位置和需冷量的不同，对空冷器进行合理布置，使工作面达到最佳的降温效果。

# 21　风排瓦斯利用

　　《煤矿安全规程》规定，矿井总回风巷中瓦斯的浓度不能超过 0.75%。由于风排瓦斯中甲烷含量极低，如果进行提纯分离，无论采用变压吸附方法，还是采用变温吸附分离方法，都需要消耗更多的加压或加温能耗。因而不论从能源的角度，还是从经济的角度，都是行不通的。另外，由于风排瓦斯中的甲烷含量远远超出了甲烷的空燃比范围，用通常直接燃烧的技术也是难以处理的。由于两种传统技术均不能有效解决风排瓦斯处理和利用问题，所以在过去只能直接排放，造成了巨大的能源浪费和环境污染。目前，随着人们对气候变化和清洁能源的日益重视，国内外加大了对矿井风排瓦斯利用的研究。通过利用高温氧化或催化反应等技术，可以实现将乏风中稀薄浓度的瓦斯销毁或利用。

## 21.1　国内外主要风排瓦斯（VAM）利用技术

　　目前，国内外风排瓦斯的利用主要有热氧化、催化氧化和作为辅助燃料 3 种利用方式。采用热氧化方式利用风排瓦斯的技术主要有美国 Megtec 公司的 Vocsidizer 技术、中国胜利动力机械集团公司的热氧化技术、英国 Harworth 公司的热氧化技术、加拿大 Biothermica 公司的 VAMOXTM 技术；采用催化氧化方式利用风排瓦斯的技术主要有澳大利亚联邦科学与工业研究院（CSIRO）的 CAT 技术、加拿大矿物与能源技术中心的 CH4MIN 技术；以风排瓦斯作为辅助燃料的技术主要有澳大利亚 EESTECH 公司的混合燃料燃气窑炉技术。

　　国内外主要风排瓦斯利用技术见表 21-1，在风排瓦斯的 3 种利用方式中，热氧化技术是已有煤炭工业化示范项目运行、较为成熟的技术。

表 21-1　国内外主要风排瓦斯利用技术对比

| 公 司 名 称 | 参　　数 | | | | |
| --- | --- | --- | --- | --- | --- |
| | 技术类型 | 煤矿工业化示范项目 | 单台装置处理能力/（$m^3 \cdot h^{-1}$） | 甲烷氧化率/% | 风排瓦斯浓度 |
| Megtec 公司 | 氧化热 | 有 | 60000 | 97.5 | 0.2% 以上 |
| 胜动集团 | 氧化热 | 有 | 60000 | 95 | 0.3% 以上 |
| Harworth 公司 | 氧化热 | 无 | 125000 | 97 | 0.2% 以上 |
| 加拿大矿物与能源技术中心 | 催化氧化 | 无 | 72000 | 95 | 0.15% 以上 |
| CSIRO | 催化氧化 | 无 | | | 额定浓度 1% |
| Biothermica 公司 | 氧化热 | 有 | 170000 | 98 | 0.2% ~1.2% |
| EESTECH 公司 | 辅助燃料 | 无 | | | 0.1% 以上 |

氧化设备正常运行对瓦斯浓度有要求，瓦斯浓度达到一定值时，设备才能正常运转，达到设计目标。对于 Megtec 公司的 VOCSIDIZER 技术，若风排瓦斯只需氧化销毁不回收热量时，氧化装置正常运转所需最小甲烷浓度为 0.2%；若风排瓦斯氧化后回收热量用于供热或发电，氧化装置正常运转需要甲烷浓度平均值为 0.4% 以上。

对于胜动集团的技术，若风排瓦斯只氧化销毁不回收热量时，氧化装置正常运转所需最小甲烷浓度为 0.3%；若风排瓦斯氧化后回收热量用于供热或发电，氧化装置正常运转需要甲烷浓度平均值为 0.5% 以上。

对于 Harworth 公司的技术，若风排瓦斯只需氧化销毁不回收热量时，氧化装置正常运转所需最小甲烷浓度为 0.2%。

## 21.2　风排瓦斯氧化供热

风排瓦斯氧化供热，即风排瓦斯在负压作用下通过管道从回风井口输送到氧化装置中，风排瓦斯中的甲烷在氧化装置中发生热氧化反应生成二氧化碳和水，同时产生大量的反应热。反应热通过热交换器，产生热水或高温蒸汽，可用于冬季加热，澡堂、办公区及居民区供暖，达到热量回收利用、节能减排的目的。工艺流程如图 21-1 所示。

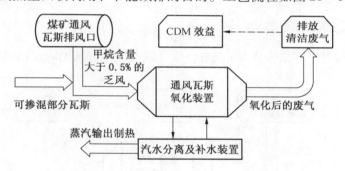

图 21-1　风排瓦斯氧化制热工艺流程图

风排瓦斯氧化供热实施方案在直接氧化销毁的基础上，建立热量回收和利用系统，实现热能回收和利用。这种方案既通过风排瓦斯氧化实现减排，又通过回收风排瓦斯氧化产生的热能，替代澡堂、办公区、居民区供暖以及进风井空气加热的能量消耗，延长了风排瓦斯利用产业链。该方案收益一是来自于减排收益，二是来自于供热收益。

## 21.3　风排瓦斯氧化发电

风排瓦斯氧化发电，即风排瓦斯在负压作用下通过管道从回风井口输送到氧化装置中，风排瓦斯中的甲烷在氧化装置中发生热氧化反应生成二氧化碳和水，同时产生大量的反应热。反应热通过热交换器，产生高温蒸汽，高温蒸汽进入汽轮机把热能转变为动能，带动发电机发电。发电机发出的电能经过升压后，并入矿区电网。工艺流程如图 21-2 所示。

风排瓦斯氧化发电实施方案在氧化销毁方案的基础上，把甲烷氧化反应产生的大量热能回收利用，转变为电能。这种方案需要在氧化销毁方案的基础上，配套汽轮机、发动机、变压器、冷却塔及其他附属设备，投资成本较大。该方案收益一是来自于减排收益，二是来自于售电收益。

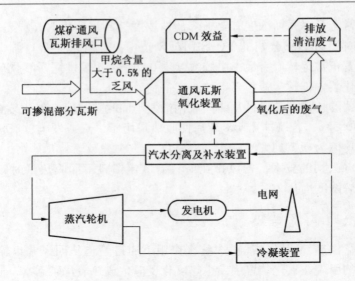

图 21-2　风排瓦斯氧化发电流程图

## 21.4　风排瓦斯氧化热制冷

风排瓦斯中的甲烷含量为 0.5% 左右，或可以通过掺混其他浓度相对较高的瓦斯，可

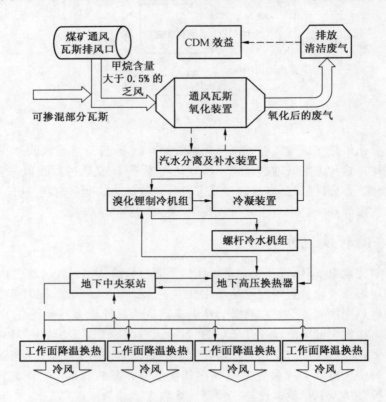

图 21-3　矿井风排瓦斯氧化制冷用于井下降温流程图

把风排瓦斯中的甲烷含量提高到大于 0.5% 以上。有与氧化产生的可利用热量相当能量的制冷量需求时，如矿井制冷降温需求或办公区、居民区制冷需求，可以采用风排瓦斯氧化产热制冷方式，实现清洁排放，获得制冷效益和减排收益，同样也有较好的社会效益和经济效益。工艺流程如图 21 - 3 所示。

## 21.5　风排瓦斯利用案例

1994 年，英国一家煤炭公司安装了一套试验装置，其矿井风排瓦斯的瓦斯含量为 0.3% ~ 0.6%，流量为 8000 m³/h。该项目证实了 VOCSIDIZER 可以用作处理风排瓦斯中非常低的能量。风排瓦斯发电系统如图 21 - 4 所示。

2001 年，第二套试验装置安装在澳大利亚必和必拓公司的 Appin 煤矿。在该矿，风排瓦斯中的甲烷浓度高达 1%，VOCSIDIZER 工作了近一年，将风排瓦斯中 90% 的能量回收用于生产热水。

澳大利亚必和必拓公司的 WestVAMP 项目安装了 4 台 VOCSIDIZER 装置。考虑到安全稳定操作的需要，VOCSIDIZER 中的内植蒸汽管构成基于传统蒸汽鼓的蒸汽锅炉的一部分，通过内植蒸汽管可以产生过热蒸汽，并推动蒸汽涡轮发电机发电。发电蒸汽循环系统的其他部件都采用传统和成熟的技术（如给水处理系统、冷却系统的冷凝器等）。

该项目将 WestCliff 煤矿大约 20% 的风排瓦斯转化为有用的能源，每小时处理风排瓦斯的能力为 250000 m³，发电能力为 5 MW，这可能是世界上首次利用风排瓦斯作为主要燃料发电的大型项目。

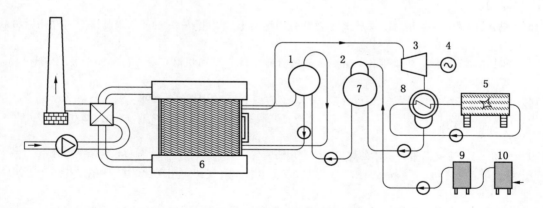

1—蒸汽筒；2—除气机；3—汽轮机；4—发电机；5—空冷机；
6—VOCSIDZIER™逆流反应器；7—FW 罐；8—冷凝器；9、10—FW 处理装置

图 21 - 4　风排瓦斯发电系统示意图

# 参 考 文 献

[1] 张国昌. 煤矿瓦斯发电技术综述 [J]. 车用发动机, 2008 (5): 9-15.

[2] 李亚民. 瓦斯发电余热制冷技术在煤矿热害治理中的应用 [J]. 安徽建筑工业学院学报（自然科学版）, 2009 (3): 53-56.

[3] 贺罡. 中国天然气资源开发利用的技术经济研究 [D]. 成都: 西南石油学院, 2005.

[4] 杨括宇, 李肖君. 煤层气的资源化利用 [J]. 陕西煤炭, 2011 (4): 113-114.

[5] 赵路正. 煤矿区煤层气利用对策及技术综合评价研究 [D]. 北京: 北京化工大学, 2010.

[6] 刘国盛. 煤矿瓦斯气的利用 [J]. 山西焦煤科技, 2005 (S1): 80-81.

[7] 赵一归. 郑州矿区煤层气资源状况与利用方向选择初探 [J]. 中国煤层气, 2008 (4): 17-18,16.

[8] 孟翠翠, 牟文荷, 罗新荣. 膜法分离净化煤层气的基础研究 [J]. 能源技术与管理, 2009 (5): 53-55.

[9] 王燕, 黄子川, 程月玲. 变压吸附技术在气体分离提纯中的应用 [J]. 河南化工, 2008 (10): 8-10.

[10] 魏玺群, 陈健. 变压吸附气体分离技术的应用和发展 [J]. 低温与特气, 2002, 20 (3): 1-5.

[11] 曾征. 浅析变压吸附气体分离的技术及应用 [J]. 科技资讯, 2007 (14): 5.

[12] 王大伟. 变压吸附处理 VOCs 中的热质传递 [D]. 武汉: 华中农业大学, 2009.

[13] 王长元, 王正辉, 陈孝通. 低浓度煤层气变压吸附浓缩技术研究现状 [J]. 矿业安全与环保, 2008 (6): 70-72, 99.

[14] 霍红. 阜新矿区煤层气抽采利用规模化建设方案研究 [D]. 阜新: 辽宁工程技术大学, 2011.

[15] 毛薛刚, 张玉迅, 周洪富, 等. 变压吸附技术在合成氨厂的应用 [J]. 低温与特气, 2007 (5): 39-43.

[16] 张强, 顾璠, 徐益谦. 以煤层气作为燃料的燃料电池发电技术 [J]. 能源研究与利用, 2000 (6): 32-35.

[17] 李建雄, 王振艳. 甲烷催化裂解制氢气的研究 [J]. 河南机电高等专科学校学报, 2008 (1): 18-19, 26.

[18] 黄盛初, 朱超. 我国煤层气利用技术现状与前景 [J]. 中国煤炭, 1998 (5): 25-28, 59.

[19] 张宝怀, 陈亚平, 施明恒. 天然气热电冷三联产系统及应用 [J]. 热力发电, 2005 (4): 59-60, 65.

[20] 马超. 基于热电冷联产技术的煤矿瓦斯利用研究 [D]. 阜新: 辽宁工程技术大学, 2009.

[21] 樊金璐, 吴立新, 王春晶, 等. 中国煤层气发电技术发展和应用现状 [J]. 洁净煤技术, 2012 (1): 1-4, 8.

[22] 刘文革, 韩甲业, 赵国泉. 我国矿井通风瓦斯利用潜力及经济性分析 [J]. 中国煤层气, 2009 (6): 3-8, 20.

[23] 陈宜亮, 马晓钟, 魏化兴. 煤矿通风瓦斯氧化技术及氧化热利用方式 [J]. 中国煤层气, 2007 (4): 27-30.

[24] 桑逢云, 赵国泉. 通风瓦斯利用技术比较与设备选择 [J]. 中国煤层气, 2010 (2): 44-46.

[25] 胡予红. 加强通风瓦斯利用　实现减排目的 [J]. 中国煤炭, 2009 (5): 83-85, 82.

[26] 理查德·马特斯, 孙庆刚. 逆流反应器矿井乏风瓦斯发电技术简介 [J]. 中国煤层气, 2004 (2): 46-48.

# 附 录

## 瓦斯灾害事故

# 附录 1　芦岭煤矿 "5·13" 瓦斯爆炸事故

## 一、矿井及事故概况

芦岭煤矿隶属于淮北矿业（集团）煤业有限责任公司，属国有企业。井田处于宿州市东南 20 km 处，位于宿东向斜南端，走向长 8.2 km，倾斜宽 3.6 km，面积 29.5 km²。主体构造受宿东向斜的影响，断裂构造和次一级褶曲构造发育。矿井设计生产能力 150 万 t／a，1976 年达到设计生产能力，1988 年进行矿井改扩建，改扩建设计能力 240 万 t／a，2002 年核定能力 230 万 t。2002 年产量 226 万 t，2003 年 1—4 月产量 74.8 万 t。截止到 2002 年底，矿井可采储量 9145.3 万 t，剩余服务年限 38.1 年。

2003 年 5 月 13 日 16 时 3 分，芦岭煤矿发生一起特大瓦斯爆炸事故，造成 86 人死亡，28 人受伤，直接经济损失 1940.63 万元。

事故地点为 Ⅱ 104 采区（附图 1），位于矿井 Ⅱ 水平中部，走向长 630 m，倾斜宽 670 m，剩余可采储量 180 万 t。当时该采区有 1 个采煤工作面、2 个掘进工作面。Ⅱ1046 工作面为生产工作面，面长 180 m，2002 年 10 月 10 日投产，至 2003 年 5 月 13 日风巷剩余 160 m，机巷剩余 168 m。准备面为 Ⅱ1048 工作面，开切眼于 5 月 6 日在距风巷上口 22 m 处停止掘进，保持正常通风，2003 年 5 月 12 日、13 日安排人员进行清理和链板机调整工作。Ⅱ1048 风巷于 2003 年 5 月 12 日掘到预定终止位置，与 Ⅱ1048 工作面开切眼掘进工作面迎头煤壁保持 22 m 贯通距离，2003 年 5 月 13 日早班清理，中班拆链板机，迎头正常通风。

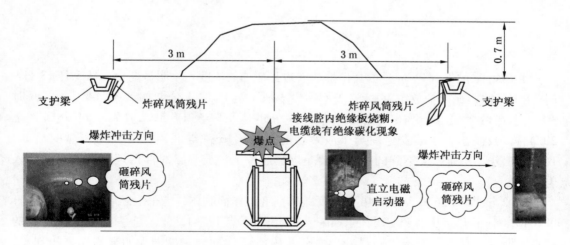

附图 1　爆源点认定示意图

## 二、瓦斯源

事故瓦斯来源于Ⅱ1046采煤工作面跳采前老采空区所积存的瓦斯。

由于Ⅱ1046采煤工作面老采空区顶板的矿山压力突然活动，使得在采空区形成矿山冲击，并使1～2 m厚的小煤柱承受冲击，煤柱出现片帮、局部地域将小煤柱冲击破坏，并使采空区积聚的瓦斯受到挤压，从煤柱破坏处冲出，与风巷中空气混合，形成爆炸性混合气体，遇到火源即形成瓦斯爆炸。

Ⅱ1048风巷改造开切眼以西，有14个通向Ⅱ1046采煤工作面跳采前老采空区的孔洞（附图2），其中6个孔洞具有明显的气流冲出的痕迹，尤其是在爆源点附近的12号、11号、10号气流冲出的痕迹特别明显，表现为在孔口周围有片帮、对面煤壁有冲击痕迹和孔口下部有大量的堆积物。

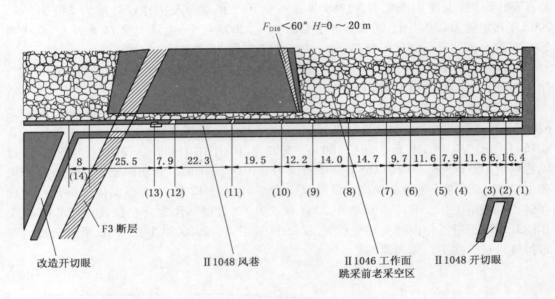

附图2　孔洞分布示意图

Ⅱ1046采面上部35 m处的高位抽放巷道瓦斯抽放浓度发生明显变化。从5月13日9时34分开始，瓦斯抽放浓度由31.9%逐步增加，至16时4分增加到34.6%，到16时30分达到最大值37.5%；然后，16时36分迅速下降至17.3%，16时54分回升至20.4%。反映出，事故发生前与事故发生时，Ⅱ1046采空区顶板有较为明显的活动。16时36分，瓦斯浓度下降的原因主要是爆炸后井下抽放管路局部出现破裂，空气漏入管中。

2002年12月26日，Ⅱ1046工作面跳采前老工作面收作，老采空区形成，12月28日Ⅱ1046工作面开始从新开切眼往东回采。直至2003年1月15日，老空区顶板35 m处的高位瓦斯抽放巷道仍未发生明显变形，在Ⅱ1046工作面回采期间无明显周期来压现象，顶板属于坚硬难冒类型，尽管在回采期间采用过两次强行放顶，但未达到预期效果。Ⅱ1048开切眼掘进到距离老采空区24 m时，发生夹钻现象，表明压力大，直至发生顶板断裂，使顶部煤层瓦斯卸压，卸压瓦斯进入抽放巷道，使抽出的瓦斯浓度提高。当顶板突然断裂时，原处于卸压区的隔离小煤柱也受到冲击破坏，采空区气体受到压缩，并从薄弱处形成的孔洞冲出，进入Ⅱ1048 风巷。

事故前监测系统对瓦斯异常没有反映。而该区 7 个瓦斯浓度传感器在事故前 3 h 内经过标定调校，性能是稳定的；通过访问当事人也表明，监测系统和传感器的使用一直正常。因此说明，产生爆炸的瓦斯是从采空区瞬间冲出，与风流中空气迅速混合达到爆炸界限。因为传感器感应时间为 30 ~ 55 s，难以检测到瞬间冲出的瓦斯。爆炸发生后，传感器和分站已遭破坏，导致信号中断。

### 三、爆炸火源

392 号电磁启动器上方顶板有冒落形成的空洞，冒落物将启动器掩埋近半；启动器接线腔呈敞开状，即盖板仅剩 1 颗螺钉，盖板以此螺钉为轴心转向一边，使接线腔敞开显露。

现场的 422 号电磁启动器状态与 392 号一样，接线腔紧固螺钉只剩一颗，但盖子与接线腔法兰有错缝，在爆炸压力下，翻倒 90°，紧固螺钉在上，挂住盖子，没有敞开显露，腔内没有冒落物。当 392 号和 422 号电磁启动器的上级电源开关（即瓦斯 - 电闭锁开关）供电时，392 号和 422 号的电源侧接线端子都是有电的，冒落物就有可能引起接线端子（相）间短路和接线端子接地，放电引爆瓦斯。

392 号的接线腔落有冒落物，接线腔电源侧的接线端子防护绝缘电木盖板被砸碎，电木盖板残片与其固定小螺钉连着，该电木残片有烧糊的痕迹。

392 号的接线腔有电源输入电缆（动力线 3 芯），电源转接电缆（动力线 3 芯）和负载电缆（动力线 3 芯）。电源侧接线端子上悬着的 1 根电缆芯线橡胶绝缘炭化，有烧后的熔胶痕迹。如果其他火源引起瓦斯爆炸将橡胶绝缘炭化，那么所有电缆都在同一爆炸条件下，该接线腔内的 9 根电缆芯线，出现有选择性的烧焦现象是不可能的。

经过询问相关人员和查看监测数据原始资料了解到，2003 年 5 月 13 日中班对该区域瓦斯传感器进行了调校，调校时证明至少在 15 时 7 分 40 秒之前，392 号和 422 号电磁启动器电源侧接线端子是带电的。

### 四、事故性质和原因

经专家组分析认定这起瓦斯爆炸事故是一起责任事故。Ⅱ1046 采煤工作面因断层跳采前的采空区顶板来压，导致采空区内凝聚的高浓度瓦斯被挤压，通过煤柱多个孔洞冲入Ⅱ1048 风巷，造成瓦斯积聚形成爆炸性混合气体，冒落物使处于敞开状态的电磁启动器接线盒内的电源接线端子短路放电产生火花，引起瓦斯爆炸，并波及Ⅱ1048 风巷、改造开切眼、Ⅱ1048 机巷及开切眼掘进工作面、-590 m 大巷和Ⅱ1046 采煤工作面，造成 86 名工人遇难，28 人受伤，损坏部分设备、设置和巷道。在爆炸过程中Ⅱ1046 采煤工作面局部煤尘参与了爆炸。

经现场勘察，此次事故波及Ⅱ1048 风巷、改造开切眼、Ⅱ1048 机巷及开切眼掘进工作面、-590 m 大巷和Ⅱ1046 采煤工作面。

### 五、防范措施

（1）认真贯彻落实"安全第一，预防为主"的方针。全面贯彻实施《安全生产法》，提高企业负责人和全体职工的安全生产法制观念和遵章守法的自觉性，关注安全，关爱生命。

（2）切实落实安全生产责任制。加强煤矿安全生产管理，将各项安全技术措施落到实处，对各类隐患进行及时认真整改，加强现场管理，严格劳动组织，强化现场指挥，杜绝交叉作业安全责任制不落实的现象，严格按作业规程作业。

（3）加强机电管理，落实机电管理责任制。加强机电管理工作，纠正体制不顺、管理混乱的局面，井下机电设备检修要严格制定操作规程，完善安全技术措施，并认真执行，加强机电技术管理，加强自救器的使用管理。

（4）加强矿井技术管理，提高采掘机械化水平。积极落实瓦斯防治"先抽后采，监测监控，以风定产"的十二字方针，要认真研究矿井顶板、瓦斯活动规律，发现异常情况，及时进行科学分析，做出准确的判断，采取积极的防范措施，杜绝事故，严格采区设计、采掘作业规程的编制工作，安全技术措施要做到严谨、可靠、操作性强，提高采掘机械化水平，淘汰落后的生产工艺，改变用人多、效率低的落后面貌。

（5）切实加强职工安全教育和培训。

# 附录2 谢一矿望峰岗井 "1·5" 煤与瓦斯突出事故

## 一、矿井及事故概况

2006 年 1 月 5 日 13 时 40 分，谢一矿望峰岗井主井揭 C13—C12 煤层时发生一起特大煤与瓦斯突出事故，突出煤量 2700 t、瓦斯量 29.27 万 m³，现场 12 名工人遇难，直接经济损失 483.3 万元。

## 二、事故经过

施工单位（鸡西矿业集团建设工程公司第三凿井公司）于 1 月 5 日 0 点班井筒施工至 -928 m，上帮已完成揭 C13 煤层约 3 m，并初喷完毕。8 点班接班后，班长李×× 主持召开班前会，强调了安全注意事项，当班出勤 10 人，安排任务为出货、刷帮、喷浆、绑筋、排水，准备出够段高并整平后进行打锚杆挂网。谢一矿望峰岗主井揭煤示意图如附图3 所示。

1 月 5 日早班 5 时 30 分，望峰岗矿井建设项目部通风队爆破队出勤 20 人，副队长王×× 主持班前会并派活。由于主井正在揭煤期间，安排了测气副班长盛××、防突工方×× 到主井跟班。

由于 2006 年 1 月 5 日 8 点班主井作业人员全部遇难，无法知道发生瓦斯突出时井下的具体作业情况。据调查：2006 年 1 月 5 日 0 点班（0—8 时），主井工作面实施井壁喷浆；5 日 8 时，8 点班工人下井作业，10 时 30 分后主井一直不间断地进行提升，提升总量约 15 桶计 30 m³。由此推断，发生突出前，主井工作面正在用中心回转抓岩机进行抓挖出煤作业。

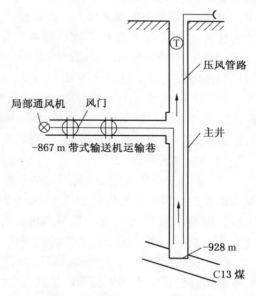

附图 3 谢一矿望峰岗主井揭煤示意图

1 月 5 日 13 点 40 分，主井甲烷传感器 T1 突然信号中断，井口人员发现井盖上下翻动数下，管路、稳绳上下晃动，井口处风筒破裂，矿调度所立即将情况通知了矿领导，矿领导随即赶往主井井口，测定井口瓦斯浓度大于 10%，判断主井工作面发生了煤与瓦斯突出事故。

## 三、事故原因

直接原因：被揭煤层卸压排放时间短，瓦斯没有充分卸压排放，未按揭煤设计要求全过程采取远距离爆破揭穿 C13—C12 煤层，掘进施工对煤层采用抓挖作业，诱导煤与瓦斯突出。

间接原因：

(1) 被揭煤层埋藏深度大，瓦斯压力高，煤质松软，具有严重的突出危险性。主井井筒施工至距 C13 煤层顶板法距 5 m 时，通过前探钻孔进行了煤层原始瓦斯压力、瓦斯放散初速度、坚固性系数等指标测定，结果表明 C13 煤层具有严重的突出危险性。

(2) 揭煤过程没有严格执行淮南矿业集团批准的望峰岗矿井建设项目部主井井筒揭 C13—C12 煤层揭煤设计（以下简称揭煤设计）。主井工作面距 C13 煤层法距 5 m 时，施工了 2 个测压钻孔，测压钻孔施工后紧接着施工卸压钻孔，使得测压钻孔测得的数值失真。卸压排放钻孔施工不符合揭煤设计要求。揭煤设计规定井筒工作面距 C13 煤层法距 6 m 时施工卸压排放钻孔，实际是在井筒工作面距 C13 煤层法距 5 m 时施工卸压排放钻孔。揭煤设计规定卸压排放钻孔直径为 93 mm，实际施工时 34 个钻孔直径为 73 mm。瓦斯排放时间短，卸压不充分。

效果检验孔使用伞钻施工，数量不够，深度只有 4.5 m，未穿过 C13—C12 全煤层，进入 C13 煤层只有 0.25～1.7 m，效果检验指标不可靠。望峰岗主井井筒过 C13 煤掘砌措施规定的"掘砌施工方法采用普通钻爆法施工，由于 C13 煤层松软，掘进爆破过程中尽量减少对煤壁的扰动，煤层内以松动为主，尽可能使用中转直接抓挖"，严重违反了揭煤设计中"为安全揭穿 C13—C12 煤层，采取远距离爆破措施进行爆破，实行远距离爆破措施在主井工作面距 C13 煤层顶板法距 2 m 始至 C12 煤层底板法距 2 m 止"的规定。

(3) 瓦斯涌出异常未及时进行分析，采取相应措施。2006 年 1 月 2 日 15 时第一次揭煤远距离爆破瓦斯浓度最大为 0.77%，1 月 4 日 15 时开始，主井井筒瓦斯涌出持续增加，并出现了瓦斯忽大忽小等瓦斯突出前的征兆；1 月 5 日 9 时 5 分，监测监控系统反映工作面瓦斯浓度最大接近 1.0%，没有引起望峰岗项目部有关部门的注意，未及时组织有关人员分析原因，提出针对性的安全防范措施。

(4) 掘砌段高过大。

(5) 矿井安全管理监督制度不健全，落实不到位。矿井没有制定完善、有效的贯彻落实淮南矿业集团审批的揭煤设计监督办法，责任不明确，对钻孔的施工监督不到位，多处钻孔未按揭煤设计施工；矿井建设项目部负责人和管理人员下井带班制度不落实；施工单位的管理未严格执行与望峰岗项目部签订的安全管理协议；工程监理人员没有认真履行职责。

(6) 安全教育培训不到位，职工缺乏防治煤与瓦斯突出的技能。施工单位及河南工程咨询监理公司的管理人员和职工缺乏防治煤与瓦斯突出事故的工作经验，望峰岗项目部以及施工单位多数职工未经过不少于 1 个月的防突知识培训，违章从事主井井筒揭煤施工作业。

## 四、防范措施

(1) 认真吸取事故教训，针对深部煤层（埋深 1000 m 左右）瓦斯赋存规律、瓦斯地质、煤结构与瓦斯解吸、地压与瓦斯解吸、深部矿井瓦斯涌出规律、煤与瓦斯突出敏感指标与临界值的测定与确认方法、地质构造、作业方式与突出的关系、瓦斯排放率、地质应力与防突效果等进行深入研究，以保障深部煤层的开采安全。

（2）认真落实瓦斯防治"十二字"方针。从事井巷揭突出煤层的施工队伍必须具有相应的队伍资质，具备防治煤与瓦斯突出灾害的专门机构、人员和相应的施工管理经验。

（3）建立健全并严格落实矿井安全管理及施工设计、措施在现场落实的保障制度，特别是要落实煤矿企业负责人带班下井、钻孔施工质量验收、安全技术措施审批、隐患排查等制度，及时消除现场存在的生产安全事故隐患。施工设计和措施的变更要报原设计和审批单位批准，不得擅自更改；卸压排放钻孔在施工过程中要安排专门人员进行现场监督验收；效果检验要认真按规定进行施工，严把施工质量关。

（4）强化职工安全知识教育和技能培训，切实做好井下作业人员防突知识培训工作，使职工能够了解和掌握防治煤与瓦斯突出的基本知识、熟悉突出预兆，提高防突意识和自我保安能力。

# 附录3　新集二矿瓦斯燃烧事故

## 一、工作面基本情况

121109 工作面位于新集二矿一水平西翼 1211 采区，工作面标高 −521.5 ~ −405.6 m。工作面风巷可采长度 887.5 m，机巷可采长度 912.6 m，工作面开切眼长度 66.3 ~ 139.1 m。顶底板岩性见附表1。

附表1　顶底板岩性

| 顶底板名称 | 岩石名称 | 厚度/m | 岩性特征 |
|---|---|---|---|
| 伪顶 | 泥岩为主 | 0 ~ 1.8 / 0.3 | 泥岩：灰 ~ 深灰色，泥质结构，块状构造，平行层理，固结程度中等，平整状断口，局部节理发育，偶可见植物根茎化石碎片 |
| 煤层顶底板岩性情况 / 直接顶 | 石英砂岩、砂泥岩互层为主 | 石英砂岩厚：4.8 ~ 11.7 m，平均厚 7.5 m；砂泥岩互层厚：3.3 ~ 5.8 m，平均厚 4.5 m | 石英砂岩：灰白色，中粒结构，中厚层状，成分以石英为主，断口粗糙，分选中等，硅质胶结，局部裂隙发育，偶见黄铁矿薄膜，下部含灰色泥质包裹体 |
| | | | 砂泥岩：灰白色石英砂岩与黑色砂质泥岩互层，薄层状，平行层理，断口粗糙，局部裂隙发育，质地坚硬 |
| 基本顶 | 细砂岩、中砂岩为主 | 细砂岩厚：11.6 ~ 28.6 m，平均厚 20.5 m；中砂岩厚：6.3 ~ 19.5 m，平均厚 12.4 m | 细砂岩：灰色，细粒结构，中厚层状，成分以长石为主石英次之，断口粗糙，分选中等，局部含黑色矿物及菱铁质颗粒，裂隙发育 |
| | | | 中砂岩：白色，中粒结构，厚层状，成分以石英、长石为主，下部石英含量较高，上部少量铁质，次圆状，分选好，硅质胶结，裂隙发育 |
| 直接底 | 炭质泥岩 | 0.8 ~ 1.2 / 1.0 | 炭质泥岩：灰黑色，泥质结构，块状构造，含泥质较多，固结程度差，参差状断口，吸水软化，见植物根茎化石碎片 |
| 基本底 | 砂质泥岩 | 1.8 ~ 16.2 / 10.8 | 砂质泥岩：灰色 ~ 灰黑色，薄层状，砂泥质结构，块状构造，水平层理，固结程度好，参差状断口，节理发育，含植物根茎叶化石 |

回采煤层为 11 − 2 号煤层，煤层厚度一般为 1.2（0.2）0.4 ~ 4.0（0.8）2.1 m（局部受褶曲影响煤层变薄，夹矸尖灭），平均厚 2.5（0.4）1.4 m，煤层结构复杂，煤厚变异系数 18.0%，煤层可采性指数 1，属稳定煤层。

工作面内地质构造复杂，褶曲及断层等构造比较发育，煤（岩）层产状及厚度变化较大，总体倾向 NNE，一般煤层倾角 7° ~ 50°，褶曲发育段局部大于 50°，且局部煤层出现反倾（南倾），最大反倾角度 26°。工作面回采将揭露 S1211 − 1 至 S1211 − 7 共 7 条褶曲构造和$F_{121109f-2}$逆断层（落差4 m）等10条落差1 m以上的断层，最大落差4 m。

工作面于2015年6月6日开始回采，采用综合机械化采煤，跟顶回采，一次采全厚（实际采高2.4~3.9 m），全部垮落法管理顶板。截止到10月29日早班，工作面已平均回采472 m，平均月推进90 m。

目前，工作面平均采高约3.6 m，11-2号煤层厚1.3（0.2）~3.0（0.4）m，平均厚2.6（0.3）m，工作面70号架以下煤层倾角7°~40°，70号架以上煤层反倾15°左右。70号架附近有一个S1211-4背斜构造，该背斜构造有向工作面下部进一步发展的趋势。现工作面内仅局部有伪顶，直接顶为坚硬致密的石英砂岩（含黄铁矿膜且有结核），厚7.0 m左右。受顶板岩性、大倾角及背斜叠加的影响，工作面背斜轴部局部悬顶。

工作面设计配风量1062 $m^3$/min，实际配风量1200 $m^3$/min，回风瓦斯0.3%左右，目前工作面绝对瓦斯涌出量12.8 $m^3$/min左右。采用上隅角埋管及顶板孔抽采治理采空区瓦斯，抽采纯量约9.1 $m^3$/min。

风巷顶板走向钻孔，钻孔终孔平距控制在风巷中线至构造带范围内，终孔距煤层顶板15~30 m。每60 m施工一组钻孔，相邻钻孔压茬30 m，每组施工6~8个钻孔。

上隅角预埋8寸抽采管路，在工作面推进过程中，将埋管口保留在工作面内采空区，通过抽采系统对采空区瓦斯进行抽采，并根据工作面上隅角实际瓦斯情况，合理调整抽采管路埋进封闭墙的深度。

工作面回采期间，监控系统及人工取样都未监测到CO等煤层自然发火标志性气体。

## 二、事故概况

### 1. 现场情况

2015年10月30日夜班，综采二队生产班当班出勤33人，23时交接班后，当班安排回采一刀，主要任务是调整工作面支架，采机割过一遍机尾后，向下到55号架即停机，由上向下拉架。约0时36分，正在工作面76号支架处拉架的职工吴××、刘××闻到有炮烟味，看到采空区内有亮光，随即往下沿架查看，发现71号架出现明火，用载波电话呼喊采空区着火了。正在工作面上出口位置的带班矿领导吴××（通风副总），听到工作面着火的情况后，立即安排工作面上出口及风巷人员沿风巷撤离，并往下将工作面内沿途人员撤离，到达72号架时，从架缝看到采空区沿走向约15 m位置悬浮着火苗，宽度约5 m，随即用载波电话喊工作面所有人员迅速撤离，到达机巷控制台位置后将着火情况电话汇报矿调度，并安排调度通知1211采区所有作业人员向井口撤离，将着火情况汇报矿领导。

### 2. 监控系统示值情况

（1）一氧化碳传感器示值情况：

121109回风流一氧化碳传感器（距工作面约385 m）：0时45分开始出现一氧化碳，示值$3.75 \times 10^{-6}$，后逐步增大，于0时55分达到峰值$498 \times 10^{-6}$（传感器量程$500 \times 10^{-6}$），峰值持续到1时35分后持续下降，19时5分恢复到0。

121109上隅角抽采管路一氧化碳传感器（距工作面约420 m）：0时45分开始出现一氧化碳，传感器示值瞬时达到$498 \times 10^{-6}$（传感器量程$500 \times 10^{-6}$），5时后持续下降，至10月31日17时恢复到0示值。

121109 顶板钻孔抽采管路一氧化碳传感器（距工作面约 420 m）：0 时 45 分开始出现一氧化碳，传感器示值 $65.63 \times 10^{-6}$，后快速增大，1 时达到峰值 $498 \times 10^{-6}$（传感器量程 $500 \times 10^{-6}$），8 时后持续下降，至 10 月 31 日 11 时恢复到 0 示值。

（2）瓦斯传感器示值情况：

121109 上隅角抽采管路瓦斯传感器（距工作面约 420 m）：0 时 40 分开始，瓦斯抽采浓度逐步升高，1 时 5 分传感器示值达到 13.13%，后持续下降，至 18 时恢复到事故前的 2% 正常示值。

121109 上隅角瓦斯传感器：0 时 49 分开始，瓦斯浓度示值逐步升高，0 时 58 分传感器示值达到 1.58%，后持续下降，至 1 时 26 分恢复到 0.34% 正常示值。

121109 工作面瓦斯传感器（工作面上出口约 12 m）：0 时 47 分开始瓦斯浓度示值逐步升高，1 时 3 分传感器示值达到 1.80%，后持续下降，至 1 时 42 分恢复到 0.29% 正常示值。

121109 工作面回风流瓦斯传感器（距工作面约 385 m）：0 时 55 分示值明显上升至 0.49%，并逐步升高，于 1 时 15 分达到 1.9%，后持续下降，至 3 时恢复到 0.2% 正常示值。

### 三、事故处置

1. 人员撤离

得到险情汇报后，0 时 50 分矿长丁××指挥将井下所有施工单位人员撤出升井，作业地点动力电全部停电，同时向公司总调和公司救护队汇报。2 时 50 分安监处处长周××、值班矿领导岳××带领救护队侦查小队到达 −550 m 西大巷、121109 机巷等进行外围探查、搜救。3 时，除井下应急留守人员 18 人外，其余 388 人全部升井。

2. 启动应急预案

灾情发生后，公司总经理包××带领相关高管及部室负责人第一时间赶赴二矿。安徽煤监局淮南分局局长也带领相关人员连夜到达二矿指导。公司同时邀请安徽理工大学张××、戴××连夜赶来帮助制定事故处置方案及应急预案。公司总经理现场主持召开了应急处置专题会议，成立了分别以公司总经理、二矿矿长为组长的公司、矿两级应急指挥部及相应的专业小组，有序开展事故处置工作。

3. 采取的应急处置措施

（1）迅速启动事故应急救援预案，制定事故处理方案和安全技术措施。121109 工作面通风、抽采等系统暂时保持不变，保证系统的稳定性。

（2）连续监测 121109 工作面等地点的各种数据，做到一小时一汇报，掌握变化趋势，将相关数据及时汇报指挥部，供相关领导决策。

（3）准备材料，运到井下指定地点，以便随时进行封闭墙施工。

（4）严格控制下井人员，所有入井人员都必须经指挥部批准同意方可入井。

（5）矿井现全部停产。

4. 现场勘查

在观测指标恢复常态且稳定后，根据专家组意见，2015 年 10 月 31 日 19 时，公司及矿应急指挥部安排救护队进行了现场勘查。通过勘查确认，工作面采空区火已经熄灭，采空区温度 28～34 ℃。工作面风流瓦斯浓度 0.2%，回风流瓦斯浓度 0.18%。工作面恢复至事故前的正常状态。

5. 措施

根据现场勘查结果，指挥部要求对 1211 采区继续停止生产，该区域继续实施警戒措施，警戒区内人员进入必须经过矿指挥部签字许可。继续观测各项气体指标，并对采空区实施灌注液态二氧化碳措施，进一步降低采空区温度、惰化采空区气体。11 月 1 日夜班矿在其他区域组织安全大检查后，于 11 月 1 日早班恢复生产。

## 四、原因分析

2015 年 10 月 30 日，公司邀请有关专家，在新集二矿召开了 121109 工作面采空区瓦斯燃烧事故专家分析会。会议由公司总经理主持，省煤监局相关领导等参加了会议。与会专家就事故的定性及成因进行了分析、讨论，达成一致意见。专家组认为 "10 月 30 日 0 时 36 分，新集二矿 121109 工作面采空区着火为一起采空区瓦斯局部燃烧事故。此次局部瓦斯燃烧事故的引火源为采空区顶板石英砂岩冒落撞击摩擦火花，引燃采空区局部瓦斯"，根据 1211 采区总回风巷一氧化碳传感器最大示值 $1000 \times 10^{-6}$ 且持续时间为 3 min 判断瓦斯燃烧持续时间约为 3 min。此次瓦斯燃烧事故是一起自燃性质的事故，很突然、随机性强，在两淮矿区从未出现过，在认识上还存在盲区，需要好好研究坚硬顶板复杂地质条件下的瓦斯防治。

## 五、防范措施

（1）对采空区坚硬石英砂岩顶板（含黄铁矿膜且有结核）冒落撞击可能产生火花引燃采空区瓦斯的认识存在盲区。

（2）对坚硬石英砂岩顶板（含黄铁矿膜且有结核）大倾角且有背斜构造采空区顶板移动规律认识不够。

对 121109 工作面进行安全、经济论证，重新确定工作面回采方案。

# 附录4　任楼煤矿"3·12"瓦斯爆炸事故

## 一、矿井概况及事故采区情况

### 1. 矿井概况

任楼煤矿于 1997 年底投产，设计生产能力 150 万 t/a。经改扩建，核定生产能力为 280 万 t/a。

矿井采用一对立井分水平主要石门开拓方式，主采 $7_2$ 号、$7_3$ 号、$8_2$ 号煤层，有 -520 m 和 -720 m 两个生产水平。目前矿井南北翼共有 5 个生产采区。生产格局为"三综、一准、16 支掘进队"。

矿井采用中央边界式通风方式。矿井需风量 13290 $m^3/min$，进风量 16900 $m^3/min$，回风量 17500 $m^3/min$。

矿井为煤与瓦斯突出矿井，$7_2$ 号、$7_3$ 号、$8_2$ 号煤层均为突出煤层。矿井绝对瓦斯涌出量 30.48 $m^3/min$，相对瓦斯涌出量 5.486 $m^3/t$。

### 2. 事故采区情况

事故采区为 $\text{II}_2$ 采区，位于矿井二水平北翼，上邻已报废的中二、中四采区。浅部以各煤层 -520 m 底板等高线为界；深部至各煤层 -720 m 底板等高线；南部为各煤层工广保安煤柱，北到 $F_2$ 断层组保护煤柱线。采区走向长约 2200 m，倾斜宽约 680 m。

事故采区主采煤层为 $7_2$ 号、$7_3$ 号、$8_2$ 号煤层，煤层赋存较稳定、单斜构造，平均倾角 15°。

事故采区为单翼采区，$7_2$ 号、$7_3$ 号、$8_2$ 号煤层联合布置，3 条上山均布置在 $8_2$ 号煤层底板。倾向划分为 3 个区段，共有 9 个工作面。第一区段 $\text{II}7_222$、$\text{II}7_322$ 工作面已回采结束，$8_2$ 号煤层工作面正在准备。

$\text{II}7_322$ 工作面位于该采区一阶段，走向长 2300 m，倾斜宽 180 m。2010 年 5 月开始掘进，2011 年 4 月贯通形成工作面，7 月 14 日开始回采，2013 年 3 月 18 日收作，5 月 1 日分别在收作面上下出口施工瓦石密闭墙密闭。

$\text{II}7_322$ 工作面收作线位于工广保安煤柱线外，工作面收作后机巷剩余 230 m，支护形式为 11 号工字钢对棚支护，作为高抽巷对下覆 $\text{II}8_222$ 外段机巷实体段施工穿层钻孔预抽煤层瓦斯进行区域消突工作。

2013 年 5 月 4 日开始在 $\text{II}7_322$ 机巷施工穿层钻孔，钻孔直径 108 mm，开孔位于 $\text{II}7_322$ 机巷底板向上 0.4 m ± 10 mm 处，终孔位于 $8_2$ 号煤层底板下 0.5 m 处，钻孔全程下套管，采用封孔剂封孔，封孔长度大于 12 m。

2013 年 9 月 9 日在 $\text{II}7_322$ 运输石门施工瓦石密闭墙进行密闭，但继续抽采，2014 年 2 月 19 日停止抽采，抽采支管与回风上山抽采主管路连接处断开，并使用法兰盘封堵。

$\text{II}8_222$ 外段工作面位于事故采区一阶段，走向长 1100 m，倾斜平均宽 178 m，上覆 $\text{II}7_222$、$\text{II}7_322$ 工作面已回采完毕。

Ⅱ8₂22 外段风巷、机巷分别于 2013 年 11 月、12 月开始掘进，采用综掘机施工，外段机巷施工 266 m，外段风巷施工 181 m。

## 二、事故概况

2014 年 3 月 12 日 15 时 9 分，皖北煤电集团公司任楼煤矿 Ⅱ7₃22 密闭巷道内发生瓦斯爆炸，爆炸冲击波冲倒 Ⅱ7₃22 运输石门密闭墙，造成正在密闭墙外 Ⅱ8₂22 外段机巷作业的 3 名工人遇难、1 人受伤。

## 三、事故经过

### 1. 经过

事故发生后，集团公司立即启动安全应急救援机制，成立了任楼煤矿救援指挥部，第一时间撤出井下灾区矿工，15 时 46 分经分析确认安全后安排救护人员下井救援，18 时灾区范围内矿工全部升井。

截至 3 月 13 日 18 时，对监控系统数据分析和现场取样分析：气样没有煤层自然发火特征；Ⅱ₂ 回风上山 $CH_4$、CO 浓度迅速下降；Ⅱ8₂22 外段机巷 T1 在停风后稳定在 1.0%；Ⅱ7₃22 机巷在掘进过程中和工作面回采中瓦斯涌出量一直很小，短时间内不会发生积聚。

### 2. 救援

指挥部认为：短时间内不会发生二次爆炸，可以安排救护队入井快速探查灾区巷道支护及相关参数情况，进而决定下一步方案。

救护队于 3 月 13 日 20 时、3 月 14 日 12 时 30 分，对事故巷道进行了 2 次探查，共探查巷道 185 m，探查中发现 Ⅱ7₃22 机巷岔门处漏顶，漏高 1 m；机巷往里 90 m 位置巷道中间托棚点柱个别呈 S 弯，向外倒 30 棚；抽放瓦斯管路折断，有向外拉扯现象。140 m 处 CO 浓度为 $900 \times 10^{-6}$，$CH_4$ 浓度为 2%，$O_2$ 浓度为 10%。第二次探查时，巷道内温度最高 34 ℃（180 m 处）、$CH_4$ 浓度大于 10%（150~160 m 处）、$O_2$ 浓度最大 20.3%（150 m 处）、CO 浓度最大 $289 \times 10^{-6}$（150 m 处）、Ⅱ7₃22 机巷往里 180 m 处靠巷道右侧有垮落煤堆，左上角空 700 mm×500 mm 空隙，目测向前 5 m 处巷道已冒实，垮冒处有松软的新鲜煤。

### 3. 瓦斯爆炸过程

在灾区观测期间，即 3 月 12 日事故发生至 3 月 26 日，灾区共计发生 8 次瓦斯爆炸，8 次瓦斯爆炸时间及间隔周期见附表 2。

附表 2  8 次瓦斯爆炸时间及间隔周期

| 项目 | 日期 | 时间 | 间 隔 时 间 |
|---|---|---|---|
| 第 1 次爆炸 | 3 月 12 日 | 15：09 | |
| 第 2 次爆炸 | 3 月 15 日 | 18：28 | 第 1 次与第 4 次间隔 79 h |
| 第 3 次爆炸 | 3 月 15 日 | 20：18 | （由于第 2 次与第 3 次强度很小） |
| 第 4 次爆炸 | 3 月 15 日 | 22：09 | |
| 第 5 次爆炸 | 3 月 17 日 | 17：11 | 第 4 次与第 5 次间隔 43 h 2 min |
| 第 6 次爆炸 | 3 月 20 日 | 20：05 | 第 5 次与第 6 次间隔 74 h 54 min |
| 第 7 次爆炸 | 3 月 22 日 | 21：40 | 第 6 次与第 7 次间隔 49 h 35 min |
| 第 8 次爆炸 | 3 月 26 日 | 03：56 | 第 7 次与第 8 次间隔 78 h 16 min |

1）3 月 12 日第 1 次瓦斯爆炸

3 月 12 日 15 时 9 分：$II_2$ 回风上山风流中 CO 传感器采集到的 CO 浓度达 $499 \times 10^{-6}$，中二回风上山风流中 CO 传感器采集到的 CO 浓度达 $174 \times 10^{-6}$，$-315$ m 北翼 1 号总回风巷风流中 CO 传感器采集到的 CO 浓度达 $84 \times 10^{-6}$（15 时 20 分 CO 浓度最大值 $96 \times 10^{-6}$），$-315$ m 北翼 2 号总回巷风流中 CO 传感器采集到的 CO 浓度达 $28 \times 10^{-6}$（15 时 20 分 CO 浓度最大值 $51 \times 10^{-6}$）。

15 时 45 分：$II2$ 回风上山风流中 CO 传感器采集到的 CO 浓度达 $58 \times 10^{-6}$，中二回风上山风流中 CO 传感器采集到的 CO 浓度达 $20 \times 10^{-6}$，$-315$ m 北翼 1 号总回风巷风流中 CO 传感器采集到的 CO 浓度达 $12 \times 10^{-6}$，$-315$ m 北翼 2 号总回巷风流中 CO 传感器采集到的 CO 浓度达 $8 \times 10^{-6}$。

16 时：$II2$ 回风上山风流中 CO 传感器采集到的 CO 浓度达 $74 \times 10^{-6}$，中二回风上山风流中 CO 传感器采集到的 CO 浓度达 $19 \times 10^{-6}$，$-315$ m 北翼 1 号总回风巷风流中 CO 传感器采集到的 CO 浓度达 $10 \times 10^{-6}$，$-315$ m 北翼 2 号总回巷风流中 CO 传感器采集到的 CO 浓度达 $8 \times 10^{-6}$。

16 时 20 分：$II2$ 回风上山风流中 CO 传感器采集到的 CO 浓度达 $27 \times 10^{-6}$，中二回风上山风流中 CO 传感器采集到的 CO 浓度达 $14 \times 10^{-6}$，$-315$ m 北翼 1 号总回风巷风流中 CO 传感器采集到的 CO 浓度达 $7 \times 10^{-6}$，$-315$ m 北翼 2 号总回巷风流中 CO 传感器采集到的 CO 浓度为 0（16 时 15 分 CO 浓度降至 0）。

17 时 20 分：$II2$ 回风上山风流中 CO 传感器采集到的 CO 浓度达 $8 \times 10^{-6}$，中二回风上山风流中 CO 传感器采集到的 CO 浓度达 $2 \times 10^{-6}$，$-315$ m 北翼 1 号总回风巷风流中 CO 浓度为 0（17 时 CO 浓度降至 0），$-315$ m 北翼 2 号总回巷风流中 CO 传感器采集到的 CO 浓度为 0。

相关区域内 CO、$CH_4$ 浓度监测曲线如附图 4 至附图 7 所示。

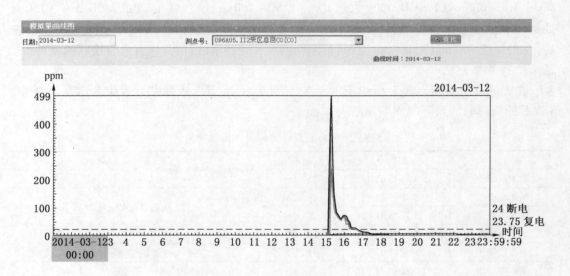

附图 4　$II_2$ 回风上山 CO 浓度变化曲线

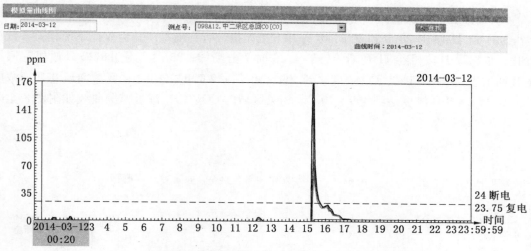

附图5 中二回风上山 CO 浓度变化曲线

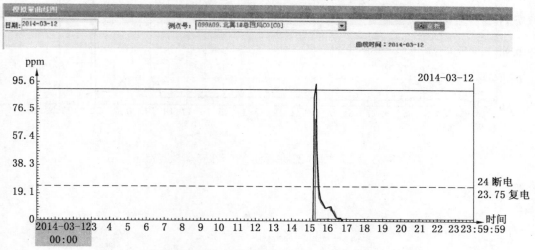

附图6 北翼1号总回风巷 CO 浓度变化曲线

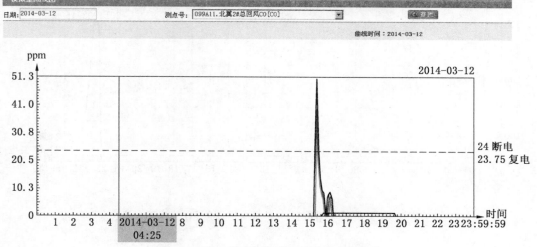

附图7 北翼2号总回风巷 CO 浓度变化曲线

2）3 月 15 日第 2、3、4 次瓦斯爆炸

　　3 月 15 日 18 时 28 分和 20 时 18 分井下工人报告听到闷雷声，但监控系统相关参数没变化；Ⅱ$8_2$22 外段机巷 T1 瓦斯传感器于 22 时 7 分断线；22 时 9 分 Ⅱ$8_2$22 外段机巷回风道瓦斯浓度达到 0.71%、CO 浓度达到 $499 \times 10^{-6}$；22 时 12 分 Ⅱ2 采区总回风巷瓦斯浓度达到 0.37%、CO 浓度达到 $499 \times 10^{-6}$。相关区域内 CO、$CH_4$ 浓度监测曲线如附图 8 至附图 11 所示。

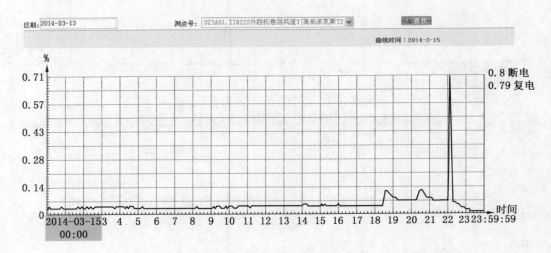

附图 8　3 月 15 日 Ⅱ$8_2$22 外段机巷回风道瓦斯浓度变化曲线

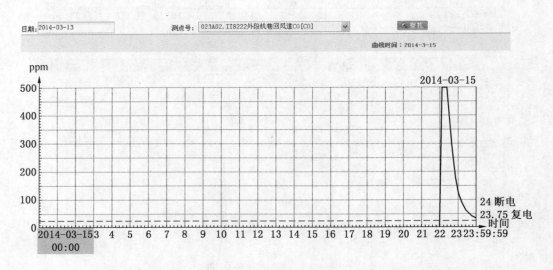

附图 9　3 月 15 日 Ⅱ$8_2$22 外段机巷回风道 CO 浓度变化曲线

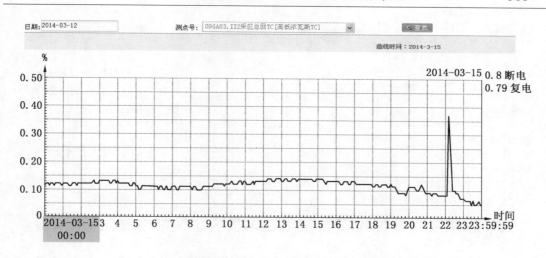

附图10  3月15日Ⅱ2采区回风巷瓦斯浓度变化曲线

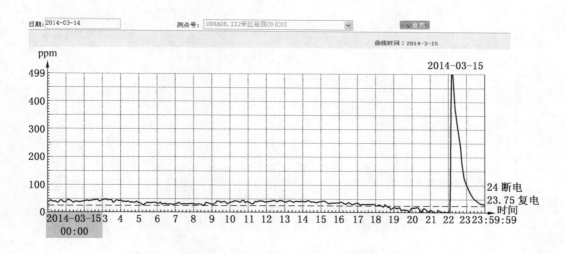

附图11  3月15日Ⅱ2采区回风巷CO浓度变化曲线

通过分析相关数据认为，前两次爆炸发生在采空区内，最后一次爆炸可能发生在机巷内。根据这一情况，指挥部决定：撤出井下所有人员，利用地面灌浆站通过Ⅱ$7_3$22风巷灌浆管路不间断地向Ⅱ$7_3$22采空区灌浆。

2014年3月18日，国家级专家组根据前4次瓦斯爆炸的情况，经调查分析研究，认定事故的直接原因为：Ⅱ$7_3$22收作面采空区瓦斯积聚，Ⅱ$7_3$22收作面机巷施工瓦斯抽采钻孔、Ⅱ$8_2$22外段机巷放水孔和密闭墙漏风等造成采空区遗煤自燃。

3）3月17日第5次瓦斯爆炸

3月17日15时10分Ⅱ$8_2$22外段机巷回风巷瓦斯传感器、CO传感器断线（4号测点，可能为冲击波把监控线路损坏），15时15分Ⅱ2采区总回风巷瓦斯浓度达到1.04%、CO浓度达到$499×10^{-6}$。相关传感器变化曲线如附图12至附图17所示。

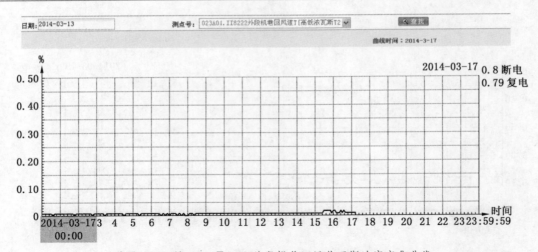

附图12　3月17日 II 8₂22 外段机巷回风巷瓦斯浓度变化曲线

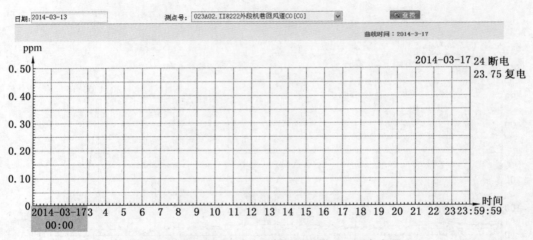

附图13　3月17日 II 8₂22 外段机巷回风巷 CO 浓度变化曲线

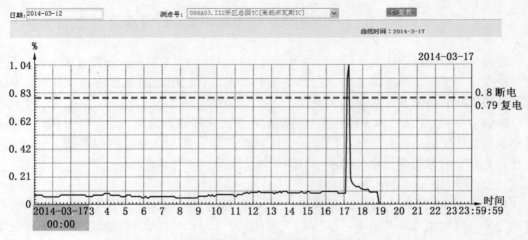

附图14　3月17日 II 2采区回风巷瓦斯浓度变化曲线

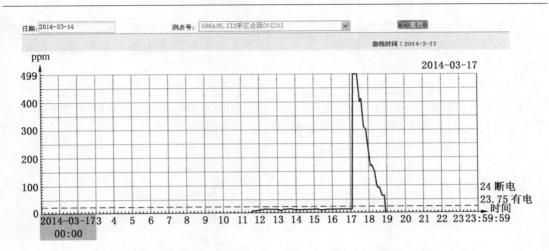

附图15 3月17日Ⅱ2采区回风巷CO浓度变化曲线

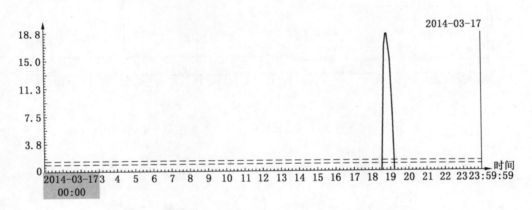

附图16 3月17日Ⅱ8₂22采煤工作面回风巷CO浓度变化曲线

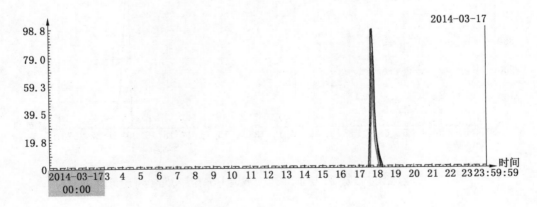

附图17 3月17日Ⅱ8₂40采煤工作面回风巷CO浓度变化曲线

根据分析，此次瓦斯爆炸未造成 −720 m 大巷风流逆转，由于Ⅱ2 采区二车场风门被损坏，冲击波把污风带到Ⅱ2 轨道上山，随后进入 −520 m 北大巷，然后进入 $8_240$ 工作面。

4) 3 月 20 日第 6 次瓦斯爆炸

3 月 20 日 20 时 8 分Ⅱ2 采区总回风巷瓦斯浓度达到 0.61% 、CO 浓度达到 $499 \times 10^{-6}$。相关区域内 CO、$CH_4$ 浓度监测曲线如附图 18 至附图 25 所示。

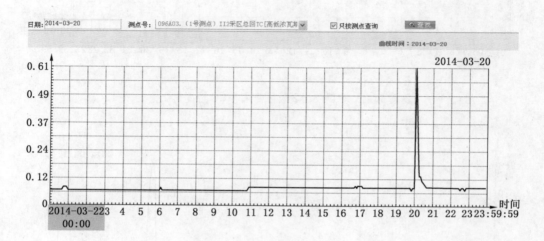

附图 18　3 月 20 日Ⅱ2 采区回风巷瓦斯浓度变化曲线

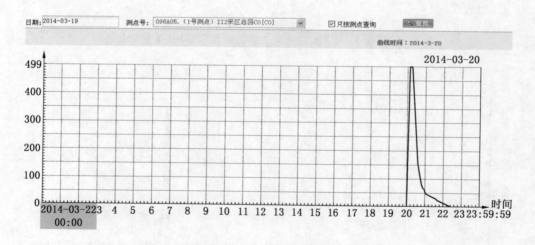

附图 19　3 月 20 日Ⅱ2 采区回风巷 CO 浓度变化曲线

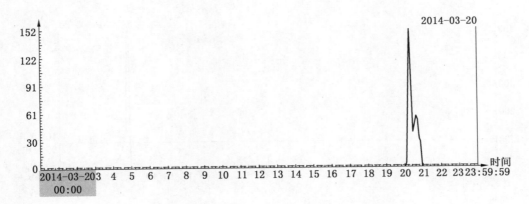

附图 20　3 月 20 日 II7₃22 风巷封闭墙（6 号）CO 浓度变化曲线

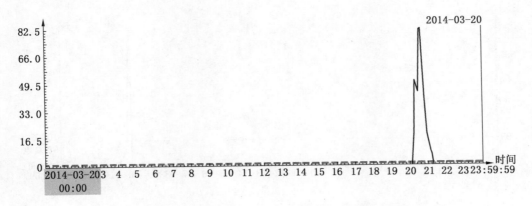

附图 21　3 月 20 日 II8₂22 外段风联巷（3 号）CO 浓度变化曲线

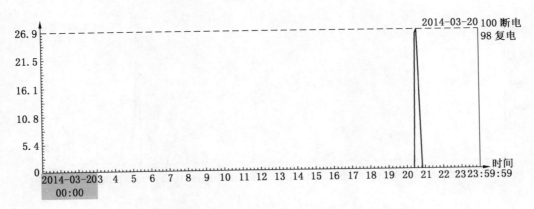

附图 22　3 月 20 日 II8₂40 采煤工作面回风巷 CO 浓度变化曲线

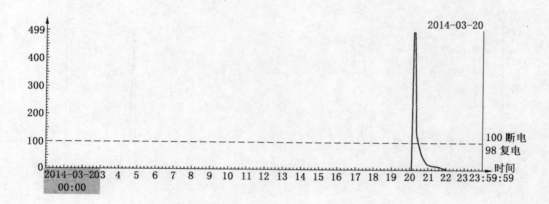

附图23　3月20日北翼1号回风巷CO浓度变化曲线

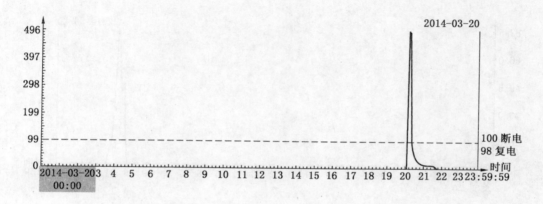

附图24　3月20日北翼2号回风巷CO浓度变化曲线

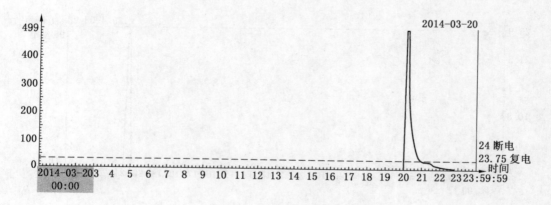

附图25　3月20日中二总回风巷CO浓度变化曲线

　　根据分析，此次瓦斯爆炸也未造成 −720 m 大巷风流逆转，冲击波把污风带到Ⅱ2轨道上山，随后进入 −520 m 北大巷，然后进入 $8_2 40$ 工作面，但此次瓦斯爆炸不同于 3 月 17 日的瓦斯爆炸，Ⅱ$8_2 22$ 里段工作面未出现 CO 气体。

　　5）3 月 22 日第 7 次瓦斯爆炸

　　22 日 21 时 40 分Ⅱ$_2$ 采区总回风巷瓦斯浓度达到 0.31%、CO 浓度达到 $499 \times 10^{-6}$，中二总回风巷 CO 浓度由 0 升至 $499 \times 10^{-6}$，23 时 10 分恢复正常。相关区域内 CO、$CH_4$ 浓度监测曲线如附图 26 至附图 30 所示。

　　此次瓦斯爆炸（4 号、5 号、6 号均已断线），Ⅱ$8_2 22$ 外段风联巷（3 号测点）、$8_2 40$ 工作面、Ⅱ$_2$ 辅助回风均未发现 CO 气体。

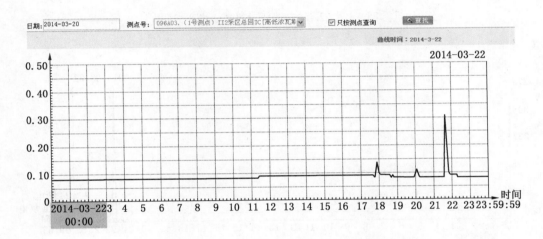

附图 26　3 月 22 日Ⅱ2 采区回风巷（1 号测点）瓦斯浓度变化曲线

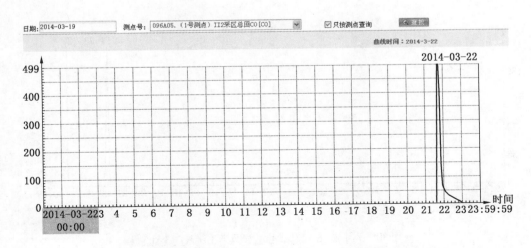

附图 27　3 月 22 日Ⅱ2 采区回风巷（1 号测点）CO 浓度变化曲线

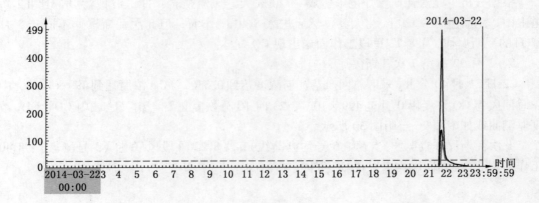

附图28 3月22日中二回风上山 CO 浓度变化曲线

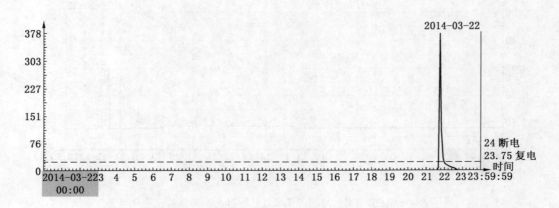

附图29 3月22日北翼1号总回风巷 CO 浓度变化曲线

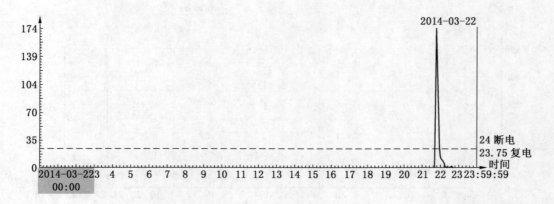

附图30 3月22日北翼2号总回风巷 CO 浓度变化曲线

6）3月26日第8次瓦斯爆炸

26日3时56分Ⅱ2采区总回风巷CO探头显示最大浓度为299×10⁻⁶，中二总回风巷 CO最大浓度为113×10⁻⁶，北翼总回风巷1号探头最大浓度为59×10⁻⁶，2号探头显示最大浓度为28×10⁻⁶。4时53分各探头显示CO浓度为0。相关区域内CO、CH₄浓度监测曲线如附图31至附图38所示。

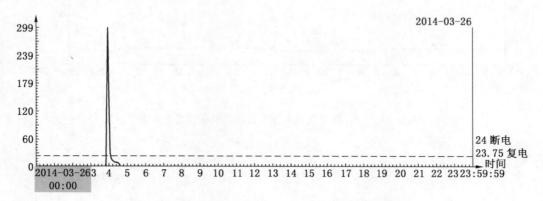

附图31　3月26日Ⅱ2总回风巷（1号测点）CO浓度变化曲线

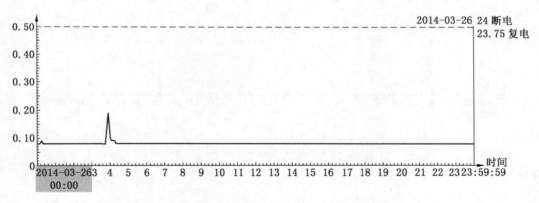

附图32　3月26日Ⅱ2总回风巷（1号测点）瓦斯浓度变化曲线

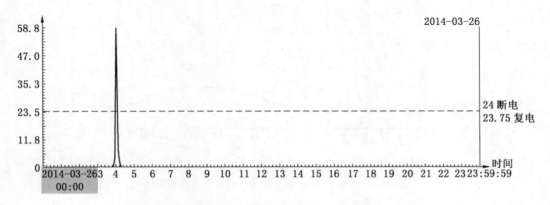

附图33　3月26日北翼1号总回风巷CO浓度变化曲线

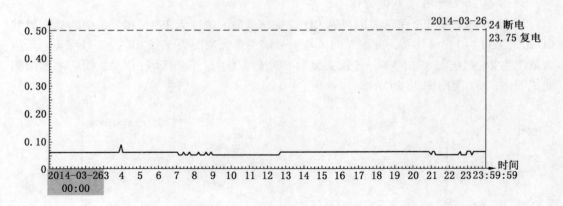

附图 34　3 月 26 日北翼 1 号总回风巷瓦斯浓度变化曲线

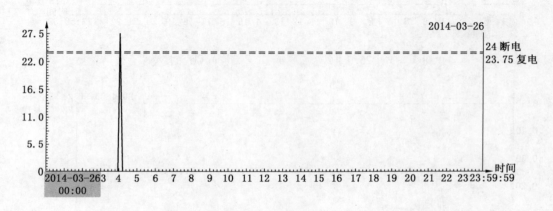

附图 35　3 月 26 日北翼 2 号总回风巷 CO 浓度变化曲线

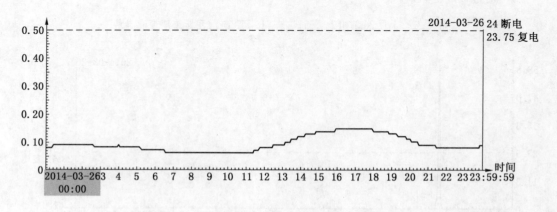

附图 36　3 月 26 日北翼 2 号总回风巷瓦斯浓度变化曲线

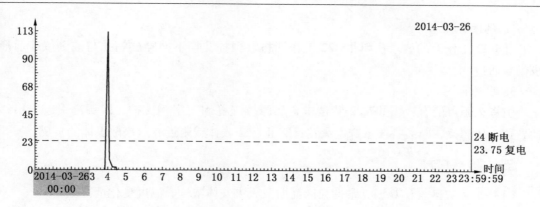

附图37　3月26日中二回风巷CO浓度变化曲线

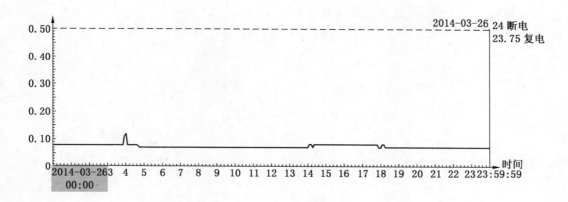

附图38　3月26日中二回风巷瓦斯浓度变化曲线

此次瓦斯爆炸（4号、5号、6号均已断线），$II8_222$外段风联巷（3号测点）、$8_240$工作面、$II_2$辅助回风巷均未发现CO气体。

## 四、事故原因

2014年3月16日，集团公司组织专家对$II7_322$封闭巷道瓦斯爆炸事故的原因和进一步处理意见进行分析。由于当时掌握的资料有限，提供的信息较少，专家组经讨论研究形成以下意见：

事故发生后集团公司及时成立灾情领导小组，采取了全矿井停产撤人，增设6处观测点并利用已有灌浆系统对$II7_322$风巷及收作线附近进行灌浆。这些处理方案是及时有效的。

事故原因初步分析如下：

1. 瓦斯来源

$II7_322$收作面机巷密闭墙内瓦斯积聚主要来源于$DF_{48}$断层附近冒落煤体、$II7_322$和$II7_222$工作面采空区。

2. 供氧条件

Ⅱ$8_2$22 工作面的放水孔和Ⅱ$8_2$22 工作面机巷预抽瓦斯下向穿层钻孔与该区域连通形成供氧通道。

3. 引爆火源

引爆火源可能有：①Ⅱ$7_3$22 巷道末金属摩擦支柱和工字钢支护，因掘进引起岩层移动导致金属摩擦、断裂、撞击产生火花；②Ⅱ$7_3$22 收作线附近巷道松散煤体的自燃。

## 五、防范措施

（1）加强灾区气体观测，掌握灾区瓦斯及火灾气体浓度、温度变化情况。

（2）继续开展Ⅱ$7_3$22 风巷及收作线灌浆工作，实现风巷水封，并使其通过收作线扩散到发生爆炸区域附近的火源处，达到扑灭火源的目的。

（3）待灾区情况稳定后，在采取安全防护措施的条件下，在轨道上山向Ⅱ$7_3$22 工作面机巷打钻，注入惰性气体和泡沫，消除火源。

**图书在版编目（CIP）数据**

安徽煤矿瓦斯及其治理与利用/刘泽功等主编 . −−北京：
煤炭工业出版社，2018

ISBN 978 − 7 − 5020 − 6284 − 2

Ⅰ.①安… Ⅱ.①刘… Ⅲ.①煤矿—瓦斯治理—研究—
安徽 ②煤矿—瓦斯利用—研究—安徽 Ⅳ.①TD712

中国版本图书馆 CIP 数据核字（2017）第 295233 号

**安徽煤矿瓦斯及其治理与利用**

| | |
|---|---|
| 主　　编 | 刘泽功　方恒林　刘　健　蔡　峰　高　魁 |
| 责任编辑 | 成联君　尹燕华　杨晓艳　赵金园 |
| 责任校对 | 李新荣 |
| 封面设计 | 于春颖 |

出版发行　煤炭工业出版社（北京市朝阳区芍药居35号　100029）
电　　话　010 − 84657898（总编室）
　　　　　010 − 64018321（发行部）　010 − 84657880（读者服务部）
电子信箱　cciph612@ 126. com
网　　址　www. cciph. com. cn
印　　刷　北京文昌阁彩色印刷有限责任公司
经　　销　全国新华书店

开　　本　787mm × 1092mm$^1/_{16}$　印张　32$^3/_4$　字数　799 千字
版　　次　2018 年 3 月第 1 版　2018 年 3 月第 1 次印刷
社内编号　9164　　　　　　　　定价　200.00 元